作物种质资源
安全保存与有效利用

卢新雄 辛 霞 刘 旭 主编

中国农业科学技术出版社

图书在版编目(CIP)数据

作物种质资源安全保存与有效利用 / 卢新雄，辛霞，刘旭主编 . --北京：中国农业科学技术出版社，2022. 11

ISBN 978-7-5116-5875-3

Ⅰ. ①作… Ⅱ. ①卢…②辛…③刘… Ⅲ. ①作物-种质资源-种质保存-研究 Ⅳ. ①S33

中国版本图书馆 CIP 数据核字(2022)第 154087 号

责任编辑 崔改泵
责任校对 王 彦
责任印制 姜义伟 王思文

出 版 者 中国农业科学技术出版社
北京市中关村南大街 12 号 邮编:100081
电 话 (010) 82109194 (编辑室) (010) 82109702 (发行部)
(010) 82109709 (读者服务部)
网 址 https://castp.caas.cn
经 销 者 各地新华书店
印 刷 者 河北鑫彩博图印刷有限公司
开 本 185 mm×260 mm 1/16
印 张 35. 75
字 数 870 千字
版 次 2022 年 11 月第 1 版 2022 年 11 月第 1 次印刷
定 价 198. 00 元

内容简介

本书总结了20年来国家库圃作物种质资源安全保存与有效利用的成果，系统介绍了库圃作物种质资源安全保存技术、资源收集保存现状和资源供种利用的成效。安全保存技术主要阐述种质资源入库圃保存技术、保存过程中生活力（长势等）监测技术和繁殖更新技术。

本书可为种质资源保存、研究和设施建设提供指导，也可作为综合性大学、农林师范院校的教材或教学参考书，还可供种质资源学、种子科学及相关产业方面的研究人员、教师、学生参考。

前　　言

作物种质资源的安全保存和有效利用事关农业科技创新、种业可持续发展和农业生产力提高，也事关国家粮食安全、生态安全、能源安全和经济安全。早在20世纪70年代中期，国家就批准在北京中国农业科学院建设国家作物种质库1号库，随后在1986年又建设了国家作物种质库2号库，以承担全国作物种质资源的长期保存。1号库之后改为国家粮食作物种质资源中期库。至2000年底，我国国家级种质资源保存设施合计44个，包括长期库和复份库各1座、10座中期库、32个种质圃（含马铃薯和甘薯试管苗库），保存资源总量367 724份，其中国家长期库保存份数332 784份，32个种质圃合计保存34 940份。

2001年国家启动了“物种资源（农作物）保护”项目，重点支持农作物种质资源基础性工作，主要内容包括种质资源的收集引进、鉴定评价、种质监测、繁殖更新、安全保存和分发利用等。在国家“种子工程”项目支持下，建成了国家作物种质库新库等一大批重要保存设施并投入使用。至2021年底，国家级保护设施共269个，其中异位进行作物种质资源保存的非原生境保存设施55个，原位进行野生近缘种种质资源保护的原生境保护点214个。非原生境保存设施包括国家长期库1座（内含种子长期库、试管苗库、超低温库和DNA库各1个）、国家复份库1座、国家中期库10座、国家种质圃43个（含马铃薯和甘薯试管苗库各1个）。在国家层面上形成了以国家长期库、复份库、超低温库侧重于战略资源安全保存，以中期库、种质圃、试管苗库侧重于供种分发的国家级整体保护设施体系，为我国作物种质资源保护与利用工作的稳定发展奠定坚实的基础。

20年来，研究建立了高水平的种质库种子保存、种质圃植株保存、试管苗库试管苗保存、超低温库离体种质保存的“入、保、繁”技术体系，为实现资源的高质量安全保存和有效利用提供了重要技术支撑。至2021年底，支撑新收集种质资源入国家库圃长期保存161 585份，保存资源总量达到529 308份，物种2 458个，其中长期库种子保存458 434份，国家圃植株保存69 504份，国家库离体保存1 370份，资源保存数量位居世界前列。支撑对库圃资源进行全覆盖的生活力（或长势、病虫害）监测，并及时安全地更新低生活力（长势弱等）种质，确保52.9万余份资源的安全保存；发掘15 085份特性突出的优异种质，累计分发种质912 868份次，分发的资源支撑相关单位获得国家科技进步奖 24 项，省部级科技进步奖 272 项，培育新品种 1 137个，发表论文 4 737 篇，出版重要著作 364 部，支撑或服务于各类科技计划项目（课题）累计 6 173个。此外，在国家库圃保存的 52. 9 万余份种质资源中，约有 28 万份已成为孤品，即在生产上或外界已找不到了。因此，国家作物种质资源库圃保存体系的建立和安全运行，有效地确保了珍贵种质资源得到妥善收集和持久安全保存，不仅为我国种源自主可控和农业科技原始创新提供了源头保障，也将为我国农业可持续发展、粮食安全和生态安全提供雄厚的物质基础。

编辑此书旨在总结 20 年来库圃科研工作人员在资源安全保存和提供分发利用方面所取得的阶段性进展及其宝贵经验，期望能对未来的作物种质资源保护和利用工作起到推动和促进作用。

编者

2022 年 5 月于北京

目　　录

国家库圃作物种质资源安全保存与有效利用

卢新雄，辛　霞，王述民，李立会，郭刚刚，尹广鹍，何娟娟，刘　旭
（中国农业科学院作物科学研究所　北京　100081）

摘　要：2001—2021年，国家库新库等一批重要保存设施建成与投入使用，初步建成了包括长期库、中期库、复份库、种质圃、试管苗库、超低温库在内的非原生境保存设施55个和原生境保护点214个，种质资源保存总量达到52.9万份；形成了以长期库、复份库、超低温库侧重于承担战略资源安全保存，以中期库、种质圃、试管苗库侧重于承担种质资源鉴定评价和供种分发的国家级整体保护设施体系，为资源的安全保存和持续利用提供了可靠保障。20年来研究建立了高水平的种子、植株、试管苗、离体种质超低温等保存方式的“保、繁、入”技术体系，为实现库圃资源的安全保存和有效利用提供了重要技术支撑。主要包括：①新收集种质资源入国家库圃长期保存161 585份，进一步丰富了战略资源的多样性；②对库圃资源进行全覆盖的生活力（或长势、病虫害）监测，并及时安全地更新低生活力（长势弱等）种质；③发掘15 085份特性突出的优异种质，为种源自主可控奠定了良好的基础；④累计分发种质912 868份次，有力支撑新品种培育、种业发展和乡村振兴，成效显著。

关键词：作物；种质资源；种质库；种质圃；试管苗库；超低温；安全保存；有效利用

作物种质资源安全保存和有效利用，事关农业科技创新、种业可持续发展和农业生产力提高，也事关国家粮食安全、生态安全、能源安全和经济安全。我国政府一直以来高度重视作物种质资源的保护与利用。早在20世纪70年代初，我国就在北京、河北、广西和湖北等地投资建设低温种质库，拟按区域分别保存作物种质资源。1975年12月我国政府批准在北京中国农业科学院立项建设国家库1号库，以承担全国作物种质资源的长期保存工作。1号库于1978年12月动工，1984年8月14日落成，保存容量为23万份。后该库于1999年由农业部批准改扩建为国家农作物种质保存中心，于2000年动工，2002年11月落成，以承担国家粮食作物种质资源中期保存和供种分发。国家库2号库于1984年8月动工，1986年10月在北京落成并投入使用，贮藏温度为−18℃±2℃，相对湿度为50%±7%，保存容量为40万份，该库现承担全国作物种质资源的长期保存，该库建设得到国际上的部分资助。1991年，经国家科学技术委员会和农业部批准，在青海省农林科学院建设国家长期库的复份库，以提高国家长期库资源的安全性，该库于1992年6月建成，贮藏条件同长期库。之后在中国农业科学院相关作物专业所建立作物种质资源中期库10座。国家种质圃建设始于20世纪80年代，当时农业

部通过世界银行贷款和政府拨款建设15个果树种质圃，至2000年底我国国家级种质资源保存设施合计44个，包括长期库和复份库各1座、10座中期库、32个种质圃（含马铃薯和甘薯试管苗库），保存资源总量367 724份，其中国家长期库保存份数332 784份，32个种质圃合计保存34 940份（王述民等，2012）。

2001年国家启动了“物种资源（农作物）保护”项目，重点支持农作物种质资源基础性工作，主要内容包括种质资源的收集引进、鉴定评价、种质监测、繁殖更新、安全保存和分发利用等。在国家“种子工程”项目支持下，国家库新库等一大批重要保存设施建成并投入使用，从硬件设施方面有力支撑了我国作物种质资源基础性工作的稳定发展。20年来，在国家长期库、复份库，以及粮食、油料、棉花、水稻、蔬菜、麻类、牧草、西（甜）瓜、甜菜等10个国家中期库和43个国家种质圃的依托单位共同努力下，我国作物种质资源安全保存和有效利用工作取得重要进展，为保障国家粮食安全和种业安全，促进农业科技原始创新奠定了良好的种源基础。

1 初步建成了国家作物种质资源整体保护设施体系，为战略资源的安全保存和持续利用提供了可靠保障

进入21世纪，我国作物种质资源保存设施建设进入一个新的发展阶段。“国家农作物种质保存中心”于2002年建成并投入使用，保存容量60万份，其功能任务是负责国家粮食作物种质资源中期保存和育成亲本材料保存，及时向企业、科研院所等单位提供分发种质资源。2008年国家青海复份库改扩建完成，复份保存能力提升至60万份，保存的温湿度条件与北京国家库长期库一致，即温度-18℃，相对湿度≤50%。由于国家库长期库40万份保存容量已基本饱和，且缺乏超低温库等离体种质保存设施，2009年启动国家库新库（以下简称新库）建设项目申报工作，新库项目建议书和可行性研究报告分别于2010年和2015年获国家发改委批复，2019年开工建设，2021年9月主体建成并开始试运行。新库保存容量150万份，其中低温长期库110万份、试管苗库10万份、超低温库20万份、DNA库10万份，种质保存载体从种子增加到包括种子、试管苗、茎尖、休眠芽、花粉、种胚、DNA等类型，保存作物的资源种类拓展到包括所有的有性繁殖和无性繁殖作物（包括顽拗性种子作物）。种质圃新增国家多年生蔬菜圃等11个，种质圃数量由32个种质圃扩大至43个。至2021年底，国家级作物种质资源保护设施共269个，包括非原生境保存设施55个和野生近缘种原生境保护点214个。非原生境保存设施包括国家长期库1个（内含种子长期库、试管苗库、超低温库和DNA库）、国家复份库1个、国家中期库10个、国家种质圃43个（含马铃薯和甘薯试管苗库各1个）（图1）。因此，我国作物种质资源进入一个立体、互为安全备份、全方位的整体保护新阶段，形成集长期库、中期库、复份库、种质圃、试管苗库、超低温库等为一体的整体保护设施体系，也标志着整体保护策略在中国的成功实践（辛霞等，2022）。

对于种子类有性繁殖作物，形成国家库长期库、复份库和中期库保存种质互为备份机制，资源备份保存比例达98%以上；对于无性繁殖作物，构建了国家种质圃的植株

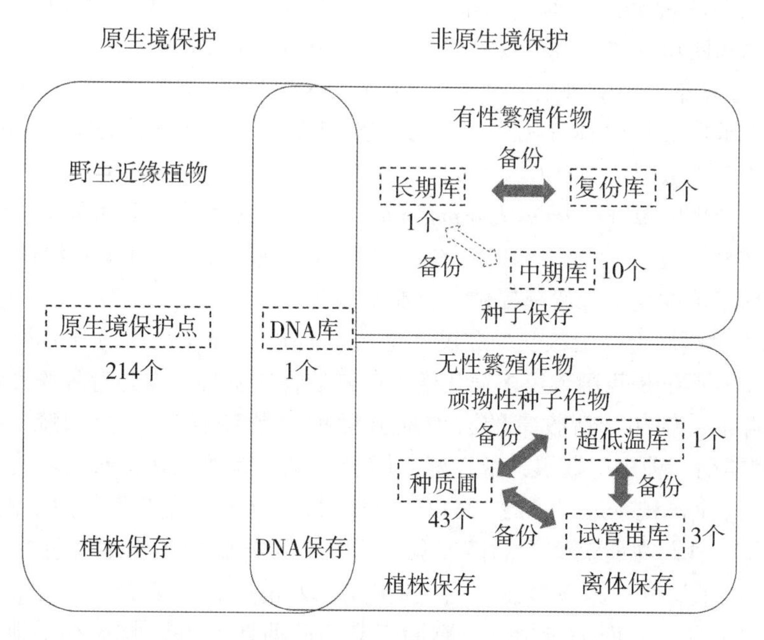

图1　我国作物种质资源整体保护设施体系

保存与试管苗库、超低温库离体种质保存互为备份机制，如甘薯和马铃薯种质既有种质圃块根、块茎保存，也有组织培养物的试管苗保存，并在北京国家库新库建立20万份容量的超低温库，拟对马铃薯、甘薯等无性繁殖作物种质资源进行离体长期备份保存。桃、苹果、梨、葡萄、草莓等作物均在不同生态区建有多个种质圃（任国慧等，2012；卢新雄等，2019；王文辉等，2019），对部分珍贵资源进行了植株之间的复份保存。许多种质圃也配备了温室、大棚等配套设施，一方面避免不良气候条件对特殊资源的危害，另一方面也对这些资源起到复份保存的作用。对于多年生野生近缘植物，形成种质圃、原生境保护点的植株保存与低温库种子保存备份机制，如野生稻资源，既建立原生境保护点，也在种质圃保存，同时收集种子在国家库长期保存。

2　新收集入库圃保存种质资源161 585份，进一步丰富了战略资源的多样性

农作物种质资源的收集与引进，是满足我国作物育种和产业发展需求的重要保证，也是妥善保护遗传多样性，增强国家种质资源战略储备的重要途径。2001—2021年，累计新增收集入国家级库圃保存种质资源161 585份，新增物种985个。种质资源收集与引进有以下主要特点。

（1）注重对国内作物野生近缘物种的收集。在四川凉山地区收集到荞麦属野生材料 *Fagopyrum caudatum*（Sam.）A. J. Li（尾叶野荞麦）、*F. crispatifolium* J. L. Liu（皱叶野荞麦）、*F. cymosum*（Trev.）Meism.（金荞麦）、*F. densovillosum* J. L. Liu（密毛野荞

麦）等，这些荞麦种都是以前没有收集保护的新物种（王述民等，2016）。在青藏高原、黄土高原和四川等地，考察收集到冰草属（*Agropyron* Gaertn.）、澳麦草属（*Australopyrum* L.）等多年生小麦野生近缘植物 11 属 156 种1 432个居群，以及在云南昌宁县考察发现了玉米近缘野生种资源（当地称“玉米草”），获得了植株标本和少量的种子，经初步鉴定为多裔草［*Polytoca digitata*（L.）Druce］的新变种，另在云南省剑川县收集到木豆野生资源（*Cajanus scarabaeoides* L.），为我国保存食用豆类资源增加了新的野生近缘物种（王述民等，2012）。这些野生资源收集保存对于起源演化、亲缘关系、遗传变异、抗性发掘等研究提供了重要基因源。

（2）加大对国内边远山区、少数民族地区的特色、特异及其地方品种的收集。地方特色及老品种不仅是我国人民多样化膳食结构的物质基础，也是育种改良和增加农民收入的重要源泉。例如，新收集的云南地方稻种‘紫糯谷’（全国统一编号：21-06392）粳型糯稻，种皮呈紫黑，糯性好，用于主食、烤酒，具有保健功效。贵州地方稻种‘折糯’（全国统一编号：22-06421）粳型糯稻，种皮呈紫黑，用于制作糯米饭、糯米酒等传统美食。在浙皖交界的淳安县王阜乡文家村收集了当地特色的‘淳安黄玉米’‘淳安白玉米’和‘淳安紫玉米’。在黑龙江西南部、辽宁西部、内蒙古东部、甘肃南部和河西地区、云南临沧地区、黔南三县、广西西北部，收集谷子地方品种 346 份、高粱地方品种1 020份。在甘肃省甘南藏族自治州夏河县收集到稀有的大粒红皮蚕豆，在宁夏回族自治区固原地区收集到数十份山黧豆农家种，在云南、重庆、四川、湖南及江西等地收集大豆地方品种 432 份。收集的红花荞麦，花红粒黑，是我国特有的荞麦地方品种。‘肚里黄’燕麦收集于青海，植株较矮，早熟，穗轴短，半包于叶鞘内即成熟。棉花中期库 2005 年在广西平果县黎明乡巴旺屯发现了一株已生长 6~7 年的亚洲棉，当地农民称它“千铃棉”，树高 3.5m，树冠宽 1.8m，茎粗 1.2cm，黄花、红心、阔叶，花期长，在长日照地区不能开花结实，只能在近似生态区海南三亚多年生繁殖。该品种的发现弥补了我国多年生亚洲棉保存的空白。在新疆、甘肃、青海、河北、贵州、云南、西藏等地收集地方特色苹果资源，如中国彩苹、香果、槟子、红肉苹果、伏羲果、木瓜苹果及西藏八宿变叶海棠等，并在云南抢救性收集变叶海棠特异类型。这些特色资源和老品种收集保存为产业发展和乡村振兴提供重要物质基础。

（3）国外种质资源收集引进注重育种急需和资源战略储备相结合。例如，从俄罗斯引进山黧豆野生种 11 个，其中，*Lathyrus cicera* L. 被称为“红豌豆”，被认为是栽培山黧豆 *L. sativus* L. 的直系野生种，两者之间容易杂交成功，可挖掘该野生种中可能存在的特殊抗病、抗虫、抗逆基因，用于抗性等资源创新。引进油菜野生近缘物种 7 个，分别是野生甘蓝 *Brassica villos*、*B. incana*、*B. cretica*、*B. robertian*、*B. maurorum*、*B. macrocarpa*、*Sinapis arvensis*。我国是大豆的起源国，一年生野生大豆资源十分丰富，但缺少多年生野生大豆资源，已引进了 *Glycine arenaria*、*G. canescens*、*G. clandestina*、*G. curvata* 等多年生野生大豆，为深入探索大豆起源演化提供了重要基础材料。另外，还从加拿大新引进了 2 个新二倍体燕麦种，从澳大利亚引进豌豆属唯一的野生种（*Pisum fulvum* L.），从俄罗斯引进了黄色种皮优异亚麻资源 Amazon、雌雄同株无毒大麻种质尤纱-31 以及野生亚麻（*Linum hirsutum* L.）、观赏红花亚麻等麻类种质资源。从美国引进油桃、加工桃品种各10余份，其中‘五月火’‘阿姆肯’‘丽格兰特’等品种，经改良培育后已成为我国油桃、罐桃的主栽品种，因此这些桃资源的引进对促进我国油桃育种和罐桃产业的发展起到了重要的作用。

（4）第三次全国资源普查收集取得了重要成果。在财政部支持下，农业农村部于2015年7月启动了第三次全国农作物种质资源普查与收集行动，将对全国作物种质资源相对丰富的2 323个农业县（市、区）进行资源普查，并对其中679个农业县（市、区）进行系统调查，普查和调查作物对象包括粮食、纤维、油料、蔬菜、果树、糖、烟、茶、桑、牧草、绿肥、热作等农作物种质资源，重点收集地方品种和野生资源。至2021年底，该专项已收集到资源9.7万份，正在进一步鉴定归类和整理编目入国家库圃长期保存。

3　建立高水平的作物种质资源安全保存技术体系，确保52.9万份资源的安全保存

20多年来，我国在初步建成作物种质资源整体保护设施体系的基础上，种质资源安全保存技术体系构建也取得重要进展。

（1）研究发展了种质库种子保存、种质圃植株保存、试管苗库试管苗保存和超低温库离体保存的“四位一体”安全保存技术体系。在国家库新增山药、芋头等无性繁殖作物试管苗保存和超低温保存方式，既为珍稀濒危资源提供了新的保存方式，也为无性繁殖等作物种质资源的复份保存提供了可靠保障，构建了种子保存、植株保存、离体保存等多方式并举的种质资源安全保存技术体系，为全方位完整地保护各类作物基因源提供技术支撑。

（2）构建了各种保存方式的“入、保、繁”技术体系，为实现资源高质量安全保存提供了技术支撑。针对库圃资源“保得住”和珍稀资源“进得来”的重大需求，在低温库种子保存方面，首次探明了种质衰老存在生活力骤降的拐点，其发芽率范围为70%~85%，揭示了拐点是维持种质遗传完整性的生活力底限及其生物学机制，从而提出了种质安全保存的拐点理论，即维持高于拐点生活力，以保障种质的遗传完整性（尹广鹍等，2022）；在此基础上，研发了基于拐点预警指标的库存种质高效监测预警系统，监测速度和预警效率得到显著提升，及时监测预警出降至衰老拐点的种子；构建了基于拐点发芽率、繁殖群体量等关键指标以维持遗传原真的繁殖更新技术，创新了以“批”为单元的预警更新决策专家系统，将国家库种质45万余份简并为1.2万“批”，显著提高了繁殖更新决策效率，及时对库存低活力种子进行安全更新；对于种质圃保存资源，首次研究制定了定期监测与更新指标，包括植株存活株数、生长势状况、病虫害状况等（卢新雄等，2008），有力支撑了圃存资源的安全更新，避免资源得而复失。

（3）研究发展多方式入库圃技术和监测预警技术，确保库圃资源的“保得住”。构建了植株—离体—种子的高存活与多方式并举的入库圃技术，包括种质圃微嫁接、砧木半硬枝扦插等植株入圃保存技术，解决珍稀资源入圃保存难的问题；试管苗快

速形态建成和缓慢生长保存技术，解决了一些特异资源难再生技术问题，保存种类从块根块茎类拓展到鳞茎类、球茎类、果树类等资源；超低温休眠芽、花粉、茎尖等离体保存技术及其野生资源的种子低温保存技术，解决珍稀特异资源因生态适应性差以及季节、病毒等影响而难以常规保存的问题，支撑了新疆野苹果等珍稀资源能进入库圃妥善保存。国家甘薯试管苗库（徐州）建立了一套“试管苗—田间圃—温室盆栽—种子—种薯”多方式互补保存技术体系，即近缘野生种以种子低温保存和试管苗离体保存为主；国外引进种以试管苗离体保存为主，辅以田间保存和盆栽保存；地方种、育成品种等主要采用室内试管苗离体保存，室外田间圃和温室盆栽优势互补保存方式进行保存。相较于 International Potato Center（CIP）和印度主要以试管苗、田间及种子保存，美国和日本主要以田间、盆栽、种子方式保存，我国建立的“试管苗—田间圃—温室盆栽—种子—种薯”五种方式互补的保存技术体系，保证了甘薯不同类型资源的安全保存，并为资源的田间鉴定、繁殖更新、分发利用及国际交换提供了保障。

（4）研究制定作物种质资源保存技术规范 132 项。其中“保、繁、入”技术规范 129 个，有效保障了库圃资源维持高生活力和遗传完整性，长期库种质保存寿命从 20 年左右延长到 50 年以上，中期库从 10 年左右延长到 20 年以上；研制了种质库、种质圃、离体库的设施建设技术规范 3 个，提升了保存设施建设的规范化和标准化，支撑了国家库新库建设，尤其是新库的离体种质超低温库和综合性试管苗库的建设，开启了离体种质超低温长期保存实践，完善了国家作物种质资源保存体系；同时规范了国家库圃操作和管理制度，保障日常操作技术环节无差错，确保了国家库圃安全运行零事故。制定的 132 个规范已得到广泛应用，被农业农村部确立为行业操作规范。

（5）四位一体的安全保存技术体系的创建，有效支撑新收集 16 万余份资源高质量入库圃妥善保存，种质保存寿命显著延长，拐点种质可预测，实现了资源的质与量的同步提升，国家库圃保存总量已达 52.9 万份，物种数达2 458个，详见表 1，在资源保存总量和物种多样性方面，位居世界前列。据第三次资源普查数据，约有 28 万份国家库圃保存资源在生产上或外界消失，已成为孤品，更凸显出研究建立种质资源安全保存技术体系的重要性。例如，由于生境退化或丧失，致使现存的河北梨（*Pyrus hopeiensis* Yü）种质资源数量稀少，受威胁严重，河北梨已被列入中国《国家二级保护植物名录》及《世界自然保护联盟濒危物种红色名录》。2016 年在河北省昌黎县碣石山区域搜集到河北梨，并将其保存于环渤海地区园艺作物种质资源圃中。在国家葡萄桃圃（郑州）收集保存特色（特异）葡萄资源中，包括果形奇特如束腰型的瓶儿、弯形的驴奶、扁圆形的红达拉依，或具有特殊品质如呈李子香味的李子香、浓郁玫瑰香味的伊犁香葡萄，或特殊抗性如对葡萄黑痘病、炭疽病高抗的塘尾葡萄等特异资源，在野外处于濒临消失状态。

表 1　国家库圃种质资源保存情况统计表

库圃类型		截至 2021 年保存总数		2001—2021 年新增保存数	
		种质份数	物种数	种质份数	物种数
国家库	长期库	458 434	877	125 651	277
	试管苗库	546	81	546	81
	超低温库	824	31	824	31
43 个国家圃		69 504	1 469	34 564	596
合计		529 308	2 458	161 585	985

4　发掘15 086份特性突出的优异种质，为种源自主可控奠定了良好的基础

收集保存资源的最终目的是提供有效利用，而摸清种质资源的基本特征特性，则是资源基础性工作的根本。2001—2021 年，完成入库圃保存资源的基本农艺性状鉴定335 982份次，抗病虫、抗逆等特性鉴定评价65 865份次，筛选发掘15 086份优异种质。进一步完善基本农艺性状鉴定技术规范，完成新收集资源的目录性状的鉴定。主要进展如下。

（1）进一步完善各类作物农艺性状鉴定技术规范，重点拓展完善各类作物的农艺性状鉴定数据项，如小麦从 9 项鉴定内容增至 27 项，水稻从 12 项增至 44 项，玉米从 14 项增至 67 项，更全面反映种质的农艺性状特性，为育种等利用提供更全面信息，完成了新收集 184 508份种质资源的农艺性状鉴定评价，即 2 个生长季的田间植物学特征与农艺性状等表型性状鉴定。同时进一步研究和完善了基于护照信息、表型性状和分子指纹图谱的三个层次查重比对技术，利用该技术剔除了重复种质22 923份，入库圃资源161 585份，既确保了新入库圃种质的特异性和唯一性，又极大节约了重复种质资源的繁殖和保存成本。

（2）构建高效特性鉴定评价技术，发掘优异种质15 086份。不断建立和完善了各作物多项鉴定评价技术方法或规范，例如，小麦抗病、耐寒、耐盐碱鉴定评价，玉米全生育期抗旱鉴定评价，水稻耐冷鉴定评价，大豆孢囊线虫抗性鉴定评价，大麦耐盐鉴定评价，普通菜豆细菌性疫病抗性鉴定评价等技术方法。发明了棉花种质资源耐盐性的高效鉴定方法。与现有技术相比，本发明获得的标准方程结果准确可信，PSⅡ最大光化学效率测定方法简单快速，可活体测定，不伤植株，保证下游实验的正常进行。且测定时期为棉花幼苗期，可以有效缩短鉴定时间，提高效率，适合进行大规模种质资源鉴定。2020 年制定“水稻耐盐性鉴定技术规程”（NY/T 3692—2020），解决了水稻耐盐鉴定评价技术缺乏统一技术标准的缺陷，提高了耐盐性鉴定评价规范性与效率。

对水稻、小麦、玉米、大豆、油菜、棉花等主要农作物13 000余份种质资源进行了精准鉴定评价，采用育种家普遍认可的统一标准、方法，针对当前和今后作物育种急

需、具有潜在价值和应用前景的种质，进行多年多点（3~4 年，4~5 个地点）深入鉴定，从中发掘出一批具有重要利用价值的种质资源，并在各作物主产区展示，邀请育种家实地考察，选取立项的材料，配置杂交组合，选育新品种，从而加速优异种质资源的有效利用。例如，通过远缘杂交，成功将冰草的多粒、抗病、抗逆等 5 700多个优异基因导入栽培小麦，获得了一批能够增产 15%以上的新种质。水稻耐盐碱种质‘YR196’‘Baru’‘日本晴’‘绥粳 5 号’和耐冷种‘质黑壳粘’‘红芒大足’‘红须贵州禾’等也得到育种家广泛利用。通过精准鉴定，筛选出小麦抗蚜虫种质‘MY3561’、玉米抗多种病虫害种质‘86C’、大豆抗孢囊线虫种质‘Hartwig’等，还筛选出蚕豆闭花授粉的材料（低异交率）短翼瓣花朵种质、矮生海岛棉种质‘E24-3589’、早熟特种红樱桃萝卜种质等。

玉米地方品种适应性强、抗逆性好、食味品质佳，遗传多样性高，是玉米种质资源的重要组成部分。但是作为育种材料来讲，地方品种的利用率并不高。原因是农家种的基因型往往是高度杂合的，遗传不够稳定，难以直接鉴定评价，更难以直接应用在育种上。单倍体育种（DH）技术的应用有望解决这一世界性难题。通过 DH 技术，一个地方品种可诱导出一系列性状存在差异的 DH 系，充分体现每个地方品种的多样性，更便于开展种质的鉴定与评价，且能大幅度缩短育种材料的创制时间，缩短育种进程，提升育种效率。2015—2017 年为国家重点研发计划提供核心地方品种资源 450 份，2020 年在北京通州展示了由 112 个地方品种经 DH 获得的 710 个纯系，为玉米地方品种的高效育种利用开辟了一条新途径。

5 供种分发资源的有效利用有力支撑新品种培育、种业发展和乡村振兴，成效显著

2001—2021 年，国家库圃体系共繁殖更新种质资源 507 951份次，为资源有种可供奠定了良好基础，累计分发种质912 868份次。在日常分发供种基础上，向育种家田间展示了99 354份次优异种质，56 901人次参加了现场展示会，现场索取32 375份次优异种质。供分发的资源支撑相关单位获得国家科技进步奖 24 项，省部级科技进步奖 272 项，培育新品种1 137个，发表论文4 737篇，出版重要著作 364 部。支撑或服务于各类科技计划项目（课题）累计6 173个。显然，分发提供利用的资源在解决国家重大需求方面发挥着重要的支撑作用。另据 2018 年调查统计，在国家库圃保存的 50.3 万份资源中，有 25.7 万份被提供利用，库圃资源的利用率为 51%，分发资源主要应用于科学研究和品种选育，详见图 2。

（1）支撑新品种培育。20 年来，全国育种、科研、教学和生产单位利用国家库圃体系提供的优异种质资源，培育出粮、棉、油、糖、茶、烟、蔬菜、水果等新品种1 137个，为保障我国种源自主可控提供重要种源支撑。

利用国家粮食作物中期库（北京）分发提供优异种质，吉林省农业科学院利用优质、耐冷水稻种质‘秋田小町’和‘北陆 128’，育成的‘长白 10 号’和‘吉粳78’，累计增产 1.46 亿 kg，获得经济效益 2.1 亿元。相关单位以小麦种质‘Yuma/

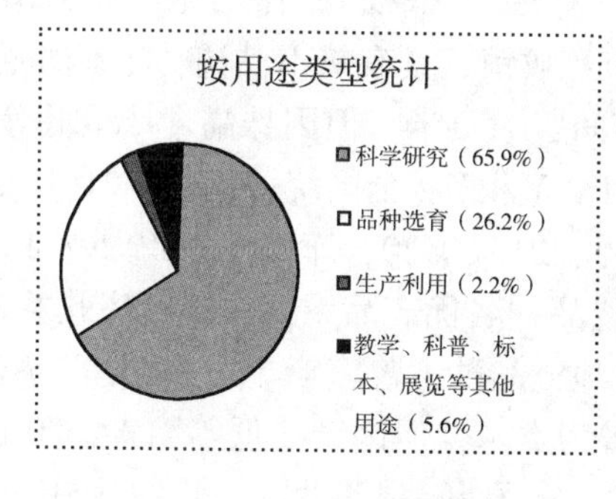

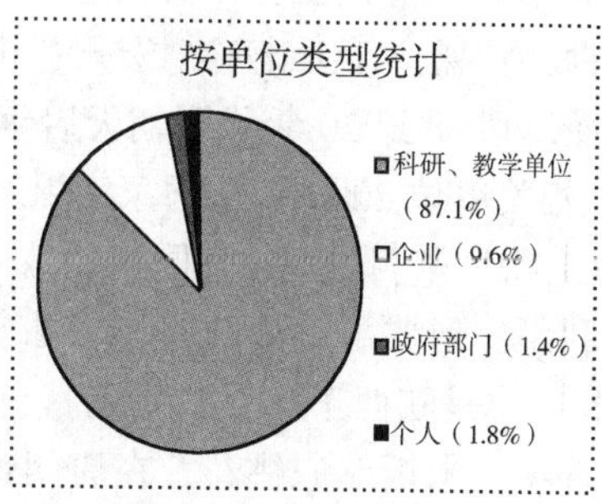

图 2　我国国家库圃保存资源利用率及其分发利用的情况

8 * Chancellor’为亲本，培育抗白粉病新品种‘扬麦 11’，已成为长江下游地区主栽品种，累计推广面积达 2 315万亩（15 亩 = 1hm^2，全书同）；以‘宁麦资 25’（携抗白粉病 Pm2+Mld）为亲本，育成的‘扬麦 13’，成为全国推广面积最大的弱筋小麦品种；利用创新种质‘95175’，育成‘远丰 175’，对控制陕西等西北麦区条锈病流行发挥了重要作用（杨欣明等，2016）；利用‘ZKZS289’育成的玉米新品种‘石玉 10 号’通过河北省审定，利用‘H111426’育成的玉米新品种‘巡 1102’通过国家审定（石云素，2016）；利用创新早熟材料‘CN993M’，测配出适合东华北中早熟春玉米区种植的新品种‘富中玉 366’，2019 年通过国家品种审定；利用高产、抗倒性强、高抗大豆花叶病毒病的大豆种质‘中品 661’为亲本，育成‘中黄 59’（2011 年北京审定）、‘中黄 61’（2012 年国家审定）、‘中黄 66’（2012 年北京审定）、‘中黄 67’（2012 年北京审定）和‘德大豆 1 号’（2011 年云南审定）等 5 个品种（邱丽娟，2016）。‘中棉所 12’是携带有枯萎病抗性基因优异种质材料，经国家棉花中期库（安阳）进一步发放利用，据统计，2000 年以后被利用了 159 份次，选育出了 23 个品种，其中 5 个品种通过国家审定，其中‘中棉所 35’连续 5 年成为新疆推广面积最大的品种。‘银山 6 号’‘鲁棉研 16 号’‘鲁棉研 17 号’‘晋棉 25 号’‘鄂棉 21 号’‘冀棉 24 号’等品种均为各生态区的主推品种。

利用国家蔬菜中期库（北京）提供的优异辣椒资源，育成的‘赣丰辣玉’‘赣丰辣线 101’和‘赣丰 15 号’3 个新品种，累计推广应用面积 10. 48 万亩，新增产值10 480万元，农民新增纯收入6 288万元，社会经济效益和生态效益显著；利用瓠瓜种质‘三江口葫子’，育出新品种‘浙蒲 2 号’，该新品种已成为长江流域设施瓠瓜的主栽品种之一，累计增产1 000万 kg；利用优异种质‘香丝瓜’，育成露地和保护地兼用的丝瓜杂交一代新品种‘江蔬一号’，在江苏省占丝瓜生产总面积的 95%以上，累计增产可达 28 000万 kg，累计增加产值近 30 亿元（李锡香等，2016）。

针对育种需求，国家桃葡萄圃（郑州）筛选出优异亲本材料 40 余份，提供相关单位进行新品种培育，累计育成桃、油桃、蟠桃、油蟠桃、观赏桃新品种 60 余个。如‘曙光’‘中油桃 4 号’‘中农金辉’‘春蜜’‘春美’‘中蟠 11 号’‘中油蟠 9 号’等，这些品种大多成为我国生产中的主栽品种，改变了国外品种的统治地位，我国自主培育的桃品种已经在生产中占据主导，促进了我国桃产业的发展。

（2）古老品种再利用支撑地方特色产业发展。‘毫秕’‘毫目细’是云南省名贵的特色地方品种，曾盛产于云南省德宏州芒市遮放镇，具有热不黏稠、冷不回生、香酥松软的优良品质。17世纪20年代明朝天启年间曾为贡米，但因株高、产量低等原因，已绝种40年。相关单位2008年从国家库引回‘毫秕’（全国统一编号：21-05615；库编号I1A58530）和‘毫目细’（全国统一编号：21-00520；库编号：I1A29141）。经过十多年的开发利用，形成了“遮放贡米”古老品种名优产品系列，年经济效益近千万元。‘千阳桃花米’曾是陕西千阳县名贵的特色地方品种，曾盛产于千河两岸，稻米和茎叶均有宜人的香味，米饭形似桃花，在唐朝曾为贡米。但因产量低等因素，20世纪90年代民间不再种植。2008年从国家库（全国统一编号：24-00310；库编号：I1A24326）引回。经过十年的发展，‘千阳桃花米’取得了无公害产品认证和无公害产地认证，注册了“桃花米”商标，开发了桃花米礼盒、桃花米养生酒，恢复了千阳县的桃花米产业，并实现稻作文化传承，产生了较好的社会经济效益。‘香稻丸’早在宋朝时就已有种植，明、清作为宫廷贡品，1914年在旧金山万国商品展赛会上博得好评，1945年中国《土特产调查表》中它位居著名特产之列。该品种米粒短圆，无心白，腹白小，色清，如玉，香气馥郁，素有“一块稻香满坡，一撮米香满锅，一家做饭香四邻，一盅香酒香满桌”的盛名。2011年11月，河南信阳市息县农业部门将国家水稻中期库（杭州）的‘香稻丸’（全国统一编号：19-00202；中期库保存号：CN62785）引回该县种植，进行特色产业的开发利用，并延伸开发了“香稻丸米醋”“香米贡酒”等产品，产生了良好的社会经济效益。

（3）支撑重大项目（课题）和科学研究。国家库圃保存的资源为国家“973”项目、国家“863”项目、国家科技支撑计划、国家自然科学基金、产业技术体系等项目立项和顺利实施提供了重要支撑作用。例如，支撑国家“973”项目：“农作物核心种质构建、重要新基因发掘与有效利用研究”“主要农作物骨干亲本遗传构成和利用效应的基础研究”。这两个项目拟解决的关键科学问题：构建核心种质，筛选和创制侯选骨干亲本，发掘重要新基因，并解析骨干亲本的遗传基础。在产业技术体系方面，多数种质库圃都为各自作物的产业体系提供了大量优异种质或亲本材料。

作物种质资源在解决和探讨重大科学问题方面的作用日益显著。例如，中国水稻研究所国家水稻中期库（杭州），负责我国水稻种质资源的收集、鉴定评价、中期保存与供种分发。该库收集保存国内外水稻种质资源7.5万余份，对外分发4万余份次，利用单位育成品种37个，累计推广6 273万亩，社会及间接经济效益显著。该库系统对水稻种质资源进行单株有效穗数、每穗粒数、抽穗期、抗旱性和落粒性等10多项表型性状的鉴定，获得在多样性和代表性方面的研究样本。中国科学院韩斌研究员利用国家水稻中期库（杭州）提供1 083份栽培稻和部分普通野生稻资源，研究认为水稻驯化从中国南方地区的普通野生稻开始，经过漫长的人工选择形成了粳稻；处于半驯化中的粳稻与东南亚、南亚的普通野生稻杂交而形成籼稻。该研究解开了困扰植物学界近百年的栽培稻起源之谜，证明了中国古代农业文明的辉煌，同时阐明了栽培稻的驯化过程对今天利用基因组技术改良作物有重要意义，该成果于2012年10月4日在《Nature》在线发表；中国科学院遗传与发育研究所傅向东研究员通过对国家水稻中期库（杭州）提供的 Basmati 等 29 份国外长粒型水稻品种的分析，发现该类型品种中 GW8 基因等位变异相同，说明该单倍型已在生产中被广泛利用，提升了水稻品质，相关研究成果发表于 2012 年 44 卷第 8 期的《Nature Genetics》。上述研究案例表明，丰富的种质资源和进行表型鉴定是深入开展科学研究、探讨科学问题的基本条件。

（4）支撑乡村振兴。云南特色果树圃（昆明）收集的‘麦地湾梨’（*Pyrus pyrifolia* Nakai）是原产在云龙县的麦地湾村。云南特色果树圃（昆明）20 世纪 90 年代在云龙县进行果树资源调查时，在麦地湾村采集到样本，并对该品种进行了单株选优，该品种具有性状稳定、产量高、品质好、抗黑斑病的能力强等特点，于 2001 年起在云龙县进行示范推广。该品种成熟期在 11 月中旬，可以填补当地水果市场的淡季，价格是当地原有品种的 2~3 倍，并且供不应求。目前‘麦地湾梨’已成为云龙县梨的主栽品种，发展面积达到了 3 万多亩，产值超过7 220万元，成为当地农村的主要产业之一。还有云南绥江县的‘绥江半边红李’，是绥江县农业农村局农业技术推广站与云南省农业科学院园艺作物研究所合作，选育出的云南地方李良种，2020 年种植面积达 10 万亩，投产 6. 65 万亩，产量 5. 32 万 t，产值 2. 76 亿元。

芝麻素是强抗氧化天然活性物质，具有抗病毒、抗炎、降胆固醇、抗癌等生理功能。通过精准鉴定，从千余份芝麻资源中发掘到‘ZZM4186’等 3 份特异高芝麻素种质，通过系选和种质创新，保留其高芝麻素优异性状，克服晚熟、抗病性差等缺点，作为高品质育种关键亲本加以利用，选育出迄今全球芝麻素含量最高新品种‘中特芝 2 号’，籽粒中芝麻素含量 11. 2g/kg，是普通品种的近 3 倍，比日本报道的全球最高品种‘Gomazou’高 32%。研究表明芝麻素能显著抑制肺癌 A549 肿瘤细胞增殖。以特异高芝麻素功能品种‘中特芝 2 号’为原料，将用于食品、医药、化工、保健品等领域，服务人民营养健康高质量生活需求，助力乡村振兴。

在粤港澳大湾区的珠江三角洲香蕉产区，由于香蕉枯萎病的影响，香蕉种植面积急剧下降，在利用优异资源培育成的抗枯萎病‘粉杂 1 号’新品种，由于抗病、抗风、耐涝且高产优质等优势，香蕉的栽培面积得到恢复和发展，重新见到连片绿油油的蕉园；在广东省中山市，‘粉杂 1 号’粉蕉每年的栽培面积就达 3 万多亩，每亩利润可达4 000元以上。在海南省各蕉区，前几年由于香蕉枯萎病的影响，种植面积急剧下降，最近由于抗枯萎病香蕉品种‘南天黄’的应用，栽培面积又恢复增加，许多丢弃或转种的蕉园重新种植香蕉，‘南天黄’香蕉每年推广面积达 30 万亩。

2017 年以来，国家热带果树圃（湛江）将澳洲坚果、芒果等 10 多种5 000株热带果树资源引进西藏察隅和墨脱，开展示范种植，生长良好，部分已开花结果，支持西藏群众走上致富之路。

（5）支撑科技创新与推动科技进步。利用国家棉花中期库（安阳）分发提供的抗逆、早熟种质‘Tamcot SP37’和早熟、优质性状种质‘锦 444’，相关单位育成适合我国西北内陆棉区种植的新品种‘中棉所 49’，该品种对全国棉花产业的稳定做出了卓有成效的贡献，“棉花品种中棉所 49 的选育及配套技术应用”获得 2014—2015 年度中华农业科技奖一等奖。利用国家油料中期库（武汉）分发提供的优异种质，相关单位育成了抗黄曲霉、抗青枯病花生新品种‘中花 6’花生品种，在接种条件下平均产毒比普通品种减少80%以上，使黄曲霉抗性资源鉴定和遗传分析作为“花生抗黄曲霉优质高产品种的培育与应用”创新点获得2015年湖北省科技进步奖一等奖。国家粮食作物中期库（北京）小麦种质资源课题组，利用小麦野生近缘2种资源创制了育种紧缺的高穗粒数、广谱抗病性等新材料392份，培育出携带冰草多粒、广谱抗性基因的新品种，驱动育种技术与品种培育新发展，其“小麦与冰草属间远缘杂交技术及其新种质创制”获2018年度国家技术发明奖二等奖。国家粮食作物中期库（北京）大豆种质资源课题组创制选育出抗病、优质、高产新品种17个，2006—2017年累计推广1.25亿亩，其成果“大豆优异种质挖掘、创新与利用”获2018年度国家科技进步奖二等奖。国家粮食作物中期库（北京）玉米种质资源课题组，针对玉米病害和干旱重大生产问题，发掘抗病抗旱优异种质资源186份，创制出多基因聚合优异新种质46份，育成新品种22个，引领了我国玉米抗病抗旱育种方向，其成果“玉米优异种质资源规模化发掘与创新利用”获2020年度国家科技进步二等奖。

（6）支撑科普宣传。国家库圃是进行生物多样性保护的重要科普宣传和学生教学实验基地。每年接待国内外专家、学生约5 000人次，提高了种质资源保护的公众意识，产生了长远的影响力和社会效益。

6 发展建议

（1）进一步重视种质资源收集、鉴定评价、编目和入库保存等基础性工作，确保战略资源质与量的同步提升。全国第三次普查收集资源正在陆续进行鉴定评价，鉴于目前从事种质资源工作以年轻人为主，在鉴定评价、繁种、编目等方面的实践经验尚有不足，因此需进一步加强鉴定评价、繁种、编目等基础性工作内容的培训，确保种质鉴定评价和编目数据的真实性、可靠性和规范化，这是种质资源工作的根基，须高度重视。内容包括：首先，依据各作物“种质资源描述规范和数据标准”，确定各作物的鉴定性状、鉴定地点和条件，以及鉴定次数，以便每一份资源的形态特征和生物学特性，以及抗逆、品质等得到充分表现，以便摸清每份资源的基本特性，尤其是资源的新颖性和特异性；其次，依照数据质量控制规范的鉴定方法和评价标准，准确记载鉴定评价数据；最后，需准确理解“种质资源描述规范和数据标准”护照信息和鉴定评价每个描述符的基本定义，以确保种质资源整理编目的护照信息和鉴定数据的客观、真实。高质量做好新增资源的鉴定评价和编目工作，是实现资源质与量同步提升的关键，意义重大。一方面可剔除重复收集的资源，避免资源的重复入库圃保存；另一方面通过摸清每一份资源的特征特性，为资源的直接或间接利用奠定良好的基础。

（2）加强离体种质保存技术研发，适时实施抢救珍稀特异资源入库圃保存国家计划，增强特异资源妥善保护和有效利用。根据美国农业部GRIN-Global网提供的数据，截至2022年4月，美国农业部农业研究局国家植物种质体系（National Plant Germplasm System，简称NPGS）收集保存种质资源603 408份，隶属植物学物种127 002个（https：//npgsweb. ars-grin. gov/gringlobal/taxon/abouttaxonomy）。我国国家库圃保存资源的物种仅2 458个，物种多样性种类相对较少。其很重要原因之一是缺乏濒危、古老地方品种和野生种等特异种质入库圃保存技术，致使大量珍稀特异资源仍散落野外，或收集引进后又重新丧失。保护这些珍稀资源具有很高的经济、生态和社会价值，是当今作物种质资源保护的焦点。国家库新库已建立了20万份容量的超低温保存库和10万份容量的试管苗保存库，因此建议应适时设立珍稀特异农作物种质资源抢救保存的国家计划，重点支持研究覆盖块根（茎）、茎尖、休眠芽、胚等各类种质载体的入离体库保存技术，破解濒危或低活力（临亡）珍贵、特异、古老地方种质缺乏入库技术的难题，攻克高存活、遗传稳定、广适性等超低温保存技术瓶颈，实现茎尖、休眠芽、花粉、胚轴等各类保存载体规模化离体保存，推动珍稀资源抢救入国家超低温库或种质圃集中妥善保存，以及重要无性繁殖作物资源的入超低温库长期备份保存。这对于珍稀资源的抢救保护和有效利用，以及提升库圃保存资源物种多样性意义重大。

（3）统筹规划布局库圃设施的建设，构建国家整体保护与利用平台，为种业振兴提供源头保障。经过20年来的发展，我国初步建成布局合理、分工明确的国家农作物种质资源保护设施体系，国家长期库、复份库、超低温库、原生境保护点的功能定位于种质资源战略保存为主，在外界资源出现绝种或找不到时，则需动用战略资源提供给中期库（种质圃），以供扩繁分发利用。中期库（含国家级和省级）、种质圃、试管苗的功能定位于各专业作物（或各省）种质资源鉴定评价、种质创新、优异种质展示和分发利用平台，成为源源不断向作物育种、农业科技创新和种业振兴提供优异种源的源头。目前，各省份在保存设施布局方面较为薄弱，鉴于种质库建设一次性投入较大，且今后需大量人力和物力来维护运行，因此各地在投资建设种质库时，首先应摸清资源拥有量的家底，合理布局库圃设施建设规划。各省至多建设一座作物类综合性种质库和若干个种质圃，承担全省各类资源收集保存、鉴定评价与分发利用工作，同时依托该种质库的单位，挂牌设立省级种质资源保护与利用中心，负责牵头协调省（自治区、直辖市）作物种质资源工作，为政府提供决策，并在业务上接受全国种质资源保护与利用中心指导，成为国家种质资源库圃整体设施体系的一部分。因此各省的保存设施建设应定位于具体区域特色的作物种质资源鉴定、发掘利用和供种分发的条件平台，为本区域的种业振兴和农业可持续发展提供源头保障。

（4）建立资源工作的合理人才评价机制和经费支持制度，以稳定资源基础性工作人才队伍，保障种业和农业原始科技创新的可持续发展。种质资源收集引进、鉴定评价和保存工作是一项基础性、长期性、稳定性、合作性的公益性事业。目前尚未建立专门针对从事种质资源基础性工作从业人员的考核和绩效评价机制，以SCI论文和获奖成果为导向的评价机制，致使种质资源工作队伍不稳定，吸引和稳定年轻人才十分困难，资源鉴定评价工作缺乏系统性和连续性。建立科学合理的种质资源考核评价机制已迫在眉睫，建议设立岗位科学家负责制，充分调动种质资源工作者的积极性和创造性。同时建立稳定的基础性工作政府财政经费支持制度，使种质资源走上稳定的发展轨道，让资源工作者潜心从事资源收集保存与鉴定评价，致力于筛选与发掘种业和原始科技创新所需种源，为确保种源自主可控提供可靠的物质保障。

参考文献

李锡香，沈镝，宋江萍，等，2016. 蔬菜种质资源［A］//刘旭，张延秋．中国作物种质资源保护与利用“十二五”进展［C］. 北京：中国农业科学技术出版社：123-150.

卢新雄，陈叔平，刘旭，2008. 农作物种质资源保存技术规程［M］. 北京：中国农业出版社：28-39.

卢新雄，辛霞，刘旭，2019. 作物种质资源安全保存原理与技术［M］. 北京：科学出版社：195-228.

邱丽娟，2016. 大豆种质资源［A］//刘旭，张延秋．中国作物种质资源保护与利用“十二五”进展［C］. 北京：中国农业科学技术出版社：54-60.

任国慧，吴伟民，房经贵，等，2012. 我国葡萄国家级种质资源圃的建设现状［J］. 江西农业学报，24（7）：10-13.

石云素，2016. 玉米种质资源［A］//刘旭，张延秋．中国作物种质资源保护与利用“十二五”进展［C］. 北京：中国农业科学技术出版社：46-53.

王述民，卢新雄，李立会，等，2012. 种质资源保护与利用 10 年回顾［A］//中国农业科学院作物科学研究所．中国作物种质资源保护与利用 10 年进展［C］. 北京：中国农业出版社：1-17.

王文辉，王国平，田路明，等，2019. 新中国果树科学研究 70 年——梨［J］. 果树学报，36（10）：1273-1282.

辛霞，尹广鹍，张金梅，等，2022. 作物种质资源整体保护策略与实践［J］. 植物遗传资源学报，23（3）：636-643.

杨欣明，李秀全，刘伟华，等. 2016. 小麦种质资源［A］//刘旭，张延秋．中国作物种质资源保护与利用“十二五”进展［C］. 北京：中国农业科学技术出版社：37-45.

尹广鹍，辛霞，张金梅，等，2022. 种质库种质安全保存理论研究的进展与展望［J］. 中国农业科学，55（7）：1263-1270.

国家库（北京）种质资源安全保存与供种利用

卢新雄，辛　霞，尹广鹍，张金梅，陈晓玲，刘运霞，何娟娟，黄雪琦，
陈四胜，王利国，张　凯，任　军，李　鑫，王建民，严　凯
（中国农业科学院作物科学研究所　北京　100081）

摘　要：2001—2021年，国家库研究团队围绕维持种质资源高生活力与遗传完整性，以及珍稀特异资源抢救入库圃保存的重大需求，研究提出种质衰老拐点理论，发展了珍稀特异资源高存活离体抢救技术、库存种质高效监测预警技术和维持遗传原真的繁殖更新技术，实现了种质资源“保、繁、入”关键技术的突破，创建了高水平的“四位一体”安全保存技术体系，新增超低温保存方式、新增离体备份机制、完善库圃运行管理机制，研制种质资源“保、繁、入”技术规范132项。支撑资源高质量入长期库保存125 651份（含离体种质1 370份），新增物种389个（含离体种质112个），显著延长了种质保存寿命，实现了低活力的拐点种质可预测和及时安全更新，有效地保障了国家库459 804份（含离体种质1 370份）战略资源的保存。已向国家中期库及其相关单位提供了8.4万余份用于扩繁提供分发利用和国家重大研发项目；同时指导了全国重要种质资源库圃建设230余个，支撑林木、药用、观赏、野生植物等320万余份资源安全保存，显著地推动了行业科技进步。

关键词：国家作物种质库；长期库；安全保存；供种利用

国家农作物种质资源库（以下简称国家库、长期库）建设始于20世纪70年代。1974年7月中国农业科学院向原农林部上报了“关于低温种子库基建设计任务书”的报告。1975年10月又上报“关于修建中国农作物品种资源库”的报告。1975年12月我国政府批准在中国农业科学院建设国家库1号库，以承担全国作物种质资源的长期保存工作。1号库于1978年12月动工兴建，1984年落成，1985年投入使用。该库总建筑面积为1 100m^2，贮藏温度为-10℃和0℃，未控制空气相对湿度，保存容量为23万份。该库于2000年扩建为国家农作物种质保存中心（也称国家粮食作物种质资源中期库），以承担全国粮食作物种质资源的中期保存与供种分发，于2002年竣工。国家库2号库于1984年8月在北京中国农业科学院动工建设，得到了美国洛克菲勒基金会和IBPGR部分资助，并于1986年10月在北京落成并投入使用，该库建筑面积为3 200m^2，贮藏温度为-18℃±2℃，相对湿度为50%±7%，保存容量为40万份。该库降温设备采用进口的风冷式制冷机组，除湿方式是冷冻除湿，是当时世界上较为先进的现代化低温种质库。至2009年，40万份保存容量已显不足，且缺试管苗库、超低温库和DNA库等保

存设施，远不能满足国家对种质资源保存、研究和利用的发展需求。国家库新库建设得到国家的高度重视，国家发展和改革委员会于2010年11月批复了新库项目建议书，2015年4月批复了新库可行性研究报告，2018年9月核定了新库初步设计概算，总投资2.6亿元。新库于2019年2月动工建设，2021年9月进入试运行。国家库功能定位：一是我国作物种质资源战略保存中心，承担全国各类作物种质资源的长期保存工作。二是种质保存技术研发中心，承担研发各类种质资源保存与保存质量检测新技术的工作，为提升种质资源保存多样性、保存质量及有效利用提供技术支撑。三是种质资源管理与共享服务中心，承担研发种质规范化管理和共享利用的信息网络技术的工作，为实现全国作物种质资源从收集、引进、鉴定、保存到供种分发的集中规范化管理提供信息技术支撑和服务。四是国家作物种质资源保护的人才培养和国际合作交流中心，是生物多样性保护科普宣传基地。新库种质保存容量提升到150万份，其中低温种子库110万份、试管苗库10万份、超低温库20万份、DNA库10万份，可满足今后50年我国作物育种、农业科技原始创新、现代种业发展等对作物种质资源的重大需求。本文从以下六个方面，介绍近20年来国家作物种质库的主要研究工作进展。

1　制定种子入库操作处理技术规范，提升国家库保存资源的数量与质量

制定了一套适合我国国情的长期库种子入库保存技术规范：完善种子入库操作处理程序和贮藏标准；获得高质量（高纯度、高净度、高生活力、无病害）和适宜贮藏含水量的入库种子及其相关种质信息；及时有效对保存种子进行生活力监测与更新（卢新雄等，2008，2019a），主要包括：①建立规范的入库处理程序，入国家库长期保存的种子需经过接纳登记、查重去重、清选、生活力检测、库编号编码、干燥、包装称重等一系列加工处理，最后存入-18℃冷库进行保存。②制定了各作物入库质量标准，如入库初始发芽率一般≥85%，种子含水量降至5%~7%（大豆8%），每份种质保存量一般不少于3 000粒。③优化种子干燥等前处理技术提高种质入库质量，多数作物种子主要采用“双十五”（温度10~15℃、RH 15%~20%）条件进行干燥处理；初始含水量较高的种子采用二阶式脱水技术，首先利用20~25℃、20%~30% RH条件将含水量降至12%~15%，然后在10~15℃、RH 15%~20%条件下再降至适宜贮藏的含水量。④引进现代化信息技术，以促进入库管理质量的提高，如条形码、粒数与重量的自动换算等技术的应用。⑤重视人员技术培训，以确保入库种子准确无误，如严格按照规范操作，加强关键环节、细节的质量把关，责任落实到人（检测记录和报告需签字），严防出错。⑥增加入库种质植物学分类、繁种单位、繁种地点、收集日期等信息，为未来库存种子质量监测分析和更新管理提供必要原始信息；同时要求将入库清单、检测报告等原始资料归档保存，操作人员每天做好日志记录工作，以便在出现差错或质量问题时，供溯源追查。

2001—2021年，新增入长期库保存种质资源124 281份，新增物种277个。截至2021年底，国家库已保存220多种作物458 434份种质，隶属于877个物种。图1是国

家库 1985—2021 年每 5 年入库保存数量增长情况。在收集保存的种质资源中，80%是从国内本土收集的。在国内资源中，地方品种资源占 60%，稀有、珍稀和野生近缘植物约占 10%，包括野生水稻资源 6 803份、野生大豆资源 9 685份、小麦特殊遗传材料 2 623份。此外，棉花、烟草、蔬菜、油菜、花生、牧草等作物中，均有野生近缘植物种质资源入库长期保存。

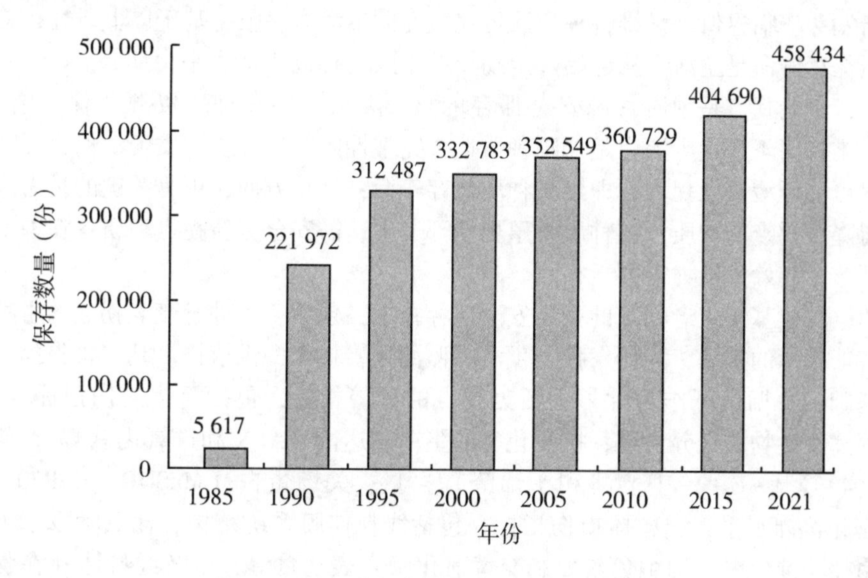

图 1　1985—2021 年国家库入库长期保存情况

2　构建了基于拐点理论的种质安全保存技术，支撑战略资源的妥善保存

确保库存种质资源的安全，即避免库存种质的发芽率降至过低或导致种质遗传完整性的丧失，是种质库管理者面临首要课题。国家库研究团队经过 20 多年系统研究，揭示了种质生活力丧失特性及其生物学机制，提出了基于种质衰老拐点的种质资源安全保存理论，创建了基于衰老拐点理论的种质安全保存技术体系（图 2）（卢新雄等，2019a，2019b；尹广鹍等，2022），并应用于国家库种质资源保存实践，其要点如下：

第一，种质衰老存在拐点的特性。种子保存过程中，生活力下降不是等速率的，典型的种子存活曲线呈现反“S”形，可分为 3 个阶段：阶段Ⅰ，即种子生活力下降相对缓慢的平台期，生活力维持在较高水平，在该平台期，定期相邻两次监测之间的生活力差异不显著；阶段Ⅱ，种子生活力出现了快速下降，即生活力丧失骤降期，一般相邻两次监测之间的生活力差异显著；阶段Ⅲ，又呈现一个生活力下降相对缓慢的平台期，此时生活力处于较低水平。由此种质在贮藏过程中，种子生活力丧失存在着由平台期转向骤降期的衰老拐点，经大量分析发现，其发芽率范围多为 70%～85%（卢新雄等，2003a，2019a，2019b；卢新雄和陈晓玲，2002；辛霞等，2013；Yin et al.，2016，2017）。

第二，种质低于拐点更新，其子代种质遗传完整性丧失。水稻、小麦、玉米、大豆、蚕豆等作物种质的发芽率低于衰老拐点更新时，子代种质稀有等位基因型频率、香农指数等遗传完整性指标显著下降（黎毛毛等，2019；余丽琴等，2019；张晗等，2005；王栋等，2010a，2010b；刘敏，2012），尤其是异质群体的地方品种。因此当种子生活力下降至衰老拐点时，进行更新才能维持种质的遗传完整性，也就是说拐点即是种质更新发芽率临界值，是维持种质遗传完整性的生活力底限。基于以上研究，首次确立了种质保存寿命是生活力从起始降至拐点的年限（即高生活力平台期）。

第三，衰老拐点是种质资源安全保存的核心要素，即在种质资源“保、繁、入”过程中，维持高于拐点生活力是保障种质遗传完整性的关键。在种质资源保存环节，一方面应尽可能延缓衰老拐点，即延长种质保存寿命；另一方面，更为关键的是需能预警出生活力降至拐点的种质；在种质繁殖更新环节中，需安全更新拐点种质；在种质入库的初始环节，起始生活力需高于拐点。

第四，构建基于衰老拐点的种质安全保存技术，包括：①种子衰老拐点的生物学机制及其特征指标的揭示，为研发种子生活力监测预警技术提供依据。基于丧失拐点的生理生化基础，发掘出可作为种子生活力拐点的预警指标，包括氧化损伤指标，如醇、醛、酮等挥发性物质组分含量，抗氧化酶的蛋白表达量（APX 和过氧化氢酶），羰基小分子醛（4-羟基-E-2-壬烯醛和丁烯醛）含量，关键蛋白（MnSOD、HSP70、APX 等）羰基化修饰水平；线粒体损伤指标，包括线粒体膜系统结构、耗氧呼吸水平、电子传递途径关键蛋白（细胞色素 c 和交替氧化酶）表达量等，以及线粒体（在骤降期无法分离纯化出线粒体）。利用上述指标，建立了基于电子鼻和光纤氧电极的拐点快速无损监测预警技术，及时快速预测出库存生活力降至拐点种质，避免库存种质生活力降至过低（Xin et al.，2014；Yin et al.，2016，2017；Fu et al.，2018；Chen et al.，2018）。②在确立种质衰老拐点为发芽率临界阈值基础上，构建了以衰老拐点种质为更新对象，以繁殖的地点、授粉方式、群体量等为关键的繁殖更新技术，以指导水稻、小麦、玉米、大豆等作物繁殖更新技术规程的研制（王述民等，2014）。③延长种质保存寿命即延长种子生活力从起始降至拐点的年限（高生活力平台期），因此需提高初始繁种质量，获得高初始质量的种子，优化种子入库干燥技术，获得适宜种子贮藏含水量，以最大限度延长高生活力的平台期。

创建的基于拐点理论的种质资源安全保存技术应用于国家库种质资源的安全保存实践，极大延长种质保存寿命，实现了拐点种质可预测，确保了国家战略资源的安全。对贮存 18~28 年的 38 种作物6 650份种质监测数据分析表明，所有监测作物平均发芽率都高于 70%（更新发芽率标准为 70%），其安全保存年限都长于 20 年（除莴苣贮藏年限 18 年外）（辛霞等，2011）。在耐贮性方面，水稻、玉米、大豆、海岛棉、大麦、燕麦、小扁豆、绿豆、菜豆、豌豆、花生、芝麻、西瓜等作物种子表现出较好耐贮性，胡萝卜、莴苣、洋葱、甘蓝等蔬菜作物种子耐藏性较差。总体上，国家库安全保存年限可达 30 年以上，与国外主要种质库相比，保存效果相对较好，其重要原因：一是保存条件维持较好，贮藏温度为-18℃，RH≤50%；二是制定了种子入库操作与保存质量标准，保证了种子具有高的入库初始发芽率和适宜贮藏的含水量等；三是制定了各作物种质资

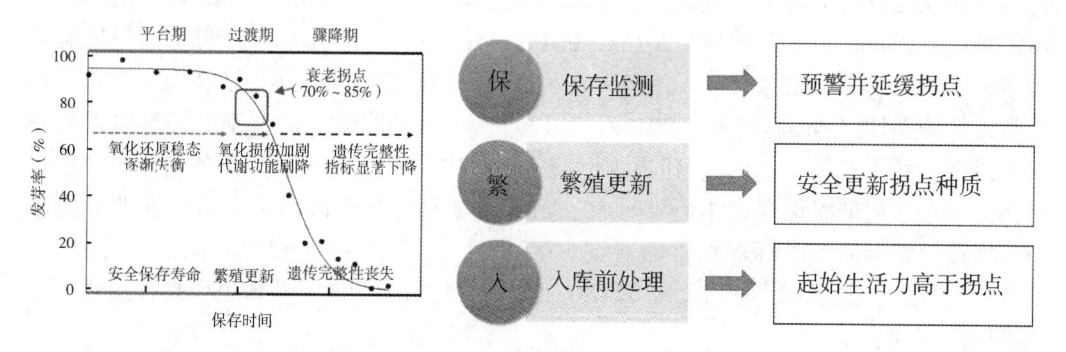

图 2　基于拐点理论的种质资源安全保存技术

源繁殖更新规程，要求在原产地或相近生态区进行繁殖，对种质资源种植管理过程，以及收获时种子干燥脱水等环节均有明确操作技术要求，确保了繁殖种子的高质量。同时也正是建立了基于拐点监测预警技术，实现了拐点种质可预测，并及时更新，避免了库存宝贵资源因生活力降至过低而导致资源得而复失（卢新雄，2019a，2019b）。

3　研制试管苗和超低温保存技术，实现珍稀特异种质资源的集中战略保存

我国国家库在 20 世纪 80 年代曾对马铃薯和甘薯种质资源进行试管苗保存，后将所收集保存的资源分别转到国家马铃薯试管苗库（克山）和国家甘薯试管苗库（徐州）进行归类集中统一保存。但由于国家没有建立其他无性繁殖作物的试管苗库，从国外引进或从国内野外考察新收集的无性繁殖作物种质资源，往往不能得到集中妥善保存，导致这部分种质资源得而复失现象非常严重。为此，我国国家库在 2001 年重新建立综合性试管苗库，以承担马铃薯、甘薯以外的无性繁殖作物种质资源集中保存，以及从国外引进无性繁殖作物种质资源的接收集中保存（卢新雄等，2019a）。截至 2021 年底，已优化山药、菊芋等 40 余种作物的试管苗保存技术，收集保存种质资源 546 份，隶属 81 物种，继代保存时间一般为 4～12 个月（陈辉等，2006；李洋等，2021），解决了长期以来无性繁殖作物新考察收集和引进资源频繁发生得而复失的问题。

针对在原生境或散落民间的许多珍稀、特异、古老地方品种等资源遭受病虫害、洪涝等灾害威胁，但因技术限制无法入库圃妥善保存的问题，国家库在 2001 年也重新开展离体种质超低温保存的研究，重点以茎尖、休眠芽、花粉、胚轴等为主要保存载体，开展了无性繁殖作物入库圃保存拯救技术研究。研发了马铃薯、苹果等超低温保存技术，明确了脱水、恢复培养等关键处理技术指标，成活率达 65%～95%；研制了桑树休眠芽段超低温保存技术、白术茎尖超低温保存技术、菊芋茎尖超低温保存技术、柚花粉超低温保存技术等（李俊慧等，2010；Bai et al.，2011；Chen et al.，2011；Zhang et al.，2014，2015a，2015b，2017a，2017b；张金梅等，2017；卢新雄等，2019a）。以茎尖、休眠芽等为研究对象，利用生理生化测定、细胞显微结构观察等手段，开展超低温

保存胁迫响应及存活再生影响研究，发现玻璃化渗透保护处理时诱发细胞显微结构和ROS响应（Zhang et al.，2014，2015a，2017a；Huang et al.，2018），明确了超低温处理条件下不同组织细胞存活特征，利用差示热量扫描测定热力学事件快速获得适宜玻璃化渗透保护条件（Zhang et al.，2015a，2017a），结合细胞学存活鉴别，促进研发效率显著提高（张海晶等，2015），建成了以花粉、茎尖、休眠芽（段）和胚轴为主要保存载体的国家库超低温保存技术研发平台，破解了珍稀特异资源因生态适应性差以及季节、病毒等影响而难以常规保存的难题（卢新雄等，2019a）。利用超低温保存技术，抢救了古桑王、野苹果等种质资源824份，开启了我国国家库无性繁殖作物种质资源超低温保存实践。

4　制定库圃种质资源保存技术规范，支撑了种质资源高质量保存和库圃运行零事故

牵头研究制定了库圃种质资源保存技术规范132个，其中涉及种质库、种质圃、试管苗库、超低温库4种方式的“保、繁、入”操作处理技术规范129个，以及库圃设施建设要求技术规范3个（卢新雄等，2008；王述民等，2014）。技术规范的制定，有力地促进了我国种质资源保存工作的规范化和标准化，提高了入库种质的保存质量，有效保障了库圃资源维持高生活力和遗传完整性。例如在国家库，禾谷类作物保存30余年后，其生活力几乎没有显著下降，据预测种质寿命可延长到50年以上；另外，研究制定的种质库、种质圃、离体库的设施建设技术规范3个，在国际上是率先制定的，提升了保存设施建设的规范化和标准化水平，也提高了应对地震等毁灭性灾害的能力，支撑了国家库建成了作物离体种质超低温库和综合性试管苗库，以及青海复份库的扩建。在国家层面上，为建立作物种质资源备份保存机制提供了可靠的设施保障，即种子类资源的长期库、复份库和中期库互为备份，无性类资源的种质圃与超低温库、试管苗库互为备份。此外，也制定了国家库圃操作和管理制度，保障日常操作技术环节无差错，确保国家库圃安全运行零事故。制定的132个规范已得到广泛应用，被农业农村部确立为行业操作规范。其中《作物种质资源库建设标准　低温种质库》和《农作物种质资源库操作处理标准　种质圃》两个标准，已通过专家组审定，向农业农村部上报了送审稿，待批准上升为行业标准。

5　构建“四位一体”作物种质资源安全保存技术体系，促进了行业科技进步

创建了高水平的国家“四位一体”作物种质资源安全保存技术体系（图3），新增超低温保存方式、新增离体备份机制、完善库圃运行管理机制、研制“保、繁、入”技术规范132项，撰写出版了种质资源安全保存领域的首部学术专著《作物种质资源安全保存原理与技术》（50万字），极大地推动了行业科技进步，且保存的种质资源得到了广泛应用，成效显著，荣获2020—2021年度神农中华农业科技奖一等奖。

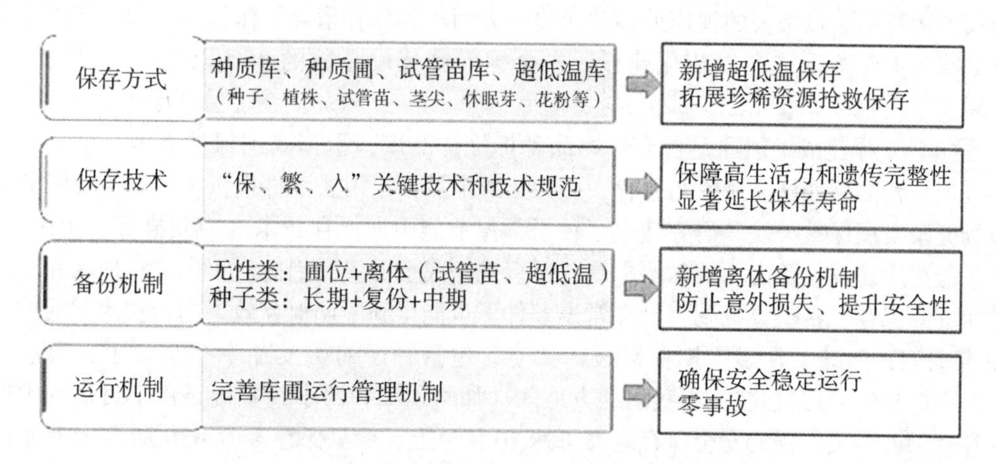

图 3　农作物种质资源“四位一体”安全保存技术体系

（1）近 20 年来，应用该技术体系支撑新收集农作物种质资源高质量入国家库和种质圃保存161 585份，新增物种 985 个，其中含有新疆野苹果等珍稀资源 389 个物种 1.9 万余份。新入保存资源中，地方品种、珍稀、野生资源约占 70%；库圃保存资源数量和物种多样性得到了同步提升，拓宽了作物育种的遗传基础，丰富了农业科技原始创新的物质基础。

（2）该技术体系对延长国家库种质资源保存寿命起到了重要支撑作用。生活力监测表明，与入库初始生活力相比，整体上监测生活力平均值均没有显著下降，禾谷类作物种质资源的安全保存寿命可达 50 年以上。同时，研究发展的基于衰老拐点的种质生活力快速无损监测和风险预警技术，预警出需更新的种质，避免了保存种质生活力降至过低，确保了 52.9 万份农作物种质资源的安全保存。同时，该技术体系在全国也得到推广应用，指导了 320 余万份林木、药用、观赏、野生植物等资源安全保存，而且促进种质保存寿命显著延长，从而可减少生活力监测和繁殖更新频次，达到节本降费的效果。

（3）制定的低温种质库、试管苗库、超低温库、DNA 库等保存设施的建设与设计技术规范，一方面对国家库新库建设起到重要支撑和指导作用，包括新库项目建议书、可研报告和初步设计方案的编制。经过农业农村部和国家发改委专家论证评审，项目的可研报告和初步设计方案分别于 2015 年和 2018 年获国家发改委批复，总投资 2.6 余亿元，建筑面积 2 万平方米。初步设计方案体现了现代化种质库的发展趋势，①大容量（150 万份）、体系化（包括低温库、试管苗库、超低温库、DNA 库）、智能化（资源库位管理存取与设备运行报警等）和信息化（数据管理及设备管控等）。②遵循安全性第一原则。整体设计首先符合安全性、可靠性要求，在此基础上要求先进性。库区的防震、防水（包括特大暴雨）、防火等按百年大计设防，供电按双路供给设置并加配移动电源。③工艺技术与指标先进。采用热气化霜除湿技术，以避免冷库在除湿化霜过程中结冰；种子干燥采用“双十五”技术，避免高温干燥可能对种子产生的潜在损伤。④自动化水平高。资源库存管理存取自动化，液氮罐液氮补充与环境监测，以及制冷除湿设备运行与故障报警的智能监控等。另一方面，支撑并指导了作物、林木、药用植物等230多个库圃设施的规范化建设，占全国库圃建设总数的85%以上，引领了行业发展。

（4）支撑建成了国际上首个作物品种标准样品库，承担我国保护品种、审定品种和登记品种的标准样品接收与保存，已为343个品种权司法案件提供物证，为我国种业市场健康发展保驾护航。研究建立了种子常温节能中期保存技术（卢新雄等，2019b），由于低温库建设投资大、技术要求高，运行维护成本昂贵，因此对于欠发达地区和一般种质资源保存，希望寻找到一种在常温条件下也能得到中期保存效果的新技术。通过近20年研究，明确了常温中期保存技术要点，包括种子初始发芽率90%以上、含水量5.0%~6.5%、密封包装，在我国北方地区（如哈尔滨和西宁）室温条件下可达到中期保存效果，一般作物的安全保存寿命可达10年以上，绿豆保存寿命可达20年。对于南方地区则可采用近似常温的节能库保存技术（保存温度15~20℃和相对湿度≤45%）（何娟娟等，2016），水稻、小麦等8种作物18个品种种子保存5年后，其发芽率没有出现显著下降。该技术通过智能温湿度联合控制程序，充分利用自然环境温度的变化调节库房内的温度湿度综合条件，可大幅缩短设备的运行时间，从而达到种子既能安全保存又能节能的目的，经测算相比0~2℃的中期库，节能近50%。种子常温节能中期保存技术的构建，为不具备低温保存设施的科研院校、育种单位、种子公司等提供了安全节能的中期保存技术，经济效益十分显著。

（5）国家库圃保存的资源约有28万份在生产上或外界消失，已成为孤品。因此，国家库圃资源持久安全保存对于传承我国农耕文明，保护农业生物多样性与生态安全做出了重要贡献。与此同时，保存资源发挥了战略支撑作用，已向国家作物中期库及其相关单位，提供外界已消失的资源8.4万余份，用于扩繁并向社会提供分发利用，以及供国家重大育种和科学研发项目的应急用种需求。据不完全统计，其中直接在生产上利用种质材料823个，支撑培育新品种765个，社会、生态、经济效益显著。

6 展望

（1）进一步加强种质资源安全保存理论与技术研究，以确保资源的持久安全保存。在低温种质库中，种子寿命可以延长至数十年甚至上百年，但因物种间种子耐藏性及种子贮藏前环境条件存在较大差异，且种子生活力丧失机制仍不清楚，因此需进一步深入研究种子衰老拐点、种质遗传完整性丧失及繁殖更新临界值等生物学机制，从分子水平上解析种子活力和遗传完整性丧失及其调控机制，获得预示种质衰老拐点的分子指标，为构建种质衰老监测预警技术和维持种质遗传完整性技术提供理论依据；加强贮藏前环境条件因素对种子生活力及其对种质寿命的影响，包括田间繁殖环境因素（栽培密度、水肥管理等）和成熟收获气候环境因素（适宜繁殖地区和季节），进一步构建种质安全保存的繁殖更新技术指标体系；重点研发快速、无损、智能化的种子生活力监测与预警技术，以实现对大容量库存种质的全覆盖快速生活力监测，并准确预测生活力出现骤降的种质批次，以实现库存资源的持久安全保存。

（2）加强离体保存技术的研究，推动珍稀资源抢救入国家超低温库保存。目前我国仍有大量珍稀特异资源尚未入库圃保存，其重要原因之一是缺乏濒危、珍稀古老地方品种和野生种等特异种质入库圃保存技术，致使这些资源仍散落野外，或收集引进后又重新丧失。研究发展离体超低温保存是保存这些物种资源的重要途径，国家库新库已建立了20万份容量的超低温保存库和10万份容量的试管苗保存库，因此，建议国家相关部门适时立项，重点支持研究覆盖茎尖、休眠芽、胚等各类种质载体的入离体库保存技术，破解濒危或低活力（临亡）、珍稀、古老地方种质缺乏入库技术的难题，攻克高存活、遗传稳定、广适性等超低温保存技术瓶颈，实现茎尖等各类保存载体规模化离体保存，支撑濒危、珍稀、古老树种等珍贵资源抢救入超低温集中妥善保存，同时支撑重要无性繁殖作物资源入超低温库长期备份保存。

（3）完善种质资源编目与入库操作技术规范，确保新增资源入库保存质量。全国第三次普查收集资源正在进行鉴定评价，并将送交国家库圃长期保存。鉴于目前从事种质资源工作以年轻人为主，缺乏编目方面的实践经验，因此有必要进一步加强编目工作的培训，确保种质鉴定和编目数据的真实性、可靠性和规范性。国家库也应重视种子入库清单填报信息的规范性，准确客观记载入库种质的分类、繁种地、繁种年份及其收集年份等信息，同时进一步完善种子入库前处理操作规程，以获取种质的图像、健康度、生活力（活力）、种子含水量等前处理数据，确保新增资源入库质量的同时，为预测预警库存种质保存寿命和风险管理提供必要和可靠的基础数据，以确保资源的长期安全保存和有效利用。

参考文献

陈辉，陈晓玲，陈龙清，等，2006. 百合种质资源限制生长法保存研究［J］. 园艺学报，33（4）：789-793.

何娟娟，卢新雄，栗钊，2016. 8种粮食和蔬菜作物种子短期节能储藏研究［J］. 中国种业（9）：57-60.

黎毛毛，辛霞，吴锦文，等，2019. 用于普通野生稻遗传完整性分析的引物组合及其应用：中国，ZL 201610044938. 2［P］.

刘敏，辛霞，张志娥，等，2012. 繁殖群体量及隔离对蚕豆种质遗传完整性的影响［J］. 植物遗传资源学报，13（2）：175-181.

李俊慧，何平，陈晓玲，等，2010. 香蕉离体茎尖超低温保存研究［J］. 植物遗传资源学报，11（1）：34-39.

李洋，张金梅，严俊鑫，等，2021. 花叶玉簪试管苗限制生长保存研究［J］. 植物遗传资源学报，22（6）：1668-1675.

卢新雄，陈叔平，刘旭，2008. 农作物种质资源保存技术规程［M］. 北京：中国农业出版社.

卢新雄，辛霞，刘旭，2019a. 作物种质资源安全保存原理与技术［M］. 北京：科学出版社.

卢新雄，辛霞，尹广鹍，等，2019b. 中国作物种质资源安全保存理论与实践［J］. 植物遗传资源学报，20（1）：1-10.

卢新雄，陈晓玲，2002. 水稻种子贮藏过程中生活力丧失特性及预警指标的研究［J］. 中国农业科学，35（8）：975-979.

卢新雄，崔聪淑，陈晓玲，等，2003. 小麦种质贮藏过程中生活力丧失特性及田间出苗率表现［J］. 植物遗传资源学报，4（3）：220-224.

王栋，卢新雄，张志娥，等，2010. SSR 标记分析种子老化及繁殖世代对大豆种质遗传完整性的影响［J］. 植物遗传资源学报，11（2）：192-199.

王栋，张志娥，陈晓玲，等，2010. AFLP 标记分析生活力影响大豆中黄 18 种质遗传完整性［J］. 作物学报，36（4）：555-564.

王述民，卢新雄，李立会，2014. 作物种质资源繁殖更新技术规程［M］. 北京：中国农业科学技术出版社.

辛霞，陈晓玲，张金梅，等，2011. 国家库贮藏 20 年以上种子生活力与田间出苗率监测［J］. 植物遗传资源学报，12（6）：934-940.

辛霞，陈晓玲，张金梅，等，2013. 小麦种子在不同保存条件下的生活力丧失特性研究［J］. 植物遗传资源学报，14（4）：588-593.

尹广鹍，辛霞，张金梅，等，2022. 种质库种质安全保存理论研究的进展与展望［J］. 中国农业科学，55（7）：1263-1270.

余丽琴，辛霞，黎毛毛，等，2019. 用于籼稻育成品种遗传完整性分析的引物组合及其应用：中国，ZL201610044390. 1［P］.

张晗，卢新雄，张志娥，等，2005. 种子老化对玉米种质资源遗传完整性变化的影响［J］. 植物遗传资源学报，6（1）：271-275.

张海晶，张金梅，辛霞，等，2015. 马铃薯茎尖超低温保存流程 TTC 活力响应［J］. 植物遗传资源学报，16（3）：555-560.

张金梅，闫文君，李雪，等，2017. 桃花粉低温和超低温保存方法比较研究［J］. 植物遗传资源学报，18（4）：670-675.

Bai J M，Chen X L，Lu X X，et al.，2011. Effects of different conservation methods on the genetic stability of potato germplasm［J］. Russian Journal of Plant Physiology，58（4）：728-736.

Chen X L，Li J H，Xin X，et al.，2011. Cryopreservation of *in vitro*-grown apical meristems of *Lilium* by droplet-vitrification［J］. South African Journal of Botany，77（2）：397-403.

Chen X L，Yin G K，Andreas B，et al.，2018. Comparative physiology and proteomics of two wheat genotypes differing in seed storage tolerance［J］. Plant Physiology and Biochemistry，130：455-463.

Fu S Z，Yin G K，Xin X，et al.，2018. The levels of crotonaldehyde and 4-hydroxy-（E）-2-nonenal and carbonyl-scavenging enzyme gene expression at the critical node during rice seed aging［J］. Rice Science，25（3）：152-160.

Huang B，Zhang J M，Chen X L，et al.，2018. Oxidative damage and antioxidative indicators in 48h germinated rice embryos during the vitrifcation-cryopreservation procedure［J］. Plant Cell Reports，37（9）：1325-1342.

Yin G K，Whelan J，Wu S H，et al.，2016. Comprehensive mitochondrial metabolic shift during the critical node of seed ageing in rice［J］. PLoS ONE，11（4）：e0148013

Yin G K，Xin X，Fu S Z，et al.，2017. Proteomic and carbonylation profile analysis at the critical node of seed ageing in *Oryza sativa*［J］. Scientific Reports，7：40611.

Xin X，Tian Q，Yin G K，et al.，2014. Reduced mitochondrial and ascorbate glutathione activity after artificial ageing in soybean seed［J］. Journal of Plant Physiology，171（2）：140-147.

Zhang J M，Han L，Lu X X，et al.，2017a. Cryopreservation of *Jerusalem artichoke* cultivars using an improved droplet-vitriication method [J]. Plant Cell, Tissue and Organ Culture, 128: 577-587.

Zhang J M, Huang B, Lu X X, et al., 2015a. Cryopreservation of in vitro-grown shoot tips of Chinese medicinal plant *Atractylodes macrocephala* Koidz. using a dropletvitrification method [J]. Cryo Letters, 36 (3): 195-204.

Zhang J M, Huang B, Zhang X N, et al., 2015b. Identification of a highly successful cryopreservation method (droplet-vitrification) for petunia [J]. In Vitro Cellular & Developmental Biology-Plant, 51 (4): 445-451.

Zhang J M, Lu X X, Xin X, et al., 2017b. Cryopreservation of *Citrus* anthers in the National Crop Genebank of China [J]. In Vitro Cellular & Developmental Biology-Plant, 53: 318-327.

Zhang J M, Zhang X N, Lu X X, et al., 2014. Optimization of droplet-vitrification protocol for carnation genotypes and ultra-structural studies on shoot tips during cryopreservation [J]. Acta Physiologiae Plantarum, 36: 3189-3198.

国家粮食作物中期库（北京）种质资源安全保存与有效利用

陈晓玲，辛　霞，尹广鹍，张金梅，刘运霞，何娟娟，黄雪琦，
张　凯，任　军，陈四胜，王利国，李　鑫，卢新雄
（中国农业科学院作物科学研究所　北京　100081）

摘　要：简要介绍了国家粮食作物种质资源中期库（北京）收集保存的主要粮食作物种质资源收集保存现状，总结和回顾20年来国家粮食作物中期库（北京）在资源安全保存技术、资源安全保存、资源有效利用等方面的研究进展，并对今后资源的研究方向进行展望。

关键词：粮食作物；种质资源；安全保存；有效利用

国家粮食作物种质资源中期库（北京）（以下简称国家粮食作物中期库）主要是保存以籽实供作粮食的禾谷类和以种子和嫩荚供食用的豆科作物种质资源，包括主要作物、小宗作物和食用豆三大类。主要作物有水稻、小麦、玉米、大豆4种；小宗作物有大麦、谷子、高粱、燕麦、荞麦、黍、稷等11种，食用豆有蚕豆、豌豆、绿豆、普通菜豆、小豆等17种。

水稻是禾本科稻属（*Oryza* L.）一年生草本植物，是人类重要的粮食作物之一，全世界有一半的人口以稻米为主食，是亚洲广泛种植的重要谷物，欧洲南部、热带美洲以及非洲和大洋洲的部分地区耕种与食用的历史也相当悠久。世界上栽培稻有两个种，即亚洲栽培稻又称普通栽培稻 *Oryza sativa* L. 和非洲栽培稻 *O. glaberrima* Steud.。前者分布于全球各稻区，后者现仅在西非有少量栽培。中国是亚洲栽培稻起源地之一。中国水稻栽培历史悠久，在《管子》《陆贾新语》等古籍中，均有约在公元前27世纪的神农时代播种“五谷”的记载，稻被列为五谷之一。考古证据表明栽培稻至少在11 000多年前已在我国长江中游地区得到驯化栽培（严文明，1982；Normile，1997）。在粮食作物中，稻种资源最为丰富。由于稻作地域广阔，生态环境多样，栽培历史悠久，形成了我国稻种资源丰富的多样性，为水稻产业发展提供了重要的物质保障。

小麦为禾本科小麦属（*Triticum* L.）一年生或越年生草本植物。小麦适应性强，分布广，用途多，世界上三分之一以上人口以小麦面粉制品为主要粮食。中国小麦分布遍及全国各地，南北近30个纬度，东西跨50多个经度，另外还有冬小麦和春小麦种植制度，因此，中国小麦品种各地差异很大（董玉琛和郑殿升，2006）。小麦属中有20多个种，栽培最广泛的是普通小麦 *T. aestivum*（L.）Thell，约占90%，其次为硬粒小麦 *T. durum*（L.）Desf.，约占10%，其他栽培种仅有零星种植。据考古学研究，小麦是新石器时代的人类对其野生祖先进行驯化的产物，栽培历史已有1万年以上。中国栽培小

麦历史悠久。1955年在安徽亳县钓鱼台发现的新石器时代遗址中发现有碳化小麦种子（安徽省博物馆，1957）。

玉米（*Zea mays* L.）为禾本科玉米属。玉米全身都是宝，是最重要的食物、饲料和工业原料来源之一，是人类赖以生存不可多得的宝贵资源。美国、中国和巴西是玉米的主产国。玉米的驯化历史已有8 000年以上，约在500年前传入中国。玉米的起源地公认为是美洲大陆，即从美国的南部，经墨西哥直至秘鲁和智利海岸的狭长地带。1494年哥伦布从美洲将玉米带回西班牙，随即传遍世界各地。玉米传入中国的时间据史籍记载大约在16世纪初期，因为安徽省北部颍州在1511年（明代）刊印的《颍州志》上就有关于玉米的记载。1578年李时珍著《本草纲目》中有“玉蜀黍种出西土”之句。中国一年四季都有玉米生长。玉米在中国的广泛种植，形成了重要的次生变异中心（董玉琛和郑殿升，2006）。

大豆属于豆科（Leguminosea）大豆属（*Glycine*）*Soja* 亚属的一年生草本植物。举世公认，大豆起源于中国，由中国传向世界各地。许多文字中大豆一词沿用了中国大豆的初文“菽”，拉丁名为 *Soja*，英文为 Soya 等都证明大豆起源于中国。中国种植大豆已有5 000年的历史，文字记载最早见于《诗经》，其中《豳风・七月》第六章诗云“七月烹葵及菽”。考古发掘有大豆出土，如河南洛阳烧沟汉墓出土的陶仓上有用朱砂写的“大豆万石”字样（方嘉禾和常汝镇，2007），山西侯马有黄豆出土（山西省文管会侯马工作站，1960）。中国的大豆品种类型极为丰富，根据大豆的种皮色、生育期和粒大小在栽培区和播种期类型的基础上可以划分为480群（王国勋，1987）。

中国粮食作物种质资源类型十分丰富。中国是禾谷类作物籽粒糯性基因的起源中心，稻、粟、黍、高粱和玉米等作物都有糯性品种；中国是禾谷类作物矮秆基因和作物雄性不育基因的起源地之一，如小麦的矮秆基因 *Rht3*（大拇指矮）和 *Rht10*（矮变1号），在国际稻（IR系统）选育中起了重要作用的水稻半矮秆基因 *Sd1*（低脚乌尖、矮子黏、广场矮等）和成功应用于杂交稻选育的海南岛普通野生稻（*Oryza rafipogon*）的细胞质雄性不育基因（董玉琛和郑殿升，2006）。我国水稻育种史上具有里程碑意义的两次飞跃就得益于半矮生基因（*sd1*）和雄性不育细胞质源（*cms*）的发掘和利用（程式华，2007）。

国家粮食作物中期库又称“国家农作物种质保存中心”，其前身是作物种质资源1号库，该库1978年12月动工兴建，1980年土建完工，1984年8月13日举行落成典礼。总建筑面积1 100m^2，冷库2间，温度为-10℃和0℃，面积为111m^{2}和214m^2，库内相对湿度不控制，设计库容量分别为8万份和15万份。由于当时技术水平所限，该库在使用和运行过程中存在实际温度达不到要求等问题。1997年10月农业部批复立项（农计函〔1997〕126号文），将作物种质资源1号库改建为“国家农作物种质保存中心”，保留原国家种质库1号库土建部分（建筑面积1 400m^2），更换制冷、除湿、库体保温墙及全部附属设备，并另新建冷库700m^2。在随后的初步设计过程中，设计专家多次提出，如果在保持原旧库体基础上，库温难以达到-18℃的要求。1999年6月3日农业部农计〔1999〕71号文重新批复立项，批准建设保存中心，拆除原1号库。2000年3月13日农业部发展计划司农计基建〔2000〕28号文“关于国家农作物种质保存中心项目初步设计及概算的批复”，核定工程建筑面积3 377m^2，其中种质保存冷库

1 514m²，临时库 219m²，实验辅助用房1 644m²。之后农业部同意进行加层建设，总建筑面积5 377m²，其中种质保存冷库1 514m²，临时库 219m²，实验辅助用房3 644m²。保存冷库 18 间，温度-18℃或-4℃，相对湿度≤50%，保存容量 60 万份。该工程于2000 年 12 月 26 日奠基，2001 年 3 月 1 日正式开工，2002 年底投入使用，2005 年 4 月通过农业部专家组的工程验收。该库的功能定位是负责全国粮食作物种质资源的收集整理、中期保存、特性鉴定、供种分发和国际交流，主要作物包括水稻（北方）、小麦、玉米、大豆、食用豆、大麦、高粱、谷子、黍稷、燕麦、荞麦、野生大豆、野生稻、小麦近缘植物等。

截至 2021 年 12 月底，国家粮食作物中期库已保存 32 种主要粮食作物种质资源246 915份，保存量位居世界前列。

1　种质资源安全保存技术

国家粮食作物中期库保存的水稻、小麦、玉米、大豆、食用豆、小宗作物种质资源的形态为种子、种茎、种苗等具有生命的物质材料，以可以在低温、低湿条件下进行长期保存的正常性种子为主。小麦野生近缘植物采用种质圃种茎保存。野生大豆还建立了原生境保护点进行保护。

1.1　资源入库保存技术与指标

资源入库保存技术　入库保存的种子，为新收获或当季收获种子，无明显病虫损害，净度不得低于 98%，未受损伤和药物处理。种子入库包括接收登记、信息核对、清选、发芽率测定、库编号编码、种子干燥、含水量测定、密封包装、中期库定位保存等工作程序。其中，种子清选采用机选结合人工清选的方式；种子干燥则采用“双十五”，即干燥温度 15℃、相对湿度 15%的平衡干燥方式，以降低干燥对种子活力的影响；种子密封包装采用马口铁种子盒和铝箔袋两种形式。种子盒主要用于保存谷子和黍稷等小粒种子。

资源保存指标　入库种子含水量为 5.0%~8.0%，保存量和发芽率的最低要求见表 1。

表 1　种子入库保存量和发芽率标准的最低限

作物名称		发芽率（%）	保存量	备注
水稻	栽培种	≥90	150~200g	南方粳稻发芽率 85%
	野生种	—	500~1 000 粒	
	特殊遗传材料	≥85	200 粒	
小麦	栽培种	≥85（国内）、≥80（国外）	200g	
	稀有种	≥80	3 000 粒	
	野生近缘种	—	3 000 粒	
玉米	栽培	≥85	500~1 000g	
	自交系		400~800g	
	甜糯及国外材料	≥80	400~800g	

（续表）

作物名称		发芽率（%）	保存量	备注
大豆	栽培种	≥85	250g	长江以南85%
	野生大豆	≥80	30g	长江以南85%
大麦	栽培种	≥80	200g	
	野生种	≥70	80g	
燕麦	栽培种	≥80	200g	
	野生种	≥70	80g	
荞麦	苦荞	≥80	150g	野生种发芽率50%
	甜荞	≥70	80g	野生种发芽率50%
高粱		≥75	150g	
粟	栽培种	≥80	100g	
黍稷		≥80	100g	台夫50%
豇豆		≥85	300~350g	
绿豆		≥85	250~300g	
小豆		≥85	250~300g	
豌豆		≥85	300~400g	
普通菜豆		≥85	400~500g	
蚕豆		≥85	750~1 200g	

1.2 资源监测

中期库保存条件监测 中期库温度、湿度等关键指标采用自动记录、每日检查的形式监测，保证中期库低温、低湿的稳定环境条件。

活力监测 同一批次入库保存种质每隔5年抽样测定发芽率，抽样比例为10%~15%。

1.3 繁殖更新技术与指标

繁殖更新技术 不同作物的繁殖更新技术要求不同，需根据不同作物种质资源类型［地方品种、选育品种或品系、综合品种（群体）、自交系、杂交种、稀有种、非整倍体（特殊遗传材料）、近缘野生资源和突变体］采取不同的繁殖更新方法和技术，以保持种质在繁殖更新过程中的遗传完整性和种子质量，使其在科学研究和生产中长期有效地得到利用。在优先采用现有数据库中的描述符和描述标准的基础上，以已有目录为依据，以繁殖更新过程中的调查性状数据为事实，相互比对，保证库存种质资源的准确性。主要技术要点包括种质资源类型、种植地区和地点、种植群体数量、种植方式、性状记载（农艺性状和植物学特征）、田间管理（肥水、栽培措施）、田间去杂、数据采集和性状核对、照片拍摄、收获、种子核对和包装、质量检查和入库保存等。

繁殖更新指标 当抽样种子发芽率低下或当种子将用尽时，对该份种质进行更新繁殖。

繁殖更新流程

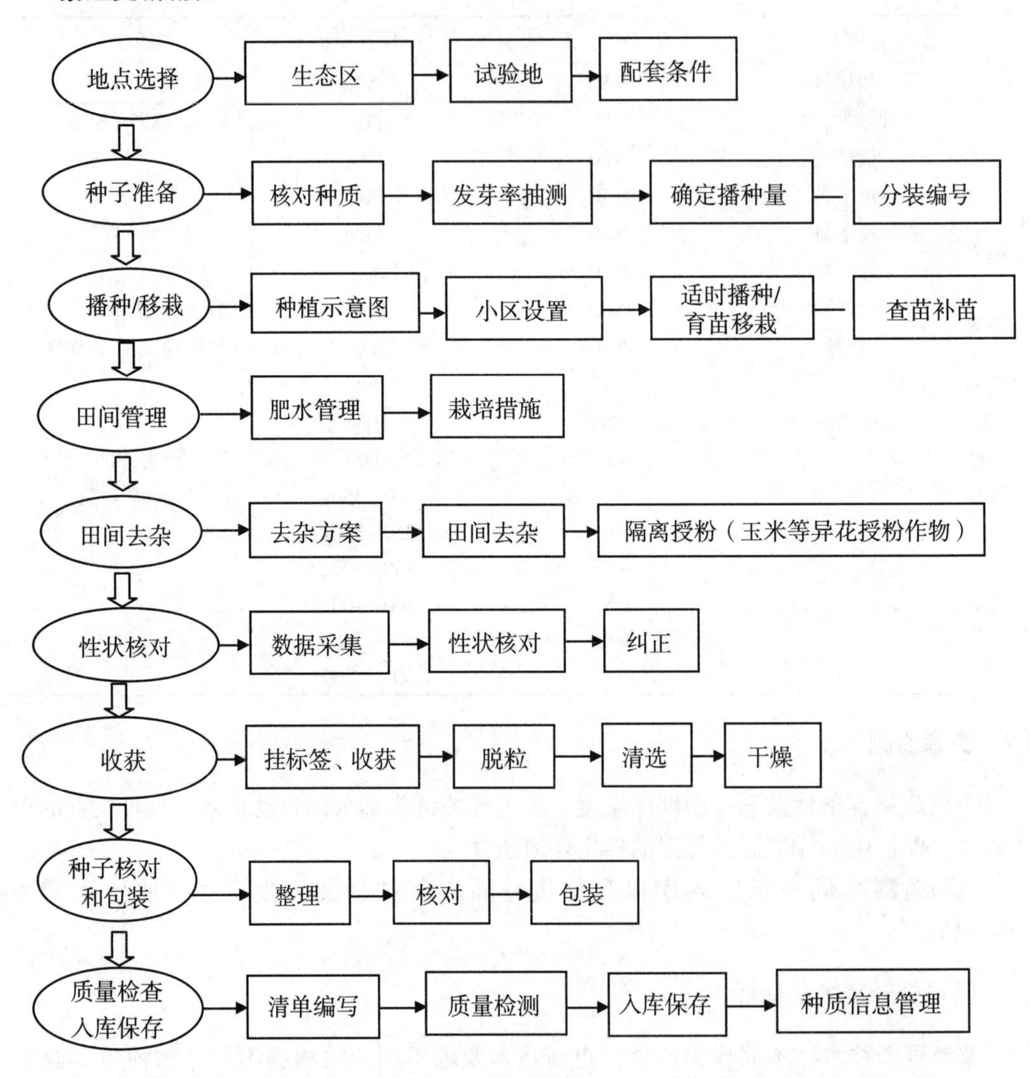

2 种质资源安全保存

2.1 资源保存情况

2002 年国家粮食作物中期库建成以后，入库保存材料主要分为以下两类：①中期库分发共享种质。这些种质需按规定数量提交和发芽质量检测合格后（表 1），方进行干燥和包装入库保存，保证有足够的分发种子量，也延长了种子的贮藏寿命。②种质材料及育种亲本等，包括新考察收集和引进的待整理资源，创新的中间材料，以及实验材料和育种亲本等。截至 2021 年 12 月，国家粮食作物中期库已保存 32 种分发共享作物种质资源246 915份，种质材料及育种亲本等 16 余万份。

2002 年启用当年就入库保存分发共享种质 14 307份（占保存总量的 5. 80%），5 年后（2002—2006 年）保存 136 748（占保存总量的 55. 39%），10 年后（2002—2011 年）保存199 491份（占保存总量的 80. 80%），15 年后（2002—2016 年）保存230 959 份（占保存总量的 93. 54%），20 年后（2002—2021 年）保存 246 915（占保存总量的 100. 00%）。

表 2　国家粮食作物中期库资源保存情况统计表（截至 2021 年 12 月）

作物名称	种质份数（份）		物种数（个）	
	总计	其中国外引进	总计	其中国外引进
野生稻	800	50	3	2
栽培稻	43 596	8 745	2	0
小麦	29 214	20 191	65	39
玉米	23 472	3 919	2	2
栽培大豆	30 374	3 043	1	1
野生大豆	4 996	0	1	0
食用豆	74 665	15 173	14	7
小宗作物	39 798	10 078	66	58
合计	246 915	61 199	154	109

2.2　保存特色资源情况

2002—2020 年，在“农作物种质资源保护与利用项目”的支持下，对国家粮食作物中期库保存资源进行了部分鉴定评价，筛选获得了一些特色优异资源。

（1）抗病种质。抗水稻纹枯病的水稻种质沈农 265、靖粳 7 号、IR3380-13、IR 78525-140-1-1-3 等；高抗小麦条锈病的小麦种质陇鉴 64、贵农 22、Syn-CD780 等；抗赤霉病的小麦种质宁 8164、川 80-1283 等；高抗玉米大斑病和高抗丝黑穗病的玉米种质龙 0207、吉 846、哲 4688、Oh43-2 等；抗纹枯病的玉米种质黄包谷（00232012）、紫红玉米（00724007）等；抗粗缩病的玉米种质 08F241、辽 68 等；抗拟轮枝镰孢穗腐病的玉米种质沈 11-11、丹 599 等；兼抗大豆疫霉根腐病多个小种的大豆种质文丰 7 号、科新 4、鲁豆 4 号等；高抗锈病的野生大豆种质 ZYD05173；抗菌核病的大豆种质垦丰 10 等（中国农业科学院作物科学研究所，2012；刘旭和张延秋，2016）。

（2）抗虫种质。抗水稻二化螟的水稻种质原陆旱、INTI、IR 80420-B-22-2、藤系 180 等；高抗褐飞虱的水稻种质 IR 32720-138-2-1-1-2、IR74286-55-2-3-2-3 等；抗长管蚜的小麦种质徐州 15、徐州 25、白蜈蚣麦、丰强 4 号、苏邳麦 1 号等；抗大豆孢囊线虫 4 号小种的大豆种质灰皮支黑豆、晋品 82 等（中国农业科学院作物科学研究所，2012；刘旭和张延秋，2016）。

（3）抗逆境种质。水稻孕穗期强耐冷种质铁9868、06-2405、岁华、龙立、山形80、云粳12、沾粳9号、珍富15、日引A16、MALIXIU、BNA128、BNA290、BNA312、BNA313、BNA711、BNA774、BNA872、BNA877等。小麦全生育期强抗旱种质石家庄407、延安18、兴263、平阳1号、阿特拉斯66、京411等；小麦耐旱性极强种质中作83-50003、品冬904017-9、石84-7085、泰山7号、烟中1934等；小麦耐湿性极强种质烟C228、冀资辐85-2712、品冬4615-5、廊8505、品冬904024-6、河波小麦等。玉米全生育期强抗旱种质L0075、综03、白包谷、金皇后、遵90110、CN165、SW-20等；玉米耐旱性极强的种质CN788、赤L376、早215、米毫及子包谷等。大豆全生育期强耐盐种质元宝金、N31、皖豆13等；大豆耐旱性极强种质大白眉、茶豆等；大豆耐酸铝性种质锦豆34、铁丰23等；大豆极强耐盐性种质石豆2号、汾豆60等（中国农业科学院作物科学研究所，2012；刘旭和张延秋，2016）。

（4）品质特性突出种质。蛋白质含量高、直链淀粉含量低的水稻双优种质New bonnet、BNA66、BNA85、BNA108、BNA109等。具有优异蛋白亚基组合的小麦种质湘1433、涡80、花培726、百泉565、云麦27、晋麦67号、淮麦18、徐6142、中江971、川80-1283、豫8826（春）、保丰09-2、烟农0761；具有良好加工品质的强筋小麦花850512、中4等。高蛋白豌豆种质G4315（Jugeva Kirju）、G4308（PERFECTION）、G4560（白豌豆）等（中国农业科学院作物科学研究所，2012；刘旭和张延秋，2016）。

2.3 种质资源抢救性收集保存典型案例

地方品种‘京租’原产于辽宁省桓仁满族自治县，20世纪50年代初收集并入国家作物种质库保存（国家统一编号05-00012）。20世纪60年代‘京租’品种在当地一度濒临失传，20世纪80年代国家种质库通过辽宁省水稻所把‘京租’品种提供给桓仁县农业科学研究所，之后该品种在当地生产上小面积种植应用。进入21世纪，尤其近10年来，‘京租’品种得到当地农业技术推广中心的高度重视与稻农和稻米消费者的广泛关注。2013年‘京租’品种被列为辽宁省第二批农业文化遗产名录，2014年被农业部列为国家农产品地理标志登记保护产品。在当地‘京租’品种每年种植面积为2 000亩左右，其稻米有独特清香味，米饭清香可口，先后以“京租”牌大米、“官地”牌大米商标在国家工商总局注册，“京租”稻米已成为当地供应高端米市场的主要产品。为了通过提纯复壮‘京租’品种更好地推动“京租”稻米的产业化发展，根据当地对原始‘京租’品种的需求，国家粮食作物中期库2016—2017年冬季从国家作物种质库取出20世纪50年代收集的原始京租、无芒京租、紧码京租等特色地方品种，经海南繁殖后提供给桓仁县农业技术推广中心。提供的原始‘京租’系列地方品种在当地种植后长势及农艺性状表现优良，比当地近20年来一直种植的‘京租’地方品种的丰产性更优良，抽穗期早7天。‘京租’品种的深度发掘具有潜在商业价值，为当地稻米产业化的健康发展提供了有力的资源支撑（引自2017年韩龙植提供的保种总结）。

3　保存资源的有效利用

2002—2020 年，国家粮食作物中期库向中国科学院、中国农业大学等全国3 661个科研院所、高等院校、政府部门、农技推广机构、合作社、企业、种植户等提供水稻、小麦、玉米、大豆、食用豆和小宗作物种质资源539 994份次，用于开展科学研究、育种亲本、直接筛选利用、国际交换、标本展示、环境治理、生态景观及创意农业等。

3.1　支撑育种和种业发展

国家粮食作物中期库 20 年间向全国育种、科研、教学和生产单位公益分发各类优异资源，培育出一批（267 个）作物新品种，产生了较大的社会经济效益。例如，将优质、耐冷水稻种质‘秋田小町’和‘北陆 128’提供给吉林省农业科学院水稻研究所育成了‘长白 10 号’和‘吉粳 78’；将高抗白粉病、条锈病普通小麦‘簇毛麦 6VS/6AL 异位系（Pm21）’提供给南京农业大学细胞遗传研究所、四川省内江市农业科学院和西北农林科技大学，分别育成‘南农 9918’‘内麦 8 号’‘远丰 175’等；将玉米种质‘ZKZS289’和‘H111426’分别提供给石家庄市农林科学研究院和河北巡天农业科技有限公司，分别育成抗倒、中大穗、高产、稳产的‘石玉 10 号’和高产、高耐密、抗倒、抗病的‘巡天 1102’品种；将高产、抗倒性强、高抗大豆花叶病毒病的大豆种质‘中品 661’提供给河北省农林科学院粮油作物研究所和云南省德宏州农业科学研究所，分别育成了第一个高油（24. 1%）国审品种‘冀黄 13’和综合性状优良的冬大豆品种‘德大豆 1 号’；中国农业科学院作物科学研究所利用‘中品 661’育成中黄 59、中黄 61、中黄 66 和中黄 67。

3.2　支撑成果奖励

以国家粮食作物中期库提供的种质资源为试材支撑“小麦种质资源重要育种目标性状的评价与创新利用”（2014 年）、“中国野生稻种质资源保护与创新利用”（2017 年）、“小麦与冰草属间远缘杂交技术及新种质创制”（2018 年）、“大豆优异种质挖掘、创新与利用”（2018 年）和“玉米优异种质资源规模化发掘与创新利用”（2020 年）国家科技进步（技术发明）奖二等奖 5 项以及“江西水稻优异种质资源发掘、创制研究与应用”和“大豆导入系构建及有利隐蔽基因挖掘”等省部级奖 41 项。

3.3　支撑重大项目（课题）和科学研究

国家粮食作物中期库保存的资源支撑国家“973”重大项目、国家“863”项目、国家科技支撑计划、国家自然科学基金、国家重点研发计划、产业技术体系、农业部公益性行业专项等 600 余项。例如，支撑“农作物核心种质构建、重要新基因发掘与有效利用研究”“主要农作物骨干亲本遗传构成和利用效应的基础研究”国家“973”重大项目以及“主要粮食作物种质资源精准鉴定与创新利用”国家重点研发计划项目等。

3.4 支撑论文论著

支撑《Nature Genetics》等重要研究论文500余篇，重要著作45部。如中国农业科学院作物科学研究所特色农作物优异种质资源发掘与创新利用团队，联合国内外6家科研机构，在对6 500余份普通菜豆种质资源进行表型分析的基础上，筛选出来自19个国家的683份核心样品，并对其进行了全基因组重测序，构建出国际首张精细的菜豆单倍型图谱；并在纬度跨度、光照时间长短差异明显的四地（黑龙江哈尔滨、河南南阳、贵州毕节和海南三亚）开展了历时三年的主要农艺性状表型鉴定，明确了菜豆种质资源的遗传多样性和群体结构特点，为培育高产与抗病的菜豆提供了宝贵的遗传资源。相关研究成果于2019年以长文在线发表于《Nature Genetics》。另外，保存和分发资源还用于《21世纪初云南稻作地方品种图志》《中国稻种资源及其核心种质研究与利用》《中国大豆品种资源目录续编Ⅲ》和《中国食用豆类品种志》等45部著作的撰写与出版。

3.5 支撑资源展示、科普、媒体宣传

国家粮食作物中期库在141个点进行水稻、小麦、玉米、大豆、食用豆和小宗作物田间资源展示，展示优异资源19 351份，接待科研院所、大学、企业以及个人7 381人次进行田间观摩会，现场预订优异种质材料25 630份次，为国家粮食作物的持续创新提供了材料支撑；开展科普宣传，展示资源1 170份。

3.6 典型案例

国家粮食作物中期库通过数据整理，摸清现有大豆资源的主要特征特性，分析重要资源遗传背景，结合田间现场展示与观摩，共享资源。中国科学院武汉植物研究所Guo等利用提供的1年生野生大豆进行群体结构研究，发现来自东北及南方野生大豆的群体结构模式相同，而黄淮海区域野生大豆与以上两区域有差别，研究结果于2012年发表在《Annals of Botany》。种皮透性对大豆种质的驯化研究及种子营养品质的改良有重大意义，Sun等在大豆第二染色体定位了一个控制种皮透性的位点 *GmHs1-1*，其编码 calcineurin-like met allophosphoesterase 跨膜蛋白，并利用国家粮食作物中期库大豆课题组构建的微核心种质对 *GmHs1-1* 的不同等位变异分布进行研究，在195个地方品种中有186个品种含等位变异 *Gmhs1-1*，9个品种含等位变异 *GmHs1-1*，研究结果于2015年发表在《Nature genetics》。

4 展望

4.1 收集保存

我国保存资源中，外引资源仅占18%左右。而美国保存资源中，外引资源占了80%。因此，应重点开展有目的地从作物起源地及多样性富集国家引进国外种质资源，

加强同这些重点地区进行交流与合作，开展种质资源的联合考察、技术交流，建立联合实验室，共享研究成果和利益，加大优异资源引进和交换力度，拓展和丰富我国保存种质资源的多样性，实现保存数量和质量的同步提高。

4.2 编目与繁殖入库保存

持续开展新收集种质资源编目和繁殖入库保存。对第三次普查征集、抢救性收集和交换的新种质资源，按照各作物的全国统一编目要求和相关规定，对其基本农艺性状鉴定清楚后进行全国统一编目和繁种入库保存，并对入库的资源进行数据和信息的规范化处理，建立作物种质资源信息库。

4.3 安全保存技术

低温种质库保存是作物种质资源最主要的保存方式。近年对长期库种质活力监测结果表明，部分种质不到 20 年（安全保存年限内）就出现生活力下降（卢新雄等，2019）。更有报道称种质库 50%以上样本贮藏期间活力丧失或在种质更新后发生遗传漂变。另外，国家蔬菜资源中期库对保存 21~30 年的 6 种葱属种子的生活力监测研究报道，6 种葱属种子的生活力均呈现显著下降趋势，其中以分葱和洋葱最为严重，近 1/3 的监测种子丧失了生活力，87.38%的监测种子需要繁殖更新（武亚红等，2020）。因此，应加强开展种质库安全保存理论与技术研究，研究物种及品种间种子贮藏寿命的差异，种质活力水平、繁殖群体量、繁殖地点、繁殖方式等影响种质遗传完整性的繁殖更新技术，低活力或临亡种质资源拯救技术等。

4.4 挖掘利用

优异种质资源利用是种业跨越式发展的关键。通过多个适宜生态区的多年表型精准鉴定和综合评价，以及全基因组水平的基因型鉴定，筛选挖掘具有高产、优质、广适、多抗、资源高效利用、适应机械化等重要性状突出的关键基因和关键种质，通过远缘杂交、理化诱变、生物育种等技术手段，向主栽品种导入新的优异基因，剔除遗传累赘，规模化创制遗传稳定、目标性状突出、综合性状优良、育种可直接利用的突破性种质，以有效解决我国资源丰富但育种关键亲本匮乏的问题，为种业振兴提供高效服务。

参考文献

安徽省博物馆，1957. 安徽新石器时代遗址的调查［J］. 考古学报（1）：21-30.

程式华，2007. 现代中国水稻［M］. 北京：金盾出版社.

董玉琛，郑殿升，2006. 中国作物及其野生近缘植物（粮食作物卷）［M］. 北京：中国农业出版社.

方嘉禾，常汝镇，2007. 中国作物及其野生近缘植物（经济作物卷）［M］. 北京：中国农业出版社.

刘旭，张延秋，2016. 中国作物种质资源保护与利用“十二五”进展［M］. 北京：中国农业科学技术出版社.

卢新雄，辛霞，刘旭，2019. 作物种质资源安全保存原理与技术［M］. 北京：科学出版社.

山西省文管会侯马工作站，1960. 1959 年侯马“牛村古城”南东周遗址发掘简报［J］. 文物（4）：10-14.

王国勋，1987. 中国栽培大豆品种分类研究：I. 分类的原则、模式、要素及标准［J］. 中国油料（1）：3-8.

武亚红，王海平，李锡香，等，2020. 国家蔬菜资源中期库中不同葱属蔬菜种子生活力监测［J］. 植物遗传资源学报，21（3）：648-654.

严文明，1982. 中国稻作农业的起源（续）［J］. 农业考古（2）：50-54.

中国农业科学院作物科学研究所，2012. 中国作物种质资源保护与利用 10 年进展［M］. 北京：中国农业出版社.

Guo J, Liu Y F, Wang Y S, et al., 2012. Population structure of the wild soybean (*Glycine soja*) in China: implications from microsatellite analyses [J]. Annals of Botany, 110: 777-785.

Normile D, 1997. Yangtze seen as earliest rice site [J]. Science, 275 (5298): 309.

Sun L J, Miao Z Y, Cai C M, et al., 2015. *GmHs1-1*, encoding a calcineurin-like protein, controls hard-seededness in soybean [J]. Nature Genetics, 47 (8): 939-945.

国家水稻中期库（杭州）种质资源安全保存与有效利用

魏兴华，袁筱萍，章孟臣，冯　跃，杨窑龙，余汉勇，徐　群，王一平
（中国水稻研究所　杭州　311401）

摘　要：亚洲栽培稻（*Oryza sativa* L.），通称水稻，是禾本科稻属一年生草本粮食作物。中国是水稻重要的起源地，种质资源极为丰富，为水稻育种和产业发展提供了重要的物质保障。本文简要介绍了国内外水稻种质资源收集保存现状，总结和回顾20年来国家水稻种质资源中期库（杭州）在资源安全保存技术、资源安全保存、资源有效利用等方面的研究进展，并对今后资源的研究方向进行了展望。

关键词：水稻资源；安全保存；有效利用

水稻，即亚洲栽培稻（*Oryza sativa* L.），是人类重要的粮食作物之一，全世界有一半的人口以稻米为主食，是亚洲广泛种植的重要谷物，欧洲南部、热带美洲以及非洲和大洋洲的部分地区耕种与食用的历史也相当悠久。我国是栽培稻种植历史最悠久的国家之一，考古证据表明栽培稻至少在11 000多年前已在我国长江中游地区得到驯化栽培（严文明，1982；Normile，1997）。大量出土的古稻作遗迹、广泛分布的野生稻以及国内外稻作学者的研究已公认，中国栽培稻种起源于中国（Huang et al.，2012），中国是亚洲栽培稻起源地之一。由于稻作地域广阔，生态环境多样，栽培历史悠久，形成了我国稻种资源丰富的多样性，为水稻产业发展提供了重要的物质保障，我国水稻育种史上具有里程碑意义的两次飞跃就得益于半矮生基因（*sd1*）和雄性不育细胞质源（*cms*）的发掘和利用（程式华，2007）。国家水稻种质资源中期库（杭州）（以下简称国家水稻中期库）是1981年6月国务院批准建立的中国水稻研究所的重要组成，主体建筑位于中国水稻研究所富阳试验基地，1989年开工建设，1991年1月24日正式启用，其功能定位是资源收集整理、中期保存、特性鉴定、交流和分发利用。截至2021年12月，已保存国内30个产稻省、自治区、直辖市以及国外75个产稻国和4个国际研究机构的各类水稻资源80 968份，保存量位居世界前列。

我国十分重视水稻种质资源的保护与挖掘利用，目前，已形成北京国家农作物种质资源库、青海农作物种质资源复份库、国家水稻中期库、国家广州野生稻圃、国家南宁野生稻圃，以及海南、广东、广西、云南、湖南、江西和福建7省（区）共30个野生稻资源原生境保护点的安全保存体系，安全保存地方品种、选育品种、杂交稻资源（三系、两系）、遗传测验材料、稻属野生近缘种等各类水稻资源11万余份。位于菲律宾的国际水稻研究所（International Rice Research Institute）遗传资源中心收集保存有来源于全球130多个国家的水稻资源138 178份（截至2019年8月），其中12万余份资源

复份保存于挪威斯瓦尔巴特的国际种子库（Svalbard Global Seed Vault）和美国、日本等国的遗传资源保存国家实验室，是世界最大的水稻基因库。印度国家植物遗传资源局（National Bureau of Plant Genetic Resources）收集有栽培稻及其野生近缘种 9.96 万份（截至 2019 年 8 月），主要是原产于印度的地方品种、改良品种（系）和野生稻资源。

1 种质资源安全保存技术

国家水稻中期库保存水稻种质资源的形态为种子、种茎、种苗等具有生命的物质材料，以种子为主。栽培水稻及其野生近缘种的种子，属正常型种子，可以在低温、低湿条件下进行长期保存。

1.1 资源入库保存技术与指标

资源入库保存技术 入库保存的种子，为新收获或当季收获种子，无明显病虫损害，净度不得低于 98%，未受损伤和药物处理。种子入库包括核对、编号（保存号和全国统一编号）、清选、种子干燥、含水量测定、发芽率测定、密封包装、中期库定位保存等工作程序。其中，种子清选采用机选结合人工清选的方式；种子干燥则采用“双十五”，即干燥温度 15℃、相对湿度 15%的平衡干燥方式，以降低干燥对种子活力的损伤；种子密封包装采用聚酯类种子罐和铝箔袋两种形式，种子罐用于贮藏分发利用的资源样品（中期保藏区），铝箔袋则用于繁殖更新的样品（长期保藏区）。

资源保存指标 中期库保存种子数量：栽培种 200g（4 000粒左右），分 4 份，其中 3 份用于分发利用、1 份用于繁殖更新；野生种 500 粒，特殊种质材料（低育性遗传材料、野生种等）200 粒，均各分为 2 份，1 份用于分发利用、1 份用于繁殖更新。入库种子含水量约为 7.0%，发芽率一般要求不低于 75%。采用种茎保存的野生近缘种资源，每株以分蘖分栽 2 盆。

1.2 资源监测

中期库保存条件监测 中期库温度、湿度等关键指标采用自动记录、每日检查的形式监测，保证中期库低温、低湿的稳定环境条件。

活力监测 同一批次入库保存种质每隔 5 年抽样测定发芽率，抽样比例为 10%。

1.3 繁殖更新技术与指标

繁殖更新技术 繁殖更新群体大小，一般要求栽培种 96 个单株以上，野生种 25 个单株以上，新收集的水稻种质资源则根据每一编号种质收集数量多少确定繁殖植株数。以种子形态进行繁殖更新的采用育苗单株大田移植法。栽培种小区大小为 12 株×8 株，行株距一般为 20cm×18cm（特殊类型资源，如匍匐型遗传材料，根据植株形态特点调节行株距），小区间距 40cm。野生种采用盆栽法。新收集栽培种种质繁殖小区内出现的异型植株，按同一原始编号不同类型种质编号（如××××-1，××××-2 等）分别收获、保存。更新种质全生育期核对原始数据，如抽穗期、株高、株型等，去杂留真。野生种混合保存，以保证遗传完整性。强感光性种质材料采用短光照等措施进行保种。

繁殖更新指标　当长期保藏区抽样种子发芽率下降到起始发芽率的85%，或中期保藏区抽样种子发芽率下降到60%时，对该批种子进行更新繁殖；或当中期保藏区种子用尽时，对该份种质进行更新。所有更新种质种子取自长期保藏区。

繁殖更新流程

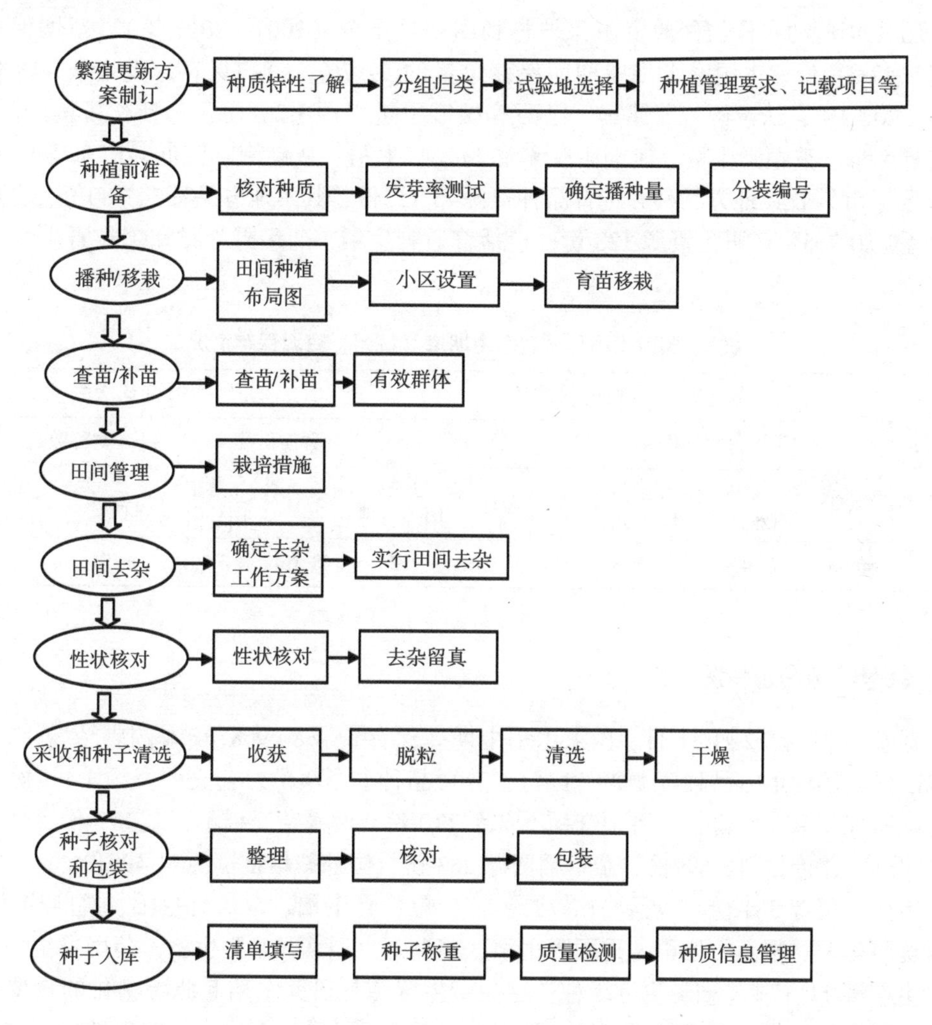

2　种质资源安全保存

2.1　资源保存情况

国家水稻中期库总建筑面积1 439.5m²，包括中期保藏区和长期保藏区，其中中期保藏区建筑面积187.2m²，分为85.3m²和101.9m²两个功能区，设置温度为4℃±2℃，相对湿度45%±5%，长期保藏区建筑面积32.6m²，设置温度为-10℃±2℃，相对湿度

40%±5%。截至 2021 年 12 月，国家水稻中期库保存水稻种质资源80 968份，其中国内资源56 469份（占 69. 7%），国外引进资源24 499份（占 30. 3%），籼稻资源46 398份（占57. 3%），粳稻资源34 189份（占42. 2%），野生种资源 381 份（占 0. 5%）；物种数 13 个，其中，国内种 4 个（1 个栽培种和 3 个野生种、国外种 12 个（2 个栽培种和 10 个野生种）。

2001 年启动农作物种质资源保护与利用项目至今（2001—2021 年），新增保存种质资源48 314份，占国家水稻中期库保存总量的 59. 7%，资源保存总量增长 148. 0%。2001—2021 年，从泰国、菲律宾、巴西等国家引进资源3 201份，包括长雄蕊野生稻、根茎野生稻、重颖野生稻、澳洲野生稻和马来野生稻；从湖南、江苏、广东等我国 30 省（区、市）收集地方品种和选育品种资源45 113份，其中地方品种34 780份、育成品种（系）10 205份、野生资源 128 份，包括普通野生稻、药用野生稻和疣粒野生稻（表 1）。

表 1　国家水稻种质资源中期库（杭州）资源保存情况

作物名称	截至 2021 年 12 月保存总数					2001—2021 年新增保存数			
	种质份数（份）			物种数（个）		种质份数（份）		物种数（个）	
	总计	其中国外引进	其中野外或生产上已绝种	总计	其中国外引进	总计	其中国外引进	总计	其中国外引进
梨	80 968	24 499	75 500	13	12	48 314	3 201	5	5

2.2　保存特色资源情况

截至 2021 年 12 月 31 日，国家水稻中期库保存资源80 968份，其中野生近缘种资源 381 份，国内地方品种资源38 113份，选育品种12 574份，杂交稻资源3 439份（三系杂交稻保持系 399 份，三系杂交稻不育系 110 份，两系杂交稻不育系 179 份，恢复系 2 751份），遗传材料1 699份，杂草稻资源 263 份，国外栽培稻资源24 499份。

野生稻资源 381 份。包括尼瓦拉野生稻、短舌野生稻、普通野生稻、高秆野生稻、长雄蕊野生稻、根茎野生稻、重颖野生稻、澳洲野生稻、马来野生稻、药用野生稻、疣粒野生稻等 11 个栽培稻野生近缘种。这些野生资源是研究水稻起源与驯化的重要遗传材料，蕴含病、虫以及各种逆境抗性基因，由于人类活动，野生生境快速破坏，这些资源濒于灭绝。

栽培稻地方品种资源38 113份。如云南的“毫”资源，细长粒，米饭软糯、有光泽，耐旱；贵州的“禾”资源，适应于林下寡日照的环境，耐阴、耐湿；海南的‘山栏稻’，耐旱，适宜酿酒；杭嘉湖地区的‘薄稻’，是低直链淀粉含量的软粳米；广西的‘深水莲’、安徽的‘塘稻’等深水稻类型，茎秆可随水深而伸长，适宜低洼积水、水塘生长；广东的‘咸水占’类型，可在沿海水稻田正常生长，耐海水内侵而引起的较高灌溉水盐浓度；陕西、浙江、四川等省份的‘二粒寸’‘三粒寸’‘老鼠牙’类型，特长粒大粒重粳稻资源；‘接骨糯’‘胭脂米’‘东兰墨米’等有色米和‘御稻’

‘贡米’等优质米等，各具特色。地方品种资源，由于栽培历史悠久且适应当地生态或具有品质独特，目前正在成为乡村振兴的重要支撑产业，如已成为国家农产品地理标志产品的云南“毫”资源的‘遮放软米’、辽宁桓仁‘京租稻’、广西‘凤山粳’、河南息县‘香粳丸’等地方特色资源。

选育品种12 574份。选育品种或品系指采用现代杂交等育种技术选育的水稻新品种、新品系，自20世纪30年代以来对我国水稻产业的持续发展奠定了基础，尤其是20世纪50年代末成功实现的矮秆化品种。在选育品种（系）中，籼稻品种‘矮脚南特’‘广陆矮4号’‘珍珠矮’‘中嘉早17’，粳稻品种‘桂花黄’‘农虎6号’‘龙粳31’等品种，年最大推广面积超1 000万亩，同时，‘桂花黄’‘农虎6号’‘矮脚南特’‘广场矮’‘珍珠矮’等品种成为我国水稻品种持续创新的骨干亲本。新时代对水稻品种又提出新的要求，‘花卉稻’‘浙大银彩禾’‘黄叶’等彩叶资源助力乡村创意农业，‘降糖1号’‘贝贝锌稻’‘W3660’等高抗性淀粉、高微量元素含量、低谷蛋白等功能型稻米满足人们对健康日益增长的要求。

杂交稻资源3 439份。包括三系杂交稻资源和两系杂交稻资源，有早期大面积推广应用的珍汕97A、珍汕97B、协青早A、协青早B、V20A、V20B、岗46A、岗46B、Ⅱ-32A、Ⅱ-32B等三系不育系和保持系资源，又有近年主推的泰丰A、泰丰B、野香A、野香B、华浙2A、华浙2B等优质型三系不育系和保持系资源，以及“明恢”系列、“蜀恢”系列、“华占”系列等重要恢复系资源；两系杂交稻则包括了培矮64S、广占63S、Y58S、隆638S、晶4155S等重要不育系资源以及9311、黄华占、鄂香丝苗等父本资源。

遗传材料1 699份。如2粒小穗的‘复粒稻’、持久绿色的‘葱叶稻’、叶色突变体‘gl 1’和‘gl 2’、生长弱势的‘ZM2818’等具有明显表型特点、遗传背景清楚的遗传材料，可用于水稻性状的遗传分析。

杂草稻资源263份。主要来源于吉林、辽宁和江苏省，是水稻耐逆境性状的重要基因源，也可用于水稻品种的演化研究。

国外栽培稻资源24 499份。如意大利的‘Ballila’、日本的‘农垦57’和‘农垦58’等我国粳稻品种的骨干亲本；‘IR24’等IR系统，是我国三系杂交稻最主要的恢复源；泰国‘茉莉香’、日本‘越光’，印度的‘巴斯马蒂’，是我国籼稻和粳稻优质化的重要亲源；美国粳稻、印度“AUS”类型等广亲和资源，已在我国籼粳交优势利用中发挥了重要作用。

2.3 种质资源抢救性收集保存典型案例

国家水稻中期库于1985年收集保存来源于河南息县的地方品种“香稻丸”（中期库保存号：CN62785，全国统一编号：19-00202）。据《息县县志》记载，‘香稻丸’早在宋朝时就已有种植，明、清作为宫廷贡品，1914年在旧金山万国商品展赛会上博得好评，1945年中国《土特产调查表》中位居著名特产之列，1984年《河南年鉴》褒奖它“气香馥郁，久负盛名”，1985年被选为全国优质米。息县‘香稻丸’，米粒短圆，无心白，腹白小，色清，如玉，香气馥郁，素有“一块稻香满坡，一撮米香满锅，一家做饭香四邻，一盅香酒香满桌”的盛称，2004 年入选为中国国家地理标志产品，2011 年邵楼村‘香稻丸’被农业部评为“一村一品”。但由于连年种植，种性退化，香味和品质特色变化较大。2011 年 11 月 29 日，河南信阳市息县农业科学研究所孙欣同志在当地主管部门支持下，专程取回国家水稻中期库保存的息县‘香稻丸’原种进行提纯扩繁，在息县充分借助区域优势、大力进行特色农产品开发中发挥了重要作用，目前，息县“香稻丸”还开发成“香稻丸米醋”“香米贡酒”等产品，延伸了“香稻丸”品牌特色农产品产业链。

3 保存资源的有效利用

2001—2021 年，国家水稻中期库向中国科学院、中国农业大学、浙江农业科学院等大学及科研院所以及湖北、浙江、福建、上海、湖南、安徽等省份的政府部门、农技推广机构、合作社、企业、种植户等提供资源利用42 446份次，开展基础研究、育种利用、生产应用、生态景观及创意农业。

3.1 育种、生产利用效果

国家水稻中期库 20 年间公益分发各类水稻优异资源提供广东省农业科学院水稻研究所、湖南省水稻研究所、江西省水稻研究所等育种利用，育成秀水 134、美香占 2 号、粤优 997 等新品种 37 个，累计推广应用6 274万亩，农民增收 25. 1 亿元。

3.2 支持成果奖励

以国家水稻中期库提供的种质资源为试材支撑“水稻高产优质性状形成的分子机理及品种设计”获 2017 年度国家自然科学奖一等奖、“水稻种质资源评价与利用”获 2013 年度浙江省科学技术奖一等奖。

3.3 支撑乡村振兴与精准扶贫

筛选优异资源‘闷加黑丝’‘轮回 1 号’‘花溪筒稻’等彩叶资源，2011 年，浙江省江山市农业局利用我们提供的这些彩叶稻资源配合自然景观“江郎山”申遗（世界自然遗产名录）成功，在“江郎山”景区周围制作出一幅幅田间图画，吸引了上万人次的参观，被几十家媒体广泛宣传、报道，提升农业观光功能，扩大了农业在社会上的影响，为农业生产开拓了一个新领域。2012 年以后，推广至浙江、上海、江西、云南、湖北等省市。

3.4 支撑科研项目

支撑国家水稻产业技术体系、国家重点研发计划、国家“973”计划、国家“863”专项、国家自然科学杰出青年基金、国家自然科学基金、农业部公益性行业专项、科技部支撑计划项目、科技部成果转化项目、浙江省科技攻关、浙江省自然科学基金等研究课题 800 余项。

3.5 支撑论文论著、发明专利和标准

支撑《Nature》《Nature Genetics》重要研究论文 8 篇。如中国科学院韩斌院士利用我们提供的近 150 份不同来源的普通野生稻和1 083份栽培稻，以全基因组 SNP 变异精细图为基础，认为水稻驯化从中国南方地区的普通野生稻开始，经过漫长的人工选择形成了粳稻；对驯化位点的进一步分析发现，表明广西（珠江流域）更可能是最初的驯化地点；处于半驯化中的粳稻与东南亚、南亚的普通野生稻杂交而形成籼稻；粳稻和籼稻间的差异主要源于野生稻种群间已有的群体分化。该研究解开了困扰植物学界近百年的栽培稻起源之谜，证明了中国古代农业文明的辉煌，同时阐明了栽培稻的驯化过程对今天利用基因组技术改良作物有重要意义，相关成果于 2012 年 10 月 4 日在《Nature》在线发表。支撑了“一种用于水稻品种鉴定的 SNP 芯片、制备方法及用途”等 3 项国家发明专利以及“植物新品种特异性、一致性和稳定性测试指南 水稻》等 3 项国家和农业行业标准的制订。另外，分发资源还利用于《中国水稻品种志》中广东（含海南）卷、广西卷、福建（含台湾）卷、江西卷、安徽卷、湖北卷、四川（含重庆）卷、云南（含西藏）卷、贵州卷、黑龙江卷、辽宁卷、吉林卷、浙江（含上海）卷、江苏卷；湖南常规稻卷、湖南杂交稻卷、华北西北卷和旱稻品种卷共 18 卷的撰写与出版。

3.6 支撑资源展示、科普、媒体宣传

国家水稻中期库进行田间资源展示 9 次，展示水稻优异资源2 292份，接待湖南、江西、辽宁等 16 省份 80 多家科研院所、大学、企业以及个人共 700 余人参加水稻优异种质田间观摩会，为国家水稻产业的持续创新提供材料支撑；接待美国、日本、巴西等国外专家，以及科技部、农业农村部、各地政府部门、科研单位等参观访问 115 批 900 余人次；开展技术培训 7 次共1 000余人次；2018—2021 年连续 4 年参与中国农民丰收节浙江 · 长江中下游水稻新品种大会，展示野生资源、特矮、特高、大粒、小粒等各类水稻珍稀资源，2020 年为浙江上山遗址博物馆提供浙江各历史时期的主栽品种 50 份、并组织开展水稻种质资源科普开放日活动，累计为种粮大户、市民、学生讲解水稻资源 2 000余人次。

3.7 典型案例

国家水稻中期库通过表型鉴定和数据整理，摸清现有水稻资源的主要特征特性，分析重要资源遗传背景，结合田间现场展示与观摩，共享平台资源。2009—2011 年，中国科学院上海生命科学研究院韩斌院士团队利用国家水稻中期库提供的2 525份水稻资源，包括栽培稻 5 个生态类型和普通野生稻，通过基因组学研究方法，建立了水稻新基因发掘的新方法，克隆了一些水稻重要性状基因，解析了诸如水稻起源与驯化之类的科学难题，在国际著名期刊《Nature》《Nature Genetics》上发表论文 6 篇，受到国际学术界的广泛认可和赞誉，并作为“水稻高产优质性状形成的分子机理及品种设计”的重要组成，支撑了 2017 年度国家自然科学奖一等奖，推动我国水稻科学研究能力的提升。

4 展望

4.1 收集保存

我国水稻种质资源保存规模位居世界第二，但质与量并不平衡，如栽培稻种全球 6 个生态型，而我国本土仅有其中的 3 个类型；野生资源国内已经充分收集，保存的国外野生资源比例极低。因此，应重点开展有目的地从重点地区引入国外种质资源，以增加我国保存水稻资源的遗传多样性，提供优良的种质基因，提供水稻对品质、产量、资源（水、养分等）高效利用、轻简栽培以及功能多样的新要求。

4.2 安全保存技术

农家品种的农田保护是农民在作物得以进化的农业生态系统中继续对已具有多样性的作物种群进行种植和管理，它主要通过农民的农事活动和管理得以实现。由于研究刚刚起步，对其保护机制以及在社会经济和遗传学方面的影响、对其管理方式和保存品种数量之间的关系，以及栽培稻品种在农业生态环境下实际遗传多样性大小以及进化是否会进一步发生等，均还了解得太少，有待进一步的研究。

低温种质库保存是我国目前稻种资源种子保存最主要的形式，理论上可推算安全保存年限。但近年对长期库种质活力监测结果表明，部分种质不到 20 年（安全保存年限内）就出现生活力下降（卢新雄等，2019）。更有报道称种质库 50%以上样本贮藏期间活力丧失或在种质更新后发生遗传漂变。由于种子老化和遗传变化的发生机制还不清楚、物种及品种间寿命差异，以及种质繁殖更新过程中遗传漂移等因素，开展种质库安全保存理论与技术研究尤为迫切，其内容主要包括物种及品种种子寿命的差异研究，种质保存样本大小、种质活力、种质繁殖更新对保存种质遗传完整性的影响，低活力种质拯救技术，其他经济、有效保存技术等。

另外，随着转基因水稻的环境释放，但对转基因水稻品种影响水稻种质资源遗传多样性的关注甚少。因此，有必要开展转基因水稻外源基因对栽培稻、野生稻遗传多样性的影响，包括评价技术和标准、外源基因逃逸的可能性、基因污染以及对栽培稻、野生稻生存能力的影响等内容。

4.3 挖掘利用

水稻种质资源安全保存的最终目的是利用。在作物育种技术快速发展的今天，利用现代化、智能化装备加快对水稻种质资源精准鉴定，开展全基因组水平基因型鉴定，不断挖掘高产、优质、广适、多抗、绿色、轻简化等重要性状突出的水稻关键基因和关键种质，以有效解决我国稻种资源丰富但育种关键亲本匮乏的问题，为水稻产业提供高效服务。

参考文献

程式华，2007. 现代中国水稻 [M]. 北京：金盾出版社.

卢新雄，辛霞，刘旭，2019. 作物种质资源安全保存原理与技术 [M]. 北京：科学出版社.

严文明，1982. 中国稻作农业的起源 [J]. 农业考古（2）：50-61.

Huang X H，Nori Kurata，Wei X H，et al.，2012. A map of rice genome variation reveals the origin of cultivated rice [J]. Nature，490：497-501.

Normile D，1997. Archaeology-Yangtze seen as earliest rice site [J]. Science，275：309.

国家棉花中期库（安阳）种质资源安全保存与有效利用

贾银华，杜雄明，王立如，潘兆娥，何守朴，
耿晓丽，李洪戈，陈保军，庞保印
（中国农业科学院棉花研究所　安阳　455000）

摘　要：国家棉花种质资源中期库是我国棉花种质资源最主要的保存机构。中期库制定了棉花种质入库及监测规范，种质入库发芽率80%以上，并根据发芽率和种子量进行更新繁殖。中期库建立了一套棉花种质资源繁殖更新的技术规程，棉花繁殖群体大小至少50株，全部进行人工自交，并均匀收取每个自交单株5个以上的自交铃。经过多年努力，目前中期库共收集保存四大棉种12 359份，其中特色资源1 323份，占全部种质资源数量的10.70%。棉花中期库种质是棉花育种与基础研究基因资源的最重要来源，截至2021年，总共发放种质42 896份次。

关键词：中期库；棉花；种质资源；安全保存；有效利用

棉花种质资源是棉花育种的基础，世界各国均较重视其收集保存工作。美国自1946年颁布农业市场法案以来，逐步建立了棉花种质资源的保存体系，通过考察收集、交流交换，美国已经收集保存棉花全部51个种中的46个，保存棉花种质资源数量10 318份（Wallace et al.，2009；Campbell et al.，2010）。乌兹别克斯坦继承了苏联的棉花种质资源保存体系，收集保存有棉花全部51个种中的35个，保存棉花种质资源数量18 971份，分别保存在乌兹别克斯坦农业部棉花育种研究所、乌兹别克斯坦科学院植物遗传与技术研究所、乌兹别克斯坦国立大学（Abdurakhmonov，2014）。印度保存有棉花25个种共10 471份资源，是世界亚洲棉保存资源数量最多的国家（Campbell et al.，2010）。此外，巴西、法国、澳大利亚、俄罗斯、巴基斯坦等均是棉花种质资源较丰富的国家。

我国棉花种质资源收集保存起步较晚，新中国成立后棉花种质资源收集、整理、保存研究才逐渐系统化。为了保存收集的种质资源，国家棉花种质资源库（安阳）（以下简称国家棉花中期库）库开始筹建，并于1960年建成使用，由于保存条件简陋，保存的种质资源数量及保存时间均受限制。此后半自动控温的棉花库于1979年筹建，1982年投入使用，保存着此前第一、第二期棉花基础种质及其延伸品种和第一、第二次农作物普查的棉花地方品种或品系。由于该库的制冷设备和设计都处在试验时期，充分干燥的种子也只能保存7~8年。目前所用种质库为2001年重建，2002年建成投入使用，总建筑面积305.3m^2，库房面积50m^2，设计库温为4℃，相对湿度50%+7%，保存设计容量1.2万份，贮藏寿命15年以上，保存着“七五”以来收集入库的种质，截至2009年

已保存各类棉花种质资源8 868份。2011 年 6 月又建成一座集干燥、冷藏于一体的现代化种质库，库房面积 194.65m^2，库容 3 万份。截至 2021 年 12 月，国家棉花种质资源中期库已保存来自世界 53 个产棉国棉花种质资源12 359份。本文将详细介绍国家棉花中期库棉花种质资源收集、安全保存及有效利用等方面的最新研究进展。

1　棉花种质资源安全保存技术

1.1　棉花种质资源入库保存技术与指标

国家棉花中期库种子入库时间一般集中在 12 月至翌年 4 月。入库前对种子进行清检，去除不饱满种子、虫害种子以及其他杂质，保证种子的净度。精选后的种子进行干燥处理，保证种子入库前的发芽率。检测纯度、净度、水分和发芽率等，要求种子纯度 99%、净度 97%、水分 12%以下，发芽率 80%以上。对照播种行号和种质编号核对种质，根据入库种子需求量，用铝箔袋或纸袋等分装和称重，分装袋标签必须注明种质名称和库编号。

1.2　中期库资源监测技术与指标

建立种子入、出库登记制度，出库后的种子袋按原位放好，新入库的种子袋按规定放好新位。定期检测入库种子的发芽力；按要求摇好种子架的位置。当棉花库保存的种子发芽率下降到 65%~85%，或分发所余种子量不足 1 000粒，或生活力退化而无法保持该种质的遗传完整性时，就要进行繁殖更新。更新的种质不能全部取走，也不能将剩余种倒掉（以防绝种）。

1.3　棉花种质资源繁殖更新技术与指标

建立棉花种质资源繁殖更新的技术规程，以保证每份种质的遗传完整性。更新种质在田间种植时要有足够数量的株数（50~100 株），一般至少要 50 株，如果种质较一致至少要保证 25 株（计怀春，2012）。要像新种质那样，认真记载主要的遗传性状，要严格地进行自交。并在每个生育阶段要与该品种数据库的性状一一核对，严格拔除杂株（王述民等，2014）。

地点选择　首先核查繁殖种质的来源信息，选种质原产地或与原产地生态环境条件相似的地区，以满足繁殖更新材料的生长发育及其性状的正常表达。目前繁殖地点选择在黄河流域、长江流域、西北内陆及海南四个生态区。试验地选择地势平坦、地力均匀、形状规整、排灌方便的田块；远离污染源，无人畜侵扰，附近无高大建筑物；避开病虫害多发区、重发区和检疫对象发生区；土质应具有当地棉花土壤代表性。同时应具备翻耕、浸种、播种、排灌、喷施农药、施肥、晾晒、贮藏等试验条件、机械和设施。

种子准备及播种　核对种质名称、编号、贮藏种子重量，确定繁殖更新种质名单，并登记。按照 10%~15%的抽样比例，抽样检测繁殖更新种子发芽率。根据抽测发芽率和更新群体确定。按种质类型进行分类和分装，并分别编写播种行号，在整个繁殖更新过程中保持不变。

种子准备好后常温水浸种24~48h，并绘制种植示意图，图中标明南北方向、小区排列顺序、小区播种行号、小区行数和人行道。根据种质熟期性等特性适时播种，按播种行号顺序均匀播种。

群体大小及授粉方式 通过研究发现，棉花繁殖群体为50株时，繁殖群体的等位基因数的变化不明显，说明50株可作为棉花种质繁殖更新过程中的最低繁殖群体量，能较好地保持繁殖种质的遗传完整性（表1）。进一步比较不同授粉方式对棉花遗传完整性的影响发现，自然授粉株群体与原始群体具有较大的差异，自交授粉群体更好地保持了原始单株的遗传完整性，因此在棉花种质的繁殖和更新过程中，应采用自交授粉方式（表2）（计怀春，2012）。

核对性状及收获 分别在苗期、花铃期和吐絮期核对繁殖更新种质的株型、叶形、叶色、铃形、花冠色、植株无腺体等性状是否具有原种质的特征特性，对不符合原种质性状的种质应查明原因，及时纠正，性状核对参照《棉花种质资源描述规范和数据标准》（杜雄明等2005）。对主要表型性状与主体类型不一致的个体，当作杂株拔除。

适时收获，每行单收、单晾晒，收花袋标签编号与田间播种行号一致，袋内外各附标签，避免标签破损或遗失造成混杂。每个自交单株均匀收取5个以上的铃，确保群体的遗传完整性。每份种质轧花前，必须清除轧花机等工具的种子，严防混杂；按每份种质单轧、单装袋；种子袋标签编号须与田间播种行号一致，袋内外各附标签，避免标签破损或遗失造成混杂。

1.4 库（圃）资源备份技术与指标

为了确保棉花种质资源的安全，国家棉花中期库也对保存的种质进行了备份。备份一般采取两种方式，一是更新替换的旧种子作为备份，单独存放保存，防止绝种；二是保证入库种子量后多余的种子作为余种，单独存放保存。

2 种质资源安全保存

2.1 棉花保存情况

随着我国综合国力的提升，棉花种质资源保存方式、保存数量及保存质量有了质的飞越。截至2021年12月国家棉花中期库共收集保存四大棉种12 359份，保存的种质中有5 993份是保种项目实施以后新增加资源，没有新增物种。

2.2 保存的特色资源

棉花特色资源包括低酚棉、彩色棉、观赏棉、古老珍稀地方品种等种质。国家棉花中期库目前收集保存有特色资源1 323份，占全部种质资源数量的10.70%，其中亚洲棉、草棉等部分在国内生产上已经基本绝迹的材料有628份，占全部种质资源数量的5.08%。

表 1　不同繁殖群体的 Ne 分析

	Ne（中棉所 19）				Ne（红桃）				Ne（澳 L23/757）			
	50 株	100 株	200 株	300 株	50 株	100 株	200 株	300 株	50 株	100 株	200 株	300 株
平均值	3. 600	3. 614	3. 715	3. 815	3. 676	3. 740	3. 815	3. 688	3. 559	3. 624	3. 589	3. 509
最大值	6. 000	6. 309	6. 961	6. 851	7. 167	6. 624	6. 807	7. 061	6. 000	6. 000	6. 000	6. 230
最小值	1. 000	1. 000	1. 000	1. 000	1. 000	1. 000	1. 324	1. 220	1. 000	1. 000	1. 000	1. 000
标准差	1. 125	1. 167	1. 145	1. 111	1. 211	1. 206	1. 123	1. 161	1. 021	1. 088	1. 049	1. 067
变异系数	31. 240	32. 283	30. 834	29. 125	32. 941	32. 259	29. 446	31. 477	28. 694	30. 031	29. 229	30. 394

表 2　不同授粉方式群体的 PIC 和 Ne 分析

	PIC			Ne		
	原始群体	自交	非自交	自交	原始	非自交
平均值	0.666 3	0.668 7	0.678 5	3.491 4	3.486 7	3.570 9
最大值	0.862 8	0.862 1	0.865 6	7.252 2	7.288 3	7.441 0
最小值	0.000 0	0.026 3	0.082 5	1.027 0	1.000 0	1.089 9
标准差	0.182 7	0.175 0	0.162 6	1.094 3	1.100 3	1.107 6
变异系数	27.423 9	26.168 5	23.960 4	31.343 6	31.558 0	31.018 7
Ttest 范围	原始:自交	自交:非自交	原始:非自交	自交:非自交	原始:自交	原始:非自交
Ttest	0.091 4	0.000 1	0.000 8	0.000 0	0.300 2	0.000 0
显著性	不显著	极显著	极显著	极显著	不显著	极显著

表 3　国家棉花中期库资源保存情况

作物名称	截至 2021 年 12 月保存总数					2001—2021 年新增保存数			
	种质份数（份）			物种数（个）		种质份数（份）		物种数（个）	
	总计	其中国外引进	其中野外或生产上已绝种	总计	其中国外引进	总计	其中国外引进	总计	其中国外引进
	12 465	5 348		4	4	8 336	2 661	4	4

为了保护分布在我国地方上的棉花珍稀资源，国家棉花中期库 2002 年、2005 年、2009 年、2012—2015 年等先后多次对分布在西南地区及沿海岛屿的亚洲棉、光温敏海岛棉、蓬蓬棉等进行了抢救性收集（潘兆娥等，2013；孙君灵等，2014；何守朴等，2014）。多年生亚洲棉 20 世纪 70 年代在云南河口县老街还偶有发现，后来随着经济的发展，这种多年生的亚洲棉几乎绝种。2005 年，国家棉花中期库在广西平果县农业局的协助下考察收集了分布在该县的亚洲棉地方品种，在黎明乡巴旺屯发现了一株已生长 6~7 年的亚洲棉。当地农民称它“千铃棉”，树高 3.5m，树冠宽 1.8m，茎粗 1.2cm，黄花、红心、阔叶，花期长，在长日照地区不能开花结实，只能在近似生态区海南三亚多年生繁殖。该品种的发现弥补了我国多年生亚洲棉保存的空白。

3　保存资源的有效利用

国家棉花中期库种质一直是全国棉花育种与基础研究基因资源的最重要来源。1996 年以前中期库总共发放种质 8 330份次，随着保存条件、更新技术、信息化水平等的提升，发放量逐年提升，截至 2021 年，总共发放种质 42 896份次。在国家棉花中期库资源及数据的支撑下，利用单位发表文章 230 篇，其中 SCI 论文 89 篇；出版著作 8 部；获得授权专利 16 项；获得国家、省部级奖项 11 项；主持国家、省部级项目 330 项以上。育成的品种从育成品种公布的信息中找到，这期间相当多的亲本是编过目录号的品种，如1984—1998年，我国育成的206个新品种，共利用了281个种质，有163个是编过目录的种质，占58%，其中美国南卡罗林纳州PD试验站反馈了利用信息，他们用我国的‘冀棉8号’与‘PD3’杂交，于1982年育成了‘PD94042’，该品种每公顷皮棉产量比‘岱字棉51’‘PD3-4’增产12%，比‘PD3-14’增产7%。2000年后利用中期库发放的种质，有据可查的，培育出品种8个以上，其中‘中棉所48’成为2004—2009年长江流域棉区主推品种；‘中棉所49’成为新疆地区的主推品种，并成为新疆审定对照品种；‘中棉所51’‘中棉所81’等成为彩色棉种植的最主要品种。

图1　2005—2015年西南地区及南部海岛收集棉花种质资源

左上图为2005年广西平果县黎明乡收集多年生亚洲棉；左下图为2015广东湛江硇洲岛收集蓬蓬棉；右上图为2012年广西大新县板价屯收集彩色亚洲棉品种；右下图为2012年云南勐海收集多年生海岛棉品种。

典型案例　‘中棉所12’是我国培育的第一个对枯萎病免疫的品种，先后被河南、山东、山西、陕西、河北、浙江等省审（认）定，1989年经国家农作物品种审定委员会审定。突出特点是把抗病性、产量、品质三个存在负相关的性状初步协调起来，使之得到同步提高。由于其携带有枯萎病抗性基因，综合性状好，品种推广以后成为其他新品种培育的抗性基因来源。‘中棉所12’经中期库发放被83家单位利用了170份次，其中2000年以后利用了159份次。以‘中棉所12’作为亲本选育出了23个品种，其中5个品种通过国家审定。其中‘中棉所35’连续5年成为新疆推广面积最大的品种。银山6号、鲁棉研16号、鲁棉研17号、晋棉25号、鄂棉21号、冀棉24号等品种均为各生态区的主推品种。

陆地棉核心种质是从我国现存7 000余份陆地棉种质资源中通过表型和基因型鉴定，而筛选出来。部分及全部核心种质分别提供给了南京农业大学、河北农业大学进行基础研究，并将在西北内陆、黄河流域和长江流域三大棉区中精准鉴定的农艺性状数据一并提供给了以上两家单位。在中期库提供的核心种质及数据信息的基础上，利用单位进行了重测序，系统地开展了主要农艺性状的GWAS分析，鉴定到大量与纤维长度、纤维强度、铃重、衣分、黄萎病抗性密切关联的主效QTL位点。研究成果为棉花产量、纤维品质、早熟性遗传改良提供了支撑（Fang et al.，2017；Ma et al.，2018）。

4 展望

4.1 收集保存

我国不是棉花的起源中心，保存的棉花种质资源遗传多样性并不高。未来需要加强棉花地方品种的收集，亚洲棉主要收集除中棉种系外的长果棉种系、苏丹棉种系、缅甸棉种系、孟加拉棉种系、印度棉种系，海岛棉主要收集巴西棉种系、秘鲁棉种系，陆地棉以半野生的地方品种为收集重点。

4.2 安全保存技术

目前我国棉花种质资源主要以长期库、中期库低温保存和野生棉圃原位保存为主，未来将研究超低温保存、试管苗保存、细胞和DNA保种等新技术，为安全保存收集的棉花种质资源做好基础储备。

4.3 挖掘利用

今后国家棉花中期库将深入研究棉花种质资源的表型与基因型精细鉴定技术，有效筛选与棉花抗旱、耐盐、产量、品质、油分、抗病等显著关联的基因，揭示棉花产量和品质优异基因共表达调控网络，明确优异位点或关键候选基因之间的互作关系。

在三代资源人的努力下，国家棉花中期库种质资源收集保存数量大幅度提升，资源保存条件显著改善，资源繁殖更新技术逐渐科学化、规范化。尽管我国棉花种质保存数量已经跃居世界前列，然而保存资源的种和亚种数量及多样性还有较大的提升空间，资源的保存方式还能进一步多样化，保存技术能够更精细化。随着科技的发展，棉花种质资源安全保存技术也必将日益先进。

参考文献

杜雄明，周忠丽，2005. 棉花种质资源描述规范和数据标准［M］. 北京. 中国农业出版社.

何守朴，贾银华，孙君灵，等，2014. 2008—2012 年贵州省棉花种质资源调查［J］. 中国棉花，41（4）：5-7.

计怀春，2012. 群体大小和授粉方式对棉花种质遗传完整性的影响［D］. 北京：中国农业科学院.

潘兆娥，贾银华，郭娴，等，2013. 广西棉花种质资源考察报告［J］. 中国棉花，40（8）：12-15.

孙君灵，周宝良，张聚明，等，2014. 云南省东南边境地区棉花种质资源考察报告［J］. 中国棉花，41（7）：1-3.

王述民，卢新雄，李立会，2014. 作物种质资源繁殖更新技术规程［M］. 北京：中国农业科学技术出版社.

Abdurakhmonov I Y，2014. World cotton germplasm resources［R］. INTECH.

Campbell B T，Saha S，Percy R G，et al.，2010. Status of the global cotton germplasm resources［J］. Crop Science，50（4）：1161-1179.

Fang L，Wang Q，Hu Y，et al.，2017. Genomic analyses in cotton identify signatures of selection and loci associated with fiber quality and yield traits［J］. Nat Genet，49（7）：1089-1098.

Ma Z Y，He S P，Wang X F，et al.，2018. Resequencing a core collection of upland cotton identifies genomic variation and loci influencing fiber quality and yield［J］. Nature Genetics，50（6）：803-813.

Wallace T P，Bowman D，Campbell B T，et al.，2009. Status of the USA cotton germplasm collection and crop vulnerability［J］. Genet Resour Crop Evol，56：507-532.

国家油料作物中期库（武汉）油菜种质资源安全保存与有效利用

伍晓明，陈碧云
（中国农业科学院油料作物研究所　武汉　430062）

摘　要：国家油料作物种质资源中期库保存油菜种质资源共计9 804份，其中国外引进资源2 195份，包括物种（含亚种）共20个，其中国外引进12个。1999年以前采用超干燥保存技术保存，1999年以后主要采用低温种质库低温低湿的方法保存，低温库保存种质具有超干燥保存无法比拟的先进性和优越性，安全保存种质的时间更长。本文介绍了建库以来的油菜种质资源保存状况，系统总结了安全保存技术，包括入库保存、检测、繁殖更新技术等，自2001年以来，累计向全国油菜科研、教学、育种等单位提供种质1万余份次，保存的油菜种质资源得到合理有效利用。本文展望了未来需重点收集保存的油菜资源、未来需重点研究的安全保存技术及未来油菜资源挖掘利用的重点方向。

关键词：油菜；种质资源；保存；监测；更新；利用

油菜是由十字花科（Cruciferae）芸薹属（*Brassica*）植物的若干物种组成，是以取籽榨油为主要种植目的的一年生或越年生草本植物的统称（钱秀珍，1984；刘后利，1984）。芸薹属油菜有6个主要的栽培种，包括白菜（*Brassica rapa* L.，2*n*=20，AA）、甘蓝（*Brassica oleracea* L.，2*n*=18，CC）和黑芥（*Brassica nigra* Koch.，2*n*=16，BB）3个二倍体基本种以及甘蓝型油菜（*Brassica napus* L.，2*n*=38，AACC）、芥菜型油菜（*Brassica juncea* Czern. et Coss，2*n*=36，AABB）和埃塞俄比亚芥（*Brassica carinata* Braun.，2*n*=34，BBCC）3个四倍体复合种。著名的"禹氏三角（U's triangle）系统阐述了这6个栽培种间的关系：白菜、甘蓝和黑芥为3个基本种，它们通过相互杂交和自然加倍而形成了3个异源四倍体复合种（Nagaharu，1935）。油菜分布十分广泛，主要集中在东亚、南亚、欧洲、美洲和大洋洲。白菜型油菜可能是最早被驯化的二倍体物种，其野生种被发现生长在从地中海西部穿过欧洲延伸至中亚甚至东亚一带（Tsunoda，1980），有学者认为中亚、阿富汗和印度次大陆西北部的毗邻地区是其起源的独立中心之一（Vavilov，1951）。我国特有的蔬用芸薹由原始分布于我国的油用芸薹分化而来，我国为独立于欧洲之外的芸薹原产地或白菜型油菜起源中心（Li，1981）；甘蓝是芸薹属植物中变异类型最为丰富的栽培种（Prakash et al.，2012），其野生类型主要分布于地中海海边及西班牙北部、法国西部、英国南部和西南部（Snogerup，1980）；黑芥主要分布于地中海周边温暖地带，并延伸至中亚和中东地区，黑芥与其祖先种差异不大，被认为起源于欧洲中部和南部（Song et al.，1988）；芥菜型油菜可能存在两条分别朝向油用和叶用发展的起源进化途径，油用芥菜可能起源于中东和印度，叶用芥菜可能起源于中国（Song et al.，1988）；埃塞俄比亚芥具有很强的抗病性和抗逆性，其主要分布在东非高原，特别是埃塞俄比亚和非洲大陆东西海岸的部分地区，有研究认为其起源于埃塞俄比亚高地与东非和地中海沿岸相连的地区，因该地区生长有其祖先种黑芥（Prakash et al.，2012）；甘蓝型油菜的起源目前还未有定论，一般认为甘蓝型油菜应在起源于2个二倍体祖先种白菜和甘蓝重叠分布的地区。Sinskaia（1928）和Schiemann（1932）认为西南欧的地中海区域为甘蓝型油菜的起源地，因为这一地区既有野生甘蓝分布，又有原始芜菁分布（Prakash et al.，2012）。文献记载，甘蓝型油菜最早大约出现于公元1600年，是驯化和栽培历史最短的油菜类型（Prakash et al.，2012）。

截至2021年底，油菜收集十字花科10个属，20个种的资源9 804份，其中国外资源2 195份，3个物种（甘蓝型、白菜型、芥菜型）油菜占资源总份数的93.8%。白菜型、芥菜型油菜我国是起源中心之一，甘蓝型油菜为欧洲起源。国外油菜种质资源库主要有美国国家种质库（保存7 403份）、德国IPK基因库（保存4 297份）、俄罗斯瓦维洛夫研究所（保存2 929份）、捷克作物研究所（保存1 334份）。综上，国家油料作物种质资源中期库（武汉）（以下简称国家油料作物中期库）保存的油菜种质资源份数9 804份，位居世界首位。

1 种质资源安全保存技术

国家油料作物中期库在油菜种质资源安全保存方面，1999年以前采用超干燥保存技术保存，1999年以后主要采用低温种质库低温低湿的方法保存：油菜种质经过晾晒干燥后，50g种子透明塑料瓶密封保存，并在上面加上无纺布封闭的变色硅胶作指示，超出50g的部分用铝箔袋抽真空后备份封存。低温库保存种质具有超干燥保存无法比拟的先进性和优越性，安全保存种质的时间更长。

1.1 资源入库（圃）保存技术与指标

主要采用低温种质库并辅以简易超干燥方法保存油菜种质资源种子，低温种质库温度、湿度可控，条件一致，保存效果佳，简易超干燥法具有高效、实用、低耗等优点，均能实现油菜种质资源种子的中长期有效保存。入库保存技术主要包括以下几个方面。

信息登记与查重 登记内容包括统一编号、保存单位编号、种质名称、学名、原产地、来源地、提供者等基本信息。查重主要是根据统一编号、保存单位编号、种质名称等检查与库存已有种质资源是否重复，同时检查新资源同一批种子之间是否重复，避免重复入库。

种子清选 利用人工或机械去除破碎粒、瘪粒、霉粒、杂质等，清选过程中注意防止机械混杂，杂质不得超过1%。

种子生活力检测 每份种质数取100粒种子，置于放有滤纸的培养皿内，加少量水，在25℃±1℃的恒温箱内培养，发芽后第3天测定发芽势，第7天测定发芽率，重复3次，取平均值。油菜种质资源入库发芽率标准为栽培种≥95%、野生种≥85%。

种子干燥 种子收获后要及时进行晒干，入库前在低温低湿的干燥间（20~25℃，

RH 20%~30%）进行干燥，使油菜种质资源含水量降至7%以下时进行入库。

包装入库 采用低温种质库法入冷库保存的油菜种子，当干燥至适宜含水量时立即密封塑料瓶封装（最上面放变色硅胶，作吸潮指示用），瓶身上贴上标签（包括种质统一编号、繁殖更新入库时间、种质信息二维码等）、称重，入库置指定库位；采用简易超干燥法入干燥器保存的油菜种子，当干燥至适宜含水量时立即装入牛皮纸袋包装，粘贴标签、称重，入库置指定干燥器，干燥器底层铺干燥剂（无水氯化钙，约为种子重量的1/10），并用凡士林将干燥器口封严。油菜种质资源入库种子量标准为栽培种≥50g、野生种≥10~30g（视情况确定，下同）。

保存条件 采用低温种质库法的冷库贮存温度为0~4℃，湿度控制≤45%，油菜种子有效保存期15~20年。简易超干燥法的干燥器贮存于干燥的房间，夏季用空调降温，确保室温不高于20℃，并定期检查更换干燥剂，油菜种子含水量稳定在4%左右，种子有效保存期约10年（伍晓明等，1996）。

1.2 库（圃）资源监测技术与指标

种质资源种子在贮藏过程中需定期监测种子生活力，国家油料作物中期库监测间期为5年。将达到监测间期的种质从冷库中取出，放置于缓冲间2天，再放置于干燥间5h，方可打开塑料瓶，每份待监测的种质数取300粒种子，并将种子袋尽快密封好放回冷库。将种子置于放有滤纸的培养皿内，加少量水，在25℃的恒温箱内培养，发芽后第7天测定发芽率，若被监测种质发芽率高于75%，则继续保存，反之则需更新。

1.3 库（圃）资源繁殖更新技术与指标

参考与依据《作物种质资源繁殖更新技术规程》（王述民等，2014），在种质发芽率下降到75%（指栽培种，野生种视实际情况而定）或种子量少于5~18g（冯祥运，2000），即应及时安排繁殖更新。

1.4 库（圃）资源备份技术与指标

油菜种子收获后要及时进行晒干，入库前在低温低湿的干燥间（20~25℃，RH 20%~30%）进行干燥，使油菜种质资源含水量降至7%以下时进行入库。50g种子透明塑料瓶密封保存，并在上面加上无纺布封闭的变色硅胶作指示，多于50g的部分用铝箔袋抽真空备份封存。

2 种质资源安全保存

2.1 各作物（物种）保存情况

截至2021年底，国家油料作物中期库保存油菜9 804份，其中国外引进资源2 195份，包括物种（含亚种）共20个，其中国外引进12个；其中2001年至今新增保存油菜种质资源共计3 445份，其中国外引进资源1 102份，包括物种（含亚种）共9个，其中国外引进 8 个（表 1）。

表 1　国家油料作物中期库油菜种质资源保存情况

作物名称	截至 2021 年 12 月保存总数					2001 年至今新增保存数			
	种质份数（份）			物种数（个）		种质份数（份）		物种数（个）	
	总计	其中国外引进	其中野外或生产上已绝种	总计	其中国外引进	总计	其中国外引进	总计	其中国外引进
油菜	9 804	2 195	5 195	20	12	3 445	1 102	9	8

2.2　保存的特色资源

截至 2021 年 12 月 31 日，油料作物中期库保存油菜特色资源：白菜型油菜地方种 2 853份、芥菜型油菜地方种1 991份、*Eruca Sativa*（芝麻菜）36 份、新疆野生油菜 *Sinapis arvensis*（田芥菜）315 份，合计5 195份，占资源总份数的 53.0%。白菜型油菜地方种、芥菜型油菜地方种、芝麻菜、新疆野生油菜仅在库中保存，生产上已经没有种植。103 份野生甘蓝资源，具有菌核病抗性基因，为 2009 年从西班牙考察收集，为珍稀资源。

典型案例——利用野生甘蓝（C 基因组）菌核病抗性创制甘蓝型抗菌核病优异种质

中国广适性白菜型白菜与抗菌核病野生甘蓝杂交后，通过胚胎挽救与染色体加倍技术获得人工合成甘蓝型油菜，以人工合成甘蓝型油菜为供体亲本，‘中双 12 号’为轮回亲本，经过 4 次回交后获得稳定的材料，继续自交纯化 4 代，获得抗菌核病优异种质‘W391’。菌核病抗性鉴定结果显示比对照‘中双 9 号’抗性提高 72.8%（图 1）。

中国广适白菜型油菜（AA）

X

胚胎挽救

秋水仙素加倍

抗病野生甘蓝（CC）

获得32份人工合成甘蓝型油菜（AACC）

导入野生甘蓝优异基因的桥梁种，易于规模化向甘蓝型油菜中导入优异基因

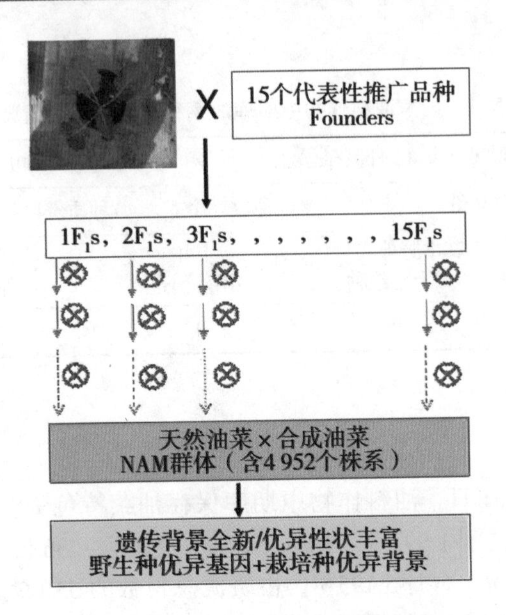

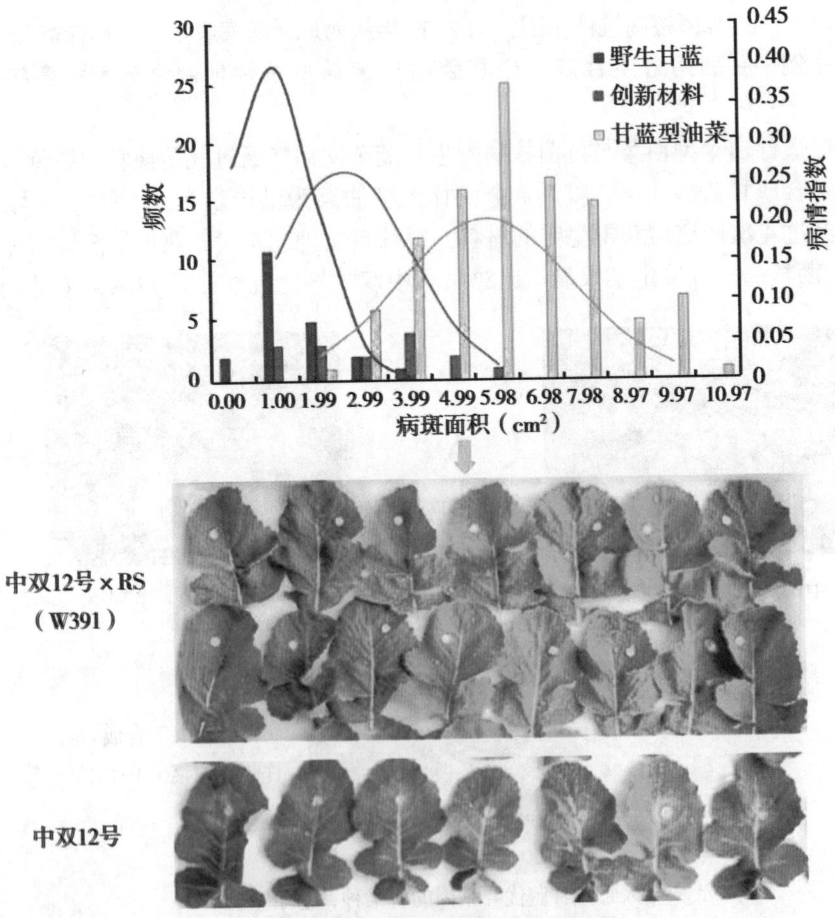

图1　创制甘蓝型抗菌核病优异种质

3 保存资源的有效利用

自2001年以来，国家油料作物中期库累计向全国的油菜科研、教学、育种等单位提供种质1万余份次，保证了油菜种质资源得到合理有效利用，为我国油菜基础研究和品种培育提供了重要材料，支撑发表论文130余篇，其中SCI论文70余篇，支撑育成一系列油菜新品种合计40余个，产生了显著的社会经济效益，对推动我国油料科技进步和产业发展作出了重要贡献；服务支撑油菜产业技术体系；服务支撑国家重点研发计划、国家“973”计划、国家自然科学基金等多个项目；服务支撑省级科学技术进步奖一等奖1项；特色油菜资源有效促进乡村振兴、农民增收，为旅游资源贫乏乡村送去金山银山；举办了“2020年、2021年农民丰收节油料作物种质资源库圃科普开放日”活动，通过科普开放日活动，让公众了解油菜种质资源在品种更新换代与食用油安全供给方面的作用，达到科普的目的。

典型案例1 开辟发掘利用绿色种质新途径，推进绿色发展

首次提出通过发现价值、赋予价值和实现价值发掘利用绿色种质，成功发掘出多彩观赏油菜并实现文化和艺术赋值和增值，创建平面立体化造景技术，通过科学、文化、艺术创意实现绿色增值；特色资源有效促进乡村振兴、农民增收，为旅游资源贫乏乡村送去金山银山。

第一步：发现价值（图2）

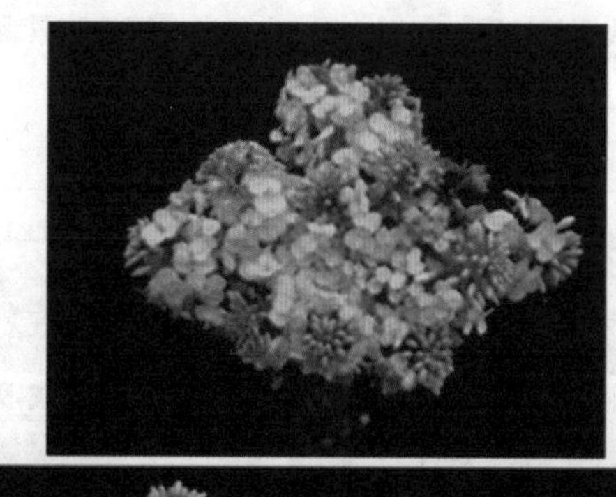

图2 多彩油菜

第二步：赋予价值（图 3~图 5）

图 3　2018 年 4 月 4 日央视《朝闻天下》报道

图 4　中油所主题油菜景观画航拍图　　**图 5　红色主题油菜景观画航拍图**

第三步：实现价值（图 6）

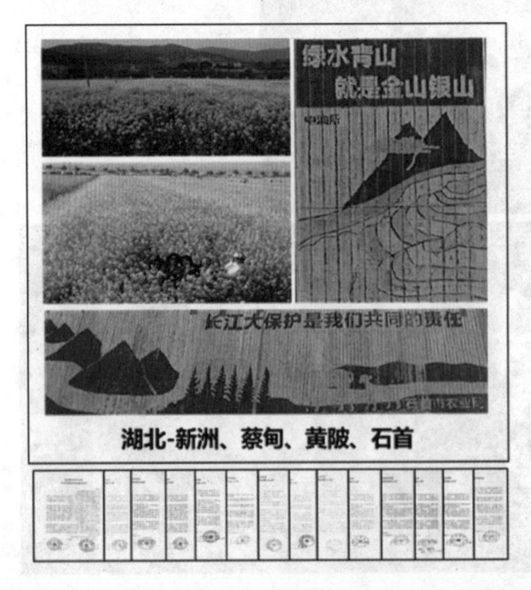

图 6　与全国多地合作制作油菜田地画

典型案例 2　“油菜种质资源收集保存、评价挖掘与创新利用”获得 2019 年湖北省科技进步奖一等奖

在油菜收集保存、评价挖掘与创新利用领域实现理论与技术系统性创新，突破性解决了抗菌核病、抗倒伏等资源匮乏难题，实现了优异种质的高效和广泛利用。项目社会效益显著，为推动我国油菜产业发展和行业科技进步做出了重要贡献；创建的新技术、发掘和创制的优异种质具有广泛的应用前景。

4　展望

4.1　收集保存

我国在油菜种质资源收集保护方面已取得重要进展，已收集国内外油菜种质资源近万份，但在这一领域的任务仍十分艰巨。第一，需加强国外甘蓝型油菜种质资源的收集引进，我国油菜主栽种甘蓝型从欧洲和日本引进仅 70 余年，整体遗传基础薄弱，需不断从世界各地引进甘蓝型油菜种质资源，特别是国外新育成、具有重要育种性状的新品种，充实油菜主栽种基础基因资源库。第二，需进一步调查、收集和保存我国起源的油菜，我国油菜栽培利用历史十分悠久，地方种资源十分丰富，以往大规模抢救性收集保存了大部分地方种资源，但部分边远地区分布的油菜资源还有待进一步收集，现存生产中利用的地方种资源往往具有独特的品质或抗性等特殊性状，是极具经济价值和不可再生的珍贵资源。第三，要系统收集新育成或新创制的油菜新品种（系）、优异亲本和遗传改良材料。随着油菜育种的发展，我国新培育的品种（系）和亲本的产量、品质和抗性水平都在逐步提升，由于具有适应我国生态条件和栽培制度的优势，这些种质资源将是未来油菜遗传改良必不可少的基础材料。由于油菜推广品种多为杂交种，建立有效的杂交种亲本确权和知识产权保护体系，是我国油菜品种资源保护与可持续利用的关键。第四，要启动国内外油菜十字花科同科植物遗传资源的系统性收集与保护。十字花科植物包含 338 个属和 3 709 个种（Warwick et al.，2006），植物遗传资源及其遗传多样性十分丰富，很多同科植物具有油菜栽培种缺少的重要性状或优异基因，是突破油菜产量、品质、抗性和用途瓶颈的关键基因资源。随着现代生物技术的快速发展，利用这些植物遗传资源的技术障碍正在逐步被克服，可以预计十字花科植物遗传资源将在未来油菜遗传改良中发挥重大作用。

4.2　安全保存技术

目前主要依靠检测发芽率、发芽势等传统方法测定种子活力，不仅存在工作量大、测量周期长等诸多缺点，且需耗费有限的种子储备，必将导致繁殖更新次数的增加。对于一些珍贵的野生资源、地方种质、外引特异资源来说，本地繁殖不易成功，且环境的选择压力较大，繁殖易造成遗传漂变。因此，迫切需要一条快速、准确、无损的种子活力检测新途径。也就是说，在油菜种质安全保存方面，未来需重点开展油菜种质无损检测技术方面的研究。

种质安全保存的核心问题就是要确保种质在更新及贮存过程中遗传完整性的维持，

因此，开展种质遗传完整性的检测研究具有十分重要的意义（夏冰等，2007）。目前对于库存油菜种质资源遗传完整性无损检测方法还缺乏系统研究。因此，在油菜种质安全保存方面，未来需重点加强油菜种质遗传完整性研究。

4.3 挖掘利用

未来资源挖掘利用的重点方向如下：围绕油菜生产绿色、高效、环保、资源和劳动力低耗、多功能利用等新要求，开展高光效、功能成分、抗病虫、水肥高效、抗倒伏、抗裂角、株型和根系结构等相关重要性状评价鉴定，特别是与解决油菜瓶颈性难题有关的性状，如：决定产量潜力的光合作用效率和群体光能利用效率、与水肥高效和抗逆性相关的根系性状、决定油脂价值的功能脂肪酸含量等（李利霞等，2020）。

参考文献

冯祥运，2000. 中国芝麻种质资源研究：Ⅱ. 保存与更新［J］. 中国油料作物学报，22（1）：43-45.

李利霞，陈碧云，闫贵欣，等，2020. 中国油菜种质资源研究利用策略与进展［J］. 植物遗传资源学报，21（1）：1-19.

刘后利，1984. 几种芸薹属油菜的起源和进化［J］. 作物学报，10（1）：9-18.

钱秀珍，1984. 我国油菜资源的研究与展望［J］. 作物品种资源，3（2）：9-11.

王述民，卢新雄，李立会，2014. 作物种质资源繁殖更新技术规程［M］. 北京：中国农业科学技术出版社.

伍晓明，钱秀珍，1996. 干燥器保存油菜种子的遗传稳定性研究［J］. 中国油料，18（4）：64-67.

夏冰，卢新雄，林凤，2007. 种质遗传完整性研究进展［J］. 安徽农业科学，35（15）：4415-4417.

Li J W，1981. The origins and evolution of vegetable crops in China［J］. Scientia Agricultura Sinica（14）：90-95.

Nagaharu U，1935. Genome analysis in *Brassica* with special reference to the experimental formation of *B. napus* and peculiar mode of fertilization［J］. Japan Journal of Botany，7：389-452.

Prakash S，Wu X M，Bhat S R，2012. History，evolution，and domestication of *Brassica* crops［J］. Plant Breeding Reviews，35：66.

Snogerup S，1980. The wild forms of the *Brassica oleracea* group（2*n* = 18）and their possible relations to the cultivated ones［A］//Tsunoda S，Hinata K，Gómez-Campo C. *Brassica* Crops and Wild Allies［M］. Japan Scientific Societies Press，Tokyo：121-132.

Song K M，Osborn T C，Williams P H，1988. *Brassica* taxonomy based on nuclear restriction fragment length polymorphisms（RFLPs）［J］. Theoretical and Applied Genetics，76（4）：593-600.

Tsunoda S，1980. Eco-physiology of wild and cultivated forms in *Brassica* and allied genera［A］// Tsunoda S，Hinata K，Gómez-Campo C. *Brassica* Crops and Wild Allies［M］. Japan Scientific Societies Press，Tokyo：109-120.

Vavilov N I，1951. The origin，variation，immunity and breeding of cultivated plants［J］. Soil Science，72（6）：482.

Warwick S I，Francis A，Al-Shehbaz I A，2006. Brassicaceae：Species checklist and database on CD-Rom［J］. Plant Systematics and Evolution，259（2-4）：249-258.

国家油料作物中期库（武汉）花生种质资源安全保存与有效利用

周小静，姜慧芳，罗怀勇，黄　莉，刘　念，陈伟刚
（中国农业科学院油料作物研究所　武汉　430062）

摘　要： 花生（*Arachis hypogaea* L.）是世界范围内重要的油料和经济作物。我国收集的花生种质资源非常丰富，为花生育种和产业发展提供了重要的物质保障。本文从国家油料作物中期库花生种质资源入库、监测、繁殖更新3个过程中的技术与指标阐述了花生种质资源安全保存技术，总结和回顾了20年来国家油料作物中期库花生种质资源收集保存现状，以及资源有效利用等方面的进展，并对今后资源的研究方向进行了展望。

关键词： 花生资源；中期库；安全保存；有效利用

花生（*Arachis hypogaea* L.）是豆科花生属一年或多年生草本植物，是世界范围内广泛栽培和利用的油料和经济作物。我国是世界上最大的花生生产国，目前全国花生年种植面积约470万 hm^2（居大田作物第七位），年总产1 750万 t（居油料作物首位），而且种植业产值在国内大宗作物中仅次于水稻、玉米、小麦（中国统计年鉴，2018）。国家油料作物种质资源中期库（武汉）（以下简称国家油料作物中期库）位于湖北省武汉市，依托于中国农业科学院油料作物研究所，是收集保存包括花生种质在内的多种油料作物种质资源的重要国家级种质库。截至2021年底，国家油料作物中期库收集保存栽培种花生种质资源份数为9 320份，居世界第三。这些花生种质资源涵盖5个植物学类型（普通型、珍珠豆型、多粒型、赤道型、龙生型），来源于广东、广西、河北、河南、山东和湖北等国内24个省份和国外（33个国家和地区），包括原始的地方种、育种单位选育品种、有研究价值的品系以及国外引进品种等。

1　花生种质资源安全保存技术

1.1　花生资源入库保存技术与指标

主要采用低温种质库并辅以简易超干燥方法保存花生种质资源，低温种质库法温湿可控，条件一致，保存效果佳，简易超干燥法具有高效、实用、低耗等优点，可实现花生种质资源种子的中长期有效保存。参考《农作物种质资源保存技术规程》（卢新雄等，2008），花生种质资源入库保存技术主要包括以下几个方面。

信息登记与查重　登记内容包括采集编号、采集单位、保存单位编号、种质名称、

学名、原产地、采集日期、提供者等基本信息。查重主要是根据采集编号、保存单位编号、种质名称、荚果和种子形态等检查与库存已有花生种质资源是否重复，避免重复入库。

花生清选 先用机器初步清选，再人工进行精细清选，在清选过程中严格注意避免种子混杂，另外，用机器清选时，还应尽量减少种子的机械损伤。清选后应达到以下指标①无碎粒、瘪粒、发芽粒、霉烂粒、破碎粒等；②无杂草及其他混杂种子；③无活的害虫；④无沙土、石块、皮壳等无生命杂质。

种子生活力测定 对准备入中期库的花生资源先进行种子生活力测定，生活力低于规定标准，种子不予入库，需重新繁种，达到入库标准后再入库。花生种子生活力的测定主要采用标准发芽实验，萌发温度为30℃±1℃，每次试验每个处理的种子量为30粒。花生种质资源入库发芽率指标为栽培种≥85%。

种子编号 为了便于管理，中期库统一对入库的每一份种子编码一个库号。

种子干燥及种子含水量测定 采用晾晒将种子含水量降到适于贮藏的程度。花生种子含水量一般不高于8%。

种子包装入库 每份入低温冷库保存的花生资源需挑选200个无破损、饱满的荚果，用锡箔袋包装并抽真空、封口。锡箔袋上贴上标签（包括种质统一编号、种质名称、入库时间等），按照低温库房种子架编排的排、架、格库位号放入相应位置。低温冷库温度设置为0~4℃，湿度控制≤45%。花生资源的有效保存期13~15年。

1.2 种质库花生资源监测技术与指标

为了保证入库花生种质的长期安全贮存，对库内种质资源情况监测是十分必要的。在共享频率低的较早年份，花生种质资源监测间期为5年，将到监测期限的种质取种子样本进行发芽率测定，检测种子生活力丧失程度，同时对储存种子进行数量检查，当种子发芽率低于70%或种子量低于入库数量一半时，就需要进行繁殖更新。对种质共享较频繁的近些年，根据中期库每份花生种质保存数量有限，且冷库保存年限可达15年的实际情况，可针对种子量少的种质，以及按照15年的周期对库存种质进行有序更新。繁殖更新时不能把每份保存的种子全部取出种植以免发生意外而丢失遗传资源。

1.3 花生种质库资源繁殖更新技术与指标

入库保存技术参考与依据《作物种质资源繁殖更新技术规程》（王述民等，2014），主要包括以下几个方面。

地点选择

繁殖地区：应选花生种质原产地或与原产地生态环境条件相似的地区，能够满足繁殖更新材料的生长发育及其性状的正常表达。

试验地：应选择地势平坦、地力均匀、形状规整、排灌方便的田块；远离污染源，无人畜侵扰，附近无高大建筑物；避开病虫害多发区、重发区和检疫对象发生区；土质应具有当地花生土壤代表性。

配套条件：应具备播种、收获、晾晒、贮藏等试验条件和设施。

种子准备

核对种质：核对种质名称、编号、种子特征。

播种量：根据更新群体大小确定。

分装编号：将每份需要繁殖更新的种质进行登记、分装和编号，并在整个繁殖更新过程中保持编号不变。

播种

播种：按编号顺序每份种质播一个小区，稀播匀播，并插编号标签；各小区间充分隔开，避免种子错位和混杂。

种植示意图：图中标明南北方向、小区排列顺序、小区号、小区行数和走道。

有效群体：地方品种不少于 50 株、其余类型不少于 40 株，指每小区剔除四周边行后的收获株数。

小区设置：根据群体大小、移栽密度确定小区面积；长宽比为 2：1，采用顺序排列，留人行走道，设保护行。

查苗补苗：出苗后及早查苗补缺。

田间管理

施肥水平：根据土壤肥力和种质类型确定施肥量。选育品种、品系、遗传材料和突变体采用当地普通施肥水平，而地方品种少施肥或不施肥。

栽培措施：按当地生产的管理方法，做好水肥管理、病虫草害防治、雀鼠害防治等措施。

田间去杂

去杂时期：苗期、开花期、成熟期。

地方品种：群体内异质个体的数量极少，其株型、叶型和叶色明显区别于主体类型，则当作杂株拔除。

其他类型：对株型、叶型和叶色等主要表型性状与主体类型不一致的个体，都当作杂株拔除。

核对性状

核对繁殖更新材料的株型、叶型、果型以及茎、叶色等性状是否具有原种质的特征特性，并对不符合原种质性状的材料应查明原因，及时纠正。

收获和干燥

收获：适时收获。每小区剔除四周边行后全部收获；按材料单收、单晾晒；种子袋标签编号须与田间小区编号一致，袋内外各附标签，避免写（挂）错标签。

干燥：收获后及时晾晒，防止发热霉变。

清选：去除瘪果、病虫粒和泥沙等杂质。

种子核对和包装

整理：按材料编号顺序整理和登记，核对编号。

核对：对照标本和种质目录核对种质。

分装：根据入库种子需求量，用锡箔袋分装。

清单编写和质量检查

清单编写：清单包括田间小区号（繁殖更新的种质编号）、统一编号、种质名称、繁殖单位、繁殖地点、繁殖时间、种子量等。

质量检查：检测纯度、净度、水分和发芽率等。

2 花生种质资源安全保存

2.1 花生种质资源保存情况

截至2021年12月，国家油料作物中期库共保存花生种质资源9 320份，包括从国内收集的花生资源6 295份，以及从国外33个国家引进的花生资源为3 025份。

自2001年以来，中期库增加保存花生资源份数为2 830份，其中国外引进705份，占24.92%。期间对中期库保存花生资源繁殖更新达到10 936份次，确保了花生种质安全（表1）。

表1 国家油料作物中期库花生种质资源保存情况

作物名称	截至2021年12月保存总数					2001—2021年新增保存数			
	种质份数（份）			物种数（个）		种质份数（份）		物种数（个）	
	总计	其中国外引进	其中野外或生产上已绝种	总计	其中国外引进	总计	其中国外引进	总计	其中国外引进
花生	9 320	3 025	53	2	2	2 830	705	2	2

2.2 中期库保存的特色花生种质资源

国家油料作物中期库中保存的花生资源非常丰富，其中包括一些有特色的花生种质资源，比如具有我国特色的资源、濒临灭绝的花生资源、鉴定筛选的优异资源、具有地方特色的资源等。

中国特色资源 龙生型花生资源目前世界上主要集中在我国，龙生型花生在分类上属密枝亚种茸毛变种，有文字记载表明这一类型花生至少已在我国栽培了600年以上，是我国栽培历史最长的品种类型（廖伯寿等，1994），迄今在一些边远、偏僻和交通闭塞的山区仍有零星种植。目前中期库中保存了龙生型花生392份，占花生总资源数的4.21%。

濒临灭绝资源 由于人类活动、新品种的替代，这些花生资源濒于灭绝。如“红安直立”曾经在湖北红安县及鄂东大面积种植，但由于晚熟、不抗青枯病、荚果易脱落等因素逐渐被中早熟品种替代。现在仅在库中保存，生产上已经没有种植。

优异资源 对国家油料作物中期库中7 000多份花生种质资源的主要植物学性状（包括主茎高、总分枝、百果重等）、主要品质性状（包括含油量、蛋白质、脂肪酸等）、抗病虫性（包括青枯病、锈病、黄曲霉抗性等）作了系统鉴定评价（姜慧芳等，

2007；Jiang et al.，2013；周小静等，2020），获得了一批在单一或多个性状表现突出的优异资源。比如：发掘出高含油量（≥57%）的材料 ZH. H3617、W. H7155；高油酸含量（≥75%）的材料 Zh. h8585、Zh. h8581 等；抗黄曲霉侵染的材料 W. H8342、ZH. H7778 等；抗黄曲霉产毒的材料 Zh. h7653、Zh. h7695 等；高抗青枯病材料 ZH. H0267、ZH. H2359；高抗晚斑病材料 W. H4280、W. H4322 等。这些优异种质可以为花生品种改良、新品种选育、遗传及生物技术等研究提供原材料。

地方特色资源 栽培历史悠久且成为地方特色产业的资源。如：吉林省‘扶余四粒红’花生，每荚四粒果仁，种皮色泽鲜红、味道香醇可口，无论炒食、煮食或制成各种食品，都受到人们普遍欢迎。扶余县生产的绿色食品‘扶余四粒红’花生获吉林省名牌产品称号。2007 年‘扶余四粒红’花生被国家技术监督总局批准为地理标志保护品种。又如：‘云南七彩’花生主要产自中国云南普洱，是滇西南傣家历代传承的“土著”老品种，因其种皮颜色为七彩颜色，与普通花生相比含有更高的硒元素与花青素，含有多种氨基酸，而且少油脂，该花生颇具特色，在当地非常出名。

3 保存资源的有效利用

2001—2021 年，国家油料作物中期库花生种质资源发挥在科研工作、育种和乡村振兴等方面的重要支撑作用，向全国科研院所、大专院校、企业、政府部门、生产单位提供花生资源利用 9 978份次，开展产量、品质、抗性方面的基础研究、育种及生产应用。

3.1 育种、生产利用

国家油料作物中期库向中国农业科学院油料作物研究所、河北省农林科学院、四川省南充市农业科学研究院、福建省农业科学院、安徽省农业科学院、山东省聊城市农业科学研究院等单位提供花生亲本材料中花 8 号、87-77、油麻 1 号、ICGV8669 等进行种内、种间杂交及高代品系回交，大量配置杂交组合，选育出新品种并创造了显著经济效益。例如：针对地方需求，我们先后提供南充农业科学研究院花生所优异加工型资源 30 余份次，比如特色花生（紫皮）、荚果大小适中、高蛋白等，经过多年食用专用型新品种的培育和推广，育成天府系列花生‘天府 22’‘天府 26’等，累计推广 200 万亩，获得经济效益 4 亿元。四川天府花生逐渐形成加工型的品牌，在南充拥有加工花生企业 10 余家，是我国西南地区主要花生加工基地。

3.2 支持成果奖励

以国家油料作物中期库提供的花生资源为材料支撑花生抗黄曲霉优质高产品种的培育与应用，获国家科技进步奖二等奖 1 项、湖北省科技进步奖一等奖 1 项、武汉市科技成果奖二等奖 1 项、中国农业科学院科技成果奖一等奖 1 项；支撑花生重要抗病优质基因源发掘与创新利用，获湖北省科技进步奖二等奖 1 项、中国农业科学院科技成果奖一等奖 1 项；支撑花生高油种质发掘创制与新品种培育，获湖北省科技进步奖一等奖 1

项、湖北省科技进步奖二等奖1项、中国农业科学院科技成果奖一等奖1项、神农中华农业科技奖二等奖1项；支撑青枯病特异抗性种质发掘与创新利用，获中国农业科学院青年科技创新奖一项。

3.3 支撑乡村振兴与精准扶贫

提供适宜对口精准扶贫地区种植的高产优质花生新品种作为种植材料，邀请花生育种、栽培和病害专家技术指导和培训，开展花生新品种推广和新技术培训示范，带动了贫困地区优质花生新品种种植，为农民增收开辟了新的途径。

3.4 支撑科研项目

支撑国家花生产业技术体系、国家重点研发计划、国家“973”项目、国家“863”专项、国家自然科学基金、农业部公益性行业专项、科技部支撑计划项目、湖北省科技研究与开发计划、湖北省自然科学基金青年项目等项目近百项。

3.5 支撑论文论著、发明专利和标准

支撑研究论文190篇，其中SCI论文58篇。如利用抗感青枯病材料为亲本构建的分离群体，通过QTL鉴定以及QTL-seq技术，并进一步通过新开发的SNP标记将青枯病抗性稳定主效候选区间缩小至B02染色体上2.07Mb，并开发了两个青枯病抗性诊断标记，相关结果发表在《Plant Biotechnology Journal》（Luo et al.，2019）。支撑《花生种质资源描述规范和数据标准》《中国花生遗传育种学》《花生病虫害识别图谱》等论著10余部。支撑“与花生含油量相关的分子标记pPGPseq2A5的应用”等8项国家发明专利；制定《花生种质资源保存和鉴定技术规程》等行业标准2项。

3.6 支撑资源展示、科普、宣传

通过科普开放日、花生品鉴会、研讨会等活动花生资源示范展示1 587份次，通过科普展板、宣传资料发放、现场讲解等多种方式进行花生种质资源多样性及开发利用知识的科普活动34次；接待美国、印度、越南等国外专家，以及农业农村部、地方政府部门、科研单位等参观访问1 653人次；技术咨询和技术服务670人次。在人民网、科学网、今日头条、湖北日报、楚天都市报等主流媒体进行了上百次的宣传报道。

3.7 典型案例

黄曲霉毒素毒性很强，它能诱发肝癌，也能引起人及动物的其他消化系统疾病和急性中毒死亡，抑制人体免疫力，是危害人及动物健康的重要因素。我国是世界上最大的花生生产、消费和贸易国，花生黄曲霉毒素污染对消费者健康构成的威胁很大，对经济和社会发展的长远影响不容忽视。培育和利用抗黄曲霉花生品种是解决毒素污染最为经济有效的途径。

多年来，我们在花生黄曲霉抗性及相关技术方面开展了系统研究。建立了适用于育种分离世代产毒抗性鉴定的荧光分光光度法；分离出不同地区强产毒代表菌株并建立了

产毒能力评价和菌株保存的方法；发明了花生黄曲霉产毒抗性鉴定方法。系统评价并明确了栽培种花生黄曲霉产毒抗性的遗传分化，发掘了一批抗侵染和抗产毒种质。构建了以抗、感黄曲霉侵染的花生品种为亲本的分离群体，获得抗性相关 QTL16 个，转化成功 2 个与侵染抗性连锁的分子标记为 SCAR 标记，揭示了白藜芦醇对黄曲霉菌产毒具有抑制作用。利用抗黄曲霉种质资源‘J11’‘台山珍珠’‘ICG12625’等培育出高世代品系 10 个，其中‘中花 6 号’通过湖北省鉴定，其不仅抗黄曲霉产毒、还具有抗青枯病，高白藜芦醇、高产等优良特性。‘中花 6 号’连续 9 年被遴选为湖北省主导品种，在长江流域和南方产区累计推广 2 201万亩，创经济效益 36.06 亿元。获得国家科技进步奖二等奖 1 项和湖北省科技进步奖一等奖 1 项。

国家科学技术进步奖

证　书

为表彰国家科学技术进步奖获得者，特颁发此证书。

项目名称：花生抗黄曲霉优质高产品种的培育与应用

奖励等级：二等

获 奖 者：中国农业科学院油料作物研究所

中华人民共和国国务院

2017年12月6日

证书号：2017-J-201-2-04-D01

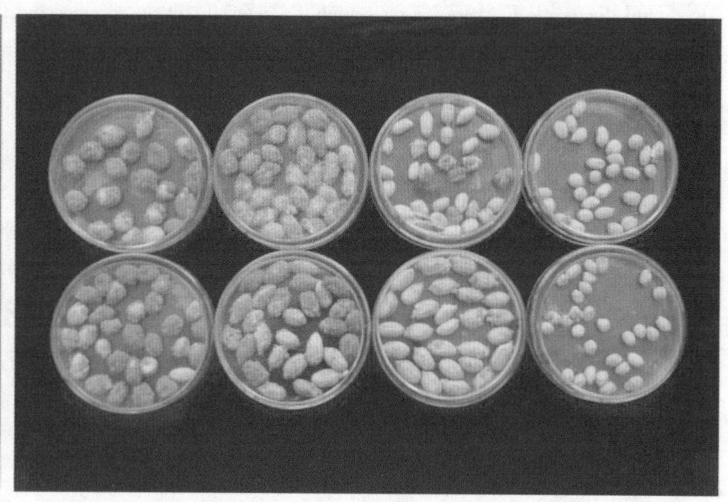

图 1　2017 年国家科学技术进步奖二等奖证书及花生抗黄曲霉种质的筛选

4　展望

在物种保护项目的支持下，我国花生种质资源保护与利用工作取得了显著成效。国家油料作物中期库花生种质资源在保证9 000多份花生资源的安全保存和中期库正常运转的基础上，继续开展花生资源的搜集引进、鉴定编目、繁种入库，结合新引进和收集资源的鉴定评价和中期库资源的繁殖更新，有针对性地开展特色特异等优异种质的鉴定筛选，加强优异特色资源的推广应用。

参考文献

姜慧芳，任小平，廖伯寿，等，2007. 中国花生核心种质的建立［J］. 武汉植物学研究，25（3）：289-293.

廖伯寿，段乃雄，谈宇俊，等，1994. 龙生型花生青枯病抗性遗传研究——Ⅰ. 抗性遗传属性与配合力分析［J］. 中国油料，16（1）：4-8.

卢新雄，陈叔平，刘旭，2008. 农作物种质资源保存技术规程［M］. 北京：中国农业出版社.

王述民，卢新雄，李立会，2014. 作物种质资源繁殖更新技术规程［M］. 北京：中国农业科学技术出版社.

周小静，任小平，黄莉，等，2020. 花生种质资源研究进展与展望［J］. 植物遗传资源学报，21（1）：33-39.

Jiang H，Ren X，Chen Y，et al.，2013. Phenotypic evaluation of the Chinese mini-mini core collection of peanut（*Arachis hypogaea* L.） and assessment for resistance to bacterial wilt disease caused by *Ralstonia solanacearum*［J］. Plant Genetic Resources：Characterization and Utilization，11（1）：77-83.

Luo H，Pandey M K，Khan A W，et al.，2019. Next-generation sequencing identified genomic region and diagnostic markers for resistance to bacterial wilt on chromosome B02 in peanut（*Arachis hypogaea* L.）［J］. Plant Biotechnology Journal，17：2356-2369.

国家油料作物中期库（武汉）芝麻种质资源安全保存与有效利用

张艳欣，张秀荣

（中国农业科学院油料作物研究所　武汉　430062）

摘　要：国家油料作物中期库现保存芝麻种质资源8 960份，主要采用低温种质库和简易超干燥两种方法保存，自2001年以来，累计向全国90%以上的芝麻科研、教学、育种等单位提供种质近万份次，保存的芝麻种质资源得到合理有效利用。本文介绍了建库以来的芝麻资源保存状况，系统总结了安全保存技术和保存资源的利用情况等，并对未来芝麻种质资源收集保存、安全保存技术研究及挖掘利用等进行了展望。

关键词：芝麻；种质资源；安全保存；有效利用

芝麻，又称油麻、脂麻、胡麻，为胡麻科芝麻属一年生草本植物，自花授粉。国家油料作物种质资源中期库（武汉）（以下简称国家油料作物中期库）现保存芝麻种质资源8 960份，除1个栽培种 *Sesamum indicum* L. 外，还包括 *Sesamum schinzianum* Asch.、*Sesamum alatum* Thonn.、*Sesamum radiatum* Schumach. 等3个野生种，均非本土起源。芝麻广泛分布于热带与亚热带地区的70多个国家和地区，除中国外，印度、韩国、美国等国家种质库均保存有一定数量的芝麻种质资源（Dossa et al.，2017），总份数近3万份。

1　种质资源安全保存技术

国家油料作物中期库主要采用低温种质库和简易超干燥两种方法保存芝麻种质资源种子，低温种质库法温湿可控，条件一致，保存效果佳，简易超干燥法具有高效、实用、低耗等优点，均能实现芝麻种质资源种子的中长期有效保存。

1.1　资源入库保存技术与指标

信息登记与查重　登记内容包括统一编号、保存单位编号、种质名称、学名、原产地、来源地、提供者等基本信息。查重主要是根据统一编号、保存单位编号、种质名称等检查与库存已有芝麻种质资源是否重复，同时检查新资源同一批种子之间是否重复，避免重复入库。

种子清选　利用人工或机械去除破碎粒、秕粒、霉粒、杂质等，清选过程中注意防止机械混杂，杂质不得超过1%。

种子生活力检测 每份芝麻种质数取100粒种子，置于放有滤纸的培养皿内，加少量水，在28℃的恒温箱内培养，发芽后第3天测定发芽势，第7天测定发芽率，重复3次，取平均值。芝麻种质资源入库发芽率标准为栽培种≥85%、野生种≥70%。

种子干燥 种子收获后要及时进行晒干，入库前在低温低湿的干燥间（20~25℃，RH 20%~30%）进行干燥，使芝麻种子含水量降至5%以下时入库。

包装入库 采用低温种质库法入冷库保存的芝麻种子，当干燥至适宜含水量时立即装入铝箔袋包装并封口，粘贴标签、称重，入库置指定库位。采用简易超干燥法入干燥器保存的芝麻种子，当干燥至适宜含水量时立即装入牛皮纸袋包装，粘贴标签、称重，入库置指定干燥器，干燥器底层铺干燥剂（无水氯化钙，约为种子重量的1/10），并用凡士林将干燥器口封严。芝麻种质资源入库种子量标准为栽培种≥50g、野生种≥10~30g（视情况而定，下同）。

保存条件 采用低温种质库法的冷库贮存温度为-4~4℃，相对湿度<65%，芝麻种子有效保存期约15~20年。简易超干燥法的干燥器贮存于干燥的房间，夏季用空调降温，确保室温不高于20℃，并定期检查更换干燥剂，种子含水量稳定在2%左右，芝麻种子有效保存期13~15年（张秀荣等，2004）。

1.2 库资源监测技术与指标

芝麻种质资源种子在贮藏过程中需定期监测种子生活力，中期库监测间期为5年。将达到监测间期的种质从冷库中取出，放置于缓冲间2天，再放置于干燥间5h，方可打开种子袋，每份待监测的种质数取300粒种子，并将种子袋尽快密封好放回冷库。将种子置于放有滤纸的培养皿内，加少量水，在28℃的恒温箱内培养，发芽后第7天测定发芽率，若被监测种质发芽率高于75%，则继续保存，反之则需更新。

1.3 库资源繁殖更新技术与指标

当中期库保存的芝麻种质资源种子发芽率降至75%以下（栽培种，野生种视实际情况而定），或种子量少于5~18g（冯祥运，2000），即应进行繁殖更新，繁殖更新技术要点与指标如下。

地点选择与整地 应在与种质原产地或来源地生态环境条件相似的地区，选择地势较高、排灌方便、非连作地块，翻耕灭茬，耙平，深沟窄畦，每亩施氮磷钾复合肥25~30kg。

种子准备 列出需繁殖更新的种质清单，包括统一编号、种皮颜色等，根据抽测发芽率和更新群体大小确定播种量，取出相应种子，每份种质给出一个田间编号。

播种 画出田间种植示意图，每份种质一个小区，根据群体大小、留苗密度确定小区面积，适时适墒播种，条播，行距35~40cm，保持播深一致，下籽均匀，覆土1.5~2cm。出苗后及时查苗、补种或补苗。

田间管理 1~3对真叶期间苗2次，4~5对真叶期定苗，一穴一株，芝麻每份种质繁殖更新群体留苗50株以上（张艳欣等，2011），单秆型种质株距20cm、分枝型种质株距25cm。及时防控病虫草渍旱害，现蕾后结合中耕进行培土追肥。

核对性状与去杂 核对种质的植物学特征特性包括株型、花色、叶色、茎果色、每叶腋花数、茎茸毛、蒴果棱数和种皮色等是否具有原种质的特征特性，并对不符合原种质性状的种质查明原因，及时纠正。盛花期和成熟期依据编目信息将性状明显区别于主体类型的杂株拔除。

收获、脱粒和干燥 在中下部叶片脱落、蒴果变黄，下部蒴果开始炸裂时收获，种质间成熟期不一致时进行分期收获，每份种质单独装入网袋，将塑料吊牌上写上区号、株数等，放入网袋中一个，同时系在网袋口绳上一个，扎紧网袋口及时晾晒。每份种质单独脱粒，严防混杂，并去除秕籽、病虫粒和泥沙等杂质，种子和吊牌一并装入牛皮纸袋，种子袋标签号须与田间编号一致。装袋后及时进行充分晾晒（含水量降至5%左右）。

种子核对、包装和质量检查 按种质编号顺序整理和登记，核对编号，根据入库种子需要量，用牛皮纸袋分装、称量。编写清单，包括统一编号，田间区号、种质名称、繁殖单位、繁殖地点、繁殖时间、种子量等。检测种子净度、含水量和发芽率等。

2 种质资源安全保存

2.1 作物种质资源保存情况

截至 2021 年 12 月，国家油料作物中期库保存芝麻种质资源8 960份，包括国外引进2 047份（占 22. 8%），其中，2001 年保种项目启动以后新增芝麻种质资源4 455份（占总量 49. 7%），包括国外引进1 827份，新增物种 3 个。

作物名称	截至 2021 年 12 月保存总数					2001—2021 年新增保存数			
	种质份数（份）			物种数（个）		种质份数（份）		物种数（个）	
	总计	其中国外引进	其中野外或生产上已绝种	总计	其中国外引进	总计	其中国外引进	总计	其中国外引进
芝麻	8 960	2 047	约 3 000	4	3	4 455	1 827	3	3

2.2 保存的特色资源

国家油料作物中期库保存的芝麻特色资源 183 份（占 2%），其中，芝麻古老地方品种 26 份、珍稀遗传类型 47 份、被育种家用作骨干亲本的育种价值资源 7 份、单一性状突出的特异资源 99 份、芝麻野生资源 3 份。生产上已绝种的芝麻资源约3 000份。例如，北京‘霸王鞭’、山西兴平‘五撮莲’、河南尉氏‘柳条青’、湖北武昌‘九根头’等芝麻古老地方品种，均在当时相应地区广泛种植，很长时期在生产中发挥作用，有上百年种植历史，当时的产量、抗性均突出，但是，随着品种尤其是育成品种的更新换代，这些古老知名地方品种都在生产上消失了，地方单位也没有保存，仅在国家库进行了编目保存。

3 保存资源的有效利用

3.1 概述

自2001年以来，累计向全国90%以上的芝麻科研、教学、育种等单位提供利用种质资源近万份次，为我国芝麻基础研究和品种培育提供了重要材料；支撑国家现代农业产业技术体系、国家“973”项目、国家自然科学基金、农业部公益性行业专项、科技部支撑计划项目、湖北省自然科学基金等项目课题50余项；支撑省部级科技成果奖一等奖4项、二等奖1项、三等奖1项；支撑发表论文120余篇，其中SCI论文50余篇；支撑国家发明专利9件和国家行业标准2项；支撑育成中芝、鄂芝、驻芝、豫芝、冀芝、皖芝、赣芝等系列芝麻新品种100余个，包括中芝11、中芝13、中芝20等在我国江淮和黄淮芝麻优势主产区大面积应用的品种，取得了显著的社会经济效益，对推动我国芝麻科技进步和产业发展作出了重要贡献。

3.2 典型案例

芝麻作为一种重要的药食同源食品，其特质功能成分的发掘和开发利用具有非常广阔的市场前景。芝麻富含不饱和脂肪酸（高达85%）、蛋白质、钙、维生素E、甾醇等，特有多酚类强抗氧化天然活性物质芝麻素、芝麻林素和芝麻酚，具有抗病毒、抗炎、降胆固醇、抗癌等生理功能。针对新时期产业需求，通过精准鉴定，从千余份芝麻资源中发掘到‘ZZM4186’等3份特异高芝麻素种质，经过系选和种质创新，保留其高芝麻素优异性状，克服晚熟、抗病性差等缺点，作为高品质育种关键亲本加以利用，选育出迄今全球芝麻素含量最高新品种‘中特芝2号’，籽粒中芝麻素含量11.2g/kg，是普通品种的近三倍，比日本报道的全球最高品种‘Gomazou’高32%，其油中芝麻素含量是普通芝麻油的2.1倍，研究表明能显著抑制肺癌A549肿瘤细胞增殖。以特异高芝麻素功能品种‘中特芝2号’为原料，用于食品、医药、化工、保健品等领域，服务人民营养健康高质量生活需求和“健康中国”战略，助力乡村振兴。

4 展望

4.1 收集保存

今后，将紧密围绕芝麻产业需求，进一步拓宽渠道，对非洲、印度等起源地和韩国、美国等主要保存国的芝麻资源加大收集引进力度，尤其要重点加强高品质、适宜机械化、抗病抗逆、野生型等优特异芝麻种质资源的收集保存。

4.2 安全保存技术

在芝麻种质资源安全保存方面，未来需重点开展安全、低成本、管理高效、存取便捷的保存技术的研发工作，同时，提高种质资源管理的信息化和智能化水平，促进种质资源在芝麻育种和基础研究中的有效利用。

4.3 挖掘利用

在芝麻优特异种质挖掘利用方面，针对新时期芝麻育种的迫切需求，围绕适宜机械化、高品质等育种目标性状，建立优化芝麻抗落粒性、抗裂蒴性、芝麻素、维生素 E 等高通量精准鉴定技术，对中期库保存的芝麻资源有计划地进行精准鉴定和深度发掘，并通过诱变、杂交等技术进行种质创新，为芝麻育种跨越提供关键亲本，为破解种业“卡脖子”问题、打好种业翻身仗提供材料保障。

参考文献

冯祥运，2000. 中国芝麻种质资源研究：Ⅱ. 保存与更新［J］. 中国油料作物学报，22（1）：43-45.

张秀荣，冯祥运，2004. 芝麻种质资源中期库保存现状分析［J］. 中国油料作物学报，26（1）：72-74.

张艳欣，王林海，吕海霞，等，2011. 基于 EST-SSR 研究芝麻地方种质不同大小繁殖群体间多态性［J］. 中国农学通报，27（18）：90-93.

Dossa K，Diouf D，Wang L H，et al.，2017. The emerging oilseed crop *Sesamum indicum* enters the “omics” era［J］. Frontiers in Plant Science，8：1154.

国家油料作物中期库（武汉）特色油料种质资源安全保存与有效利用

王力军，严兴初
（中国农业科学院油料作物研究所　武汉　430062）

摘　要：农作物种质资源（又称品种资源、遗传资源、基因资源）是指来自农作物的具有实际或潜在价值的任何含有遗传功能单位的遗传材料，是农作物育种、基础研究、生物技术研究和农业生产所需要的遗传物质，包括野生资源、地方品种、选育品种、品系、遗传材料等。特色油料作物种质资源以保存种子为佳，设施保存方式为主。特色油料作物的设施保存体系分为国家作物种质库长期低温保存、国家种质库复份库低温保存、国家油料作物中期库低温保存、特色油料作物种质资源繁殖更新基地更新和特色油料作物课题组工作间常规干燥器短期保存等进行安全保存。本文介绍了国家油料作物中期库建库以来的特色油料资源保存状况，系统总结了特色油料资源安全保存技术，包括入库保存、检测、繁殖更新等技术。

关键词：特色油料作物；种质资源；国家油料作物中期库；安全保存

国家油料作物种质资源中期库（武汉）（以下简称国家油料作物中期库）建库以来，特色油料作物种质资源保存的作物种类主要为蓖麻、向日葵、红花和苏子。截至目前，国家油料作物中期库累计保存特油种质资源9 843份，其中蓖麻3 473份、向日葵3 236份、红花2 591份、苏子543 份。

蓖麻（*Ricinus communis* L.）在分类学上属于大戟科（Euphorbiaceae）、蓖麻属（*Ricinus*），在温带地区属一年生草本植物，而在热带和亚热带地区，蓖麻呈灌木或乔木状，别名红麻、大麻子、牛蓖等。染色体数 $2n=2x=20$。蓖麻原产于非洲东部。由原产地非洲传入古代亚洲，而后由亚洲传至美洲，再到欧洲。联合国粮食及农业组织关于世界粮食和农业植物遗传资源状况的第二份报告（www. fao. org. docrep/013/i500e）指出，世界各地超过50 个的研究机构（含中国）共收藏了17 995份蓖麻种质资源。然而，这些集合可能包括几个重复，因此，确定全世界唯一加入的数量是一项困难的任务。根据生物多样性国际目录，6 588份蓖麻种质被保存在世界不同的基因库中（Anjani，2012）。国家油料作物中期库保存的3 473份蓖麻资源主要为国内种质，分别来源于24个省（区、市），其中湖北省的最多；保存的这些种质以系选种和农家种居多，地方种质和自交选育的较少。

田间种植的向日葵是菊科（Compositae）向日葵属中的一个栽培种，一年生草本植物，学名 *Helianthus annuus* L.，别名葵花、太阳花等，染色体数基数 $x=17$，栽培种向日葵为二倍体种，即 $2n=2x=34$。原产南美洲，驯化种由西班牙人于1510年从北美带到欧洲，最初为观赏用。19世纪末，又被从俄国引回北美洲。16世纪末或17世纪初传入中国。欧盟是向日葵种质资源较多的地区之一，European Plant Genetic Resources（EURISCO）保存来自世界60多个国家的向日葵资源6 585份，有高级改良种质（1 006份），育种研究材料（1 187份），传统地方种质（620份）和野生、半野生种质（330份）。国家油料作物中期库中3 236份向日葵资源的国内种质主要来源于吉林、内蒙古、贵州、辽宁、新疆、山西和湖北等20个省（区、市）；国外种质分别来源于南斯拉夫、加拿大、美国和阿根廷等30个国家或组织；保存的向日葵种质主要为食葵，其次为油葵和油食兼用型，野生种质和观赏性向日葵较为缺乏。

红花（*Carthamus tinctorius* L.）属菊科红花属，又名黄兰、红兰花、草红花、菊红花、红花菜，为一年生草本双子叶植物，为花油两用的经济作物。红花目前有20～25种，原产于大西洋东部、非洲西北部的加那利群岛及地中海沿岸，但在几十种红花中，仅有一种成为古老的栽培种即红花（*Carthamus tinctorius* L.），染色体数 $2n=2x=24$。红花传入中国分为两路：一路是西汉张骞通西域将红花引入中国北方地区，至今已有2 100多年的栽培历史；而另一路经由缅甸和印中边界传入中国云南、四川。世界红花种质资源极其丰富，20世纪80年代在全世界15个国家的22个基因库保存有红花资源20 418份（刘旭云等，2018）。国家油料作物中期库中2 591份红花资源的国外种质来源于52个国家（组织），主要来源于印度、美国、墨西哥、伊朗和巴基斯坦等国家；国内种质主要来源于云南、新疆和甘肃等20个省（区、市）；保存的种质类型比较丰富均衡，有农家种质、系选种质、自选种质和杂交选育种质等。

苏子在分类学上属于唇形科（Labiatae）紫苏属（*Perilla* L.）一年生草本植物，学名 *Perilla frutescens*（L.）Britt.，别名荏、野苏麻、花子、红苏、野苏等，染色体数 $2n=2x=38$，40。中国、朝鲜、印度北部（喜马拉雅山）是苏子的起源地和主要演化地。紫苏属有1个种和3个变种，分别为白苏 *Perilla frutescens*（L.）Britt.、紫苏 *Perilla frutescens*（L.）Britt. var. *crispa* Decne.、华南紫苏 *Perilla frutescens*（L.）Britt. var. *aurialato-dentata* C. Y. Wu et H. W. Li、鸡冠紫苏 *Perilla frutescens*（L.）Britt. var. *acuta*。苏子在中国分布较广，但栽培面积很小，野生类型较多，主要作为药用植物加以利用，苏叶、苏梗、种子都是传统的中草药。其种子含油量30%～50%。苏子油富含α-亚麻酸，是常见植物油脂中含量最高的一种，一般占其整个脂肪酸的50%以上，高的可达60%，是优质保健油。目前，韩国、日本、尼泊尔、印度、越南、老挝及立陶宛等国家均有紫苏资源分布及鉴定的报道。韩国、日本及朝鲜等国家紫苏栽培和消费量较大。俄罗斯、美国、加拿大、英国以及印度、缅甸、泰国、不丹、印度尼西亚等也有栽培报道。国家油料作物中期库中543份苏子资源包含白苏和紫苏，全部为国内种质；主要来源于甘肃、贵州、辽宁和陕西等13个省（区、市）；保存的种质以农家种居多，还有系选种质、人工选育种质和野生种质等。

1 种质资源安全保存技术

1.1 资源入库保存技术与指标

国家油料作物中期库保存的特色油料作物种质资源主要为蓖麻、向日葵、红花和苏子。特色油料作物种质资源以保存种子为佳，设施保存方式为主。

种子信息登记与查重 登记内容包括全国统一编号、保存单位编号、种质名称、学名、原产地、来源地、提供者等基本信息。查重主要是根据全国统一编号、保存单位编号、种质名称等检查与库存已有特色油料种质资源是否重复，同时检查新资源同一批种子之间是否重复，避免重复入库。

特色油料作物种质资源全国统一编号，编号方法由8位顺序号组成：

蓖麻国内资源编号为ZBM00000（严兴初等，2007），国外资源编号为WBM00000；

向日葵国内资源编号为ZXRK0000，国外资源编号为WXRK0000（严兴初等，2006）；

红花国内资源编号为ZHH00000，国外资源编号为WHH00000（杨建国等，2007）；

苏子国内资源编号为ZSZ00000，国外资源编号为WSZ00000。

种子清选 利用人工或机械去除破碎粒、空粒、秕粒、霉粒、受病虫侵害粒及其他混杂种子，以及灰尘等其他物质。选用外观基本一致，无病害，无机械损伤的新鲜种子，净度≥98%。

种子干燥 种子收获后要及时进行晒干，入库前在低温低湿的干燥间（20~25℃，RH 20%~30%）进行干燥。按《国际种子检验规程》标准进行种子含水量测定，含水量5%~7%的特色油料作物种子可以包装入库保存。

种子生活力检测 蓖麻、向日葵、红花和苏子种质资源采用滤纸或蛭石做发芽床基质，按《国际种子检验规程》和我国《农作物种子检验规程》进行种子发芽率测试。蓖麻种子初始发芽率≥85%，向日葵栽培种种子初始发芽率≥90%，向日葵野生种种子初始发芽率≥60%，红花种子初始发芽率≥75%，苏子种子初始发芽率≥90%，可以入库保存（卢新雄等，2008）。

种子包装称重 当种子干燥至适宜含水量时立即装入铝箔袋包装并封口，粘贴标签、称重。

蓖麻入长期库贮存量≥700粒，入中期库器贮存量≥350粒。

向日葵食用型入长期库贮存量≥200g，入中期库贮存量≥100g。

向日葵油用型入长期库贮存量≥150g，入中期库贮存量≥75g。

向日葵野生种入长期库贮存量≥800粒，入中期库贮存量≥400粒。

红花入长期库贮存量≥100g，入中期库贮存量≥50g。

苏子入长期库贮存量≥50g，入中期库贮存量≥25g。

种子入库保存 种子包装称重之后，采用低温种质库法入冷库保存的特色油料作物种子，入库前预先对低温库房的种子架及每层抽屉按顺序定位，入库时根据低温中期库库房内预先指定的位置，将种子入库定位，并计入档案或输入管理数据库；采用简易超干燥法入干燥器保存的特色油料作物种子，将种子放入指定干燥器，干燥器底层铺干燥剂（无水氯化钙，约为种子重量的1/10），并用凡士林将干燥器口封严，并计入档案或输入管理数据库。

种子保存条件

长期库种子贮藏温度：-18～-10℃；相对湿度：<50%；种子含水量：5%±2%；种子贮存寿命：>20 年（卢新雄等，2008）。

中期库种子贮藏温度：-4～4℃；相对湿度：<65%；种子含水量：6%±2%；种子贮存寿命：10～20 年。

干燥器贮存于干燥的房间，夏季用空调降温，确保室温不高于 20℃，并定期检查更换干燥剂，种子含水量稳定在 6%±2%。种子贮存寿命：3～10 年。

1.2 库资源监测技术与指标

特色油料作物种质资源种子在贮藏过程中需定期监测种子生活力，中期库监测间期为 5 年。将达到监测间期的种质从冷库中取出，放置于缓冲间 2～3 天，再放置于干燥间 3～5 小时，方可打开种子袋，蓖麻、向日葵每份待监测的种质数取 50 粒种子，红花、苏子每份待监测的种质数取 100 粒种子，并将种子袋尽快密封好放回冷库。按《国际种子检验规程》和我国《农作物种子检验规程》标准进行种子发芽率测试。将种子置于放有滤纸或蛭石做发芽床基质的培养皿内，加少量水，在 28℃的恒温箱内培养，发芽后第 7 天测定发芽率。将检测结果输入计算机并建立监测数据库，若被监测种质发芽率高于 75%，则继续保存，反之则需安排种子繁殖更新。

1.3 库资源繁殖更新技术与指标

当国家油料作物中期库保存的特色油料作物种质资源种子发芽率降至 75%以下（栽培种，野生种视实际情况而定），或种子量少于入库贮存量标准的 50%时，即应进行繁殖更新。

地点选择与整地 应在与种质原产地或来源地生态环境条件相似的地区，选择地势平坦、肥力均匀、排灌方便、非连作地块；避开病虫害多发区、重发区和检疫对象发生区；具备播种、田间管理、收获、晾晒、贮藏等实验条件和设施；翻耕灭茬，耙平和施足底肥。

种子准备 列出需繁殖更新的种质清单，包括全国统一编号、种质名称等，根据抽测发芽率和更新群体大小确定播种量，取出相应种子，每份种质给出一个田间种植号。

播种 特色油料作物种质资源参考下列标准，确定拟准备繁殖更新的最小种植面积，在此基础上对基地进行种植分布的总体安排，画出田间种植示意图后进行田间播种。

蓖麻：属异花授粉作物，更新时应严格套袋使其自交，种植密度为 100cm×（80～100）cm（王述民等，2014），每份种质繁殖群体约为 30 个单株。更新后保证符合入库条件的种子量达到700粒以上。

向日葵：属异花授粉作物，更新时应严格套袋使其自交，由于向日葵自交结实率仅为20%左右，需要辅以人工授粉，可使其自交结实率提高到40%左右。种植密度50cm×（50~80）cm。栽培向日葵每份种质繁殖群体约为50个单株。野生向日葵每份种质繁殖群体约为100个单株。更新后保证符合入库条件的种子量：食用型200g以上；油用型150g以上；野生种800粒以上。

红花：属异花授粉作物，更新时应严格套袋使其自交。种植密度为40cm×12.5cm。栽培红花每份种质繁殖群体约为100个单株。棉毛红花每份种质繁殖群体约为200个单株。更新后保证符合入库条件的种子量达到100g以上。

苏子：属自花授粉作物，更新时应严格套袋使其自交，种植密度为50cm×10cm。每份种质繁殖群体约为100个单株，更新后保证符合入库条件的种子量达到50g以上。

田间管理 出苗后及时查苗、补种、间苗、定苗。苗期及伸长期田间杂草多，土块大，及时中耕除草、松土。视特色油料作物生长势及土壤肥力情况，于分枝期及现蕾前期结合灌水施肥1~2次。视土壤湿度、气候及特色油料作物生长情况，因地制宜灌水2~5次。灌溉时，采用沟灌，当水漫过墒面时及时撤水。灌溉可于阴天和傍晚实行沟灌，以减少病害发生。田间病虫发生初期，视情况使用高效低毒农药进行防治。

核对性状与去杂 核对繁殖更新材料的株型、叶型、穗型、粒型以及茎、叶、种子颜色等性状是否具有原种质的特征特性，并对不符合原种质性状的种质查明原因，及时纠正。盛花期和成熟期依据编目信息将性状明显区别于主体类型的杂株拔除。

收获、脱粒和干燥 适时收获，种质间成熟期不一致时进行分期收获。每份种质单独装入网袋，将塑料吊牌上写上区号、株数等，放入网袋中一个，同时系在网袋口绳上一个，扎紧网袋口及时晾晒。每份种质单独脱粒，严防混杂，并去除瘪籽、病虫粒和泥沙等杂质，种子和吊牌一并装入牛皮纸袋，种子袋标签编号须与田间小区编号一致。装袋后及时进行充分晾晒（含水量降至5%左右）。

种子核对、包装和质量检查 按种质编号顺序整理和登记，核对编号。根据入库种子需要量，用牛皮纸袋分装、称量。编写清单，包括全国统一编号、田间小区编号、种质名称、繁殖单位、繁殖地点、繁殖时间、种子量等。检测种子纯度、净度、含水量和发芽率等。

2 种质资源安全保存

2.1 各作物保存情况

国家油料作物中期库目前保存特色油料作物种质资源共计9 843份，其中蓖麻3 473份、向日葵3 236份、红花2 591份、苏子543份；其中国外引进特色油料作物种质资源总计1 815份。2001年保种项目启动以后新增特色油料作物种质资源共计2 675份，其中蓖麻895份、向日葵459份、红花1 251份、苏子70份；新增国外引进特色油料作物种质资源总计1 063份（表1）。

表 1　国家油料作物中期库特色油料作物保存情况

作物名称	截至 2021 年 12 月保存总数					2001—2021 年新增保存数			
	种质份数（份）			物种数（个）		种质份数（份）		物种数（个）	
	总计	其中国外引进	其中野外或生产上已绝种	总计	其中国外引进	总计	其中国外引进	总计	其中国外引进
蓖麻	3 473	0		1	0	895	0	1	0
向日葵	3 236	614		2	2	459	232	1	1
红花	2 591	1 201		2	2	1 251	831	1	1
苏子	543	0		1	0	70	0	1	0
合计	9 843	1 815		6	4	2 675	1 063	4	2

2.2　保存的特色资源

国家油料中期库保存的特色油料作物种质资源特色资源约 50 余份（约占 0.05%），其中观赏性蓖麻 3 份，单雌系蓖麻 2 份；观赏向日葵 20 份，野生向日葵 20 份，矮秆向日葵 6 份，棉毛红花（*C. tanatus* Linn）1 份。

3　保存资源的有效利用

3.1　概述

国家油料作物中期库建库以来，累计分发提供特色油料作物种质资源 4 000余份给 60 余个单位及个人，涉及的作物包含蓖麻、向日葵、红花、苏子、胡麻、续随子以及油莎豆等特色油料作物。针对的主要用户为高等院校和事业单位，为我国特色油料作物的生产、育种、基础研究、科普以及医学等领域提供了重要材料，对推动我国特色油料作物科技进步和产业发展作出了重要贡献。

3.2　典型服务案例：红花种质资源引进、评价与花油两用新品种选育

服务单位：云南省农业科学院

服务时间：近 20 年

针对云南省及国内红花产区缺乏无刺、高色素、高产、高抗、高品质及推广品种退化等问题，云南省农业科学院二十年来从中国农业科学院油料作物研究所引进近千份红花资源，中国农业科学院油料作物研究所提供科研经费、相关栽培技术和分子生物学技术指导，保证红花资源深度合作的顺利进行。通过对红花种质资源引进、整理和利用研究，评价发掘出优异种质 200 余份。选育出云红二号、云红三号和云红四号 3 个优质高产的花油两用红花新品种，产量均达到了极显著水平，经济和社会效益明显，起到了很好的示范推动作用。出版专著 6 部，其中主编 2 部，副主编 1 部；发表论文 12 篇；制

定地方标准2项。获得了奖励一项。

省级科学技术进步奖三等奖

云红二号

云红三号

云红四号

4 展望

特色油料作物种质资源是进行特色油料作物育种、基础研究、生物技术研究和农业生产所需要的遗传物质基础。因此，特色油料作物种质资源的收集和保存具有重要意义，特色油料作物的丰富程度及研究程度将决定我国特色油料作物各类研究水平的高低。

（1）随着新品种在适应区域示范推广，原有老品种特别是地方品种逐渐被淘汰，致使一些有益的基因丢失，也使得特色油料作物资源失去多样性变异。因此亟须加强特色资源，尤其是古老、珍稀、濒危、野生等资源的收集工作。

（2）国家油料作物中期库中的国外特色油料作物资源比例太低，因此亟须加强国外不同地域的野生资源、地方品种、选育品种、品系、遗传材料等资源的收集工作。

（3）随着生物技术手段的日新月异，收集的特色油料作物种质资源遗传材料将不仅局限于种子和果实，还应包括DNA、细胞、组织、根、茎、苗、叶、芽和花等遗传材料。

（4）随着特色油料作物总资源保有量不断地增加，特色油料作物种质资源对智能化保存设施设备的容量及先进性需求也日益凸显。

（5）为了有效支撑特色油料作物种质资源的安全保存，需要系统地开展特色油料作物种质资源安全保存理论与技术的研究，重点发展特色油料作物种质资源的监测技术，包括资源生长发育动态监测、资源病虫害监测、土壤和气候等环境状况监测等。

（6）随着我国人民生活水平的不断提高，人们对物质生活丰富性、营养性的需求不断提高，特色油料所具有的独特魅力越来越显现，特色油料作物种质资源未来将侧重于药用、保健功能等高品质特色油料的发掘创制。

参考文献

刘旭云，等，2018. 红花种质资源的保护与利用［M］. 昆明：云南科技出版社 .

卢新雄，陈淑平，刘旭，等，2008. 农作物种质资源保存技术规程［M］. 北京：中国农业出版社.

严兴初，王力军，2007. 蓖麻种质资源描述规范和数据标准［M］. 北京：中国农业出版社.

严兴初，张义，王力军，等，2006. 向日葵种质资源描述规范和数据标准［M］. 北京：中国农业出版社.

杨建国，刘旭云，严兴初，2007. 红花种质资源描述规范和数据标准［M］. 北京：中国农业出版社.

王述民，卢新雄，李立会，2014. 作物种质资源繁殖更新技术规程［M］. 北京：中国农业科学技术出版社.

Anjani K，2012. Castor genetic resources：a primary gene pool for exploitation［J］. Industrial Crops and Products，35（1）：1-14.

国家蔬菜中期库（北京）种质资源安全保存与有效利用

王海平，李锡香，宋江萍，张晓辉，阳文龙，贾会霞
（中国农业科学院蔬菜花卉研究所　北京　100081）

摘　要：蔬菜种质资源是蔬菜科学研究和蔬菜生产可持续发展的物质基础，在满足人们对蔬菜种类和品质多样性需求中起着重要作用。我国蔬菜种质资源非常丰富，是如大白菜、萝卜、芥菜、豇豆、葱、丝瓜等蔬菜的原产地。本文简要介绍了国内外蔬菜种质资源的收集保存现状，总结和回顾了近20年来国家蔬菜种质资源中期库和国家多年生及无性繁殖蔬菜种质资源圃在资源安全保存技术、资源安全保存、资源有效利用等方面的研究进展，并对今后资源的研究方向进行了展望。

关键词：蔬菜；种质资源；安全保存；有效利用

蔬菜是人们日常饮食中必不可少的食物之一，可提供人体所必需的多种维生素和矿物质等营养物质，是农业生产中不可缺少的组成部分，在中国是仅次于粮食的重要副食品。改革开放以来，蔬菜产业发展迅速，在保障市场供应、促进农业结构的调整、优化居民的饮食结构、增加农民收入、提高人民的生活水平等方面发挥了重要作用。据统计，2020年，全国蔬菜种植面积约3.2亿亩，产量约7.22亿t（国家统计局）。由于蔬菜生产的经济效益较高，已成为农业增收、农民受益和稳定农村经济的第二大支柱产业。

蔬菜种质资源是蔬菜科学研究和蔬菜生产可持续发展的物质基础，是支撑农业科技原始创新和蔬菜育种的物质基础，是保障国家“菜篮子”安全的战略性资源，在满足人们对蔬菜种类和品质多样性需求中具有重要作用。我国是许多蔬菜如大白菜、萝卜、芥菜、豇豆、山药、荸荠、莲藕、慈姑、茭白、葱、丝瓜等的原产地（戚春章等，1997）。但是我国每年要进口大量的蔬菜种子，这严重制约了我国蔬菜产业的可持续发展。因此，近年来我国高度重视种质资源的收集保存、鉴定评价和创新利用。

目前全球有大大小小的基因库1 300多个，保存资源740多万份（约18%的为野生和半野生资源），其中蔬菜资源约占7%，共502 889份（野生及野生近缘种约占5%）。全世界蔬菜资源保存名列前茅的国家或地区机构有美国、俄罗斯、欧洲和亚蔬中心。美国国家植物种质资源保存体系保存了分属17个科900多个种或变种的蔬菜资源共计109 165份（包括瓜类和除大豆的食用豆类）。俄罗斯瓦维洛夫研究所收集保存蔬菜（包括瓜类）种质4.98万多份，分属27科、145属、475种；食用豆类4.2万余份，分属15属、160种，来自100多个国家。欧洲中央农作物数据库（ECCDBs）中收录了欧洲各国种质库中保存的蔬菜种质资源125 518份。亚蔬中心收集保存蔬菜种质6.5万余

份，涉及400多个种。国家蔬菜种质资源中期库（北京）（以下简称国家蔬菜中期库）依托于中国农业科学院蔬菜花卉研究所，始建于20世纪80年代初期，改扩建于2000年，库建筑面积108m²，容积246m³，库温0~4℃，湿度60%以下。截至2020年12月31日，国家蔬菜中期库共保存资源32 901份，涉及114个种或变种。国家多年生及无性繁殖蔬菜资源圃（北京）保存102种蔬菜种质资源1 180份。

1 种质资源安全保存技术

1.1 资源入库保存技术与指标

资源入库保存技术 目前种质资源的保存技术是以低温、干燥、超低温等种子或组织保存方法以及资源圃活体保存方法为主。随着科技的发展，新技术也应用于蔬菜资源保存上，如直接保存稀有濒危种质的DNA等（王海平等，2010）。

资源保存指标 蔬菜种质资源按繁殖习性可分为有性繁殖和无性繁殖两大类型，目前国家蔬菜中期库保存3.29万份资源，主要以低温保存库的方式进行保存。无性繁殖及多年生蔬菜种质资源保存1 180多份，主要以资源圃种植的方式进行保存。有性繁殖材料（种子）一般在库温0~10℃，相对湿度50%以下，种子水分8%左右条件下密封保存15年以上，或者在库温-20~-10℃，相对湿度30%~50%，种子含水量4%~6%条件下密封保存50~100年。无性繁殖材料一般用超低温保存（组织）或资源圃（活体）保存，活体保存的不同物种需要设置不同的株行距以及不同的种植设施等。

1.2 库（圃）资源监测技术与指标

资源监测技术 蔬菜种质资源库加强了资源的活力监测、分类和创新技术的研究。如对国家蔬菜中期库6种葱属共610份蔬菜种子（包括韭菜267份、大葱226份、分葱40份、洋葱67份、韭葱8份、南欧蒜2份）进行监测发现，葱属蔬菜种子在长期保存过程中表现出寿命的差异，与不同物种、同物种不同基因型、入库时的初始发芽率、繁种单位等均存在一定相关性。6种葱属蔬菜资源可以分为两类。一类是大葱、洋葱、分葱的管状叶葱属植物，另一类是韭菜、南欧蒜、韭葱的扁平带状叶葱属植物，结果显示扁平叶类葱属蔬菜种子生活力优于管状叶类。另外，对资源圃中的大蒜资源携带病毒种类的监测发现，689份大蒜资源只有2份完全不带毒，说明资源面临种性退化甚至消失的风险。

资源评价 国家蔬菜中期库进一步加强了对十字花科和葱蒜类蔬菜资源的鉴定评价。如对329份芥菜资源的根肿病抗性进行了表型鉴定，结果发现病情指数分布在0~100.00，筛选出免疫资源20份，抗病资源38份。用超高效液相色谱法检测111份大蒜资源，发现大蒜辣素含量分布在0.3%~2.8%，超过2.0%的种质资源有15份，其中大于2.5%的有3份。

优异基因挖掘 在萝卜和葱蒜类资源上取得重要进展。如将萝卜抗根肿病基因定位在8号染色体上；通过727份萝卜资源重测序鉴别到9个与黑腐病抗性相关的基因。从大蒜基因组中共鉴定出121个蒜氨酸酶基因家族成员，分布于8条染色体14个scaffolds上，有80个在鳞茎、芽、根、假茎、叶、花、蒜薹等组织中表达。同时，通过叶绿体全基因组测序、重建系统发育树深入了解了葱属蔬菜资源系统进化，为远缘杂交创新种质提供了基础。

1.3 种质资源繁殖更新技术与指标

繁殖更新技术 初步制定了30种作物更新技术规程（李锡香，2002）。并加强了过程管理（表1）。主要包括如下。

（1）共制定了30种蔬菜作物资源的更新技术规程；在全生育期间，对部分混杂严重的种质进行了去杂或单株采收、分类处理；对每份种质的主要植物学和农业生物学性状进行了观测和补充采集。采集了每份种质的图片数据，建立了更新数据库。

（2）在种子清选的基础上，对种子进行了重力风力分级清选，并检测种子活力，更新种子经过干燥包装入中期库。在植株生长盛期，通过组织更新现场观摩会，请上级有关领导和专家检查更新工作，提出了许多宝贵意见和建议，保证了更新的质量。

（3）更新技术研究：对白菜、菜豆以及黄瓜作物的更新技术（涉及群体大小、隔离方式、授粉方法以及栽培技术）进行了初步研究。

（4）对更新种质进行了形态和分子验证：对萝卜、结球白菜、不结球白菜、叶用芥菜、菜薹和胡萝卜等6种异花授粉作物，在不同年份以及在不同更新繁种点更新的种质分别进行形态和分子评价，每点抽样5份种质，以更新前库内提取的种质为对照，检测更新效果。

表1 不同蔬菜作物资源繁殖更新技术规程

作物	技术措施	种子量（g）	发芽率（%）
萝卜	冬季保护地育苗移栽，成株两个季节种植或半成株留种，适当整枝，网纱+生物隔离、人工辅助授粉	>120	>85
小白菜	冬季保护地育苗移栽，成株或半成株留种，适当整枝，网纱+生物隔离、人工辅助授粉	>70	>90
大白菜	冬季保护地育苗移栽，成株或半成株留种，适当整枝，网纱+生物隔离、人工辅助授粉	>70	>90
菜薹	冬季保护地育苗移栽，网纱+生物隔离、人工辅助授粉	>70	>90
芥菜	冬季保护地育苗移栽，成株或半成株留种，适当整枝，网纱+生物隔离、人工辅助授粉	>70	>90
甘蓝	冬季保护地育苗移栽，成株或半成株留种，适当整枝，网纱+生物隔离、人工辅助授粉	>80	>85

（续表）

作物	技术措施	种子量（g）	发芽率（%）
花椰菜	成株两个季节种植或半成株留种，适当整枝，网纱隔离、人工辅助授粉	>70	>85
芜菁	成株两个季节种植，网纱隔离，人工辅助授粉	>70	>85
胡萝卜	成株两个季节种植，网纱隔离，人工授粉	>50	>80
番茄	育苗移栽，地膜覆盖，支架栽培，整枝打叉	>50	>80
辣椒	育苗移栽，地膜覆盖，网纱隔离	>70	>80
茄子	育苗移栽，地膜覆盖，适当隔离	>70	>80
莴苣	育苗移栽，通过种株整枝提高种子芽率	>50	>80
苋菜	空间隔离或不织布隔离，通过种株整枝提高种子芽率	>50	>80
芹菜	育苗移栽，母株过冬，通过种株整枝提高种子芽率	>50	>80
菠菜	直播，母株露地过冬，春季支架，的确良/豆包布/不织布罩隔离，防止风媒传粉	>70	>80
黄瓜	育苗移栽，支架大棚栽培，人工夹花授粉	>120	>90
苦瓜	育苗移栽，支架栽培，人工夹花授粉	>180	>80
瓠瓜	育苗移栽，支架栽培，人工夹花授粉	>180	>80
丝瓜	育苗移栽，支架栽培，人工夹花授粉	>100	>80
冬瓜	育苗移栽，支架栽培，人工夹花授粉	>60	>80
南瓜	育苗移栽，覆膜爬地，人工夹花授粉	>120	>90
扁豆	育苗移栽，支架栽培	>300	>80
毛豆	地膜覆盖栽培	>300	>85
菜豆	直播，支架栽培	>300	>85
洋葱	成株两个季节种植或半成株留种，网纱隔离、人工辅助授粉	>60	>80
大葱	育苗移栽，头年受种鳞茎，次年定植，网纱隔离	>50	>80
韭菜	育苗移栽，母株过冬，次年成株，第三年采种	>50	>80
茼蒿	直播，障碍物隔离	>40	>80
芫荽	育苗移栽，支架摘顶，网纱隔离，人工辅助授粉	>45	>80

繁殖更新指标 当种质库保存种质材料出现下列情况之一时，应进行繁殖更新：①种子发芽率降至60%以下或初始发芽率的60%。②自花授粉物种和自交系每份种质材料的活种子数量低于300粒；异花授粉物种和地方品种每份种质材料的活种子数量低于500粒。③在中期库中，某一种质材料的种子全部失活，将长期库中的同一材料繁殖更新。④资源圃内保存的无性繁殖材料，株数或盖度减少到原保存数量的50%时。繁殖更新的基本要求：①繁殖更新的种质群体必须足够大，能最大限度地保持原种质的遗传完整性。②繁殖更新过程中应避免种质材料间及种质材料与野生或栽培植物间无性或有性混杂。

1.4 种质资源备份技术与指标

种质资源备份技术 国家蔬菜中期库保存的32 901份资源在国家作物种质资源库中均有复份长期保存。无性繁殖及多年生蔬菜资源1 180余份均以活体种植保存在国家无性繁殖及多年生蔬菜资源圃中。同时，逐步利用离体保存技术和超低温保存技术进行复份保存。

备份资源指标 ①新入库未鉴定的资源；②适应性较差的资源；③珍稀濒危资源；④重要骨干亲本资源。

2 种质资源安全保存

2.1 资源保存情况

截至2020年12月底，北京蔬菜中期库保存蔬菜种质资源3.29万份，涵盖萝卜、结球白菜、黄瓜、番茄、菜豆等114个种或变种（表2），其中2001年以来新增保存3 729份，占资源总数的11.3%，资源保存总量增长12.8%；其中有1 910份为国外引进资源，占新增资源的51.2%，涉及21个种或变种。多年生蔬菜资源圃保存1 180余份，包括大蒜、葱、姜、山药、黄花菜、菊芋、魔芋等102个种。保存的大蒜资源679份，保存量居世界首位，其中有387份来自我国的27个省（区、市），其余292份是通过引种等手段从美国、乌兹别克斯坦、俄罗斯、捷克、保加利亚、埃及等43个国家获得，占保存资源的43%。北京蔬菜分库长期从事蔬菜种质资源的基础性工作，牵头组织了蔬菜种质资源的收集，开展了蔬菜种质资源的系统评价与整理，编辑出版了《中国蔬菜品种资源目录》和《中国蔬菜品种志》等。

表2 国家蔬菜中期库资源安全保存情况

作物名称	截至2020年12月保存总数				2001—2020年新增保存数			
	种质份数（份）		物种数（个）		种质份数（份）		物种数（个）	
	总计	其中国外引进	总计	其中国外引进	总计	其中国外引进	总计	其中国外引进
萝卜	2 321	178	3	1	250	143	3	1

（续表）

作物名称	截至2020年12月保存总数				2001—2020年新增保存数			
	种质份数（份）		物种数（个）		种质份数（份）		物种数（个）	
	总计	其中国外引进	总计	其中国外引进	总计	其中国外引进	总计	其中国外引进
胡萝卜	428	26	2	1	1	0	2	0
芜菁	117	1	1	1	24	0	1	0
芜菁甘兰	21	1	1	1	0	0	1	0
根用甜菜	13	7	1	1	0	0	1	0
牛蒡	12	5	1	1	0	0	1	0
结球白菜	1 800	52	1	1	120	18	1	1
不结球白菜	1 483	22	1	1	96	12	1	1
薹菜	15	0	1	0	0	0	1	0
菜薹	249	13	1	1	21	10	1	1
叶用芥菜	1 159	13	1	1	134	4	1	1
茎用芥菜	197	0	1	0	2	0	1	0
根用芥菜	274	0	1	0	0	0	1	0
薹用芥菜	6	0	1	0	0	0	1	0
籽用芥菜	8	1	1	1	0	0	1	0
结球甘蓝	224	7	1	1	3	1	1	1
球茎甘蓝	104	0	1	0	0	0	1	0
花椰菜	128	8	1	1	0	0	1	0
嫩茎花椰菜	4	1	1	1	0	0	1	0
芥兰	93	4	1	1	6	2	1	1
黄瓜	1 550	65	1	1	56	27	1	1
美洲南瓜	404	13	1	1	4	0	1	0
中国南瓜	1 247	78	1	1	139	67	1	1
印度南瓜	373	10	1	1	7	0	1	0
冬瓜	300	2	1	1	1	0	1	0
节瓜	69	0	1	0	0	0	1	0
苦瓜	203	3	1	1	3	0	1	0
丝瓜	525	4	2	1	1	0	2	0
瓠瓜	263	3	1	1	11	1	1	1

（续表）

作物名称	截至2020年12月保存总数				2001—2020年新增保存数			
	种质份数（份）		物种数（个）		种质份数（份）		物种数（个）	
	总计	其中国外引进	总计	其中国外引进	总计	其中国外引进	总计	其中国外引进
蛇瓜	8	0	1	0	0	0	1	0
菜瓜	112	0	1	0	0	0	1	0
越瓜	10	0	1	0	0	0	1	0
黑籽南瓜	3	0	1	0	0	0	1	0
西瓜	184	19	1	1	0	0	1	0
甜瓜	384	11	1	1	0	0	1	0
其他瓜类	3	1		1	0	0	0	0
番茄	3 349	1 829	4	1	1 264	980	4	1
茄子	1 668	179	6	1	76	44	6	1
辣椒	2 464	364	6	1	345	246	6	1
酸浆	38	3	1	1	1	1	1	1
菜豆	3 781	227	1	1	364	46	1	1
莱豆	32	0	1	0	0	0	1	0
多花菜豆	69	0	1	0	1	0	1	0
刀豆	22	0	1	0	0	0	1	0
豇豆	1 747	23	1	1	43	6	1	1
毛豆	462	12	1	1	2	0	1	0
豌豆	562	48	1	1	179	6	1	1
蚕豆	142	2	1	1	56	0	1	0
扁豆	380	0	1	0	2	0	1	0
其他豆类	37	6	3	1	0	0	3	0
韭菜	339	3	1	1	65	0	1	0
大葱	236	3	1	1	0	0	1	0
分葱	36	1	1	1	0	0	1	0
洋葱	99	29	1	1	0	28	1	1
韭葱	8	0	1	0	0	0	1	0
南欧蒜	2	0	1	0	0	0	1	0
菠菜	333	7	1	1	1	0	1	0

（续表）

作物名称	截至 2020 年 12 月保存总数				2001—2020 年新增保存数			
	种质份数（份）		物种数（个）		种质份数（份）		物种数（个）	
	总计	其中国外引进	总计	其中国外引进	总计	其中国外引进	总计	其中国外引进
芹菜	342	14	1	1	2	0	1	0
苋菜	452	1	1	1	2	0	1	0
蕹菜	73	2	1	1	0	0	1	0
叶用莴苣	494	280	1	1	295	263	1	1
茎用莴苣	534	2	1	1	12	0	1	0
茴香	35	2	1	1	0	0	1	0
芫荽	105	1	1	1	3	0	1	0
叶用甜菜	189	3	1	1	2	2	1	1
落葵	17	0	1	0	0	0	1	0
茼蒿	135	3	1	1	0	0	1	0
荠菜	9	0	1	0	0	0	1	0
冬寒菜	47	0	1	0	0	0	1	0
罗勒	36	0	1	0	0	0	1	0
金花菜	4	0	1	0	0	0	1	0
其他绿叶菜	53	11	10	1	0	0	10	0
紫苏	12	0	1	0	2	0	1	0
豆薯	25	0	1	0	0	0	1	0
莲藕	11	0	1	0	0	0	1	0
豆瓣菜	1	0	1	0	0	0	1	0
香椿	3	0	1	0	0	0	1	0
黄秋葵	165	25	1	1	129	0	1	0
黄花菜	1	0	1	0	0	0	1	0
石刁柏	7	2	1	1	0	0	1	0
枸杞	24	0	1	0	0	0	1	0
其他蔬菜	27	7	6	1	4	3	6	1
总计	32 901	3 637	114	54	3 729	1 910	114	21

2.2 保存的特色资源

（1）通过收集和繁种入库，获得了一批新资源，使国家蔬菜中期库相关蔬菜的遗传背景得到了进一步拓宽。①国外资源的占有量由原来“十五”前不足5%提高到现在的10%以上。②稀特资源和野生资源的收集改变了我国蔬菜种质资源中期库保存的种质资源以栽培蔬菜普通资源占绝对地位、野生稀特资源稀缺的现状。③从荷兰引进的无籽番茄Carpy在鲜食和加工番茄（番茄酱）的育种中有重要的利用价值。

（2）通过科学的繁殖更新，不仅使大部分存量不够和少数濒临失活的种质得到了安全保存，而且能极大地满足育种和生产的需要。

（3）结合田间观测和数据的采集，获得了一批优良或优异资源。通过繁殖更新过程中的田间初步观察和比较，获得了一批可以用于生产、育种或具有特殊性状的优良种质（表3）。

表3　繁殖更新鉴定出的优良种质

作物种类	优异种质份数	代表性种质
苦瓜	18	Ⅱ5E0078蓝山白苦瓜
黄瓜	21	Ⅱ5A0409抗性较强、瓜型好、刺少。Ⅱ5A0347对多种病害抗病性强
丝瓜	8	Ⅱ5F0231香丝瓜、Ⅱ5F0265特种长丝瓜
萝卜	213	Ⅱ1A1831根基（乌13）、Ⅱ1A1837红皮白尖（俄49）、Ⅱ1A0396大水萝卜、Ⅱ1A0267小叶白蛋蛋、Ⅱ1A1835托赫夫（俄47）、日本美心，Ⅱ1A0240、Ⅱ1A 0015、Ⅱ1A 0241、Ⅱ1A 0324高抗芜菁花叶病毒病、耐热、优质
辣椒	134	Ⅱ6C0844索马里尖椒、Ⅱ6C0865四平羊角椒、Ⅱ6C0433小王椒
扁豆	3	Ⅱ7I0231红肉扁豆
苋菜	12	Ⅱ9C0078大红钝叶苋菜、Ⅱ9C0048蝴蝶苋、Ⅱ9C0071花尖叶苋
叶用莴苣	8	Ⅱ9E0091盘石包生菜、Ⅱ9E0012白女儿盘
不结球白菜	49	Ⅱ2B0508小头青、Ⅱ2B0053四月塘菜、Ⅱ2B0021黑叶青大头
瓠瓜	4	Ⅱ5G0056特种圆瓠瓜、Ⅱ5G0007大型瓠瓜、
茄子	57	Ⅱ6B1053墨茄
菜豆	76	
节瓜	1	Ⅱ5D0009香港节瓜
芫荽	1	Ⅱ9H0013广灵芫荽
结球白菜	2	Ⅱ2A1686山91-48、Ⅱ2A1425新乡90-3
花椰菜	1	Ⅱ4C0024早旺心

（续表）

作物种类	优异种质份数	代表性种质
合计	608	

3 保存资源的有效利用

截至2020年12月31日，国家蔬菜中期库向中国农业大学、南京农业大学、华中农业大学、浙江大学、浙江省农业科学院园艺作物研究所、江苏农业科学院等大学及科研院所和河北、河南、湖北、湖南、江苏、浙江、江西、四川、重庆、山东、福建、黑龙江等省地的农技推广部门、合作社、企业、种植户等累计分发972批次77种蔬菜种质34 601份次，开展基础研究、育种利用及生产应用。共支撑各类科研项目100多项，包括“863”计划项目、国家重点研发计划项目、省部级项目、国家现代农业产业技术体系项目、国家自然科学基金项目，以及其他项目等。

3.1 支撑基础和应用基础研究

过去近20年来国家蔬菜中期库向各个科研院所提供的蔬菜种质支撑了大量蔬菜基础研究和应用基础研究的发展（沈镝等，2006）。例如，通过提供利用的反馈信息发现，国家蔬菜中期库于2015—2020年给四川省农业科学院园艺作物研究所提供的174份芥菜资源用于发掘抗病基因等方面的研究，其中粉干青菜（V03A0860）在两年的病田筛选中表现出耐根肿病，可作为芥菜抗病资源使用。利用白花芥菜（V03A0491）提纯转育，获得了1份白花芥不育系。永安迟芥菜（V03A0052）耐抽薹性好，同期比对照‘眉山包包青’晚抽薹15天。提供给安徽省农业科学院园艺作物研究所的57份辣椒资源用于辣椒遗传多样性方面的研究，2020年在《热带亚热带植物学报》上发表文章1篇。中国农业科学院蔬菜花卉研究所利用资源圃的大蒜资源开展遗传多样性研究，对重要农艺性状和大蒜离体保存相关技术进行了分析，在《Scientific Reports》上发表文章1篇。

3.2 育种利用

国家蔬菜中期库为各个育种单位提供的种质资源，在新品种选育和利用中起到重要作用。如2019年、2020年连续2年对引进的68份茄子材料进行了播种栽培留种及田间性状调查，结合成都地区的气候条件及消费习惯，筛选出越夏栽培耐热性、丰产性、商品性、抗病性较好的资源材料6个，为茄子耐热新材料的创制及品种选育奠定了良好的基础。长墨茄V06B1000、大乌花圆茄V06B1005、墨茄V06B0067、牛奶茄V06B0080、广元长茄V06B0086、紫长茄V06B0092这6份挂果多，病虫害少的优良资源，经过2019年和2020年的筛选，牛奶茄V06B0080、长墨茄V06B1000已在提纯复壮后进行组合配制，创制适合四川地区茄子品种。

3.3 科普展示

国家蔬菜中期库和国家多年生及无性繁殖蔬菜资源圃作为科普教育示范基地，积极开展种质资源科普活动，提高大众对种质资源保护的意识。如2020年举行科普开放日活动（包括线上和线下），其中微博5 090人、知领直播4 941人、腾讯会议200多人、公众号1 100人参加了活动。此外，还接待了贵州省辣椒研究所、国家特种蔬菜产业技术体系等专家，并为廊坊市第十一中学、廊坊市广阳区万庄镇中心小学、伊指挥营中心小学、李洼村小学等学校举办了多期研学实践教育活动。资源圃负责人王海平开展的“蔬菜资源与生存健康”等方面的科普活动，带领共计485名同学实地参观了蔬菜种质资源圃。

3.4 都市和观光农业

国家蔬菜中期库与北京市海淀区百旺农业种植园合作，对蔬菜老品种和特色资源挖掘开发利用并进行基地现场展示，同时还结合标本室和科普栏目对中期库和资源圃的蔬菜资源进行现场观摩和科普教育，取得了良好的效果。

3.5 典型案例

（1）支撑云南省农业科学院园艺作物研究所的“辣椒育种”项目，提供辣椒资源178份，用于新品种选育。经过鉴定和利用，发现其中V06C0081综合性状优良，分枝性强，坐果率高，一般配合力高；V06C0185品质优良，一般配合力高；V06C0296红色素色价较高，配合力较高；V06C0352分枝性强，坐果率高，制干后果实饱满、光滑，一般配合力高。利用这些品种育成辣椒品种云辣椒1号、云干椒3号、云干椒4号和云干椒6号。其中云干椒3号作为“云南干制辣椒安全高效生产关键技术研究与应用”的重要内容之一，获得云南省人民政府2015年度云南省科技进步奖三等奖。

（2）成都市农林科学院园艺研究所茄子课题组于2000—2018年从国家蔬菜中期库引进茄子资源中红三月茄（V06B0998）、红竹丝（V06B1001）、早乌棒茄（V06B1012）等四川地方品种，在早春和越夏栽培中表现突出，用于选育蓉杂茄系列品种和嫁接专用品种；2005年以来选育出蓉杂茄4号、蓉杂茄5号、蓉杂茄8号等茄子新品种在生产上推广运用。同时，还研究集成了夏秋茄栽培新技术，改传统夏播为春播，通过降低密度，应用嫁接技术，与传统秋茄相比，采收时间增加60天左右，亩产6 000kg左右，已成为发展当地经济、致富当地农民的有效途径。这些育成的茄子新品种和夏秋茄栽培新技术，在郫县、金堂、乐山、泸州、宜宾、绵阳、遂宁等四川省各县（市、区）累计推广98. 33万亩，其中2014—2018年累计推广82. 61万亩、新增销售额8. 83亿元、新增利润6. 14亿元，为农业产业结构调整和农民增收作出了突出贡献。

（3）为河南省科技开放合作项目“韭菜抗灰霉病优异基因资源挖掘与种质创新利用”提供专题服务。2014—2016年向平顶山市农业科学院申报项目提供业务咨询和韭菜种质资源，最终促使项目申报成功。先后向平顶山市农业科学院韭菜研究所提供韭菜地方品种139份，并提供了相关信息服务。在资源的试种、鉴定、优异种质筛选和展示过程中，资源库负责人和科研骨干赴现场进行实地指导，包括对引种意向单位在韭菜育种和研究中存在的问题进行研讨，提出解决方案；针对需求，选择相应种源进行供种；专家现场指导。经过专题服务，在两方面的成效显著：①通过研讨了解了韭菜种质创新和创新研究进展，找出了存在的问题，并提出了优化韭菜种质创新研究的对策。②通过提供种源，进一步拓展了服务对象单位育种材料的遗传背景，为韭菜育种，特别是抗病育种和相关科研奠定了材料基础。

（4）为国家杰出青年科学基金“蔬菜种质资源与遗传育种学”（31225025）以及国家“863”项目“黄瓜果实品质性状的基因组学研究”（2010AA10A108）提供了材料基础。支撑发表相关论文，包括在《PLoS ONE》上发表论文1篇，题目为“Genetic diversity and population structure of cucumber（*Cucumis sativus* L.）”（Lv et al.，2012）；在《Nature Genetics》上发表论文1篇，题目为“A genomic variation map provides insights into the genetic basis of cucumber domestication and diversity”（Qi et al.，2013）；在《Plant Cell》上发表论文1篇，题目为“Genome-wide mapping of structural variations reveals a copy number variant that determines reproductive morphology in cucumber”（Zhang et al.，2015）。

4 展望

4.1 蔬菜种质资源收集与安全保存技术

加大国外、珍稀濒危和野生资源收集和保存，开展超低温保存和繁殖更新技术方法。提高资源遗传多样性，实现资源长久安全保存。

结合繁殖更新技术研究，对未收集入国家库的各类资源或新的物种、蔬菜种质资源，以及中期库尚未更新的、更新难度大而又急需更新的野生蔬菜、稀特蔬菜、绿叶蔬菜、葱类蔬菜等进行繁殖更新。

开展种质资源重要性状的表型鉴定和优异种质资源的筛选。加强中期库种子活力检测、失活种子的活力恢复、资源圃无性繁殖及多年生蔬菜资源的病毒检测技术研究。开展葱属蔬菜资源的生化检测和大蒜资源的病毒检测。

4.2 蔬菜优异种质资源的创新与应用

以十字花科、葱蒜类蔬菜资源为重点，创制高产、优质、高效、广适、适合机械化等目标性状突出的优异新种质。加强与农业院校、科研单位和企业的合作，加强资源的高效利用。

4.3 精准鉴定评价，构建资源分子身份证

在“十四五”期间，要强优势补短板，实现规模化资源精准鉴定和重大需求资源的挖掘利用。加强甘蓝、白菜、辣椒、番茄、黄瓜、甜瓜等大宗蔬菜资源的精准鉴定评价，同时重点关注补充青花菜、胡萝卜、洋葱、菠菜等资源的鉴定评价力度。

参考文献

戚春章，胡是麟，漆小泉，1997. 中国蔬菜种质资源的种类及分布［J］. 作物品种资源（1）：1-5.

李锡香，2002. 中国蔬菜种质资源的保护和研究利用现状与展望［C］. 全国蔬菜遗传育种学术讨论会，中国园艺学会.

沈镝，李锡香，王海平，等，2006. 黄瓜种质资源研究进展与展望［C］. 全国蔬菜和薯类种质资源研究与利用研讨会论文集.

王海平，李锡香，沈镝，等，2010. 离体保存技术在无性繁殖蔬菜种质资源保存中的应用［J］. 植物遗传资源学报，11（1）：52-56，64.

Lv J，Qi J J，Shi Q X，et al.，2012. Genetic diversity and population structure of cucumber（*Cucumis sativus* L.）［J/OL］. PLoS ONE，7（10）：e46919.

Qi J J，Liu X，Shen D，et al.，2013. A genomic variation map provides insights into the genetic basis of cucumber domestication and diversity［J］. Nat Genet，45（12）：1510-1515.

Zhang Z H，Mao L Y，Chen H M，et al.，2015. Genome-wide mapping of structural variations reveals a copy number variant that determines reproductive morphology in cucumber［J］. Plant Cell，27（6）：1595-1604.

国家麻类作物中期库（长沙）种质资源安全保存与有效利用

戴志刚[1]，粟建光[1]，杨泽茂[1]，陈基权[1]，唐　蜻[1]，张小雨[1]，
张利国[2]，许　英[1]，程超华[1]，邓灿辉[1]，谢冬微[3]，刘　婵[1]，陈小军[1]
（1. 中国农业科学院麻类研究所　长沙　410205；2. 黑龙江省农业科学院经济作物研究所　哈尔滨　150086；3. 南通大学生命科学学院　南通　226019）

摘　要：麻类作物是我国重要的经济作物，我国麻类种质资源极其丰富，是麻类科学研究和产业发展的物质基础。本文介绍了国内外麻类种质资源收集保存现状，总结了多年来国家麻类作物种质资源中期库在资源安全保存、有效利用等方面的研究进展，并对今后的研究方向进行了展望。

关键词：麻类资源；安全保存；有效利用

麻类作物是一个纤维作物的集群，分属于不同的科、属、种。国家麻类作物种质资源中期库（长沙）（以下简称国家麻类作物中期库）保存的麻类资源主要有红麻、黄麻、亚麻、大麻和青麻及其野生近缘植物，我国是黄麻、大麻和青麻的起源中心之一，是亚麻和红麻的多样性富集中心。国家麻类作物中期库坐落于湖南长沙的中国农业科学院麻类研究所，2012 年在农业部的投资和支持下建成并启用，其主要任务是牵头全国麻类种质资源工作，负责我国麻类等南方特色作物种质资源的考察收集、国外引种、整理保存、编目入库（圃）、鉴定评价、监测管理、繁殖更新和共享利用等工作。截至 2021 年 12 月，已安全保存来源于 67 个国家（地区）的麻类资源 4 科 6 属 46 种（含变种、亚种）12 201份，其中红麻 18 种 2 515份，居世界第一位；黄麻 12 种 2 341份，仅次于印度和孟加拉国居世界第三位；亚麻 10 种 6 289份，居世界前列；大麻 4 种 758 份，居世界前列；青麻 2 种 298 份。是全球保存数量最多、多样性最丰富、研究最系统的麻类遗传资源中心。

我国政府十分重视麻类种质资源的保护和利用工作。21 年来，在农业农村部物种资源保护、科技部支撑计划和平台建设等项目的支持下，建立了中国农业科学院麻类研究所牵头、国内多家优势单位参与的麻类种质资源研究体系。为了确保资源的安全保存，各协作单位备份保存了部分麻类资源，其中，黑龙江省农业科学院经济作物研究所保存有亚麻和大麻，福建农林大学、广西大学和浙江省萧山棉麻研究所保存了部分红麻和黄麻，甘肃省农业科学院作物研究所、河北省农林科学院粮油作物研究所和内蒙古自治区农牧业科学院特色作物研究所保存了大部分胡麻（油用亚麻）。国外十分重视麻类资源收集保存等基础性工作。欧洲的俄罗斯、法国、乌克兰、荷兰、波兰等国是亚麻和大麻的初生起源中心，各国亚麻资源保存量较多，其中俄罗斯瓦维洛夫研究所收集保存

亚麻资源近6 000份、大麻1 200余份，法国亚麻之乡集团拥有5 000余份亚麻资源，捷克农业技术研究与服务公司拥有亚麻资源2 500余份，乌克兰韧皮纤维作物研究所保存大麻资源500余份；美国和加拿大拥有世界上较多的麻类种质资源，主要以亚麻、大麻为主，保存数量在3 000份以上；孟加拉国、印度是黄麻、红麻的初生或次生起源中心，孟加拉国黄麻研究所和国际黄麻研究组织保存了黄麻、红麻及同类纤维作物种质资源4 000余份，印度黄麻研究所保存黄麻、红麻有2 000多份。国外麻类资源都保存在各国国家种质库或研究机构的种质库，一般采取低温低湿保存，保存年限15~20年。

1 种质资源安全保存技术

我国麻类作物分布广、种类多、遗传多样性十分丰富。国家麻类作物中期库安全保存了红麻、黄麻、亚麻、大麻、青麻及其野生近缘植物资源，在植物分类中它们分属于不同科、属、种，每种麻的繁殖生物学特性和遗传特性差异极大，因此，不同麻类资源的入库、监测和繁殖更新等安全保存技术差异较大。21年来，麻类资源在库存资源安全保存临界值、适宜繁殖群体大小、亚麻超低温保存技术、优异特异资源扦插快繁保纯技术、大麻多样化隔离繁殖技术等方面取得了较大的进展。

1.1 资源入库（圃）保存技术与指标

麻类种子入库技术指标 严格遵守国家麻类作物中期库种子入库技术标准和操作规程，确保入库种子准确无误和安全保存。库房温度-5~0℃、相对湿度50%±5%，贮藏含水量8%±2%，贮藏年限10~20年。入库种子必须是新收获或当季收获种子且无损伤及未进行过药物处理，从种子收获至入库定位保存期限不能超过6个月，种子入库质量标准不低于种子入库技术标准（表1）。

表1 国家麻类作物中期库种子入库技术标准

作物名称		发芽率（%）	数量（g）	贮藏含水量（%）	备注
红麻（玫瑰麻）	栽培种	≥85	200~250	8	
	野生种	≥65	100~150	8	破休眠
黄麻	栽培种	≥90	100~150	8	
	野生种	≥70	80~100	8	破休眠
亚麻（胡麻）	栽培种	≥90	150~200	7	
	野生种	≥70	100~150	7	
大麻	栽培种	≥85	150~200	7	
	野生种	≥60	80~100	7	

（续表）

作物名称		发芽率（%）	数量（g）	贮藏含水量（%）	备注
青麻	栽培种	≥85	100~150	8	
	野生种	≥65	80~100	8	破休眠

亚麻种子玻璃化超低温保存技术　针对当前亚麻种子常温或低温保存寿命一般5~10年。在前期研究的基础上，对亚麻种质保存方法进行创新，建立了玻璃化超低温保存技术。该技术将亚麻种子玻璃化超低温（液氮-196℃）保存，工艺简单，稳定性可靠，理论上可以永久保存。保存后的种子生活力与新种无显著差异，发芽率高达98.67%。该技术能补充现有亚麻种子保存技术不足的缺点，实现亚麻种子的有效和长期安全保存，也可为其他麻类作物种子保存提供借鉴。

大麻优异资源雌株遗传特性保存技术　大麻为雌雄异株植物，在繁种过程中容易串粉，极易受外源花粉的影响导致性状分离，影响优良品种的种性。通过营养体脱毒扦插等技术可有效解决这一问题，经过多年的试验，构建了大麻的快速扩繁技术，获得发明专利一项（一种大麻快速扩繁的方法，ZL 201710789484.6），有效解决优异资源雌株优良性状的保存问题。

1.2　库（圃）资源监测技术与指标

为了确保库存资源的遗传完整性，需定期监测库存资源的种子数量和种子生活力。国家麻类作物中期库每2年对库存种子的生活力和数量进行检测，以确定库存种子是否在安全保存的临界值内。根据作物的差别，库存种子首次监测年限为5年或7年，监测间期为3年，种子发芽率降至入库初始发芽率85%，或库存种子少于入库数量50%时，就必须进行繁殖更新。国家麻类作物中期库库存资源安全保存临界值（更新临界值）指标见表2。

表2　国家麻类作物中期库库存资源安全保存临界值指标

作物名称		发芽率（%）	数量（g）	首次监测年限（年）	备注
红麻（玫瑰麻）	栽培种	≥70	100	7	
	野生种	≥55	50	7	破休眠
黄麻	栽培种	≥75	50	7	
	野生种	≥60	40	7	破休眠
亚麻（胡麻）	栽培种	≥75	75	5	
	野生种	≥60	50	5	
大麻	栽培种	≥70	75	5	
	野生种	≥50	40	5	

（续表）

作物名称		发芽率（%）	数量（g）	首次监测年限（年）	备注
青麻	栽培种	≥70	50	7	
	野生种	≥55	40	7	破休眠

1.3 库（圃）资源繁殖更新技术与指标

麻类种质资源繁殖更新技术规范 利用形态标记和分子标记的方法，分析了红麻等麻类种质资源不同繁殖群体量的更新子代与亲代之间的遗传群体结构变化，结合多年繁种试验数据和实践经验总结，明确了红麻、黄麻、亚麻、大麻、青麻5种麻类种质资源遗传多样性组成、繁殖生物学基础及其繁殖特性、繁殖更新主要技术标准（群体大小、隔离方式、授粉处理、收获方式、种植环境）等（表3）。以确保繁殖子代种子数量、质量和遗传完整性。制定了麻类（红麻、黄麻、亚麻、大麻、青麻）种质资源繁殖更新技术规范。

表3 麻类作物种质资源繁殖更新主要技术标准

作物名称		授粉习性	传粉媒介	繁殖方式	自然异交率（%）	繁殖更新主要技术要求
红麻（*Hibiscus Cannabinus* L.）		常异花	虫媒、风媒	种子	6~25	空间隔离30~50m或花前套袋或扎花自交保纯；限华南繁种；繁殖群体150~200株，严格去杂
黄麻	长果种（*Corchorus olitorius* L.）	常异花	虫媒	种子	10±2	空间隔离10m以上或花前套袋；限长江以南繁种；繁殖群体100~150株，严格去杂，蒴果黄褐色时采收、晾干后熟10d后脱粒干燥
	圆果种（*Corchorus capsularlis* L.）	自花	—	种子	3±2	不隔离；限长江以南繁种；繁殖群体100~150株，严格去杂，蒴果黄褐色时采收、晾干后熟10d后脱粒干燥
亚麻（*Linum usitatissimum* L.）		自花	—	种子	1~3	不隔离；严格去杂去劣；繁殖群体≥2 500株，种子低温干燥贮存
大麻（*Cannabis sativa* L.）		异花（雌雄异株）	风媒	种子		空间隔离≥3km，适宜山脉、森林等天然屏障隔离繁种，少量繁种可花前扣布罩隔离；防止连茬，适时（65%果实变褐色）收获；繁殖群体100~150株，严格去杂

（续表）

作物名称	授粉习性	传粉媒介	繁殖方式	自然异交率（%）	繁殖更新主要技术要求
青麻（*Abutilon avicennae* Gaertner）	自花	—	种子	1~4	常规直播繁种，不隔离；繁殖群体100~150株

麻类种子破除休眠技术 红麻、黄麻和青麻的野生资源和近缘植物资源等某些特殊材料的硬实率较高（75%以上），播种后田间出苗率极低（10%以下）。为了提高田间出苗率，对具硬实的种子播前采用单面刀片机械破皮和70~80℃的热水烫种90~120s等预处理措施，以确保大田适宜的繁殖群体数量。

大麻自然地理距离或人工屏障隔离繁殖技术 大麻为雌雄异株、风媒异花授粉植物。繁殖时必须严格隔离，品种间间距适当增大，便于开花期用透光的小孔径致密网罩罩住，防止串粉，确保种质资源的遗传完整性。但受网罩内空间狭小、透光通风性差等因素的影响，种子产量和质量很难达到理想的水平。经多年摸索，在黑龙江广袤的东北平原利用自然地理距离和人工屏障隔离可以解决这个问题。①一村一户一种繁殖：在非大麻主产区的某村挑选种植与管理水平高的农户一户，发放一份种质，委托该农户种植15~20m^2；在地理间隔直线距离5km以上的另一个自然村发放另一份种质。这样既保证了间隔距离，又能保证每份繁殖资源的遗传完整性。②一村多户多种繁殖：在非大麻主产区，玉米和高粱等高秆作物的主产区，在某村某一农户连片的玉米地中央种植第一份种质，在间隔直线距离1.5km左右的第二家农户的连片玉米地中央种植第二份种质，这样以此类推，较大的自然村可种植3~5份种质。这种利用高秆作物的人工屏障，满足了大麻繁殖的隔离要求。

黄麻、红麻特殊材料扦插苗繁殖技术 红麻、黄麻属于高秆作物，为了获得理想的纤维产量，创制强光钝感优异资源是延长其营养生长、提高产量的有效手段。但在长江流域强光钝感材料10月底才进入花蕾期，受低温的影响没法收获成熟的种子。经过多年的探索，在海南三亚对其嫩梢（15~20cm）脱毒扦插繁殖的方法可有效解决这个问题，使长江流域鉴定获得的特异材料在三亚异地收获成熟种子。

2 种质资源安全保存

2.1 各作物（物种）保存情况

截至2021年12月，国家麻类作物中期库保存麻类资源12 201份，其中国外引进3 823份（占31.33%），珍稀和野生近缘植物资源1 079份（8.84%），野外或生产上已绝种资源9 780份（占80.16%）。库存资源包括红麻2 515份、黄麻2 341份、亚麻6 289份、大麻758份和青麻298份（表4）。

2001年以来，国家麻类作物中期库新增资源11种3 134份，其中国外引进6种659

份，资源保存数量增长了34.56%。通过组织资源考察队或项目组成员调研交流等途径，从海南、广西、福建、云南、浙江、湖南、安徽、河南、山西、内蒙古、吉林、黑龙江、辽宁等25个省（区）搜集、征集麻类育成品种、地方品种、野生资源及遗传材料2 475份（红麻721份、黄麻452份、亚麻727份、大麻427份、青麻148份）；通过访问或参加国际学术交流活动带回和请专家赠送等多种途径和方法，从俄罗斯、波兰、法国、乌克兰、荷兰、土耳其、匈牙利、加拿大、美国、阿根廷、比利时、以色列、印度、孟加拉国、日本、泰国、缅甸、马来西亚等国家（地区）引进麻类资源659份（红麻152份、黄麻92份、亚麻349份、大麻64份、青麻2份）。

表4 国家麻类作物中期库资源保存情况

作物名称	截至2021年12月保存总数					其中2001年以来新增保存数			
	种质份数（份）			物种数（个）		种质份数（份）		物种数（个）	
	总计	其中国外引进	其中野外或生产上已绝种	总计	其中国外引进	总计	其中国外引进	总计	其中国外引进
红麻	2 515	871	2 100	18	15	873	152	4	1
黄麻	2 341	692	1 900	12	11	544	92	0	0
亚麻	6 289	2 159	5 000	10	6	1 076	349	3	2
大麻	758	99	550	4	2	491	64	3	2
青麻	298	2	230	2	1	150	2	1	1
合计	12 201	3 823	9 780	46	35	3 134	659	11	6

2.2 保存的特色资源

国家麻类作物中期库保存特色资源208份，占库存总量的1.71%。其中珍稀近缘植物和野生资源166份，饲用资源11份，环保资源10份，菜用资源9份，药用资源12份。麻类特色资源对麻类新型产业发展和升级，为新时期国家绿色发展、乡村振兴、大健康产业需求提供材料和技术支撑。

珍稀野生近缘植物资源 近缘野生资源具有强抗逆性或特殊用途，是珍稀的抗源或多用途基因来源，且大部分已经在野外绝种。其中，红麻近缘植物玫瑰茄（*H. sabdariffa* L.）28份、玫瑰麻（*H. sabdariffa* var. *altissima* Wester）25份、辐射刺芙蓉（*H. radiatus* Cav.）3份、红叶木槿（*H. acetosella* Welw. ex Hiern）5份；黄麻近缘植物假黄麻（*C. aestuans* L.）4份、三室种（*C. trilocularis* L.）2份、梭状种（*C. fascicularis* L.）2份、三齿种（C. *tridens* L.）3份、假长果种（*C. pseudo-olitorius* Islam & Zaid）4份、假圆果种（*C. pseudo - capsularis* Schweinf）4份、短角种（*C. brevicornutus* Vollesen）2份、野生圆果种（*C. capsularis* L.）19份、野生长果种（*C. olitorius* L.）21份；亚麻近缘植物宿根亚麻（*L. perenne* L.）4份、垂果亚麻（*L. nutans* Maxim.）3份、

红花亚麻（*L. grandiflorum* Rubrum.）2 份、黄花亚麻（*L. flavum* L.）2 份、野生亚麻（*L. Stelleroides Planch.*）5 份；野生大麻变种（*C. sativa* ssp. *sativa* var. *spontanea*）5 份、喀菲里大麻变种（*C. sativa* ssp. *Indica* var. *kafiristanica*）3 份、印度大麻变种（*C. sativa* ssp. *Indica* var. *indica*）5 份；青麻近缘植物磨盘草［*Abutilon indicum* (Linn.) Sweet］3 份、野生青麻（*Abutilon avicennae* Gaertner）12 份。

饲用资源 苎麻生物产量≥18.75t/hm^2、粗蛋白含量≥21%的饲用种质 6 份（8A-2，9D，中饲苎 1、2、3、4 号）；红麻鲜茎叶产量≥25.5t/hm^2、粗蛋白含量≥18.5%的饲用种质 5 份（722、中红麻 T203、T6、d14-127、K065-1）。为我国南方草食饲料短缺提供了新的来源。

环保资源 综合考虑黄麻干茎、叶产量和重金属去除率等因素，筛选出对浓度为 100mg/L 的重金属离子 Cu（Ⅱ）、Pb（Ⅱ）、Cd（Ⅱ）和 Cr（Ⅵ）的去除率达到 90%以上的强重金属吸附环保种质 10 份，其中强吸附 Cu（Ⅱ）和 Cd（Ⅱ）的 6 份（巴麻 721、改良麻、BL/096、DS/059C、HMG1 、HMG2）、强吸附 Pb（Ⅱ）的 2 份（DS/059C、HMG3）、强吸附 Cr（Ⅵ）的 2 份（竹昌麻、HMG4），为重金属污水治理提供材料和技术支撑。

菜用资源 极晚熟、采摘期 120d 以上，嫩茎叶产量 22.5t/hm^2，具有高钙（2.18%，为一般蔬菜 10 倍）、高硒（10μg/kg）、高氨基酸、高膳食纤维等特点的菜用黄麻 9 份（福农 5 号，绿帝王菜，JZ19-089，JZ19-122，帝王菜 1、2、3、4、5 号），在补钙、减肥等方面有独特保健功效。

药用资源 大麻二酚（CBD）含量 4%~6%、四氢大麻酚（THC）含量低于 0.3%的药用工业大麻 12 份（如 DMG245，DMG231，DMG233，中大麻资 6 号，中汉麻 2、3、4 号等）。这批药用资源的 CBD 含量是当前主推品种的 5 倍以上，商业和市场价值巨大。

工业大麻药用资源 稀有药用种质‘DMG245’，大麻二酚（CBD）含量高达 5 %、四氢大麻酚（THC）含量低于 0.3%。CBD 含量比市场主推品种高出 5 倍以上，商业和市场价值巨大。

环保用黄麻资源 重金属污水吸附剂专用种质‘摩维 1 号’，干茎产量 15t/hm^2、生育日数 150d 以上，以该种质为原料的吸附剂对废水中铜、铬、铅等重金属去除率 98%以上，对镍去除率可达 80%，产业化的潜力巨大。

高营养菜用资源 黄麻高营养兼保健型菜用种质‘JZ19-134’，极晚熟、采摘期 120d 以上，嫩茎叶产量 22 500kg/hm^2，具有高钙（2.18%，为一般蔬菜 10 倍）、高硒（10μg/kg）、高氨基酸、高膳食纤维等特点，在补钙、减肥等方面有独特保健功效，市场应用前景好。

3 保存资源的有效利用

2001—2021 年，国家麻类作物中期库向中国农业大学、福建农林大学、海南省农业科学院植物保护研究所、云南素麻生物科技有限公司等国内 125 家科研、教学、育种单位和生产企业、合作社等提供麻类种质资源 3 696份 13 618份次，资源利用率约30.29%，年均供种 648.47 份次，较 2000 年的年均 350 份次提高了 85.28%，极大地促进了我国麻类基础研究、育种、教学及生产水平的提高，推动了麻类行业的原始创新力和竞争力。

3.1 基础研究

为麻类国家重点科技攻关、“863”计划、科技支撑计划、国家自然科学基金、农业行业专项、科技公益性专项、湖南省自然科学基金等项目提供基础研究材料 5 000多份次。种质利用者开展了麻类分类、起源驯化、遗传多样性、亲缘关系、抗逆机理、基因组测序、基因定位、基因克隆及功能验证等方面的研究。培养博士研究生 10 名、硕士研究生 104 名，发表重要论文 100 多篇（其中 SCI 论文 48 篇）。

3.2 育种利用

福建农林大学、广西大学、中国农业科学院麻类研究所、云南素麻生物科技有限公司等 20 余家育种单位利用 3 000多份次。21 年来，经育种家有效利用，共培育麻类新品种 83 个。如中国农业科学院麻类研究所育成中红麻系列品种 10 个、中黄麻系列品种 15 个、中大麻系列品种 6 个；福建农林大学育成福红系列红麻品种 13 个、福农系列菜用黄麻品种 8 个；黑龙江省农业科学院经济作物研究所育成黑亚系列亚麻品种 7 个、龙大麻系列品种 5 个；甘肃省农业科学院作物研究所育成陇亚系列胡麻品种 5 个；云南素麻生物科技有限公司育成中汉麻系列药用大麻新品种 4 个。

3.3 科技扶贫

在武陵山区、秦巴山区和大兴安岭南麓山区等贫困地区推广种植麻类特色资源，开展科技扶贫工作。在湖南涟源和城步、湖北郧阳和丹江口、黑龙江青冈和林甸等县（市、区）建立了麻类特色资源科技扶贫基地，开展环保黄麻、帝王菜、工业大麻等示范与试种，以及配套栽培技术、初加工技术的推广和培训。提供良种 1 000kg、示范试种面积 1 500亩，专家下乡技术指导 200 多人次，种植和初加工等技术培训基层农技人员和农民 1 500多人次。实现了特色资源绿色高效优质精简化栽培种植，增加了农民的收入，提高了企业和农户的生产积极性，取得了较好的经济、社会和生态效益。

3.4 田间展示和科普宣传

21 年来，红麻和黄麻在海南三亚、湖南长沙和沅江、福建漳州和福州、浙江杭州、安徽六安、河南信阳，亚麻在黑龙江哈尔滨和兰西，大麻在黑龙江哈尔滨和大庆、云南昆明，胡麻在甘肃兰州和敦煌等 14 个展示点，向种质利用者展示了高产、优异、强耐盐碱、耐旱、功能型新材料等麻类种质资源 220 份（2 000多份次），现场累计参观人数达 3 000人次，现场预订种质材料 500 多份次。接待了美国、马来西亚、俄罗斯、孟加拉国、日本、韩国等国外专家，以及我国农业部门和科研单位等领导、专家参观访问 79 批 500 多人次；开展技术咨询与服务 218 次 350 人次；接待湖南农业大学、湖南第一师范学院、中南民族大学等教学实习 9 批次 100 人次；在人民日报、新闻周刊、央视频、新京报、中国科学报、湖南卫视、新湖南客户端等新闻媒体进行宣传报道 22 次。

3.5 典型案例

（1）工业大麻药用新品种选育大幅提升我国工业大麻产业全球竞争力。2020 年 10 月，中国农业科学院麻类研究所联合云南素麻生物科技有限公司选育的 3 个工业大麻新品种‘中汉麻 2 号’‘中汉麻 3 号’‘中汉麻 4 号’通过云南省种子管理站组织的专家鉴评，此次通过鉴评的 3 个工业大麻新品种大麻二酚含量分别为 3.22%、4.22%和 4.29%，同时四氢大麻酚含量在 0.2%以下，达到了北美工业大麻推广品种的平均水平，居国内领先水平。将进一步促进我国工业大麻素萃取与加工的基本水平升级，满足工业大麻在生物医药、保健、食品等领域的需求，为增强我国工业大麻产业的竞争力提供科技支撑。

（2）野生资源支撑红麻杂种优势利用取得突破。广西大学农学院从红麻野生种质‘UG93’（野外已绝种）的后代中，发现了质量性状遗传特性的雄性不育突变体，通过与栽培种反复回交，首次选育出红麻细胞质雄性不育系 K03A，建立了“三系”配套的杂交红麻利用体系。福建农林大学在此基础上，经过 10 多年的创新与选育，突破光钝感杂交红麻三系配套难关，率先在国际上育成红麻光钝感福红航 1A、基本营养型不育系福红航 2A 和福紫 992A、991A、952A、523A 等 6 个不育系，并实现杂交红麻三系配套。

（3）黄麻抗逆基因挖掘取得突破。中国农业科学院麻类研究所通过黄麻基因组织特异表达和共表达网络分析构建了长果黄麻和圆果黄麻组织特异表达和共表达网络基因数据库，为黄麻功能基因挖掘奠定了基础；该成果发表 2 篇 SCI 论文。以此为基础，对 300 份黄麻资源进行了 3~6 个环境耐盐、耐旱及其他重要农艺性状评价试验和全基因组重测序，完成了进化树构建和 LD 分析，通过 GWAS 挖掘到一个稳定遗传一因多效基因 WRKY 转录因子（COLO4_08278），该基因同时控制产量（茎皮厚）和耐盐性状；通过耐盐 GWAS 发现 3 个半胱氨酸甲硫氨酸代谢通路基因，该通路和 DNA 甲基化密切相关，通过进一步耐盐黄麻和盐敏感黄麻全基因组甲基化 m6A，小 RNA 和转录组分析发现，遗传物质甲基化及其调控在黄麻耐盐中具有重要作用，首次全方位解析了半胱氨酸甲硫氨酸代谢通路在植物耐盐中的作用机理。并在黄麻、拟南芥等植物中开展了重金属、纳米毒性等相关抗逆性验证研究，发现 RNA m6A 在植物抗逆中具有广泛重要意义。

4 展望

4.1 收集保存

国内加大麻类种质资源调查、收集力度，特别是地方品种、特色和野生近缘植物资源的搜集与保护；国外引进高 CBD、CBG 的药用大麻，强抗倒伏、纤维品质优异的亚麻等特色资源，解决药用大麻缺乏、亚麻倒伏等“卡脖子”问题。

以国家麻类作物中期库为支撑平台，向湖南以南周边省区辐射，拓展收集保护对象，如黄秋葵、辣椒、杂粮等特色作物，打造我国麻类等南方特色作物种质资源保护与利用中心。资源年增量500份，力争2030年保存总量达到2万份。

4.2 安全保存技术

为了确保库存资源的安全保存，维持每份资源的遗传完整性。拟加强麻类种质资源安全保存技术的研究：①麻类作物库存种子生活力丧失的特性、关键节点、预警指标等；②建立更新过程中维持麻类种质资源遗传完整性的技术标准，如繁殖群体大小、繁殖更新临界值等；③麻类作物种子中期库入库保存技术标准，如初始发芽率、适宜含水量等指标值。

4.3 挖掘利用

开展麻类优质、抗病虫、抗逆、高效利用等特性的表型深度鉴定和基因型鉴定，发掘优异性状关键基因，创制市场可应用的高CBD药用大麻、高营养叶用黄麻、高木酚素亚麻等特色资源，为药用、食用、美容保健等新用途开发和产业化应用提供了材料和技术支撑。

参考文献

戴志刚，粟建光，陈基权，等，2012. 我国麻类作物种质资源保护与利用研究进展［J］. 植物遗传资源学报，13（5）：714-719.

戴志刚，王凤敏，粟建光，等，2012. 人工老化对红麻种子活力及基因组DNA的影响［J］. 热带作物学报，33（6）：981-987.

戴志刚，王凤敏，杨泽茂，等，2018. 繁殖群体量及种子老化对红麻种质遗传完整性的影响［J］. 中国麻业科学，40：151-161.

戴志刚，杨泽茂，粟建光，等，2017. “十二五”国家麻类种质资源平台工作研究进展［J］. 中国麻业科学，39：321-326.

刘旭，张延秋，2016. 中国作物种质资源保护与利用“十二五”进展［M］. 北京：中国农业科学技术出版社.

粟建光，戴志刚，2016. 中国麻类作物种质资源及其主要性状［M］. 北京：中国农业出版社.

粟建光，戴志刚，杨泽茂，等，2019. 麻类作物特色资源的创新与利用［J］. 植物遗传资源学报，20（1）：11-19.

王凤敏，粟建光，龚友才，等，2010. 不同红麻种子耐老化性差异及热稳定蛋白的研究［J］. 植物遗传资源学报，11（1）：5-9.

王述民，卢新雄，李立会，2014. 作物种质资源繁殖更新技术规程［M］. 北京：中国农业科学技术出版社.

国家西瓜甜瓜中期库（郑州）西瓜种质资源安全保存与有效利用

尚建立，周　丹，李　娜，王吉明，马双武

（中国农业科学院郑州果树研究所　郑州　450009）

摘　要：西瓜（*Citrullus* Schrad.）起源于非洲，目前我国是世界第一栽培大国，西瓜种质资源的收集保存在农业产业发展中占有重要地位。截至 2021 年底，国家西瓜甜瓜中期库保存西瓜资源总计 2 570份，包括西瓜属的 5 个种 5 个亚种 8 个变种。本文简要介绍了库内西瓜资源收集保存现状，总结和回顾 20 年来我国西瓜种质资源安全保存技术、保存种类数量以及资源有效利用等方面的研究进展，并对今后资源的研究方向进行展望。

关键词：国家西瓜甜瓜中期库；西瓜；种质资源；安全保存

西瓜（*Citrullus* Schrad.）原产于非洲，栽培历史悠久，号称夏季水果之王，世界各国均有栽培，目前我国是世界第一栽培大国，西瓜种质资源的收集保存在农业产业发展中占有重要地位。西瓜属共有 5 个种 5 个亚种 8 个变种（王坚，2000）。目前国家西瓜甜瓜种质资源中期库（郑州）（以下简称国家西瓜甜瓜中期库）保存有西瓜属所有的种及 2 个近缘种，总计 2 570 份。一般常说的西瓜是指西瓜种 *Citrullus lanatus*（Thunb.）Matsum & Nakai，包括野生西瓜亚种 ssp. *lanatus*、黏籽西瓜亚种 ssp. *mucosospermus* Fursa 和普通西瓜亚种 ssp. *vulgaris*（Schrad.）Fursa，此种库内保存最多，占资源保存量的 95%以上，大部分原产地都在国外，籽瓜变种 var. *megalaspermus* lin et Caho 原产地在我国新疆、甘肃等西部地区。药西瓜种 *Citrullus colocynthis* 是西瓜属第 2 大种，主要产地在北非、阿拉伯半岛、以色列、伊朗、阿富汗等地区。缺须西瓜种 *Citrullus ecirrhosus* Cogn. 属多年生植物，带有木质根，卷须少或无，果实圆形，肉质白色、带苦味。热迷西瓜种 *Citrullus rehmii* 是近年新修订的新种，主要分布在非洲纳米比亚地区，此种果实与药西瓜较为相近，主要特点为叶片小，节间短，一株多果，果实多带有苦味，植株耐旱性强、抗病。诺丹西瓜又叫罗典西瓜 *Citrullus naudinianus*（Sond.）Hook. f. 属多年生雌雄异株植物，带有块状根，叶片细窄，主要分布在非洲南部地区，此种高度抗病。另外，库内还保存有西瓜近缘种——喷瓜 *Ecballium elaterium* 及空心西瓜 *Benincasa fistulosa*（Stocks）H. Schaef. & S. S. Renner。从保存的西瓜资源分布及类型看，普通西瓜占资源总数的 90%以上，其他亚种资源总计约 10%，野生材料地域分布多集中在非洲地区，表观遗传多样性研究发现西瓜遗传多样性狭窄（尚建立，2012）。总体上说西瓜大部分种质资源都来自国外，西瓜种质收集较为困难，以引进西瓜为例，从美国农业部农业研究局佐治亚大学南部地区植物引种站植物遗传资源保护研究室（GRIN-S9）引种站引种时，每份种子少的仅为十几粒，需要至少3代才能繁殖成功。如引进的诺丹西瓜等野生类型繁殖难度很大，种子发芽率低，生长适应性差，个别种质分别在郑州、海南、云南分批采用嫁接、扦插等多种方法继代均未成功。从收集的时间看，发达国家西瓜资源收集工作起步很早，如美国有100多年的历史，美国种质资源保存系统中西瓜资源收集最为全面，另外还有俄罗斯、日本等国西瓜资源收集时间均较长，保存有较多资源。

国家西瓜甜瓜中期库2001年成立，成立前西瓜种质资源主要由新疆葡萄瓜果研究所、新疆八一农学院（新疆农业大学）、中国农业科学院蔬菜花卉研究所和中国农业科学院郑州果树研究所编目入库，共收集992份（马双武，2003）。经过20年收集引进工作，截至2021年，资源增量1.5倍以上，其中已编目入国家库1 490份。目前是世界上西瓜资源保存量最多的国家，保存质量也有极大的提高，保存类型包括国内各省（区、市）的地方品种、育种材料、遗传品系等，国外资源包括原产地如南非、津巴布韦、阿富汗、巴基斯坦、土耳其等国家的野生资源、地方品种、育种材料、遗传品系等。

1　西瓜种质资源安全保存技术

1.1　西瓜资源入库保存技术与指标

西瓜属一年生种子繁殖作物，库内保存以种子为主，保存的基本要求是既要满足资源群体的遗传多样性、安全性，又要满足在短周期内，随时能够提供社会分发共享利用。因此，种子保存主要有两方面要求：一是种子量，根据库内西瓜种子千粒重一般为10~280g，且整体呈正态分布（尚建立，2013），制定了西瓜入中期库标准，保存种子数量≥3 000粒或种子质量≥150g；二是发芽率，所有种子入库前均要经过发芽率检测，入库种子发芽率≥85%。

入库的种子统一带有身份标签，包括中期库号、种质名称、繁殖年份、发芽率。种质要进行至少两代性状数据观察，采用国内标准化数据采集及描述方法（蒋有条，2001；马双武，2005；尚建立，2010），同时构建图片数据库，图片数据库主要包括种子、果实外观和破面标准照。种子保存放入密封塑料瓶中，瓶口及瓶身中部都有中期库号标识，方便取用。种质库环境温度长期控制在4~8℃，湿度控制在40%左右，预期种子能安全保存20年左右，内部采用柜式移动种子架，每个抽屉保存20份，按顺序依次排列，方便种子进出入库。

1.2　库资源监测技术与指标

入库种子定期进行监测，其中种子发芽率是一项重要的监测指标，中期库每2~3年进行全库检测一次，发芽率检测方法：每份资源取种20粒，采用棉布包裹，在室温下浸种24小时，甩干水分，四倍体及野生西瓜磕种，在33℃的培养箱中保湿催芽48小时，人工数发芽数，计算发芽率，发芽率低于50%的做二次检测。检测完成后对发芽率进行分级，其中发芽率低于30%的为1级，需要纳入当年繁殖更新计划；发芽率

30%~59%为2级，需要纳入2年内繁殖更新计划；发芽率60%~85%为3级，每年检测，纳入未来5年繁殖更新计划；发芽率大于85%为安全保存级。

种子数量也是中期库重点监测指标，由于中期库承担了国内外种质共享利用工作，库内种子每年会随时对外分发，部分种子会减少，因此有专人负责种子取用监测，也会加大种子千粒重较大的资源保存量，如籽瓜类型，目前库内采用电子数据库监测和人工检查相结合的方法来监测种子变化并分级。种子量低于200粒的划分为1级，需要当年繁殖更新；种子量200~500粒的及时纳入2年内的繁殖更新计划；种子量低于1 000粒的纳入未来5年繁殖更新计划。

1.3 中期库资源繁殖更新技术与指标

西瓜是一年生作物，采用种子进行繁殖。为了繁殖更新高效化、性状数据采集标准化，制定了《西瓜种质资源繁殖更新技术规程》和《西瓜种质资源描述规范和数据标准》，繁殖更新过程要经过种子挑选、播种育苗、田间去杂、核对性状、种子调查等30多道标准化工序来完成，以保证种子繁殖更新的成功率。

西瓜繁殖更新主要在春季进行，3月播种育苗，以白籽南瓜作为砧木，采用靠接法在塑料大棚和玻璃温室等保护地实施，土壤要求有机质高、土地肥沃、透气性强的半沙壤土，大棚种植前要在高温天气用熏蒸剂熏蒸3天，确保棚内无蝴蝶、蜜蜂、蚂蚁等昆虫。整地时采用低畦栽培，畦宽50cm左右，两边起垄方便浇水即可，深度20cm左右，畦间距1.5m，覆除草膜。地爬式栽培定植株距为40cm，行距为2m，每亩定植约1 000株，野生西瓜或西瓜近缘种行距加倍，吊蔓栽培繁殖时适当增加株行距。一般采用双蔓整枝法，普通西瓜单株留一个果，小果型西瓜留2果，野生西瓜和西瓜近缘种质可多留几条主蔓，视情况增加坐果数量，防止徒长。西瓜属异花授粉作物，目前采用自交留种保存法：繁植更新时采用套袋隔离、单株自交（雄性不育系除外）、人工授粉。人工授粉方法：开花前一天下午，用纸帽将第2天早上要开放的同一株上的雌花和雄花按1∶1套住隔离，纸帽大小接近于子房，直径和长度分别为1.5cm和4cm。第二天早上雌雄花同时开放散粉时人工授粉，授粉后雌花继续套帽隔离，并作授粉标记，具有良好网室隔离条件的繁种地可免去套帽隔离措施，授粉结束后单株多余果实会自然脱落。

西瓜种子收获后要进行发酵，一般种子发酵24~48小时后进行淘洗和晾晒，种子入库前要与原种进行核对，检测种子量及发芽率，同时采集种子性状数据，包括种子千粒重、种皮颜色、种皮覆纹等性状，所有数据均采集完成后打印种子标签，装入种子瓶前再次与原种核对无误后入库。

2 西瓜种质资源安全保存

2.1 资源保存情况

截至2021年12月，国家西瓜甜瓜中期库保存西瓜资源2 570份。其中国内资源1 340份（占51.59%），国外引进资源约1 210份（占48.41%）；特色资源412份（占

16.03%)，野外或生产上已绝种资源476份（占18.52%）；近缘种2个，共计17份。

2001年国家西瓜甜瓜中期库启动时西瓜资源共计992份，20年内新增保存西瓜种质资源1 578份（2001—2021年）（表1），占库内保存总量的61.4%，总量增长了159.07%。中期库基本完成了国内资源的收集，国外资源的收集主要是从美国、德国、新西兰等较好引进资源的国家引进，共计引进西瓜1 000余份，包括新引进野生西瓜变种137份，黏籽西瓜、热迷西瓜92份；同时积极参加第三次国家农作物种质资源普查与收集项目，从国内新疆、江西、湖北、天津等13省份20余个县（市、区）收集到68份西瓜地方品种，收集工作仍在进行。

表1 国家西瓜甜瓜中期库西瓜资源保存情况

作物名称	截至2021年12月保存总数					2001—2021年新增保存数			
	种质份数（份）			物种数（个）		种质份数（份）		物种数（个）	
	总计	其中国外引进	其中野外或生产上已绝种	总计	其中国外引进	总计	其中国外引进	总计	其中国外引进
西瓜	2 570	1 210	476	8	7	1 578	1 000	4	4

2.2 保存特色资源情况

截至2021年12月31日，国家西瓜甜瓜中期库保存西瓜特色资源412份，占资源保存量的16.03%。野生西瓜资源150份，育种价值较高的资源303份，特异资源147份，近缘种质资源17份。

野生西瓜资源150份。野生西瓜主要存在于非洲地区，包括卡弗尔西瓜变种var. *caffer*（Schrad.）Mansf.、开普西瓜变种var. *capensis*（Alef.）Fursa和饲用西瓜变种var. *citroides*（Bailey）Mansf.。2010年以来，中期库克服困难，从美国引进了多批野生西瓜，野生西瓜资源遗传多样性丰富，抗性较强，果实最大约25kg，最小约0.5kg，部分具有苦味，植株生长旺盛，一株多果或单果。其中引进的野生饲料西瓜是最早发现的西瓜枯萎病抗原材料，直到目前还在抗性育种中广泛应用。由于非洲许多国家西瓜原生境被破坏、战乱、环境变迁等原因，很多资源已濒于灭绝，中期库及时引进对未来我国西瓜产业发展具有重要意义。

地方特色资源412份。我国不同地区独特的地理条件气候下，形成了一批具有特色的地方品种资源，在一定时期成为地方特色产业。如原产我国的籽瓜变种，比较著名的有大板红籽瓜、道县红籽瓜、皋兰籽瓜等10余个地方品种。籽瓜在西瓜中较为特别，主要以食用种子为主，直到目前，在新疆、甘肃、内蒙古、宁夏、广西等地均有较大面积栽培。

育种价值资源303份。育种价值资源指单一或多个性状表现突出，且遗传稳定被育种家多次利用的资源。国外资源如All Sweet、Charleston、Sugarlee等。国内资源如抚州瓜、河南三白瓜、中育1号、手巾条等一大批具有特殊口味、栽培简单、产量高且至今还在育种中或生产上不断创新利用。同时筛选出无杈西瓜（简约化栽培）、果面黄斑点的材料（杂交种子早期鉴定）、对西瓜病毒病（ZYMV）免疫的材料、高抗西瓜枯萎病的资源等一批具有较高育种价值的资源。

特异资源147份。特异资源指单一性状突出的资源。此类资源可用于种质创新、基础研究等，如黄皮西瓜资源、小籽西瓜资源、白肉西瓜资源、野生和黏籽抗病资源等。

近缘种质资源17份。西瓜近缘种质资源主要是指与西瓜属较为接近的葫芦科植物，野生于非洲大陆的近缘植物。国家西瓜甜瓜中期库主要保存有2个种，包括近缘种——喷瓜（7份）和空心西瓜（10份）。喷瓜与西瓜亲缘关系较远，原产地为土耳其，最大特点是其果实小，10~20g，成熟后依靠喷射种子进行传播，最远能达到15m，具有较高的科学研究价值。空心西瓜种来自非洲的博茨瓦纳地区，果实圆形，1~2kg，果肉类似冬瓜，与西瓜杂交不亲和，具有潜在的开发利用价值。西瓜近缘种较少，在起源地发现的近缘种及其相关研究也较少，近缘种质资源引进丰富了我国瓜类种质资源的遗传多样性，对西瓜的遗传进化等研究具有重要利用价值。

2.3 种质资源抢救性收集保存

我国早期西瓜生产主要以地方品种为主，20世纪70年代后，大部分地方品种被杂交品种替代，地方品种逐渐消失，大部分已被收集保存，少量没有在西瓜地方品种名录上，国家西瓜甜瓜中期库做了重点抢救性收集。如在江西抚州地区收集到一份地方特色资源——抚州瓜，该种质为较常见的大果型西瓜，果实质量4~7kg，果实椭圆形，果皮绿白色覆浅绿色齿条，果肉橙黄，肉质软，经过多年研究发现，是国内具有高抗西瓜枯萎病性的古老地方品种，有力驳斥了我国西瓜地方种质资源无抗原、研究价值低的传统观点。另外，野生西瓜、黏籽西瓜等一大批具有抗原的资源原产地均在国外，收集困难，国家西瓜甜瓜中期库及早布局，多年来有目标的、分批次从国外引进了200余份，这些资源占到国际已知野生和黏籽西瓜资源的90%，极大地丰富了我国西瓜资源的遗传多样性。

3 保存资源的有效利用

2001—2021年，国家西瓜甜瓜中期库向河南农业大学、新疆农业大学、华中农业大学、西北农林科技大学、黑龙江省农业科学院、宁夏农林科学院等大学及科研院所和河南、新疆、湖北、浙江、江西、陕西、山西等省份的农技推广部门、合作社、企业、种植户等提供西瓜资源利用905份7 227份次，开展基础研究、育种利用及生产应用，资源利用率达35.21%。

3.1 育种、生产利用效果

20年来，国家西瓜甜瓜中期库向河南农业大学等国内高校、北京市农林科学院等研究机构、新疆宝丰种业等企业等共计120余单位和个人提供西瓜资源有效利用4 527份次，分别用于种质创新、基础研究和新品种选育等。其中支撑国家西甜瓜产业技术体系的育种岗位科学家10余人次，并与岗位科学家建立了长期合作关系，对我国西瓜产业起到了支撑作用。其中国家西甜瓜产业技术体系哈尔滨综合实验站岗位科学家王喜庆主要针对东北地区抗西瓜叶部病害开展育种，多次引进西瓜抗性资源，同时引进了西瓜抗枯萎病分子标记，应用在西瓜抗枯萎病新品种选育中，鉴定出抗枯萎病育种材料2份，中间材料2份，育成抗枯萎病西瓜新品种‘龙盛佳甜’，在库内资源及技术的支持下，节省了大量工作时间，极大地加快了抗病育种进程；2005年山西省农业科学院生物技术研究中心将从库内引回的材料‘郑引2号’和‘郑引15号’进行杂交，选育出稳定的自交系，2019年育成了新品种‘黑金2号’，通过国家非主要农作物品种登记，登记编号为：GPD西瓜（2019）140058。

3.2 支持成果奖励

北京市农林科学院蔬菜研究中心以库内西瓜种质‘96B41’为核心育种材料，培育出‘京欣7号’等新品种，该单位“西瓜优异抗病种质与京欣系列新品种选育及推广”工作获国家科技进步奖二等奖；国家西瓜甜瓜中期库以库内种质资源基础研究为支撑的“西瓜甜瓜种质资源收集保存与评价利用”，2016年获河南省科技进步奖二等奖；同时支撑其他科研项目获省部级奖项3项。

3.3 支撑科研项目

支撑国家现代农业西甜瓜产业技术体系、国家重点研发计划、国家“863”专项、国家自然科学基金、农业部公益性行业专项、科技部支撑计划项目、科技部成果转化项目、河南省科技攻关、河南省重点研发项目、河南省科技成果转化项目等80余项。

3.4 支撑论文论著发明专利和标准

支撑研究论文96篇，包括SCI论文20余篇。其中2019年，《Nature Genetics》在线发表了“大规模基因组重测序揭示了西瓜果实品质与抗性的选择驯化历程”。文章中使用的测序西瓜材料300份来自国家西瓜甜瓜中期库，利用这些资源构建了西瓜的全基因组变异图谱，揭示了西瓜驯化历史及果实品质的遗传分子机制，为西瓜种质资源研究提供了新的理论框架和组学数据，也为西瓜分子育种提供了大量的基因资源和选择工具，强化了我国在瓜类作物种质资源遗传进化、基因组学与分子育种领域的国际领先地位；支撑《西瓜种质资源描述规范和数据标准》出版；制定了国家行业标准《农作物优异种质资源评价规范　西瓜》1项。

3.5 支撑资源展示、科普、媒体宣传

国家西瓜甜瓜中期库作为资源展示和科普宣传的重点窗口，多年来进行田间资源展示9次，展示西瓜优异资源400份次，接待来自河南、黑龙江、北京、江西、新疆等18省份40多个县（市、区）政府部门领导、企事业单位技术骨干、合作社管理人员、种植大户等897余人参观国家西瓜甜瓜中期库；接待美国、韩国、新西兰等国外专家，以及农业农村部、各地政府部门、科研单位等参观访问89批2 258人次；开展技术培训476人次，技术咨询和技术服务114批987人次；接待河南农业大学、河南牧业高等专

科学校等教学实习 16 批次1 860人次。在多家媒体进行了 10 余次宣传报道。

3.6 典型案例

早春西瓜栽培是我国西瓜产业发展的重要组成部分，通过早春保护地等加温栽培措施，实现西瓜提早上市，满足市场需求，经济效益十分显著。早春西瓜栽培对品种有特殊要求，除要求早熟特性之外，还要求品质优、耐低温弱光、易坐果和抗病等特性，为此国家西瓜甜瓜中期库通过对保存种质资源的筛选，选育出优异西瓜种质‘96B41’，向社会提供分发利用并获得很好的效果。其中，北京市农林科学院蔬菜研究中心以该种质为核心育种材料，培育出‘京欣七号’新品种，2008 年通过山东省品种审定，栽培面积20 000亩以上，成为早春栽培西瓜京欣的重要继代品种，该单位“西瓜优异抗病种质与京欣系列新品种选育及推广”工作也于 2014 年获国家科技进步奖二等奖；此外，浙江省嘉兴市农业科学研究院利用西瓜种质‘96B41’选配出中型西瓜新品种‘佳美’，在浙江省西瓜品种区域试验中产量和品质均超过南方主栽品种‘8424’，应用前景十分广阔。

4 展望

4.1 收集保存

我国不是西瓜的原产地，资源遗传多样性相对较窄，国内西瓜资源主要是指早期引进我国、经过长期驯化的地方品种，具有一定的环境适应能力和遗传多样性。国内西瓜资源收集了新疆、河南、湖南、湖北、浙江等 30 余省份的地方品种、育种材料、遗传品系等，国外西瓜资源主要包括南非（150 份）、埃及（58 份）、土耳其（309 份）、津巴布韦（144 份）、塞尔维亚（184 份）、印度（123 份）等在内的 30 多个起源地、原产地的野生资源、地方品种、育种材料。国外西瓜资源保存较多的有俄罗斯（公开2 412份）、美国（公开1 841份）和日本（公开 594 份）（FAO，2010）。下一步重点引进国外野生资源、原产地地方品种、抗性资源、特异资源以及可为分子或基因工程所用的材料。目前仅能通过发达国家的种质保存系统公益引进，这种方式能够简单快速获取，但是获得的种质数量及质量较低，一般引进资源每份 20~30 粒，且对引进的种质原生境也不了解，繁殖时很容易断种，同时受到国际关系影响较大，引种成功率较低。国外资源收集引进是一个系统性工程，还应加大国家支持力度，通过政策、项目、国际合作等多方支持加快资源引进工作。

4.2 安全保存技术

西瓜种质目前国际上均采用低温种质库保存法。美国于 1958 年就建立了种质保存的种子库，对引进种质材料进行一次大量种植和采种后，将种子长期贮藏在受到严格科学管理的低温种子库内。日本采用将收集到的种子在防疫隔离温室内进行无土栽培，防止病虫害入侵，采种后将种子经干燥处理，分装密封，在低温库内贮藏。西瓜种质安全保存的载体是种子，基本任务一方面是要防止丢失、错乱，另一方面还要避免发生生物学混杂（自然杂交）或其他变异，这对异花授粉的西瓜尤为重要，保存的难点在保持其生活力的前提下，尽量维持其原有特征特性。因此，无论采用哪种保存方法，先进的繁殖更新技术理论和设施对种质保存尤为重要，其中种质繁殖更新代数、种子保存数量、种质移位繁殖性状变化以及种群结构变异等方面均需要深入的理论研究。

4.3 挖掘利用

随着育种技术的不断进步，西瓜资源和育种研究均进入了分子水平。种质资源工作要与时俱进，不断深入，开展优异种质资源系统深度挖掘利用变得越发重要。种质资源的发掘与利用也从传统的表型鉴定不断深入，不仅要建立精细化、标准化和规模化的西瓜种质资源性状数据采集系统，还要建立相应的分子鉴定平台、身份识别系统、育种利用数据库等，利用计算机大数据分析、PCR 分子标记鉴定、基因型鉴定等基因发掘手段，从分子、基因水平深入发掘资源的价值，更好地为分发利用提供有价值的信息。

参考文献

蒋有条，吴明珠，2001. 西瓜甜瓜调查项目和方法［R］. 华夏西瓜甜瓜育种家联谊会.

联合国粮食及农业组织，2010. 世界粮食和农业植物遗传资源状况报告［R］.

马双武，刘君璞，2005. 西瓜种质资源描述规范和数据标准［M］. 北京：中国农业出版社.

马双武，王吉明，邱江涛，2003. 我国西瓜甜瓜种质资源收集保存现状及建议［J］. 中国瓜菜（5）：17-19.

尚建立，王吉明，马双武，2011. 西瓜种质资源若干数量性状的评价指标探讨［J］. 果树学报，28（3）：479-484.

尚建立，王吉明，马双武，2012. 西瓜种质资源主要植物学性状遗传多样性及相关性分析［J］. 植物遗传资源学报，13（1）：11-15，21.

王坚，2000. 中国西瓜甜瓜［M］. 北京：中国农业出版社.

国家西瓜甜瓜中期库（郑州）甜瓜种质资源安全保存与有效利用

尚建立，李　娜，周　丹，王吉明，马双武
（中国农业科学院郑州果树研究所　郑州　450009）

摘　要：甜瓜（*Cucumis melon* L.）原产地在非洲，亚洲的印度、中亚地区包括我国新疆是甜瓜的次生起源中心。截至2021年，国家西瓜甜瓜中期库保存的甜瓜资源总计1 895份，包括甜瓜属所有的5个种（亚种）8个变种和10个近缘种。本文简要介绍了库内甜瓜资源收集保存现状，总结和回顾20年来我国甜瓜种质资源安全保存技术、保存种类数量以及资源有效利用等方面的研究进展，并对今后资源的研究方向进行展望。

关键词：国家西瓜甜瓜中期库；甜瓜；种质资源；安全保存

甜瓜（*Cucumis melon* L.）原产于非洲，亚洲的印度、中亚地区包括我国新疆是甜瓜的次生起源中心。甜瓜栽培历史悠久，世界各国均有栽培，是最受欢迎的夏季水果之一。甜瓜属共有5个种（亚种）8个变种，约29个近缘种（王坚，2000）。目前国家西瓜甜瓜种质资源中期库（郑州）（以下简称国家西瓜甜瓜中期库）保存甜瓜5个种（亚种）、8个变种、10个近缘种，总计1 895份。其中部分野生甜瓜亚种（sp. *agrestis*）、瓜旦甜瓜变种（var. *chadalak*）、夏甜瓜变种（var. *ameri*）、冬甜瓜变种（var. *zard*）及粗皮甜瓜变种（var. *cantalupa*）主要在中亚地区如伊朗、阿富汗、土耳其、巴基斯坦和中国新疆等地分布；大部分薄皮甜瓜亚种（sp. *conomon*）中的越瓜变种（var. *conomon*）和梨瓜变种（var. *chinensis*）在中国、朝鲜、日本、印度等地区分布；另外角瓜（*Cucumis metuliferus*）、赞比亚瓜（*C. zambianus*）、无花果叶瓜（*Cucumis ficifolius*）、西印度瓜（*Cucumis anguria*）等甜瓜近缘种主要在印度、非洲地区分布较多。从保存的甜瓜资源分布看，甜瓜多样性较为丰富，大多数原生种质都在国外，国内甜瓜资源相对匮乏，收集工作困难。以野生甜瓜为例，仅在我国西部新疆等地发现有一种野生甜瓜亚种——马泡甜瓜，近缘种国内仅发现有小果瓜一种，野生近缘种质相当缺乏（王吉明等，2007）。从收集的时间看，发达国家甜瓜资源收集工作起步很早，如美国有100多年的历史，美国农业部农业研究局位于爱荷华州埃姆斯的中北部植物引种站（NC7）收集的甜瓜资源较为全面，另外还有俄罗斯、日本、印度等国甜瓜资源收集时间均较长，保存资源较多。

我国甜瓜资源收集工作相比较来说起步晚，但收集保存工作也取得了巨大进展。早在20世纪60年代末我国就成立了全国性的西甜瓜育种协作组，并在中国农业科学院郑州果树研究所成立了资源课题组，逐步发展成为了目前的国家西瓜甜瓜中期库。在库成立前，甜瓜种质资源主要由新疆葡萄瓜果研究所、新疆八一农学院（新疆农业大学）、中国农业科学院蔬菜花卉研究所和中国农业科学院郑州果树研究所编目入库，共收集甜瓜资源962份（马双武等，2003）。2001年国家西瓜甜瓜中期库成立后，经过2次改扩建，拥有70m^{2}低保温干燥种子库和320m^{2}附属设施的完善保存系统。在三次国家农作物种质资普查与收集专项、国家“948”引种专项、农业部“物种保护”和科技部“共享平台”等专项支持下，截至2021年，甜瓜资源数量达到1 870余份，资源增量1倍多，其中已编目入国家库1 132份。目前资源保存数量在国内领先，国际上仅次于美国，国内资源主要来自新疆、河南等30余省（区、市）的地方品种、育种材料、遗传品系等，国外资源主要引进来自南非、埃及、津巴布韦、塞尔维亚、印度、土耳其等40余个国家和地区的野生资源、地方品种、育种材料等。

1 甜瓜种质资源安全保存技术

1.1 甜瓜资源入库保存技术与指标

甜瓜属一年生种子繁殖作物，库内保存以种子为主，保存的基本要求是既要满足资源群体的遗传多样性、安全性，又要满足在短周期内，随时能够提供社会分发共享利用。因此，种子保存主要有两方面要求：一是种子量，根据库内甜瓜种子千粒重一般为10~120g，且整体呈正态分布（尚建立等，2013），制定了甜瓜入中期库标准，保存种子数量≥3 000粒或种子质量≥150g；二是发芽率，所有种子入库前均要经过发芽率检测，入库种子发芽率≥85%。

入库的种子统一带有身份标签，包括中期库号、种质名称、繁殖年份、发芽率。种质要进行至少两代性状数据观察，采用国内标准化数据采集及描述方法（蒋有条和吴明珠，2001；马双武和刘君璞，2005；尚建立等，2010），同时构建图片数据库，图片数据库主要包括种子、果实外观和破面标准照。种子保存放入密封塑料瓶中，瓶口及瓶身中部都有中期库号标识，方便取用。种质库环境温度长期控制在4~8℃，湿度控制在40%左右，预期种子能安全保存20年左右，内部采用柜式移动种子架，每个抽屉保存20份，按顺序依次排列，方便种子进出入库。

1.2 库资源监测技术与指标

入库种子定期进行监测，其中种子发芽率是一项重要的监测指标，中期库每2~3年进行全库检测一次。发芽率检测方法：每份资源取种20粒，采用棉布包裹，在室温下浸种24小时，甩干水分，在33℃的培养箱中保湿催芽，催芽时间48小时，人工数发芽数，计算发芽率。发芽率低于50%的做二次检测。检测完成后对发芽率进行分级，其中发芽率低于30%的为1级，需要纳入当年繁殖更新计划；发芽率30%~59%为2级，需要纳入2年内繁殖更新计划；发芽率60%~85%为3级，每年检测，纳入未来5年繁殖更新计划；发芽率大于85%为安全保存级。

种子数量也是中期库重点监测指标，由于中期库承担了国内外种质共享利用工作，库内种子每年会随时对外分发，部分种子会减少，因此有专人负责种子取用监测，目前库内采用电子数据库监测和人工检查种子量 2 种方法来监测种子变化情况。种子量低于 200 粒的划分为 1 级，需要当年繁殖更新；种子量 200~500 粒的及时纳入 2 年内的繁殖更新计划；种子量低于1 000粒的纳入未来 5 年繁殖更新计划。

1.3 中期库资源繁殖更新技术与指标

甜瓜是一年生作物，采用种子进行繁殖，为了繁殖更新高效化、性状数据采集标准化，制定了《甜瓜种质资源繁殖更新技术规程》和《甜瓜种质资源描述规范和数据标准》，繁殖更新过程要经过种子挑选、播种育苗、田间去杂、核对性状、种子调查等 30 多道标准化工序来完成，以保证种子繁殖更新的成功率。

甜瓜繁殖更新主要在春季进行，3 月播种育苗，以白籽南瓜作为砧木，采用靠接法在塑料大棚和玻璃温室等保护地实施，土壤要求有机质高、土地肥沃、透气性强的半沙壤土，大棚种植前要在高温天气用熏蒸剂熏蒸 3 天，确保棚内无蝴蝶、蜜蜂、蚂蚁等昆虫。整地时采用低畦栽培，畦宽 50cm 左右，两边起垄方便浇水即可，深度 20cm 左右，畦间距 1.5m，覆除草膜。地爬式栽培定植株距为 40cm，行距为 1.5m，每亩定植1 100株，野生甜瓜或甜瓜近缘种要求行距加倍，吊蔓栽培繁殖时适当增加株行距。一般采用双蔓整枝法，厚皮甜瓜单株留一个果，薄皮甜瓜留 2~3 个果，野生甜瓜和甜瓜近缘种可多留几条主蔓，增加坐果数量，防止徒长。甜瓜属异花授粉作物，目前采用自交留种保存法：繁殖更新时采用套袋隔离、单株自交（雄性不育系除外）、人工授粉。人工授粉方法：开花前一天下午，用纸帽将第 2 天早上要开放的同一株上的雌花和雄花按 1∶1 套住隔离，纸帽大小接近于子房，直径和长度分别为 1.5cm 和 4cm。第二天早上雌雄花同时开放散粉时人工授粉，授粉后雌花继续套帽隔离，并作授粉标记，具有良好网室隔离条件的繁种地可免去套帽隔离措施，授粉结束后单株多余果实会自然脱落。

甜瓜种子收获后要进行发酵，一般种子发酵 24~48 小时后进行淘洗和晾晒，种子入库前要与原种进行核对，检测种子量及发芽率，同时采集种子性状数据，包括种子千粒重、种皮颜色、种皮覆纹等性状，所有数据均采集完成后打印种子标签，装入种子瓶前再次与原种核对无误后入库。

2 甜瓜种质资源安全保存

2.1 资源总体保存情况

截至 2021 年 12 月，国家西瓜甜瓜中期库保存甜瓜资源1 895份。其中国内资源 880 份（占 46.43%），国外引进资源约 1 000 份（占 53.57%）；特色资源 324 份（占 17.10%），野外或生产上已绝种资源 402 份（占 21.21%）；近缘种 10 个，共计 203 份（占 10.71%）。

2001 年启动农作物种质资源保护与利用项目时，中期库甜瓜资源共计 902 份，20 年内新增保存甜瓜种质资源 993 份（2001—2021 年）（表 1），占库内保存总量的

52.40%，总量增长了110.08%。在此期间，中期库基本完成了国内资源的收集，工作重点转向国外资源的收集，主要是从美国、德国、新西兰等较好引进资源的国家引进，共计引进甜瓜439份，包括野生甜瓜、蛇甜瓜等8个亚种及变种239份，角瓜、无花果叶瓜等10个近缘种200份；同时积极参加第三次国家农作物种质资源普查与收集项目，从国内新疆、湖南、江苏、海南、天津、上海等17省份的28个县（市、区）收集到222份甜瓜地方品种，收集工作仍在进行。

表1　国家西瓜甜瓜中期库甜瓜资源保存情况

作物名称	截至2021年12月保存总数					2001—2021年新增保存数			
	种质份数（份）			物种数（个）		种质份数（份）		物种数（个）	
	总计	其中国外引进	其中野外或生产上已绝种	总计	其中国外引进	总计	其中国外引进	总计	其中国外引进
甜瓜	1 895	997	402	18	12	993	449	12	10

2.2　保存特色资源情况

截至2021年12月31日，国家西瓜甜瓜中期库保存有甜瓜特色资源324份，占资源保存量的17.10%。其中野生甜瓜资源137份，地方特色资源212份，育种价值较高的资源198份，特异资源177份，其他近缘种资源203份。

野生甜瓜资源137份。野生甜瓜主要存在于非洲及印度地区，在我国西部新疆地区、东部河南、河北等地区只发现了一种野生甜瓜——马泡甜瓜，野生甜瓜搜集只能从国外引进，收集困难。近10年来，中期库克服困难，从美国引进了多批原产地在印度、非洲的野生甜瓜，包括了野生甜瓜所有类型。表型鉴定发现，野生甜瓜资源遗传多样性丰富，部分果实具有苦味，植株生长旺盛，果实较小，一株多果，主蔓或侧蔓均可结果，耐高温性强，目前由于原生境破坏、战乱、环境变迁等原因，这些资源在国外已经濒于灭绝，中期库及时引进这些资源，对未来我国甜瓜产业发展具有重要意义。

地方特色资源212份。我国不同地区独特的地理条件气候下，形成了一批具有特色的地方品种资源，在一定时期成为地方特色产业。如厚皮甜瓜中的新疆伽师瓜、新疆哈密瓜迄今有上千年的栽培历史，在20世纪60年代哈密瓜就是我国出口创汇的主要农产品，直到目前，新疆哈密瓜已经成为国内外著名的甜瓜品牌，在新疆、甘肃、内蒙古、海南、云南等地可接力栽培，满足国内一年四季不断供应，解决了国内吃瓜群众的吃瓜自由。中期库保存的特色资源已成为近年来乡村产业振兴的重要支撑。

育种价值资源198份。育种价值资源是指单一或多个性状表现突出，且遗传稳定被育种家多次利用的资源，如江西梨瓜、广州蜜瓜、益都白银瓜、河南王海瓜、羊角蜜、八方瓜等一大批具有特殊口味、栽培简单、产量高的薄皮甜瓜，至今还在育种中或生产上不断创新利用。

特异资源177份。特异资源是指单一性状突出的资源。此类资源可用于种质创新、基础研究等，如大果、高糖、网纹好、绿色果肉、抗病等甜瓜资源。

近缘种种质资源203份。甜瓜野生近缘种系指同一分类属——*Cucumis*属，染色体基数相同（$2n=24$），野生于非洲大陆的近缘植物。国家西瓜甜瓜中期库主要保存有10个种，包括角瓜 *Cucumis metuliferus*、赞比亚瓜 *C. zambianus*、无花果叶瓜 *C. ficifolius*、西印度瓜 *C. anguria*、小果瓜 *C. myriocarpus* Naudin、非洲瓜 *C. africanus*、迪普沙瓜 *C. dipsaceus*、吉赫瓜 *C. zeyheri*、箭头瓜 *C. sagittatus*、泡状瓜 *C. pustulatas*。这部分资源均是我国首次引进，极大地丰富了我国瓜类种质资源的遗传多样性，对多种瓜类作物尤其是甜瓜的遗传进化等研究具有重要利用价值。

2.3　种质资源抢救性收集保存

我国早期甜瓜生产主要以地方品种为主，20世纪70年代后，大部分地方品种被杂交品种替代，地方品种逐渐消失，其中大部分地方品种已被收集保存，少量没有在甜瓜地方品种名录上的，国家西瓜甜瓜中期库做了重点抢救性收集。如2015年在湖南地区抢救性收集到一份地方特色资源——香橼甜瓜，属甜瓜亚种之一，在我国较为少见，该种一株多果，主蔓及侧蔓均可结果，果实质量0.2～0.5kg，果实圆形，果皮光滑金黄色，外观好，带有异香，果肉白色，肉质硬，抗病性及耐储性强，在甜瓜的特色育种与起源分类方面具有较大的利用价值。另外，野生甜瓜和甜瓜近缘种原产地都在国外，中期库及早布局，多年来有目标地分批从国外引进了野生甜瓜和甜瓜近缘植物，这些资源占到国际已知野生和近缘甜瓜资源的85%，填补了我国瓜类资源保存的空白，极大地丰富了我国资源的遗传多样性。

3　保存资源的有效利用

2001—2021年，国家西瓜甜瓜中期库向河南农业大学、新疆农业大学、华中农业大学、西北农林科技大学、黑龙江省农业科学院、宁夏农林科学院等大学及科研院所和河南、新疆、湖北、浙江、江西、陕西、山西等省份的农技推广部门、合作社、企业、种植户等提供甜瓜资源利用744份5 782份次，开展基础研究、育种利用及生产应用，资源利用率达39.26%。

3.1　育种、生产利用效果

20年来，不完全统计，国家西瓜甜瓜中期库向河南农业大学等国内高校、北京市农林科学院等研究机构、新疆宝丰种业等企业等共计120余单位和个人提供甜瓜资源有效利用3 684份次，分别用于种质创新、基础研究和新品种选育等。其中国家西甜瓜产业技术体系的育种岗位科学家10余人次，并与岗位科学家建立了长期合作关系，对我国甜瓜产业起到了支撑作用。

3.2　支持成果奖励

以库内种质资源基础研究为支撑的“西瓜甜瓜种质资源收集保存与评价利用”，2016年获河南省科技进步奖二等奖，同时支撑其他科研项目获省部级奖项3项。

3.3 支撑科研项目

支撑国家西甜瓜产业技术体系、国家重点研发计划、国家"863"专项、国家自然科学基金、农业部公益性行业专项、科技部支撑计划项目、科技部成果转化项目、河南省科技攻关、河南省重点研发项目、河南省科技成果转化项目等89项。

3.4 支撑论文论著发明专利和标准

支撑研究论文117篇，其中SCI论文20余篇。其中2019年，《Nature Genetics》在线发表了"甜瓜变异组图谱揭示甜瓜多次驯化事件及影响农艺性状的位点"。文章中使用的测序材料997份来自国家西瓜甜瓜中期库，利用这些资源构建了甜瓜的全基因组变异图谱，揭示了甜瓜驯化历史及果实品质的遗传分子机制，为甜瓜种质资源研究提供了新的理论框架和组学数据，也为甜瓜分子育种提供了大量的基因资源和选择工具，强化了我国在瓜类作物种质资源遗传进化、基因组学与分子育种领域的国际领先地位；支撑《甜瓜种质资源描述规范和数据标准》出版；制定了国家行业标准《农作物优异种质资源评价规范　甜瓜》1项。

3.5 支撑资源展示、科普、媒体宣传

国家西瓜甜瓜中期库作为资源展示和科普宣传的重点窗口，多年来进行田间资源展示9次，展示甜瓜优异资源450份次，接待来自河南、黑龙江、北京、江西、新疆等18省份40多个县（市、区）政府部门领导、企事业单位技术骨干、合作社管理人员、种植大户等897余人参观国家西瓜甜瓜中期库；接待美国、韩国、新西兰等国外专家，以及农业农村部、各地政府部门、科研单位等参观访问87批1 958人次；开展技术培训476人次，技术咨询和技术服务114批987人次；接待河南农业大学、河南牧业高等专科学校等教学实习16批次1 860人次。在多家媒体进行了10余次宣传报道。

3.6 典型案例

薄皮甜瓜原产于我国，具有悠久的栽培历史，如2 000年前的长沙马王堆汉墓就出土了138粒薄皮甜瓜种子，表明至少在汉代时我国南方就栽培和食用薄皮甜瓜。在长期的栽培过程中，经过自然和人工选择，薄皮甜瓜形成了许多高度适应我国地方气候的地方品种，具有风味佳、易坐瓜、成熟早、耐高湿等特性，明显区别于其他类型甜瓜，近年栽培规模发展迅速。国家西瓜甜瓜中期库共收集保存我国薄皮甜瓜地方品种500余份，系统筛选出早熟、优质、丰产的优异种质'南昌雪梨'等一批优异种质对社会提供分发利用，促进了传统产业的发展。湖南省农业科学院将'南昌雪梨'用于薄皮甜瓜品种的改良，选配了一系列杂交组合并进行了区域试验和推广，其中选育的甜瓜新品种'湘甜7号'表现突出，具有成熟早、产量高、品质特优、口感佳等特点，于2014年通过湖南省非主要农作物品种登记，目前在山东、河北等地栽培推广，栽培面积在50 000亩左右，有力地促进了我国薄皮甜瓜产业的发展。

4 展望

4.1 收集保存

甜瓜的起源地主要位于非洲、印度等地区，我国甜瓜资源遗传多样性相对较窄，国内资源主要是指早期引进我国、经过长期驯化的地方品种，具有一定的环境适应能力和遗传多样性。从20世纪60年代起经过老、中、青三代科技人员的努力，国内甜瓜资源主要是地方品种的收集已经基本完成入国家西瓜甜瓜中期库。下一步重点是收集国外野生近缘资源、原产地地方品种、抗性资源、特异资源以及可为分子或基因工程所用的材料，其中国外起源地、原产地附近资源丰富的国家主要有南非（甜瓜37份）、津巴布韦（甜瓜37份）、土耳其（甜瓜310份）、阿富汗（甜瓜325份）、塞尔维亚（甜瓜117份）、印度（甜瓜603份）等20多个国家和地区。保存较多较全面的国家有美国（公开3 000余份）、日本（公开750余份）、印度等5个国家（FAO，2010）。通过去原产地考察收集这种方式较为分散，在各国日益重视本国资源的情况下，没有国际合作和项目资金支持很难实现。目前仅能通过发达国家的种质保存系统公益引进，这种方式简单能够快速获取，但是获得的种质数量及质量较低，一般引进资源每份20~30粒，且对引进的种质原生境也不了解，繁殖时很容易断种，同时受到国际关系影响较大，引种成功率较低。国外资源收集引进还要加大国家支持力度，通过政策、项目、国际合作等多方支持加快资源引进工作。

4.2 安全保存技术

甜瓜种质目前国际上均采用低温种质库保存法。美国于1958年就建立了种质保存的种子库，对引进种质材料进行一次大量种植和采种后，将种子长期贮藏在受到严格科学管理的低温种子库内。日本采用将收集到的种子在防疫隔离温室内进行无土栽培，防止病虫入侵，采种后将种子经干燥处理，分装密封，在低温库内贮藏。甜瓜种质的安全保存的载体是种子，基本任务一方面是要防止丢失、错乱，另一方面还要避免发生生物学混杂（自然杂交）或其他变异，这对异花授粉的甜瓜尤为重要，保存的难点在保持其生活力的前提下，尽量维持其原有特征特性。因此，无论采用哪种保存方法，先进的繁殖更新技术理论和设施对种质保存尤为重要，其中种质繁殖更新代数、种子保存数量、种质移位繁殖性状变化以及种群结构变异等方面均需要深入的理论研究。

4.3 挖掘利用

随着育种技术的不断进步，甜瓜资源和育种研究均进入了分子水平。种质资源工作要与时俱进，不断深入，尤其是开展优异种质资源系统深度挖掘利用变得越发重要。种质资源的发掘与利用也从传统的表型鉴定不断深入，不仅要建立精细化、标准化和规模化的甜瓜种质资源性状数据采集系统，还要建立相应的分子鉴定平台、身份识别系统、育种利用数据库等，利用计算机大数据分析、PCR分子标记鉴定、基因型鉴定等基因发掘手段，从分子、基因水平深入发掘资源的价值，更好地为分发利用提供有价值的信息。

参考文献

蒋有条，吴明珠，2001. 西瓜甜瓜调查项目和方法［R］. 华夏西瓜甜瓜育种家联谊会.

联合国粮食及农业组织，2010. 世界粮食和农业植物遗传资源状况报告［R］.

马双武，刘君璞，2005. 甜瓜种质资源描述规范和数据标准［M］. 北京：中国农业出版社.

马双武，王吉明，邱江涛，2003. 我国西瓜甜瓜种质资源收集保存现状及建议［J］. 中国瓜菜（5）：17-19.

尚建立，王吉明，郭琳琳，等，2013. 甜瓜种质资源果实若干数量性状评价指标探讨［J］. 果树学报，30（2）：222-229.

尚建立，王吉明，马双武，2010. 甜瓜种质资源若干性状描述与数据采集［J］. 中国瓜菜，23（6）：39-41.

王吉明，尚建立，马双武，2007. 甜瓜近缘植物引进观察初报［J］. 中国瓜菜（6）：31-33.

王坚，2000. 中国西瓜甜瓜［M］. 北京：中国农业出版社.

国家北方饲草中期库（呼和浩特）种质资源安全保存与有效利用

刘　磊，李志勇，黄　帆，强晓晶
（中国农业科学院草原研究所　呼和浩特　010010）

摘　要：本文介绍了国家北方饲草中期库的基本情况，简述了种质库所采用的保存技术指标、监测技术指标和繁殖更新技术指标；分析了种质库保存种质资源类型和数量，以及珍稀种质资源的收集保存情况，并介绍了种质库成立以来种质资源的分发利用情况；对保存的特色种质资源的保存进行了分析。通过对我国牧草种质资源的总结，从草种质资源的系统收集、安全保存、分发利用及草种质资源领域重点研究内容方面提出了展望，以期为草种质资源的保护利用提供参考。

关键词：国家北方饲草中期库；安全保存；未来展望

国家北方饲草种质资源中期库（呼和浩特）（以下简称国家北方饲草中期库）建于1990年，依托于在中国农业科学院草原研究所，承担着全国草种质资源的中期保存任务，可保存2万份种质，总面积634m^2，冷库体积57m^3，由工作区、贮藏区和试验区三部分组成。工作区包括登记室、繁殖室、发芽室、清选室、干燥室和消毒室；试验区包括种子生理实验室、种子标本室、腊叶标本室和办公室；贮藏区为一个60m^{2}的冷库，保存期20~25年，保存温度为4℃，不控制湿度，种子含水量10%~12%的保存体系（宁布，1994；宁布，1997；师文贵，2008）。截至2020年，入库保存种质已达47科278属895种18 252份。对保存年限超过10年，生活力明显下降的材料进行了及时更新，补充了对外交换的种子数量，为牧草种质资源实物共享奠定了基础。

以美国、苏联、澳大利亚、新西兰等畜牧业发达国家保存的草种质最为丰富。其中美国国家种质资源中心（NPGS）保存着约7万份牧草遗传资源，其中苜蓿属（*Medicago*）、三叶草属（*Trifolium*）、披碱草属（*Elymus*）和黑麦草属（*Lolium*）等主要牧草种质材料超过1.5万份。苏联著名植物学家瓦维洛夫从1920年开始组织近200次考察，共搜集15万份植物资源。俄罗斯瓦维洛夫植物研究所搜集保存了400余种约2.9万份草遗传资源，以禾本科和豆科为主，其中苜蓿属有5种3 402份，三叶草、百脉根属55种7 000余份，红豆草属53种2 000余份。新西兰牧草基因库保存了约3万份牧草遗传资源，以三叶草、黑麦草为主；澳大利亚遗传资源中心是世界最大的亚热带豆科牧草种质保存中心，存有159个属，731个种，共计3.8万份以上的种质。哥伦比亚卡利市的国际热带农业中心（CIAT）已搜集保存热带牧草种质资源1.8万余份。日本农业生物资源研究所保持日本的牧草、饲料作物资源1.2万份。国际家畜研究所（ILRI）收藏牧草遗传资源3万份，其中大部分为非洲各地采集的野生草遗传资源，还有一部分是与世界各国资源机构交换而来的种质资源材料（表1）（王俊娥，2008；南丽丽，2008）。

表1　国外草遗传资源主要保存机构及主要特点

国家/地区	保存机构	保存数量（万份）	主要特色
美国	国家种质资源中心	7.0	苜蓿属、三叶草属、披碱草属、黑麦草属
俄罗斯	瓦维洛夫植物研究所	2.9	以豆科（苜蓿属、三叶草属、百脉根属、草本樨属、红豆草属等）和禾本科为主
新西兰	新西兰牧草遗传资源中心	3.0	三叶草属、黑麦草属
澳大利亚	布里斯班热带作物和草地研究所	2.0	热带牧草
	帕拉菲尔德植物引种中心	1.2	热带一年生和多年生苜蓿遗传资源
	西澳大学	0.6	三叶草
日本	国立农业生物资源研究所	1.2	牧草、饲料作物
哥伦比亚	国际热带农业中心	1.8	热带牧草
国际组织	国际家畜研究所资源中心	3.0	非洲热带野生种质资源

1　种质资源安全保存技术

1.1　保存技术与指标

国家北方饲草中期库保存以种子为主体的牧草种质资源，种质资源保存库在接纳到种子后，需对种子进行清选、生活力检测、干燥脱水等入库保存前处理，然后密封包装存入4℃冷库，不控制湿度。入库保存种子的初始发芽率一般要求高于85%，种子含水量降至10%~12%。

库体五面采用厚度为100mm聚氨酯双面彩钢保温板，开一扇800mm宽、1 800mm高大门，每扇门开启方式为外单开启，确保内部开启优先（在外部锁闭情况下仍旧确保内部能够直接开启，保证操作人员的安全），门框的密封采用特制的耐高低温的硅橡胶密封条。库房内侧上方装有吊顶式冷风机和匀流送风板，匀流送风，提高库房内整体送风效率，进门有风幕保温隔离系统。地面需采用专门的地面保温材料（隔热XPS保温板），加上铺设钢筋混凝土承重结构，上铺PVC地胶板。防火阻燃，耐酸碱。制冷设备为1对意大利产BAS-135T空调机。体积57m^3，面积23.8m^2，保存种子2.4万余号，7万余份。种子架包括抽屉架、屉和种质盒（铝箔袋），屉架由3mm×30mm的等边角钢拼接而成，高2.0m，宽0.60m，长4.10m，11层，每屉架7列，屉架可存放77屉，共

5 架。屉长为 0. 60m×0. 50m×0. 15m 的金属丝框，可存放种子盒 189 个，63 份种子。种子盒为国家库通用的 ZH12 型种子盒。

1.2 资源监测技术与指标

目前为止，发芽实验依然是种子生活力监测最重要、最有效、最可信、最具操作性、最易掌握、成本最低的方法。生活力检测方法与入库初始发芽率检测方法相同，采用《牧草种子检验规程》中规定的发芽条件进行（国家质量技术监督局，2001）。采用培养皿滤纸法进行种子发芽试验检测，将种子置于放有消毒滤纸的玻璃培养皿，每个培养皿放 100 粒种子进行发芽试验，每份检测种子设 3 次重复，将培养皿置于人工气候箱，调节光照时间，使滤纸始终保持湿润。在发芽期间每日对发芽的种子进行统计，记录发芽粒数。待发芽试验结束后，观察记录正常种苗、不正常种苗、新鲜未发芽、选饱满的硬实以及死种子的数量，并按照《牧草种子检验规程（GB/T 2930—2001）》计算种子发芽率（国家质量技术监督局，2001），根据最适发芽条件确定计数时间，以种子发芽率达到 50%以上的天数为初次计数时间，以种子达到最大发芽率的天数为末次计数时间。发芽率=（发芽终期全部正常种苗数/供试种子数）×100%。

1.3 资源繁殖更新技术与指标

根据《牧草种质资源繁殖更新技术规程》（师文贵等，2009），参考《农作物种质资源整理技术规程》中的其他作物（方嘉禾等，2008），结合多年的实际操作经验和存在问题，进一步完善草种质资源繁殖更新技术，使草种质资源的繁殖更新技术更加科学规范、实用可行，增加种质保存的安全性。当种子发芽率降至 60%以下，或为初始发芽率的 60%时，需要进行繁殖更新。繁殖更新应遵循繁殖更新的种质能最大程度保持原种质的遗传完整性。

草种质资源种子繁殖方案制订：①了解种质特性。种质特性决定了繁殖更新的方案设计，例如，具有根茎繁殖的种质材料，在更新繁殖时一定要选择有地下隔离的设备；千粒重较小的种子繁殖更新需要扩大种植面积。②制订繁殖计划。根据库存种子的发芽率检测结果，确定年度种质的繁殖更新名录，并准备更新繁殖材料，包括种植前编号、库编号、种质名称、繁殖更新量、入库时间、繁殖更新时间等。③地点选择。尽量满足草种质资源对气候、土壤、水分等条件的要求。④田间布局。综合考虑草种质资源的特征，结合不同材料在特征、隔离方式等的区别进行田间布局，并对田间布局详细信息进行记录。⑤田间种植。确定播种时间，根据种质的繁殖特性等因素采用适宜的播种密度和播种方法。⑥田间管理。实时浇水、中耕除草、施肥等，去除非目的植株。⑦种子收获。及时人工收获，防止种子脱落，及时干燥，防止种子潮湿。⑧种子清选。人工脱粒，防止混杂，种子晾晒、清选。⑨种子质量检测。依据相关标准和技术规程进行种子检测。⑩入库。种子检验合格后，整理送交入库，同时要注明种子库编号、种质名称、繁殖年份、种子质量等信息。

2 牧草种质资源安全保存

2.1 牧草种质资源保存情况

截至2021年，国家北方饲草中期库共保存牧草种质47科278属895种18 252份（表2），禾本科（71.1%）、豆科（24.30%）、百合科（0.87%）、菊科（0.6%）、蓼科（0.59%）、苋科（0.40%）、藜科（0.37%）、蔷薇科（0.22%）、车前科（0.20%）和鸢尾科（0.18%）排在保种种类的前10位，占到了保存总数的98.87%，其他科只占到1.13%左右（表3、图1）。包含属前10名的科分别为禾本科（80属，28.77%）、豆科（59属，21.22%）、菊科（25属，8.99%）、十字花科（10属，3.59%）、藜科（9属3.23%）、莎草科（8属，2.87%）、蔷薇科（6属，2.15%）、唇形科（6属，2.15%）、蓼科（5属，1.79%）和蒺藜科（5属1.79%），前10科占总保存属的76.6%（表3、表4、图2）。

2001—2021年，草种质资源种类增加41科，207属，625种，相比2001年以前，科增加了83.6%，属增加了74.2%，种增加了70.82%，份数增加5.8倍左右，其中以禾本科和豆科增加为主，总计增加15 936份（表5）。其中，半日花科、小檗科、伞形科、白花丹科、亚麻科、蒺藜科、酢浆草科、柽柳科、唇形科、大戟科、柳叶菜科、莎草科、桔梗科、马鞭草科、十字花科、桦木科、茜草科、鸢尾科、堇菜科、罂粟科、车前科、木犀科、紫草科、蔷薇科、景天科、茄科、百合科、壳斗科、玄参科、藜科、麻黄科、旋花科、苋科、列当科、紫葳科、蓼科、马齿苋科、毛茛科、桑科、荨麻科、金丝桃科、胡颓子科、石竹科和锦葵科等杂类科增加478份，占新增种质的3.33%，其中包括珍稀濒危植物半日花1份，沙拐枣属8份。

表2 国家北方饲草中期库保存资源情况

作物名称	截至2021年12月保存总数					2001—2021年新增保存数			
	种质份数（份）			物种数（个）		种质份数（份）		物种数（个）	
	总计	其中国外引进	其中野外或生产上已绝种	总计	其中国外引进	总计	其中国外引进	总计	其中国外引进
牧草	18 211			895		16 068		442	

表3 国家北方饲草中期库保存科及份数

科	排名	份数	科	排名	份数	科	排名	份数
半日花科	1	1	柽柳科	17	2	伞形科	33	17
白花丹科	2	1	柳叶菜科	18	2	唇形科	34	21
酢浆草科	3	1	茜草科	19	2	莎草科	36	18
桔梗科	4	1	罂粟科	20	2	蒺藜科	35	22

（续表）

科	排名	份数	科	排名	份数	科	排名	份数
桦木科	5	1	茄科	21	3	十字花科	37	32
木犀科	6	1	紫葳科	22	3	鸢尾科	38	33
景天科	7	1	玄参科	24	3	车前科	39	37
壳斗科	8	1	紫草科	23	4	蔷薇科	40	41
麻黄科	9	1	大戟科	25	5	藜科	42	68
列当科	10	1	旋花科	26	5	苋科	41	73
马齿苋科	11	1	毛茛科	27	5	蓼科	43	107
桑科	12	1	荨麻科	28	5	菊科	44	109
藤黄科	13	1	马鞭草科	29	8	百合科	45	158
亚麻科	14	1	胡颓子科	30	8	豆科	46	4 425
堇菜科	15	2	锦葵科	31	10	禾本科	47	12 994
小檗科	16	2	石竹科	32	12	总计		18 252

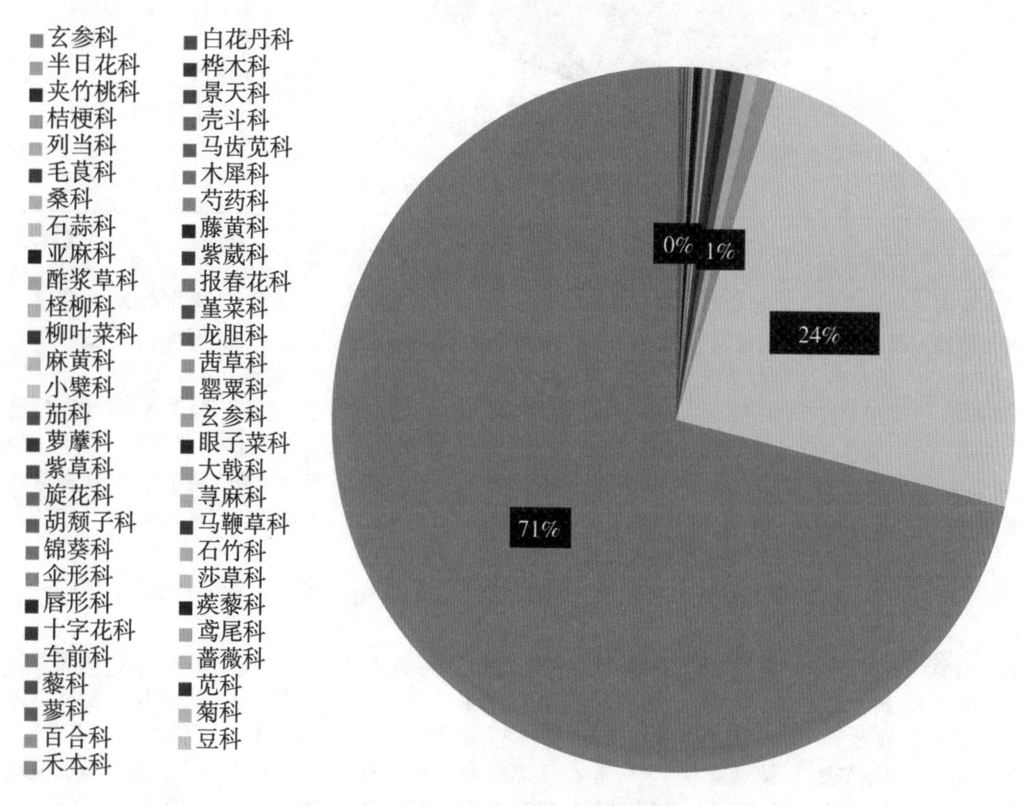

图1　国家北方饲草中期库保存种质份数分布

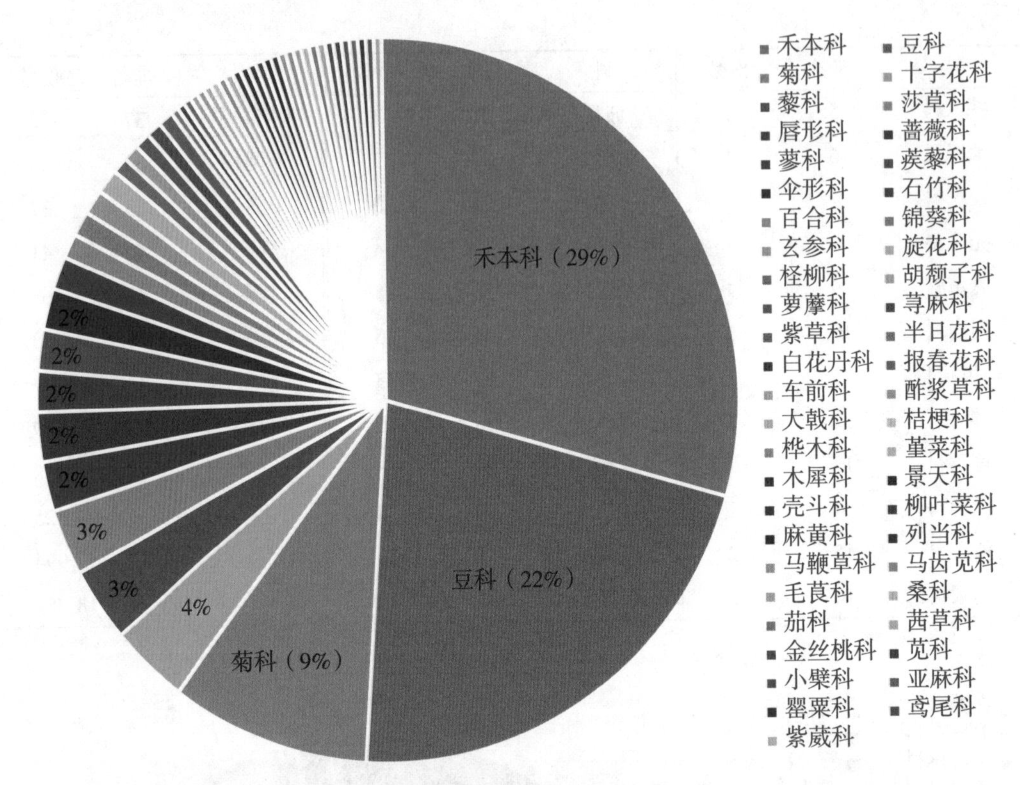

图2　国家北方饲草中期库保存属分布

表4　国家北方饲草中期库保存属

禾本科								
稗属	狗尾草属	狼尾草属	蟋蟀草属	大油芒属	假蜀黍属	披碱草属	羊茅属	油芒属
棒头草属	狗牙根属	类蜀黍属	蜈蚣草属	大油茅属	菅草属	洽草属	野古草属	稷属
臂形草属	黑麦草属	芦苇属	细柄草属	短柄草属	翦股颖属	千金子属	野青茅属	囊颖草属
冰草属	黑麦属	柳叶箬属	小黑麦属	鹅观草属	碱茅属	雀稗属	野黍属	燕麦属
鬲草属	虎尾草属	落芒草属	小麦属	三芒草属	结缕草属	雀麦属	异燕麦属	虉草属
参属	画眉草属	九顶草属	新麦草属	发草属	金须茅属	三毛草属	薏苡属	赖草属
臭草属	芨芨草属	马唐属	鸭茅属	锋芒草属	茋草属	鼠尾粟属	隐子草属	尾稃草属
垂穗草属	高粱属	芒属	鸭嘴草属	拂子茅属	看麦娘属	糖蜜草属	早熟禾属	针茅属
大麦属	蒺藜草属	猫尾草属	偃麦草属	蜀黍属	孔颖草属	罔草属	獐茅属	
油芒属	稷属	囊颖草属	燕麦属	虉草属	赖草属	尾稃草属	针茅属	
豆科								
百脉根属	黄大豆属	酸豆属	甘草属	藜豆属	野豌豆属	大豆属	岩黄芪属	山黧豆属
车轴草属	黄华属	山羊豆属	葛藤属	两型豆属	银合欢属	大翼豆属	盐豆木属	三叶草属
笔花豆属	黄芪属	田菁属	杭子梢属	假木豆属	鹰咀豆属	刀豆属	野决明属	苜蓿属
沙冬青属	鸡眼草属	豌豆属	合萌属	骆驼刺属	硬皮豆属	决明属	刺槐属	紫穗槐属
兵豆属	棘豆属	羊蹄甲属	红豆草属	米口袋属	猪屎豆属	苦马豆属	槐 属	木蓝属
菜豆属	豇豆属	香豌豆属	胡芦巴属	草木樨属	柱花草属	狸尾豆属	铃铛刺属	胡枝子属
木豆属	金合欢属	小冠花属						

（续表）

菊科								
白酒草属	苍耳属	风毛菊属	苦荬菜属	泥胡菜属	松香草属	紫菀属	菊苣属	栉叶蒿属
翠菊属	山牛蒡属	红花属	鳢肠属	蒲公英属	紊蒿属	狗哇花属	毛边菜属	
飞蓬属	鬼针草属	蓟属	麻花头属	牛蒡属	野茼蒿属	蒿属	秋英属	

科	属	数量	科	属	数量	科	属	数量	科	属	数量
半日花科	半日花属	1	木犀科	梣属	1	伞形科	柴胡属	5	石竹科	繁缕属	3
白花丹科	补血草属	1	景天科	景天属	1		当归属			麦兰菜属	
百合科	天门冬属	3	壳斗科	栗属	1		葛缕子属			丝石竹属	
	百合属		藜科	滨藜属	9		迷果芹属			蚤缀属	
	葱属			虫实属			蛇床属		苋科	牛膝属	2
报春花科	珍珠菜属	1		地肤属		莎草科	扁莎属	8		苋属	
车前科	车前属	1		碱蓬属			藨草属		罂粟科	罂粟属	1
唇形科	薄荷属	6		藜属			飘拂草属		玄参科	腹水草属	1
	黄芩属			沙蓬属			莎草属			芯芭属	
	夏枯草属			甜菜属			水莎草属			阴行草属	
	夏至草属			驼绒藜属			嵩草属		旋花科	马蹄金属	1
	益母草属			猪毛菜属			薹草属			牵牛属	
	鼠尾草属		蓼科	大黄属	6		羊胡子草属			旋花属	
酢浆草科	酢浆草属	1		蓼属		十字花科	播娘蒿属	10	紫葳科	角蒿属	1
大戟科	铁苋菜属	1		木蓼属			独行菜属		茄科	天仙子属	1
桔梗科	桔梗属	1		荞麦属			遏蓝菜属		紫草科	附地菜属	2
柽柳科	红砂属	2		沙拐枣属			焯菜属			鹤虱属	
	柽柳属			酸模属			大蒜芥		茜草科	水团花属	2
胡颓子科	沙棘属	2	柳叶菜科	柳兰属	1		南芥属			拉拉藤属	
	胡颓子属		麻黄科	麻黄属	1		扭果芥属		小檗科	小檗属	2
桦木科	桦木属	1	列当科	列当属	1		荠属			桃儿七属	
蒺藜科	白刺属	4	萝藦科	夜来香属	1		芸薹属		蔷薇科	蔷薇属	6
	骆驼蹄瓣属			鹅绒藤属			诸葛菜属			龙牙草属	
	霸王属		马齿苋科	马齿苋属	1	荨麻科	荨麻属	2		蛇莓属	
	骆驼蓬属		毛茛科	芍药属	3		蝎子草属			委陵菜属	
	四合木属			牡荆属		亚麻科	亚麻属	1		李属	
锦葵科	锦葵属	3		银莲花属		桑科	大麻属	1		地榆属	
	蜀葵属			唐松草属		藤黄科	金丝桃属	1			
	苘麻属		堇菜科	堇菜属	1	鸢尾科	鸢尾属	1			

表 5　国家北方饲草中期库保存新增科属（2001—2021）

科									
半日花科	唇形科	柽柳科	堇菜科	壳斗科	列当科	毛茛科	蔷薇科	小檗科	紫草科
白花丹科	酢浆草科	胡颓子科	锦葵科	蓼科	柳叶菜科	桑科	伞形科	亚麻科	旋花科
报春花科	大戟科	桦木科	木犀科	萝藦科	马鞭草科	茄科	金丝桃科	罂粟科	石竹科
车前科	桔梗科	蒺藜科	景天科	麻黄科	马齿苋科	茜草科	十字花科	紫葳科	莎草科
属									
半日花属	野茼蒿属	山黧豆属	高粱属	翠菊属	鸭嘴草属	合萌属	虫实属	车前属	荠属
补血草属	栉叶蒿属	猪毛菜属	蒺藜草属	紫菀属	异燕麦属	刺槐属	百合属	南芥属	槐 属
天门冬属	大翼豆属	山羊豆属	繁缕属	飞蓬属	狗哇花属	沙蓬属	酸豆属	蛇床属	蓟属
驼绒藜属	拉拉藤属	蝎子草属	假蜀黍属	薏苡属	苍耳属	木蓼属	荞麦属	扁莎属	芒属
珍珠菜属	水团花属	羊蹄甲属	大蒜芥属	地肤属	山牛蒡属	滨藜属	牡荆属	蔗草属	稷属
葛缕子属	银莲花属	盐豆木属	金须茅属	獐茅属	鬼针草属	葛藤属	诸葛菜属	薄荷属	柽柳属
飘拂草属	天仙子属	野决明属	麦瓶草属	沙棘属	隐子草属	甘草属	萱草属	莎草属	牛膝属
水莎草属	杭子梢属	银合欢属	类蜀黍属	芸薹属	风毛菊属	臭草属	大黄属	黄芩属	蛇麻属
夏枯草属	迷果芹属	猪屎豆属	丝石竹属	桦木属	红花属	大麻属	芦苇属	嵩草属	芯芭属
夏至草属	野青茅属	柱花草属	柳叶箬属	白刺属	胡颓子属	蝶豆属	荩草属	苔草属	木蓼属
益母草属	扭果芥属	紫穗槐属	落芒草属	菊苣属	地榆属	刀豆属	发草属	酸模属	藨草属
鼠尾草属	铃铛刺属	唐松草属	九顶草属	鳢肠属	苦荬菜属	兵豆属	木豆属	桔梗属	列当属
酢浆草属	金合欢属	垂穗草属	麦兰菜属	霸王属	四合木属	柳兰属	桃儿七属	红砂属	芍药属
铁苋菜属	委陵菜属	羊胡子草属	囊颖草属	蚤缀属	麻花头属	蔷薇属	小麦属	牛蒡属	蒿属
播娘蒿属	苦马豆属	大油芒属	鼠尾粟属	堇菜属	毛边菜属	油芒属	腹水草属	蔊菜属	栗属
独行菜属	狸尾豆属	短柄草属	糖蜜草属	锦葵属	泥胡菜属	田菁属	夜来香属	罂粟属	李属
龙牙草属	两型豆属	三芒草属	尾稃草属	蜀葵属	蒲公英属	蛇莓属	鹅绒藤属	角蒿属	蓼属
车轴草属	假木豆属	骆驼蓬属	蟋蟀草属	苘麻属	遏蓝菜属	虫豆属	阴行草属	小檗属	决明属
笔花豆属	骆驼刺属	拂子茅属	蜈蚣草属	栲属	秋英属	柴胡属	马齿苋属	旋花属	
沙冬青属	米口袋属	骆驼蹄瓣属	细柄草属	景天属	松香草属	当归属	附地菜属	亚麻属	
白酒草属	沙拐枣属	画眉草属	金丝桃属	鹤虱属	紊蒿属	甘薯属	马蹄金属	牵牛属	

2.2 保存的特色资源

国家北方饲草中期库保存种质共保存珍稀、濒危植物 165 份，占总保存资源量的 0.91%，分属于 13 科 22 属 33 个种，其中豆科种类最多，占到总数的 41.2%，禾本科次之，占总数的 29.7%，其次是蓼科 8.48%和百合科 7.88%（表 6）。其中，国家 1 级保护植物的蒺藜科四合木属四合木 1 份，2 级保护植物半日花 1 份，甘草 19 份，沙拐枣 7 份和沙冬青 2 份，其余 84 份。

表 6　古老、珍稀、濒危、野生资源种类及份数

科	属	种	总数	科	属	种	总数
半日花科	半日花属	半日花	1	蔷薇科	李属	蒙古扁桃	2
白花丹科	补血草属	黄花补血草	1	景天科	景天属	费菜	1
百合科	百合属	山丹	1	桔梗科	桔梗属	桔梗	1
		有斑百合	1	蒺藜科	白刺属	白刺	6
	葱属	蒙古葱	7		四合木属	四合木	2
	知母属	知母	4		霸王属	霸王	3
毛茛科	芍药属	芍药	2	列当科	列当属	黄花列当	1
麻黄科	麻黄属	蛇麻黄	1	蓼科	沙拐枣属	红果沙拐枣	2
豆科	沙冬青属	沙冬青	2			泡果沙拐枣	2
		蒙古沙冬青	3			东疆沙拐枣	1
	槐属	苦豆子	8			阿拉善沙拐枣	1
		苦参	19			戈壁沙拐枣	1
	大豆属	野大豆	26			白皮沙拐枣	1
	甘草属	甘草	4			红皮沙拐枣	1
	铃铛刺属	铃铛刺	4			艾比湖沙拐枣	1
	黄芪属	蒙古黄芪	2			沙拐枣	4
禾本科	冰草属	沙芦草	49				

2.3 珍稀种质资源的抢救性收集保存

（1）四合木、半日花种质资源的抢救性收集保存（图 3、图 4）。四合木（*Tetraena mongolica* Maxim.），属落叶小灌木，强旱生植物，为古老的残遗种，为中国特有属。在草原化荒漠地区常成为建群种，形成有小针茅参加的四合木荒漠群落，分布在内蒙古鄂尔多斯市及阿拉善盟。半日花（*Helianthemum soongoricum* Schrenk），矮小灌木，属于强旱生植物，为古老的残遗种，生于草原化荒漠区的石质和砾石质山坡，分布在我国内蒙古、甘肃和新疆等地。由于所处的环境及濒危程度，在内蒙古鄂尔多斯地区设立了

“西鄂尔多斯国家级自然保护区”，主要保护四合木和半日花种质资源。为此，2016 年专门对“西鄂尔多斯国家级自然保护区”进行了四合木、半日花等种质资源的考察。对四合木和半日花的植物进行了分类鉴定，对分类学关键性状（根、茎、叶、花、果实、种子）进行了拍照，采集图像数据 60 张（已编辑出版），对植物学特性（植株高度、叶片大小、颜色等）进行了测量，对分布信息（所在区域、生境、海拔、经纬度等）进行了记录，采集四合木、半日花种子各 1 份，每份 5 个重复，种子清选入库安全保存。

四合木

霸王　　沙冬青　　沙拐枣

图 3　珍稀资源（国家 2 级保护植物）

植株　　花

图 4　半日花

（2）沙拐枣属种质资源的抢救性收集保存。沙拐枣属（*Calligonum* L.）植物主要分布在我国的内蒙古、宁夏、新疆和甘肃，是良好的固沙植物，大部分种是我国的 2 级保护植物。我国共约 35 种，其中新疆分布约占 4/5，因此，2017 年专门组织考察队伍对新疆地区的沙漠植物园进行沙拐枣属的种质资源进行种子收集。共收集沙拐枣 6 种，分别是泡果沙拐枣、白皮沙拐枣、红果沙拐枣、红皮沙拐枣、东疆沙拐枣和艾比湖沙拐枣。对分布在内蒙古的阿拉善沙拐枣、沙拐枣和戈壁沙拐枣 3 种进行了抢救性收集（图 5），种子入库安全保存。

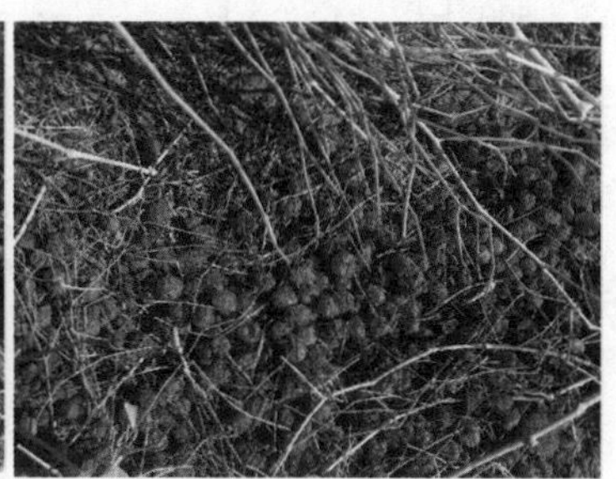

图 5　抢救性收集沙拐枣属资源

3　保存资源的有效利用

2001—2020 年，共向全国 11 所大学、科研院所、企业等提供种质材料6 408份，其中，2013 年提供最多，达到 686 份，2001 年提供最少为 37 份，平均年供种质材料304. 2 份，从 2014 年开始基本维持在 250 份以上。提供的材料主要用于研究生论文实验研究和新品种选育等。提供的材料主要是豆科的紫花苜蓿、黄花苜蓿、三叶草、红豆草、胡枝子等，禾本科主要是披碱草属、冰草属、雀麦属、燕麦属等。所提供的种质材料极大地支持了我国草种质资源的研究和发展。

4　展望

4.1　种质资源收集

生产上重要属种的收集。生产上重要属种系统性收集是草种质资源高效利用的保证。重要属种主要包括农作物的近缘属种，如冰草属植物、偃麦草属植物、大麦属植物等，以及草业生产直接利用的种质资源，如黄花苜蓿、燕麦等。所谓系统性收集是指同种不同分布地域、不同生境、不同生态型种质资源的收集，种的系统性收集的资源才能最大限度体现出该种资源的变异程度，生产上通过资源的变异，利用变异特征满足生产上所需要的种质材料。

特殊区域的收集。所谓特殊区域是指一些交通、通讯、生存环境还不是很便利的地方，如高原、沙漠、原始森林、环境复杂的山系等，科研工作者难以前往的区域，这类环境往往蕴含着特殊的种质资源。随着我国对于种质资源的重视，今后应该加大力度对这一类特殊区域进行种质资源的收集。

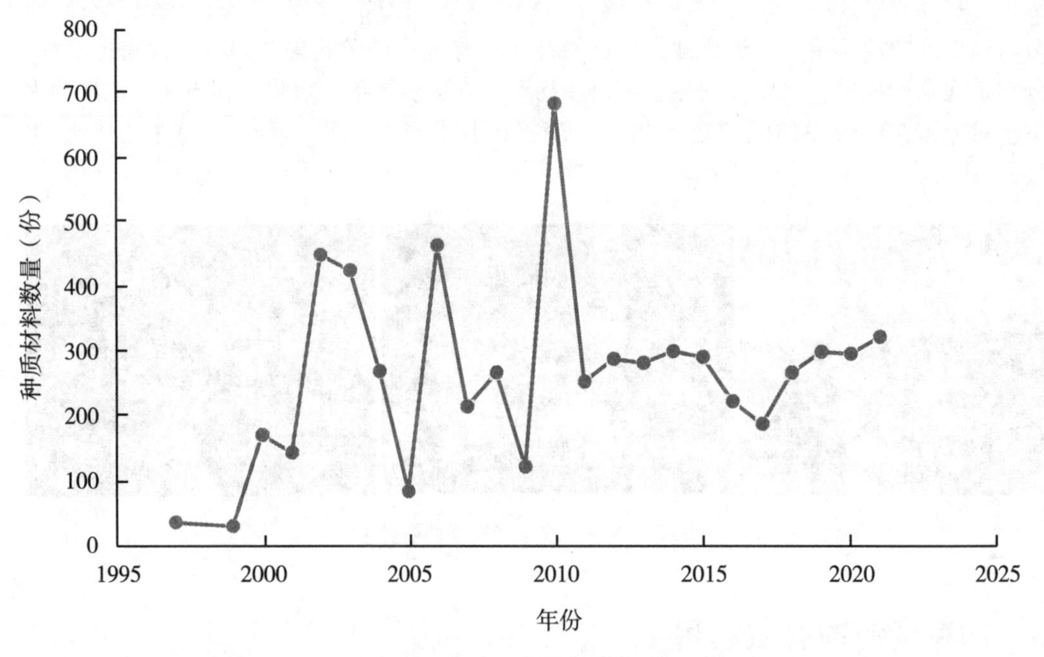

图 6　1997 年以来提供的种质材料

珍稀濒危属种的收集。通过查阅我国《国家重点保护野生植物》以及《中国植物志》、各地方植物志和最新的研究文献，认真梳理草种质的珍稀濒危程度，尤其是各地分布的古老孑遗、单属科、单种属、寡种属种质资源，及时调整我国野生重点保护名录，为该类种质资源的收集提供指导，尽可能地对该类种质资源进行收集。

特异性状种质资源的收集。特异种质类型是包含具有明显食用、药用、染料、草原花卉等特殊功能的类型，这类资源由于技术或认识等方面的原因还未能大规模食用，但是已经具有潜在的利用前景。例如，具有食用价值的蒲公英属、马齿苋等植物；具有药用价值的蒿属种质资源（青蒿素就来源于黄花蒿）；具有染料作用的凤仙花属植物等。这类种质资源的收集是国家战略储备中的重要一类。

4.2　种质资源安全保存

生产上重要属种的安全保存。对生产上一些重要属种的系统性收集，进行的准确分类、信息完善、种子清选、种子活力检测等工作后，入库保存。定期对种质进行更新繁殖，确保安全保存。

珍稀濒危属种的安全保存。探索不同种类珍稀濒危种质资源的保存方式，分别通过种子中期保存（4℃）、长期保存（-18℃）、植株保存（资源圃）、原生境保存、试管苗保存、DNA 保存以及多种保存方式相结合的保存方式，保证珍稀濒危草种质资源的安全保存。

特异性状种质资源的安全保存。这类种质的安全保存研究还较少，可参考类似科属种质的保存并进行不断探索。

4.3 种质资源的分发利用

在对库存草种质分类准确、信息完整、种质健康、供种充足等条件具备的情况下，加大草种质资源和国家北方饲草中期库的宣传力度，提升草种质资源的共享利用能力，基本满足大学、科研院所、企业等部门对各类草种质资源的需求。同时，对接国家战略重大需求，进一步完善草种质资源的收集、保存，满足国家产业对草种质资源的需求。预计未来 10 年，年供种达1 000份。

4.4 深入研究内容

草种质资源的准确分类。分类鉴定是草种质资源的支撑性工作，准确的分类鉴定是草种质资源下游研究的基础，也可以说，植物分类鉴定是草种质资源研究的核心工作，具有承上启下的重要作用。从农作物种质资源的工作方针“广泛收集、妥善保存、深入研究、积极创新、充分利用”来看，准确的植物分类鉴定对“广泛收集”草种质资源具有指导性的作用，只有分类鉴定准确，掌握“收集”的种类，才能查漏补缺，进行下一步的收集；准确分类是“深入研究、积极创新”的基础，准确的分类鉴定才能使草种质资源所具有的特性展现出来，准确掌握种质资源具有的特性，充分利用特性进行深入研究和新种质的创新；准确的分类鉴定是保证所供种质正确与否的保证，是种质高效利用的保障。

草种质资源的库存结构分析。准确的库存结构的分析是草种质资源收集、分发利用的保证。保存结构分析应该有步骤、有顺序、分阶段的开展。第一，生产上亟需的草遗传材料尽快进行结构分析，例如，我国紫花苜蓿普遍存在抗寒性差、产量和品质低下的缺点，对其保存材料来源进行分析，寻找具有相应特点的材料，构建苜蓿高抗、高产和高质的亲本库，同时也为引进苜蓿材料提供科学依据。第二，加强对珍稀濒危草遗传资源保存结构的分析，分析库存资源的保存情况，尤其对于一些单科、单属、单种、分布地域比较狭窄的草遗传资源的保存分析，保存结构的分析可以指导该类草种质资源的收集方向，提高这类种质的保存概率。第三，主要栽培牧草的野生类型和野生近缘种保存结构分析，该类种质资源是改良作物的基因库。第四，优异基因来源的草遗传资源，该类资源一般都分布在较为严苛的生态环境下，蕴藏着抗寒、抗旱等有益基因资源。

草种质资源安全保存技术。草种质资源包括的种质类型非常庞大，仅饲用资源就包括 246 科1 545属6 704种，每一种类型都有自己独特的繁殖方式，所以保存方式也不尽相同。探索研究不同类型草种质资源的保存技术尤为重要。结合草种质在国家重大战略中的作用，优先探索研究生产上重要属种、珍稀濒危种质资源和具有特殊性状草种质资源的保存技术，为国家重大战略的实施保驾护航。

草种质资源挖掘利用。草种质资源优异特性和基因的挖掘及利用是收集和保护的最终目的，对于揭示相关机理及品种改良具有关键的作用。为了进一步发挥我国草种质资源的优势，满足我国当前对于草种多样性的需求，应进行种质资源优异性状的挖掘。根据我国不同地理气候区域以及草种重要生产区域的发展布局，未来草种质资挖掘利用的重点应进一步聚焦抗逆优质性状的挖掘，利于生产易于机收品种的培育利用。

参考文献

方嘉禾，刘旭，卢新雄，2008. 农作物种质资源整理技术规程［M］. 北京：中国农业出版社.
国家质量技术监督局，2001. 牧草种子检验规程［M］. 北京：中国标准出版社.
南丽丽，2008. 牧草种质资源中心库入库保存材料的特征特性评价［D］. 兰州：甘肃农业大学.
宁布，包来晓，杜一民，等，1997. 牧草种质资源保存体系建立的研究［J］. 内蒙古畜牧科学（3）：5-6.
师文贵，李志勇，卢新雄，等，2009. 牧草种质资源繁殖更新技术规程［J］. 草业科学，26（10）：134-139.
师文贵，李志勇，王育青，等，2008. 牧草种质资源整理整合及共享利用［J］. 植物遗传资源学报，9（4）：561-565.
王俊娥，2008. 山羊豆属植物遗传多样性研究［D］. 北京：中国农业科学院.

国家甜菜中期库（哈尔滨）种质资源安全保存与有效利用

兴　旺，马龙彪，刘大丽，谭文勃，崔　平
（黑龙江大学中国农业科学院甜菜研究所　哈尔滨　150080）

摘　要：近20年国家甜菜种质资源中期库在甜菜种质资源搜集、整理、创新、编目及入库保存等方面进行了科技攻关研究。同时积极开展国外甜菜种质资源引进工作，先后从俄罗斯、波兰、美国、日本等20多个国家引进甜菜品种资源500余份。这些资源材料直接用于生产或作为育种材料加以利用。本文阐述了目前我国甜菜种质资源的研究现状及保存条件，厘清了影响我国甜菜种质资源繁种质量的主要因素及保证甜菜种质资源材料繁种质量的关键技术，明确了今后如何安全保存甜菜种质资源材料的遗传完整性和遗传多样性，为推动我国甜菜科研和育种事业的可持续发展奠定了良好基础。

关键词：甜菜；种质资源；繁种更新；安全保存

种质资源不仅是作物改良和资源保护的物质基础，同时也是新品种选育和生产发展的重要物质基础，是进行生物学研究的重要材料，也是人类非常宝贵的自然财富。作物种质资源的数量和质量，以及种质资源研究和创新的深度和广度，直接影响到种质资源利用效率和现代种业的可持续发展（Kumar and Agrawal，2017）。因此，世界各国都十分重视种质资源的保护和利用（Liu et al.，2017）。甜菜种质资源是甜菜遗传改良及育种的重要基因来源，也是培育高糖、高产、优质、抗病新品种的重要前提保证。世界甜菜先进生产国在甜菜种质资源的收集、繁种、保存和遗传多样性分析研究等方面已做了很多工作。我国也在甜菜种质及其创新和利用等方面取得了一定的成就。

国家甜菜种质资源中期库（哈尔滨）（以下简称国家甜菜中期库）始建于2001年，2002年投入使用，并于2019年中期库进行了二期改扩建。国家甜菜中期库建成前，甜菜种质资源均在自然环境条件的仓库中保存，每年夏天气温高达33~35℃，冬天气温则降至-35~-33℃，温差变化高达70℃左右。这就导致甜菜种子老化速度快，平均3~4年就需要更新繁殖一代，既浪费人力和财力，又不利于甜菜种质资源遗传完整性的保存。国家甜菜中期库的建成极大地改善了原始的保存条件。保存温度可控制在0~5℃、相对湿度控制在55%±2%，保存时间达到10年以上（曹永生等，2010）。截至2021年，国家甜菜中期库共计保存甜菜种质资源1 728份。其中，国外引进甜菜种质资源达500余份，包括1科1属1种（亚种）3个变种。其中已编目出版1 275份，种质类型有地方品种31份、选育品种66份、单粒型种质资源107份、四倍体种质资源91份和雄性不育成对种质资源134份。经过田间繁殖的精心选择和提纯复壮，保证了国家甜菜中期库甜菜种质资源的原有遗传完整性和纯度。通过细心管理和维护，确保了国家甜菜中期库的安全管理和正常运行。为我国甜菜种质资源的安全保存、广泛交换、积极分发和充分利用奠定了基础。

1 种质资源安全保存技术

1.1 资源入库（圃）保存技术与指标

种子储藏寿命受多种因素影响，除自身的遗传特性外，主要受储藏温度和湿度、种子含水量、包装方式等因素影响（何娟娟等，2016）。国家甜菜中期库资源入库需经过种子清选、发芽检测、烘干和包装等环节。对于种质库来说，建立安全有效的种子干燥系统是提高种子贮藏质量和确保种子长期保存的重要保证（卢新雄等，2003），因此种子入库时含水量是非常重要的指标。不同类型甜菜种子入库标准有所不同，多粒型二倍体种子入库时要保证种子发芽率≥80%，种子纯净度高于98%，种子含水量低于7%，种子净重为250~300g；多粒型四倍体甜菜种子入库时要保证种子发芽率≥70%，种子纯净度高于98%，种子含水量低于7%，种子净重数量为250~300g；单粒型种子入库时要保证种子发芽率≥60%，种子纯净度高于98%，种子含水量低于7%，种子净重数量为150~200g。入库种子用铝箔袋密封包装，保存技术规程参照《农作物种质资源保存技术规程》（卢新雄等，2008）。

1.2 库（圃）资源监测技术与指标

国家甜菜中期库在种质资源保存5年时进行种子活力监测。在种子发芽率降到临界标准时需进行繁种更新。发芽率检测标准参照GB 19176—2010进行，主要包括以下技术操作。

（1）取样：从经过充分混合的净种子中，用数粒仪或手工随机数取400粒种子。应该注意不能挑选种子，以避免结果产生偏差。通常以100粒为一次重复，重复4次。

（2）种子冲洗：将样品放在网丝袋里，用20~25℃水冲洗（多胚种2h，单胚种4h）。

（3）种子消毒：把冲洗好的种子放入0.3%~0.5%的福美双水溶液中浸种10min。

（4）种子风干：在室温、通风条件下进行种子风干。多胚种风干10~30min，单胚种风干1h。

（5）发芽盒消毒：发芽盒使用前置于0.1%的次氯酸钠水溶液中浸泡3~5min，然后用清水洗净晾干。

（6）装盒方法：先将覆盖纸铺在发芽盒底层，再将发芽皱褶纸展开放在覆盖纸上。然后用定量喷雾器将32~34mL（单胚种30~32mL）蒸馏水均匀喷洒在发芽纸上。最后在每个皱褶内放两粒种子，间距要均匀，相邻皱褶间种子位置要错开，每盒装100粒种子。折盖覆盖纸，盖严盒盖，套上塑料袋，置入发芽箱（室）内的发芽架上。

（7）发芽温度：发芽采用恒温进行，发芽箱（室）的发芽温度在发芽期间应尽可能一致。规定温度在23~25℃。

（8）发芽光照：在有光照条件下进行，光照强度为1 000~1 500lx，光照时间为8h。

（9）试验持续时间：试验持续时间为10天。初次计数时间为4天，末次计数时间为10天。

甜菜种质资源繁殖更新的工作程序包括：了解拟繁殖种质的特征特性、制定繁殖更新方案、培育母根田间设计、播种前准备、田间种植与栽培管理、性状调查核对与去杂、母根收获与清选、冬季母根窖藏与管理、翌年母根田间种植与栽培管理、性状调查与去杂、种子收获与清选处理、数据处理。

1.3 库（圃）资源繁殖更新技术与指标

甜菜种质资源繁殖更新的主要技术难点在于，甜菜属于典型的异花授粉作物，极容易混杂。甜菜花既是风媒花，又是虫媒花。甜菜花与花间传粉主要依靠风力。为了保持资源材料原有的种性，必须注意隔离条件，以便更好地保持甜菜种质的遗传完整性。甜菜种质资源繁殖更新按照《作物种质资源繁殖更新技术规程》（王述民等，2014）进行。

甜菜种质资源繁种是两年完成一个世代。第一年培育母根，并选择优良母根窖贮越冬。为了避免经济性状退化或积累不良性状，在第一年培育母根时要根据品种的特性进行培育和选择，随时淘汰病杂植株和异型植株，保持种质的相对纯度和特性，使原有的优良基因性状得到保持。选择向阳背风土壤肥沃的平川地或平岗地培育母根。在整地良好的基础上适时早播。早播可诱发易抽薹和立枯病植株，经人工选择予以淘汰。在生育期间淘汰易感染褐斑病、白粉病植株和褐斑病及丛根病植株。为防止冻害，母根收获比原料甜菜收获期提前10天左右。收获母根时进行根重和根形选择，单株根重应在300g以上，根形为圆锥形，色泽正常，含水充足，无机械损伤的块根作为采种母根。淘汰空心、多头多尾、根头过大等畸形根，为了避免母根经风吹日晒萎蔫和遭受寒夜冻害，将入选的母根及时入窖或在田间进行临时贮藏。在第二年春天进行栽植母根和采种。为了阻止花粉交换保持繁殖材料遗传完整性，在采种时必须确保各份材料之间的适当隔离。根据种质资源不同类型确定采种隔离距离。在农村各家各户房前屋后的菜园地栽植母根。在有房舍、林带和围墙隔离的情况下，品种间隔离距离不得少于300m，类型间种质材料隔离距离在5 000m以上，防止串粉。为保留适当的繁殖群体，一般每份种质资源的繁种株数不少于80株。栽母根时要保证质量，出苗后及时进行种质提纯，加强田间管理，创造适宜种质生长发育的良好环境，并且采取掐尖和打杈等措施，提高繁种质量。在种子成熟收获时，适时进行单株收获，随熟随收。种子脱粒采用人工脱粒，严防混杂。脱粒后的种子及时摊开晾晒。要避免糖用甜菜、饲用甜菜、叶用甜菜等变种在同一区域内繁种。在考种时，用种子分级标准筛进行筛选，将小种球（粒径2.5mm以下的种球）清选掉，最后经人工精心挑选，使每份种质材料收获的种子完全达到国家甜菜中期库入库标准后方可入库。

1.4 种质资源保存新技术

采用组织培养快速繁殖，将濒危资源利用茎尖繁殖方法扩繁种群，进行离体保存；同时进行移栽，采取常规繁育更新方法，以种子形式保存。

2 种质资源安全保存

2.1 甜菜种质资源保存情况

截止 2021 年 12 月，国家甜菜中期库保存资源 1 728 份（表 1）。

表 1 国家甜菜中期库甜菜种质资源保存情况

作物名称	截至 2021 年 12 月保存总数					2001—2021 年新增保存数			
	种质份数（份）			物种数（个）		种质份数（份）		物种数（个）	
	总计	其中国外引进	其中野外或生产上已绝种	总计	其中国外引进	总计	其中国外引进	总计	其中国外引进
甜菜	1 728	552		1	1	1 298	391	1	1

2.2 保存的特色资源

国家甜菜中期库保存的甜菜种质资源类型有糖用甜菜、食用甜菜及饲用甜菜。

（1）糖用甜菜——单胚型甜菜种质资源。甜菜遗传单粒型杂交种是适于甜菜育苗移栽和机械化精量点播等集约化栽培技术配套使用的甜菜品种类型。目前，国际上多数甜菜生产国家使用遗传单粒型甜菜品种，甜菜遗传单粒型杂交种的选育和应用已成为世界各甜菜生产国的甜菜科研和生产的重要工作内容之一。

我国甜菜遗传单粒型杂交种研究和利用工作开展较晚，在育种技术和生产利用等方面与甜菜育种和生产的先进国家或种业公司相比存在着较大差距。为此我国已将甜菜遗传单粒型种质资源创新技术和杂交种选育技术列为重点研究内容，相继育成一批甜菜遗传单粒型杂交种并投入生产，取得了较好的社会效益和经济效益。但我国自育的甜菜遗传单粒杂交种在原料根产量、田间抗病性和品质等方面存在着一些明显的欠缺与不足，与我国甜菜生产“丰产优质高抗”的要求尚有差距。单粒种用种量小，适合甜菜育苗移栽和机械化精量点播，可节约生产成本，已成为市场急需类型。为进一步提高我国甜菜遗传单粒型杂交种选育水平及满足甜菜生产市场的需求，国家甜菜中期库搜集并妥善保存 31 份单粒型甜菜种质资源，适合于全国甜菜科研育种单位，可为选育适合于机械化播种用（丸粒化）的甜菜单粒新品种提供育种亲本材料。

（2）食用甜菜——红甜菜。红甜菜在食用方面主要是将红甜菜煮沸消毒或者进行腌制处理，在东欧很受欢迎的罗宋汤其主要成分就是红甜菜根。除了食用和作为园艺植物观赏之外，红甜菜还具有很多特殊的功能。在营养保健功能方面，红甜菜有治疗及预

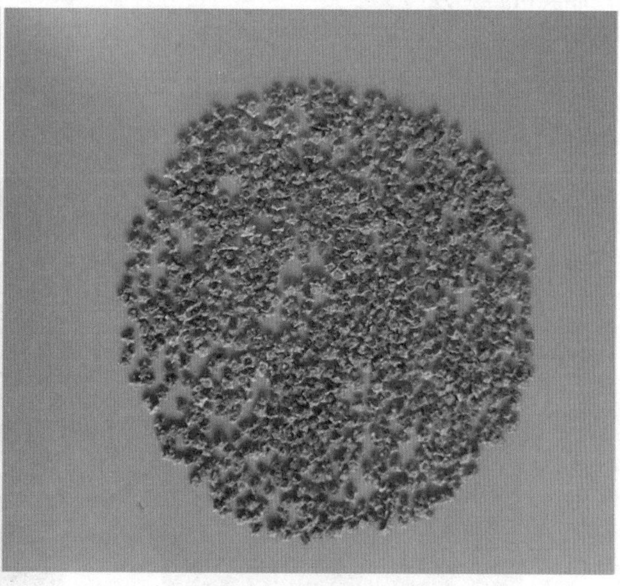

图 1　糖用甜菜——单胚型甜菜种质资源‘79650’

防肿瘤，治疗高血压、糖尿病，降低血脂，增强免疫力，抗疲劳等功效。红甜菜根含有丰富的钾、磷及容易消化吸收的糖，可促进肠胃道的蠕动间接地维护肝脏、胆囊、脾脏及肾脏的健康，其根中还含有天然红色素、维生素 B_{12} 及铁质，具有补血功效。从红甜菜块根中提取的甜菜红色素，可应用于饮料、食品、化妆品等领域。红甜菜还可作为糖甜菜辅助育种材料以及作为纺织业染色新材料等。

红甜菜的提取物甜菜红素在西方各国一直被用作冷饮类食品、酸奶、肉类制品等多种食品的着色剂。由于研究发现化学合成色素有致癌可能性，因此使得甜菜红素等天然色素取代了传统的化学合成红色素的地位，迅速走俏国际市场。甜菜红素已和花青苷、β-胡萝卜素并称为国际市场三大畅销天然红色素并成为我国企业的主要出口产品之一，具有很好的商业前景。

（3）饲用甜菜。饲料用甜菜种质资源适用于一些牧区种植，可作牲畜饲料。饲用甜菜生长旺盛、根体圆柱形、无根沟、块根 1/3 露出地表（有利于机械化收获）、块根表面为黄色，产量非常高。同时营养价值也较为丰富，鲜根中干物质含量约为 12.0%，干物质中含粗蛋白约 17.3%，矿物质约 17.9%，粗纤维约 10.0% 及一定量的粗脂肪，易消化，是猪、奶牛的优良多汁饲料。饲用甜菜在轻度盐渍化土地上也可种植，同其他多汁饲料相比，奶牛日补 10~15kg 饲用甜菜，产奶量可提高 10%~30%，平均可提高 15%左右。饲用甜菜是丹麦、德国、荷兰等国家饲喂牛、羊普遍使用的饲料，但在国内畜牧业中的应用不多。近年来，由于优质畜牧业的快速发展，急需优质饲料，而饲用甜菜恰好可满足畜牧业在生产优质畜产品方面的需求。国家甜菜中期库目前保存饲用型甜菜种质 9 份，今后可利用现有饲用甜菜资源与其他抗病品种进行杂交，选育出既高产又抗病的饲用甜菜新品种。若是可与畜牧类产业进行合作，可以有针对性地进行品质选育，不但有利于提高饲用甜菜的利用效率，加快饲用甜菜产业化进程，还可加快推进畜牧产业的可持续发展。

图 2　食用甜菜——红甜菜（美国杂交种）

图 3　饲用甜菜——利沃夫饲料甜菜

3 保存资源的有效利用

3.1 概述

国家甜菜中期库通过甜菜种质资源的深入研究和种质创新工作，鉴定筛选出一大批丰产、高糖、抗病、优质的种质资源材料。有的已作为预选种应用于全国的育种实践中，有的育成品种已大面积推广应用，并在生产上发挥了较大作用，取得了一定的社会经济效益。中国农业科学院甜菜研究所利用‘范 8-8’进行化学诱变染色体加倍后的四倍体种质作母本，用二倍体杂交品系后代‘1103’作父本，选育出抗病丰产偏高糖多倍体新品种‘甜研 301’，在 1989 年获国家发明奖二等奖；利用甜 408 作母本选育出甜研 302 新品种，在 1995 年获国家科学技术进步奖三等奖；利用‘甜 425’作母本选育出的‘甜研 303’和‘甜研 304’两个新品种，在 1999 年获国家科学技术进步奖三等奖；利用‘GW65-06’作亲本选育出高糖抗病稳产的‘甜研 7 号’新品种，于 1995 年审定命名，累计推广面积达 400 万亩，在 1999 年获农业部科学技术进步奖三等奖；利用二倍体单粒品系‘TD210’作母本，以‘TD202’为父本选育出‘甜单二号’新品种，于 1997 年审定命名；利用二倍体品系‘D8361’和‘Ⅵ8541’为亲本选育出优质抗病新品种‘中甜 204’，于 2000 年审定命名；利用‘L62’为母本，以‘GW49-29’‘BRP’‘A-31405-25’为父本进行杂交，选育出‘中甜 205’新品种，于 2001 年审定命名；利用二倍体单粒品系‘TD224’作母本，以‘TD232’为父本选育出‘甜单 301’新品种，于 2002 年审定命名；利用‘TD240’作母本，以‘TD202’为父本选育出甜菜遗传单粒型多倍体新品种‘甜单 303’，于 2004 年审定命名，并在生产上大面积推广（崔平，2012）。

国家甜菜中期库为全国甜菜科研生产和制糖工业贮备了大量的遗传资源；通过进行甜菜种质资源主要农艺性状鉴定和抗病性鉴定及品质分析，编写甜菜种质资源目录；建立甜菜种质资源信息数据库，向全国甜菜科研育种和教学研究及生产单位提供综合性良好的优异种质材料和可靠的科学信息。近年来通过国家科技基础条件平台项目对甜菜种质资源描述规范和数据标准的制定及共享试点建设的研究，确定了甜菜种质资源描述标准制定的原则和方法，编制出版《甜菜种质资源描述规范和数据标准》1 部，规定了主要试验鉴定技术参数指标和分级标准及数据控制规范。同时建立了甜菜种质资源数据库，并设计了甜菜种质资源信息共享系统原型，建立统一规范的甜菜种质资源数据库，实现了甜菜种质资源的充分共享和高效利用。甜菜种质资源描述规范标准化整理整合及共享平台是国家创新体系中国家科技基础条件平台的重要组成部分，是服务于全国甜菜育种科技进步与创新的基础性支撑体系，对全国甜菜科研育种、教学研究和社会的经济发展具有重要意义。

3.2 典型案例

面向产业发展需求，利用保存的资源，有针对性地开展精准鉴定，筛选优异资源，培育出‘甜研307’‘甜单304’以及‘甜研312’等品种。同时由中国农业科学院甜菜研究所和齐齐哈尔市鹤城种业公司共同举办“国产甜菜品种种植技术培训与经验交流会”。每年与栽培、植保等专家对农民以及种植大户进行专业的培训并在甜菜重要的生长期开展现场交流会，使农民能够掌握甜菜科学种植技术。与糖厂以及当地的农技推广中心合作，开展新品种、新技术推广示范，在各地建立示范基地，推广了“甜菜垄作直播栽培技术模式”“甜菜平作直播栽培技术模式”以及“甜菜纸筒育苗栽培技术模式”等三套适合于不同区域的栽培模式，推动了当地甜菜产业的健康发展。通过与齐齐哈尔市鹤城种业有限公司协作建立国产甜菜品种示范基地11 000余亩。现场测产测糖，‘甜研312’甜菜根产量3.5~4.0t/亩，含糖率16.3%~17%。‘甜单304’机械化直播地块的根产量可达每亩3t，纸筒育苗移栽地块可达每亩4t以上，含糖率15.5%~16.5%，推动了当地甜菜产业的健康发展。

4 展望

4.1 收集保存

目前，全球在库甜菜种质资源为22 346份，其中，美国2 510份，德国2 209份，塞尔维亚2 140份，法国1 630份，我国甜菜种质资源保存规模只占全球在库甜菜种质资源的7%。我国不是甜菜起源国，种质资源保存数量，尤其是野生资源数量与先进国家仍存在很大差距，导致我国甜菜品种在丰产性和抗逆性方面落后于欧美各国，这与我国作为甜菜种植、食糖生产和消费大国的地位极不相称。今后要积极申请国家经费支持，加大投入，充实专职科技人员。尤其要加强甜菜野生近缘种的收集、保存工作，加强国外优良品种的引进，确定核心种质资源群体（郭亚宁等，2017）。

4.2 安全保存技术

在安全保存技术上，发展甜菜稀缺资源保存技术，将离体保存等新方法应用于资源保存工作中（吴永杰等，2019），完善甜菜离体保存繁殖技术，挽救濒危甜菜资源。主要研制茎尖繁殖培养基，提高繁殖效率，提升试管苗移栽成活率。

4.3 挖掘利用

目前对甜菜资源鉴定评价的内容多为植物学、生物学特性及农艺性状等，抗逆性、抗病虫性的鉴定评价工作以及分子生物学研究还很不足。在今后的工作中，加强分子生物学鉴定方法的研究应用，更倾向于精准鉴定、评价和整合。开展核心种质资源的测序工作，利用分子生物技术以及生物信息学手段对国家甜菜种质资源进行深入评价，对现有资源进行系统整理，从而筛选鉴定出可供育种利用的中间材料。

甜菜种质资源保存是生物多样性保护的重要组成部分。目前，国家已在黑龙江大学建成了多功能一体化的甜菜种质资源保存中心，实现了甜菜种质资源数字化，资源信息采集和处理自动化，资源共享网络化，集甜菜种质资源信息收集、处理、存储、分析、管理和共享的服务平台，为资源安全管理与提升共享利用效率提供信息技术支撑和服务。平台致力服务于全国甜菜种质资源及其遗传育种相关研究，进一步提高科研效率、扩展研究领域、提高研究水平和降低研究成本，提升全国甜菜领域科技创新能力和甜菜产业的竞争力，将对我国农业可持续发展产生积极影响。

参考文献

曹永生，方沩，2010. 国家农作物种质资源平台的建立和应用［J］. 生物多样性，18（5）：454-460.

崔平，2012. 甜菜种质资源遗传多样性研究与利用［J］. 植物遗传资源学报，13（4）：688-691.

郭亚宁，兴旺，周建朝，等，2017. 甜菜核心种质构建研究［J］. 中国农学通报，33（24）：41-46.

何娟娟，卢新雄，栗钊，等，2016. 8 种粮食和蔬菜作物种子短期节能储藏研究［J］. 中国种业（9）：57-60.

卢新雄，陈叔平，刘旭，2008. 农作物种质资源保存技术规程［M］. 北京：中国农业出版社.

卢新雄，张云兰，2003. 国家种质库种子干燥处理技术的建立与应用［J］. 植物遗传资源学报，4（4）：365-368.

王述民，卢新雄，李立会，2014. 作物种质资源繁殖更新技术规程［M］. 北京：中国农业科学技术出版社.

吴永杰，李玉生，吴雅琴，等，2019. 植物种质资源保存研究进展［J］. 河北果树（1）：1-3.

Kumar J，Agrawal V，2017. Analysis of genetic diversity and population genetic structure in *Simarouba glauca* DC.（an important bio-energy crop）employing ISSR and SRAP markers［J］. Industrial Crops & Products，100：198-207.

Liu Z，Li J，Fan X，et. al.，2017. Assessing the numbers of SNPs needed to establish molecular IDs and characterize the genetic diversity of soybean cultivars derived from *Tokachi nagaha*［J］. Crop Journal，5：326-336.

国家甘薯试管苗库（徐州）种质资源安全保存与有效利用

曹清河，周志林，唐　君，赵冬兰，张　安，戴习彬
（江苏徐淮地区徐州农业科学研究所　徐州　221131）

摘　要：甘薯［*Ipomoea batatas*（L.）Lam.］在我国已有400多年栽培历史，我国拥有丰富的甘薯种质资源，为甘薯新品种选育、基础研究、科普及产业发展提供了重要的物质保障。本文简要介绍了我国甘薯种质资源收集保存现状，系统总结了20年来国家甘薯试管苗库在资源安全保存技术、监测技术、繁殖更新技术及资源有效利用方面的研究进展，并对未来甘薯资源研究方向进行了展望。

关键词：甘薯；种质资源；安全保存；有效利用

甘薯公认起源于热带美洲的秘鲁、厄瓜多尔、墨西哥一带。甘薯作为非本土起源作物，据史料记载，于明朝万历年间通过陆路和海路传入我国，陆路主要由印度、缅甸、越南传入我国云南和广东，海路主要是由菲律宾、越南传入我国东南沿海的广东和福建。目前，我国年种植面积约600万hm^2，占世界种植面积的60%左右，是全世界甘薯种植面积最大的国家。

国家甘薯种质资源试管苗库（徐州）（以下简称国家甘薯试管苗库）位于江苏省徐州市经济开发区境内，是国内唯一甘薯种质资源离体保存库。1996年农业部将国家种质库保存的甘薯种质试管苗转入江苏徐州甘薯研究中心，建立"国家种质徐州甘薯试管苗库"，其功能定位是国内外甘薯及其近缘野生种资源收集保存（郭小丁，2002）。2022年经农业农村部命名为国家甘薯种质资源试管苗库（徐州），截至2021年12月，收集保存国内外甘薯种质资源16个种（甘薯近缘野生种15个），共计1 830份，其中编目入库1 301份，主要包括甘薯近缘野生种、地方种、育成品种、国外引进种及遗传材料等（唐君等，2009）。

国家甘薯试管苗库和国家甘薯种质资源圃（广州）共计编目入库保存甘薯种质资源18个种、2 530份（马代夫等，2001）。目前，保存甘薯种质资源数量和种类最丰富的是国际马铃薯中心，保存了59个国家（地区）的70个种，7 477份；其次为印度，保存甘薯资源6个种，3 700余份；日本保存甘薯种质资源2 580份；美国保存甘薯种质资源1 799份；保存的种质类型主要也是野生种、地方种、育成种、国外引进种（Workshop：Sweetpotato global conservation strategy，2007）。相较于国际马铃薯中心，我国在甘薯资源保存种类和数量上还存在一定差距，需通过国际合作交流加强甘薯种质资源引进。

1 种质资源安全保存技术

为保证甘薯种质资源安全保存，国家甘薯试管苗库建立了试管苗离体保存、田间圃保存、温室盆栽保存、实生种子低温保存、种薯越冬保存，五位一体互补甘薯种质资源保存体系。近缘野生种主要通过种子低温保存和试管苗离体保存；国外引进资源首先进行脱毒离体保存，然后盆栽保存，田间鉴定。国内地方种、育成品种，通过田间保存、温室盆栽保存、试管苗离体保存及冬季种薯越冬保存互补体系，保证资源安全保存。试管苗库资源采用弱光、低温（18~20℃）保存，降低继代次数，延长试管苗保存周期；分批繁殖，避免交叉污染风险（周志林等，2008）。严格控制试管苗库温度、湿度，并定期消毒，保证培养环境安全稳定。具体的资源入库保存技术指标、监测技术指标、繁殖更新技术指标、备份技术指标如下。

1.1 资源入库（圃）保存技术与指标

资源入库保存技术 甘薯资源主要采用营养器官进行保存，田间保存的资源，除了海南、广东南部部分地区可以越冬外，我国其他地方均无法越冬。为了保证甘薯种质资源安全保存，综合考虑保存资源类型、各保存方式的优缺点和资源研究工作任务等因素，国家甘薯试管苗库建立了一套“试管苗—田间圃—温室盆栽—种子—种薯”多方式互补资源保存技术体系。近缘野生种以种子低温保存和试管苗离体保存为主。国外引进种以试管苗离体保存为主，辅以田间保存和盆栽保存，地方种、育成品种等主要采用室内试管苗离体保存，室外田间圃和温室盆栽优势互补保存方式进行保存。相较于国际马铃薯中心（CIP）、印度主要以试管苗、田间及种子保存，美国、日本主要以田间、盆栽、种子方式保存，本团队采用“五位一体”保存技术体系，保证了不同类型资源的安全保存，并为资源的田间鉴定、繁殖更新及国际交换提供了保障。

保存技术指标 每份资源离体保存试管苗 13~15 株，5~10 个株系；田间繁殖保存 10~20 株/品种，株行距 25cm×80cm；盆栽苗 4 株/盆；种薯 2. 5~4kg、20~30 块。试管苗库保存室光照度2 500lx，温度 18~20℃，相对湿度 30%~40%；茎块、种子低温保存温度4℃、-20℃；种薯库保存温度 13~15℃、相对湿度 80%~90%。对于病、弱、不结薯等资源及时进行茎尖分生组织培养、提纯复壮。

1.2 库（圃）资源监测技术与指标

资源长势情况监测 针对离体保存资源，实行资源分类专人负责，定期观测，根据资源特性及长势情况，确定资源繁殖更新清单及继代周期；根据远程温湿度监控系统，及时了解试管苗库保存环境变化，及时跟进资源生长情况监测；田间保存资源，采用分类分组管理，总体调度，及时调查资源长势情况，对病、弱等资源，及时登记并安排进入繁殖更新、提纯复壮流程；利用田间人工气候观测站实施监控资源圃气象条件，定期分析气候情况及资源长势，为资源的精细化管理提供参考。盆栽资源采用手机“绿刻度 APP”视频监控及温度预警系统，实时远程监控资源长势及温度控制情况，便于资源科学管理及安全管理。

资源遗传稳定性监测 针对试管苗离体保存资源，综合考虑资源类型、保存时间等，建立定期遗传稳定性监测体系，通过分子标记、农艺性状、生物学特性等手段，监测不同资源典型特性变化趋势，制定离体保存资源繁殖更新指标，确保甘薯种质资源安全保存。而对于田间保存资源，每年核对资源典型性状，剔除杂株或突变株，及时监测品种退化趋势，制定提纯复壮预案。

资源病、虫、草害监测技术及指标 通过全生育期地上部调查及地下块茎病虫危害调查，辅以黑光灯诱捕器捕获虫子种类，对夜蛾、蛴螬、线虫病、病毒病等病虫草害进行监测，制定不同病害、害虫、杂草防控策略，指导资源圃病虫草害防治，确保田间圃病、虫、草害有效防控，保证田间保存资源安全保存。发现田间有零星病毒病植株，应及时拔除，切断传染源。根据诱捕的虫子种类，如发现有夜蛾类，应及时全覆盖喷洒杀虫农药，防止暴食性幼虫危害地上部茎叶；如发现金龟子，应加强地下害虫蛴螬防治，穴施杀虫剂。如发现糠心薯块，需要第二年穴施茎线虫防治药剂，进行茎线虫病防治。

资源圃管理技术及指标 制定规范的资源圃管理制度，一般麦茬栽插，不再施肥，深翻起垄，带水栽插。资源栽插后，及时喷施除草剂进行杂草封闭。栽插 30 天左右机械中耕除草一次，对于长势较弱地块可以适当追肥，培垄，保持薯垄高度。挖排水沟，保持排水通畅，田间无积水。收获后，将病薯、烂薯清理干净，深翻冻垡或小麦轮作。

1.3 库（圃）资源繁殖更新技术与指标

甘薯资源繁殖更新技术 试管苗库资源繁殖更新主要采用试管苗移栽成活后，取薯块再次茎尖分生组织培养、入库。综合考虑适宜甘薯生长土壤、气候及生物隔离条件，每年 3—4 月进行试管苗炼苗、移栽，在隔离网室进行试管苗繁殖。6 月，将扩繁的组培苗，在隔离网室或者生物隔离条件好的地块进行栽插，每个品种 20 株。生长季加强传毒媒介粉虱、蚜虫及检疫性病虫危害监测及防治。在苗期、薯蔓并长期、收获期核对每份种质资源植物学及生物学特征特性。核对无误，取繁殖薯块 3~4 块，人工气候箱催芽、茎尖分生组织培养、成苗及病毒检测，挑选 10~14 个健壮株系，入低温库（18~20℃）保存。

繁殖更新指标 试管苗出现生长缓慢，长势较弱，部分叶片出现水渍化现象；或者内生菌出现并呈现加重趋势时；部分品种繁殖后不易再生根时；或者不明原因导致试管苗生长滞缓时；需要及时繁殖更新。其次，田间圃保存资源，病虫害较重或长势较弱或结薯习性严重下降时，需要及时繁殖更新。

1.4 库（圃）资源备份技术与指标

甘薯资源备份技术 国家甘薯试管苗库本身已形成五位一体资源保存互补体系，尤其对病弱、不结薯、国外引进适应性差的资源，均采用 3~4 种保存方式；盆栽资源已实现周年保存，可保障常年有试管苗和盆栽苗。夏季有田间苗，冬季有种薯。

备份技术指标 新收集资源均保证田间圃、种薯库、盆栽三种方式保存。引进资源均实现试管苗离体保存及盆栽保存。重要资源、珍贵资源等均实现三种以上保存方式。

2　种质资源安全保存

2.1　作物（物种）保存情况

截至 2021 年 12 月，国家甘薯试管苗库保存甘薯种质资源 16 个种，1 301份。其中国内资源1 011份，国外资源 270 份，近缘野生种 20 份。

2001 年保种项目启动后，新增甘薯近缘野种 15 个，新收集、引进资源 821 份，其中编目入库 342 份。

表 1　国家甘薯试管苗库资源保存情况

作物名称	截至 2021 年 12 月保存总数					2001—2021 年新增保存数			
	种质份数（份）			物种数（个）		种质份数（份）		物种数（个）	
	总计	其中国外引进	其中野外或生产上已绝种	总计	其中国外引进	总计	其中国外引进	总计	其中国外引进
甘薯	1 301	270	160	16	15	342	91	15	15

2.2　保存的特色资源

截至 2021 年 12 月，国家甘薯试管苗库保存地方资源、野生资源、菜用及观赏资源合计 360 份，占库资源保存总量的 27. 67%。其中，地方资源 310 份、菜用及观赏资源 35 份、近缘野生种 15 份。

地方品种资源三角柠、小黄皮、紫云红心、建水黄心，由于其特殊的适应性，以及优良品质，仍是海南、山东临沂、贵州、云南等地主要栽培品种之一，成为当地主要特色产业。菜用甘薯，已逐渐走入批发市场、中高档酒店，走入寻常百姓家，如薯绿 1 号、福薯 18、鄂菜薯。观赏甘薯黄金叶、徐菜观薯 1 号等已应用于城市街道绿化。

2.3　甘薯近缘野生种引进、利用

2001 年以来，在种质资源保护项目支持下，陆续从美国国家种质库等引进甘薯近缘野生资源 15 个种，同美国康奈尔大学合作完成了与六倍体栽培甘薯亲缘关系密切的两个二倍体近缘野生种 *I. trifida* 和 *I. triloba* 的全基因组测序，研究结果发表于 SCI 期刊《Nature communications》。对甘薯近缘野生种进行抗性鉴定，获得 8 份高抗茎线虫病、3 份高抗病毒野生材料，利用抗性野生种做父本进行有性种间杂交，在国际上首次获得了 8 个新的种间杂种（Cao et al.，2009；2014），利用这些种间杂种进行回交获得一批优异渐渗系和新材料，极大地拓宽了甘薯遗传基础，并已经作为亲本应用于新品种选育。

3　保存资源的有效利用

近 20 年来，国家甘薯试管苗库累计向中国农业大学、南京农业大学、江苏师范大学、湖北省农业科学院等全国115家科研、教学、企业等单位和个人有效提供利用资源3 441份次。用于基础研究、科普示范、种质创新及生产应用，资源利用率达50%以上。

3.1 支撑新品种选育

育种单位利用提供的优良资源材料，选育甘薯新品种75个，其中代表性品种有：徐薯18、徐薯22、徐薯32、薯绿1号、商薯19等。

3.2 支撑科研项目

支撑农业农村部物种资源保护项目、“948”项目、农业部行业计划、国家甘薯产业技术体系项目、科技部“863”项目、国家自然科学基金项目、国家重点研发项目、江苏省自然科学基金项目、农业科技自主创新项目、徐州市重点研发项目等各级各类项目40余项。

3.3 支撑资源展示、科普、媒体宣传

向中国农业科学院科普示范基地、2019中国国际园艺博览会（北京）、山东泗水科普示范基地等提供科普示范材料十余个品种6 000余株。

3.4 支撑论文论著、发明专利和标准

支撑研究论文96篇，发表在《西北植物学报》《植物遗传资源学报》《江苏农业学报》《Nature Communications》《Scientific Reports》等国内外刊物上。出版《中国作物种质资源保护与利用10年进展》《作物种质资源繁殖更新技术规程》《中国甘薯》等专著5部。

支撑《食用甘薯栽培技术规程》《甘薯脱毒试管苗培养及快繁技术》《甘薯滴灌栽培技术规程》等地方标准4项，《农作物优异种质资源评价规范　甘薯》《甘薯种质资源描述规范》行业标准2项，“一种适宜弱再生基因型甘薯茎尖培养植株再生的方法”“一种甘薯田间耐旱鉴定方法”等发明专利5项。

3.5 支撑成果奖励

支撑神农中华农业科技奖一等奖2项、江苏省科技进步奖三等奖2项、新疆科技进步奖二等奖1项、农业农村部丰收奖三等奖1项，市厅级奖励10余项。

3.6 典型案例

利用建立的室内外抗旱鉴定评价平台，共计鉴定资源材料392份，筛选出综合性状良好、高抗旱材料35份，其中鲜食品质突出材料的示范应用，基本解决了新疆优良鲜食甘薯品种缺乏的问题，助推了新疆维吾尔自治区人力资源与社会保障厅乌苏甘薯优良品种示范基地建设。研发配套了脱毒、育苗、栽培等地方标准5项，并且促进了当地“麦茬复种”和“果薯间作”新模式的提档升级。2016—2018年，优良鲜食品种累计在全疆的14个县、市累计推广应用60万亩，增效891.7元/亩，累计新增产值5.35亿

元。“甘薯优良品种评价利用及配套栽培技术集成应用”成果，获2019年度新疆维吾尔自治区科技进步奖二等奖。

4 展望

4.1 收集保存

未来重点收集和保存如下类型种质资源：①中短蔓、早熟、结薯集中、商品率高、适宜机械化收获、破损率小的资源；②抗黑斑病、根腐病和茎线虫病的资源；③耐病毒资源；④甘薯近缘野生种；⑤菜用、观赏类型资源。

4.2 安全保存技术

根据甘薯无性繁殖和不同生态区结薯特性，未来在现有技术的基础上重点研究和发展如下保存技术：①多生态区互补保存技术体系；②超低温离体保存技术。

4.3 挖掘利用

根据“四个面向”，尤其是产业重大需求，未来资源挖掘利用的重点方向如下：①传统技术和新技术的应用，如种间杂交技术、分子标记辅助育种技术和基因编辑技术等；②新种质新材料的创制，如抗逆、抗病虫害、适于机械化采收、优质、高产等。

参考文献

郭小丁，2002. 中国甘薯种质资源研究和保存概况［C］. 亚洲甘薯种质资源保存协作网会议文化文集：5.

马代夫，刘庆昌，张立明，2021. 中国甘薯［M］. 南京：江苏凤凰科学技术出版社.

唐君，周志林，张允刚，等，2009. 国内外甘薯种质资源研究进展［J］. 山西农业大学学报（自然科学版）（5）：478-482.

周志林，唐君，张允刚，等，2008. 甘薯试管保存资源污染抢救方法研究［J］. 江苏农业科学（1）：237-239.

Anonymity，2007. Workshop：Sweet potato global conservation strategy［C］. The Global Crop Diversity Trust Manila，Philippines，April 30-May 2.

Cao Q H，Tang A J，Li A，et al.，2014. Ploidy level and molecular phylogenic relationship among novel *Ipomoea* interspecific hybrids［J］. Czech J. Genet. Plant Breed，50：32-38.

Cao Q H，Zhang A N，Ma D F，et al.，2009. Novel interspecific hybridization between sweet potato（*Ipomoea batatas*（L.）Lam.）and its two wild relatives［J］. Euphytica，169：3345-3352.

国家马铃薯试管苗库（克山）种质资源安全保存与有效利用

宋继玲，刘喜才，杨梦平，娄树宝，刘春生，孙旭红

（黑龙江省农业科学院克山分院　克山　161600）

摘　要：马铃薯（*Solanum tuberosum* L.）为一年生草本块茎植物。原产于南美洲的安第斯山区，约16世纪70年代传入中国。早期引入我国的马铃薯品种，在引入地经长期自然和人工选择，形成了各具特色的地方品种。新中国成立后，由于党和政府的重视，从1956年开始农业部组织全国范围地方品种征集和资源研究等工作，马铃薯的生产和科研有了极大发展。本文简要介绍了国内外马铃薯资源收集保存现状，总结和回顾20年来国家马铃薯种质资源试管苗库在资源安全保存、资源有效利用等方面的研究进展，并对今后马铃薯资源的研究方向进行了展望。

关键词：马铃薯资源；安全保存；有效利用

马铃薯（*Solanum tuberosum* L.）原产于南美洲，属茄科茄属植物。由于马铃薯性喜冷凉，生育周期短，单位面积产量高，适应性强等特点，全世界有150多个国家种植马铃薯。马铃薯为我国第四大粮食作物，除一般食用外，马铃薯还可作饲料、食品加工和轻工业原料。据统计，目前我国马铃薯的栽培面积约为470万 hm^2，总产量稳定在9 500万t，是世界上马铃薯种植面积最大的国家。

世界上马铃薯种质资源非常丰富，现有8个栽培种和228个野生种，约4 500多个马铃薯品种（Hils，2009）。20世纪初，欧美一些国家如美国、德国、瑞士、苏联等国的专家学者就开始到南美进行考察收集资源，并在欧洲、美洲建立了多处马铃薯资源库，其中荷兰、德国的马铃薯资源库以种子方式保存的共有90个结块茎的野生种2 100份和5个原始栽培种750份（马艳丽，2012）。英国收集了3 000份野生种资源。国际马铃薯中心（CIP）成立以后，收集了包括野生种在内的资源材料14 000余份，成为世界上最大的马铃薯资源保存和研究机构（邹剑锋，2007）。目前国家马铃薯种质资源试管苗库（克山）（以下简称国家马铃薯试管苗库）已收集保存国内外马铃薯资源14个种（含亚种）共2 384份。

马铃薯种质资源保存方式主要有种子、块茎和试管苗保存。目前，在世界主要的马铃薯基因库中，离体组织培养是普遍应用的保存方法。为延长试管苗继代培养的间隔时间，各国资源工作者研究采用MS培养基中加入生长抑制剂或渗透压调节剂、降低保存温度、改变光照条件、选择封口材料等方法来延长继代培养间隔（柳俊，1990；辛淑英等，1995；Kaczmarczyk，2011）。选择适宜的培养方法，是种质资源安全保存的前提。

1 种质资源安全保存技术

马铃薯主要采用试管苗保存技术。田间圃保存是最为直观的保存方式，但是易受自然灾害与病虫害的威胁（裘文达等，1995），20 世纪 70 年代开始资源库陆续将马铃薯资源转入试管中进行组织培养，试管苗保存技术有效规避了田间病虫害的侵染与自然灾害的危害（周明德，1993）。试管苗保存克服了多年来靠田间播种块茎延续种质导致多病原复合感染的弊端，节省了年年保存资源的土地、储藏空间及大量的劳动力，以试管苗保存的方式不受生态环境的限制，可周年繁殖提供给需种单位。

1.1 资源入库（圃）保存技术与指标

资源入库（圃）保存技术 将收集引进的马铃薯资源块茎进行隔离种植鉴定，无检疫性病害并与库存资源无重复确认可入库保存后，取最健株所结块茎进行催芽，半光芽 1~2cm 时进行消毒并剥离入管培养，成苗后单节茎切段试管苗接种到 MS 固体培养基入资源库保存。

资源保存指标 试管苗库每份马铃薯资源保存 5 管（1 株/管），MS 培养基每管 15ml，保存温度 16~18℃，光照2 000~3 000lx、8h，棉塞+硫酸纸封口，空气湿度 50%以下，离体试管苗保存 5 个月存活率为 90%以上。类病毒阳性资源分库保存。

1.2 库（圃）资源监测技术与指标

资源类病毒与病毒病监测 采用植株症状学、DAS-ELISA 法和 RT-PCR 法相结合的方法建立马铃薯试管苗种质资源活力监测技术体系。待监测种质植株观测到表型异常，为非遗传（营养、光照和温湿度等）原因表现的异常，需采用 DAS-ELISA 法、RT-PCR 法进行检测。应当首先监测类病毒，类病毒阴性监测其他病毒，样品的任一病毒监测结果为阳性，该种质需要更新复壮。

资源生长状况监测 马铃薯资源库定时定人观测每份种质资源的生长情况及保存环境状况。马铃薯资源试管苗生长时期分为幼龄期、成龄期和老龄期三个阶段，在一次继代后的幼龄期开始监测其生根和生长状况及污染情况。定人每日进行资源库内试管苗生长状况监测及温度、光照等环境条件的监测，及时了解马铃薯资源试管苗的生长发育动态情况，如发生严重污染等异常情况及时采取补救措施，避免资源丢失。

库资源监测指标 采用植株症状学、DAS-ELISA 法和 RT-PCR 法相结合的方法进行马铃薯资源活力监测，类病毒阳性入类病毒阳性库保存，其他六种病毒病（PVA、PVX、PVY、PLRV、PVM、PVS）任一病毒监测结果为阳性，该种质需要更新复壮；从一次继代后开始每日监测试管苗生长状况及污染情况，如一份资源继代后污染两株及以上应当立刻取一株成龄苗重新继代培养，试管苗库内 1/3 试管苗进入老龄期时进行全库下一次继代保存。

1.3 库（圃）资源繁殖更新技术与指标

资源繁殖更新技术 被监测资源病毒阳性者，通过热处理结合茎尖组织培养对活力下降的种质脱毒复壮（Hawkes，1978）。热处理：待更新种质的试管苗长至6~8cm（块茎半光芽长至1~2cm）移至人工气候箱，每天以36℃处理16h和30℃处理8h并用连续高强光照（10 000lx），处理一个月后，进行分生组织剥离及培养。茎尖分生组织培养：培养基MS+BA 0.05~0.1mg/L+NAA 0.01~0.1mg/L+GA_3 0.05~0.1mg/L+蔗糖3%+琼脂0.6%，茎尖为0.1~0.3mm且带1~2个叶原基，培养温度20~23℃，光照强度：2 000~3 000lx，光照时间14~16h。茎尖分生组织接种培养3~4周后，将茎尖转接在MS+GA 0.1mg/L+盐酸丁二胺20mg/L+蔗糖2.5%+琼脂0.6%的培养基上培养6~8周后，小植株可继代培养。扩繁培养再生植株进行病毒检测。

资源繁殖更新指标 对繁殖更新资源进行病毒病检测，类病毒及六种病毒病均为阴性者继代5株入保存库保存；类病毒阳性资源分库单独保存。

1.4 库（圃）资源备份技术与指标

库（圃）资源备份技术 通过防虫网棚盆栽、早收留种等技术，降低自然灾害威胁，有效防控病原菌（细菌、真菌、病毒等）侵染，种质保存年限延长至8~10年。防虫网棚采用80目网纱，营养土为3年未种茄科作物；适时播种，每份种质10个块茎（整薯）播种10盆（直径20~30cm）；生育期间加强病虫害防治，其他管理同大田；新生块茎直径达5~7cm时即可收获；新收块茎在保持通风的预贮库存放2~3周，待块茎完成后熟后入窖贮藏。

库（圃）资源备份指标 新收集未鉴定的资源、珍稀资源、重要骨干亲本资源、待脱毒复壮资源在防虫网棚内适时播种，每份种质10个块茎（整薯）播种10盆（直径20~30cm）；当新生块茎直径达5~7cm时即可收获；新收块茎在预贮库存放2~3周，预贮库保持通风。待块茎完成后熟后（块茎不掉皮、表面干燥）入窖贮藏，贮藏温度2~4℃，相对湿度85%~90%。

2 种质资源安全保存

2.1 马铃薯资源保存情况

截至2021年12月，国家马铃薯试管苗库保存马铃薯资源2 384份，其中国内资源833份（占34.9%）、国外引进资源1 551份（占65.1%）。通过鉴定评价，筛选出一批具有单一性状突出或综合性状优良的种质资源981份（占41.1%）。

2001年启动农作物种质资源保护与利用项目20年（2001—2021年），新增保存马铃薯种质资源1 096份，占资源圃保存总量的46.0%，资源保存总量增长185.1%。从国外收集引进品种共235份，其中由CIP引进品种60份；由美国、俄罗斯、韩国、加拿大等14个国家收集引进马铃薯品种175份。从我国湖北、北京、云南、西藏等

25 个省（区、市）共收集资源 861 份，其中地方品种 131 份、选育品种 169 份、品系 561 份（表 1）。

表 1　国家马铃薯试管苗库资源保存情况

作物名称	截至 2021 年 12 月保存总数					2001—2021 年新增保存数			
	种质份数（份）			物种数（个）		种质份数（份）		物种数（个）	
	总计	其中国外引进	其中野外或生产上已绝种	总计	其中国外引进	总计	其中国外引进	总计	其中国外引进
马铃薯	2 384	1 551	2 104	14	14	1 096	235	14	14

2.2　保存的特色资源

通过鉴定评价，筛选出一批具有单一性状突出或综合性状优良的种质资源 981 份，其中对育种贡献较大资源如疫不加、卡它丁、292－20、米拉、小叶子、燕子、374－128、DTO－33、Dorita 等 40 余份。如以疫不加做亲本育成克新 1 号等 16 个品种，以卡它丁做亲本育成东农 303 等 15 个品种。各种特异资源所占比例见表 2。

表 2　部分特异性状的马铃薯种质资源

性状	早熟	高产	高淀粉	高 V_C	低还原糖	高蛋白	食味优良	抗晚疫病	抗疮痂病
数量（个）	90	260	43	12	32	8	156	152	9
所占比例（%）	3.8	11	1.8	0.5	1.4	0.3	6.6	6.4	0.4
性状	抗环腐病	抗青枯病	抗黑茎病	抗 PVX	抗 PVY	抗 PLRV	抗旱	抗涝	耐寒
数量（个）	29	14	7	33	79	26	20	6	5
所占比例（%）	1.2	0.6	0.3	1.4	3.3	1.1	0.8	0.2	0.2

初步统计，目前国内生产上应用的马铃薯品种约 260 个，其中 5 万亩以上的品种 105 个（图 1、图 2）。

3　保存资源的有效利用

我国马铃薯种质资源有计划引进始于 20 世纪 30 年代，通过对收集引进的品种（系）的整理与鉴定，除大部分作为种质资源保存下来以外，对其中高产、抗病、综合性状表现优良的品种经多年多点鉴定直接应用于生产。我国马铃薯种质资源的利用一直采用边整理、鉴定，边提供利用的方法。自建库以来累计向全国马铃薯育种、生产及相关科学研究单位提供各类种质资源共 1 121份 2 万余份次，极大地满足了育种和科学研

图1　无茎薯为四倍体野生种

（2005年引自俄罗斯，该野生种能分离出对PVX病毒免疫，抗PVY、PLRV病毒，抗粉痂病、癌肿病的类型；可耐-8～-7℃低温）

图2　窄刀薯二倍体原始栽培种

（2005年引自俄罗斯，该种能分离出抗癌肿病、疮痂病，高淀粉，抗霜冻的类型）

究的需求。

20世纪30年代至今直接向生产上推广应用的引进于国外的马铃薯资源，不仅满足了不同时期不同地区国内生产的需要，更重要的是促进了我国马铃薯生产的快速发展。如早期引种鉴定推广的火玛（Houma）、西北果（Sebago）、七百万（Chippewa）、红纹白（Red Warba）等曾在四川、贵州、陕西等省大面积应用；南爵（Irish Cobber）在新中国成立前为东北地区的主要栽培品种；延边红曾在吉林延边地区栽培。新中国成立后，随着马铃薯种质资源工作的不断发展，国外资源的不断引进，直接用于生产的外引马铃薯品种数量也有所增加。20世纪50年代以来，累计向生产直接推广鉴定资源如米拉、疫不加、阿奎拉、白头翁、卡它丁、农林1号、费乌瑞它、底西瑞、卡尔地那、CIP24、CFK69.1等优质、高产、抗病品种目前在国内仍有较大的种植面积，在我国马铃薯产业发展中发挥重大作用，创造巨大经济效益。如米拉对晚疫病具有较强的水平抗性，丰产性好，食用品质极佳，目前在西南山区马铃薯晚疫病流行地区仍有大面积种植；费乌瑞它早熟、高产、食用品质好、休眠期较短，适于二季作，目前在山东和广东省大面积推广，在河南、安徽、河北、江苏、内蒙古、辽宁和黑龙江等省区也有栽培。

3.1 育种、生产利用效果

国家马铃薯试管苗库通过对马铃薯种质资源的深入研究和种质创新工作，鉴定筛选出一大批高产、抗病、优质的种质资源。向中国农业科学院、中国科学院、山东省农业科学院、华中农业大学等80余家科研单位及大专院校提供资源支持选育推广包括东农系列、克新系列、坝薯系列、晋薯系列、春薯系列、蒙薯系列等优良品种300多个，极大地满足了国内生产需要，品种更新换代3~4次，减轻了晚疫病、病毒病和细菌病的危害，使马铃薯单产不断提高。在生产上有一定推广面积的品种有50余个，这些品种目前约占全国马铃薯播种面积的80%，一般增产15%左右。黑龙江省农业科学院马铃薯研究所于1958年以374-128为母本、Epoka为父本，经有性杂交系统选育成克新1号，1967年审定推广，1984年认定为国家级品种，1987年获国家技术发明奖二等奖，是全国种植面积最大应用时间最长的品种；1983年以Mira为基础材料，经多年自交选育而成克新13号；利用374-128为父本、Epoka为母本杂交育成克新18号，克新13号和克新18号累计推广面积均在500万亩以上。利用Aula作父本选育推广高产、抗病鲜食型马铃薯新品种克新24号；湖北恩施中国南方马铃薯研究中心利用Dorita5186作父本选育推广高产、抗病鲜食型马铃薯新品种鄂马铃薯10号；凉山州西昌农业科学研究所高山作物研究站分别利用390344-8、Serrena作父本选育推广高产、优质、抗病新品种川凉薯7号和川凉薯9号；甘肃省天水市农业科学研究所以天薯7号为母本，庄薯3号为父本育成新品种天薯11号；黑龙江省农业科学院克山分院利用克97-10-6作父本选育推广高产、抗病马铃薯新品种克新26号。利用国家马铃薯试管苗库组培条件，应用马铃薯脱毒技术、试管苗快速扩繁技术，每年向国内各马铃薯产区的种薯企业、加工企业、合作社等提供优质脱毒苗直接生产应用，资源利用取得了巨大的经济与社会效益。

3.2 支撑成果奖励

国家马铃薯试管苗库获国家科技进步奖1项、省科技进步奖2项。“利用茎尖分生组织培养技术保存马铃薯种质资源”1987年获黑龙江省农牧渔业厅科技进步奖三等奖，“作物种质资源保存技术”1992年获国家科技进步奖二等奖，“应用高新技术拓宽马铃薯种质与脱毒核心种薯的开发研究”2001年获黑龙江省科技进步奖三等奖。国家马铃薯试管苗库支撑其他省科技进步奖二等奖3项、省科技进步奖三等奖1项。

3.3 支撑乡村振兴与精准扶贫

自建库以来，对收集保存的马铃薯种质资源进行主要农艺性状鉴定和抗病性鉴定及品质分析，筛选出克新1号、尤金、中薯5号、荷兰7、大西洋、克新19号等优异资源22份，为26个乡村提供优异资源的脱毒试管苗110万株，运用马铃薯脱毒种薯快繁技术、马铃薯大垄高产栽培技术和马铃薯病虫害防治技术支撑乡村企业、合作社和种植能手建设脱毒种薯繁育基地，培养本土组培、种植技术人员188人，使他们能先很好地掌握运用马铃薯种植技术，再去帮助其他种植户，起到以点带面的作用，将我们的农业科研成果慢慢地渗透到乡村每一户，切实提高马铃薯种植效益，促进我国马铃薯产业发展。科普、技术培训49场次，技术培训12 369人次，同时，向吉林、辽宁、山东、福建、河北、陕西、甘肃等省份提供优质脱毒种薯60 000余t，并面向全国马铃薯种植户提供马铃薯脱毒种薯快繁生产技术、马铃薯病虫害防治技术等马铃薯生产相关技术的咨询服务，为我国马铃薯种植业结构调整，增加农民收入起到了重大作用。国家马铃薯试管苗库科研人员在国家科技资源共享服务平台的基础上，运用自身掌握的专业知识，积极参加精准扶贫的"三区"人才和乡村振兴的"省、市级科技特派员"项目，在地方有需求，政府做引导的基础上，有目的地、精准地进行农业科技帮扶，通过现场、线上等多种方式进行科技普及和指导。

3.4 支撑科研项目

支撑国家马铃薯产业技术体系、国家重点研发计划、国家"863"专项、国家星火计划、科技部支撑计划项目、科技部成果转化项目、黑龙江省科技攻关、黑龙江省科技成果转化项目等30余项。

3.5 支撑论文论著、发明专利和标准

国家马铃薯试管苗库为全国马铃薯科研生产储备了大量的遗传资源，通过对马铃薯种质资源主要农艺性状鉴定和抗病性鉴定及品质分析，编写《全国马铃薯品种资源目录》；建立马铃薯种质资源信息数据库，向全国马铃薯科研、大专院校及生产单位提供综合性状良好的优异种质材料和可靠的科学信息。近年来通过国家科技基础条件平台项目开展马铃薯种质资源描述规范和数据标准的制定及共享试点建设的研究，确定了马铃薯种质资源描述标准制定的原则和方法，出版《马铃薯种质资源描述规范和数据标准》1部，规定了马铃薯种质资源的描述规范、数据标准和数据质量控制规范。支撑研究论文84篇，其中SCI论文4篇。通过对马铃薯资源库收集引进资源的保存、鉴定等研究发表《基因库中马铃薯种质资源超低温保存技术研究》《模拟干旱胁迫下马铃薯StNCED表达量及与ABA含量的相关性分析》《国际马铃薯中心引进资源及杂交后代晚疫病抗性鉴定与评价》《国外引进马铃薯资源对早疫病的田间抗性评价》《马铃薯抗褐变种质资源的鉴定与筛选》等论文57篇。支撑"一种马铃薯病毒快速检测试纸条"等3项国家发明专利；资源研究工作者通过几十年来对马铃薯种质资源鉴定、保存、繁殖更新等研究，积攒多年经验，制定中华人民共和国农业行业标准《农作物种质资源鉴

定技术规程　马铃薯》《植物新品种特异性、一致性和稳定性测试指南　马铃薯》《农作物优异种质资源评价规范　马铃薯》等5项，《无公害农产品　马铃薯生产技术操作规程》《马铃薯试管苗继代培养技术规程》地方标准2项。

3.6　支撑资源展示、科普、媒体宣传

国家马铃薯试管苗库进行田间资源展示16次，展示马铃薯优异资源266份次，接待山东、江西、湖北、河北等21省份30多个县（市、区）政府部门领导、企事业单位技术骨干、合作社管理人员、种植大户等900余人次参观交流；接待美国、日本、荷兰等国外专家264人次；每年接待东北农业大学、齐齐哈尔大学等大学生100余人次，接待中小学生科普教育300余人次，收到较好的社会反响。开展技术培训2 210人次，技术咨询和技术服务5 896人次。在黑龙江日报、黑龙江电视台、齐齐哈尔电视台等媒体进行了11次宣传报道。

3.7　典型案例

国家马铃薯试管苗库经过长期观察鉴定，更新复壮，评价筛选出CHP77、CHP51-3特色马铃薯资源。这两份资源均为椭圆形，芽眼少且浅，块茎整齐，田间较抗晚疫病，产量2. 5t/亩。CHP77与CHP51-3提供给黑龙江华彩薯业发展有限公司，由该公司负责种植并加工使用。主要生产彩色马铃薯片、彩色马铃薯条、彩色马铃薯丁与彩色马铃薯粉等健康休闲食品，并将继而开发天然保健彩色马铃薯饮品及花青素提炼品等系列产品（图3至图7）。试管苗库也负责其脱毒马铃薯试管苗生产，以提供种植并指导利用高产栽培技术进行生产。每年生产利用这两份资源50 000t，年产值4亿元人民币，创汇3 000万美元，市场效益可观。此外，此类彩色马铃薯资源富含花青素及微量元素，口感佳，可做鲜食薯、彩色薯片、薯丁、薯泥。具有抗癌、抗衰老、美容和防止高血压等多种保健作用，越来越受到世界各国消费者的青睐。

图3　CHP77

图4　CHP51-3

图 5　CHP77 收获现场

图 6　彩色马铃薯丁

图 7　彩色马铃薯片

4　展望

4.1　收集保存

加强资源收集引进，重点引进马铃薯野生种及育种需要的各类抗原和优质加工材料。

4.2　安全保存技术

建立以马铃薯资源试管苗低温保存为主要保存方式，重要种质资源田间圃保存为复份保存的安全保存体系。进一步研究超低温保存及试管薯保存方法作为更便捷、更低成本、更安全的复份保存方式，对核心资源进行DNA保存。

4.3 挖掘利用

强化马铃薯种质资源精准鉴定与深度发掘。重点选择满足育种家需求和具有重要商业价值的性状，以及具有潜在价值和应用前景的前瞻性性状。形态学和生物学性状（薯形、皮色肉色、芽眼深浅、块茎整齐度、块茎大小、块茎产量、商品率、生育期、休眠期、耐贮性等）；品质性状（干物质含量、淀粉含量、维生素C含量、粗蛋白含量、还原糖含量、食味、炸片炸条品质等）；抗病性状（马铃薯X、Y病毒抗性，马铃薯晚疫病抗性，青枯病抗性等）；抗逆性状（抗旱、耐盐）。在多个生态区，对具有优异性状的种质资源进行多年的重要性状表型和基因型精准鉴定及综合评价，挖掘高产、优质、广适、多抗等重要性状突出的育种材料，构建表型与基因型数据库。

参考文献

柳俊，1990. 不同蔗糖浓度对马铃薯试管苗生长速度的影响试验初报［J］. 湖北民族学院学报（自然科学版）（2）：56-60.

马艳丽，2012. 马铃薯茎尖超低温保存及遗传稳定性鉴定［D］. 杨凌：西北农林科技大学.

裘文达，李芳，秦文清，等，1995. PP333对马铃薯试管苗生长和长期保存的影响［J］. 浙江农业大学学报，21（3）：252-256.

辛淑英，谢欣，1995. 甘露醇浓度对百合种质离体保存的影响［J］. 作物品种资源（3）：50-52.

周明德，1993. 马铃薯种质试管苗保存［J］. 马铃薯杂志，4（5）：13-15.

邹剑锋，2007. 用试管苗低温保存马铃薯种质及其遗传稳定性研究［D］. 长沙：湖南农业大学.

Hawkes J G，1978. Biosystematics of the potato［A］. In：Harris P M（ed）. The potato crop. London：Chapman & Hall.

Hils U，Pieterse L. 2009. World catalogue of potato varieties［M］. Clenze：AGRIMEDIA.

Kaczmarczyk A，Rokka V M，Keller E R J，2011. Potato shoot tip cryopreservation：a review［J］. Potato Research，54：45-79.

国家葡萄桃圃（郑州）桃种质资源安全保存与有效利用

方伟超，王力荣，朱更瑞，曹　珂，陈昌文，王新卫，李　勇，吴金龙
（中国农业科学院郑州果树研究所　郑州　450009）

摘　要：国家葡萄桃种质资源圃自1989年建圃以来，按照“广泛收集、妥善保存、系统评价、规范整理、深入挖掘、共享利用”方针开展桃种质资源收集、鉴定、保存和共享利用。通过广泛收集，目前资源圃共保存桃种质资源1 530余份，编目1 055份，包含桃的全部6个种和1个种间杂种，保存数量和种类均居世界第一位。通过多年的试验实践，改变砧木繁育方式、播种密度和嫁接后管理方式，使桃苗木根瘤病发生大幅度降低，同时培育的优质大苗也保证了入圃苗木的质量和整齐度。经过10余年的砧木筛选和选育，育成了‘中桃抗砧1号’抗重茬砧木，并开展了其无性繁殖技术研究，取得突破性进展，实现了规模化生产，为桃种质圃在同一地块更新、克服再植障碍提供了保障。建圃30多年来，资源桃圃始终把种质资源的高效利用放在重要位置，优异种质生产直接利用取得良好的经济和社会效益；基础研究、育种亲本材料、科普教育等也取得了丰硕成果，支撑获得国家奖1项、省部级奖6项，支撑发表高水平论文8篇，培育新品种60余个，为我国桃产业的发展提供了实物和信息保证。

关键词：桃；种质；保存；更新；利用

桃是蔷薇科（Rosaceae）李属（*Prunus*）植物，原产中国，其中西部是桃的起源中心，4 000年前就被人类认识、利用，历史悠久。中国桃种质资源丰富，遗传变异复杂，早在汉武帝时代之前中国桃资源就向外输出，由中国甘肃、新疆传到西方波斯，尔后由波斯传至欧洲各国。哥伦布发现新大陆后，又将桃带到了美洲大陆，对世界桃产业的发展起到了巨大的推动作用，尤其是‘上海水蜜’的输出，改变了世界桃的品种组成。桃现已遍布全球，居核果类果树之首，是世界上栽培最为广泛的落叶果树之一（俞明亮等，2010）。

国家葡萄桃种质资源圃（郑州），简称国家葡萄桃圃（郑州），于1989年建成，截至2021年12月已保存桃的全部6个种和1个种间杂种1 530余份种质资源，其中编目种质1 055份，是目前世界上保存桃种质资源份数最多、类型最为丰富的圃地。其中69%资源原产于国内，来自27个省（区、市），且地方品种占到28.2%，国外引进种质占31%，来自11个国家和地区。

美国、乌克兰、巴西、日本、韩国、法国、西班牙和意大利的桃种质资源圃基本上是以保存商品品种和部分野生种的代表性种质。世界各国桃种质资源网室资源备份保存

技术已经十分成熟，所有资源均进行网室和露地保存两种形式。美国、意大利、韩国等国家正在开展试管保存、超低温保存和花粉保存技术研究。欧洲核果类植物基因组图谱项目，美国、日本等国家利用生物技术进行了主要性状分子标记和基因图谱分析，为进一步的基因保存奠定了基础。美国所有保存的资源都是脱毒材料，33%的资源圃设立了核心种质资源圃；65%建立了复份保存区，部分种质实现试管、超低温等多种安全保存。

1　种质资源安全保存技术

国家葡萄桃圃（郑州）自建圃以来，始终把种质资源安全保存放在首要地位。为了在种质资源安全保存方面做到万无一失，在采用传统的圃地植株保存的同时，积极开展种质资源安全保存技术研究、集成与创新。经过三代科研人员的不懈努力，集成创新了优质壮苗繁育技术体系，采用砧木种子秋季直播，大大减少了桃苗木根瘤病的发生，为种质资源入圃保存提供保障。桃休眠芽茎尖超低温离体保存技术已获得国家发明专利，为桃种质资源备份保存提供技术支撑。桃抗重茬砧木无性繁殖技术获得国家发明专利，为桃种质资源原地更新提供了可靠的砧木材料，解决了桃圃原地更新的再植障碍问题。野生种质资源种子低温保存技术使得大量保存野生种质资源成为可能。

1.1　资源入圃保存技术与指标

桃种质资源的入圃保存技术研究主要是进行了桃苗木繁育技术的研究，相继开展了秋季直播育苗技术和大苗繁育技术研究。桃根癌病又称冠瘿病，是由根癌土壤杆菌（*Agrobacterium tumefaciens*）引起的细菌性病害。植株感病后生长不良，果实产量下降，严重的不能开花结果，甚至死亡，造成很大的经济损失（马德钦等，1995；武荣花等，2007；PULAWSKA J，2010）。该病原菌多存活于土壤中，具有潜伏侵染的特点，传统的农业、物理及化学防治均无良好效果。目前生产上主要采用K84、K1026等生防菌对桃根癌病进行防治，通过改变砧木苗的繁育技术，改先冬季层积后春季播种为直接秋季直播，大大减少了桃苗木根癌病的发生。通过控制砧木播种密度和夏季嫁接后折梢而不去梢的方式，培育优质大苗，为种质入圃保存提供保障。

1.1.1　入圃苗木繁殖

（1）采穗。选取鉴定评价圃中生长健壮、结果正常、无检疫性病虫害的母株，在树冠外围、中部采集生长正常、芽体饱满的新梢或一年生枝条。生长季节，剪除叶片，保留叶柄（长0.5cm左右），剪去枝条不充实部分，然后置阴凉处保湿贮存；休眠季节，在萌芽前采集接穗，采后置阴凉处保湿贮存。

（2）砧木培育。推荐选择无性繁殖抗重茬砧木直接进行定植。也可选用野生毛桃种子进行秋季直播。

（3）嫁接方法。夏季嫁接采用芽接法。嫁接高度距离地面15~20cm。

（4）一年生苗培育。嫁接后1周紧贴接芽上方将砧木折倒压平，平置在行间，待接芽萌发生长 15cm 左右时抹掉砧木上的所有副梢，以后均需及时抹梢。待接芽长到 40cm 左右时，将折倒部分剪掉。

（5）起苗。起苗在秋季土壤结冻前或春季苗木萌芽前进行。起苗时应尽量减少对根系的损伤。起苗后剔除病虫苗。

1.1.2 种植安排

种质入种质圃保存前需预先做好圃位号的编制和资源种植分布的安排。

（1）圃位号的编制。先确定拟准备入圃保存种质的每份种质所需最小种植面积，即资源圃基本单元区的单位面积。在此基础上按种质圃资源种植分布的总体安排，对保存圃进行圃位号编制，每个基本单元区给一个圃位号，并标注于保存圃平面图上。

（2）资源种植分布的安排。对拟入圃保存的每份种质的种植位置进行安排。以植物学分类的属、种为基础，将资源分别安排在各种植小区。如果同一物种资源数量较多时，可根据相关特征特性进一步划分种植小区。例如，可按果皮或果肉的色泽、原产地或用途等有关特性进一步安排各类别的种植小区，每个小区按果实的成熟期顺序排列种植的位置。砧木资源、野生以及近缘植物可单设小区种植。每类小区应预留一些种植位置或空间给新增资源。最后绘制出保存圃资源种植安排分布图。

种质一旦编目，必须入保存圃内保存。由于人为、自然或其他因素造成种质丢失的，且无法进行弥补时，必须上报种质资源主管部门进行备案，并详细说明丢失原因。

1.1.3 入圃种植

（1）种植前预处理。平整土地，根据预定行株距挖定植穴，定植穴大小宜为 80cm×80cm×80cm，在沙土瘠薄地可适当加大。定植穴施入有机肥。选择已经准备好的 1 年生一级苗木，对苗木根系用 1%硫酸铜溶液浸 5min 后再放到 2%石灰液中浸 2min 进行消毒。

（2）保存株数与行株距。一般每份种质保存数量不应低于 2 株，珍稀濒危种质资源应适当增加保存数量。桃种质圃的种植株行距为（5~6）m×（2~3）m。

（3）种植与挂牌。种植时要对每份种质进行挂牌，牌上应标注该份种质名称、种质圃编号（或全国统一编号）或圃位号，种植过程应确保正确无误。

种植时间：在没有冬季冻害的地区，提倡在秋季苗木自然落叶后进行秋栽；春栽要在根系开始活动生长以前种植，在萌芽前定植完毕。

栽植时注意事项：栽苗时要将根系舒展开，苗木扶正，嫁接口朝迎风方向，边填土边轻轻向上提苗、踏实，使根系与土充分密接；栽植深度以根颈部与地面相平为宜；种植完毕后，及时浇透水。定干高度一般在 40～60cm，及时抹除砧木和整形带以外的萌发芽。

1.1.4 绘制保存圃位图

种植后，要在计算机和种质圃的平面图上绘制种质的种植位置，标明每份种质的圃位号、种植时间、保存株数，最后要标出种植种质的圃编号（统一编号）与圃位号的对应图，即保存圃位图。

种质保存圃位图是种质圃的重要档案材料，须妥善保存。每次增减资源都要在圃位图上进行标注，同时要注明制图人与审核人的姓名及制图日期。所有原图都要存档。圃位图应定为保密资料，不得任意转借、抄录或拍摄。

1.1.5 种植苗的核对

核对的主要依据是每份种质原有的植物学特征和生物学特性。如果发现错乱，要及时查找原因并更正之；如有丢失，要立即进行补充征集和重新培育苗木，并及时修正圃位图。核对工作本身即是种质资源的系统性状鉴定过程。种植当年依据枝条和叶片进行植物学特征特性核对；开花结果后，核对花器、果实性状和物候期等；核对工作往往要持续2~6年。

1.2 圃资源监测技术与指标

桃种质资源在种质圃保存过程中，应对每份种质存活株数、植株生长势状况、病害、虫害、土壤状况、自然灾害等进行定期观察监测。

桃种质的监测项目、具体内容指标如下。

生长状况 根据树体的生长势、产量、成枝量等树相指标，将生长状况分为健壮、一般、衰弱3级。不同树龄其生长势、产量、成枝量具有不同的指标。

（1）幼树期：定植后1~2年，幼龄桃树生长旺盛，顶端优势明显，徒长枝多，新梢也易分生较多的副梢，树冠扩展很快。

（2）初果期：幼树期以后1~2年，便可进入初果期。此期的长势仍然很旺，树冠继续扩大，结果枝逐年增多，产量也逐步提高。

（3）盛果期：盛果期的年限，一般是从4年生开始至13年生左右。桃树进入盛果期后，树冠扩大缓慢，新梢长势减弱，各类枝组齐备，树形基本完成，各级延长枝多数已成为具有饱满花芽的强壮果枝；中、短果枝所占比例较高，主要结果部位转向大、中型枝组，产量逐年上升。随着产量的增加，主枝的开张角度逐渐增大，有些骨干枝上的小枝组逐渐衰亡，内膛开始出现光秃现象。

（4）衰老期：桃树一般至15年生左右，即进入衰老期，此期的枝梢长势衰退，新梢年生长量不足30cm，中、小枝组开始衰亡，大枝组衰弱，树冠内出现不同程度的光秃，主枝先端也开始干枯，全树总生长量减小，产量开始下降，果实也明显变小。

病虫害状况 根据桃种质主要病虫害的发生规律，进行预测预报，确保病虫害在严重发生前得到有效控制；加强病毒病的检测、预防和脱毒工作；制定突发性病虫害预警、预案。

桃种质的主要病害有细菌性穿孔病、根癌病、流胶病、炭疽病、褐腐病、根结线虫病、疮痂病、白粉病、溃疡病、矮缩病、花叶病、桃缩叶病、桃疣皮病等。主要虫害有蚜虫、山楂叶螨、二斑叶螨、桃蛀螟、黄斑椿象、红颈天牛、介壳虫、潜叶蛾、小绿叶蝉、金龟子、梨小食心虫、桔小实蝇等。

土壤条件状况 对土壤的物理状况、大量元素、微量元素、有机质含量等进行检测，每 3 年检测一次。

遗传变异状况 根据已经调查的植物学、生物学等特征特性，对种质进行性状的稳定性检测，及时发现遗传变异。桃种质资源的遗传稳定性检验主要是及时排除芽变。对照每份种质的植物学特征、生物学特性等鉴定档案，对种质进行性状的稳定性检测，及时发现性状差异。对产生差异性状的植株部位进行标记，并连续 2 年对标记部位进行相关性状鉴定评价，排除自然环境和病虫危害原因后产生的性状差异确认为变异。利用分子生物学的方法进一步对变异进行确认。对变异部位进行嫁接保存后，将变异部位从保存植株上去除，确保保存种质的纯度。

1.3 圃资源繁殖更新技术与指标

桃圃资源更新指标 桃种质圃内保存的种质资源出现下列情况之一时应及时进行更新复壮。

（1）植株数量减少到原保存量的 50%。

（2）植株出现显著的衰老症状，如萌芽率降低、芽叶长势减弱、分枝量减少、枯枝数量增多、开花结实量下降、年生长期缩短等。

（3）植株遭受严重自然灾害或病虫危害后生机难以恢复。

当种质需更新时，按照桃入圃苗木繁殖技术及时进行更新。当树势衰弱时，及时通过加强土壤管理、修剪树体、疏花疏果、产量控制等栽培技术措施，使得植株的生长势得到恢复，达到复壮的目的。

抗重茬砧木的培育与无性繁殖 桃种质资源圃在进行更新时，常常会遇到重茬问题，即在同一块土地上，种植桃树后又继续种植桃树，结果导致了植株生长受到抑制、果实产量降低、果实品质下降、病虫危害严重等现象的出现。土壤理化性状恶化、自毒物质积累、土壤微生物群落失衡、土壤酸碱度异常和植株营养极度缺失是导致桃树连作障碍的主要原因（陈四维等，1985；刘嘉彬等，2006）。采用抗重茬砧木，是目前国家葡萄桃圃（郑州）在进行更新时克服重茬问题的主要方法。通过对 37 份砧木材料的筛选，筛选出甘肃桃作为亲本进而培育出抗重茬砧木‘中桃抗砧 1 号’。随后开展了相关鉴定评价工作，并于 2014 年开始进行无性繁殖研究，相继开展了扦插繁殖和试管苗繁殖技术研究，目前扦插繁殖和试管苗繁殖技术均取得成功，已经可以进行产业化生产。

通过采用抗重茬砧木‘中桃抗砧 1 号’克服了桃的连作障碍，保证了在重茬地块定植的桃树的正常生长。

1.4 圃资源备份技术与指标

开展了桃种质资源的超低温保存技术研究。在查阅大量文献资料的基础上，结合我们自己的实际情况开展了小滴法桃茎尖的超低温保存、休眠枝茎段超低温保存、休眠芽超低温保存研究。经过 3 年的试验和探索，目前桃休眠芽茎尖超低温离体保存技术已经获得国家发明专利。

桃休眠芽茎尖玻璃化超低温离体保存的方法主要包括预培养、玻璃化溶液脱水处理、快速冷冻、水浴解冻、卸载洗涤和恢复培养几个步骤，在这些工序中以培养基和操作程序的改良为主要创新技术特征。本技术利用桃冬季休眠芽消毒剥取茎尖在4℃预培养后，PVS3溶液处理100min，浸入液氮冻存，水浴解冻及卸载后移入恢复培养基中培养。本技术所建立的玻璃化法超低温保存桃休眠茎尖的程序，简单方便易操作，操作中对茎尖的损伤小，解冻后能够获得高的冻后再生率，为桃种质长期有效保存提供了新的技术选择。

2 种质资源安全保存

2.1 作物（物种）保存情况

截至2021年12月，国家葡萄桃圃（郑州）共计保存桃种质资源6个种和1个种间杂交种1 530余份，其中编目种质1 055份（表1），其中选育品种534份、地方品种297份、品系183份、野生资源33份、遗传材料8份。*Prunus persica* L.（桃）1 015份、*Prunus davidiana* Franch.（山桃）13份、*Prunus ferganensis* Kost. et Riab.（新疆桃）16份、*Prunus kansuensis* Rehd.（甘肃桃）4份、*Prunus mira* Koehne（光核桃）5份、*Prunus potaninii* Rehd.（陕甘山桃）1份、*P. persica*×*P. amygdalus*（种间杂交种）1份。

表1 国家葡萄桃圃（郑州）桃种质资源保存情况

作物名称	截至2021年12月保存总数					2001—2021年新增保存数			
	种质份数（份）			物种数（个）		种质份数（份）		物种数（个）	
	总计	其中国外引进	其中野外或生产上已绝种	总计	其中国外引进	总计	其中国外引进	总计	其中国外引进
桃	1 055	327	130	7	0	445	131	0	0

2.2 保存的特色资源

国家葡萄桃圃（郑州）是世界上保存观赏桃花种质资源最多的圃地，共计保存各类观赏桃花种质50份。保存了红肉桃种质资源31份，其中高花色素苷含量种质22份。保存极早熟种质24份，极晚熟种质21份，大果型种质27份，高可溶性固形物含量种质111份，不溶质种质113份，SH肉质种质6份，狭叶种质4份。

保存了297份地方品种，其中古老地方品种150份，野外或生产上已绝种地方品种130份。保存了33份野生资源。

随着社会和科技的发展，人类活动对野生资源的破坏越来越严重，新品种的不断推出也对古老的地方品种资源产生了极大的冲击，为了保护这些受到破坏的种质资源，自2006年开始先后11次对西藏地区光核桃野生资源以及新疆、甘肃地区的野生资源和地方品种进行了抢救性收集、保存。

野生资源的种子保存情况：自2006年开始进行种子低温保存，目前国家葡萄桃圃（郑州）共低温保存526份种质的53 862粒种子。保存方式为，种子和塑料标牌先用纱网袋包装，然后放入塑料自封袋，袋中放入适量的变色硅胶，自封袋外用记号笔进行标注和编号，按照编号顺序放入塑料箱中，对塑料箱编号后放入-20℃冰柜长期保存。对保存的种子建立电子档案，包括图像，种子大小，种子重量，种子数量，保存年份等信息。2006 年开始进行种子低温保存时，将1 000粒野生普通毛桃的种子同时进行低温保存。每 3 年从这1 000粒种子中取出 30 粒进行发芽率检测，以此来监测低温保存的种子的生活力。

3 保存资源的有效利用

3.1 开展种质资源深入评价，为基础研究提供实物与信息支撑

基础研究需要的最为重要的材料就是种质资源，通过开展生物分子学研究结合种质资源的表型信息进行相关分析，探索其中隐藏的根本性问题。国家葡萄桃圃（郑州）长期以来开展了大量的表型性状的鉴定评价，建立了相关的信息数据库，同时积极开展深入评价，如抗桃蚜性、抗寒性、抗旱性、抗根瘤病及需冷量和糖组分、酸组分、功能性成分等复杂农艺性状深入评价，获得了一大批翔实的资源数据信息，为基础研究提供实物资源和相关数据信息，支撑发表高水平论文 8 篇，推动了我国桃学科基础研究水平提升。

3.2 开展观赏桃花和蟠桃优异资源评价筛选，助力国家农业供给侧结构性改革和美丽乡村建设

积极响应国家农业供给侧结构性改革政策，通过多年对我国蟠桃地方品种鉴定评价筛选和遗传评价研究，筛选出我国地方蟠桃品种资源扁桃，并以此为亲本材料培育出成熟期配套，外观漂亮、果实大、果肉厚、基本不裂核、不裂果、不撕皮、果实耐贮运、风味品质极佳的蟠桃、油蟠桃新品种，实现了蟠桃育种的突破。为桃产业品种结构调整和农民增产增收提供优良品种。

通过对保存的观赏桃花资源的鉴定评价，筛选出优异特色资源供生产直接利用，同时利用筛选出的资源开展新品种培育，育成一批不同花期，花色、花型各异的优秀观赏桃花品种。将这些观赏桃花品种提供给生产利用，建设休闲观光农业，助推美丽乡村建设。

3.3 筛选优异亲本材料，支撑新品种培育

通过市场调研和需求趋势分析，及时调整种质资源鉴定评价内容，针对育种需求，开展优异种质资源的评价和筛选，筛选出优异亲本材料 40 余份，提供给育种者进行新品种培育，累计育成桃、油桃、蟠桃、油蟠桃、观赏桃新品种 60 余个。如曙光、中油桃 4 号、中农金辉、春蜜、春美、中蟠 11 号、中油蟠 9 号等，这些品种大多成为我国生产中的主栽品种，改变了国外品种的统治地位，我国自主培育的桃品种已经在生产中占据主导，促进了我国桃产业的发展。

3.4 利用资源圃资源和技术优势，积极开展科普宣传

国家葡萄桃圃（郑州）是郑州市中小学科普教育基地，每年都有300余名中小学师生到圃内接受科普教育，桃圃向广大师生进行优异种质资源展示，并就种质的起源、演化、分类识别、栽培、育种等方面进行科普宣传。

3.5 典型案例

观赏桃资源筛选与利用助推乡村振兴、美丽中国战略 观花赏景是我国人民喜闻乐见的传统旅游项目，观赏桃花资源的挖掘和利用，为改变以往农村依赖大量劳动力投入、资源消耗、环境损害为代价的增长模式提供了新的途径。国家葡萄桃圃（郑州）深入发掘种质资源的新用途和新价值，通过发现价值、赋予价值、实现价值，实现农村产业的新突破，拓宽种质资源的利用途径，为培育农村新的旅游点、发展“赏花经济”、建设美丽乡村、促进三产融合和农民增收添砖加瓦。

首先，通过深入挖掘资源潜力，发现资源新价值，从保存的资源中筛选出适宜作为观赏用途的优异资源，并进一步培育新品种。如对圃内保存的1 530多份桃种质资源的36个观赏性状进行了深入鉴定评价，筛选出优异观赏桃种质30多份，利用这些优异种质又培育出满天红、探春、元春、报春、迎春、银春、红菊花、洒红龙柱等20多个形态各异的观赏桃新品种，延长观赏期，丰富类型，并且赋予观赏作物全新的科学、艺术和人文内涵等价值，实现品种绿色增值。然后，与企业合作，提供资源和技术服务，通过建立示范区和观赏景区等，实现资源的价值。

通过联合企业，推广观赏桃资源，已在全国各地建立起特色观光区30多个，有力地推动了当地美丽乡村建设和三产融合，带动了农民脱贫致富。例如，天翼公司是以设施和观赏果树为重点的农业种植企业，其草莓和桃花产业在国内享有盛誉。国家葡萄桃圃（郑州）与该企业建立长期合作关系，为其提供观赏桃资源和技术服务，帮助该企业在河南、北京、上海、广东等地建立了桃花观光基地，成为全国观赏桃花种植面积最大的企业。同时，针对南方春节花市对观赏桃花的需求，创新观赏桃栽培技术模式，采用大苗在漯河越冬休眠，到广州升温催花的方法，抢占广州春节花市，为企业创造十分可观的经济效益。

4 展望

继续以“广泛收集、妥善保存、系统评价、规范整理、深入挖掘、共享利用”为基本原则，保证种质圃正常运转，保证已保存种质树体的正常生长，继续进行特异地方品种资源的收集，不断进行数据采集、完善共性与特性数据库建设，进行种质资源的繁殖、更新和编目工作，建立更为有效的共享机制，提供更加有效的共享服务。

4.1 收集保存

加强野生资源的考察收集，基本摸清野生资源的遗传多样性概况，将收集的野生资

源种质入国家长期库保存；加强优势产区濒临灭绝地方或农家品种的收集；将国外引种制度化，引种目标多样化、引种方式灵活化。

4.2 安全保存技术

建立完善病毒检测体系和网室复份保存技术体系，条件成熟时，建立脱毒种质网室复份保存圃；开展野生资源和地方品种种子保存遗传完整性研究；将试管苗保存技术实用化，进行试管苗保存；开展重要核心种质的超低温保存技术的研究与利用；监测、研究桃种质保存过程中遗传变异（王力荣，2012）；监测、研究气候演变和社会发展对桃树种群和品种结构的消长变化规律；加强中、西部地区野生资源原生境保护，加强民族生物学的研究与开发，在利用中保护，在保护中利用。

4.3 挖掘利用

核心种质建立分子身份证，为我国特有的、优异的种质资源的保护提供依据；根据育种的迫切需求加大品质、抗性和功能性等性状深入精准评价，筛选优异种质资源；系统地开展优异种质资源遗传学分析，为种质资源的准确利用奠定基础；系统分析优异种质资源的关键基因效应，进行新基因发掘，阐明关键效应新基因在育种中的价值与有效利用途径；扩展亲本遗传背景是育种取得有效突破的因素。桃树以杂交育种为主，遗传背景狭窄是限制其育种突破的重要因素之一，工作重点在我国野生和地方名特优种质资源的创新与利用。

参考文献

陈四维，彭士琪，袁小乱，等，1985. 核果类果树的再植问题［J］. 河北农业大学学报（1）：1-11.

刘嘉彬，张泽勇，刘振京，2006. 桃树重茬病及其防治技术［J］. 河北林业科技（2）：67-67.

马德钦，王慧敏，1995. 果树根癌病及其生物防治［J］. 中国果树（5）：42-44.

王力荣，2012. 我国果树种质资源科技基础性工作 30 年回顾与发展建议［J］. 植物遗传资源学报，13（3）：343-349.

武荣花，王献，杨喜春，等，2007. 桃根癌病病原菌的分离和桃砧木抗性试验研究［J］. 河南科学，25（3）：416-419.

俞明亮，马瑞娟，沈志军，等，2010. 中国桃种质资源研究进展［J］. 江苏农业学报，26（6）：1418-1423.

Pulawska J，2010. Crown gall of stone fruits and nuts，economic significance and diversity of its causal agents：tumorigenic *Agrobacterium* spp. ［J］. Journal of Plant Pathology，92（1）：87-98.

国家葡萄桃圃（郑州）葡萄种质资源安全保存与有效利用

刘崇怀，樊秀彩，姜建福，张　颖，李　民，孙　磊
（中国农业科学院郑州果树研究所　郑州　450009）

摘　要：葡萄为葡萄科（Vitaceae Juss.）葡萄属（*Vitis* L.），木质藤本，有卷须，果实为浆果，染色体组基数 $x=19$、20。葡萄是起源最古老的植物之一，在数百万年前已遍布北半球，受大陆分离和冰河时期的影响，形成了很多个种。已经确定的有70多个种，主要分布在北半球的三个起源中心——欧亚、北美和东亚。我国葡萄种质资源极为丰富，是东亚种群的主要原产地，有39个种、1个亚种和13个变种起源于我国，为葡萄育种和产业发展提供了重要的物质保障。本文简要介绍了国内外葡萄资源收集保存现状，总结和回顾了20年来国家葡萄桃种质资源圃在资源安全保存技术、资源安全保存、资源有效利用等方面的研究进展，并对今后资源的研究方向进行展望。

关键词：葡萄；种质资源；安全保存；有效利用

葡萄是葡萄科的一个属（*Vitis* L.），已经确定的有70多个种，主要分布在北半球的三个起源中心——欧亚、北美和东亚。欧亚种（主要的栽培种）和它的3个野生亚种起源于里海和黑海之间及其南部地区，其余的野生种几乎全部来源于中国和美国（孔庆山，2004）。国家葡萄桃种质资源圃（郑州），简称国家葡萄桃圃（郑州），于1989年建成，至2021年底已编目保存葡萄种质1 421份，包括欧亚种（*V. vinifera*）、美洲种（*V. labrusca*）、河岸葡萄（*V. riparia*）、沙地葡萄（*V. rupestris*）、香槟尼葡萄（*V. champinii*）、甜冬葡萄（*V. cinerea*）、北美种群种间杂种（Hybrid of American species）、山葡萄（*V. amurensis*）、刺葡萄（*V. davidii*）、葛藟（*V. flexuosa*）、小叶葛藟（*V. flexuosa* var. *parvifolia*）、菱叶葡萄（*V. hancockii*）、毛葡萄（*V. heyneana*）、桑叶葡萄（*V. heyneana*）、变叶葡萄（*V. piasezkii*）、多裂叶蘡薁（*V. bryoniaefolia*）、美丽葡萄（*V. bellula*）、华东葡萄（*V. pseudoreticulata*）、燕山葡萄（*V. yanshanensis*）、欧美杂种（Hybrid of vinifera and labrusca）、山美杂种（Hybrid of amurensis and labrusca）、欧山杂种（Hybrid of amurensis and vinifera）、秋葡萄（*V. romaneti*）、桦叶葡萄（*V. betulifolia*）、鸡足葡萄（*V. anceolatifoliosa*）、小叶葡萄（*V. sinocinerea*）、东南葡萄（*V. chunganensis*）、河口葡萄（*V. hekouensis*）等28个种和杂种，其中起源于中国的有山葡萄、刺葡萄、葛藟、小叶葛藟、菱叶葡萄、毛葡萄、桑叶葡萄、变叶葡萄、多裂叶蘡薁、美丽葡萄、华东葡萄、燕山葡萄、秋葡萄、桦叶葡萄、鸡足葡萄、小叶葡萄、东南葡萄、河口葡萄等。

我国葡萄资源的收集保存工作始于20世纪50年代的栽培品种资源普查，于20世纪80年代末期，相继建成了3个国家级保存葡萄种质资源圃，即郑州的国家葡萄桃圃、太谷的国家枣葡萄圃和左家的国家山葡萄圃，入圃保存已编目的葡萄资源2 000多份。此外，西北农林科技大学、北京林业果树研究所、中国科学院北京植物园、上海农业科学院园艺研究所、中国农业大学等单位也保存有不同数量的葡萄种质资源，以供科研和育种的需要（孔庆山，2004）。葡萄是世界范围内广泛种植和具有重要经济意义的作物之一，各国对葡萄种质资源的关注和支持一直在增加。几乎所有的葡萄生产国家都建立有自己的品种资源保存圃。如美国有两个葡萄品种资源圃（位于纽约州的Geneva和加州的Davis），前者主要收集抗寒葡萄种质资源，后者则致力于收集来自世界各地的葡萄种质资源，两个资源圃共保存葡萄资源有4 796份；法国有7 738份；意大利有5 307份（Stove et al.，2009；王力荣，2012；范丽华和赖呈纯，2012；Gardiman and Bavaresco，2015）。世界上收集保存葡萄品种资源的地方还有德国的Geilweilerhof，以色列的Bet Dagan，意大利的Bari，澳大利亚的Merbein、Sunraysia-Irymple和Victoria等。这些资源圃收集保存了大量的本地酿酒品种。研究者不仅对这些品种的植物学和生物特性进行了详细的性状调查，而且对于它们的血统起源、亲缘关系、地理分布和生存状况也进行较为深入的研究，甚至部分品种种内变异单株之间的研究也在进行。

1 种质资源安全保存技术

随着资源保存数量的逐年增加，资源圃土地紧张的矛盾日益凸显，对此国家葡萄桃圃（郑州）建立了一套葡萄种质资源高密度保存技术体系，采用高、宽、垂T形架，高密度种植、便于管理等特点的种植模式。利用远程视频监控系统对全园葡萄树体生长进行24小时监测，及时发现突发状况、自然灾害等造成的树体损毁等异常情况，便于及时采取补救措施，避免资源丢失。

1.1 资源入圃保存技术与指标

资源入圃保存技术 入圃资源主要采用扦插苗田间保存技术，中国特有的野生葡萄资源，由于生根难，采用嫁接苗田间保存，或采用压条生根田间保存，其他资源均采用扦插苗田间保存技术。随着资源保存数量的逐年增加，资源圃土地紧张的矛盾日益突显，对此建立了一套葡萄种质资源高密度保存技术体系。采用高、宽、垂T形架，高密度种植、便于管理等特点的种植模式，种植密度由原来的1.5m×2.5m株行距变为1m×2.5m株行距，每亩资源保存量由原来的177份提高到266份。

资源保存指标 葡萄圃每份资源保存3株，株行距1m×2.5m。野生资源每份资源保存2株，其他资源均保存3株。

1.2 资源监测和种植管理技术与指标

资源生长状况监测 葡萄圃每年定人定点定期观测每份种质资源的生长情况，根据树体的生长势、产量、产条量等指标，将生长状况分为健壮、一般、衰弱。对衰弱的植株，及时登记并按繁殖更新程序进行苗木扩繁和重新定植；利用远程视频监控系统对全园葡萄树体生长进行24小时监测，及时发现突发状况、自然灾害等造成的树体损毁等异常情况，便于及时采取补救措施，避免资源丢失。

资源圃病虫害监测 采用病虫测报及预警系统对资源圃主要病虫害进行系统监测，利用孢子捕捉仪对霜霉病、白粉病、炭疽病等病原孢子进行监测，根据葡萄主要病虫害的发生规律，提前进行防治，确保病虫害在严重发生前得到有效控制；加强病毒病的检测、预防和苗木脱毒工作；制定突发性病虫害预警、预案。

土壤和气候等环境状况监测 建立气象工作监测站，对资源圃空气温度、空气湿度、风速、风向、降水量等环境状况进行实时监测，并对土壤的酸碱度、物理状况、大量元素、微量元素、有机质含量等进行检测，每3年检测一次。制定葡萄树体生长发育环境需求指标，当生长环境发生异常变化时，及时采取措施确保葡萄树体正常生长所需的环境要求。

资源种植管理技术 制定了规范的年度资源管理工作历，即每年割草5次以上（4—8月每月割草1次）；施肥2次（10月施基肥1次、5月施追肥1次）。

种植管理技术指标 行间草长至30~40cm时，用打草机进行刈割覆盖于行间；基肥施用量每亩施商品有机肥300kg，加复合肥30kg，壮果肥每亩施水溶肥5kg。

1.3 圃资源繁殖更新技术与指标

葡萄种质资源繁殖以扦插繁殖为主，嫁接繁殖为辅。栽培品种一般采用扦插繁殖，中国野生葡萄等扦插不生根的种质采用嫁接繁殖。

种苗繁育

扦插繁殖：选择种质纯正的单株做母本树，对选定的母本树挂牌标记；加强对母本树的管理，必要时进行重修剪，保证母树有健壮的枝条供繁殖用。冬季按种质类型和种质名称，采集母树上生长发育充实、无明显病虫害的枝条作种条；每份种质采集60cm左右长的枝条20根，捆扎，挂牌、标注种质名称和编号后，按照种质类型和编号，每5份种质1组捆成1小捆沙藏。3月进行硬枝扦插，每份种质繁殖数量20株，株行距50cm×20cm。

嫁接繁殖：在每年秋季根据来年拟繁殖种苗的数量，准备砧木插条；要选择生长健壮、无病虫害的植株采集种条；种条要发育充实，粗度1.0cm左右。砧木种条冬季沙藏，3月进行硬枝扦插。选择种质纯正的单株做母本树，对选定的母本树要挂牌标记；加强对母本树的管理，必要时进行重修剪，保证母树有健壮的枝条供繁殖用。采集树冠外围生长发育充实的发育枝作接穗，随采随去叶，随采随用，多余的接穗贮放于冷凉处。尽量避免在夏季中午高温时进行采集。对采集的繁殖材料按种质类型和种质名称进行分组、编号。按照编号，每5份种质1组捆成1小捆。

苗木质量检验与定植

繁殖更新苗木质量：在苗木生长期，观察种质的植物学基本特征特性，对种质的纯度进行检验，剔除不准确的苗木，要求纯度达到100.0%。繁殖更新的苗木按NY 469—2001葡萄苗木标准的一级苗木质量指标要求：苗木高度20cm以上，苗木粗度0.8cm以上，饱满芽数5个以上，侧根数量5条以上，侧根粗度0.3cm，种质纯度100%，无检疫性病虫害，植株健壮。每份种质的合格苗数不得低于10株。

检疫与消毒：如发现某种检疫对象，按照要求对苗木全部销毁；对苗木要进行消毒处理，要求入圃苗木无明显病虫害。

定植保存：执行标准按照《农作物种质资源保存技术规程》的要求，在冬季准备好定植穴，每份种质至少定植6株（为保险起见，必要时在同一定植穴定植2株，成活后去除1株），株行距为（1.0~1.5）m×（2.5~3.0）m。定植后对每份种质的植物学特征和生物学特性与原种质植株进行核对，核对工作需要2~5年。

更新复壮指标　①资源保存数量减少到原保存数量的60%；②葡萄树体出现显著的衰老症状，如枝条生长量减少30%，发育枝数量减少50%等；③葡萄树体遭受严重自然灾害或病虫为害后难以自生恢复；④其他原因引起的葡萄植株生长不正常。

1.4　圃资源备份技术与指标

圃资源备份技术　国家葡萄桃圃（郑州）保存的部分重要资源在国家果树种质太谷葡萄圃中有复份保存，约174份，占资源保存总数的12.51%。对近年新引进未鉴定的资源进行了田间备份保存，每份资源保存6株，即永久株3株、预备株3株。栽培品种采用硬枝扦插苗高密度田间保存技术，野生资源采用无性系嫁接苗高密度田间保存技术。另外，对部分起源于南方温暖湿润地区的种质，为避免冬季冻害，用盆栽的方式在室内进行备份保存，每份种质备份保存2株。

备份资源指标　①新入圃未鉴定的资源；②适应性较差的资源；③珍稀濒危资源；④重要骨干亲本资源。

2　种质资源安全保存

2.1　资源保存情况

截至2021年底，国家葡萄桃圃（郑州）保存已编目的葡萄种质28个种1 421份，其中国内资源523份、国外引进资源887份。国内资源包括野生资源96份、地方品种77份、选育品种361份，主要来自河南、新疆和山东等全国24个省、自治区、直辖市。国外资源包括育成品种856份，品系31份，鲜食品种主要引自日本、美国、苏联和罗马尼亚等国家，酿酒品种主要引自法国、德国和罗马尼亚等国家，砧木品种主要引自美国、意大利和法国等国家。与2001年相比，新增编目种质561份，新增8个种。先后对河南焦作的神农山和云台山、信阳浉河区黑龙潭山区、义马市山区、新安县青要山、南阳市南召县西部山区、洛宁西底乡山区，陕西西安市鄠邑区的秦岭山区，湖南省洪江市山区，湖北浠水县，贵州贵阳，西藏林芝，浙江临安，云南的昆明、玉溪和大理等地的野生葡萄种质资源进行了较为深入细致的考查和收集工作，共收集到桑叶葡萄、华东葡萄、腺枝葡萄、葛藟葡萄、刺葡萄、山葡萄、毛葡萄等共计10个种，538个单株，新增加8个种，包括秋葡萄（*V. romaneti* Roman. du Caill. ex Planch.）、云南葡萄

（*V. yunnanensis* C. L. Li）、桦叶葡萄（*V. betulifolia* Diels & Gilg）、武汉葡萄（*V. wuhanensis* C. L. Li）、绵毛葡萄（*V. retordii* Roman.）、毛葡萄（*V. heyneana* Roem. & Schult.）、桑叶葡萄（*V. heyneana* subsp. *Ficifolia*（Bge.）C. L. Li），进一步丰富了资源圃保存的野生葡萄资源种类和数量。

表1 国家葡萄桃圃资源保存情况

作物名称	截至2021年12月保存总数					2001—2021年新增保存数			
	种质份数（份）			物种数（个）		种质份数（份）		物种数（个）	
	总计	其中国外引进	其中野外或生产上已绝种	总计	其中国外引进	总计	其中国外引进	总计	其中国外引进
葡萄	1 421	887	38	28	14	561	163	8	0

2.2 保存的特色资源

截至2021年12月31日，资源圃保存特色资源505份，占圃资源保存总量的35.5%。其中原产我国的野生葡萄资源96份，地方特色资源77份，育种价值资源46份，生产利用资源48份，特异资源231份，药用价值资源7份。

原产我国的野生葡萄资源96份。包括山葡萄、刺葡萄、葛藟、小叶葛藟、菱叶葡萄、毛葡萄、桑叶葡萄、变叶葡萄、多裂叶蘡、美丽葡萄、华东葡萄、燕山葡萄、秋葡萄、桦叶葡萄、鸡足葡萄、小叶葡萄、东南葡萄、河口葡萄。原产我国的野生葡萄资源占本圃保存资源的6.9%。

我国地方特色资源77份。其中包括果形奇特如束腰型的瓶儿、弯形的驴奶、扁圆形的红达拉依，或具有特殊品质如呈李子香味的李子香、浓郁玫瑰香味的伊犁香葡萄，或特殊抗性如对葡萄黑痘病、炭疽病高抗的塘尾葡萄等特异资源。目前约有50%的地方品种在生产上已绝种。如获中国国家地理标志产品宣化牛奶葡萄距今已有1 300多年的栽培历史，素有“刀切牛奶不流汁”的美誉，2013年，“宣化城市传统葡萄园”被联合国粮农组织授予全球重要农业文化遗产保护试点，成为全球首个以“城市农业文化遗产”命名的传统农业系统。

育种价值资源46份。单一或多个性状表现突出，且遗传稳定被育种家多次利用的资源，如莎巴珍珠，是极早熟的葡萄品种之一，国内外葡萄育种工作者利用莎巴珍珠作为亲本材料，已选育出60多个葡萄品种，有的作为主栽品种，有的又进一步作为育种材料应用于育种，培育出葡萄园皇后、碧香无核、黎明无核等著名品种。

生产利用资源48份。品质、产量、抗性等综合性状优良可在生产上直接利用的资源，如巨峰、夏黑、阳光玫瑰等在葡萄产业中大面积推广应用。

特异资源231份。此类资源可用于种质创新、基础研究等，如大果粒、高糖、高酸、抗性强等资源。

药用价值资源7份。叶片或果实中富含药用功能性成分的资源，如葛藟葡萄根茎和果实供药用，可治关节酸痛；蘡薁可全株供药用，能祛风湿、消肿止痛。

2.3 种质资源抢救性收集保存

云南是我国生物多样性最丰富和最独特的地区，被誉为“生物基因宝库”。由于近年来环境污染和生态系统受到破坏，许多野生动植物面临灭绝或濒危，野生葡萄也不例外。2012 年以来，国家葡萄桃圃（郑州）多次组织团队成员赴云南楚雄、大理、宾川、景东、勐海、丘北、蒙自等地开展资源抢救性收集，经整理扩繁共入圃妥善保存葡萄资源 57 份，其中珍稀濒危资源 5 份、野生资源 50 份、地方品种 2 份。如：在景东收集到的河口葡萄（*V. hekouensis*），抗病虫、耐湿热性好；蒙自刺葡萄（*V. davidii*）果粒大、丰产性强；景东小果葡萄，结果能力强，一年可多次结果（*V. balanseana*）等野生资源；晚熟鲜食地方品种水晶葡萄（*V. vinifera*×*V. labrusca*）果粒饱满而有弹性，营养丰富；鲜食加工兼用地方品种玫瑰蜜（*V. vinifera*×*V. labrusca*），所酿葡萄酒，呈宝石红色，具有特殊的玫瑰香气和蜂蜜香气，新酒具有花香，香气的浓郁度极强，酒质丰满。具有独特的酒色、酒香、酒味，独树一帜，别具风格。

3 保存资源的有效利用

2000 年以来，国家葡萄桃圃（郑州）累计向南京农业大学、西北农林科技大学、中国农业大学、中国科学院植物研究所、上海交通大学等大学及科研院所，以及河南、河北、新疆、湖北、云南等省份的农技推广部门、合作社、企业、种植户等 320 个单位提供资源利用 837 份 14 314份次，主要用于基础研究、育种、生产和科普教育等方面，有效地支撑了我国葡萄科研、育种和产业。资源利用率达 58.9%。

3.1 育种、生产利用

国家葡萄桃圃（郑州）向河北省农林科学院昌黎果树研究所、中国农业科学院果树研究所、河南省农业科学院园艺研究所等单位提供亲本材料郑州早红、河岸葡萄、SO4 等，进行种内、种间杂交，配置杂交组合 100 余个，获得杂交实生苗20 000余株，选育出无核早红、红标无核、红艳无核等葡萄新品种 20 余个，增加了我国自育品种的栽培面积，改善了我国葡萄品种结构。在河南、新疆、山西等省（自治区、直辖市）推广应用，累计推广面积 10 余万亩。筛选出 Jade Seedless、Black Seedless、Summer Black 等综合性状优异的资源 20 余份，在生产上直接推广利用。

3.2 支撑乡村振兴与精准扶贫

筛选出红艳无核、郑艳无核、醉金香等 32 份优异资源支撑乡村振兴与精准扶贫 27 个乡村，技术培训 42 场次，技术培训11 290人次，培养种植人手 167 人。

3.3 支撑科研项目

为国家葡萄产业技术体系、国家重点研发计划、国家 863 专项、国家自然科学基金重点项目、国家自然科学基金、农业部公益性行业专项、科技部支撑计划项目、国际合作、河南省科技攻关等百余项国家和地方科技计划，提供基础材料6 000余份次。

3.4 支撑论文论著、发明专利和标准

支撑论文204篇，其中SCI论文28篇。如利用叶绿素荧光参数法，筛选出68份耐热性种质，通过不同的热胁迫处理，从转录水平、转录后调节和翻译水平揭示了葡萄叶片响应高温的机制，相关结果发表在《Plant Physiology》（Jiang et al.，2017）。支撑出版《葡萄志》《葡萄种质资源描述规范和数据标准》等论著16部。支撑“葡萄抗炭疽病主效QTL的分子标记及应用”等国家发明专利10项；制定农业行业标准7项。

3.5 科普等其他利用

利用葡萄资源圃提供的种质，国内多家单位建立了多个省级和地方葡萄资源圃。如广西农业科学院的广西野生资源圃、湖南澧县的葡萄资源圃、河北昌黎果树研究所的葡萄砧木资源圃、陕西渭南市的渭南葡萄产业园等。为上海葡萄主题公园、西安葡萄主题公园提供部分野生资源作为科普、观光利用。另外，国家葡萄桃圃（郑州）也是郑州市中小学科普教育基地，每年约有300余名中小学师生接受科普教育。同时，资源圃也是河南农业院校园艺专业大学生的实习基地。

3.6 典型案例 助力“世界葡萄博览园”建设

有“葡萄界的奥运会”之称的“国际葡萄遗传与育种大会”每4年举办一次，是全世界葡萄界学术水平最高、参会国家最广的盛会，已在德国、法国等地举办过10届。第十一届会议于2014年7月29日至8月2日在北京延庆举行，这是自1973年创办以来首次来到中国，这标志着中国已进入世界葡萄与葡萄酒大国的阵营。为了有效展示我国葡萄产业发展的成就、丰富的种质资源和科研水平，延庆县人民政府建立了“世界葡萄博览园”，定植葡萄品种1 000余份，设置有多种葡萄架式和树形。

在此次葡萄大会筹备期间，国家葡萄桃圃（郑州）作为延庆县政府的技术协作单位，在提供技术支持的前提下，从保存的1 400多份葡萄资源中，筛选出不同成熟期、不同果形、不同颜色等优特异种质600余份，有效支持了“第十一届国际葡萄遗传与育种大会”的召开。

向来自世界葡萄主产区的6大洲34个国家和地区的358位葡萄遗传与育种领域的专家学者，展示了我国葡萄种质资源丰富的遗传多样性，扩大了我国葡萄与葡萄酒产业在国际上的影响。葡萄博览园现已成为北京观光旅游景点、科普教育基地。

4 展望

建设功能完善、保存方式多样、保存种质丰富的葡萄种质资源圃。种植保存和离体保存相结合，增加生产急需的葡萄资源的繁殖材料脱毒处理的设施和条件，保存容量达到5 000份以上，收集保存材料超过3 000份。

4.1 收集保存

加强我国珍稀、濒危、特有葡萄属植物的收集，特别是西南地区耐湿热野生资源的收集。根据生产需求，从各主要葡萄生产国引进综合性状优异的种质资源，丰富葡萄种质资源的多样性，扩大我国葡萄遗传资源背景，为科研和生产储备物质基础。

4.2 安全保存技术

开展种质资源脱毒保存技术、离体保存技术和DNA保存技术的研究，确保资源的安全保存。

4.3 挖掘利用

针对生产需求，在表型性状鉴定评价基础上，增加种质的抗逆、抗病虫、功能物质等性状深入鉴定，筛选优异种质，挖掘优异抗性基因。通过鉴定评价，发掘和筛选出一批可供生产和育种利用的优异种质。利用筛选出的优异种质，创制综合性状（产量、品质、抗性）优良的葡萄种质新种质，增加品种类型多样性，以适应现代产业发展对育种的需求。

参考文献

范丽华，赖呈纯，2012. 国内外葡萄品种资源圃概览［J］. 中国南方果树，41（1）：102-104.

孔庆山，2004. 葡萄志［M］. 北京：中国农业科学技术出版社.

刘崇怀，2012. 中国葡萄属植物分类与地理分布研究［D］. 郑州：河南农业大学.

吕湛，刘坤军，1988. 张家口地区龙眼葡萄选优的标准、方法和体会［J］. 葡萄栽培与酿酒（4）：30-32.

王力荣，2012. 我国果树种质资源科技基础性工作30年回顾与发展建议［J］. 植物遗传资源学报，13（3）：343-349.

修德仁，吴德玲，张国良，等，1985. 中国果树龙眼葡萄营养系选种初报［J］. 中国果树（2）：29-33.

Gardiman M，Bavaresco L，2015. The vitis germplasm repository at the CRA－VIT，Conegliano（Italy）：conservation，characterization and valorisation of grapevine genetic resources［J］. Acta Horticulturae，1082：239-244.

Stove E，Aradhya M，Dangl J，et al.，2009. Grape genetic resources and research at the Davis California National Clonal Germplasm Repository［J］. Acta Horticulturae，827：193-196.

国家梨苹果圃（兴城）梨种质资源安全保存与有效利用

董星光，曹玉芬，田路明，张　莹，齐　丹，霍宏亮，徐家玉，刘　超

（中国农业科学院果树研究所　兴城　125100）

摘　要：国家梨苹果种质资源圃自2001年农业部种质资源保种项目实施以来，在梨种质资源保存、安全监测、繁种更新和备份保存方面取得了重要进展。资源圃近年来加强了我国果树资源丰富地区的考察，重点收集梨古老、珍稀、濒危资源，并通过与国外科研机构的资源交流，丰富了我国保存梨种质资源的多样性。不断完善梨种质资源的保存、监测、繁殖更新技术，确保国家梨种质资源安全性。积极开展梨种质资源的共享利用，对国家梨产业发展、乡村振兴与扶贫及科学普及都起到重要支撑作用。

关键词：梨种质资源；安全保存；有效利用

中国是梨属（*Pyrus* L.）植物的起源中心，蕴藏着丰富的梨属植物遗传资源。我国梨种质资源的系统收集始于1952年，在辽宁省兴城市中国农业科学院果树研究所砬子山试验场建立了最早的梨原始材料圃。1958—1967年，在河南、安徽、江苏、山东、贵州、云南、新疆、陕西、江西、四川、甘肃、青海等省份陆续完成了梨种质资源考察收集，收集的材料均收入兴城梨原始材料圃保存。1979—1985年农业部启动了“果树资源的收集、保存、建圃”项目，中国农业科学院果树研究所承担了苹果、梨资源收集保存及国家资源圃建设的任务，其间对我国西南、中南、东南、东北13个省份的梨种质资源进行了考察收集；1988年“国家果树种质兴城梨、苹果圃”通过了农业部验收。该圃2022年被农业农村部命名为国家梨苹果种质资源圃（兴城），简称国家梨苹果圃。近20年来，国家梨苹果圃重点开展了我国东北、西北、华北、华中、西南、华南地区20余个省份的野生及地方品种的考察收集，与美国、俄罗斯、意大利、捷克、保加利亚等10余个国家的科研机构开展了资源的合作交流（曹玉芬和张绍铃，2020）。截至2021年底，国家梨苹果圃共保存梨种质资源14个种1 318份，其中13个为中国原产种，原产梨资源1 042份，占到总量的79.06%，保存梨种质资源的类型包括地方品种、野生资源、选育品种、品系和国外引进。

果树种质资源是果树育种、果树起源演化等基础理论研究及果业生产的物质基础，是果业可持续发展的重要保障，世界各国尤其发达国家都很重视种质资源保存及利用工作。美国在俄勒冈州、纽约州、加利福尼亚州和佛罗里达州等不同生态区建有8个国家无性系种质资源圃，俄勒冈州国家无性系种质资源圃保存有梨资源2 378份（Zum et al.，2020），意大利橄榄、果树、柑橘研究所罗马部保存梨资源786份。

1 种质资源安全保存技术

1.1 资源入圃保存技术与指标

目前，国家梨苹果圃梨资源保存圃可划分为保种项目启动前和启动后两部分保存区。

保种项目启动前梨资源保存区面积约125亩，保存资源220余份，树龄均超过55年，这些资源对于研究梨种质资源遗传变异、气候适应性等方面具有重要意义，同时对于指导梨资源安全保存策略的制定具有重要价值。梨资源圃建立了一套更新复壮保存技术，主要包括距主干较近的土壤松土，对主要根群分布区外围土壤进行深翻，切断老根，促发新根，并结合秋季重施基肥；疏剪过多的花芽，多留枝叶，蓄养1~2年后适当挂果；修剪以回缩、短截枝为主，选用壮枝、壮芽当头，拟替代的枝越大，短截越重；及时清除树体上的溃疡腐烂部分，并涂抹防护剂，每间隔2年在越冬期刮除树干老旧树皮一次，既防治病虫害又能促进树体复壮。通过以上措施，老圃区梨树资源仍枝繁叶茂、硕果挂枝头。

保种项目启动后梨资源保存区面积约75亩，保存资源近1 100份，树龄不超过40年，保存容量更大，该圃区保存梨资源的数量、种类、多样性更为丰富，是我国梨产业可持续发展的重要战略资源。该区域每份种质保存3株，珍稀濒危资源适当增加保存数量。砧木选择抗旱、抗寒性均较强，且与其他梨种系亲和性良好的杜梨。树型采用主干疏层形，株行距为3m×4m，干高60~80cm，全树5~7主枝，分2~4层排列，主枝由下而上各层排列数目为3-2-1。入圃资源在每年4月底定植，采果后至落叶前结合秋施基肥向外深翻0.5~0.8m，基肥以有机肥为主，落花后及果实膨大期根外追肥2次；圃内行间自然生草，采用翻压的方法增加土地有机质含量；树盘覆盖园艺地布，以利保湿、保温、抑制杂草生长；灌水时期根据土壤墒情而定，通常在萌芽前、花后、果实膨大期及入冬前，灌溉后及时松土。通过以上措施，新圃区梨树资源生机勃勃、安全有保障。

1.2 圃资源监测技术与指标

梨资源保存圃对每份种质生长状况、病虫害状况、环境条件状况及遗传变异状况进行定期检测（方嘉禾等，2008）。

生长状况监测与指标　根据树体的生长势、产量、成枝力等树相指标，将生长状况分为健壮、一般、衰弱3级，对于衰弱的植株及时做好更新工作；当植株数量减少到原保存量的50%时需要更新复壮。

病虫害监测与指标　梨种质资源病虫害调查主要包括黑星病、锈病、果实轮纹病、食心虫等。根据圃的气温、降水等变化，利用孢子捕捉仪预测病害发生情况及时选用持效性长的保护性杀菌剂进行预防；根据田间病斑级别调查梨黑星病、锈病和果实轮纹病的发生情况，选用高效的药剂进行防治。利用昆虫性诱剂，监测梨小食心虫、桃小食心虫、桃蛀螟和苹果蠹蛾成虫，一般成虫盛发期后 10 天左右，或者虫果率 0.5%~1%时，利用高效、低毒、低残留药剂防治。

土壤、气候等环境监测与指标 建立了农业气象站对空气温湿度、土壤温湿度、土壤 pH 值、风力风频、光照强度、降水量、二氧化碳等环境因素进行实时监测，当冬季空气温度低于-25℃、生长季土壤含水量低于 45%，及时采取资源圃树盘覆盖、浇水等措施进行保护。对土壤有机质含量、大量元素、微量元素等进行检测，每 3 年检测一次，各种元素低于生长最基本条件时，及时进行施肥或者改良土壤。

遗传变异监测与指标 对梨资源花、果、叶、枝条等植物学性状以及物候期、适应性等生物学性状进行评价，核查错误及重复资源、监测种质遗传稳定性（曹玉芬等，2005），并采用 SSR、SNP 等分子标记技术进行核对，发现表型变异或者分子检测结果不符，即进行复查核对及更新。

1.3 圃资源繁殖更新技术与指标

为保持梨种质的遗传完整性，使其在果树科学研究和生产中长期有效地得到利用，国家梨种质资源圃采用无性系嫁接扩繁技术进行资源的繁殖更新，主要技术要点如下。

砧木选择 杜梨与不同种系嫁接亲和性都较好，且具有抗旱、抗寒性强等特点。杜梨种子需经过冬天低温层积后，于第二年春天采用种子撒播，待苗木生长至 15cm 左右进行移栽，当年 8 月即可进行芽接。

繁殖方式 嫁接采用 T 字形芽接，从接穗上削取三角形芽片，插入砧木地上 10cm 处的 T 字形接口内，芽片上方切口与砧木接口对齐，以塑膜绳密合绑扎，露出芽眼。嫁接数量大于等于 15 株；按照小区、行、单元及株顺序记录种质名称；绘制种质苗木繁育排列图，图内标明每单元种质的编号及名称；芽接成活后于第二年春天在接芽上方约 0.5cm 处剪除砧木，剪口平面整齐，无毛茬；剪砧后立即进行灌水并及时对砧木进行抹芽管理。

苗木出圃 翌年春季土壤解冻后至苗木萌动前进行起苗并假植。每份资源挑选长势较好的挂牌 6 株；起苗深度在 30cm 以上，做到少伤主根、枝干，起苗后每份种质捆绑一起，挂牌标记。如不能及时定植，选择避风、平坦的地段，挖深 50cm、宽 1m 左右假植沟，按照种质的分组，将苗木有序地、倾斜埋在假植沟或沙土中，立即灌透水。假植期内做好看护工作，注意保湿、防寒及防晒等工作。

入圃定植 春季土壤化冻后，挖 80cm 见方定植沟，施足底肥，适施回填，高度约高于地面；定植后需立即灌透水，3~5 天后再灌透水一次并进行田间管理。定植株数为 4 株，1 株为假植；绘制定植图；保证至少成活 3 株。

定植苗核对 入圃定植后在生长季进行 2~6 年植物学和生物学特性的核对（植株、枝条、叶片、花器、果实、物候期），去除杂株和变异株。

1.4 圃资源备份技术与指标

我国果树种质资源基本采用田间保存，保存方式单一，易受自然灾害侵袭而丧失，繁殖更新工作繁重，保存需耗费大量的人力、物力、财力。在离体培养技术基础上发展起来的低温和超低温保存技术，具有长期性和稳定性的优点。开展离体保存对于果树种质资源备份保存非常必要，美国国家无性系种质资源圃已经开展了梨资源种子的低温保存以及休眠芽、茎尖的超低温保存，我国在该方面研究进展缓慢。目前，国家梨苹果圃与中国农业科学院作物科学研究所合作开展了梨种子、花粉及休眠芽超低温保存技术的研究，探索建立梨种质资源的超低温备份保存技术。

2 种质资源安全保存

2.1 梨种质资源保存情况

截至 2021 年底，国家梨苹果圃共保存梨种质资源 14 个种 1 318份。其中国内资源 1 042份（占资源总数 79.06%），包括野生资源 257 份，地方品种 483 份、选育品种 122 份，其他类型 180 份；国外引进资源 276 份（占资源总数 20.94%），包括日韩砂梨 81 份、欧美西洋梨 195 份（表 1）。

自 2001 年农业部种质资源保种项目启动后，梨资源新增 728 份，保存份数得到了较快的增长，占目前全部梨资源总数的 55.23%，其中从甘肃、陕西、山西等果树种质资源丰富地区共收集保存了野生资源 115 份、地方品种 175 份、选育品种 32 份，通过国外资源交流引进日韩砂梨栽培品种 53 份，美国、捷克、意大利等欧美国家西洋梨品种 102 份，极大地丰富了资源圃保存的多样性。

表 1　国家梨苹果圃梨种质资源保存情况

作物名称	截至 2021 年 12 月保存总数					2001—2021 年新增保存数			
	种质份数（份）			物种数（个）		种质份数（份）		物种数（个）	
	总计	其中国外引进	其中野外或生产上已绝种	总计	其中国外引进	总计	其中国外引进	总计	其中国外引进
梨	1 318	276	64	14	3	728	155	13	2

2.2 保存的特色资源

我国是东方梨的起源演化中心，因此东方梨的种质资源极为丰富。截至 2021 年底，国家梨苹果圃保存有我国 13 个原产种的 751 份特色资源，其中古老资源 260 份、珍稀濒危资源 64 份、野生资源 195 份、特异资源 232 份（表 2）。

古老资源。我国梨树栽培历史悠久，随着生态适应性以及人工驯化选择，梨地方品种逐渐形成了西北高旱区、云贵高原区、东南丘陵区、青藏高原及四川盆地、东北寒地、华北平原 6 个生态品种群，每个生态群还包括众多品种群类型，栽培历史超过几百年的古老地方品种比比皆是。国家梨苹果圃保存丰富的古老地方品种类型，如在西北高旱区的软儿梨品种群（代表品种有软儿、长把等）、冬果品种群（代表品种有冬果、冰糖等）、库尔勒香梨品种群（代表品种有库尔勒香梨、霍城句句等）、句句梨品种群（代表品种有绿句句、奎克句句等）、油梨品种群（代表品种有油梨、鸡腿梨等）。

表 2　保存原产特色资源情况

所属种	保存份数	种质类型	所属种	保存份数	种质类型
白梨 *P. breschneideri*	309	地方品种	川梨 *P. pashia*	5	野生或半野生
砂梨 *P. pyrifolia*	168	地方品种及野生资源	杏叶梨 *P. armeniacaefolia*	2	野生或半野生
秋子梨 *P. ussuriensis*	151	地方品种及野生资源	麻梨 *P. serrulata*	2	野生资源
新疆梨 *P. sinkiangensis*	48	地方品种	河北梨 *P. hopeiensis*	1	野生资源
杜梨 *P. betulaefolia*	36	野生资源	木梨 *P. xerophila*	12	野生或半野生
豆梨 *P. calleryana*	7	野生资源	褐梨 *P. phaeocarpa*	8	野生资源

珍稀濒危资源。我国梨野生果树资源虽然丰富，但有些野生种个体数量却很少，且大多分布零散，随着工农业的发展以及大量砍伐造成野生果树资源减少，使得这些类型的梨属植物处于濒危状态。如杏叶梨（*P. armeniacaefolia*）是原产我国新疆的一个野生种，因叶片类似杏叶而得名，生长势极其旺盛，植株抗逆性和适应性均强，目前只在新疆塔城等地方少量作为砧木使用，其他地方已难寻踪迹。

野生资源。野生梨属植物资源是梨优良性状来源和生物多样性的重要组成部分，砂梨、秋子梨、杜梨、豆梨、川梨被认为是中国原产的 5 个基本种，在我国不同生态区广泛分布。野生秋子梨（山梨）是最为抗寒的梨属植物，富含糖类、果酸、多种氨基酸及矿物质，可用作鲜食、加工及抗寒砧木，且遗传多样性丰富。国家梨苹果圃保存有来自我国黑龙江、吉林、辽宁、内蒙古以及俄罗斯等地区的山梨资源 80 余份，对其表型、生态适应性、分子遗传多样性进行了深入研究，并且筛选了 4 份可用于观赏的山梨资源，分别命名为锦缎山梨、蓓蕾山梨、繁花山梨和绮簇山梨（董星光等，2015；张莹等，2019；Cao et al.，2012）。

特异资源。梨资源的遗传多样性极为丰富，其中一些特异类型为梨属植物的研究和利用提供了极好的材料。资源圃在果皮颜色、果肉颜色、树型、自交亲和性等方面保存了众多的特异类型。例如：原产甘肃的“兰州花长把”，可能是“兰州长把”芽变类型，纺锤形，风味酸甜，果皮颜色黄绿相间，是极好的观赏品种类型。原产河北的“垂直鸭梨”，白梨品种，为“鸭梨”的芽变类型，倒卵形，淡甜，树冠呈披散形，枝条下垂生长。原产河北的“金坠梨”，为“鸭梨”的自交亲和芽变品种，可用作培育自交亲和梨新品种的亲本。从俄罗斯引进的“无籽梨”，西洋梨品种，短葫芦形，风味甜，粉香，果肉后熟后软面，软核果心，无籽，可全部食用。从德国引进的Summer Blood Birne，西洋梨品种，短葫芦形，风味酸甜，软肉，果肉红色，为红肉梨育种的特异材料。我国自主选育的矮化砧木‘中矮1号’，树体矮化紧凑，抗枝干轮纹病和干腐病，做梨树矮化砧木与各个系统梨亲和性均良好，做中间砧可促进树体矮化，矮化程度为65%~75%。乌梨原产云南，脆肉型，风味酸，贮藏后果肉变乌，水样褐化，清洗后加入中草药入罐制成水泡梨，风味奇特、口感极佳，具有健脾、生津的功效。

2.3 典型案例

2012—2019年对我国甘肃、安徽、贵州、云南等10个省份50余个县市开展了梨种质资源考察（表3），通过对主要野生种原生境数据的采集、整理并分析，明确我国主要野生梨资源的分布及本底。利用ArcGIS软件对MaxEnt模型结果与中国行政分区矢量图进行叠加分析，绘制了杜梨、豆梨、砂梨、木梨、秋子梨、川梨6个我国原产野生种的生态适应性区域图，为我国梨野生资源的保护与利用提供有力支撑。对梨主要野生种的遗传多样性进行了规范化描述，建立了植物学标准图像，并出版了专著《中国梨遗传资源》。在考察过程中对珍稀的梨资源进行了收集和妥善保存，如2017年4月21—23日，对甘肃省兰州市、临夏回族自治州、甘南藏族自治州等地开展了梨资源考察。甘肃梨的栽培历史悠久，野生资源和栽培品种十分丰富，通过1 200余km路径的走访考察，共收集到木梨资源7份，其中2份资源树龄超过500年，这些资源弥足珍贵（图1至图3）。

表3　梨种质资源原生境考察

年份	地点	主要资源
2012	安徽大别山	杜梨、豆梨、褐梨
2013	贵州威宁	川梨
2014	甘肃天水、江西赣州	木梨、豆梨
2015	青海贵德、尖扎、民和	木梨
2016	内蒙古大青山、陕西榆林	山梨、杜梨
2017	云南红河州、文山州	川梨
2018	福建宁德	砂梨
2019	甘肃庆阳、山西中条山	木梨、杜梨

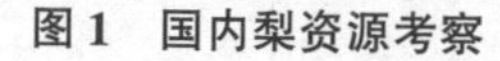

图 1　国内梨资源考察

图 2　收集的珍稀梨资源

图 3　野生梨资源分布的相关著作

3　保存资源的有效利用

国家梨苹果圃自建圃以来积极开展资源的有效利用工作，持续向政府机构、国内科研教学单位、企业用户及个人提供梨接穗、叶片、花粉、果实、种子等资源实物材料和图书文献、科学数据等服务，为国家现代农业梨产业技术体系、国家自然科学基金项目、国家重点研发计划等重要项目研究的开展提供了基础材料和试验场地。为适宜品种区域筛选、新品种选育、科学研究提供了重要的物质支撑，促进了乡村振兴和科技扶贫工作的开展，充分发挥了资源圃公益性、社会性作用。自 2002 年以来，为全国 25 所高等院校、43 个科研院所、14 个政府机构、20 余家企业和个人提供了 320 余次资源和信息服务、670 余次的资源展示和参观服务；累计向社会各界提供资源和信息服务数量达 3 773份次，其中提供资源实物材料3 480份次，图书和数据资源 293 份次。

3.1 支撑育种利用

国家梨苹果圃通过梨种质资源的精准鉴定评价，筛选出抗黑星病的黄鸡腿、青皮糙等资源39份，抗轮纹病的黄皮、昆明麻等资源72份，制汁性能优良的八里香、砂糖梨等资源32份，果肉石细胞含量极少的早酥、德胜香等资源22份，果实极大的满丰、奎星麻壳等资源26份，果心极小的蒲瓜梨、德尚斯梨等资源2份，可溶性固形物含量极高的南果、八里香等资源29份，并提供共享利用，为我国梨育种单位提供了充足的基因源。向河北省农林科学院石家庄果树研究所、浙江省农业科学院园艺研究所、南京农业大学园艺学院、吉林省农业科学院果树研究所等育种单位，提供鸭梨、早酥、库尔勒香、雪花、锦丰等品种花粉材料156份次，并提供京白、秋白、鸭梨、库尔勒香梨等品种作为母本树，配置正反交组合62个，最终获得杂交实生苗3万余株。“十三五”期间共计登记玉翠香、中香1号等梨新品种6个，为我国梨果产业的可持续发展提供重要保障。

3.2 产业发展

新疆库尔勒香梨枝枯病发生严重，对产业造成巨大损失，筛选抗枝枯病资源用于梨品种改良具有重要的意义。2020—2021年本团队与新疆农业科学院园艺作物研究所合作开展梨品种资源抗枝枯病鉴定评价研究，优化了梨枝枯病病菌采集、接种体繁殖及病原物保存方法，并且采用叶片离体接种法进行病原接种，完成166份次梨资源枝枯病抗性鉴定，筛选出抗性资源2份，为新疆香梨产业的健康、可持续发展提供技术支撑（图4）。

图4 抗病鉴定试验

3.3 乡村振兴与扶贫

2021年1月“中国农业科学院果树研究所宜黄试验站”由国家梨苹果圃牵头成立，

试验站梨优新品种展示圃引进梨优新品种 10 个，引进双臂顺行、单臂顺行和圆柱形 3 种栽培模式，打造宜黄地区高效和富民果业的先行样板，推动宜黄果树产业转型和提质增效，建成宜黄果业创新及成果转化平台。

2021 年 11 月“中国农业科学院果树研究所宿迁绿城梨园湾小镇专家工作站”完成签约仪式。专家工作站围绕打造集资源展示、文旅休闲、科普示范等多功能于一体的研学基地，以带动宿迁市梨产业转型升级。梨资源圃筛选并提供 50 份具有代表性的梨品种苗木，并为宿迁绿城梨园湾小镇百梨园建设规划、梨源文化挖掘、梨园管理技术等方面提供全方位指导（图 5）。

图 5　宿迁绿城梨园湾小镇专家工作站成立及开展工作

3.4　基础研究支撑

南京农业大学国家梨工程技术中心是国家梨产业技术体系项目的依托单位，国家梨苹果圃为国家梨产业技术体系项目的开展提供了重要的物质材料支撑，推动了产业的创新和发展。据统计，近 10 余年来累计向南京农业大学国家梨工程技术中心提供各类服务 113 次，占总服务次数的约 1/3；累计提供资源 932 份次，占总资源服务份次的 28.4%。提供果实约 450 余份次；叶片 350 余份次；枝条 39 份次；花粉 33 份次；苗木 2 份次，图书资料 5 份次，并多次提供授粉实验、药剂喷施等试验辅助和场地。此外，国家梨苹果圃还为 7 项国家自然科学基金及多个省部级项目提供了支撑。资源的良好服务和有效利用催生了一大批优秀科研成果产生，南京农业大学国家梨工程技术中心获得了多项国家级和省部级科技奖励，并在《Nature Communications》《Genome Biology》《BMC Genomics》等国际知名期刊发表多篇高水平论文。

3.5　科普教育

梨资源圃依托中国农业科学院果树研究所果树技术培训班，发放宣传手册 1 200余张。培训农民 1 500余人次。向社会提供优质梨苗木 6 万余株。向科研单位和大学实习生提供参观展示 100 余次，共计观展人数达 5 000余人次。

2020 年 9 月 20 日，中国农业科学院果树研究所开展了“庆丰收迎小康，展示果树科技魅力”农科开放日线上活动。梨资源圃专家以直播的形式，分别对梨种质资源起源演化、收集保存历史与现状、研究与利用的重要性等方面进行了讲解，此次开放日直播活动在线观看人数超过1 900人。同时线下的参观及品种展示活动接待来自朝阳、葫芦岛等地的学生、市民、种植户及果树技术人员等共计850人（图6）。

2021年4月28日，中国农业科学院果树研究所举办《科普伴我行 劳动育英才》研学活动。葫芦岛市龙港区风华初级中学500名师生参加本次活动。本次科普教育活动，梨资源圃科研人员耐心、细致地进行了讲解，让学生亲近自然，感悟果树生命科学，激发和培养学生对果树知识的兴趣。

2021年9月19日，梨资源圃举办了梨种质资源开放日活动。葫芦岛当地180余名社会公众、青少年及果树科研人员前来参加。活动包括梨资源圃参观、果树知识讲解、优异果树资源鉴评、亲子采摘等。系统展示了我国梨种质资源保护与利用的成绩，全面介绍了梨种质资源在育种利用和产业发展中的重要支撑作用，增强了大众对于种质资源保护的意识（图6）。

图6 梨种质资源展示活动

4 展望

4.1 收集引进

随着我国城市化加速进行，珍稀濒危的野生资源因生存环境破坏加速流失，珍贵和特异的地方品种资源因商业化梨品种的普及加速淘汰，这些资源中蕴含着大量优异的基因。国外梨种质资源也非常丰富，强化梨种质资源引进与开发对我国梨种业的发展至关重要。未来将重点针对国内外梨原生中心和遗传多样性丰富地区，考察收集濒危野生、地方及优异品种资源，提升保存梨资源多样性，保障我国梨产业的可持续发展。

4.2 安全保存技术

我国果树种质资源基本采用田间保存，保存方式单一，易受自然灾害侵袭而存在安全风险，且保存需耗费大量的人力、物力、财力。加强梨资源保存方法研究，开展包括组培苗保存和超低温保存，建立多方位多方法的保存体系，确保资源的安全保存。

4.3 挖掘利用

我国保存的梨种质资源可利用性状深度精准鉴定不足，导致种质资源数量丰富的优势与育种可利用亲本材料缺乏的矛盾日益突出，限制了梨育种持续创新和产业健康发展。因此，未来加速推进梨种质资源精准鉴定是重要任务，也是打好种业翻身仗的迫切需求。

参考文献

曹玉芬，刘凤之，胡红菊，等，2005. 梨种质资源描述规范和数据标准［M］. 北京：中国农业出版社.

曹玉芬，田路明，李六林，等，2010. 梨品种果肉石细胞含量比较研究［J］. 园艺学报，37（8）：1220-1226.

曹玉芬，张绍铃，2020. 中国梨遗传资源［M］. 北京：中国农业出版社.

董星光，田路明，曹玉芬，2012. 梨种质资源对黑星病抗性评价［J］. 植物遗传资源学报，13（4）：571-576.

董星光，曹玉芬，田路明，等，2013. 梨品种制汁性能的主成分分析与综合评价［J］. 中国果树（5）：21-24.

董星光，曹玉芬，田路明，等，2015. 中国野生山梨叶片形态及光合特性［J］. 应用生态学，26（5）：1327-1334.

方嘉禾，刘旭，卢新雄，等，2008. 农作物种质资源整理技术规程［M］. 北京：中国农业出版社：59-87.

田路明，董星光，曹玉芬，等，2011. 梨品种资源果实轮纹病抗性的评价［J］. 植物遗传资源学报，12（5）：796-800.

张莹，曹玉芬，田路明，等，2019. 秋子梨野生资源部分表型性状遗传多样性评价及观赏优异资源的筛选［J］. 中国果树（6）：91-94.

Cao Y F，Tian L M，Gao Y，et al.，2012. Genetic diversity of cultivated and wild Ussurian Pear（*Pyrus ussuriensis* Maxim.）in China evaluated with M13-tailed SSR markers［J］. Genetic Resources & Crop Evolution，59（1）：9-17.

Zurn J D，Nyberg A M，Montanari S，et al.，2020. A new SSR fingerprinting set and its comparison to existing SSR and SNP based genotyping platforms to manage *Pyrus germplasm* resources［J］. Tree Genetics and Genomes，16（5）：72.

国家梨苹果圃（兴城）苹果种质资源安全保存与有效利用

王大江，王　昆，高　源，孙思邈，李连文
（中国农业科学院果树研究所/农业农村部园艺作物种质资源利用重点实验室　兴城　125100）

摘　要：苹果是蔷薇科苹果属多年生落叶果树，中国为世界苹果种质资源五大起源中心之一，其资源多样性居世界首位，为苹果育种和产业发展提供了重要的物质保障。本文主要介绍了我国苹果种质资源收集保存现状，总结和回顾了20年来国家梨苹果圃在苹果资源保存技术、安全保存和检测、繁种更新和高效利用等方面的研究进展，并对今后资源安全保存和利用方向进行了展望。

关键词：苹果；安全保存；有效利用

苹果（*Malus domestica* Borkh.）为蔷薇科苹果属植物的代表种，主要分布于北温带，大体在东南亚、中亚、西亚、欧洲和北美洲按纬向界限形成明显分布的五大基因中心，我国的川滇古陆为苹果属植物的起源中心之一，资源类型丰富多样，分布广泛，在五大基因中心分布的苹果属植物种中，起源于我国的有17个种，其中塞威士［*M. sieversii* (Led.) Roem.］苹果为现代栽培苹果的祖先种（李育农，2001）。“国家果树种质兴城梨、苹果圃”依托中国农业科学院果树研究所于1979年开始筹备建设，1988年通过农业部专家组验收，其功能定位是收集保存国内外的苹果属植物，并对其进行鉴定评价和编目。2022年，该圃由农业农村部命名为国家梨苹果种质资源圃（兴城），简称国家梨苹果圃。资源圃现占地面积200余亩，截至2021年12月，已保存来自中国22个省（区、市）及美国、日本、新西兰、捷克、波兰、英国、加拿大、荷兰、法国、德国、保加利亚、朝鲜、比利时、丹麦、瑞士、塔吉克斯坦、俄罗斯、韩国和乌兹别克斯坦等19个国家的苹果种质资源2 039份，包括18个野生种、9个栽培种、4个野生种亚种、1个野生种变型、2个野生种变种、1个栽培亚种和5个栽培变种（表1）。保存资源中起源于中国的野生种11个、栽培种6个，是目前亚洲最大的苹果基因库。

果树种质资源是果树种业的“芯片”，是产业发展的物质保障，我国一直重视苹果种质资源的保护与利用，截至2021年底，位于辽宁兴城的国家梨苹果种质资源圃、新疆伊犁的国家野苹果种质资源圃（以新疆野苹果为主）、吉林公主岭的国家寒地果树种质资源圃（以抗寒小苹果品种为主）、新疆轮台的国家新疆特有果树种质资源圃（以新疆特有苹果品种及砧木为主）、云南昆明的国家云南特有果树及砧木种质资源圃（以云南特有苹果品种及砧木为主）等5个国家级果树圃，共收集保存苹果种质资源3 090份（含复份保存），包括了野生种、野生近缘种、地方品种、选育品种及遗传材料。我国

表 1　国家梨苹果圃保存的资源类型

序号	名称	学名	资源类型	主要分布地区	典型性状
1	塞威士苹果	*M. sieversii*（Led.）Roem.	野生种	中国新疆、乌兹别克斯坦等中亚地区	果实扁圆形或圆锥形不等，性状近栽培苹果
2	吉尔吉斯苹果	*M. sieversii*（Led.）Roem. subsp. *kirghisorum*（Al.）Ponom	塞威士苹果亚种	吉尔吉斯斯坦等地	性状近塞威士苹果，各器官较塞威士苹果大
3	土库曼苹果	*M. orientalis* Uglitz. subsp. *turkmenorum*（Juz.）Langenf	塞威士苹果亚种	土库曼斯坦等地	果实圆球形至卵圆形，果味淡甜，有香气
4	红肉苹果	*M. sieversii*（Led.）Roem. f. *neidzwetzkyana*（Dieck）Langenf	塞威士苹果变型	中国新疆等地	性状近塞威士苹果，果皮紫色，红肉类型
5	陇东海棠	*M. kansuensis*（Batal.）Schneid.	野生种	中国甘肃、四川、宁夏等地	果实长圆形，棱起，果肉具少数石细胞，萼片脱落
6	河南海棠	*M. honanensis* Rehd.	野生种	中国河南、河北、山西、甘肃、四川等地	果实较山荆子稍大，萼片宿存，果肉具石细胞
7	山荆子	*M. baccata*（L.）Borkh.	野生种	中国分布较广，黑龙江、山东、甘肃等地均有，朝鲜、西伯利亚等地亦有分布	果实近球形，萼片脱落，类型多样
8	毛山荆子	*M. manshurica*（Komarovii）Likh.	山荆子亚种	中国辽宁、吉林等地，俄罗斯、朝鲜、日本亦有分布	性状近山荆子，叶柄、花梗和萼筒外面具短柔毛
9	丽江山荆子	*M. rockii* Schneid.	山荆子亚种	中国云南、西藏等地	性状近山荆子，叶片下面及萼筒外面均被以柔毛
10	湖北海棠	*M. hupehensis*（Pamp.）Rehd.	野生种	中国湖北、山西、河南等地	多倍体，具无融合生殖特性

（续表）

序号	名称	学名	资源类型	主要分布地区	典型性状
11	平邑甜茶	*M. hupehensis*（Pamp.）	湖北海棠变种	中国山东平邑等地	三倍体，无融合生殖性状明显，做砧木
12	锡金海棠	*M. sikkimensis*（Wenzig.）Koehne.	野生种	中国云南、西藏等地，斯里兰卡、印度等地亦有分布	果实梨形或近圆形，多倍体
13	三叶海棠	*M. sieboldii*（Regel.）Rehd.	野生种	中国东北、华中、西北等地，日本、朝鲜亦有分布	性状近山荆子，多倍体，叶片具裂刻
14	沙金海棠	*M. sieboldii*（Regel.）Rehd. var. *sargenti*（Rehd.）Asami.	三叶海棠变种	日本	叶片具三裂片，花瓣圆形，纯白色
15	花叶海棠	*M. transitoria*（Batal.）Schneid.	野生种	中国内蒙古、宁夏、青海、陕西、甘肃等地	果实近山荆子，二倍体多倍体均有，萼片脱落
16	变叶海棠	*M. toringoides*（Rehd.）Hughes.	野生种	中国内蒙古、宁夏、青海、四川、西藏等地	果实近山荆子，幼叶裂刻
17	小金海棠	*M. xiaojinensis* Cheng et Jiang	野生种	中国四川小金、马尔康等地	果实近山荆子，四倍体，耐缺铁
18	西蜀海棠	*M. prattii*（Hemsl.）Schneid.	野生种	中国四川、云南等地	果实近球形，萼片宿存
19	东方苹果	*M. orientalis* Uglitz.	野生种	高加索山区	果实圆形或扁圆锥形，高加索地区曾做砧木应用
20	森林苹果	*M. sylvestris* Mill.	野生种	东欧为中心，遍及欧洲	果实圆球形，卵圆形，萼片宿存，花朵数较少
21	褐海棠	*M. fusca*（Raf.）Schneid.	野生种	北美阿拉斯加到加利福尼亚均有分布	果色暗红色，叶片红褐色

（续表）

序号	名称	学名	资源类型	主要分布地区	典型性状
22	草原海棠	*M. ioensis*（Wood.）Brit.	野生种	北美西西比和密苏里盆地	果实和果肉绿色，叶片多毛，有绒毛
23	野香海棠	*M. coronaria*（L.）Mill.	野生种	北美密苏里和蒙大拿等州	果实扁圆形，有香气，多倍体
24	窄叶海棠	*M. angustifolia*（Ait.）Michx.	野生种	北美	果实和果肉绿色，稍小于草原海棠，叶片狭窄，多毛，有绒毛
25	乔劳斯基海棠	*M. tschonoskii*（Maxm.）Schneid.	野生种	日本富士山下森林中分布	果实圆形，叶缘锯齿，果肉少量石细胞
26	苹果	*M. domestica* Borkh.	栽培种	起源于欧洲，世界范围均有分布	果实圆形或圆锥形不等，汁液多，果实较大，肉脆味酸甜
27	中国苹果	*M. domestica* Borkh. subsp. *chinensis* Li Y. N.	苹果亚种	中国西北、华北、华东、东北等种植苹果地区均有分布	果实扁圆，50～150g 不等，果肉绵软
28	蘋婆果	*M. domestica* Borkh. var. *pinpo* Li. Y. N.	苹果变种	中国河北的古老品种	树势较绵苹果开张，被广泛用作砧木
29	香果	*M. domestica* Borkh. var. *xiango* Li. Y. N.	苹果变种	中国河北起源，仅限于河北怀来一带分布	果实近长圆形，有芳香，味甜
30	花红	*M. asiatica* Nakai	栽培种	起源于中国西北，在中国新疆、内蒙古等 15 个省区市均有分布	果实扁圆形或近球形，果肉多汁，不耐贮藏，易沙化
31	矮花红	*M. asiatica* Nakai var. *nana* Li Y. N.	花红变种	中国四川巴县	性状近花红，节间短，可做苹果矮化砧

（续表）

序号	名称	学名	资源类型	主要分布地区	典型性状
32	林檎	*M. asiatica* Nakai var. *rinki*（Koidz.）Li Y. N.	花红变种	中国西北、华北、华东、东北等种植苹果地区均有分布	果实长圆形，肉松味甜少汁，萼片宿存
33	槟子	*M. asiatica* Nakai var. *binzi* Li Y. N.	花红变种	中国西北和华北分布较多，其他地区亦有少量分布	果实长圆形，贮藏后香气浓郁
34	楸子	*M. prunifolia*（Willd.）Borkh.	栽培种	中国华北、西北、辽宁、山东等地	果实卵圆形或圆锥形，果面黄绿色或微具红色
35	西府海棠	*M. micromalus*（*M. baccata*×*M. spectabilis*）Makino	栽培种	中国辽宁、山西、河北、山东等地，日本、朝鲜亦有分布	花粉红，具重瓣类型，可作庭院观赏资源
36	大鲜果	*M. soulardii*（Bailey）Brit.	栽培种	北美明尼苏达州至得克萨斯州的密西西比河谷地均有分布	果实扁圆形，果面黄色，果肉白色，香甜可口
37	多花海棠	*M. floribunda* Siebold.	栽培种	日本	花瓣粉红色、量大，具抗黑星病特性
38	朱眉海棠	*M. zumi*（Mats.）Rehd.	栽培种	日本	果实黄色，具耐盐特性

虽然在苹果保存上取得了重大进展，但是和先进国家在保存数量上仍有差距，截至2021年8月，美国合计保存资源13 586份苹果属资源，其中美国农业部农业工业应用技术研究所（USDA-ARS）位于吉内瓦的植物遗传资源中心保存最多，共收集保存6 072份苹果资源。

1 种质资源安全保存技术

苹果种质资源主要以田间植株活体保存为主，经过20多年的发展，保存技术、保存指标及保存手段和以往相比，均有较大的提升，形成了苹果资源圃完整的保存技术体系。

1.1 资源入圃保存技术与指标

资源入圃保存技术 果树种质资源的保存主要采用无性系嫁接苗田间保存技术。苹果圃20年之前采用的株行距为3m×4m，随着资源数量的增加，栽培技术更新换代，目前资源圃主要采用的株行距为2m×5m，宽行距方便机械操作，窄株距可以节省土地面积，增加单位面积保存数量。目前苹果圃除了采用田间保存技术外，对一些野生苹果属资源进行野外采集种子保存，同时逐步开展茎段超低温保存技术研究，实现三种技术并举的保存方法。

资源保存指标 苹果种质资源在我国分布面积较为广泛，生态类型多样，根据多年的研究实践，总结了不同生态型资源的保存指标。田间保存技术适用于大部分资源，在资源定植之前，扩繁15株，挑选健壮苗木进行定植。针对生长健壮、适应性强的资源，采用定植3株、假植1株的方法保存；对适应性较弱，特别是抗寒性差的资源采用高位嫁接的方法保存，在山荆子苗高30cm位置嫁接，可提高资源的抗寒性；对引进的稀有和特异类型、可开发利用作为亲本的资源，采用定植5株以上保存；种子保存主要针对一些野外考察过程中，接穗不易采集的野生资源，每份资源采集500粒以上种子，清洗干净、阴干后装入铝箔袋，抽真空密封，-20℃保存；茎段目前应用于一些栽培品种，采集当年休眠健壮枝条，剪成5~8cm长，包含2~3个健壮芽，采用逐级降温液氮冷冻进行保存，并定期检测发芽能力。

1.2 圃资源监测和种植管理技术与指标

资源生长状况监测 每年须对资源进行生长状态检测，树势的强弱主要根据新梢平均长度和叶片色泽判定，新梢平均长度小于15cm（王昆等，2005），枝叶表现不正常，登记为生长势弱、树势衰退，为重点观测资源，在第二年观测存在主枝或1株树体死亡时及时登记，并按照繁殖更新程序进行更新。

资源圃病虫害监测 联合本单位植保专家进行病虫害预测预报，病害主要对苹果腐烂病、轮纹病、早期落叶病进行检测，腐烂病主要检测病斑的大小和覆盖范围，轮纹病和早期落叶病以检测雨量为依据。虫害检测主要针对辽西地区易发生的绵蚜、黄蚜、苹果小卷叶蛾、金纹细蛾、桃小和梨小食心虫以及红蜘蛛为主，以检测害虫的数量为依据。根据病虫害检测指标，制订预警方案，确保及时有效控制病虫害的发生。

土壤和气候等环境状况监测 资源圃及时关注天气变化情况，实时注意土壤温湿度、空气温湿度、风速风向、降水量等因子，及时应对恶劣气候条件，制定应对措施。

资源种植管理技术 根据当地气候特点，制定了苹果资源圃周年工作历，如1—3月进行冬剪清园，4月进行刮除病斑，4月底和5月进行疏花疏果，6—8月进行夏季病虫害防治和花果期追肥，9月进行果实采摘，施基肥，11—12月进行灌防冻水、树干刷白等措施。资源圃行间在幼苗期可适当进行花生间作防止杂草，成龄树行间自然生草，植株树盘用园艺地布覆盖。

圃资源病虫害监测指标 轮纹病在降水量10mm以上、枝干湿润9h以上喷施杀菌剂；腐烂病小枝出现病害立即剪除销毁、主干出现病斑春季刮除；早期落叶病降水量5mm以上、叶片湿润5h以上喷杀菌剂。黄蚜虫梢率50%以上，桃小和梨小食心虫卵果率1%以上，红蜘蛛春季叶均数3~4头、夏季6头以上，苹果小卷叶蛾虫梢率5%以上，绵蚜剪锯口受害率10%以上，金纹细蛾百叶虫数3头以上，应用杀虫剂防治。

种植管理技术指标 树盘两边用宽度为1.2m的地布覆盖，行间草长至30~40cm时，用打草机进行刈割覆盖；基肥施用量成龄树平均每株施有机羊粪8~10kg、复合肥0.5~1kg，幼龄树平均每株施3~5kg有机肥、复合肥0.5~0.8kg；土壤持水量低于45%需要进行灌溉；日降水量大于50mm时需要打开排水沟排水。

1.3 圃资源繁殖更新技术与指标

资源圃的目的是保持资源的安全性，但是在资源生长过程中，由于各种原因，可能会出现资源生长势衰退、植株死亡的情况，因此需要对其进行繁殖更新。

繁殖更新技术 苹果资源采用无性系嫁接扩繁技术进行繁殖更新。每年12月对山荆子等砧木种子进行层积60天左右，第二年3月中旬在畦池播种并生长一整年，第三年4月起苗在田间开沟种植，株距为10cm，培养至8月，采用单芽贴接的方式在距约地面5cm处嫁接，用嫁接带缠绕，芽处叶柄露在外边，一周后叶柄易脱落则嫁接成活，第四年4月剪砧，接穗枝条长出后需要进行去除萌蘖，每份资源嫁接15株以上，在秋季或者第五年春季即可成苗。定植的扩繁苗要求嫁接部位粗度达0.8cm以上，株高120cm以上，主根长度15~20cm，侧根数量5~10条，侧根粗度0.4cm以上，并对照原资源，保证纯度。

更新复壮指标 ①资源保存数量减少到原保存数量的50%及以下；②树体出现显著的病害或衰退现象，如腐烂病主干病斑沿树干直径达1/2以上，新梢长度低于15cm等；③遭遇严重的自然灾害，如冬季极度低温，夏季洪涝灾害等；④其他原因引起的苹果树植株生长异常。

1.4 圃资源备份技术与指标

圃资源备份技术 国家梨苹果圃联合中国农业科学院作物科学研究所开展了休眠芽超低温保存技术的研究，对一些重要的核心资源进行了备份保存。

备份资源指标 ①核心亲本资源：目前苹果品种选育利用较多的富士、金冠、国光、元帅等进行备份保存；②珍稀濒危野生资源：《国家重点保护农业野生植物名录》中濒危的锡金海棠，国家二级保护物种新疆野苹果和丽江山荆子进行备份保存；③濒危特异地方品种资源：具有特殊的性状特征，在历史上具有一定的栽培地位，考察过程中判定为濒危的一些地方品种，如白海棠、红楸果等。

2 种质资源安全保存

2.1 资源安全保存情况

截至2021年12月，国家梨苹果圃共保存27个种2 039份苹果种质资源（表2），其中国内资源1 528份（占74.94%）、国外资源511份（占25.06%），地方特色资源27份（占1.32%），国家二级保护物种358份（17.56%），濒危资源4份（占1.96%）。资源类型包括栽培大苹果744份，新疆野苹果342份，山荆子192份，其他野生资源35份，地方栽培品种726份。

自2001年农业部种质资源保护与利用项目启动后，苹果种质资源的保存份数得到了较快的增长，新增苹果资源1 426份，占资源圃保存总量的69.94%，资源保存总量增长132.63%，新增9个种，分别为河南海棠、草原海棠、窄叶海棠、花叶海棠、小金海棠、褐海棠、大鲜果、多花海棠和朱眉海棠。从保加利亚、俄罗斯、法国、捷克、美国、日本、新西兰和意大利直接或间接引进资源125份，包括苹果、草原海棠、窄叶海棠、褐海棠、大鲜果、多花海棠和朱眉海棠7个种；从我国甘肃、新疆、内蒙古、贵州、云南、西藏、河北、黑龙江、吉林、辽宁、河南、江苏、山东、山西、陕西、四川等16省（区、市）40个县（市）进行37批74人次的资源考察和收集，共收集资源1 301份，其中野生资源411份、育成品种203份、野生近缘种及地方品种787份，包括新疆野苹果、山荆子、河南海棠、变叶海棠、花叶海棠、花红、垂丝海棠等13个种（表2）。

表2 国家梨苹果圃苹果资源保存情况统计

作物名称	截至2021年12月保存总数					2001—2021年新增保存数			
	种质份数（份）			物种数（个）		种质份数（份）		物种数（个）	
	总计	其中国外引进	其中野外或生产上稀有或少见	总计	其中国外引进	总计	其中国外引进	总计	其中国外引进
苹果	2 039	511	524	27	11	1426	125	9	7

2.2 保存的特色资源

截至2021年12月31日，国家梨苹果圃保存特色苹果资源446份，占圃资源保存总量的21.87%，其中国家二级保护资源358份、濒危资源4份（表3）、地方特色资源27份、育种价值资源20份、生产利用资源25份、观赏价值资源12份。

国家二级保护资源 358 份。《国家重点保护农业野生植物名录》中锡金海棠、新疆野苹果和丽江山荆子被列为国家二级保护物种，具有重要的科研和应用价值，如新疆野苹果为栽培苹果祖先种，这些资源均需要重点保护。

濒危资源 4 份。被国家自然保护联盟（IUCN）列为濒危和易危的苹果属资源各有 1 个种，资源圃保存有易危的锡金海棠 4 份资源，濒危资源山楂海棠因其特殊的生长环境，暂时未入圃保存。

地方特色资源 27 份。我国的苹果栽培具有2 000多年的历史，在历史上经过自然和人工选择形成了丰富的地方品种资源，如河北怀来县石洞村被誉为“中国彩苹第一村”，目前仍有成片的中国彩苹种植。

育种价值资源 20 份。育种价值资源指符合生产中所需性状，具有一定的育种价值，可以用于育种亲本的资源。如耐盐资源朱眉海棠可作为耐盐矮化砧木选育亲本，香气浓郁的槟子可作为浓香型品种的选育亲本，红肉资源红勋 1 号可作为红肉苹果选育亲本。

生产利用资源 25 份。生产利用资源指通过地方选育或自然选择形成的优良表现的品种，在生产上可以直接利用。如鸡心果、龙丰、冷海棠等可在寒冷地方推广种植。

观赏价值资源 12 份。整株或者某一性状具有重要观赏价值的资源，如红花资源红亮、红鸟、王族等，重瓣花的海棠花等。

表 3　圃内保存的国家重点保护野生资源名录及濒危资源列表

序号	名称	学名	资源类型	分类类型	保存份数（类型数）	主要来源地
1	塞威士苹果	*M. sieversii* (Led.) Roem.	野生种	国家二级保护物种	342	新疆伊宁市、霍城县、巩留县、新源县、额敏县，塔城地区等
2	喜马拉雅山山荆子（丽江山荆子）	*M. rockii* Schneid.	山荆子亚种	国家二级保护物种	16	云南丽江、四川等地
3	锡金海棠	*M. sikkimensis* (Wenzig.) Koehne.	野生种	国家二级保护物种、易危资源	4	云南玉龙县、德钦等地

2.3　种质资源抢救性收集保存

云南为我国苹果属植物的起源地之一，河北和山东苹果栽培均有悠久的历史，随着道路维修、房屋修缮以及乡村居民迁移城市居住等原因，一些古老资源和地方优异品种濒临灭绝。2017 年 7 月和 2015 年 9 月，分别赴山东崔家峪、云南中甸和玉龙等地进行苹果属资源考察收集，2013—2018 年连续 6 年对河北不同地区开展苹果地方品种的专项考察收集。经整理扩繁入资源圃保存易危资源 4 份，国家二级保护资源 14 份，地方品种资源 260 份。如锡金海棠［*M. sikkimensis*（Wenzig.）Koehne.］，花粉红色或白色，果实梨形或近圆形，萼片宿存，存在 2 倍体、3 倍体和 4 倍体类型，为易危资源；丽江山荆子［*M. rockii* Schneid.］，在西南地区可作为苹果砧木利用，具有耐旱特性，为国家二级保护资源；早白海棠和晚白海棠［*M. asiatica* Nakai］，为白海棠早熟和晚熟两个类型，特异之处在于果实成熟果皮为纯白色，果面光洁，果实大小70g左右，酸甜适宜，为河北濒危的地方品种；红楸果［*M. prunifolia*（Willd.）Borkh.］，果实大小20g左右，成熟着紫红色，色彩艳丽漂亮，为河北濒危地方品种；歪把［*M. asiatica* Nakai］，在山东临沂地方品种考察过程中发现，果柄粗短，梗洼向外突出，果柄歪斜，是果形特殊的地方品种。

3 保存资源的有效利用

3.1 概述

在2001—2021年，向6个政府部门、6家企业、15个高等院校、27个科研院所、68家单位和个人提供利用10 268份次苹果种质资源。为适宜品种区域筛选、新品种选育、科学研究提供了重要的物质支撑，促进了乡村振兴和科技扶贫工作的开展，充分发挥了资源圃公益性、社会性作用。

育种、生产利用效果 向中国农业大学、中国农业科学院郑州果树研究所、河北农业大学、西北农林科技大学、新疆农业科学院园艺作物研究所等提供苹果花粉、叶片、休眠枝和其他材料等，进行科学研究和种内、种间杂交选育新品种，配置杂交组合200余个，获得杂交实生苗50 000余株，选育并登记新品种30余个。

支持成果奖励 以苹果圃的种质资源安全保存为基础，参与获得国家科学技术进步奖1项，科技部“全国野外科技工作先进个人”称号1项，省科技进步二等奖3项、省自然科学学术成果奖1项，市科学技术研究成果奖1项，市青年科技奖1项。

支撑乡村振兴与精准扶贫 筛选优异资源华红、维纳斯黄金、寒富等50余份苹果优异品种，支撑乡村振兴，在葫芦岛韩家沟果树农场、建昌刚屯镇和药王庙镇，河北承德，山东烟台、栖霞，新疆农三师等地建立苹果品种示范园，并全程指导进行果园的建立和技术指导。在上述地区进行技术培训20场次，培训果农2 000余人次，培养苹果技术员20余人；累计带动苹果种植30多万亩，实现经济效益2亿元以上。

支撑科研项目 支撑国家苹果产业技术体系、国家重点研发、国家“863”专项、国家自然科学基金项目、农业部公益性行业专项、中国农业科学院科技创新项目、中国农业科学院院级基本科研业务费项目、辽宁省博士启动基金项目、云南省科技计划项目等50余项。

支撑论文论著、发明专利与标准 支撑研究论文100余篇，其中SCI论文30余篇，在《Nature communication》和《Molecular Plant》发表具有重要影响力的论文3篇。支撑《苹果种质资源描述规范和数据标准》《苹果苹果良种引种指导》《中国苹果品种》《当代苹果》《苹果矮化密植栽培——理论与实践》等论著7部。支撑“一种苹果种质资源条形码标识的制备方法”国家发明专利1项；“苹果种质资源分子身份证的制备方法”等国际发明专利2项。制定农业行业标准《农作物种质资源鉴定技术规程　苹果

（NY/T 1318—2007）》《农作物优异种质资源评价规范　苹果（NY/T 2029—2011）》和《苹果种质资源描述规范（NY/T 2921—2016）》3 项。

支撑资源展示、科普、媒体宣传　进行田间和室内苹果资源展示 6 次，展示优异、特异苹果资源 200 余份次，接待黑龙江、陕西、湖北、辽宁等 10 余个省（区、市）科研人员、果农、合作社管理人员等2 000余人次参观资源圃，通过资源圃功能定位的讲解，增强了资源保护工作意识，提升了资源利用效率。接待新西兰、美国、日本等国外专家参观交流，加强了国际合作；以宣传册、现场讲解、科普活动、科技开放日等形式对苹果资源圃的运行、保存资源类型、具体功能定位等进行了宣传报道，提升了大众对资源的认知，增强了大众保护意识。

3.2　典型案例

种质资源的多样性和特殊性是基础研究的物质保障。在近 20 年的苹果基础研究中，我国相继发表了多篇具有重要影响力的学术论文，基础研究取得了重大进展。2017 年我国第一次在具有国际影响力的期刊《Nature Communication》（Duan et al.，2017）上面发表了苹果遗传演化和驯化方面的研究论文，此论文除了进一步证实了塞威士苹果是栽培苹果的祖先外，也第一次在分子水平上揭示了中国苹果的来源，我国特有种花红、楸子，即可能是哈萨克塞威士苹果与山荆子的杂交类型。另外，提出了苹果果实大小特有的二步进化模型。2019 年再次在《Nature Communication》（Zhang et al.，2019）上发表了‘寒富’花药培养纯合体的基因组序列，并首次提出转座子在苹果果皮着色中的重要作用，开发了相应的分子标记，缩短了红皮苹果的选育进程。2021 年中国科学院武汉植物园在利用资源圃 461 份苹果资源的基础上，在《Molecular Plant》（Liao et al.，2021）上发表相关论文，揭示了苹果风味改善的遗传路线图，酸度选择在风味品质驯化过程中起主要作用。以上高水平论文的发表使我国苹果基础研究迈入世界一流的新阶段，在这些论文中，均利用到了资源圃的苹果种质。

4　展望

4.1　抢救性收集保存

资源圃目前保存的野生种多为 1 个或几个种的类型，种下类型数量很少，尤其是国家二级保护物种的锡金海棠、新疆野苹果和丽江山荆子，下一步需要加强这些种下类型资源的收集和保存。

我国有2 200多年的苹果栽培历史，经过自然选择和人工驯化，沿丝绸之路分布着类型极多的地方品种，这些地方品种在历史上具有重要的地位，对研究中国苹果的起源演化具有重要作用，是培育本土风味苹果的物质基础，但是目前随着道路扩建、房屋修缮等原因，面临流失和灭绝的风险，因此未来需要重点对这些地方品种进行收集和保存，特别是那些在历史上具有一定的栽培面积、具有一定的果农认知和地域特色的类型是收集保存的重点。

目前资源圃国外苹果资源占保存总量的25.06%，近20年收集的国外资源仅占收集总量的8.77%，圃内保存的国外老资源较多，新增资源较少，因此未来需要加强国外资源的收集和保存，提升国外资源保存比例。

4.2 安全保存技术

苹果种质资源目前主要采用田间保存，易受自然灾害侵袭而存在安全风险，且保存需耗费大量的人力、物力及财力。未来需要采用种质资源离体低温保存、DNA保存、瓶苗保存、野生资源种子保存并举等多种保存方式。具体实施目标为在未来2~3年实现苹果资源圃所有资源的DNA保存，未来3~5年实现核心资源的瓶苗备份保存，未来5~10年继续开发种质资源的离体低温保存，同时实现资源圃的条形码、分子身份证等信息化管理。

4.3 挖掘利用

在极端气候频发、功能性果品需求旺盛、种植结构急需升级、鲜食苹果产能过剩的背景下，未来需要针对以上需求开展苹果种质资源的深度挖掘和利用，挖掘耐盐、耐旱和耐寒的苹果种质资源，进行苹果抗逆矮化砧木的创制和利用，进一步推广矮化密植省力化栽培；挖掘高类黄酮含量、香味浓郁及特殊风味的苹果种质资源，进行功能性果品种质创制和利用；挖掘区别于富士、元帅等老品种风味的新种质，进行鲜食品种风味多样化创制和利用，促进结构升级；挖掘高酸、高维生素C、抗褐化、汁液比例高的种质资源，进行加工、制汁品种的创制和利用。

4.4 管理信息化

在数据采集自动化、规模化及档案信息化大背景下，果树种质资源的收集保存、基础数据采集等都需要进行信息化处理，开展“国家梨苹果圃（兴城）”的管理和服务机制创新，通过利用手机、平板电脑、扫描枪、二维码等技术手段，实现苹果资源基础数据信息的自动快速获取，资源圃管理档案的信息化，构建多功能的苹果资源管理信息系统。

参考文献

李育农，2001. 苹果属植物种质资源研究［M］. 北京：中国农业出版社.

王昆，刘凤之，曹玉芬，等，2005. 苹果种质资源描述规范和数据标准［M］. 北京：中国农业出版社.

Duan N B，Bai Y，Sun H H，et al.，2017. Genome re-sequencing reveals the history of apple and supports a two-stage model for fruit enlargement［J］. Nature Communications，249（8）：1-11.

Liao L，Zhang W H，Zhang B，et al.，2021. Unraveling a genetic roadmap for improved taste in the domesticated apple［J］. Molecular Plant，14（9）：1454-1471.

Zhang L Y，Hu J，Han X L，et al.，2019. A high-quality apple genome assembly reveals the association of a retrotransposon and red fruit colour［J］. Nature Communications，1494（10）：1-13.

国家桃草莓圃（南京）种质资源安全保存与有效利用

俞明亮，赵密珍，蔡志翔，庞夫花，严　娟，袁华招，孙　朦，
吴娥娇，许建兰，王　静，马瑞娟，蔡伟建，沈志军
（江苏省农业科学院果树研究所　南京　210014）

摘　要：2001—2021 年，国家桃草莓种质资源圃（南京）共收集入圃桃种质资源 225 份、草莓 282 份，编目资源数量达到1 150份，涵盖桃 6 个种、草莓 20 个种。建立并优化了桃、草莓种质资源保存体系、鉴定评价体系等，实现草莓种质资源的玻璃温室保存和桃种质资源的隔离网室复份保存，有效保护了生产上已经消失的 185 份桃、72 份草莓地方品种和野生资源。挖掘出窄叶、红肉、短低温、抗流胶、抗褐腐病及耐涝桃优异种质，挖掘出红花、四季结果、有特征香气、耐低温弱光、抗白粉病、抗枯萎病等草莓优异种质。提供桃种质资源有效利用 3 723份次，草莓种质资源 1 686份次，展示优异种质资源 670 余份次，支撑了 20 余个桃新品种、10 余个草莓新品种的选育，支撑各类课题 50 余项、支撑论文发表 110 余篇，支撑科普宣传逾 15 000人次。国家桃草莓种质资源圃有效发挥了支撑产业发展、支撑基础研究、支撑科普宣传的社会效益。

关键词：桃；草莓；种质资源圃；收集保存；鉴定评价；有效利用

国家桃草莓种质资源圃（南京）［以下简称国家桃草莓圃（南京）］的前身为全国桃原始材料圃（1965 年规划建设）。1981 年，农业部下达由江苏省农业科学院园艺研究所承建国家果树种质桃、草莓圃（南京）任务，1985 年签订建圃协议，1988 年建成并通过农业部验收。2003—2005 年，受农业部种子工程项目资助，完成国家果树种质南京桃、草莓圃的首次改扩建，补充并完善了连栋大棚、网室、排灌系统等硬件保存设施和实验室设备。2015—2018 年，再次受农业部种子工程项目资助，完成第二次改扩建，补充并完善了玻璃温室、隔离网室、水肥一体化系统、融合监控系统等田间设施和农机、实验仪器设备。到 2021 年底，国家桃草莓圃占地 8.0hm^2，入圃保存桃、草莓种质资源1 150份，其中桃 724 份（涵盖 6 个种），草莓种质资源 426 份（含 20 个种：1 个栽培种、19 个野生种）。

1　种质资源安全保存技术

1.1　桃、草莓资源入圃保存技术与指标

桃入圃资源主要采用无性系嫁接苗繁殖。为应对日益严重的病虫害威胁，采用田间

保存与隔离网室盆栽备份保存相结合的方式。田间保存技术体系：以两主枝树型结构，配以适应南京气候特点的宽行起垄、行间生草覆盖、长枝修剪等便于机械化管理的种植模式，种植密度由传统的4m×5m变为2m×5m。隔离网室盆栽保存技术体系：通过埋设缓释肥，铺设水肥一体化滴灌带及抑草地布，结合主干型修剪模式，实现了节水、节能、高效、低劳动力的资源复份保存。

桃圃每份资源田间保存3~5株，株行距2m×5m；隔离网室复份保存2盆。针对南方地区降水量大、地下水位高等特点，选用抗性较强的毛桃做砧木。新收集的资源，按照描述规范（蒲富慎，1990；王力荣和朱更瑞，2005），在引种观察圃内经过初步鉴定评价（物候期、果实经济性状、植物学特征），发现其有别于已经入圃资源，无检疫性病虫害时，才能编目入圃。

草莓种质资源的保存经历了3个重要阶段：田间种植保存（2004年之前），避雨棚内的箱式种植保存（2004—2016年），玻璃温室内的盆栽保存（2017年之后）。箱式保存有效克服了匍匐茎攀爬造成的“串种”问题，并方便更换基质，保持植株健壮。玻璃温室保存解决了野生资源越冬和越夏难的问题。资源保存标准：玻璃温室苗床上每份资源保存4盆，每盆1~6株（栽培草莓1~2株/盆、野生草莓4~6株/盆），野生资源同时采用室外仿原生态箱式复份保存。新收集的草莓种质资源按照描述规范（赵密珍，2006），经过初步鉴定评价后再入圃保存。草莓种质资源入圃的标准是：描述性状明显有别于已入圃的资源，野生资源的同一生态群落保存1~5份（根据群落大小、多样性程度和珍贵程度而定）。

2001年以来，国家桃草莓圃（南京）共收集桃种质资源225份，经初步鉴定评价编目入圃231份：国外资源50份，主要为选育品种；国内资源181份，含野生资源68份［37.6%，重点为云南和武夷山脉（蔡志翔等，2017）］、地方品种81份（44.8%）、育成品种31份（17.1%）、遗传材料1份（0.6%）。共收集草莓种质资源282份，编目196份。编目入圃的草莓种质资源中，国外种质89份，其中野生资源28份（31.5%）、选育品种52份（58.4%）、其他资源9份（10.1%）；国内资源107份，其中野生资源50份（46.7%）、地方品种4份（3.7%）、育成品种49份（45.8%）、遗传材料4份（3.7%）。

1.2 圃资源监测技术与指标

每年专人定期观测每份种质资源的生长情况，对缺株、严重病虫害和衰弱的种质资源及时登记，并采取措施按繁殖更新程序进行苗木扩繁和重新定植；每年专人定期监测资源的破眠萌动、花期、果实发育、叶片状态、植株变化等，及时跟踪资源生长发育动态情况。

桃资源圃病虫害监测：南京地区桃主要病害为缩叶病、细菌性穿孔病和褐腐病，采用田间观测方式监控上述病害；主要虫害为春季蚜虫，夏季梨小食心虫、桃小食心虫、桃蛀螟、小绿叶蝉，果实采收后桔小实蝇等，采用粘虫板、诱剂捕捉器等，对桔小实蝇、梨小食心虫、桃小食心虫、桃蛀螟等害虫进行监测，蚜虫采用田间观测。制定各病害和虫害的防控指标；制定突发性病虫害发生的预警、预案；通过田间观察加采样检测，调查是否存在检疫性病害的侵染。

草莓资源圃病虫害监测：南京地区草莓主要虫害为蚜虫、螨虫、斜纹夜蛾等，主要病害为白粉病、枯萎病、炭疽病、灰霉病等，采用专人定期监测方式监控上述病虫害。主要虫害为：春季花期和匍匐茎抽生期蚜虫、螨虫等，夏秋季螨虫、斜纹夜蛾等，采用化学防治（喷施药剂）与生物防治（释放捕食螨、悬挂粘虫板等）相结合的方式进行综合防治。主要病害为春季灰霉病、白粉病，夏秋季枯萎病、炭疽病等，一般以预防为主、化学防治为辅，根据病虫害的发生规律，制定综合防治措施，并根据不同年份病虫害实际发生情况，合理用药，确保植株健壮生长和鉴定评价数据的准确性。

按照桃、草莓种质资源描述规范和数据标准（蒲富慎，1990；王力荣和朱更瑞，2005；赵密珍，2006），已对673份桃、525份草莓种质资源进行了鉴定评价（含年度之间的重复），获得基础表型数据和特征特性的图片数据。针对桃托叶长度，建立并完善了分级评价体系（蔡志翔等，2016）。

在桃种质资源的深入鉴定评价方面：先后完成水蜜桃（沈志军等，2009）、蟠桃（葛志刚等，2009）、硬肉桃（陆苏璃等，2010）、黄肉桃（俞明亮等，2010b）、观赏桃（陈霁等，2011）、地方品种（Shen et al.，2015）等类群的亲缘关系分析和指纹图谱构建。基于HPLC测定，先后开展了桃种质资源主要糖酸含量的比较（沈志军等，2012），黄肉桃类胡萝卜素含量的积累（颜少宾等，2013），果实抗氧化组分的评价（Zhang et al.，2018）。近年来，逐步开始桃种质资源的抗性鉴定和评价，包括抗流胶、抗褐腐病、抗涝性等。

在草莓种质资源的深入鉴定评价方面：应用植物生理解剖学对草莓资源进行花粉形态（韩柏明等，2013）、花芽分化过程（庞夫花等，2014）、花序分化进程（赵密珍等，2017）等形态学观察；应用分子生物学对38个欧美栽培品种（王壮伟等，2013）、96份栽培品种（韩柏明等，2013）、37份露地栽培品种（黄志城等，2017）进行DNA指纹图谱构建和亲缘关系分析，对原产于中国的野生种质从形态学、细胞学及分子水平进行了研究，同时筛选出可用于草莓品种鉴定的EST-SSR标记（董清华等，2011；Wang et al.，2016）；结合分子生物学和基因组学研究进展，深入解析匍匐茎发生、转基因花不育、森林草莓*MYB*基因家族（袁华招等，2019）、栽培草莓三代全长转录组、果实色泽形成、低温冻害黑心花产生等机理（Chen et al.，2018），确定了部分有重要利用价值的资源。

1.3 圃资源繁殖更新技术与指标

桃种质资源需要更新复壮的标准：①树龄超过10年；②树体出现显著的衰老症状；③田间种植保存存在缺株现象；④遭受严重自然灾害或病虫危害后难以自生恢复；⑤其他原因引起的植株生长不正常。桃繁殖更新主要采用春季枝接法、夏季芽接法和秋季芽接法3种（桃种质资源繁殖更新以夏季芽接繁殖小苗为主，结合春季枝接和秋季芽接）。2001年以来，共完成1 682份次桃种质资源的繁殖更新，确保每份资源保存的数量与质量。

草莓种质资源更新复壮标准：①植株苗龄超过3年；②植株出现黄化、矮缩等衰老症状；③植株发生枯萎病、根腐病等土传性病害；④其他原因引起的植株生长不正常。

草莓种质资源繁殖更新的技术难点在于茎尖脱毒培养复壮和每年数千盆基质消毒更换。自2001年以来，共完成427份次草莓种质资源的组培复壮；为了保持植株的健壮生长状态，每年对草莓圃内的一半资源（200余份）进行匍匐茎苗更新，两年实现全部轮换。

1.4 圃资源备份技术与指标

随着隔离保存网室的建成，2018年春季，将600余份桃种质资源进行盆栽，每份资源栽种2盆（Φ60cm，H40cm），使用水肥一体化滴灌系统的精细化管理，隔离网室复份保存实现了桃资源安全保存的“双保险”。

草莓常规资源的备份保存采用穴盘扦插（336份）；珍贵的资源茎尖组培复壮后，进行低温离体保存（25份）；部分不抽生匍匐茎的野生资源（如5AF7）采用种子复份保存（10份）；易感病资源采用珍珠岩营养液方法隔离保存（15份）。

2 种质资源安全保存

2.1 保存情况

截至2021年12月，国家桃草莓圃（南京）共保存已编目的桃种质资源724份（含6个种）（表1），草莓种质资源426份（含20个种：1个栽培种，19个野生种）。2001年后，新增加桃种质资源231份，增加了光核桃、山桃、陕甘山桃等野生资源的数量，丰富了不同种的种质类型。2001年后，新增加草莓种质资源196份，值得一提的是新增了14个种，包括8个二倍体种：绿色草莓（*Fragaria viridis* Duch.）、五叶草莓（*F. pentaphylla* Lozinsk.）、东北草莓（*F. mandschurica* Staudt.）、日本草莓（*F. nipponica* Lindl.）、饭沼草莓（*F. iinumae* Makino.）、暇夷草莓（*F. yezoensis* Hara）、中国草莓（*F. chinensis*）、裂萼草莓（*F. daltoniana* Lindl.）；3个四倍体种：伞房草莓（*F. corymbosa* Lozinsk.）、东方草莓（*F. orientalis* Lozinsk.）、西南草莓（*F. moupinensis*）；1个八倍体种：弗州草莓（*F. virginiana* Duch.）；2个十倍体种：喀斯喀特草莓（*F. cascadensis*）、择捉草莓（*F. iturupensis* Staudt），使圃内保存草莓种的数量达到20个（含国外引进的8个种）。

表1 国家桃草莓圃（南京）资源保存现状

作物名称	截至2021年12月保存总数					2001—2021年新增保存数			
	种质份数（份）			物种数（个）		种质份数（份）		物种数（个）	
	总计	其中国外引进	其中野外或生产上已绝种	总计	其中国外引进	总计	其中国外引进	总计	其中国外引进
桃	724	210	185	6	0	231	50	0	0
草莓	426	246	72	20	8	196	89	14	8

2.2 保存的特色资源

设立国家桃资源圃（南京）的初衷是重点收集南方和东部种质资源，以及其他桃品种资源。桃资源圃保存的特色资源包括：①云南、广西、广东等地的地方品种资源。云南省的蒙自、晋南、呈贡等地收集的21份地方品种资源中，生产上已近乎全部消失；广东和广西的11份地方品种资源中，生产上已经消失的资源有7份。②长江流域的地方品种资源。江苏省地方品种资源共有41份（消失的21份）；上海地方品种6份（消失的4份）；浙江地方品种16份（消失9份）；安徽地方品种3份（消失的2份）；湖北地方品种11份（消失的4份）。③溶质的水蜜桃资源。南京桃资源圃保存软溶质桃资源共166份（其中甜或甜浓风味的110份），硬溶质桃资源383份（其中甜或甜浓风味的156份），这些种质直接或间接地为无锡产区和奉化产区提供了品种支撑。④南京桃资源圃保存的特色资源还包括20世纪60—90年代积累的育种中间材料（60份）、短低温种质（18份）、红肉桃（20份）、高抗流胶病资源（2份）、窄叶桃（1份），这些种质是桃品种创新和关键性状改良的重要基因资源。

草莓资源圃保存的特色资源包括：①云南、四川、西藏、贵州等野生草莓资源，如五叶草莓、西藏草莓等，这些资源具有极好的抗寒性、抗病性，是珍贵的抗性育种材料；②地方品种25份，该类资源抗性强、耐储运，是草莓品种创新和关键性状改良的重要基因资源；③四季草莓资源10份，该类资源在南京地区夏季能够多年连续开花结果，这类资源不仅能促进草莓周年生产，更是为挖掘草莓开花基因、开发四季开花性状连锁标记和精确定位开花基因提供了重要的创新资源。

3 保存资源的有效利用

3.1 概述

自2001年以来，提供桃种质资源有效利用约507份（3 723份次），草莓约325份（1 686份次）

桃、草莓种质资源支撑了新品种的选育。江苏省农业科学院桃创新团队利用资源圃提供的白花、雨花露、朝晖、幻想、早红2号等优异种质，先后培育出了雨花1号、雨花2号、雨花3号、霞光、霞脆、霞晖5号、霞晖6号、霞晖8号、紫金红1号、紫金红2号、紫金红3号、金霞油蟠、紫金早油蟠、玉霞蟠桃、金陵黄露、金陵柳树蟠、金陵血蟠、红粉佳人、金陵锦桃20个桃品种，其中11个品种获得农业部植物新品种权证书；山东果树所、石家庄果树所利用雨花露培育了春明和甜丰。近年来，上海市农业科学院利用金霞油蟠、银河等配置了系列组合，正在进行优系筛选。江苏省农业科学院草莓创新团队利用资源圃提供的哈尼、幸香、章姬、达赛莱克特、高良5号、甜查理等优异资源，选育出雪蜜、宁玉、宁丰、宁露、紫金四季、紫金香玉、紫金久红、紫金1号、宁红、紫金红、紫金早玉、紫金粉玉、紫金丽霞、紫金黛玉14个草莓新品种，其中6个品种获得品种权，新品种的推广利用使中国自主知识产权的草莓品种从无到有，并逐渐替代国外品种。

桃、草莓品种资源支撑了产业发展，助推乡村振兴和脱贫致富。霞晖 6 号、霞脆等品种在全国的推广利用，已经成为全国多个产区的主栽品种，为全国桃产业的可持续发展提供了品种支撑；持续向江苏桃产区输送霞晖 6 号、霞晖 8 号、霞脆、金霞油蟠等优良品种，促进了江苏桃产业的品种结构调整与优化，助推“阳山水蜜桃”“新沂硬溶质桃”和“泗阳鲜桃”等品牌的创建与提升，有力推动了地方优势农业产业的发展。短低温桃品种（系）在广西和云南的区试试验，促使桃栽培区域进一步向南方产区推进，有效支撑了当地果树产业的多元化发展。宁玉、宁丰等草莓品种在全国推广利用，成为江苏、浙江、湖北等地区的主栽品种之一，打破了这些产区一直依赖国外品种的格局，其中，草莓宁玉已成为种植面积最大的国内自主选育品种；向甘肃临夏、新疆兵团等偏远地区提供宁玉、紫金久红等优良品种，促进了当地草莓产业的发展，增加了农民收益，带动了产业奔小康，助力国家脱贫攻坚战。

桃、草莓种质资源有力地支撑了基础理论研究。桃种质资源向南京农业大学、浙江大学、扬州大学、河南农业大学、中国农业科学院郑州果树研究所、上海农业科学院、北京市林业果树研究院、浙江省农业科学院等单位提供利用，主要集中在光合机理、南方水蜜桃群体分子解析、果肉质地形成机制、耐贮运特征特性研究、抗蚜虫基因位点挖掘、桃倍性特征解析、品种群体的起源与演化等方面的研究。草莓种质资源向中国农业大学、南京农业大学、沈阳农业大学、安徽农业大学、江苏师范大学、北京林业果树研究院、天津农业科学院、上海市农业科学院、新疆兵团第十二师农业科学研究所等单位提供利用，主要集中在基因组测序遗传多样性、果实色泽形成机理、DNA 指纹图谱构建、亲缘关系分析、转基因花不育、低温冻害黑心花产生等方面的研究。资源圃合计支撑课题 50 余项，发表论文 110 余篇。

国家桃草莓圃（南京）一直是江苏省农业科学院科普宣传的窗口，连续 10 余年举办桃、草莓优异种质资源展示等为主题的公共开放日活动，累计展示优异种质资源 670 余份次，吸引专业技术人员前来观摩咨询 1 000 人次以上，社会大众 15 000 人次以上，媒体报道 60 余次。此外，资源圃还是高等院校的观摩实践基地、中小学生的科普参观场所。2018 年，国家桃草莓圃（南京）被江苏省科协评为“江苏省科普教育基地”。

3.2 典型案例

利用资源圃的白花、桔早生、朝霞、雨花 2 号等试材经过 3 代杂交育成的耐贮运桃品种——霞脆，2013 年通过江苏省品种鉴定，2014 年获得农业部植物新品种权。该品种被云南、山东、四川、甘肃等省广泛应用，因栽培表现优异（优质、耐贮、丰产等），现已在云南、山东、四川、甘肃 4 个省通过品种审定，累计发展面积超过 20 万亩，有效支撑了当地品种结构的调整与优化，经济与社会效益显著。

通过草莓资源的鉴定评价，选用耐低温性、品质优的幸香为母本，章姬为父本，选育出优良品种宁玉（极早熟、丰产、优质、抗病），建立 10 多个草莓优良资源示范基地，带动草莓种植户进行品种更新，改善当地品种结构，提高草莓生产效益，助力产业健康发展。目前，已推广至全国 20 多个省份，种植面积超过 10.0 万亩，截至 2021 年，选育品种在江苏省内推广面积达5.5万亩以上，占江苏省内草莓种植面积的20%以上，增加效益达1亿元以上。

4 展望

果树品种更新速度较快，生产中果实经济性状优良的栽培品种已经逐渐取代地方品种，造成一些地方品种的消失，如一些重要的红肉桃种质关爷脸、朱砂红、血桃等品种，这些品种只能在资源圃内找到。因而，一方面需要加强地方品种资源和野生资源的考察、收集和入圃保存，另一方面需要提高资源圃内珍贵资源的安全保存。

果树种质资源的深入挖掘利用，虽然不断有亮点出现，但永远在路上。近年来，我国围绕桃、草莓种质资源已经开展了糖、酸、花色苷、酚类等组分的鉴定评价以及分子指纹图谱构建等方面的研究，但是抗逆和抗病虫性状的挖掘利用还处于起步阶段。国家桃草莓圃（南京）位于高温多湿产区，在抗逆和抗病虫评价方面具有地域优势，今后一段时间将重点围绕：桃种质资源的抗涝性、抗褐腐病、抗流胶病等，草莓种质资源抗红蜘蛛、抗白粉病等，开展抗性资源的挖掘与种质创新，以及优势性状在栽培品种中的渐渗融合。

随着乡村振兴战略的提出，产区对桃、草莓品种的要求不仅仅局限于品质性状，观赏性状、加工特性、传统风味品种等多元化的需求也逐渐增强，资源圃要加强挖掘与创新，并积极提供利用，促进地方产业的发展。

桃、草莓种质资源的保护与利用是基础性、长期性的工作，国家桃草莓圃（南京）起源于1965年的果树原始材料圃，经过了数代“保种人”的努力才形成丰富的遗传资源积累。虽然20世纪90年代经历了痛楚的暂停，但是物种资源保护项目近20年连续支撑，在安全保存、种质创新、有效利用等方面提供了经费保障，也充分发挥了种质资源的公益性功能。

参考文献

蔡志翔，沈志军，严娟，等，2017. 中国武夷山脉地区野生毛桃资源收集与初步评价［J］. 植物遗传资源学报，18（5）：874-885.

蔡志翔，严娟，沈志军，等，2016. 桃种质资源托叶长度评价与分级体系的建立［J］. 植物遗传资源学报，17（3）：461-465.

陈霁，马瑞娟，沈志军，等，2011. 基于SSR标记的观赏桃亲缘关系分析［J］. 果树学报，28（4）：580-585.

董清华，王西成，赵密珍，等，2011. 草莓EST-SSR标记开发及在品种遗传多样性分析中的应用［J］. 中国农业科学，44（17）：3603-3612.

葛志刚，俞明亮，马瑞娟，等，2009. 蟠桃种质SSR标记的遗传多样性分析［J］. 果树学报，5（11）：300-305.

韩柏明，赵密珍，王静，等，2013. 草莓属及其近缘属植物的花粉形态电镜观察［J］. 东北农业大学学报，44（10）：104-110.

韩柏明，赵密珍，王静，等，2013. 基于SSR标记的草莓品种亲缘关系分析［J］. 植物遗传资源学报，14（3）：428-433.

黄志城，石敬韡，庞夫花，等，2017. 基于SSR标记的草莓品种DNA指纹图谱的构建及应用［J］. 分子植物育种，15（8）：3097-3116.

雷家军，代汉萍，谭昌华，等，2006. 中国草莓属（*Fragaria*）植物的分类研究［J］. 园艺学报，33（1）：1-5.

陆苏瑀，俞明亮，马瑞娟，等，2010. 硬肉桃品种群SSR标记的遗传多样性分析［J］. 植物遗传资源学报，5（16）：374-379.

庞夫花，赵密珍，王钰，等，2014. '宁玉'草莓花芽分化及其生化物质的变化［J］. 果树学报，31（6）：1117-1122.

蒲富慎，1990. 果树种质资源描述符［M］. 北京：中国农业出版社.

沈志军，马瑞娟，俞明亮，等，2012. 红肉桃与其他肉色类型桃糖酸组分的比较［J］. 江苏农业学报，28（5）：1119-1124.

沈志军，马瑞娟，俞明亮，等，2009. 无锡水蜜桃品种群遗传多样性及与其他群体亲缘关系的SSR分析［J］. 植物遗传资源学报，9（16）：367-372.

王力荣，朱更瑞，2005. 桃种质资源描述规范和数据标准［M］. 北京：中国农业出版社.

王壮伟，赵密珍，袁骥，等，2011. 38个欧美草莓栽培品种SSR指纹图谱的构建［J］. 果树学报，28（6）：1032-1037.

颜少宾，蔡志翔，俞明亮，等，2013. 桃果实发育阶段肉色形成与类胡萝卜素的变化分析［J］. 西北植物学报，33（3）：0613-0619.

俞明亮，马瑞娟，沈志军，等，2010. 中国桃种质资源研究进展［J］. 江苏农业学报，26（6）：1418-1423.

俞明亮，马瑞娟，沈志军，等，2010. 应用SSR标记进行部分黄肉桃种质鉴定和亲缘关系分析［J］. 园艺学报，12（25）：1909-1918.

袁华招，于红梅，夏瑾，等，2019. 森林草莓*MYB*家族鉴定及生物信息学分析［J］. 植物遗传资源学报，20（3）：695-708.

赵密珍，庞夫花，袁华招，等，2016. 不同栽培条件下草莓品种宁玉花序分化进程［J］.江苏农业学报，32（1）：196-200.

赵密珍，王静，袁华招，等，2019. 草莓育种新动态及发展趋势［J］. 植物遗传资源学报，20（2）：249-257.

赵密珍，2006. 草莓种质资源描述规范和数据标准［M］. 北京：中国农业出版社.

Chen X D，Yuan H Z，Zhao M Z，et al.，2018. Identification and expression analysis of LATERAL ORGAN BOUNDARIES DOMAIN（LBD）transcription factors in *Fragaria vesca*［J］. Canadian Journal of Plant Science，98（2）：288-299.

Shen Z J，Ma R J，Cai Z X，et al.，2015. Diversity，population structure，and evolution of local peach cultivars in China identified by simple sequence repeats［J］. Genetics and Molecular Research，14（1）：101-117.

Wang J，Yu H M，Cai W J，et al.，2017. Studies on diversity of wild *Fragaria* species in Yunnan，China［J］. Acta Hortic，1156（14）：103-110.

Zhang B B，Shen Z J，Ma R J，et al.，2018. Grey relational analysis and fuzzy synthetic discrimination of antioxidant components in peach fruit［J］. Arch Biol Sci，70（3）：449-458.

国家桃草莓圃（北京）种质资源安全保存与有效利用

姜　全，张运涛，赵剑波，王桂霞，张　瑜，常琳琳，
任　飞，郭继英，刘　鑫，孙　健，孙　瑞
（北京市农林科学院林业果树研究所　北京　100097）

摘　要：桃［*Prunus persica*（L.）Batsch.］是蔷薇科李属桃亚属植物。草莓（*Fragaria ananassa* Duch.）是蔷薇科草莓属多年生草本植物。我国桃、草莓种质资源极为丰富，为桃、草莓育种和产业发展提供了重要的物质保障。本文简要介绍了国内外桃、草莓资源收集保存现状，总结和回顾40年来国家桃草莓种质资源圃（北京）在资源安全保存技术、资源安全保存、资源有效利用等方面的研究进展，并对今后资源的研究方向进行展望。

关键词：桃资源；草莓资源；安全保存；有效利用

桃起源于中国西部地区，我国是世界桃种质资源最丰富的国家之一。1949年以来，我国相继开展了桃种质资源的调查工作，20世纪80年代建立了3个国家级桃种质资源圃，对收集种质进行了植物学性状、农艺学性状、抗逆性及遗传等方面的工作（王力荣等，2005），为种质的保存提供了一定的依据。世界上许多国家也都重视桃种质资源的收集、保存。例如，美国于1983年在加利福尼亚州的戴维斯建立了美国国家桃种质资源圃，拥有种质1 400多份，包括现代栽培品种的血缘亲本‘上海水蜜’等较为古老的品种、韩国著名白肉黏核品种、法国红肉品种、美国培育的蟠桃品种等。目前资源保存的主要方式仍然是田间种植保存，每份种质种植2株，同时在网室进行盆栽备份保存。1980年欧洲建立了作物种质资源网络［The European Coopera tive Programme for Crop Genetic Resources Networks（ECP/GR）］。该网络囊括了欧洲23个国家的95个保存核果类种质资源的研究机构，包括研究所、植物园、大学和非政府机构等，其目的是在合作的基础上共同保存、评价遗传资源，确保资源得到长期保护，确定优良基因资源以及在不同收集国家的分布，并方便满足植物资源不断增加的利用需求（马瑞娟等，2005）。

草莓是多年生常绿草本植物，现在已知草莓属有25个种，我国自然分布11个种，是世界上野生草莓种类最丰富的国家。我国十分注重草莓种质资源的保护与挖掘利用，截至2021年底，已建立了2个国家级草莓种质资源圃（北京、南京），对收集的种质进行了植物学性状、农艺学性状、抗逆性及遗传等方面的工作，为种质的保存提供了一定的依据。世界上许多国家也都重视草莓种质资源的收集、保存。如美国国家草莓种质资源圃位于美国俄勒冈州科瓦利斯市，保存草莓资源1 951份，主要的保存方式是在隔

离网室内保存盆栽草莓，并在1 951份资源中确定约40份资源为核心资源，主要为原产美洲的八倍体，这些资源可直接作为育种材料（常琳琳等，2020）。

国家桃草莓种质资源圃（北京）［简称国家桃草莓圃（北京）］位于北京市海淀区香山瑞王坟，是农业农村部责成北京市农林科学院林业果树研究所筹建。从1974年开始从国内外调查、收集桃种质资源，1981年正式开始国家桃草莓圃的建设工作，圃地面积25亩。之后一直受国家攻关课题的资助，开展了资源调查、种质收集、鉴定评价等一系列研究工作，取得了丰硕的研究成果。

1 种质资源安全保存技术

按照《国家桃草莓种质资源圃管理细则》和《农作物种质资源保存技术规程》，对圃内保存的桃资源和草莓资源进行规范化管理。通过加强圃地管理，桃种质资源的重新嫁接复壮，不抗寒桃种质资源的温室保存，草莓种质资源的匍匐茎繁殖、脱毒更新等手段，保证了资源圃种质资源的健康生长。

1.1 资源入库（圃）保存技术与指标

资源入圃保存技术 桃资源主要采用无性系嫁接苗田间保存技术。对于不抗寒的桃种质资源保存于温室中。

草莓资源主要以露地保存为主，每份资源种植在2m^{2}的保存池中。随着草莓资源保存数量的逐年增加，资源圃土地紧张的矛盾日益突显，建立了避雨盆栽保存体系。每份草莓资源种植在25cm直径的营养钵中，在草莓匍匐茎发生期，将匍匐茎引入穴盘中，用于资源更新。由于搭建了避雨棚，减少了因下雨导致的病害蔓延，又可通过通风系统和遮阳系统来降低棚内温度，减轻夏季高温对植株生长的影响。

资源保存指标 每份桃资源保存2~5株，根据生长特性，将特异敏感类桃种质资源进行保护地和露地同时种植保存。因资源圃土地紧张，株行距为2. 5m×6m。每份草莓资源保存5~20株，保存池中植株的株行距为15cm×20cm。草莓匍匐茎发生期，及时整理好匍匐茎，以免相邻保存池或营养钵之间苗木发生混杂。

1.2 库（圃）资源监测技术与指标

资源生长状况监测 资源圃每年定人定点定期观测每份种质资源的生长情况，将资源的生长状况分为强、中、弱3级，对生长势弱及数量少的植株，及时登记并按繁殖更新程序进行苗木扩繁和重新定植；利用生理生态监测系统适时监测资源的果实发育、叶片颜色及生长状态等，及时了解资源的生长发育动态，及时发现突发状况、自然灾害等造成的异常情况，便于及时采取补救措施，避免资源丢失。

资源圃病虫害监测 了解桃资源梨小食心虫、桃小食心虫等虫害的发病规律，制定各虫害的防控指标，当害虫数量达到预警指标时，开始虫害的化学药剂防控，确保圃内虫害严重发生前得到有效控制；制定突发性病虫害发生的预警、预案。

了解草莓植株的生长特性及炭疽病、白粉病、根腐病、叶斑病等病害及蚜虫、红蜘蛛等虫害的发生规律和危害症状，在发病初期采用化学药剂防控，确保圃内病虫害严重发生前得到有效控制；制定突发性病虫害发生的预警、预案。

资源种植管理技术 制定了规范的年度桃、草莓资源管理工作历。桃资源每两年施肥1次（9月施肥），行间采取自然生草管理模式，夏季修剪3次（6月、7月、8月），冬季修剪1次（12月）。

草莓资源每年中耕除草6次（4—9月每月除草1次）；整理匍匐茎6次（6—9月每20天整理1次）；施肥2次（9月施基肥1次、4月施追肥1次）。

种植管理技术指标 行间自然生草模式是通过合理的耕作方法，使得越冬草种可以形成优势，最终达到草与树和谐共生的目的。

保存池中匍匐茎长至50cm时，要及时整理，去除多余的匍匐茎，以免植株过密，降低通透性；营养钵苗抽生的匍匐茎要及时引到穴盘中，以免发生资源混杂；避雨棚内温度高于30℃应降温，更新苗木定植后要打开遮阳网，遮光处理7天。

1.3 库（圃）资源繁殖更新技术与指标

繁殖更新技术 采用嫁接繁殖的方式对圃内桃资源进行繁殖更新。地点选择地势平坦，背风向阳，土层深厚，排水良好，无检疫性病虫害。避免在有再植障碍的地块建圃。繁殖数量应该大于需种植数量的2倍以上，嫁接后应挂标签。在苗木生长期，及时观察种质的一些基本特征，与母株进行比对，剔除不标准的苗木，核对工作需要3~4个生长季。

采用匍匐茎繁殖的方法对草莓资源进行繁殖更新。育苗地应选择地势平整、排灌方便、背风向阳、未种植过草莓的地块。土壤以沙壤土为好。每份种质繁殖40株，按匍匐茎繁殖对土肥水要求管理至9月，将扩繁的匍匐茎苗定植在田间保存，每份资源保存5~20株。苗木质量要求为须根多，根茎粗达1cm种质纯度100%，无检疫性病虫害，植株健壮。繁殖更新后对每份种质的植物学特征和生物学特性与原种质进行核对2~6年，及时更正错误。

更新复壮指标 ①植株出现显著的退化症状，如产量明显下降、品质变劣、植株抗逆性明显减弱等；②草莓植株受到严重自然灾害或病虫为害后难以恢复；③其他原因引起的资源植株生长不正常。

2 种质资源安全保存

2.1 资源安全保存情况

截至2021年12月，国家桃草莓圃（北京）中保存桃资源505份和草莓资源353份（表1）。桃圃中包括育成品种414份（82.0%），地方品种74份（14.6%），野生资源及近缘种17份（3.4%）；草莓圃中包括育成品种286份（81%），地方品种47份（13.3%），野生资源及近缘种20份（5.7%）。桃资源中国外种质180份，来源于日本、美国、泰国、捷克等国家；草莓资源中国外种质269份，来源最多的为日本和美国，另外有比利时、德国、荷兰、波兰、西班牙等10余个国家。

2001年启动农作物种质资源保护与利用项目至今（2001—2020年），新增保存桃种质资源262份，占资源圃保存总量的51.9%。新增的资源中虽然没有新的物种，但新增加了原有物种的新类型，比如山桃的新类型：'红花曲枝山桃''白花曲枝山桃'。

新增保存草莓种质资源167份，占资源圃保存总量的47.3%。新增物种涉及草莓10个种：绿色草莓（*F. viridis* Duch.）、黄毛草莓（*F. nilgerrensis* Schlecht.）、五叶草莓（*F. pentaphylla* Lozinsk.）、西南草莓［*F. moupinensis*（Franch.）Card.］、智利草莓［*F. chiloensis*（L.）Duch.］、弗州草莓（*F. virginiana*）等。

表1　国家桃草莓圃（北京）种质资源保存情况

作物名称	截至2021年12月保存总数					2001—2021年新增保存数			
	种质份数（份）			物种数（个）		种质份数（份）		物种数（个）	
	总计	其中国外引进	其中野外或生产上已绝种	总计	其中国外引进	总计	其中国外引进	总计	其中国外引进
桃	505	180	19	5	1	262	53	1	0
草莓	353	256	20	11	2	167	124	6	2

2.2　保存的特色资源

截至2021年12月，桃圃内保存珍稀、濒危、野生桃资源133份，观赏价值桃资源20份，低需冷量桃资源10份。草莓圃保存地方特色资源44份，珍稀、濒危、野生资源84份，育种价值资源38份，生产利用资源20份，观赏价值资源10份。

珍稀、濒危、野生资源：我国是桃的起源地，野生桃资源极其丰富，圃内保存有多种抗寒抗涝毛桃资源，可以用作砧木，也可作为抗性育种的材料。近几年草莓圃加强对珍稀、濒危、野生资源收集和考察力度，前往秦巴山脉、四川、陕西、西藏、云南、贵州、甘肃、黑龙江、河北、湖北、吉林进行野生资源收集，目前入圃保存野生资源20份，收集特异资源如甘肃五叶草莓（*F. pentaphylla* Lozinsk.），有红果、白果类型，植株较矮小，五小叶；黄毛草莓（*F. nilgerrensis* Schlecht.），果实成熟晚，果面白色略黄，有香味（黄桃香味）。

育种价值资源：利用'撒花红蟠桃''晚熟大蟠桃''陈圃蟠桃''晚蟠桃'等地方蟠桃品种以及美国的桃品种'幻想''Armking'等为我国蟠桃新品种选育提供了亲本支持。'京玉''NJN76''丽格兰特''兴津油桃'等桃种质资源在我国油桃育种中发挥了重要作用。美国低温需冷量桃品种'Flordaking''SunWright'等需冷量低，开花早、果实着色好、外观美丽，但风味偏酸，不能在北方温室中直接应用，利用这些种质与我国长需冷量优质桃进行杂交，已经获得一些需冷量短、风味甜的优株，这对于我国短需冷量桃新品种的选育、延长我国桃的供应期具有重要的意义。

单一或多个性状表现突出，且遗传稳定被育种家多次利用的资源，如'红颜'，早熟、品质优、含糖量高、香味浓郁，以'红颜'为亲本，通过杂交育种的方式培育出系列品种‘京藏香’‘紫金久红’‘越丽’等。

生产利用资源：品质、产量、抗性等综合性状优良可在生产上直接利用的资源。如桃资源‘绿化9号’‘大久保’等和草莓资源‘红颜’‘甜查理’‘章姬’等在产业中大面积推广应用。

观赏价值资源：花、叶、果美观具有观赏价值的资源。如‘碧桃’‘绛桃’‘花10’等桃资源和粉红熊猫、胭脂、小桃红等草莓资源花色各异，观赏效果非常好，常用于休闲农庄或家庭农场。‘白雪公主’‘白小町’等果实为白色，丰富了生产中草莓品种类型。

药用价值资源：部分野生草莓资源中蕴含药用功能性成分，如五叶草莓煎液（李巧兰等，2007）和醇提物（李巧兰等，2012）对S180荷瘤小鼠的肿瘤有一定的抑制作用，延长荷瘤小鼠存活期；五叶草莓乙醇提取物具有显著的镇痛及抗炎作用（李巧兰等，2006）。部分野生资源也用作藏药（党艺航等，2019）。

典型案例：地方品种——和尚帽的抢救性收集、保存

‘和尚帽’是来源于北京昌平地区的地方品种，2004年9月从北京昌平区长陵昭陵村采集接穗，进行嫁接繁殖，但未获得成活苗木。2007年姜全研究员及团队成员到北京十三陵地区寻找该资源，在农户家中发现仅存活半株的和尚帽资源，采集接穗后，大量嫁接繁殖，终获得成活苗木，保存于资源圃内。

图1 和尚帽

3 保存资源的有效利用

3.1 概述

国家桃草莓圃（北京）保存种质的质量和数量都有了保证，服务意识、服务质量也在不断加强与提高。面向全国，在不同桃、草莓种植区不定期提供优异种质展示平台，与利用者积极、有效沟通，及时在网上发布。20余年来共向华中农业大学、河北农业大学等近百余家科研院所、企业和个人提供5 783份次桃种质资源；向内蒙古农牧业科学院、昆明市农业科学研究院园艺研究所、中国农业大学、河北省农业科学院石家庄果树研究所、延庆康庄东官坊村等109家单位提供1 269份草莓资源。分发提供资源在育种、产业、乡村振兴与扶贫、基础研究和科普等方面的研究利用中成效显著，选育桃新品种29个、草莓新品种14个。获得省部级奖6项，制定行业标准4项，发明专利2项，发表相关论文80余篇，专著2部。培养博士2人，硕士研究生5人。连续两年举办了“国家桃草莓圃（北京）”资源开放日活动。

3.2 典型案例

育种利用 北京市农林科学院林业果树研究所利用国家桃草莓圃（北京）提供的‘幻想’（图2），育成了系列蟠桃新品种，包括瑞蟠10号、瑞蟠14号、瑞蟠16号、瑞蟠17号、瑞蟠18号、瑞蟠19号、瑞蟠20号、瑞蟠21号、瑞油蟠1号，均通过了北京市品种审定委员会审定。

图2 幻想

（黄肉油桃品种，全面着紫红色晕，肉质硬，风味甜酸适中，离核）

草莓圃向河北省农林科学院石家庄果树研究所、四川省农业科学院、北京市农林科学院林业果树研究所等单位提供亲本材料红颜、卡姆罗莎、枥乙女、达赛莱克特等，选育出新品种京藏香、京桃香、粉红公主等14个，在辽宁、内蒙古、山东、河北、吉林等20余个省（区、市）推广应用，累计推广面积3.12万余亩，产值13.8亿元。

支持成果奖励 “中国农作物种质资源本底多样性和技术指标体系及应用”获得2009年国家科学技术进步奖二等奖，“经济作物种质资源鉴定技术与标准研究及应用”获得2010年浙江省科学技术奖二等奖，“无性繁殖作物种质资源收集、标准化整理、共享与利用”获得2010年度浙江省科学技术奖二等奖，“草莓新品种选育、种质创新及示范推广”获得2016年度北京市科学技术奖三等奖，以及获省农业技术推广一等奖1项、二等奖1项。

支撑科研项目 支撑国家产业技术体系、北京市产业技术体系、国家重点研发计划、国家自然科学基金、农业部公益性行业专项、科技部支撑计划项目、科技部成果转化项目、市级工程技术研究中心、市级科技计划课题、市级农业科技项目等50余项。

支撑论文论著、发明专利和标准 发放种质开展了生理生化、表观遗传、分子遗传、基因定位、基因克隆、功能基因组学、蛋白质组学等学科的研究。中国科学院植物研究所李绍华老师的博士生利用 RAPD、SSR、ITS 等生物技术手段进行桃亲缘关系分析，实验材料包括‘长生蟠桃’‘一线白’等近百份桃种质资源并发表题为“Genetic diversity and eco-geographical phylogenetic relationships among peach cultivars based on simple sequence repeat（SSR）markers”的研究论文。2018 年，北京市农林科学院北京农业生物技术研究中心利用国家桃草莓圃（北京）400 余份桃资源，在《Nature Communications》上发表题为“Genome re-sequencing reveals the evolutionary history of peach fruit edibility”的研究论文。该研究重新界定了 2 个近缘种（西康扁桃和蒙古扁桃）为桃的野生近缘种；首次提供了桃在中国西南地区起源和演化的分子证据；揭示了人类驯化前动物介导的选择促进了桃可食用性的产生；解析了栽培桃在驯化和改良中果实可食用性阶段性演化机制。

支撑《草莓研究进展Ⅳ》《草莓研究进展Ⅴ》专著 2 部、国家发明专利 2 项，制定行业标准《农作物种质资源鉴定技术规程　草莓》《农作物优异种质资源评价规范　草莓》《植物新品种特异性、一致性与稳定性测试指南　桃》《植物新品种特异性、一致性和稳定性测试指南　草莓》4 项。

产业及乡村振兴 北京市海淀区马坊镇二条街村种植国家桃草莓圃（北京）筛选出的优良草莓品种‘甜查理’，产品以供应超市为主，结合当地观光采摘，园区共计 69 个草莓大棚，总收入超过 200 万元，平均每个棚收入 3 万余元。

北京园区种植国家桃草莓圃（北京）筛选出的优良草莓品种红颜、章姬、天香，产品以观光采摘为主，园区总收入超过 300 余万元，观光采摘园区包括 60 余座草莓日光温室，平均每个棚收入 5 万余元。草莓园区的建立带动整个园区观光采摘业的发展。

延庆康庄东官坊村是典型的少数民族村，根据东官坊村的具体情况，国家桃草莓圃（北京）提供的 6 个草莓品种作为该村试栽品种，为其提供了《延庆康庄东官坊村草莓种植科技支撑方案》，方案包括了定植栽培和病虫害防治技术、肥水管理和温湿度控制等常规技术，并定期到村里实地指导。2012 年，在世界草莓大会的草莓评比擂台赛上，延庆康庄东官坊村种植的草莓‘天香’荣获金奖。目前，草莓新品种‘天香’已经成为延庆地区的主栽品种之一。

以资源圃种质达赛莱克特、卡姆罗莎、红颜、女峰、鬼怒甘为亲本选育的草莓品种燕香、书香、红袖添香、京怡香、京醇香、京泉香、京藏香在邯郸示范区进行示范，采用日光温室高垄、膜下滴灌栽培模式（图 3）。果实采摘从 11 月起到翌年 5 月，亩收入可达 10 多万元。

2017 年为西藏林芝市巴宜区更章乡久巴村提供草莓品种‘京藏香’和‘京泉香’，每棚（320 m^2）收入从 2016 年的 1 万元提高到 2018 年的 3 万~6 万元，增收明显，实现了脱贫致富，被农业部认定为第七批全国一村一品示范村镇（草莓）（图 4）。

科普活动 为响应中国农民丰收节活动，2020 年和 2021 年举办了“种质资源科普开放日”活动（图 5）。活动的目的是展示桃、草莓优异种质资源，进行资源科普宣传，提高公众资源保护意识。北京市中小学生、市民及相关科研人员近百人参与了科普日活

图 3　向河北邯郸供种的草莓

图 4　向西藏林芝供种的草莓

动。参观者对不同品种的桃、草莓有了进一步了解，同时对我国桃、草莓资源有了大概了解。提高了大家科普学习的兴趣和热情。

图 5　种质资源科普开放日活动现场

4　展望

4.1　收集保存

我国野生桃、草莓资源丰富，长白山、天山、秦岭、青藏高原和云贵高原是天然的基因库，蕴藏着资源丰富的野生种质资源，存在较多的种、变种和类型，其中许多为珍贵、珍稀的种质资源。引进和保存这些野生资源及近缘种以及选育优新品种是今后资源工作的重点。

4.2　安全保存技术

桃、草莓资源田间圃地保存受自然环境影响很大，近年来一些恶劣的灾难性天气频发，对资源安全保存威胁很大，开展草莓资源离体和超低温复份保存技术势在必行。

一些大学、企业或科研单位通过国家或省市级课题引进国外资源，课题结束后各自保存，入国家圃（库）保存意识淡薄，造成资源的重复引进。建议该类项目验收时增加引进品种入国家圃保存证明考核。

4.3　挖掘利用

种质资源保护的目的是开发利用，在做好现有种质繁种更新、安全保存的同时，开展对种质资源的精准鉴定，对优异基因的挖掘和利用是今后研究的重点方向。

参考文献

常琳琳，王桂霞，孙瑞，等，2020. 美国国家草莓种质资源圃介绍［J］. 中国果树（1）：138-140.

党艺航，郭坤，王晓玲，等，2019. 藏药草莓的本草考证［J］. 中药材（5）：1188-1192.

李巧兰，陈莉，2012. 五叶草莓醇提物对 S180 荷瘤小鼠 VEGF、bFGF 影响及形态学观察的实验研究［J］. 中华中医药学刊，30（3）：544-546.

李巧兰，李斌，何瑾瑜，等，2007. 五叶草莓煎液对荷瘤小鼠免疫功能及抑瘤率的影响［J］. 中华中医药学刊（1）：85-87.

李巧兰，李征，杨铁，等，2006. 五叶草莓乙醇提取物镇痛抗炎作用的实验研究［J］. 现代中医药（5）：63-65.

马瑞娟，沈志军，俞明亮，等，2005. 桃种质资源收集保存、鉴定评价与共享利用［C］. 中国农业科学院. 2005 年多年生和无性繁殖作物种植资源共享试点研讨会.

王力荣，朱更瑞，2005. 桃种质资源描述规范和数据标准［M］. 北京：中国农业出版社.

国家荔枝香蕉圃（广州）荔枝种质资源安全保存与有效利用

陈洁珍，欧良喜，蔡长河，严　倩，姜永华，刘海伦，史发超
（广东省农业科学院果树研究所　广州　510640）

摘　要：荔枝（*Litchi chinensis* Sonn.）属无患子科，亚热带常绿木本果树，原产于中国，栽培历史有两千多年之久，我国荔枝种质资源丰富，为荔枝育种和产业发展提供了重要的物质保障。本文简要介绍了国内外荔枝资源收集保存现状，总结了国家荔枝香蕉种质资源圃在资源安全保存技术、资源安全保存、资源有效利用等方面的研究进展，并对今后资源的研究方向进行了展望。

关键词：荔枝；种质资源；安全保存；利用

荔枝为亚热带常绿果树，分布及栽培区域较局限。普遍认为荔枝有两个种，一个是中国荔枝（*Litchi chinensis* Sonn.），该种起源于中国的广西、云南、广东、海南等华南热带雨林地区，主要种植于中国、印度、越南等30多个国家的亚热带地区；另一个是菲律宾荔枝（*Litchi philippinensis* Radlk.），该种原产于菲律宾，无食用价值，没有经济种植。中国既是荔枝的起源地，蕴含了丰富的荔枝种质资源，也是荔枝的主要栽培国，种植面积和产量占全球的70%以上。

国家荔枝香蕉种质资源圃（广州）（以下简称国家荔枝香蕉圃）位于广东省广州市，1989年在原农牧渔业部与广东省农业科学院共同投资下建成，其功能定位为收集保存荔枝及其近缘野生种。圃地面积75亩，是目前世界上保存荔枝资源最多的荔枝种质资源圃，此外广西南宁、海南永兴和儋州、广东东莞、四川泸州等地也保存了部分的地方品种资源。在国外：泰国在清迈等地建有荔枝种质圃，保存了荔枝资源20多份；越南的RIFAV保存了33份荔枝资源；印度在Bihar、West Bengal和Punjab建有荔枝资源圃，共保存有荔枝资源51份；以色列农业科学院和希伯来大学保存了荔枝资源80份；南非ARC-ITSC在Nelspruit保存了大约40份荔枝资源；美国在美国农业部国家植物种质资源系统中保存有92份荔枝资源；澳大利亚保存有荔枝资源40份。荔枝资源的保存方式采用圃地种植方式。

1　种质资源安全保存技术

1.1　资源入库（圃）保存技术与指标

荔枝是可自花授粉结实也可异花授粉结实的果树，以荔枝果实的种子进行繁殖不能

保证原品种的特性，因此荔枝种质是以枝条嫁接或圈枝压条进行田间种植的方式保存。其嫁接苗或压条苗的繁殖方式与荔枝生产中苗本繁育的方式大致相同。在进行资源保存的种植管理过程中，需注意砧木芽的萌发，幼年树或长势弱的植株易萌发砧木芽，日常管理监控时应及时把砧木芽剪除防止资源的混杂。每份资源一般保存3~5株，近年由于圃地紧张改为了2~3株。资源入圃前需进行基本性状的鉴定（欧良喜等，2008），经与已入圃资源比对无重复方可编目入圃。近年开展了荔枝资源花粉的保存技术研究，建立超低温保存技术，可使荔枝花粉保存2年仍具有不错的发芽率（Wang et al.，2015；Zhang et al.，2015）。荔枝圃位于荔枝的最适宜生长区域，自建圃以来未发生致使荔枝资源死亡的冻害、旱害等严重自然灾害。

1.2 库（圃）资源监测技术与指标

荔枝为常绿果树，对资源的状态一般采用观察监测方法。荔枝资源良好的指标为生长正常、枝叶保持品种特性、能正常开花结果。目前未发现有对荔枝至灭性的病害，但枝干受天牛等钻蛀性害虫危害也会使树势衰退甚至死亡，日常管理过程中观察到植株长势变弱、叶色黄化、新梢簇生、纤弱等需及时防杀害虫，并对植株评估其安全性，确定是复壮或是更新。此外，还要监测资源砧木部，及时抹除砧木芽。

1.3 库（圃）资源繁殖更新技术与指标

荔枝目前未发现对其有致死灭的病害，日常管理过程中观察到植株长势变弱、叶色黄化、新梢簇生、纤弱时，对植株安全性进行评估，确定是复壮或是更新。若植株只有局部的枝梢衰退，采取修剪、回缩、加强肥水管理的办法复壮；若植株整株衰退无法复壮，则从健康植株上采枝条嫁接重新定植，维持资源的安全保存株数。

1.4 库（圃）资源备份技术与指标

国家荔枝香蕉圃资源主要采用圃地种植方式保存。荔枝的安全保存株数为2~5株，目前每份资源也是按这个株数进行保存。由于荔枝树本身特性，超低温离体保存、组培等研究不多也未成功，目前只有田间种植保存方式。

2 种质资源安全保存

2.1 资源保存情况

2001年启动农作物种质资源保护与利用项目至今（2001—2021年），新增编目入圃保存荔枝种质资源259份，占资源圃保存总量的74.42%，资源保存总量增长291.01%。2001—2021年，从澳大利亚、南非、泰国、马达加斯加4个国家引进资源12份；从我国的广东、海南、广西、福建、云南、四川、台湾等7省区收集荔枝资源408份，创制优株育种材料76份。至2021年12月，资源圃有荔枝资源616份，编目入圃保存总数348份，均为1个物种，其中国外引进的7份；主要为栽培种，其中生产上已绝种的约有175份（表1）。

表1　国家荔枝香蕉圃荔枝种质资源保存情况

作物名称	截至2021年12月保存总数					2001—2021年新增保存数			
	种质份数（份）			物种数（个）		种质份数（份）		物种数（个）	
	总计	其中国外引进	其中野外或生产上已绝种	总计	其中国外引进	总计	其中国外引进	总计	其中国外引进
荔枝	348	7	175	1	0	259	7	0	0

2.2　保存的特色资源

截至2021年12月31日，国家荔枝香蕉圃保存的荔枝特色资源123份，占圃资源保存总量的36.17%。其中野生及濒危资源94份，育种价值资源21份，生产利用资源24份，特异资源35份。

野生及濒危资源94份。野生及濒危资源是研究荔枝品种驯化和迁徙的珍稀材料，由于人类活动、新品种的替代，这些资源濒于灭绝。如广东的‘惠东四季荔’相传有近600年的历史，一年可在不同的季节开花结果，母树位于村道边的耕地边缘，极易被砍伐掉，国家荔枝香蕉圃已收集保存。再如发现于海南的‘岭腰1号’野生荔枝，具有持续开花特征，也是一份特异性状的荔枝资源，2011年及时抢救收集保存于国家荔枝香蕉圃，2020年母树已被砍伐掉。

育种价值资源21份。这些资源单一或多个性状表现突出，如海南的‘南岛无核荔’和‘厚叶’、广东高州的‘禾虾串’等具单性结实资源；异季开花资源‘岭腰1号’等。以他们作为亲本，通过现代育种手段，期望培育出解决荔枝花而不实的具有优良经济性状的品种或可调节产期的品种。

生产利用资源24份。品质、产量、抗性等综合性状优良，可在生产上直接利用的资源，如仙进奉、凤山红灯笼、岭丰糯、红绣球、井冈红糯、草莓粒、水晶球等在荔枝品种结构调整、产业升级增效中发挥重要应用。

特异资源35份。单一性状突出的资源，可用于种质创新、基础研究等，如大果、高焦核率、高糖、优质不易裂果等资源。

2.3　种质资源抢救性收集保存典型案例

海南省在我国荔枝的起源、进化演绎中具有重要的地位，被认为是晚熟荔枝的起源中心，其荔枝资源具有非常鲜明的特色，本土荔枝资源均为中晚熟，种质资源多样性丰富，野生荔枝资源进化后形成的可单性结实的‘南岛无核荔’和‘厚叶’、特大果型资源如‘鹅蛋荔’等。2011年在海南进行荔枝调查、收集工作中，新发现了具异季开花结果的‘岭腰1号’荔枝资源，10月下旬发现时树上正挂着小果，根据果实的发育程度推算成熟时间为12月底。该资源只有唯一1株，此资源的开花结果特性对研究荔枝的成花机理具有非常重要的意义。2020年再到原地调查时，母树已被砍伐掉，原生境已被开垦，种上了胡椒等作物。这体现了珍稀的种质资源只有及时被发现、收集，才能有效保护起来。

3 保存资源的有效利用

3.1 概述

2001—2021 年，国家荔枝香蕉圃向华南农业大学、中山大学、海南大学、中国热带农业科学院环境与植物保护研究所等大学及科研院所和广东、广西、福建、云南、海南、四川、重庆等省份的农技推广部门、合作社、企业、种植户等提供荔枝资源利用 281 份共1 512份次，开展基础研究、育种利用及生产应用。资源利用率达 80. 74%。

育种、生产利用效果 利用圃内丰富遗传资源优势，创制 270 多份荔枝资源为母本的自然授粉群体后代 50 多万株，以及 76 个组合的人工杂交后代群体 2 万多株，并已筛选出优株 76 个。在资源收集、评价的基础上审定品种 3 个，获新品种保护权 2 个。其中‘仙进奉’‘凤山红灯笼’成为荔枝品种结构调整中被利用的佼佼者，尤其是‘仙进奉’，累计推广面积已达 5 万多亩，创造经济效益 30 亿元，一批种植大户成为了业内知名的企业或种植能手。

支持成果奖励 以圃内提供的种质资源为试材支撑广东省科学技术进步奖二等奖 1 项、省科学技术进步奖三等奖 2 项、省科技成果推广奖二等奖 2 项。

支撑乡村振兴与精准扶贫 筛选优异资源‘仙进奉’‘凤山红灯笼’‘红绣球’等支撑乡村振兴、精准扶贫、美“荔”乡村行等，技术培训 27 场次4 830人次，培养广东荔枝十大种植匠 2 人。

支撑科研项目 支撑国家现代农业荔枝龙眼产业技术体系、国家重点研发计划、国家自然科学基金、农业部公益性行业专项、广东省科技攻关、广东省农业农村厅广东荔枝三年行动计划、广东省种业联合攻关、广东省农业产业技术体系创新团队、广东省自然科学基金等 60 余项。

支撑论文论著、发明专利和标准 支撑研究论文 53 篇，其中 SCI 论文 12 篇。例如，以第二单位参与的荔枝基因组研究文章已被《Nature Genetics》期刊接受；以 96 份资源为支撑的《cultivars and their genetic relationships using single nucleotide polymorphism（SNP）markers》发表在 PLoS ONE 上（Liu et al.，2015）。支撑《荔枝种质资源描述规范和数据标准》《荔枝无公害栽培》等论著、科普著作 5 部。制定行业标准《农作物种质资源鉴定评价技术规范 荔枝》1 项。

支撑资源展示、科普、媒体宣传 每年接待华南农业大学等学校及其他组织的学员或研究人员前来参观。提供一些优稀荔枝种质给相关单位建设小规模的科普观光园，对荔枝科普起了一定的作用。2010 年向参加第二届热带作物种质资源（荔枝）展示暨荔枝产业发展论坛的代表展示了 177 份荔枝资源的果实，向国家荔枝龙眼产业技术体系学术研讨会的参会代表展示了 83 份优特荔枝资源的果实；2016 年向国家荔枝龙眼产业技术体系学术研讨会的参会代表展示了 13 份优特荔枝资源的果实；2018 年国际荔枝大会参会代表提供了40份荔枝资源的果实，促进了荔枝工作者对荔枝资源特性特点的了解。在广州日报、央广传媒、广东电视新闻频道、强国学习、南方农村报等主流媒体进行了9次宣传报道。

3.2 典型案例

由国家荔枝香蕉圃推荐并引种到云南的'妃子笑'荔枝在云南省红河州革命老区种植、辐射，已占了云南荔枝种植面积的80%以上，帮助山区、老区人民脱贫致富，获得良好的社会效益。

在资源调查、收集活动中发现的'仙进奉'荔枝，经过鉴定评价、生产试验等获广东省农作物新品种审定，其以果大、肉质细嫩味浓甜、焦核率高、色泽鲜红、较耐贮运、裂果少、丰产、比糯米糍晚熟7~10天、市场售价高等优点，深得种植户和消费者喜爱，在广东、广西、四川、福建、云南等累计推广面积达5万多亩，创造经济效益30亿元。一批种植大户成为了业内知名的企业或种植能手，原产地仙村镇成为了知名小镇、广东省投资扶持的荔枝产业园，创造了小树种成就大产业的典范，在山区脱贫致富和荔枝品种结构调整、产业可持续发展中起到了良好作用。

在资源调查、收集活动中发现的'凤山红灯笼'荔枝，则以其色泽、口感风味可与'糯米糍'媲美，但裂果率远低于'糯米糍'，丰产性好等，深得当地种植户的喜爱，广东汕尾的荔枝产业因其而提升了在整个荔枝产业的知名度。

4 展望

4.1 收集保存

随着2018年承担农业农村部的种质圃改扩建项目完成，国家荔枝香蕉圃在保存条件方面获得改善，田间圃建设具有防虫设施的网室大棚，架设滴灌设施等保障荔枝田间管理；在安全保存基础上加强鉴定编目入圃工作，计划新增收集保存一些国外荔枝种质资源，进一步加强收集保存国内地方荔枝种质资源，未来5年新增编目入圃150份，未来10年内收集荔枝资源数达1 000份。

4.2 安全保存技术

由于荔枝树本身特性，超低温离体保存、组培等研究尚未成功，目前只有田间种植保存方式，可在花粉离体保存与培养上做些尝试。

4.3 挖掘利用

开展资源的深度、精准评价，拟以形态学、分子生物学相结合的方式构建荔枝核心种质库，开展荔枝种质资源起源与演化研究，为品种遗传改良提供理论依据；建立并完善荔枝分子标记辅助育种平台，研究并优化转基因育种技术和基因编辑育种技术体系；综合利用常规育种与现代生物技术育种相结合手段，培育优质易管理（具有易成花、易坐果、抗病、矮化、丰产稳产性状 1 个以上)、加工专用型（果酒、果醋、果汁）的优质品种；开展砧穗组合亲和性分子机制研究，为荔枝品种结构调整提供理论基础。

参考文献

欧良喜，陈洁珍，等，2008. 荔枝种质资源描述规范和数据标准［M］. 北京：中国农业出版社.

Liu W, Xiao Z, Bao X, et al., 2015. Identifying litchi (*Litchi chinensis* Sonn.) cultivars and their genetic relationships using single nucleotide polymorphism (SNP) markers [J/OL]. PLoS ONE, 10 (8): e0135390.

Wang L, Wu J, Chen J, et al., 2015. A simple pollen collection, dehydration, and long-term storage method for litchi (*Litchi chinensis* Sonn.) [J]. Scientia Horticulturae, 188: 78-83.

Zhang C, Wu J, Fu D, et al., 2015. Soaking, temperature, and seed placement affect seed germination and seedling emergence of *Litchi chinensis* [J]. HortScience, 50 (4): 628-632.

国家荔枝香蕉圃（广州）香蕉种质资源安全保存与有效利用

黄秉智，吴元立，许林兵，杨兴玉，何传章，邓智敏

（广东省农业科学院果树研究所　广州　510640）

摘　要：香蕉（*Musa* spp.）是芭蕉科芭蕉属多年生大型草本果树，原产东南亚，我国是起源的边缘地带。我国香蕉种质资源较为丰富，为香蕉育种和产业发展提供了重要的物质保障。本文简要介绍了国内外香蕉资源收集保存现状，总结和回顾20年来国家荔枝香蕉种质资源圃（广州）在资源安全保存技术、资源安全保存、资源有效利用等方面的研究进展，并对今后资源的研究方向进行展望。

关键词：香蕉；种质资源；安全保存；有效利用

香蕉（*Musa* spp.）属于芭蕉科芭蕉属，是世界主要水果作物和重要粮食作物之一。香蕉起源中心在东南亚，主要有印度尼西亚、马来西亚、印度和泰国等；次生起源中心在非洲高地；我国是香蕉起源地的边缘地区，华南各省可见有少量的香蕉野生种和近缘植物（Yan et al.，2011；冯慧敏等，2011；刘炜婳和赖钟雄，2013），以近缘植物阿宽蕉（*Musa itinerans*）较为普遍，在浙江省、湖南省等地还可见少量的芭蕉（*Musa basjoo*），香蕉种质资源种类较多的是云南省，有栽培蕉和野生蕉类型（胡玲玉等，2020）。

香蕉栽培品种是由尖苞片蕉（*Musa acuminata*）和长梗蕉（*Musa balbisiana*）这两个原始野生蕉种内突变或种间杂交进化而成，Simmonds 和 Shepherd（1955）将尖苞片蕉性状的基因称为 A 基因，把长梗蕉性状的基因称为 B 基因。根据性状分类值及染色体倍数，将栽培香蕉分为 AA、AAA、AB、AAB、ABB、AAAA、AAAB、AABB、BB 和 BBB 等基因型。香蕉的栽培种或杂交栽培种以下分基因组（group），后分栽培品种，有的在基因组后再分亚组（subgroup），AA、AAA、AAB、ABB 等都有很多亚组，如 Cavendish 亚组、Plantain 亚组。

国际上依照其用途将香蕉作物分为香蕉（Banana）和大蕉（Plantain），香蕉是水果作物，多为鲜食，大蕉是粮食作物，多为煮熟后食用。目前世界上有 130 多个国家和地区栽香蕉和大蕉，年产量达到 1.55 亿 t（FAO，2020），对亚洲、非洲、拉丁美洲以及太平洋岛屿等许多国家和地区的经济作出了重要贡献。

联合国和国际上许多国家重视香蕉种质资源的收集保存。1985 年，国际生物多样性组织（Bioversity International）建立了一个种质库。目前，该种质库已经成为世界上最大的香蕉异地保存种质库，保存有 1 625份香蕉种质，由比利时的国际种质交换中心（International Transit Centre，ITC）保管。自 1985 年以来，ITC 已向 109 个国家和地区

的用户分发了17 000多份样品，其中约75%的样本分发给了香蕉的主要种植区（非洲27%、美洲25%、亚太地区23%），其余则分发给了欧洲的大学和研究中心，开展基础和应用研究、香蕉新品种选育等工作（Clerck et al.，2017）。

此外，据香蕉种质信息系统（*Musa* Germplasm Information System，MGIS）截至2020年9月的统计数据，喀麦隆非洲香蕉和大蕉研究中心（CARBAP）、乌干达国际农业研究组织（NARO）、苏丹农业植物遗传资源保护与研究中心（APGRC）、古巴热带环境研究所（INIVIT）和印度尼西亚园艺研究与发展中心（ICHORD）分别保存了617份、442份、358份、354份和306份香蕉种质。

我国国家荔枝香蕉种质资源圃（广州）（以下简称国家荔枝香蕉圃）建于1989年，目前入圃保存香蕉种质345份，待鉴定入圃的种质200多份。此外，国内也有其他单位开展香蕉种质资源的收集保存工作。到目前为止，中国热带农业科学院南亚热带作物研究所保存香蕉近200份，中国热带农业科学院品种资源研究所保存近200份，广东省东莞市香蕉蔬菜研究所保存146份，云南热带作物研究所保存110份，农业农村部南亚热作广州香蕉种质资源圃保存243份，华南农业大学保存72份（胡玲玉等，2020）。

1　种质资源安全保存技术

香蕉属于多年生无性繁殖作物，所以其保存主要以活体保存为主，即通过建立种质圃的方式进行田间种植保存，以其他保存方式为辅（Kitavi et al.，2020；吴洁芳等，2011；Normah et al.，2013）。

1.1　资源入圃保存技术与指标

资源圃地保存技术　香蕉个体生长周期结束后母株死亡，由吸芽子代继续开始另一个生长周期。香蕉圃的种质资源保存主要通过圃地种植保存、组培苗低温无菌保存、盆栽小植株种植保存三种方式并轨保存，以田间种植保存为主，其他为备份保存方式。

第一是田间保存。香蕉种质资源的田间保存是靠吸芽的无性继代繁殖来实现的，这种保存方式接近生产上的宿根栽培，好处是可以对保存的种质资源进行田间评价和性状观察描述记载，缺点是易受自然灾害和病虫害的影响；此外，还有保存位置会随着吸芽的生长位置的变化而变化。在亚热带气候条件下，一些灾害性天气会对香蕉种质资源保存带来危害。如冷害等，如温度在0℃，会使部分的香蕉种质地上部枯萎，但球茎一般不会死亡；如温度长时间保持在-3～0℃，大部分的香蕉种质会死亡。一些毁灭性病害如香蕉束顶病、花叶心腐病也会使香蕉植株死亡，镰刀菌枯萎病也常会使大部分的香蕉植株死亡，影响香蕉种质资源的长期保存。因此，香蕉种质的防病、防严重冷害保存很重要。香蕉病毒病一般可通过灭杀传播媒介来预防，主要是杀灭蚜虫；枯萎病则很难防治，主要是通过土壤消毒杀菌、多施有机质肥和生物肥、轮作减轻发病率，需扩大保存数量才更安全。部分香蕉种质耐寒性较差，暴露在极端气候条件下可能会死亡，这些种质需要在温棚种植保存。具体做法参照广东省农业科学院果树研究所企业标准《香蕉种质资源保存与更新技术规程 Q/ YNKG 72—2021》（黄秉智等，2021）。

第二是盆栽小植株种植保存。采用塑料大盆，用无病菌培养土种植吸芽或组培苗，每份种质3~5盆，存放于大棚中，采用一些控制生长速度的措施，使苗缓慢生长，2~4年后换培养土和苗重新种植保存，这样可提高安全系数，但会增加成本。

第三是组培苗离体保存。组培苗在15℃左右低温无菌条件下缓慢生长，每年继代1~2次，中期保存5~10年（Thinh et al.，1999；Panis B，2009；吴元立等，2004）；如果要实现长期离体保存，需要开展种质资源的超低温保存（Kaya et al.，2020）。

对一些易感病种质、不耐冷种质、重要优稀种质宜采用多种方法同时进行才能安全保存。例如，粉蕉、过山香龙牙蕉、大蜜舍香蕉、芭蕉、毛果蕉、AA型野生蕉等在田间种植较难保存。

资源保存指标 香蕉圃每份资源田间保存2~3株，部分不耐冷种质在大棚种植保存1~2株，株行距（1.5~2）m×（2.5~3）m；大部分种质盆栽小植株保存3~5盆，部分种质用组培苗小植株低温无菌保存，最大限度地保证香蕉资源的安全保存。

1.2 圃资源监测和种植管理技术与指标

资源生长状况监测 香蕉圃每年定人定点定期观测每份种质资源的生长情况，将香蕉树的生长状况分为健壮、一般、衰弱、危险4级，对一般和衰弱的种质要加强肥水管理恢复树势，对危险（通常是感染毁灭性病害如香蕉束顶病、黄瓜花叶病、枯萎病等）的植株，及时登记并按繁殖更新程序进行苗木扩繁和多轨保存；尽快采取补救措施，避免资源丢失。

资源圃病虫害监测 采用病虫测报及预警系统对资源圃主要病虫害进行系统监测，利用蚜虫数来对香蕉束顶病、黄瓜花叶病等进行监测，对香蕉象甲、黑蚜、红蜘蛛等害虫进行实时定期监测，制定各种病虫害的防控指标，及时进行病虫害的化学药剂防控，确保圃内病虫害在严重发生前得到有效控制；制定突发性病虫害发生的预警、预案。

土壤和气候等环境状况监测 建立薄膜保存大棚物联网气象工作监测系统，对大棚土壤温度、土壤湿度、空气温度、空气湿度、光照等环境状况进行实时监测，制定香蕉生长发育环境因子指标，指引大棚的水帘降温、遮光、通风系统等的管理，确保香蕉植株正常生长。

资源种植管理技术 制定圃地、大棚等规范的年度管理及各项田间操作工作，包括松土、除草、除芽、立桩、清园、喷药等田间管理措施。每年春季全园松土一次，重施固体有机肥一次，施复合肥每月1次，施沤肥液或商品液体有机质肥夏秋季至少各1~3次，旱季每2天喷水1次，每年清园2次，秋冬季结果果穗套袋。

圃资源监测指标 香蕉圃的香蕉资源目前采用田间种植种存、大棚种植保存和盆栽保存的方式进行，对种质资源的状态一般采用观察监测方法，观察其生长位置、生势、病害等状态，评估其安全性，确定是否要进行更新。一般植株露头、位置变化大影响株行距；植株的假茎变小、变矮、结果的果实性状变差的，属于生长衰弱指标，要采取措施复壮；植株感染了香蕉束顶病、花叶心腐病、枯萎病等毁灭性病害，属于危险指标，就要及时繁殖扩充健株，备好复份进行更新，重新种植。

对于盆栽保存的小植株，在小植株长势差、弱化情况下，增施有机质肥或化肥复壮；部分感病的种质要施特效农药防治；小植株长得太高时在假茎 20cm 高处将其砍矮。对于离体保存的组培苗，当出现长势变差、叶片变畸形、不定芽停止分化等情况时，要进行更新换芽保存。

种植管理技术指标 圃地蕉园植株矮小时注意杂草的控制，可人工除草或进行地布覆盖，也可使用草胺膦除草剂，不使用草甘膦除草剂；长至 30~40cm 时，春季行间株间土壤翻松土深度 20~30cm，并施入有机肥，可施入花生麸 0.75kg 或商品生物有机肥 5kg，夏秋季施沤熟花生麸 0.25kg 或相应商品液体有机肥各 2~3 次，每月每株施复合肥 0.2~0.3kg。土壤湿度低于田间最大持水量的 50%时应灌水。发现有病虫害时应及时喷药防治，重点防治鞘腐病、蚜虫、红蜘蛛等。

1.3 圃资源繁殖更新技术与指标

香蕉圃的香蕉资源繁殖分为组培繁殖和田间吸芽分蘖繁殖，数量较少的苗可用吸芽来更新，一般一株植株可长 3 个以上吸芽，选择生势粗壮、无病虫害的吸芽来做繁殖材料，能更好地保存种质的遗传稳定性；但吸芽易带病菌，要做好消毒工作，在高温季节种植成活率也不高，须预留足够多数量的吸芽来补种，最好先假植一段时间再定植为佳。组培繁殖主要是采用吸芽进行外植体接种，以 MS 为基本培养基并添加生长调节剂进行不定芽增殖，不定芽生根后获得完整的小植株。不定芽在 15℃左右的无菌条件下生长缓慢，可保存较长时间，一般可达 6 个月以上。组培苗长成的小植株一般不带病菌，经病毒检测后也可保证不带病毒，有利于种质的分发和利用。但由于种质的类型不同，组培的繁殖难易、组培变异的程度有别，一般继代次数不超 15 代。

繁殖更新技术 采用无性系吸芽扩繁技术对圃资源进行繁殖更新。香蕉生长过程中会生产 8~15 个吸芽，每年 4—6 月是更新的最佳时期，挖吸芽株重新种植更新，更新前植穴深翻土壤放入腐熟有机肥，10~15 天后定植。定植后按新植蕉的管理技术进行栽培管理。

更新复壮指标 ①资源保存数量减少到原保存数量的 60%；②植株出现显著的衰老症状，如假茎偏小、露头、树势弱等；③植株遭受严重冷害等自然灾害或病虫害如象甲、鞘腐病等为害后难以自生恢复；④其他原因引起植株生长异常。

1.4 圃资源备份技术与指标

圃资源备份技术 香蕉圃资源主要采用圃地种植方式保存，但同时也采用一些辅助方式备份保存，包括组培苗低温离体保存、盆栽小植株保存等。

组培苗低温离体保存 采用组培苗低温保存的方法，即让香蕉种质组培苗在室内 MS 培养基上 15℃左右无菌条件下缓慢生长，每年继代 1~2 次，中期保存 5~10 年。随着组培技术的发展，现在香蕉生产上的种苗基本上采用组培苗，具有无病菌、繁殖快且量大、不受气候因素影响的特点，同时遗传稳定性较好，成本低质量好。香蕉种质资源的保存也可以用组培技术，包括繁殖、保存和种质分发利用等环节。目前主要以吸芽为外植体进行接种，在保存的角度，主要是降低生长速度，增加保存的时间，降低保存空间；主要从生长温度和营养成分控制，使之不死亡、遗传稳定但生长速度极度缓慢，寻找最低生长水平临界点条件。多数香蕉的生长临界点温度为13℃，故组培保存的室内温度控制在15℃左右。具体做法参照广东省农业科学院果树研究所企业标准《香蕉种质资源组培苗小植株低温无菌保存技术规范 Q/YNKG 88—2021》（黄秉智等，2021）。

盆栽保存 盆栽保存方法采用塑料大盆，用无病菌培养土种植吸芽或组培苗，每份种质3~5盆，存放于大棚中，采用一些控制生长速度的措施，使苗缓慢生长，2年左右换培养土和苗重新种植保存。培养土的选择要考虑保肥保水性能和透气性能，肥水管理既保证苗的正常需要、健康，也要使苗生长缓慢，维持苗的最低生长。香蕉生产上育苗分为组培瓶苗（或袋苗），称为一级苗；假植苗，一般用育苗杯来作培养容器，称为二级苗。商品二级苗培育一般高温季节时间为2个月左右，低温的冬季一般为3~5个月。如果直接采用高苗杯进行盆栽保存，由于培养容器太小，植株长大后，根系不够空间生长、老化，叶片越长越大，遮阴，叶片老化；小植株整体上迅速衰老。故种质的盆栽保存，采用较大的盆子和充足的培养基，控制肥水，适当处理叶片和假茎，控制小植株的生长量，$1m^2$可保存6株左右，2~3年换一次培养基质，清理旧根和老球茎。盆栽保存要在大棚有防虫防寒防热防晒及灌溉设施的条件下，防治好叶瘟病、鞘腐病。这种方法可作为大田保存的辅助手段，省地、方便管理、可靠性较高，是国内外领先的一种保存方法。具体做法参照广东省农业科学院果树研究所企业标准《香蕉种质资源盆栽保存技术规程 Q/YNKG 91—2021》（黄秉智等，2021）。

温室大棚种植保存 在有防虫害网、防雨、防寒、遮阴等的大棚中种植保存种质。对一些耐寒性较差的种质资源，一份种质一般种植1~2株，个别重要种质增加种植株数，可防止罕见的极端寒冷天气造成的种质死亡。

备份资源指标 ①新入圃未鉴定的资源；②适应性抗性较差的资源；③珍稀濒危资源；④田间种植易丢失的资源。

2 种质资源安全保存

2.1 资源安全保存情况

截至2021年12月，国家荔枝香蕉圃保存香蕉种质资源份数为358份（表1），物种数（含亚种）9个：尖苞片蕉、长梗蕉、阿宽蕉、芭蕉、粉饰蕉、毛果蕉、云南指天蕉、尖苞片蕉斑叶亚种、杂交蕉。其中野生种15份包括尖苞片蕉 *Musa acuminata* 2份，斑叶蕉 *M. acuminata* ssp. *zeabrina* 1份，长梗蕉 *M. balbisiana* Colla 12份；野生近缘种27份包括芭蕉 *M. basjoo* 2份，阿宽蕉 *M. itinerans* Cheesman 22份，粉饰蕉 *M. velutina* 1份，毛果蕉 *M. ornata* 1份，云南指天蕉 *M. paracoccinea* 1份。栽培品种316份，地方品种285份，育成品种31份（获国家非主要农作物品种登记26份），品系、突变体等遗传材料78份。

2001年启动农作物种质资源保护与利用项目至今（2001—2021年），入圃保存358

份，新增保存香蕉种质资源205份；其中国外引进的有109份；有近70份在生产上已找不到了。还有近200份新收集待鉴定入圃。

表1　国家荔枝香蕉圃香蕉资源保存情况

作物名称	截至2021年12月保存总数					2001—2021年新增保存数			
	种质份数（份）			物种数（个）		种质份数（份）		物种数（个）	
	总计	其中国外引进	其中野外或生产上已绝种	总计	其中国外引进	总计	其中国外引进	总计	其中国外引进
香蕉	358	109	70	9	3	205	3	4	0

2.2　圃种质资源保存情况

圃种质资源保存类型　香蕉种质资源有三大类，第一类是栽培品种，第二类是野生种，第三类是野生近缘植物（种）。目前圃地主要保存的是栽培品种资源。香蕉的两个野生种包括尖苞片蕉和长梗蕉，我国有分布；尖苞片蕉野生种在我国云南省有成片分布，但类型没有东南亚国家多；长梗蕉野生种在我国多为零星分布，类型也较多；这两个野生种圃地均有保存。野生近缘植物（种）我国分布的主要为阿宽蕉，广东、广西、福建、海南、云南、台湾、四川等各省区均有分布（曾惜冰等，1989；赖钟雄等，2006，2007；秦献泉等，2008；冯慧敏等，2009），生命力较强；另外，芭蕉在湖南、浙江、江西、云南等地也有零星分布，抗寒力较强。云南省是野生近缘种分布较多的地区，除了阿宽蕉类型较多外，指天蕉、芭蕉、红花蕉等，甚至芭蕉科的象腿蕉、地涌金莲等也有分布。由于香蕉种质资源较难利用，大多野生种和野生近缘种还没被充分利用，仅作为一些基础研究的实验材料，国家荔枝香蕉圃保存的香蕉野生种和野生近缘种数量不多，在保存的9个物种中仅42份，占本圃全部香蕉资源的12%。

2.3　种质资源抢救性收集保存

香蕉虽然是多年生植物，通过无性繁殖可生长多年；但香蕉有毁灭性病虫害，如香蕉束顶病、黄瓜花叶病、镰刀菌枯萎病等，在野外生长极易感病死亡；栽培品种商品化程度极高，生产上的主要栽培品种基本上是以工厂化生产的组培苗作为种苗，且一般栽培1~3茬就更新，品种单一化严重。组培苗厂生产的品种较少，综合性状有缺陷或经济效益不高的品种少有人种植，因而也就没有进行组培繁殖。因此，通过植株种植生长的方式在大田或野外保存的香蕉种质越来越少了。许多以前的农家种、地方品种已绝迹，田间种植出现的一些株系，很快也没有了。据统计，至2021年有70份种质在野外或生产上已绝迹。目前除主栽品种和野生的阿宽蕉较多外，其他资源基本上都接近濒危状态。除主栽香牙蕉品种、大蕉品种和阿宽蕉外，生产上或野外见到的圃地没有的香蕉种质资源类型都需要收集保存，重点是零星的粉蕉、龙牙蕉、矮香蕉、野生蕉，结合第三次全国普查，将野外的香蕉种质资源尽可能地收集回来。

3 保存资源的有效利用

3.1 概述

作物种质资源是人类赖以生存和发展最根本的物质基础和战略资源，也是生命科学源头创新的材料基础，是育种的重要材料来源。2001—2021 年，香蕉圃向华南农业大学、华南植物园、中国热带农业科学院、东莞香蕉蔬菜研究所等大学及科研院所和广西、云南、海南等省份的农技推广部门、合作社、企业、种植户等提供资源利用2 000份次以上，开展基础研究、育种利用及生产应用。

目前香蕉产业面临香蕉枯萎病的严重威胁，生产的品种为感病品种和抗病品种并存的情况，病区以抗病品种南天黄和粉杂 1 号粉蕉、中蕉 9 号、中蕉 4 号、海贡蕉等为主；新区、无病区、少病区以感病品种巴西蕉、桂蕉 1 号、广粉 1 号、金粉 1 号为主。这些通过种质资源培育而成的新品种，成了组培快繁的当家品种，对香蕉产业起到了重要的支撑作用。

育种、生产利用效果 香蕉圃的香蕉种质资源直接利用或以资源为材料培育新品种达 15 个，其中广粉 1 号、粉杂 1 号在广西、福建、云南、海南等省份推广应用，累计推广面积 200 余万亩，新增利润 100 多亿元。粉杂 1 号还入选“2021 年中国农业农村重大新产品”的称号；对香蕉产业的可持续发展和农民的增收作出了较大的贡献。

支持成果奖励 以圃内提供的种质资源为试材支撑的“香蕉种质资源的收集、保存、分类、评价与利用综合研究”获国家科学技术进步奖三等奖 1 项，广东省科学技术进步奖一等奖 1 项，广东省农业技术推广奖一等奖 1 项、二等奖 1 项。

支撑乡村振兴与精准扶贫 我国是香蕉生产第二大国，产区主要集中在广西、广东、海南、福建和云南 5 个省份。在当前的乡村振兴与扶贫攻坚战中，香蕉作为高产优质的水果，栽培相对容易，农民容易掌握栽培技术，在贫困地区广泛种植，成为许多地区扶贫的主打作物品种，尤其是在边远革命老区和粤港澳大湾区等乡村的农业计划中具有重要地位。但是，目前香蕉产业正面临枯萎病的严重威胁，生产上为感病品种和抗病品种并存的局面，病区以抗病品种如南天黄香蕉、粉杂 1 号粉蕉等为主；无病区则以巴西蕉、桂蕉 1 号、广粉 1 号粉蕉等为主。比如在贵州省册亨地区，粉杂 1 号的种植取得了较好的进展，同时在广西和福建等省份的香蕉产区也大力推广，成为当地开展扶贫工作的重头戏。这些以种质资源材料为基础选育而成的新品种，是我国香蕉产区目前主栽的品种，对香蕉产业起到了重要的支撑作用。

支撑科研项目 支撑国家香蕉产业技术体系、国家重点研发计划、国家自然科学基金、农业部公益性行业专项、科技部成果转化项目、广东省科技攻关、广东省星火计划项目、广东省自然科学基金等 20 余项科研项目。在基础研究方面，我们主要开展香蕉种质资源的植物学、生物学性状描述记载和枯萎病抗性评价，还开展染色体倍性鉴定工作。其他一些基础性研究主要是通过提供种质给相关的科研教学单位，根据他们反馈的研究结果，完善数据库信息。

支撑论文论著、发明专利和标准 支撑研究论文87篇，其中SCI论文9篇。支撑《香蕉种质资源描述规范和数据标准》（黄秉智，2006）、《香蕉优质高产栽培》（黄秉智，2000）、《香蕉病虫害原色图鉴》（彭成绩等，2006）等论著8部。支撑“粉杂1号粉蕉的高产优质栽培方法”等7项国家发明专利；制定行业标准《农作物优异种质资源评价规范　香蕉》《农作物种质资源鉴定技术规程　香蕉》2项、广东省地方标准《粉蕉》1项、企业标准《粉杂1号粉蕉生产技术规程》等10项。

支撑资源展示、科普、媒体宣传 香蕉圃进行田间资源展示，每年配合中国农民丰收节对市民、果农开放。另外，香蕉种质圃每年还接待华南农业大学的学生及其他组织的学员或研究人员前来参观，提供一些优稀种质给相关单位建设小规模的科普观光园，对香蕉科普起了一定的推动作用。

3.2　典型案例

粉杂1号粉蕉挖掘利用的过程及其发挥的作用。在粤港澳大湾区的珠江三角洲香蕉产区，由于香蕉枯萎病的影响，香蕉种植面积急剧下降，利用优异资源培育成的抗枯萎病粉杂1号新品种，由于其具有抗病、抗风、耐涝且高产优质等优势，使香蕉的种植面积得到恢复和发展，重新见到连片绿油油的蕉园。在广东省中山市，粉杂1号粉蕉每年的栽培面积就达3万亩以上，每亩利润可达4 000元以上。在海南省各蕉区，前几年由于香蕉枯萎病的影响，种植面积急剧下降，最近由于抗枯萎病香蕉品种南天黄的应用，栽培面积又恢复增加，许多弃种或改种其他作物的蕉园重新种植香蕉，南天黄香蕉每年推广面积达30万亩。

4　展望

作物种质资源是农业科技原始创新和现代种业发展的物质基础，是保障粮食安全、建设生态文明以及支撑农业可持续发展的战略性资源。农作物种质资源收集、保存、鉴定评价和分发利用等工作具有公益性、基础性、长期性等特点，对人们生活水平的提高有重大意义，是一项功在当代、利在千秋的工作。

4.1　收集保存

继续完成第三次全国农作物种质资源普查与收集工作，收集和保护珍稀、濒危以及特有资源；加强国际交流，引进国外优异的香蕉资源，扩大保存份数，尤其是一些杂交父本材料。

4.2　安全保存技术

资源圃在保存条件方面获得改善。田间圃建设具有防虫设施的网室大棚，可以防止虫害传播；保存大棚安装水帘抽风降温、遮阴和物联网控制设备，可用于盆栽保存和棚内设施种植保存；也建设了室内组培保存室，开展中期低温离体组培保存。此外，还需探索发展液氮超低温保存法，适应长期室内保存，这些多轨并举措施有助于更全面地安全保存香蕉种质，建成完善且科学高效的香蕉种质资源保护体系，确保资源不丧失。

4.3 挖掘利用

加强种质资源安全性与遗传完整性监测，及时繁殖与更新复壮；开展香蕉种质资源表型精准鉴定评价与基因型高通量鉴定，深度发掘与优异性状相关的关键基因，构建分子指纹图谱库，打好育种创新基础；加强香蕉种质资源保护基础理论和关键核心技术研究，充分整合利用现有资源，构建香蕉种质资源大数据平台，推进数字化动态监测和信息化监督管理；做好种质资源基本性状鉴定、信息发布及实物分发利用等服务工作。

参考文献

曾惜冰，李丰年，许林兵，等，1989. 广东野生蕉的初步调查研究［J］. 园艺学报，16（2）：95-100.

冯慧敏，陈友，邓长娟，等，2011. 香蕉野生种质资源系统分类研究进展［J］. 热带农业科学，31（5）：38-43.

冯慧敏，陈友，邓长娟，等，2009. 芭蕉属野生种的地理分布［J］. 果树学报，26（3）：361-368.

胡玲玉，黄秉智，杨兴玉，等，2020. 香蕉种质资源的安全保存与有效利用［J］. 广东农业科学，47（12）：24-31.

黄秉智，2006. 香蕉种质资源描述规范和数据标准［M］. 北京：中国农业出版社.

赖钟雄，陈源，林玉玲，等，2006. 三明野生蕉基本生物学特性调查［J］. 亚热带农业研究，2（4）：241-244.

赖钟雄，陈源，林玉玲，等，2007. 福州野生蕉（*Musa* spp.，AA Group）的发现及其分类学地位的初步确定［J］. 亚热带农业研究，3（1）：1-5.

刘炜婳，赖钟雄，2013. 福州宦溪野生蕉（*Musa* spp.，AB group）2 个 *PSAG* 成员的克隆及生物信息学分析［J］. 热带作物学报，34（1）：46-53.

秦献泉，彭宏祥，尧金燕，等，2008. 广西博白野生蕉植物学性状观察及分类学地位［J］. 亚热带植物科学，37（4）：9-11.

吴洁芳，袁沛元，陈洁珍，等，2011. 广东主要果树种质资源收集保存现状与展望［J］. 广东农业科学，38（5）：60-63.

吴元立，易干军，周碧容，等，2004. 与香蕉种质离体保存相关的几个遗传学问题［J］. 果树学报，21（4）：365-369.

Clerck C，Crew K，Vaneewalle I，et al.，2017. Lessons learned from the virus indexing of *Musa* germplasm：insights from a multiyear collaboration［J］. Annals of Applied Biology，171（1）：15-27.

Kaya E，Souza F V D，Santos-Serejo J A，et al.，2020. Influence of dehydration on cryopreservation of *Musa* spp. germplasm［J］. Acta Botanica Croatica，79（2）：99-104.

Kitavi M，Cashell R，Ferguson M，et al.，2020. Heritable epigenetic diversity for conservation and utilization of epigenetic germplasm resources of clonal East African Highland Banana（EAHB）accessions［J］. Theoretical and Applied Genetics，133（4）：2605-2625.

Normah M N，Chin H F，Reed B M，2013. Conservation of tropical plant species［M］. New York：Springer.

Panis B, Totte N, Vannimmen K, et al., 1996. Cryopreservation of banana (*Musa* spp.) meristem cultures after preculture on sucrose [J]. Plant Science, 121 (1): 95-106.

Panis B, 2009. Cryopreservation of *Musa* germplasm [M]. Bioversity International, Montpellier, France.

Simmonds N W, Shepherd K, 1955. The taxonomy and origin of the cultivated bananas [J]. Botanical Journal of Linnean Society, 55 (359): 302-312.

Thinh NT, Takagi H, Yashima S, 1999. Cryopreservation of in vitro - grown shoot tips of banana (*Musa* spp.) by vitrification method [J]. Cryo Letters, 20 (3): 163-174.

Yan J Y, Quan X Q, Long X, et al., 2011. Collecting and conserving wild *Musa* germplasm in Guangxi, China [J]. Acta Horticulturae (897): 255-257.

国家龙眼枇杷圃（福州）种质资源安全保存与有效利用

郑少泉，陈秀萍，蒋际谋，邓朝军，姜　帆，胡文舜，许奇志
（福建省农业科学院果树研究所　福州　350013）

摘　要：龙眼（*Dimocarpus longan* Lour.）属无患子科龙眼属，枇杷［*Eriobotrya japonica*（Thunb.）Lindl.］属蔷薇科枇杷属，均为原产中国的多年生常绿果树。我国的龙眼、枇杷种质资源极其丰富，为龙眼、枇杷育种和产业发展提供了坚实的物质基础。本文简要介绍了国内外龙眼、枇杷种质资源收集保存情况，回顾总结了2001—2021年国家龙眼枇杷种质资源圃在资源安全保存技术研究、资源安全保存、资源有效利用等方面的研究进展，并对今后资源研究方面进行了展望。

关键词：龙眼；枇杷；种质资源；安全保存；有效利用

龙眼、枇杷均是原产中国的多年生常绿特色果树，在我国有2 000多年的栽培历史，种质资源丰富。龙眼果实营养价值高，自古视为滋补品，主要栽培于中国和东南亚国家。枇杷果实成熟于春夏之交，素有“早春第一果”之称，花、果、叶、根及树白皮等均可入药，主要栽培于中国、西班牙、巴基斯坦、日本、土耳其等国家或地区。我国的龙眼、枇杷栽培面积和产量均居世界首位。

国家果树种质福州龙眼枇杷圃（以下简称国家龙眼枇杷圃）位于福建省福州市，由农业部与福建省农业科学院共同投资建成，于1987年4月通过验收并挂牌，其功能定位是收集保存龙眼、枇杷及其野生近缘种。2022年，由农业农村部命名为国家龙眼枇杷种质资源圃（福州）。截至2021年12月，已保存来源于我国9个省（区、市）及越南、泰国、印度尼西亚、美国、马来西亚的龙眼种质资源383份，包括龙眼（*Dimocarpus longan* Lour.）、龙荔［*Dimocarpus confinis*（How et Ho）H. S. Do.（*Pseudonepdelium confine* How et Ho）］2个种；保存来源于我国15个省（区、市）及日本、西班牙、意大利、希腊、葡萄牙、南非、美国、越南、以色列、新西兰的枇杷资源689份，包括枇杷［*Eriobotrya japonica*（Thunb.）Lindl.］、栎叶枇杷（*E. prinoides* Rehd. & Wils.）、大渡河枇杷（*E. prinoides* Rehd. & Wils. var. *daduheensis* H. Z. Zhang）、麻栗坡枇杷（*E. malipoensis* Kuan）、大花枇杷［*E. cavaleriei*（Lévl.）Rehd.］、大瑶山枇杷（*E. dayaoshanensis* Chen.）、小叶枇杷［*E. seguinii*（Levl.）Card. et Guillaumin］、窄叶枇杷（*E. henryi* Nakai）、台湾枇杷［*E. deflexa*（Hemsl.）Nakai］、南亚枇杷［*E. bengalensis*（Roxb.）Hook. f.］、倒卵叶枇杷（*E. obovata* W. W. Smith）、椭圆枇杷（*E. elliptica* Lindl.）、南亚枇杷窄叶变型［*E. bengalensis*（Roxb.）Hook. f. forma *angustifolia*（Card.）Vidal］、台湾枇杷恒春变型［*E. deflexa*（Hemsl.）Nakai var. *koshunensis*

Nakai]、怒江枇杷（*E. salwinensis* Hand. -Mazz.）等 15 个种（变种或变型），是世界上最大的龙眼、枇杷基因库。

世界其他国家也有收集保存龙眼、枇杷资源。日本农林水产省基因库保存枇杷资源 197 份，包括枇杷、栎叶枇杷和台湾枇杷 3 个种；西班牙位于瓦伦西亚农业研究所的枇杷资源圃收集保存枇杷资源 123 份；美国保存枇杷资源 37 份、龙眼资源 30 份；意大利保存枇杷资源 21 份；希腊保存枇杷资源 17 份；越南保存龙眼资源 103 份；泰国保存龙眼资源 51 份。

龙眼枇杷均为多年生无性繁殖作物，资源主要以植株田间种植保存，时刻受到病虫害和自然灾害的威胁，随着树龄增大植株生长势也渐渐衰弱，资源安全保存问题日益突出，如龙眼圃内个别宝贵资源曾因 1991 年、1999 年两次大冻害而损失（郑少泉，2001）。因此，如何确保资源安全保存已成为国家龙眼枇杷圃工作的首要任务。本文总结了 2001—2020 年国家龙眼枇杷圃在资源安全保存技术、资源安全保存、资源有效利用等方面的研究进展，并展望了下一阶段的资源研究工作重点，为今后龙眼枇杷资源保护与利用提供依据。

1 种质资源安全保存技术

针对龙眼、枇杷生长特性，开展资源安全保存技术研究。实行加行错株密植保存技术，在有限的圃地上增加资源保存量；采用多头高接技术提高资源嫁接成活率、促进资源鉴定编目入圃保存。对枇杷圃进行全园更新改造，采取客土改土，畦改沟、沟改畦等措施，解决重茬忌地问题；挖深沟、高墩浅植解决积水问题；靠接防台风；采取营养袋苗夏季定植技术，缩短枇杷入圃时间；建立备份圃，复份保存重要资源，实现资源的安全保存。

1.1 资源入圃保存技术与指标

资源入圃保存技术 龙眼枇杷资源主要采用嫁接苗田间种植保存，随着资源量的增加，圃地面积日益紧张。为此，建立了加行错株密植保存技术，即在原畦间加种一行植株，新植苗种在原行两株中线位置，让每棵树都有足够的生长空间，此法可在原先资源安全保存基础上增加资源保存量。为了确保新收集资源嫁接成活率、缩短营养期、尽快鉴定编目入圃保存，对新收集到的龙眼枇杷资源大都采取多头高接技术进行嫁接繁殖，对一些外观形态特异的资源和野生近缘种，以及初次考察收集到的区域性特色资源，采取多头高接与小苗嫁接同时进行，防止资源得而复失。

针对枇杷根系分布浅而不发达、须根少、再生能力弱、需氧量大，既怕旱又怕涝，夏季易受高温干旱和台风危害，重茬还有严重的忌地等问题，对枇杷圃进行全园更新改造（陈秀萍等，2011）。用黄壤土客土改良土壤，并将沟改为畦、畦改为沟，避开原定植穴，重新挖定植穴，解决了枇杷重茬忌地问题；做高墩、浅植，挖深沟，解决了因水位太高积水问题；每穴种植两株苗靠接，防台风；圃内打深水井，每台每畦均布了水管，满足了干旱季节浇水需要。通过以上技术的实施，解决了枇杷旱涝、忌地等问题，为枇杷资源植株正常生长提供了保障。

对枇杷苗木定植技术进行了创新，将传统的春季定植改为营养袋苗夏季定植。春季定植时期一般在12月至翌年3月上中旬，而夏季定植时期为立夏至夏至（5月上旬至6月中旬）。由于南方春季雨水多，枇杷定植后，如果方法不当，常常会造成积水死苗。在夏季进行枇杷小苗定植，成活率可达80%~95%，且具有易长根、恢复生长快和长势旺等特点（郑少泉等，2005）。2006年6月完成了252份1 032株枇杷小苗定植，仅死亡12株，成活率高达98.8%；2007年6月又完成了276份828株小苗定植。定植技术的创新，有效缩短了种质繁殖入圃时间，从传统定植方法的2~3年缩短至1年；而且定植时间的提早，还有利于补苗，从而使植株生长一致，有利于树体管理，节省了大量的人力、物力和财力。

资源入圃保存指标　种植前先对圃地进行整理，按一定的株行距挖好畦和定植穴，并施足基肥。国家龙眼枇杷圃每份资源保存2~5株，龙眼株行距5m×3m，枇杷栽培种株行距3m×4m，枇杷野生种按1.5m×2.0m密植，每份保存2~3株。

1.2　圃资源监测及管理技术与指标

圃资源监测及管理技术　龙眼、枇杷均为田间种植保存，时刻受到病虫害和自然灾害的威胁，而且随着种质资源在圃内保存时间的延长，植株生长势也会渐渐衰弱。因此，要不间断地对国家龙眼枇杷圃存种质的生长势（衰老）、病虫害、自然灾害等进行监测。

植株长势监测：若植株新梢抽生少、叶片稀疏，则及时进行回缩修剪并加强肥水管理促进植株更新复壮；若植株长势太弱或植株死亡，则及时进行繁殖更新。在花期和果实采收后，进行疏花疏果和修剪，根据植株长势确定疏花量和修剪量，对于长势弱的植株则采取重疏重剪，确保植株正常生长、延长寿命。

病虫害监测：枇杷枝干腐烂病严重影响树势，危害植株的健康生长，该病发病轻时，引起枝干树皮腐烂和小枝枯死，严重时引起主枝、主干树皮大面积腐烂甚至整株枯死。通过长期监测该病发生情况，发现每年5—6月是该病的高发期。因此，每年于该病高发期5—6月在枇杷枝干涂抹或喷涂1∶1∶10波尔多液，预防或防治枝干腐烂病，若发现干枯的枝干则及时锯除，以防病害的蔓延，保证植株健康生长。

气候监测：实时关注天气预报，若遇台风或暴雨天气，则提前做好树干固定和排水沟清理；若持续高温干旱，则要及时浇灌；若遇低温可能发生冻害，则提前做好防寒保护措施。在自然灾害发生后，观测植株受害情况，及时做出正确的补救措施，如2015年8月的“苏迪罗”强台风造成部分龙眼枇杷植株倒伏，对这些植株进行锯干处理，使植株生长得以恢复。

圃资源监测指标　枇杷嫩叶出现萎蔫，应及时浇灌；日降水量大于50mm应及时排涝；温度低于2℃时应注意防寒。

1.3　圃资源繁殖更新技术与指标

圃资源繁殖更新技术　采取营养袋育苗。枇杷于每年4—5月采集‘解放钟’枇杷种子进行砧木苗繁育，每袋播种 4~5 粒，幼苗期间苗，剔除弱苗、病虫苗，每袋留 2 株健壮实生苗。翌年 1 月上旬至 3 月上旬进行嫁接。从成年树上采集健壮枝条，采取单芽切接，每份种质嫁接至少 15 袋，多倍体枇杷嫁接株数适当增加；于 6 月上旬将繁殖的苗木重新入圃种植保存。龙眼于每年 8 月下旬至 9 月上旬采集‘福眼’龙眼种子进行砧木苗繁育，每袋播种 2 粒，幼苗期间苗，剔除弱苗、病虫苗，每袋留 1 株健壮实生苗。翌年 3 月下旬至 4 月上旬进行嫁接。从成年树上采集健壮枝条，采取单芽切接，每份种质嫁接至少 10 袋，于 5 月下旬调查嫁接成活率，若嫁接成活的苗数少于 5 株，则于 6 月上旬进行补嫁接。第 3 年 5 月将嫁接苗重新入圃种植保存。选取无病虫害、生长健壮合格苗木 3~5 袋进行定植，每份种质还需留下 2 株健壮苗备用。入圃定植后应对每份种质的植物学特征和生物学特性与原种质进行核对，及时更正错误。

枇杷种质资源嫁接砧木品种的确立。以‘解放钟’实生苗为砧木嫁接 255 份枇杷种质资源，嫁接成活率 83%和成苗率 75.8%，表明以‘解放钟’实生苗为砧木对大部分枇杷种质具有良好的嫁接亲和性，而且解放钟种子的播种出苗率高、生长速度快，可作为枇杷种质资源繁殖更新或引种扩繁的首选砧木品种利用（陈秀萍等，2010）。根据嫁接成活率和成苗率以及入圃保存株数，测算枇杷繁殖苗木数量，认为一般种质资源只需繁育 15 株苗木即可满足田间定植保存的需要，多倍体枇杷因嫁接成活率较低，苗木繁育数量要适当增加。

资源繁殖更新指标 ①资源保存植株死亡；②植株生长衰弱，如枇杷枝干腐烂严重，新梢抽生少、叶片稀疏；③植株遭受严重自然灾害或病虫为害后，难以恢复生长；④其他原因引起的植株生长不正常，如枇杷根部受蛴螬为害严重。

1.4 圃资源备份技术与指标

圃资源备份保存技术 为了避免冻害对龙眼种质的危害，在龙眼圃最下两台建了棚高 4.5m 的连栋塑料大棚两栋共 4.4 亩，用于龙眼重要种质的备份保存。大棚内植株株行距 2m×3m，即能满足龙眼植株的正常生长，还比大田种植节省近 5 倍的空间。棚内实行先种砧木再行嫁接，砧木采用大苗带土移栽，2005 年 10 月完成了棚内砧木苗 488 株的定植；采用多头高接的方式进行嫁接保存，从大田保存种质的成年树上采集健壮枝条进行嫁接，2006 年 2 月完成第一批 185 份 370 株的嫁接繁殖，至 2007 年 4 月完成了所有植株的嫁接，每份资源备份 2 株，复份保存龙眼资源 244 份。每年 4—5 月通过修剪控制植株的生长量和挂果量，每 5~6 年对大棚的塑料薄膜进行更新一次，确保资源的长期安全保存。

在枇杷圃全园更新过程中，在所部和闽侯科辅基地建立了两个枇杷备份圃，利用原有的‘早钟 6 号’枇杷成年树作为中间砧，从大田保存种质的成年树上采集健壮枝条，采用多头高接的方式对圃存资源进行了嫁接保存，每份资源备份 1~2 株，为繁殖更新提供了健壮的接穗。2005 年 1 月在所部通过高接换种繁殖枇杷种质 202 份 261 株，2005 年 12 月底在科辅基地通过多头高接繁殖枇杷种质 260 份（胡文舜，2009），为后期的资源繁殖入圃奠定了基础，也为枇杷资源长期安全保存提供了保障。

资源备份指标 新收集未鉴定的资源；适应性较差的资源；珍稀、濒危的资源；重要骨干亲本材料。

2 种质资源安全保存

2.1 资源安全保存情况

截至2021年12月，国家龙眼枇杷圃已保存龙眼、枇杷2个作物资源1 072份（表1），其中国内资源996份（占92.91%），国外资源76份（占7.09%）。其中，保存龙眼资源2个种383份，国内龙眼资源352份（占91.91%），国外引进龙眼资源31份（占8.09%）；保存枇杷资源14个种（变种、变型）689份，其中国内枇杷资源644份（占93.47%），国外引进枇杷资源45份（占6.53%）。

2001年启动农作物种质资源保护与利用项目至今（2001—2021年），国家龙眼枇杷圃新增保存资源676份，占保存资源总量的63.06%，资源保存量增加1.71倍。

其中，新增保存龙眼资源192份，占龙眼圃保存总量的50.13%，资源保存总量增长100.52%。2001—2021年从泰国、越南、美国、马来西亚等4个国家引进龙眼资源24份；从我国广东、广西、海南、四川、重庆、福建、台湾等8省（区、市）收集龙眼资源168份，其中地方品种108份、育成品种（系）61份、野生资源3份，包括龙眼、龙荔2个种。

新增保存枇杷资源484份，占枇杷圃保存总量的70.25%，资源保存总量增长236.10%。2001—2021年从美国、南非、葡萄牙、日本、西班牙、希腊、新西兰、以色列、意大利、越南等10个国家引进枇杷资源25份；从福建、广东、广西、贵州、云南、四川、重庆、浙江、江苏、江西、海南、西藏等12个省（区、市）收集枇杷种质资源459份，其中地方品种169份、育成品种（品系）75份、野生资源194份、半野生资源21份，包括枇杷、栎叶枇杷、大渡河枇杷、麻栗坡枇杷、大花枇杷、小叶枇杷、窄叶枇杷、台湾枇杷、南亚枇杷、倒卵叶枇杷、椭圆枇杷、南亚枇杷窄叶变型、台湾枇杷恒春变型、怒江枇杷等14个种（变种或变型），新增枇杷近缘种（变种、变型）11个。

表1 国家龙眼枇杷圃资源保存情况

作物名称	截至2021年12月保存总数					2001—2021年新增保存数			
	种质份数（份）			物种数（个）		种质份数（份）		物种数（个）	
	总计	其中国外引进	其中野外或生产上已绝种	总计	其中国外引进	总计	其中国外引进	总计	其中国外引进
龙眼	383	31	211	2	1	192	24	1	1
枇杷	689	45	442	15	1	484	25	11	1

2.2 保存的特色资源

截至2021年12月31日，国家龙眼枇杷圃保存特色资源453份，占圃保存资源总量的42.26%，其中百年以上古老珍稀资源55份（其中龙眼39份、枇杷16份）、野生或半野生资源218份（龙眼3份、枇杷215份）、具一个以上优良特性的资源180份（龙眼79份、枇杷101份）。此外，龙眼、枇杷作为药食同源植物，还有很高的药用价值，其中龙眼（*Dimocarpus longan* Lour.）纳入《国家重点保护野生植物名录》二类保护物种。保存的龙眼枇杷资源中，野外或生产上已绝种的资源653份，占保存资源量的60.9%。

这些特色资源的保存，得益于及时有效的繁殖更新和抢救性收集保存。一是对圃存资源的全面繁殖更新，挽救了一大批圃存特色资源，如：枇杷矮化资源‘闽矮1号’‘多2号’和多倍体资源‘闽三号’‘多19号’等。二是对龙眼、枇杷种资源的抢救性收集保存。云贵、两广和四川为枇杷属植物密集分布区（陈秀萍等，2010），种质资源丰富。1981—1995年国家枇杷圃收集的枇杷资源来源于云南1份、四川4份、贵州11份（郑少泉，2001），但后期成功保存下来的仅贵州2份、四川2份（江用文，2005）。因此对云南、四川、贵州等省偏远地区资源考察收集迫在眉睫。2001年以来，先后13次前往云南、贵州、四川等省开展龙眼、枇杷资源考察收集工作，其中收集成效比较显著的有4次。2005年12月对云南省蒙自、屏边、石屏、淅水、宜良等5个县及昆明市进行枇杷种质资源考察，抢救性收集到地方品种和野生资源3个种235份，其中野生资源172份，如：在蒙自县收集到树龄200多年的当地大果枇杷品种莫别大枇杷［*Eriobotrya japonica*（Thunb.）Lindl.］，丰产（最高株产300kg）、优质的地方品种芷村枇杷［*Eriobotrya japonica*（Thunb.）Lindl.］，以及树龄上百年的枇杷野生近缘种栎叶枇杷（*E. prinoides* Rehd. & Wils.）及其野生群落；2007年1月对贵州省兴义市、安龙县以及云南省富民、师宗、罗平、易门、昆明等2省7个县（市）的枇杷种质资源进行考察，收集到枇杷地方品种、野生资源42份，其中野生近缘种小叶枇杷［*E. seguinii*（Levl.）Card. et Guillaumin］、南亚枇杷［*E. bengalensis*（Roxb.）Hook. f.］、倒卵叶枇杷（*E. obovata* W. W. Smith）、南亚枇杷窄叶变型［*E. bengalensis*（Roxb.）Hook. f. forma *angustifolia*（Card.）Vidal］等4种（变种）7份，均为春季开花的类型；2008年3月前往四川双流、龙泉驿区、汉源、泸州等地进行资源考察收集，抢救性收集到了枇杷地方品种、野生资源56份，其中大渡河枇杷（*E. prinoides* Rehd. & Wils. var. *daduheensis* H. Z. Zhang）6份，此次还收集到龙眼种质资源31份，首次收集到汉源一带的龙眼资源和树龄300多年的张坝龙眼王；2007年3月前往广东广州、潮州和福建诏安、云霄等地收集龙眼资源，收集到地方品种、选育品种、国外引进资源41份，其中两百年以上的龙眼古树资源7份。

3 保存资源的有效利用

3.1 概述

2001—2020年，国家龙眼枇杷圃向华南农业大学、深圳职业技术学院、长江师范学院、福建农林大学、广西农业科学院园艺研究所、云南农业科学院热带亚热带经济作物研究所、中国热带农业科学院南亚热带作物研究所等高校及科研院所以及福建、广东、广西、云南、贵州、重庆、四川、海南等8个省（区、市）的农技推广部门、企业、合作社、种植户提供龙眼资源利用221份3 001份次，资源利用率达59.1%；向西南大学、华南农业大学、南京农业大学、浙江农林大学、西北农林科技大学、长江师范学院、深圳职业技术学院、福建农林大学、福州大学、福建师范大学、浙江省农业科学院园艺研究所、四川省农业科学院园艺研究所、广西农业科学院园艺研究所等高校及科研院所，以及福建、广东、广西、云南、贵州、重庆、四川、浙江、江苏、安徽、江西、湖北、湖南、海南、宁夏、河南、北京、上海等18个省（区、市）农技推广部门、企业、合作社、种植户提供枇杷资源利用452份4 594份次，资源利用率达67.7%。龙眼、枇杷资源有效利用支撑了新品种选育、基础研究、生产和科普宣传，推动了乡村振兴和产业发展。

支撑育种和产业发展 为福建省农业科学院果树研究所、西南大学等单位提供金钟、香甜、新白2号、贵妃等枇杷资源和晚香、香脆、青壳宝圆等龙眼资源作为育种亲本材料，育成冬宝9号、香妃、新白1号、贵妃等12个品种通过国家或省级品种审（认）定，选育出新品种（品系）46个在生产中示范推广。

宝石1号、冬香、福晚8号、早钟6号、三月白、白雪早等龙眼、枇杷优良品种在广东、广西、海南、四川、重庆、云南、湖北、湖南、福建等省（区、市）的龙眼、枇杷产区大面积示范推广，取得显著成效。在2020年9月21日泸州市晚熟龙眼品种展示评优会上，'翠香'和'宝石1号'龙眼包揽了金奖、银奖和消费者喜爱奖等五个奖项。'早钟6号'枇杷在全国枇杷产区推广面积达56.1万亩，占国内枇杷早熟品种栽培面积的95%以上，'贵妃''新白8号'等白肉枇杷在福建的云霄、莆田，四川攀枝花和重庆万州等枇杷产区大面积推广利用，助力果农增收。

支撑乡村振兴与扶贫 支撑乡村振兴和区域特色产业发展。宝石1号、冬香、福晚8号等龙眼品种和三月白、香妃、早白香枇杷品种在福建莆田、福清、同安，四川泸州，广西大新，广东化州等产区进行成果转化，支撑福建省莆田市振兴"四大名果"、四川省泸州市创建"晚熟龙眼优势区域中心"、福建省福清市一都镇创建"全国百强镇"、广西大新县龙眼老产区品种更新改造，帮扶长江师范学院建设"长江上游龙眼荔枝工程技术研究中心"发展涪陵龙眼特色产业。宝石1号、翠香、秋香（福晚8号）等龙眼新品种，在四川省泸县、龙马潭区、江阳区示范推广5 012亩，其中宝石1号、翠香、秋香、冬香、醉香等5个品种支撑四川泸州"一镇一品种"建设。

助力重庆万州、云南屏边扶贫工作。在重庆万州推广龙眼、枇杷优良品种5 000多亩，促进农民增收达1亿元。在屏边县的玉屏镇建立枇杷新品种引种园1个，面积25亩，定植枇杷品种12个；在玉屏镇、新现乡分别建立枇杷高接换种示范基地70亩；在玉屏镇、湾塘乡分别建立龙眼新品种引种园各1个，合计7亩；在湾塘乡建立优良枇杷示范基地1个，面积10亩。培训枇杷、龙眼种植户103人次。

支撑科技成果 以国家龙眼枇杷圃资源为试材支撑国家、省部级奖12项，其中国家科学技术进步奖二等奖1项（枇杷系列品种选育与区域化栽培关键技术研究应用）、省科学技术奖一等奖1项（枇杷种质资源保存与应用）、二等奖7项、三等奖3项。

支撑科研项目 龙眼、枇杷资源有效利用，支撑国家荔枝龙眼产业技术体系、国家科技支撑项目、国家重点研发项目、国家自然科学基金项目、公益类农业行业专项、“948”项目、科技部成果转化项目、省自然科学基金、省重大专项、省财政专项等省部级项目以及其他各级项目（课题）100多项。

支撑论文论著、发明专利、标准和人才培养 支撑研究论文180多篇（其中SCI收录20多篇），著作13部，专利16项，标准14个（其中农业行业标准9项、地方标准5项）。培养全国杰出专业技术人才1人、国家万人计划（百千万工程领军人才）1人、“庆祝中华人民共和国成立70周年”纪念章1人、“风鹏行动·种业功臣”1人、国务院特殊津贴1人、“新世纪百千万人才工程”国家级人选1人、全国优秀科技工作者1人、全国农业科技推广标兵1人、全国农业科研杰出人才1人、福建省百千万人才工程领军人才1人、福建省五一劳动奖章1人；获得福建青年科技奖3人、福建运盛青年科技奖1人、紫金科技创新奖1人；培养硕博士50多人。

支撑资源展示、科普宣传 先后举办了优异资源专题展示与科普活动20多场次，展示龙眼、枇杷资源600多份次，有2 000多人次参加了现场鉴评展示会。接待国内外专家、学者、社会人员参观交流300多批次5 000多人次。开展现场技术培训、远程教育等60多场次，培训果农、技术人员近万人。接待福建农林大学、福建师范大学、长江学院、闽南师范大学等高校学生教学实习、社会实践30多批次2 000多人次。多次在新福建App、福建电视台综合频道、福建电视台乡村振兴公共频道《乡村振兴进行时》栏目、人民日报等主流媒体宣传报道。

3.2 典型案例

案例1：优异资源支撑新品种选育，推动科技创新

福建省农业科学院果树研究所利用枇杷圃大果型优异基因资源‘解放钟’和日本引进种质‘森尾早生’为育种亲本材料，育成国内首个杂交枇杷品种‘早钟6号’，获2000年福建省科学技术进步奖一等奖，2009年通过北京市林果品种审定。‘早钟6号’在福建、广东、广西、四川、重庆、浙江、云南、北京（温室栽培）、上海等省（区、市）栽培面积达56.1万亩，是世界上种植面积最大的杂交枇杷品种，占世界枇杷面积的28.5%，占国内枇杷面积的31.6%，占国内枇杷早熟品种栽培面积的95%以上，占福建省枇杷栽培面积的64.5%。利用有香气种质‘香甜’和大果型种质‘解放钟’，育成‘香钟11号’，表现优质、大果、晚熟，2004年通过福建省品种认定。利用白肉枇杷种质‘新白3号’，育成优质、大果、晚熟白肉枇杷品种‘贵妃’，通过福建省品种认定和全国热带作物品种审定委员会审定。以上这些枇杷品种的选育，极大促进了枇杷产业的发展，以‘早钟6号’‘贵妃’等品种选育为主要研究内容的“枇杷系列品种选育与区域化栽培关键技术研究应用”获得2010年度国家科学技术进步奖二等奖。

福建省农业科学院果树研究所利用白肉优质枇杷种质‘新白2号’与早熟优质枇杷‘早钟6号’杂交，培育出极早熟优质白肉枇杷新品种‘三月白’和早熟优质白肉枇杷新品种‘白雪早’；利用大果晚熟枇杷种质‘金钟’与晚熟优质白肉枇杷种质‘贵妃’杂交，培育出特晚熟大果白肉枇杷品种‘香妃’，并通过全国热带作物品种审定委员会审定。利用特晚熟龙眼种质‘立冬本’和大果种质‘青壳宝圆’，育成世界第一个杂交龙眼新品种‘冬宝9号’，通过福建省品种认定和广西壮族自治区农作物品种审定，被农业部列为主推品种，通过全国热带作物品种审定委员会审定；培育出的富含多糖、大果、优质、晚熟龙眼新品种‘高宝’，通过专家现场鉴评。利用大果香型龙眼‘香脆’与大果优质龙眼‘冬宝9号’杂交，培育出晚熟、大果、优质龙眼品种‘秋香’，通过全国热带作物品种审定委员会审定；利用早熟优质的龙眼种质‘石硖’与大果优质龙眼‘冬宝9号’杂交，培育出早熟优质大果杂交龙眼新品种‘宝石1号’；利用浓香型龙眼种质‘翠玉’与大果优质龙眼‘冬宝9号’杂交，培育出浓香型大果优质杂交龙眼新品种‘翠香’；利用特晚熟浓香型龙眼种质‘晚香’与大果优质龙眼‘冬宝9号’杂交，培育出特晚熟浓香型大果优质杂交龙眼新品种‘冬香’。三月白、白雪早、香妃、宝石1号、翠香、冬香等6个枇杷、龙眼新品种均通过省级成果评审，专家评价认为这些品种均居国际领先水平，应用潜力巨大。目前这些品种已在福建、深圳、四川、重庆、云南、广西、浙江、广东、广西等省（区、市）推广种植，推动了地方特色产业发展和乡村振兴。

案例2：优良品种和技术，支撑脱贫致富

重庆万州是三峡库区移民县、重点生态涵养区，还是全国重点扶贫区县。课题组利用品种资源和技术优势，长期承担福建省科技厅对口支援重庆三峡库区建设工作，为万州辖区内的熊家镇、分水镇、武陵镇、溪口乡等龙眼枇杷种植户、企业提供优良品种接穗、苗木，并指派3名科技特派员，每年多次赴万州开展技术培训和现场指导服务；通过建立优良品种、优质栽培技术示范基地，以点带面，推动了万州特色枇杷产业从零星种植到规模化、标准化生产，龙眼枇杷推广面积达5 000多亩，促进农民增收上亿元，助力万州全国重点扶贫区实现脱贫“摘帽”。

4 展望

4.1 收集保存

国外龙眼、枇杷种质资源的收集保存。从之前利用国外资源如日本枇杷‘森尾早生’和泰国龙眼‘苗翘’‘晚香’等为育种亲本，育成早钟6号、三月白、白雪早、冬香、秋香、福香等系列突破性龙眼、枇杷新品种的实践发现，收集引进国外资源是获取有效育种亲本材料的重要途径。但国家龙眼枇杷圃现有收集保存的资源，国外引进的仅占6.91%。因此要重视国外资源的收集引进，特别是香型、一年多熟、果皮红色等优特异龙眼资源的收集保存。

古老地方品种、古树资源的收集保存。这类资源往往蕴含着丰产、抗性等优良基因，是开展丰产、抗性育种和遗传演化研究的重要材料。

龙眼野生资源的收集保存。现有保存的龙眼野生资源仅4份，据文献报道，云南、广西、海南等地分布有野生龙眼资源，今后要加强这些地区野生龙眼资源的考察收集。

枇杷野生近缘种和两湖两广地区枇杷资源的收集保存。将原产中国的枇杷属种收集齐全，对湖南、湖北、广东、广西等地的枇杷资源进行系统考察收集。

4.2 安全保存技术

目前，龙眼、枇杷资源主要采用田间种植保存，易受自然灾害的威胁，应加大对保存资源的生长情况、病虫害等的监测，加强管理，及时繁殖更新，确保资源安全保存。同时，加强龙眼枇杷低温、超低温离体保存、试管苗保存、DNA 保存等技术研究，解决资源保存数量与圃地面积不足的矛盾，实现龙眼、枇杷资源的长期安全保存。

4.3 挖掘利用

适宜轻简化、机械化栽培资源的挖掘利用。随着农村劳动力的老龄化以及劳动力成本逐年提高，人们越来越重视适宜轻简化、机械化栽培品种的选育，因此挖掘利用适宜轻简化、机械化栽培的资源也势在必行。

高功效龙眼、枇杷资源的挖掘利用。龙眼、枇杷均为药食同源植物，龙眼果实营养价值高，自古视为滋补品；枇杷的花、果、叶均为药食同源，枇杷花、果、叶、根及木白皮等均可入药。对龙眼、枇杷功效成分的鉴定及高功效资源挖掘利用，更好地满足人们对营养保健食品的需求。

参考文献

陈秀萍，黄爱萍，蒋际谋，等，2010. 枇杷属植物 4 个种的花序性状多样性研究 [J]. 植物遗传资源学报，11（6）：709-714.

陈秀萍，黄爱萍，蒋际谋，等，2011. 枇杷种质资源数量分类研究 [J]. 园艺学报，38（4）：644-656.

陈秀萍，潘少林，黄爱萍，等，2010. 枇杷种质资源繁殖更新生长特性研究 [J]. 福建农业学报，25（5）：590-596.

胡文舜，陈秀萍，李韬，等，2009. 云南部分野生枇杷种质资源的数量分类研究 [J]. 果树学报，26（3）：403-408.

江用文，2005. 国家种质资源圃保存资源名录 [M]. 北京：中国农业科学技术出版社.

郑少泉，2001. 国家果树种质福州龙眼、枇杷圃的研究利用现状 [J]. 亚热带植物科学，30（4）：10-13.

郑少泉，许秀淡，蒋际谋，等，2005. 枇杷品种与优质高效栽培技术原色图说 [M]. 北京：中国农业出版社.

国家枣葡萄圃（太谷）葡萄种质资源安全保存与有效利用

赵旗峰，黄丽萍，刘晓婷，王　敏，荀志丽，马小河
（山西农业大学果树研究所　太原　030031）

摘　要：葡萄（*Vitis vinifera* L.）为葡萄科葡萄属木质藤本植物，是世界最古老的果树树种之一。我国是葡萄属植物的重要起源地之一，野生葡萄资源极为丰富，为抗病、抗寒育种和产业发展提供了物质保障。本文简要介绍了国内外葡萄种质资源的收集保存现状，总结和回顾40多年来国家枣葡萄种质资源圃在葡萄资源安全保存技术、资源安全保存、资源的共享利用等方面的研究进展，并对今后资源的研究和利用方向进行了展望。

关键词：葡萄资源；安全保存；共享利用

葡萄属于葡萄科（Vitaceae），葡萄属（*Vitis* L.）。大约有70多个种，主要分布于欧亚、北美和东亚3个起源中心（欧阳寿如，1980；贺普超，2001；孔庆山，2004）。我国是葡萄属植物的重要原产地之一，是世界葡萄起源、演化中心，种质资源丰富，栽培历史悠久，是世界上鲜食葡萄生产第一大国（刘崇怀，2012）。国家果树种质太谷枣、葡萄圃位于山西省晋中市太谷区，始建于20世纪60年代初，70年代末被列为国家果树种质资源圃，是我国“六五”期间建立的第一批国家级果树种质资源圃（任国慧等，2012；李登科和马小河，2010）。其功能定位是收集保存葡萄品种及其野生种。2022年，该圃由农业农村部命名为“国家枣葡萄种质资源圃（太谷）”（以下简称国家枣葡萄圃）截至2021年12月，已保存来自中国及苏联、日本、美国、法国、亚美尼亚、罗马尼亚等葡萄种质资源714份，包括欧亚种（*V. vinifera* L.）、美洲种（*V. labrusca* L.）、欧美杂交种（*V. vinifera* L. ×*V. labrusca* L.）、山葡萄（*V. amurensis* Rupr.）、毛葡萄（*V. quinquangularis* Rshd.）、蘡薁葡萄（*V. adstricta* Hance）、葛藟葡萄（*V. flexuosa* Thunb.）、网脉葡萄（*V. wilsonae*）、复叶葡萄（*V. Piasezkii* Maxim.）、桑叶葡萄（*V. ficifolia* Bge.）、少毛葡萄（*V. piasezkii* Maxim. var. *pagnucii* Rehd.）、刺葡萄（*V. davidii* Foëx）、冬葡萄（*V. berlandieri* Planch.）、圆叶葡萄（*V. rotundifolia* Michx.）14个种及其杂种，起源于中国的9个种及其杂种，是我国唯一北方露地埋土防寒保存的综合性葡萄资源圃（赵旗峰等，2021）。

我国十分重视葡萄种质资源的收集、保护和挖掘利用，截至2021年底，位于河南省郑州市的国家葡萄桃种质资源圃（南方不埋土防寒区）、山西省晋中市太谷区的国家枣葡萄种质资源圃（北方埋土防寒区）、吉林省吉林市的国家山葡萄种质资源圃等3个国家葡萄圃，共收集保存葡萄种质资源2 600余份（含复份保存），包括野生种、半栽

培种、地方品种、选育品种、遗传材料及国外引进品种（李晓艳等，2014；刘崇怀等，1997；段长青等，2019；任国慧等，2012；刘崇怀，1999）。据 Vitis International Variety Catalogue（VIVC）统计，世界各国保存葡萄种质42 000余份次，其中德国为5 814份次、意大利为4 461份次、法国4 461份次、西班牙2 875份次、美国2 691份次，是世界上保存葡萄种质资源份数较多的国家（田智硕等，2012）。

1 种质资源安全保存技术

国家枣葡萄圃为了确保资源的安全保存和有效利用，针对近年来自然灾害频发、病虫害严重等现状，积极探索资源的安全保存和有效利用技术，对圃内部分资源进行了避雨栽培和脱毒保存，同时开展了低温保存技术试验，希望在未来能实现资源的全部复份保存。在实现资源的有效利用方面，增加了保存资源的株数，每份资源的保存株数不少于 6 株，保证了科研试验需要的基本条件，为开展有效利用奠定了基础。同时利用 SSR 分子标记分析了 100 份葡萄资源亲缘关系和群体遗传结构，揭示了不同来源的葡萄种质资源之间亲缘关系和群体遗传结构，开展了核心种质构建，为葡萄种质资源的科学管理和有效利用提供参考。

1.1 资源入圃保存技术与指标

资源入圃保存技术 葡萄入圃资源主要采用无性繁殖苗田间保存技术。为了使保存入圃的资源更加安全，种植模式采用篱架，增加了保存株数，扩大资源圃面积，确保每个品种保存株数达到 6 株，株行距为 1m×2. 5m，同时部分资源增加了避雨设施，全园实施防鸟防雹网全覆盖，为资源的有效利用提供了保证。每年修剪时对老弱植株进行及时更新，对树势衰弱严重的品种采用苗木繁育更新。新收集的资源采用嫁接或扦插繁殖的方法进行入圃保存。以中长梢修剪为主，长中短梢修剪相结合，及时做好新梢副梢管理，严格控制病虫危害，保障树体健康生长；果穗（花序）自然发育，每份资源果穗套袋 5~10 穗；地面管理采用清耕制，行间旋耕除草，行内中耕，秋季开沟施有机肥，按规范进行土肥水管理与病虫害防控。

资源保存指标 采用扇形篱架进行保存，每份资源保存 6 株，株行距 1m×2. 5m。每份资源套袋 5~10 穗。

1.2 圃资源监测技术与指标

资源生长状况监测 每年观测入圃保存种质资源的生长情况，将其分为健壮、正常、衰弱 3 级，对衰弱的植株，及时登记并按繁殖更新程序进行压条扩繁和重新定植；专人对资源的植物学特征和生物学性状进行调查，及时了解资源的生长发育动态情况；利用远程视频监控系统对全园葡萄生长进行 24 小时监测，及时发现植株的生长情况、突发状况、自然灾害等造成的树体损毁等异常情况，便于及时采取补救措施，避免资源丢失。

资源圃病虫害监测 采用远程监测系统实时对圃内的病虫害进行监测，同时利用孢子捕捉器对葡萄白粉病、霜霉病和白腐病等进行监测；利用黄板对二斑叶蝉、白粉虱和绿盲蝽等虫害进行监测。同时安排专人对圃内病虫害进行调查，及时了解病虫害的种类及发生状况，进行病虫害的化学药剂防控，确保圃内病虫害严重发生前得到有效控制；制定突发性病虫害发生的预警、预案。

土壤和气候等环境状况监测 建立气象工作监测站，对资源圃土壤温度、土壤湿度、空气温度、空气湿度、风速、风向、降水量等环境状况进行实时监测，制定葡萄生长发育环境需求指标，当生长环境发生异常变化时及时采取措施确保葡萄正常生长所需的环境要求。

资源种植管理技术 制定规范的年度资源管理工作历，休眠期进行冬季修剪，采集种条，清园，田间进行冬灌；萌芽前施肥灌水，萌芽期进行第一次抹芽，新梢生长期进行抹芽、定梢、引绑、除卷须、去副梢等；开花期新梢摘心，中耕除草；果实膨大期施肥、灌水；转色期施磷钾肥，灌水；采收后施基肥、灌水。病虫害防控按照马小河等制定的山西省地方标准 GB/T 1. 1—2009《红地球葡萄主要害虫防治技术规程》执行。

资源监测指标 持续监测到有病原孢子，并连续 2 日增长时，证明病害已经发生约 10%～20%，应采取预防。葡萄不同时期需水量不同，一般土壤持水量低于 60%应灌水，叶片温度高于 35℃时不利于葡萄生长，葡萄园也应及时排涝。

种植管理技术指标 当气温稳定在 10℃以上，有 5%的芽眼萌发时，出土上架，浇催芽水。结合浇水，施尿素、二铵等速效肥，施用量根据树体大小、树势强弱而定，一般为 10～30kg/亩。在葡萄萌芽前，刮除老翘皮。喷 3～5°Bé 石硫合剂，杀死枝蔓上的越冬病菌、害虫。结果枝在果穗之上 6～8 片叶进行摘心，副梢长出后留 1～2 片叶摘心。花后喷施甲基托布津 800～1 000倍防治白腐病、灰霉病、霜霉病等。疏果套袋：疏除畸形、小果、过密果等。套袋前喷福星 10 000倍液加 50%速克灵 1 000倍液或扑海因 800～1 000倍液，或 50%多菌灵 600～800 倍液等杀灭白腐病、灰霉病等。入冬前灌水，埋土防寒，埋土厚度不低于 15cm。

1.3 库（圃）资源繁殖更新技术与指标

繁殖更新技术 采用压条、扦插等技术对圃资源进行繁殖更新。硬枝扦插于每年 11 月，从需要更新的植株上，选择品种纯正、生长健壮、无病虫害、节间长度短且均一、芽眼饱满、粗度 0. 8～1. 2cm，充分成熟的 1 年生枝条。用 3～5°Bé 石硫合剂浸泡 1～3min，晾干，系上标牌，贮藏至翌年春季。扦插前，将新采集或贮藏的插条剪成每根 8～10cm 长的小段，上端在芽眼上方距芽眼 1. 0cm 左右处平剪，下端在芽眼下方距芽眼 7～9cm 处平剪，用清水浸泡 12～24h，让枝条吸足水分。扦插时插条直接插到砂土铺成的电热床上，只露出芽眼即可。待插条产生愈伤组织后，及时移至浇透水的营养钵扦插，插后再次浇透水。待苗木出圃时直接定植于圃内。压条繁殖，春季萌芽前，将去年基部预留作压条的一年生枝平放或平缚，待其上萌发新梢高 15～20cm 时，再将母枝平压于沟中，露出新梢（王述民等，2014）。

更新复壮指标 ①资源保存数量减少到原保存数量的 60%；②单个品种保存株数少于 6 株时；③植株出现显著的衰老症状，如发枝量低于 50%，枝条粗度 80%低于

1cm；④遭受到严重自然灾害或病虫害后难以自行恢复；⑤其他原因造成的植株不能正常生长。

1.4 库（圃）资源备份技术与指标

圃资源备份技术 太谷的国家枣葡萄圃保存的部分重要资源在国家葡萄桃圃中有复份保存，约100份，占资源保存总数的14.7%。对本圃内特有、濒危珍稀的资源进行了田间备份保存，每份资源保存9株，即保存圃每份资源6株、预备圃每份资源3株，约占资源保存总数的15%。采用无性系繁殖技术进行田间保存。

备份资源指标 ①新入圃未鉴定的资源；②适应性较差的资源；③珍稀濒危资源；④重要骨干亲本资源。

2 种质资源安全保存

2.1 资源安全保存情况

截至2021年底，共保存国内外葡萄资源714份（表1），其中国内资源294份（占41.1%）、国外引进资源420份（占58.9%）；野生或生产上已绝种资源44份（占0.63%）、选育品种634份（87.4%）和品系36份（0.52%）。对370多份资源进行了核心种质资源的构建。

2001年启动农作物种质资源保护与利用项目至今（2001—2021年），新增保存葡萄种质资源385份，占资源圃保存总量的53%，资源保存总量增长108.76%。2001—2021年，从日本、美国等国家引进资源133份；从我国的北京、上海、河北、辽宁等25省（区、市）共收集种质资源180份，其中地方品种12份、育成品种（系）28份、野生资源32份。

表1 国家枣葡萄圃葡萄种质资源保存情况

<table>
<tr><th rowspan="3">作物名称</th><th colspan="5">截至2021年12月保存总数</th><th colspan="4">2001—2021年新增保存数</th></tr>
<tr><th colspan="3">种质份数（份）</th><th colspan="2">物种数（个）</th><th colspan="2">种质份数（份）</th><th colspan="2">物种数（个）</th></tr>
<tr><th>总计</th><th>其中国外引进</th><th>其中野外或生产上已绝种</th><th>总计</th><th>其中国外引进</th><th>总计</th><th>其中国外引进</th><th>总计</th><th>其中国外引进</th></tr>
<tr><td>葡萄</td><td>714</td><td>420</td><td>44</td><td>14</td><td>3</td><td>385</td><td>133</td><td>5</td><td>3</td></tr>
</table>

2.2 保存的特色资源

截至2021年底，国家枣葡萄圃保存的古老濒危、地方特色葡萄资源12份，野生资源32份，育种价值资源45份，生产利用资源28份，优特异资源68份，特色资源18份。

古老濒危、地方特色葡萄资源12份。由于人类活动、新品种的替代，这些资源濒于灭绝。例如，山西清徐县‘龙眼’品种近500年的古树，黑鸡心、瓶儿、破黄等品种，具有抗性强、丰产等特点，2009年及时抢救收集保存于国家枣葡萄圃。

野生资源32份。山西省太岳山、中条山等地的野生葡萄资源丰富，经过多年考察、收集，把山西省内发现的野生资源基本上达到了应收尽收，其特点明显长势旺、抗逆性强、少毛、复叶、雌能花等。

育种价值资源45份。单一或多个性状表现突出，且遗传稳定被育种家多次利用的资源，如‘瑰宝’有玫瑰香味浓、种子多、糖高酸低等特点，以‘瑰宝’为亲本，通过杂交育种的方式培育出‘宝’字系列葡萄品种早黑宝、无核脆宝、晚黑宝、秋红宝等。

生产利用资源28份。品质、产量、抗性等综合性状优良可在生产上直接利用的资源，如玫瑰香、阳光玫瑰、红地球、巨峰、夏黑、克瑞森无核等在葡萄产业中大面积推广应用。

特异资源68份。特异资源指单一性状突出的资源，此类资源可用于种质创新、基础研究等。具有特殊香气、抗逆性强、颜色鲜艳，丰产，皮薄、肉脆、雌能花、雄能花等，如五味子、柔丁香、阿登纳玫瑰、安吉文、里扎马特、玫瑰香、外明红、红地球等。

观赏资源12份。树形、果形、果色、叶片等具有观赏价值的资源，如美人指、甜蜜蓝宝石、金手指等品种的果实形状和色泽美观，常常用于观光采摘等，棚架栽培也是葡萄观赏采摘的必备选择。

成对资源12份。具相同基因型不同倍性的成对资源，如二倍体红地球、四倍体红地球、二倍体玫瑰香、四倍体葡萄香等，可为基因的超量表达研究提供支撑。

2.3 种质资源抢救性收集保存典型案例

位于晋中太原盆地的清徐县，地壳运动给它遗留下堆积的黄土和洪积冲积物。这里山麓多涌泉，平川地潮湿。而断崖、山地与平川相衔接的特殊地段，又影响着对于周围环境的阳光、热量、水分和养分的分配，产生了非常宜于葡萄这种落叶木质藤本的生长繁殖区域，早已成为山西省葡萄的集中产区，也是我国古老的葡萄主要产地之一。在向现代化的进程中，清徐葡萄数量下降，质量变劣，一些珍稀品种濒临灭绝。国家枣葡萄圃组织团队成员多次深入清徐县，2010年以来将一些葡萄珍贵品种抢救性保存入圃。共整理12份资源。如：原产清徐县的著名地方品种‘黑鸡心’，圆锥形，果穗大，平均穗重480g，果粒鸡心形，果粉厚，平均粒重4.5g，抗病性强；清徐地方品种‘瓶儿’，成熟后可剥去表皮，切成薄片；曾经是中国独有的古老品种‘龙眼’，皮薄而且透明，柔软多汁，果汁糖分高，不仅是鲜食的佳品，也是酿造干白葡萄酒的主要原料。

3 保存资源的有效利用

3.1 概述

2000—2021年，国家枣葡萄圃通过整合资源，开发信息共享服务系统，开通了葡萄种质资源信息共享服务系统，开展葡萄优异资源分发和信息共享服务，构建了覆盖山西省的葡萄种质资源保存保护体系，并且成立山西省葡萄与葡萄酒产业联盟，加入了葡萄与葡萄酒产业国家创新联盟，有效促进了葡萄种质共享。多年来，先后向中国农业大学、南京农业大学、陕西师范大学、山西农业大学等高校及中国农业科学院果树研究所、北京市农林科学院林业果树研究所、天津市林业果树研究所、四川农业科学院等科研院所及农技推广部门、合作社、企业、种植户等提供资源信息记录1 000余条，提供资源利用400余份5 000余份次。在支撑现代农业品种创新与产业发展中发挥了重要作用。

育种、生产利用效果 国家枣葡萄圃为国家葡萄产业技术体系酿酒品种改良岗位、太谷综合试验站、中国农业大学、山西农业大学、南京农业大学等单位提供种质资源，用于遗传规律、无核胚挽救、种质创新和新品种选育研究。利用瑰宝、秋红、无核白鸡心、粉红太妃等进行杂交，选育出新品种早黑宝、无核翠宝、秋红宝等13个，在山西、新疆、云南、北京等省（区、市）推广应用，累计推广面积15余万亩，新增利润10亿元。筛选出早黑宝、无核翠宝、玫瑰香、梅鹿辄、西拉等综合性状优异的鲜食、酿酒葡萄资源18份，直接应用于生产，示范推广到山西、新疆、云南、北京、广西等省（区、市），应用面积30余万亩，创造经济效益20余亿元。

支持成果奖励 2009年资源圃项目“中国农作物种质资源本底多样性和技术指标体系及应用”获得国家科学技术进步奖二等奖1项，2010年“无性繁殖作物种质资源收集、标准化整理、共享与利用”获得浙江省科学技术进步奖二等奖1项；以圃内提供的种质资源为试材支撑“欧亚种四倍体葡萄新品种早黑宝选育研究及示范推广”获山西省科学技术进步奖一等奖，“中晚熟葡萄新品种‘秋红宝’选育及推广应用”获山西省科学技术进步奖三等奖，“晚熟欧亚种四倍体玫瑰香型葡萄新品种‘晚黑宝’选育及示范推广”获山西省科学技术进步奖三等奖；以圃内提供优异葡萄品种支撑“酿酒葡萄基地建设技术”获山西省农村技术承包一等奖，“葡萄新品种秋红宝示范基地建设”获山西省农村技术承包一等奖，“优势葡萄产业综合配套技术”获山西省农村技术承包一等奖，“戎子酒庄酿酒葡萄基地建设”获山西省农村技术承包二等奖。

支撑乡村振兴与精准扶贫 筛选优异资源早黑宝、无核翠宝等28份支撑乡村振兴与精准扶贫30个乡村，技术培训200余场，培训10 000余人次，培养技术人员200余人。

支撑科研项目 支撑国家葡萄产业技术体系、国家重点研发计划、国家自然科学基金、国家星火计划、国家948专项、科技部支撑计划项目、科技部成果转化项目、农业部公益性行业专项、山西省水果产业技术体系、山西省科技攻关、山西省农业科技创新中心项目、山西省自然科学基金、山西省科技成果转化项目、财政支农项目等100余项。

支撑论文论著、发明专利和标准 支撑研究论文123篇，其中SCI论文30余篇。支撑《葡萄种质资源描述规范和数据标准》《中国葡萄品种》等论著。支撑“葡萄籽营养片及其生产方法”等2项国际发明专利；制定行业标准《农作物优异种质资源评价规范　葡萄》等3项。

支撑资源展示、科普、媒体宣传 国家枣葡萄圃进行葡萄田间资源展示20余次，展示葡萄优异资源800余份次，接待北京、山西、陕西、广西、四川等18省（区、市）政府部门领导、企事业单位技术骨干、合作社管理人员、种植大户等1 000余人参观葡萄种质资源圃，促进了我国葡萄产业健康稳步发展；开展美国、日本、意大利等国外专家，以及农业农村部、各地政府部门、科研单位等国内专家学术交流50余批500余人次；开展技术培训、技术咨询和技术服务200余次共10 000余人次；接待山西农业大学、山西省林业职业技术学院、太谷中学、运城学院等教学实习70余批次4 000余人次。在主流媒体进行了20余次的宣传报道。

3.2 ‘瑰宝’葡萄种质资源利用

‘瑰宝’是我国山西地区选育的著名鲜食葡萄品种，其特点突出糖高酸低、玫瑰香气浓郁，种子多等，为筛选品质优良、玫瑰香气浓郁，肉质硬脆、耐贮运、抗逆性强等目标性状突出的优异葡萄新种质，多家科研单位通过实生选种、种内杂交、种间杂交、诱变、胚培养等育种技术，开展了以瑰宝为亲本的选育工作（表2）和配套栽培技术研究。宝系列葡萄品种是由山西省农业科学院果树研究所以瑰宝为母本，分别与早玫瑰、无核白鸡心、秋红、粉红太妃等品种直接杂交育成，或杂交后经秋水仙素诱变育成，大部分具有玫瑰香味。

表2 培育和审定的瑰宝品种

序号	品种	亲本或来源	审定年份
1	早黑宝	瑰宝×早玫瑰	2001
2	秋红宝	瑰宝×粉红太妃	2007
3	早康宝	瑰宝×无核白鸡心	2008
4	丽红宝	瑰宝×无核白鸡心	2010
5	秋黑宝	瑰宝×秋红	2010
6	无核翠宝	瑰宝×无核白鸡心	2011
7	晶红宝	瑰宝×无核白鸡心	2012
8	晚黑宝	瑰宝×秋红（四倍体）	2013
9	翠香宝	瑰宝×秋红	2017
10	晚红宝	瑰宝×秋红	2019

4 展望

4.1 收集保存

加强种质资源的收集，尤其是来源于国内本土的不同近缘野生种质资源和国外的野生种的收集，在最大程度上拓宽现有葡萄资源的遗传背景，为选育适应不同生态区、抗逆性强的优良新品种提供材料基础。

4.2 安全保存技术

在葡萄种质资源圃的设置上，坚持特色鲜明，加强区域特色圃建设，开展富有区域特色的葡萄种质资源的收集、繁殖、保存和保护；在功能定位上，坚持“保用结合”，在现有葡萄圃安全保存的基础上，强调为区域农业生产服务，围绕我国葡萄产业和育种需求开展优异资源的收集和评价利用研究；在种质资源的保存上，坚持多样保存、集中管理的一体化平台建设，根据不同物种特点选择相应种质样本保存形式和方式，按照统一标准对圃内保存的种质资源进行规范整理整合，纳入平台信息系统统一管理；强调资源共享，坚持“保用结合”，在种质资源安全保存的基础上，加强种质资源共享利用信息化平台建设，利用现代信息技术，鉴定评价、宣传和展示种质资源；促进产学研用联合，最大化地为科研、教学、生产服务，提高共享利用效率。

4.3 挖掘利用

加强种质资源鉴定评价技术研发，开展重要性状的基因型挖掘。开展种质资源精准鉴定、全基因组水平基因型鉴定以及特异基因发掘等工作，构建分子身份证；筛选优异种质资源，为新品种选育、科学研究和生产利用奠定坚实的基础。

参考文献

段长青，刘崇怀，刘凤之，等，2019. 新中国果树科学 70 年——葡萄［J］. 果树学报，36（10）：1292-1301.

贺普超，2001. 葡萄学［M］. 北京：中国农业出版社.

孔庆山，2004. 中国葡萄志［M］. 北京：中国农业科学技术出版社.

刘崇怀，2012. 中国的葡萄属（*Vitis* L.）植物和地理分布的分析［D］. 开封：河南农业大学.

刘崇怀，孔庆山，陈继锋，1997. 国家果树种质郑州葡萄圃资源保存及研究概况［J］. 葡萄栽培与酿酒（3）：3.

刘崇怀，1999. 中国葡萄种质资源研究［J］. 甘肃农业大学学报（专刊）：46-50.

李登科，马小河，2010. 国家果树种质太谷枣葡萄资源圃［J］. 植物遗传资源学报（2）：249.

李晓艳，杨义明，范书田，等，2014. 山葡萄种质资源收集、保存、评价与利用研究进展［J］. 河北林业科技（Z1）：115-121.

欧阳寿如，1980. 葡萄品种及其研究［M］. 太原：山西人民出版社.

任国慧，吴伟民，房经贵，等，2012. 我国葡萄国家级种质资源圃的建设现状［J］. 江西农业学报，24（7）：10-13.

田智硕，姜建福，张国海，等，2012. 国外主要葡萄种质资源数据库简介［J］. 中外葡萄与葡萄酒（1）：59-62.

王述民，卢新雄，李立会，2014. 作物种质资源繁殖更新技术规程［M］. 北京：中国农业科学技术出版社.

赵旗峰，黄丽萍，刘晓婷，等，2021. 我国葡萄种质资源收集保存和研究利用进展［J］. 果树资源学报（2）：1-4.

国家枣葡萄圃（太谷）枣种质资源安全保存与有效利用

王永康，李登科，薛晓芳，任海燕，赵爱玲，
苏万龙，刘　丽，石美娟，李　毅
（山西农业大学果树研究所　太原　030031）

摘　要： 枣（*Ziziphus jujuba*）是鼠李科枣属多年生落叶果树，原产于中国。我国枣种质资源极为丰富，为枣育种和产业发展提供了重要的物质保障。本文简要介绍了国内外枣资源收集保存现状，总结和回顾了20年来国家枣葡萄种质资源圃在枣资源安全保存技术、资源安全保存、资源有效利用等方面的研究进展，并对今后资源的研究方向进行展望。

关键词： 枣；种质资源；安全保存；有效利用

枣（*Ziziphus jujuba*）和酸枣（*Ziziphus acidojujuba*）均为鼠李科（Rhamnaceae）枣属（*Ziziphus*）植物，酸枣为枣的野生种。枣和酸枣均原产中国，最早起源于晋陕黄河峡谷地区。在我国除西藏、黑龙江等高海拔和高纬度地区外其他各地均有枣树分布（曲泽洲和王永惠，1993）。国外的枣均是直接或间接从我国引进，韩国是除我国之外唯一进行枣商品化栽培的国家（刘孟军和汪民，2009）。国家枣葡萄种质资源圃（太谷）（以下简称国家枣葡萄圃）是我国“六五”期间首批成立的果树种质资源圃之一，其位于山西省太谷区，依托单位为山西农业大学（山西省农业科学院）果树研究所，主要开展枣种质资源的收集保存任务。截至2021年底，国家枣葡萄圃已保存来自全国25个省（区、市）的枣和酸枣2个种的种质资源891份、韩国枣种质5份和以色列枣种质1份，是目前全世界面积最大、种质保存数量最多、遗传多样性最丰富的国家级枣专一性种质资源圃。

我国各地枣树科研单位和地方农林部门都非常重视枣种质资源的收集保存工作，中科院植物研究所、河北农业大学、北京林业大学、河北石家庄果树所、山东果树所、西北农林科技大学、河北沧县、河北献县、河南新郑、新疆温宿、新疆麦盖提等保存枣和酸枣种质资源总份数超过1 500份（含复份保存），其中河北沧县保存枣和酸枣640份，河北农业大学保存酸枣以及其他近缘种200份（Liu et al.，2020）。

1　种质资源安全保存技术

枣种质资源主要采用田间保存方式，采用枣和酸枣分别作为各自种的砧木进行嫁接入圃，可有效减小嫁接不亲和，促进嫁接口愈合整齐良好。定植密度由最初的乔化稀植逐步转化为矮化密植，保存株数由5~6株减少为3~4株，增加了保存份数，提高了土

地利用率。对保存种质进行生长发育状况、病虫害发生情况、土壤土肥及水分和养分含量、气象变化进行实时检测，实施标准化和规范化的田间管理，快速及时发现问题和解决问题。指定专人负责，同时又相互配合，对资源保存做到无缝衔接，确保了资源长期安全保存。对树体老化、树势衰弱的种质及时进行更新复壮修剪和加强田间管理，对受损严重树体进行挖除，重新进行定植砧木和嫁接，确保树体正常生长发育。同时重要种质在全国其他研究单位进行备份保存，可有效地避免枣圃遭受毁灭性的危害。

1.1 资源入圃保存技术与指标

资源入圃保存技术 枣种质入圃资源采用根蘖归圃苗和培养酸枣实生苗，采集种质接穗嫁接的无性繁殖方式进行田间保存。根蘖苗是由母树树干四周自然形成的分蘖，根系毛根较少，植株大小和长势不整齐，采集保存过程比较烦琐。20 世纪 80 年代以前，由于嫁接技术不成熟，主要采用此方法。通过采集接穗嫁接到定植好的砧木上是目前主要方法。砧木包括酸枣和枣砧。酸枣砧木繁育效率高，根系好，苗木质量高，整齐一致，技术简便易行。在保存枣种质时使用枣本砧，保存酸枣种质采用酸枣砧木。枣砧木通过定植归圃苗，成活后再嫁接入圃的新种质。枣为高大乔化树，占地面积较大。随着资源保存数量的增加和土地资源的紧张，目前一般采用矮化密植栽培，通过控冠整形修剪，增加单位面积保存种质的数量，亩保存植株数量达 74 株。酸枣可高度密植，亩保存植株 148 株。

资源保存指标 保证每份资源正常生长发育，在一致的环境和管理条件下可稳定表现出各自的特异性，且可为利用提供足够数量的各类高质量种质材料。枣圃每份资源至少保存 3 株，株行距（1. 5~3）m×3m。每份枣资源一般保存 4 株，株行距 3m×3m；酸枣一般 3 株，株行距 1. 5m×3m。枣砧木均采用枣归圃苗，以资源圃所在地的壶瓶枣等为主，较适宜本地气候土壤环境条件，且嫁接口亲和、愈合良好，有利于资源安全健康保存。酸枣种质砧木用普通酸枣。

1.2 圃资源监测和种植管理技术与指标

资源生长状况监测 枣圃每年定人定点定期观测每份种质资源的生长情况，将树体的生长发育状况分为健壮、一般、衰弱 3 级。对衰弱的植株，及时登记并按繁殖更新程序进行复壮修剪、砧木苗木繁育和定植嫁接。树体生长发育时期，利用生理生态监测系统适时监测资源的果实发育、叶片温度、茎杆变化等，及时了解种质树体的生长发育动态情况。利用物联网远程视频监控系统对全园枣树生长进行 24 小时监测，及时发现突发状况、自然灾害等造成的树体损毁等异常情况，便于及时采取补救措施，避免资源丢失。

资源圃病虫害监测 采用病虫测报及预警系统对圃主要病虫害进行系统监测。利用孢子捕捉仪对枣锈病、轮纹病、炭疽病等病原孢子进行监测，虫情测报灯对桃小食心虫、绿盲蝽、食芽象甲、枣步曲、枣瘿蚊等害虫进行监测。萌芽前检测树体缝隙内虫害卵的数量，生长期检测感染枣疯病的植株。制定各病害和虫害的防控指标，当病原孢子和害虫数量达到预警指标时，开始病虫害的化学药剂防控，确保圃内病虫害严重发生前得到有效控制；制定突发性病虫害发生的预警、预案。

土壤和气候等环境状况监测 建立气象工作监测站，对资源圃土壤温度、土壤湿度、空气温度、空气湿度、风速、风向、降水量等环境状况进行实时监测，制定枣树生长发育环境需求指标，当枣树生长环境发生异常变化时，及时采取措施确保树体正常生长所需的环境要求。

资源种植管理技术 制定了规范的年度资源管理工作历。每年全园耕翻2次（秋季和春季各1次），挖除根蘖和割草4次（5—8月每月1次）。施肥2次（9月施基肥1次、6月施追肥1次），叶面追肥1次（盛花期）。灌水2~3次（萌芽期、果实发育期和土壤封冻前），7—8月果实发育期根据天气和田间含水状况决定是否灌水。病虫害重点预防绿盲蝽、食芽象甲、桃小食心虫、枣疯病、枣锈病、炭疽病等。果实成熟期预防降雨裂果危害。清理枣园2次（冬季修剪1次、夏季修剪1次）。

圃资源监测指标 枣树萌芽期在树体开裂缝隙内发现有绿盲蝽等虫卵等，食芽象甲数量大于30头/株，桃小食心虫百果卵数大于1%或桃小性诱剂诱集雄虫数量达到高峰一周后，应及时使用杀虫剂防治。发现感染枣疯病植株时，马上连根整株挖除销毁，并做土壤杀菌消毒处理。多雨潮湿和高温季节，应及时使用杀菌剂预防枣锈病、果实炭疽病等病害的滋生。枣锈病孢子数量大于10%、炭疽病孢子数量大于10%（或病果率大于2%），应及时使用杀菌剂防治。果实生长期土壤湿度低于45%应灌水。强降雨后要及时护根培土或排涝护树。果实成熟期根据天气预报，降雨前及时采收成熟果实。

种植管理技术指标 春季和秋季耕翻深度20~30cm。行间杂草或根蘖苗长至30~40cm高时，用打草机或割草机进行刈割覆盖于田间。秋季亩施有机肥基肥3~5m^3，复合肥30~50kg，果实膨大期亩施速效复合肥1.0~1.5kg。盛花期采取叶面喷施尿素、磷酸二氢钾和硼肥等保花保果管理措施。

1.3 圃资源繁殖更新技术与指标

繁殖更新技术 采用树体更新复壮或重新定植砧木、采集接穗嫁接入圃对种质进行繁育更新。酸枣砧木每年5月播种酸枣仁作为嫁接砧木培养至9月，基径达0.5cm以上，翌年春季进行嫁接需更新的种质。也可在株位直接播种酸枣仁，培养坐地砧，翌年直接嫁接更新种质。做砧木的归圃苗直春季接定植入圃，定植成活后翌年采用改良劈接法进行嫁接，采集急需更新种质的新生枣头枝作为接穗，将具饱满单芽的枝截断后蜡封，最后嫁接在砧木上。也可繁育苗木后定植进行更新。培育酸枣砧木和归圃苗育苗地要求土壤肥沃、透气性强。苗木生长达到规格要求后，将扩繁的嫁接苗定植在田间保存，每份资源保存6株，其中永久株3株、预备株3株。苗木质量要求为当年生一级苗：苗高1.0~1.2m，基径1.0cm以上，根系发达，直径0.5cm以上，长20cm以上侧根多于3条，种质纯度100%，无检疫性病虫害，植株健壮。繁殖更新后，对每份种质的植物学特征和生物学特性与原种质进行核对2~6年，及时更正错误。

更新复壮指标 ①资源保存数量减少到原保存数量的60%以下；②树体出现显著的衰老症状，如产量下降80%以上、无新生枣头、老枝干枯、树势衰弱等；③树体遭受严重自然灾害、病虫危害后难以自我恢复，感染枣疯病挖除的缺株；④其他原因引起的树体植株生长不正常。

1.4 圃资源备份技术与指标

圃资源备份技术 枣圃保存的部分重要资源在种质展示圃和各地省级资源圃中有复份保存，约 150 份，占资源保存总数的 17%。对近 5 年新入圃未鉴定的资源 260 份进行了田间备份保存，每份资源保存 6 株，即永久株 3 株、预备株 3 株，约占资源保存总数的 22.23%。

备份资源指标 ①新入圃未鉴定的资源；②适应性较差的资源；③珍稀濒危资源；④重要骨干亲本资源等育种材料。

2 种质资源安全保存

2.1 资源安全保存情况

截至 2021 年底，共入圃保存枣和酸枣种质资源 891 份，包括野生资源 31 份、地方品种 706 份、选育品种 73 份（包括国外资源 6 份）和品系 81 份。先后完成资源繁殖更新 568 份次。

2001 年启动农作物种质资源保护与利用项目至今（2001—2021 年），新增保存枣和酸枣种质资源 526 份，占资源圃保存总量的 59%，资源保存总量增长 144%。2001—2021 年从韩国、以色列引进资源 6 份，均为选育品种。从我国的山西、陕西、河北、河南、北京、江苏等 23 省（区、市）130 个县（市）进行 100 余批 200 多人次的资源考察、收集，共保存枣和酸枣 2 个种的种质资源 526 份，其中野生资源 22 份、地方品种 378 份、选育品种 76 份、品系 50 份。

表 1 国家枣葡萄圃保存的枣种质资源情况

作物名称	截至 2021 年 12 月保存总数					2001—2021 年新增保存数			
	种质份数（份）			物种数（个）		种质份数（份）		物种数（个）	
	总计	其中国外引进	其中野外或生产上已绝种	总计	其中国外引进	总计	其中国外引进	总计	其中国外引进
枣	891	6	360	2	1	526	6	0	0

2.2 圃种质资源保存特色资源

截至 2021 年底，国家枣葡萄圃保存特色枣种质资源 280 份，占圃资源保存总量的 32%。其中古老濒危资源 16 份、地方特色资源 32 份、育种价值资源 16 份、生产利用资源 26 份、特异资源 106 份、观赏价值资源 28 份和精深加工利用价值资源 56 份。

古老濒危资源 16 份。古老濒危资源是研究枣品种驯化和迁徙的珍稀材料，由于人类活动和品质更新换代等，有些资源濒于灭绝。如山西运城的相枣，具有大果、丰产、抗裂果、抗病等特点，因城市建设逐渐被砍伐流失，现存资源圃的相枣已有近 60 年，现生长发育正常，得以安全保存。

地方特色资源32份。栽培历史悠久且成为区域或全国性发展的主栽品种资源，如原产山西的临猗梨枣，具有树体矮化、早丰高产、果大肉厚、鲜食品质优等特性的综合农艺性状优异的广适性品种，最早在山西临猗形成规模化栽培和良种繁育，随后扩大至全国各地，是全国主要的鲜食和加工枣品种。

育种价值资源16份。单一或多个性状表现突出且遗传稳定、被育种家多次利用，如冬枣，鲜食品质一流，鲜枣设施栽培第一大主要品种，且具有雄性不育性和含仁率高等育种特性，是良好的母本材料，以其为亲本培育了大量育种材料。

生产利用资源26份。品质、产量、抗性等综合性状优良，可在生产上直接利用，如骏枣、灰枣在新兴枣产区大面积推广应用。骏枣果个特大，肉厚核小，枣香味浓郁，柔软甜蜜，已成新疆大枣的代表。灰枣肉质致密，制干率高，果面平展，味甜爽口。骏枣和灰枣在新疆种植面积达到数百万亩，是西部地区和“一带一路”倡议实施的重要支撑产业。

特异资源106份。单一性状突出的特异资源，可用于种质创新、基础研究等，如大果、高糖、抗裂果、雄性不育、胚高度可育等资源。

观赏价值资源28份。枝、花、叶、果美观具有观赏价值的资源，如胎里红和三变色，幼叶和嫩梢微紫色，果实发育颜色由紫色到粉红色，再到浅红色、绿色，最后转红色成熟，极具观赏性，常用于休闲农庄或家庭农场的园艺景观树栽培。

精深加工价值资源56份。叶片、果肉、果皮、吊梗等部位中富含cAMP、cGMP、黄酮、三萜酸、多糖、可溶性糖、维生素C、可滴定酸等功能性成分的资源，可作为精深加工的原料。如束鹿糖枣、合阳铃铃枣、定襄山枣、北京鸡蛋枣、义乌大枣、万荣玻璃脆、太谷壶瓶枣、临泽大枣、大荔林檎枣和南京鸭枣果实的cAMP含量高于122.0μg/g，是适于精深加工的种质资源。

2.3 种质资源抢救性收集保存典型案例

华北地区是枣的原产中心和遗传演化中心，尤其是地处偏远的四大山区，孕育着丰富的优异资源。但随着气候环境等生存条件的变化，许多珍稀资源濒临灭绝边缘或已经消失。因而，2013—2018年国家枣葡萄圃集中开展了华北山区枣种质资源的抢救性收集保存。6年间，完成了燕山、太行山、吕梁山和中条山4大山脉，北京、天津、辽宁、河北、山西、河南、陕西7个省市62个县市的资源调查，收集华北山区枣种质资源322份。其中野生资源36份、地方品种186份、品系53份；吕梁山区180份、太行山区78份、燕山山区45份、中条山区19份。且发掘了一批优特异种质，如在燕山北缘辽宁朝阳地区收集到了朝阳无核枣特异种质，在中条山地区收集到了曲枝酸枣新变种，在吕梁山区收集到了丰产性好、品质优异、果形奇特的蘑菇枣种质。

3 保存资源的有效利用

3.1 概述

2001—2021年国家枣葡萄圃向河北农业大学、北京林业大学、西北农林科技大学、山西大学、洛阳师范学院、山西省林业和草原科学研究院、塔里木大学、新疆农业科学院、新疆林业科学院、浙江农业科学院、山东省果树研究所等大学和科研院所及山西、山东、北京、新疆、甘肃、宁夏、陕西、河南、江苏、浙江等地的农技推广部门、合作社、企业、种植户等提供枣种质资源利用12 000余份次，开展基础研究、育种利用及生产应用。资源利用率达70%。

育种、生产利用效果 近20年来，枣种质资源在我国枣育种和产业发展中发挥了巨大作用。以冬枣、临猗梨枣、冷白玉、六月鲜、山东梨枣、迎秋红等作为亲本材料已培育出了大量育种材料和特异性状种质。已大规模生产应用的代表性种质包括临猗梨枣、冬枣、壶瓶枣、骏枣和灰枣等，单个品种的栽培面积最多时可达数百万亩。区域性应用的新种质主要有灵武长枣、临黄1号、稷山板枣、马牙白、伏脆蜜、山东梨枣等。鲜食种质临猗梨枣具有矮化、丰产、适应强等优异栽培经济性状，矮密丰栽培技术模式，对快速提高产量起到了重要作用。冬枣鲜食品质优异，是目前最主要的优质鲜食种质。制干种质壶瓶枣、骏枣、灰枣和稷山板枣等制干品质上乘，且适宜产业西移和新疆干旱少雨的气候条件，满足了消费优质化和市场多元化的需求。

支持成果奖励 以枣资源圃和共享服务平台建设、新品种选育与筛选优特异资源的提供利用为主题，支撑“枣育种技术创新及系列新品种选育与应用”“枣林高效生态调控关键技术研究与示范”“枣种质资源本底多样性和技术指标体系及应用”等项目获国家科学技术进步奖二等奖3项、省部科学技术进步奖一等奖4项、省科学技术进步奖二等奖2项、神农中华农业科技奖二等奖1项、梁希林业科学技术奖二等奖1项、省科学技术进步奖三等奖1项、省技术承包奖一等奖2项。

支撑乡村振兴与精准扶贫 筛选优异资源临黄1号、金昌1号、迎秋红和冷白玉等23份，支撑乡村振兴与精准扶贫16个乡村，技术培训36场次，技术培训上万人次，培养种植人手100余人。

支撑科研项目 支撑国家现代农业产业技术体系、国家自然科学基金、国家重点研发计划、科技部支撑计划项目、农业部公益性行业专项、科技部成果转化项目、山西省重点研发计划、山西省自然科学基金、山西省科技攻关、山西省农业科技创新中心项目、山西省科技成果转化项目等100余项。

支撑论文论著、发明专利和标准 支撑研究论文96篇，其中SCI论文20余篇。如针对枣胚早期败育严重、幼胚直接成苗率低、幼胚挽救困难的问题，以冷白玉枣为试材，通过幼胚经愈伤组织诱导成苗，有效提高了败育前幼胚的挽救率，相关论文发表在《Journal of Horticultural Science and Biotechnology》（Ren et al.，2019）；类黄酮是枣重要的功能性营养成分之一，为了筛选高类黄酮含量种质，以壶瓶枣等品种为试材，开展了不同品种、发育时期和器官的类黄酮组分和含量分析，研究结果明确了枣不同器官的主要类黄酮组分，弄清了类黄酮含量高的时期、部位和品种，为种质创制和类黄酮功能产品开发提供参考依据，相关论文发表在PLoS ONE（Xue et al.，2021）。支撑《枣种质资源描述规范和数据标准》（李登科，2006）、《中国枣品种资源图鉴》（李登科等，2013）、《中国枣种质资源》（刘孟军和汪民，2009）等论著6部。支撑制定行业标准《农作物种质资源鉴定评价技术规范　枣》（李登科等，2013）和《枣种质资源描述规范》（李登科等，2016）2 项、山西省地方标准《枣树品种选育技术规程》（卢桂宾，2008）、《枣树改接换优技术规程》（李登科等，2014）、《枣树更新复壮技术规程》（王永康等，2015）、《鲜枣冷棚设施栽培技术规程》（王永康等，2018）、《临黄 1 号枣栽培技术规程》（王永康等，2020）等 10 项。

支撑资源展示、科普、媒体宣传 枣圃每年举办枣种质资源科普开放日活动和优异种质观摩鉴评会，进行田间资源展示 10 次，展示枣优异资源 108 份次，接待山西、河北、北京等 22 个省份 50 多个县（市、区）政府部门领导、企事业单位技术骨干、合作社管理人员、种植大户等1 000余人，为吕梁山区和晋陕豫黄河金三角地区枣品种更新换代起到了引擎驱动作用，推动了枣产业健康稳步发展；接待意大利、澳大利亚和罗马尼亚等国外专家，以及农业农村部、各地政府部门、科研单位等参观访问 62 批1 200人次；开展技术培训2 800人次，技术咨询和技术服务 220 批2 680人次；接待西北农林科技大学、河北农业大学、北京林业大学等教学实习 28 批次2 290人次。在央视焦点访谈、农广天地、农民日报、三晋都市报、山西日报等主流媒体进行了 28 次宣传报道。

3.2 典型案例

吕梁山区临县是全国红枣生产第一大县，栽培面积 82 万亩，产量 2 亿 kg 以上，产值突破6 亿元，占全县农业总产值的42%左右，枣产业是临县农民增收和脱贫攻坚的主导产业。但近年来存在品种老化退化、品质下降、裂果严重、低产低效等突出问题，急需进行品种改良和栽培管理技术升级。2014 年至 2021 年，国家枣葡萄圃以抗裂果、丰产、果个大、市场竞争力强的临黄 1 号枣优良新品种为核心，集成示范推广改接换优和树体改造等提质增效栽培关键技术，同时开展技术指导培训服务工作，建立良种采穗圃和核心示范区。依托当地政府业务管理部门和专业合作社，组织种植大户，种植示范户，乡、村技术骨干以及红枣种植爱好者进行定期技术培训，在关键环节现场操作示范指导，观摩良种和技术实施效果。目前，在临县建立良种采穗圃 10 亩，核心示范区面积 300 亩，辐射推广区面积20 万亩以上。临黄 1 号枣裂病果率降至5%，单果重 23. 2g，优质果率 89. 5%，表现出较强的抗裂果能力和较高的商品价值，比吕梁木枣亩产提高 140kg，售价是吕梁木枣的 3 倍，亩综合经济效益提高 560 元。在当地涌现出了克虎的郭燕燕、丛罗峪的张旭荣等种植效益大户，多次受到了央视焦点访谈和生财有道节目等媒体的关注，产生了较大的社会反响。临黄 1 号枣及其配套栽培技术已成为吕梁山区枣品种更新换代和技术升级的主导品种和主推技术。

4 展望

4.1 收集保存

鲜枣产业发展品种单一，仅有冬枣、临猗梨枣等少量品种，缺乏更新换代性品种。开展种质资源系统调查，发掘收集早果速丰、早熟抗裂、大果、优质等农艺、经济性状突出的种质资源意义重大。同时，枣裂果和枣疯病等严重阻滞枣产业的可持续发展，发掘利用抗裂果能力强和抗枣疯病资源是解决问题的重要手段。另外，酸枣野生资源在我国分布广泛，种质资源变异类型特别丰富，但限于保存能力等原因保存数量有限，尚未充分收集保护。野生资源是种质资源研究的重要组成部分，且有重要的药用价值，市场潜力巨大，需求量越来越大。同时大多酸枣胚高度可育，易获得杂交后代群体，可为枣的育种提供新途径。因此，今后需注重和加强野生资源的调查和收集保存，进一步挖掘利用野生资源的巨大潜力。

4.2 安全保存技术

目前，枣种质保存技术主要为田间保存，方法较为简单，且易遭受毁灭性的自然灾害，存在一定的风险性。今后需探索枣种质资源保存方式的多样性，增强资源保存的安全性。首先，对于含仁率高且胚高度可育的种质，尤其是酸枣野生资源，通过种质库进行种子保存，通过试验确定合适温湿度及延长保存年限等技术方法。其次，对于已完成系统性状鉴定评价的种质进行高密度集中保存，以减少占地面积，降低田间管理和物资的投入，把有限的资金使用在观察鉴定的种质上。另外，探索无性材料长期保存的可行性，包括接穗、组培苗、超低温保存技术等。最后，资源圃最大树龄将近 60 年，长期在田间条件下，有可能感染各种病菌，尤其是枣疯病等毁灭性病菌，系统调查现存种质病毒感染状况，并采取脱毒措施，保障资源健康生长发育和安全保存。提高种质资源保存的智能化水平也是今后发展的主要方向，提高种质监管效率和质量，且减少人工投入，如物联网监管系统、预测与管理全面系统化、自动化和智慧化。

4.3 挖掘利用

首先挖掘利用兼具大果、优质和抗逆的综合性状优良的种质，满足生产和市场的需求。对于育种者而言，具有特异育种特性的种质资源，如自交不实或雄性不育种质而杂交高度可育的种质，可作为关键的母本材料加以利用，对杂交育种意义非凡。但目前鉴定技术尚难以确定这些性状，因而，需在鉴定技术的有效性上进行探索和应用，切实筛选出具有重要育种利用价值的关键种质。关键农艺性状关联基因的鉴定研究对深入挖掘利用优异基因意义重大，如果实大小、营养成分含量高低、抗病性强弱等。但存在测序结果与关键性状难以关联的问题，主要原因是表型数据的真实性和准确性难以达到关联分析的要求。因而今后既要选择接近于质量性状的关键性状，又要在表型数据的观测方法上达到较高的精准化水平，获得误差小于基因测序与性状关联分析的误差要求。选择容易观测的质量性状，由易到难，逐个突破，最终在挖掘利用优异基因方面取得重要突破。

参考文献

李登科，田建保，牛西午，2013. 中国枣品种资源图鉴［M］. 北京：中国农业出版社.

李登科，王永康，江用文，等，2013. 农作物种质资源鉴定评价技术规范　枣［M］. 北京：中国农业出版社.

李登科，王永康，熊兴平，等，2016. 枣种质资源描述规范［M］. 北京：中国农业出版社.

李新岗，2015. 中国枣产业［M］. 北京：中国林业出版社.

刘孟军，汪民，2009. 中国枣种质资源［M］. 北京：中国林业出版社.

曲泽洲，王永惠，1993. 中国果树志：枣卷［M］. 北京：中国林业出版社.

Liu J，Wang J R，Wang L L，et al.，2020. The historical and current research progress on jujube–a superfruit for the future［J/OL］. Horticulture Research，DOI：10. 1038/s41438-020-00346-5.

Ren H Y，Du X M，Li D K，et al.，2018. An efficient method for immature embryo rescue and plant regeneration from the Calli of *Ziziphus jujuba*‘Lengbaiyu’［J］. Journal of Horticultural Science and Biotechnology，94（1）：63-69.

Xue X F，Zhao A L，Wang Y K，et al.，2021. Composition and content of phenolic acids and flavonoids among the different varieties，development stages，and tissues of Chinese jujube［J/OL］. PLoS ONE，16（10）：e0254058.

国家核桃板栗圃（泰安）板栗种质资源安全保存与有效利用

洪　坡，刘庆忠，王甲威，张力思，朱东姿，孙　山

（山东省果树研究所　泰安　271000）

摘　要：板栗（*Castanea mollissima* Bl.）属山毛榉科（Fagaceae）栗属（*Castanea*）的多年生植物，栗属植物主要有 7 个种，分布于北半球温带区域。板栗起源于中国，栽培历史悠久，分布地域辽阔，有着丰富的遗传多样性，为板栗育种和产业发展提供了重要的物质保障。本文简要介绍了国内外板栗资源收集保存现状，总结和回顾 20 年来国家核桃板栗种质资源圃在板栗资源安全保存技术、资源安全保存、资源有效利用等方面的研究进展，并对今后资源的研究方向进行展望。

关键词：板栗资源；安全保存；有效利用

世界经济栽培的栗属植物主要为板栗、日本栗、欧洲栗和美洲栗（张宇和等，2005）。分布在亚洲的有 4 个种，其中板栗（*C. mollissima* Bl.）、茅栗（*C. sequinii* Dode）和锥栗（*C. henryi* Rehd. & Wils.）为中国特有，日本栗（*C. crenata* Sieb. & Zucc.）主要分布在日本列岛和朝鲜半岛；分布在北美洲的有 2 个种：美洲栗［*C. dentate*（Marsh.）Brokh.］和美洲榛果栗（*C. pumila* Mill.）；分布在欧洲的有 1 个种：欧洲栗（*C. sativa* Mill.）（张宇和等，2005；沈广宁，2015）。国家核桃板栗种质资源圃（泰安）（以下简称国家核桃板栗圃）位于山东省泰安市，于 1986 年通过农业部验收并投入建设，现有圃地面积 150 亩，划分为引种观察圃、种质保存圃、接穗采集圃和种质创新圃，其功能定位是收集保存板栗及其近缘野生种（山东省果树研究所，1996）。截至 2021 年 12 月，已保存来自中国 23 个省（区、市）及日本、韩国、美国、法国、意大利等国的栗属种质资源 6 个种 419 份资源，包括板栗、锥栗、茅栗、日本栗、欧洲栗和美洲栗，是我国保存板栗种质资源最丰富的圃地。

1　种质资源安全保存技术

果树作物主要以异花授粉为主，且有一定数量的多倍体物种，遗传背景复杂。种子多为雌雄株产生的自然杂种，利用实生种子繁殖常会产生分离和变异，与亲本植物在遗传和表型上不一致，而且需要多代甚至不可能产生具有稳定遗传特性的种子。因此这类作物种质资源不能通过种子保存方式来维持其种质基因型的稳定性。因此，植株保存（无性系保存）是这类作物种质资源的最佳保存途径（卢新雄等，2019）。

1.1 资源入圃保存技术与指标

资源入圃保存技术 入圃资源主要采用无性系嫁接苗田间保存技术。随着资源保存数量的逐年增加，资源圃土地紧张的矛盾日益突显，结合树种和工作实际，通过优化修剪方式，研究创制了一套树冠紧凑、结构简单、种植密度高、便于机械化管理等特点的资源保存模式，种植密度由4m×2m提高到4m×1m，每亩资源保存量由原来的28份提高到55份。

资源保存指标 每份资源保存3~5株，株行距4m×1m。野生种每份资源保存5株，其他均保存3株。根据板栗生产实际，一般选用板栗实生苗做砧木，具有根系发达、耐贫瘠、嫁接亲和力强等优异性状，有利于板栗资源的安全保存。

1.2 圃资源监测和种植管理技术与指标

资源生长状况监测 每年安排专人定点定期观测每份种质资源的生长情况，将板栗树的生长状况分为健壮、一般、衰弱3级，对衰弱的植株，及时登记并按繁殖更新程序进行苗木扩繁和重新定植；利用生理生态监测系统适时监测资源的果实发育、叶片温度、茎杆变化等，及时了解资源的生长发育动态情况；利用远程视频监控系统对全园板栗树生长状况进行24小时监测，及时发现突发状况、自然灾害等造成的树体损毁等异常情况，便于及时采取补救措施，避免资源丢失。

资源圃病虫害监测 根据板栗的物候期和病虫害发生规律，针对不同季节，对不同的病虫害进行有针对性的监测。从板栗的萌芽期到花前期，重点关注栗瘿蜂、红蜘蛛、栗大蚜、白粉病、板栗干枯病等，这些病虫害多为越冬代害虫和病菌，随着温度的升高，病虫害随之出现。从板栗初花期到幼果膨大期，该时期板栗病虫害发生种类和数量较多，重点关注蚜虫、刺蛾、板栗干枯病、栗实蛾等。从板栗栗蓬膨大期到果实成熟期，重点关注危害栗蓬和果实的病虫害，如板栗象鼻虫、桃蛀螟等（张宇和等，2005；沈广宁，2015）。

土壤和气候等环境状况监测 建立气象工作监测站，对资源圃土壤温度、土壤湿度、空气温度、空气湿度、风速、风向、降水量等环境状况进行实时监测，当板栗树生长环境发生异常变化时，及时采取措施，确保板栗种质资源正常生长所需的环境要求。

资源种植管理技术 制定了规范的年度管理工作历，即每年割草4次（4—7月每月割草1次）；施肥2次（9月施基肥1次、5月施追肥1次）；病虫害防控按照实际发病情况进行及时处理；全园耕翻2次（秋季和春季各1次），枝梢管理1次，每年冬季修剪1次。

圃资源监测指标 田间栽植的板栗种质资源生长状况，通常是科研人员用目测、手量等方法进行监测，按照标准采集每份资源的各项数据，及时处理成活率、病虫害、自然灾害等问题。2018年，在农业科技创新能力建设条件能力提升经费的支持下，资源圃田间安装了物联网系统，360度全方位监测圃地土壤墒情、植株生长情况，为科研人员节省了时间、提高了工作效率，为资源安全保存和应急处理提供了保障。

种植管理技术指标 行间草长至30~40cm时，用打草机进行刈割覆盖于树盘上；

基肥施用量每株施商品有机肥 10kg 加复合肥 0.5~1kg，壮果肥每株施复合肥 1~1.5kg；春季和秋季耕翻深度 20~30cm。

1.3 圃资源繁殖更新技术与指标

繁殖更新技术 采用无性系嫁接扩繁技术对圃资源进行繁殖更新。每年春季播种板栗作为嫁接砧木培养至次年春季嫁接使用，采用插皮接、皮下腹接法、劈接法、木质芽接、嵌芽接等方法，在急需更新资源的一年生枝条上选取带有饱满芽的枝条作为接穗。育苗地要求土壤肥沃、透气性强。每份种质嫁接繁殖 10 株，按嫁接苗对土肥水要求管理至翌年 1—2 月，将扩繁的嫁接苗定植在田间保存，每份资源保存 6 株，其中永久株 3 株、预备株 3 株。苗木质量要求为当年生一级芽苗：嫁接部位砧木粗度 0.8cm 以上，主根长度达到 15~20cm、侧根数量 2 条以上，侧根粗度 0.4cm，种质纯度 100%，无检疫性病虫害，植株健壮。繁殖更新后对每份种质的植物学特征和生物学特性与原种质进行核对 2~6 年，及时更正错误。

因嫁接亲和性的问题，引进的欧洲栗资源需嫁接至欧洲栗实生本砧苗上，并进行越冬保护，不可嫁接至板栗或日本栗上。掌握板栗反向嫁接技术，便于控制树势，减少资源管理过程中的修剪环节，有效避免资源圃的郁闭。

更新复壮指标 ①资源保存数量减少到原保存数量 60%的；②树体出现显著的衰老症状，发育枝数量减少 50%的；③遭受严重自然灾害或病虫为害后难以自生恢复的；④其他原因引起的树体生长不正常的。

1.4 圃资源备份技术与指标

圃资源备份技术 2004 年，资源圃与地方农业局和村委会联合，在山东省莒南县、肥城市大王村建立备份圃 2 处，将圃存的古树、特异、优异资源复份保存。每年多次前往备份圃，观测、统计生长情况，如有缺株、死株的现象，做好登记，及时繁殖更新，次年补种。其中复份保存约 50 份资源，占资源保存总数的 11.93%。对近 5 年新入圃未鉴定的 78 份资源进行了田间备份保存，每份资源保存 6 株，其中永久株 3 株、预备株 3 株，约占资源保存总数的 18.62%。采用无性系嫁接苗高密度田间保存技术。

备份资源指标 ①新入圃未鉴定的资源；②适应性较差的资源；③珍稀濒危资源；④重要骨干亲本资源。

2 种质资源安全保存

2.1 资源安全保存情况

截至 2021 年 12 月，国家核桃板栗圃保存板栗资源 419 份（表 1），其中国内资源 370 份（占 88.31%）、国外引进资源 48 份（占 11.46%）；板栗特色资源 43 份（占 10.26%）。包括板栗 362 份、锥栗 10 份、日本栗 42 份、欧洲栗 4 份、野板栗 1 份。板栗占资源总量的 86.40%。建立了板栗种质资源 DNA 保存技术体系，对 23 份重要核心资源进行了 DNA 保存，每份资源保存 DNA 10μg 以上。资源繁殖更新 286 份次。

2001 年启动农作物种质资源保护与利用项目至今（2001—2021 年），新增保存板栗种质资源 265 份，占资源圃保存总量的 63.25%，资源保存总量增长 172.08%。2001—2020 年，引进国外栗属资源 45 份，包括日本栗和欧洲栗 2 个种；从我国的湖北、福建、四川、贵州、湖南、江苏、广东、上海等 25 省（区、市）进行 18 批 42 人次的资源考察、收集，共收集板栗种质资源 198 份，其中地方品种 155 份、育成品种（系）38 份、半野生资源 5 份。

表 1　国家核桃板栗圃板栗资源保存情况

作物名称	截至 2021 年 12 月保存总数					2001—2021 年新增保存数			
	种质份数（份）			物种数（个）		种质份数（份）		物种数（个）	
	总计	其中国外引进	其中野外或生产上已绝种	总计	其中国外引进	总计	其中国外引进	总计	其中国外引进
栗属	419	48	20	8	3	265	48	6	3

2.2　保存特色资源情况

截至 2021 年 12 月，在圃存板栗资源中，红栗、垂枝栗、无花栗、无刺栗等是中国特异、珍稀资源 43 份，占圃存资源的 10.26%。红栗芽体红褐色，枝条红褐色，嫩梢紫红色，幼叶、叶柄阳面、总苞外观、刺束均为红色。坚果外皮红褐色，有光泽，品质细腻甜糯，丰产稳产。垂枝栗树干旋曲盘生，枝条下垂，既是栽培良种，又可作庭院观赏树种。无花栗花期较晚，雄花序总量较少，早期萎蔫凋落，节省营养，可作育种材料。无刺栗总苞较小，退化刺极短，分枝点低，分枝角大，似贴于苞皮上，近似无刺，虽不丰产，但为宝贵的种质资源。

3　保存资源的有效利用

3.1　概述

截至 2021 年 12 月，265 份板栗资源用于科学研究，44 份板栗资源用于育种亲本，78 份板栗资源提供给企业直接用于生产（助力产业扶贫和乡村振兴），143 份板栗资源用于教学、科普、标本、展览等，保存种质的利用率为 63.25%。

育种、生产利用效果　国家核桃板栗圃向中国农业科学院郑州果树研究所、北京农学院、山东农业大学、泰山林科院等单位提供亲本材料泰安薄壳板栗、宋家早、华丰、华光、红栗 1 号、垂枝栗等，进行种内、种间杂交，配置杂交组合 30 余个，获得杂交实生苗10 000余株，选育出新品种陈家早、陈寺峪 1 号及鲁栗系列新品种，在山东、河北、北京、天津、重庆等省份推广应用。

支持成果奖励　以圃内提供的种质资源为试材，支撑“板栗新品种选育与提质增效关键技术创新与应用”获2019年山东省科技进步奖二等奖1项。

支撑乡村振兴与精准扶贫 筛选优异板栗种质资源陈家早、陈寺峪1号、红栗1号、垂枝栗等20余份，通过免费发放优异种质资源接穗进行大树改接，优化贫困山区板栗品种结构，支撑乡村振兴与精准扶贫15个乡村，技术培训48场次10 000余人次，培养种植人手86人。

支撑科研项目 目前，课题组对圃存板栗资源进行了登记编目，对其性状鉴定和评价数据进行了规范化处理，建立了板栗种质资源共享信息数据库，这些资源已在中国作物遗传资源信息系统中共享。多年来，已向中国农业大学、北京市农林科学院林业果树研究所、北京农学院等高校和科研单位分发板栗种质资源材料，用于分子生物学研究、毕业论文试验材料及品种更新、改良等。支撑国家重点研发计划、国家“863”专项、国家自然科学基金、山东省重点研发、山东省农业良种工程、山东省自然科学基金等项目50余项。

支撑论文论著、发明专利和标准 支撑研究论文80余篇，其中SCI论文20余篇。支撑《板栗种质资源描述规范和数据标准》《农作物种质资源鉴定评价技术规范　板栗NY/T 2328—2013》和《板栗种质资源描述规范 NY/T 2934—2016》等3部标准和规范。支撑“板栗种质资源遗传多样性分析系统”等12项国家专利。

支撑资源展示、科普、媒体宣传 圃每年组织科普展示、培训班等活动，宣传国家种质资源的重要性的同时，为科研单位、企业、农户提供技术服务。依托山东省莒南县林业局、山东绿润食品有限公司、莒南县科技局，在山东省农业科学院和县政府主要领导的支持下，建立了专用加工日本栗的生产基地，并于2005年9月15日正式挂牌为“山东省农业科学院板栗科技示范基地”。近年来累计进行田间资源展示8次，展示板栗优异资源108份次，为山东泰沂山区板栗品种更新换代起到引领示范作用，推动了山东板栗产业的稳步发展和转型升级；接待各类参观访问28批520余人次。

3.2 典型案例

山东师范大学植物分类学家李法曾教授为编著《山东植物图鉴》一书专门来到板栗资源圃，进行一些稀缺栗属植物的照片拍摄、采集，提供板栗叶片、枝条30份次。

依托本圃提供的板栗优良品种，在生产上推广应用，产生了巨大的社会经济效益。如山东省枣庄市山亭区依托国家核桃板栗圃育成的优质大果型板栗新品种岱岳早丰、鲁岳早丰等，至今已推广2 000亩，创社会效益500万元；并且当地建立了板栗深加工企业，产品出口到日本、韩国，每年创造外汇1 000多万元。

4 展望

4.1 收集保存

与国外资源圃和国内其他作物资源圃相比，资源收集、保存数量还有一定差距。尤其要加强收集、保存野生、珍稀和濒临灭绝的资源及其近缘种的工作，确定核心种质。

在充分利用全国第三次种质资源普查的基础上，安排专人跟踪各地板栗资源的收集信息，积极协调相关单位，将资源收集到国家资源圃。

4.2 安全保存技术

离体保存技术在无性繁殖作物资源保护方面发挥着重要作用，利用组织培养技术，实现资源的长期保存。由于板栗再生相对困难，所以试管苗离体保存技术研究相对落后，未来将通过进一步优化培养基组成、激素配比、培养环境以及外植体选择等方面进行深入研究。

4.3 挖掘利用

目前板栗的育种目标是：①育成早实、丰产的新品种；②重点培育高品质、耐贮运的炒食、加工型新品种；③育成抗栗疫病、炭疽病的新品种。基于这些目标，育种者利用圃存资源、利用各种育种手段及分子生物技术，开展各类育种工作。以期对现有优异资源直接用于育种或生产推广，选育新品种以促进我国板栗品种结构的优化和板栗产业的转型升级和提质增效。

参考文献

卢新雄，辛霞，刘旭，2019. 作物种质资源安全保存原理与技术［M］. 北京：科学出版社.
山东省果树研究所，1996. 山东果树志［M］. 济南：山东科学技术出版社.
沈广宁，2015. 中国果树科学与实践：板栗［M］. 西安：陕西科学技术出版社.
张宇和，柳鎏，梁维坚，等，2005. 中国果树志：板栗榛子卷［M］. 北京：中国林业出版社.

国家核桃板栗圃（泰安）核桃种质资源安全保存与有效利用

刘庆忠，洪　坡，朱东姿，张力思，王甲威，孙　山
（山东省果树研究所　泰安　271000）

摘　要： 核桃（*Juglans regia* L.）属于核桃科（Juglandaceae）核桃属（*Juglans* L.）植物，多年生中型乔木。我国作为世界核桃的起源地之一，核桃种质资源丰富多样，通过长期的自然选择和人工选育形成了许多具有显著地方特色的品系和农家品种，有着丰富的遗传多样性，为核桃育种和产业发展提供了重要的物质保障。本文简要介绍了国内外核桃资源收集保存现状，总结和回顾了20年来国家核桃板栗种质资源圃在资源安全保存技术、资源安全保存、资源有效利用等方面的研究进展，并对今后资源的研究方向进行了展望。

关键词： 核桃资源；安全保存；有效利用

核桃是世界性果树和重要经济林树种，分布十分广泛，主要分布在亚洲、美洲和欧洲，3个洲的产量约占世界核桃产量的95%以上（郗荣庭和张毅萍，1995）。中国核桃产业获得长足发展主要是在20世纪80年代以后，2010年全国种植面积和产量均位居世界首位。中国核桃分布十分广泛，主产云南、山西、陕西、四川、甘肃、河北、河南、贵州、新疆、北京、山东等省（区、市），这些产区不仅栽培面积大、产量高，而且栽培历史悠久，资源丰富，是中国核桃生产和发展的主要基地（郗荣庭和张毅萍，1995；郗荣庭，2015；张志华和裴东，2018）。国家核桃板栗种质资源圃（以下简称国家核桃板栗圃）位于山东省泰安市，于1986年通过农业部验收并投入使用，现有圃地面积150亩，划分为引种观察圃、种质保存圃、接穗采集圃和种质创新圃，其功能定位是收集保存核桃及其近缘野生种（山东省果树研究所，1996）。截至2021年12月，已保存来自中国23个省份及美国、意大利、韩国、日本等国的核桃属种质资源8个种479份资源，包括普通核桃、野核桃、心形核桃、铁核桃、麻核桃、核桃楸、吉宝核桃、黑核桃等，是我国保存核桃种质资源最丰富的圃地。

1　种质资源安全保存技术

果树作物主要以异花授粉为主，且有一定数量的多倍体物种，遗传背景复杂。种子多为雌雄株产生的自然杂种，利用实生种子繁殖常会产生分离和变异，与亲本植物在遗传和表型上不一致，而且需要多代甚至不可能产生具有稳定遗传特性的种子。因此这类作物种质资源不能通过种子保存方式来维持其种质基因型的稳定性。因此，植株保存

(无性系保存)是这类作物种质资源的最佳保存途径(卢新雄等,2019)。

1.1 资源入圃保存技术与指标

资源入圃保存技术 入圃资源主要采用无性系嫁接苗田间保存技术。随着资源保存数量的逐年增加,资源圃土地紧张的矛盾日益凸显,结合树种和工作实际,通过优化修剪方式,研究创制了一套树冠紧凑、结构简单、种植密度高、便于机械化管理等特点的资源保存模式,保证入圃资源的安全保存和合理利用。

资源保存指标 核桃每份资源保存3~5株,株行距4m×3m。一般种质材料每份保存3株,野生材料保存5株。根据核桃生产实际,选用核桃实生苗做砧木,具有根系发达、耐贫瘠、嫁接亲和力强等优异性状,有利于核桃资源的安全保存。

1.2 圃资源监测和种植管理技术与指标

资源生长状况监测 资源圃每年安排固定人员定点定期观测每份种质资源的生长情况,将核桃树的生长状况分为健壮、一般、衰弱3级,对衰弱的植株,及时登记并按繁殖更新程序进行苗木扩繁和重新定植;利用生理生态监测系统适时监测资源的果实发育、叶片温度、茎杆变化等,及时了解资源的生长发育动态情况;利用远程视频监控系统对全园核桃树生长状况进行24小时监测,及时发现突发状况、自然灾害等造成的树体损毁等异常情况,便于及时采取补救措施,避免资源丢失。

资源圃病虫害监测 根据核桃的物候期和病虫害发生规律,针对不同危害部位,对不同的病虫害进行有针对性的监测。其中果实主要虫害包括核桃举肢蛾、核桃长足象、桃蛀螟等,主要食叶害虫包括核桃缀叶螟、木橑尺蠖、核桃瘤蛾、大袋蛾、核桃金花虫等,主要枝干害虫包括云斑天牛、核桃小吉丁虫、黄须球小蠹、草履介壳虫等,主要根部虫害包括芳香木蠹蛾等。主要病害包括核桃黑斑病、核桃炭疽病、核桃枝枯病、核桃腐烂病、核桃干腐病等(郗荣庭和张毅萍,1995;郗荣庭,2015;张志华和裴东,2018)。

土壤和气候等环境状况监测 建立气象工作监测站,对资源圃土壤温度、土壤湿度、空气温度、空气湿度、风速、风向、降水量等环境状况进行实时监测,制定核桃树生长发育环境需求指标,当核桃树生长环境发生异常变化时,及时采取措施确保核桃种质资源正常生长所需的环境要求。

资源种植管理技术 制定了规范的年度管理工作历,即每年割草4次(4—7月每月割草1次);施肥2次(9月施基肥1次、5月施追肥1次);病虫害防控按照实际发病情况进行及时处理;全园耕翻2次(秋季和春季各1次),枝梢管理1次,每年冬季修剪1次。

种植管理技术指标 行间草长至30~40cm时,用打草机进行刈割覆盖于树盘上;基肥施用量每株施商品有机肥10kg加复合肥0.5~1kg,壮果肥每株施复合肥1~1.5kg;春季和秋季耕翻深度20~30cm。

1.3 圃资源繁殖更新技术与指标

繁殖更新技术 采用无性系嫁接扩繁技术对圃资源进行繁殖更新。核桃砧木苗的培养主要采用直播育苗或苗床育苗。育苗地要求土壤肥沃、透气性强。每份种质嫁接繁殖10株，按嫁接苗对土肥水要求管理至翌年1—2月，将扩繁的嫁接苗定植在田间保存，每份资源保存6株，其中永久株3株、预备株3株。苗木质量要求为当年生一级芽苗：嫁接部位砧木粗度0.8cm以上，主根长度达到15~20cm、侧根数量2条以上，侧根粗度0.4cm，种质纯度100%，无检疫性病虫害，植株健壮。繁殖更新后对每份种质的植物学特征和生物学特性与原种质进行核对2~6年，及时更正错误。

更新复壮指标 ①资源保存数量减少到原保存数量60%的；②树体出现显著的衰老症状，发育枝数量减少50%的；③遭受严重自然灾害或病虫为害后难以自生恢复的；④其他原因引起的树体生长不正常的。

1.4 圃资源备份技术与指标

圃资源备份技术 资源圃保存的部分重要资源在山东省莒南县和肥城市建立备份圃进行备份保存，其中复份保存约65份资源，占资源保存总数的13.57%。对近5年新入圃未鉴定的84份资源进行了田间备份保存，每份资源保存6株，其中永久株3株、预备株3株，约占资源保存总数的17.54%。采用无性系嫁接苗高密度田间保存技术。

备份资源指标 ①新入圃未鉴定的资源；②适应性较差的资源；③珍稀濒危资源；④重要骨干亲本资源。

2 种质资源安全保存

2.1 资源安全保存情况

截至2021年12月，国家核桃板栗圃保存的核桃资源479份（表1），其中国内资源425份（占88.73%）、国外引进资源54份（占11.27%），特色资源91份（占19.00%）。包括普通核桃373份、铁核桃11份、麻核桃17份、野核桃14份、核桃楸5份、黑核桃29份、吉宝核桃10份、心形核桃20份。其中普通核桃占资源总量的77.87%。建立了核桃种质资源DNA保存技术体系，对125份重要核心资源进行了DNA保存，每份资源保存DNA 10μg以上。资源繁殖更新396份次。

2001年启动农作物种质资源保护与利用项目至今（2001—2021年），新增保存核桃种质资源315份，占资源圃保存总量的65.76%，资源保存总量增长192.07%。2001—2020年，引进国外核桃属资源48份，包括普通核桃、黑核桃2个种；从我国的新疆、湖北、福建、四川、贵州、湖南、江苏、广东、上海等25省（区、市）进行18批42人次的资源考察、收集，共收集核桃种质资源218份，其中地方品种178份、育成品种（系）37份、野生资源3份。

表 1 国家核桃板栗圃核桃资源保存情况

作物名称	截至 2021 年 12 月保存总数					2001—2021 年新增保存数			
	种质份数（份）			物种数（个）		种质份数（份）		物种数（个）	
	总计	其中国外引进	其中野外或生产上已绝种	总计	其中国外引进	总计	其中国外引进	总计	其中国外引进
核桃	479	54	18	8	2	315	48	8	2

2.2 保存特色资源情况

截至 2021 年 12 月，国家核桃板栗圃保存的核桃特色资源 56 份，占本圃保存资源的 11.69%。例如，麻核桃（*J. hopeiensis*）果个大，壳厚，壳纹理皱褶多样，在手中把玩滚动可以刺激穴位，有益身心健康，适合于雕刻、观赏和把玩，受到越来越多人的青睐。麻核桃的类型也很多，如狮子头、虎头、官帽、公子帽、鸡心等。其中比较著名的系列有白狮子、水龙纹、南疆狮、苹果园、满天星、磨盘。同时，筛选出一组优异资源。其中，“红核 1 号”枝条、叶片和鲜果均为红色，色泽鲜艳。

3 保存资源的有效利用

3.1 概述

截至 2021 年 12 月，308 份核桃资源用于科学研究，56 份核桃资源用于育种亲本，98 份核桃资源提供给企业直接用于生产（助力产业扶贫和乡村振兴），215 份核桃资源用于教学、科普、标本、展览等，保存种质的利用率为 64.30%。

育种、生产利用效果 资源圃向全国诸多高校、科研单位、企业及专业合作社等提供材料用于育种等科学研究，成果斐然。采用核桃楸和核桃作为亲本，以定向杂交育种的手段创制高油脂、长势旺的核桃种间杂种，2018 年‘野香’等核桃新品种通过了国家林业局新品种审定委员会专家现场查定。引导农民和新型农业经营主体开展核桃新品种创制工作，北京门头沟核桃庄园将当地红色核桃‘紫京’申报了国家林业局新品种权保护，被开发用作行道树，市场销售火爆。采用国外培育奇异核桃的亲本选择原则，采用黑核桃为母本，普通核桃为父本，杂交培育大脚、树势旺、成材快等特点的核桃种间杂种。甘肃陇南林业科学研究所和河北林业科学研究院从资源圃引种‘红核 1 号’到当地，用作育种亲本，培育出‘红核 2 号’等核桃新品系。

支撑乡村振兴与精准扶贫 建立了扶贫村→技术培训→苗木分发→跟踪服务→长期帮扶的工作计划，确保乡村振兴与扶贫工作的长期、稳定和有效。沂南朱家林田园综合体和临沂红嫂教育基地生产的‘水龙纹’‘南疆石’等麻核桃作为当地旅游纪念品出售，成为革命老区农民增收致富的新途径。在科技扶贫过程中，山东省新泰市、东平县、宁阳县等地确立长期帮扶村，在当地开展核桃栽培技术培训班多次，印刷实用图册向果农介绍了我们资源圃培育的、目前市场上主推的核桃新品种，为下一步当地核桃的更新换代打下理论基础，现场教授修剪、病虫害防治等栽培技术，效果显著。

支撑科研项目 目前，课题组对圃存核桃资源进行了登记编目，对其性状鉴定和评价数据进行了规范化处理，建立了核桃种质资源共享信息数据库，这些资源已在中国作物遗传资源信息系统中共享。多年来，已向中国农业大学、北京市农林科学院林业果树研究所、北京农学院等高校和科研单位分发板栗种质资源材料，用于分子生物学研究、毕业论文试验材料及品种更新、改良等。支撑国家科技基础性工作专项、国家自然基金、山东省重点研发、山东省农业良种工程、山东省自然科学基金等50余项。

支撑论文论著、发明专利和标准 支撑研究论文80余篇，其中SCI论文20余篇。支撑《核桃种质资源描述规范和数据标准》《农作物种质资源鉴定评价技术规范 核桃 NY/T 2328—2013》和《核桃种质资源描述规范 NY/T 2934—2016》3部标准和规范。支撑“核桃种质资源遗传多样性分析系统”等15项国家专利。

支撑资源展示、科普、媒体宣传 板栗圃每年组织科普展示、培训班等活动，宣传国家种质资源重要性的同时，为科研单位、企业、农户提供技术服务。2018年8月承办了由山东省人力资源和社会保障厅和山东省自然资源厅发起的全省林木种质资源保护与利用高级研修班，向120名学员介绍了资源圃核桃种质资源的保护与利用方面的进展，详细展示了野核桃、麻核桃、普通核桃、核桃楸、黑核桃5个核桃属植物果实特征与性状描述规范。

3.2 典型案例

充分发挥国家资源圃的资源优势，为果农提供良种核桃的优质接穗，为社会创造了巨大的经济效益。如山东省泗水县依托资源圃育成的‘岱香’‘鲁果3号’等优质新品种，至今已推广2万亩，创社会效益1亿多元，获得国家林业局首批国家级核桃示范基地认定。

4 展望

4.1 收集保存

与国外资源圃和国内其他作物资源圃相比，资源收集、保存数量还有一定差距，需进一步加强收集、保存野生、珍稀和濒临灭绝的资源及其近缘种的工作。在充分利用全国第三次种质资源普查的基础上，跟踪各地核桃资源的搜集信息，积极协调相关单位，将资源收集到国家资源圃确保安全保存。

4.2 安全保存技术

离体保存技术在无性繁殖作物资源保护方面发挥着重要作用，利用组织培养技术，实现资源的长期保存。由于核桃再生相对困难，所以试管苗离体保存技术研究相对落后，未来将通过进一步优化培养基组成、激素配比、培养环境以及外植体选择等方面进行深入研究。

4.3 挖掘利用

目前，核桃的育种目标是：①育成抗晚霜的核桃新品种；②育成抗细菌黑斑病的新品种；③以高品质鲜食核桃、果材兼用、用于行道树为重点育种目标。基于这些目标，育种者利用圃存资源、利用各种育种手段及分子生物技术，开展各类育种工作，以期对现存优异资源直接用于育种或生产推广，选育新品种以促进我国核桃品种结构的优化和核桃产业的转型升级和提质增效。

参考文献

卢新雄，辛霞，刘旭，2019. 作物种质资源安全保存原理与技术［M］. 北京：科学出版社 .
山东省果树研究所，1996. 山东果树志［M］. 济南：山东科学技术出版社 .
郗荣庭，2015. 中国果树科学与实践：核桃［M］. 西安：陕西科学技术出版社 .
郗荣庭，张毅萍，1995. 中国果树志：核桃卷［M］. 北京：中国林业出版社.
张志华，裴东，2018. 核桃学［M］. 北京：中国农业出版社 .

国家柿圃（杨凌）种质资源安全保存与有效利用

关长飞，阮小凤，王建平，王仁梓，杨　勇
（西北农林科技大学园艺学院　杨凌　712100）

摘　要：柿（*Diospyros kaki*）原产中国，为我国传统特色果种，有着悠久的栽培历史。文中简要概述了世界柿的分布及种质资源保存情况，重点介绍了我国柿种质资源的收集保存、评价现状，并对我国近年来柿种质资源的有效利用进行了总结，对未来研究方向进行了展望。

关键词：柿；种质资源；收集；保存

柿（*Diospyros kaki*）属于柿科（Ebenaceae）柿属（*Diospyros* Linn.），起源于我国（Yonemori et al.，2008），目前栽培面积及产量分别占世界的92.70%和76.04%（联合国粮农组织，2021），素有“铁杆庄稼”“木本粮食”之称。同时，柿在我国有着悠久的栽培历史，2 600年前的《礼记·内则》中即有文字记载。种质资源是人类赖以生存和发展的物质基础，也是保证国家安全发展的战略资源。我国对柿资源的收集保存非常重视，在20世纪50年代便组织大量人力，开展了大规模的果树资源调查工作，柿也被列为重点调查的果树之一。

陕西省果树研究所（现为西北农林科技大学）负责对全国柿资源调查资料的整理，并筹建全国柿原始材料圃（图1）。1962年开始收集柿优良品种和特异资源，1985年收集柿资源400余份，在眉县筹建“国家柿种质资源眉县柿圃”，后更名“国家柿种质资

德阳柿　君迁子　油柿　乌柿
浙江柿　金枣柿　老鸦柿　美洲柿

图1　柿近缘种

源圃”，并于2003年藉农业部国债农业基本建设项目，将眉县资源圃迁至杨凌西北农林科技大学旱区节水农业研究院内。2022年，该圃由农业农村部命名为“国家柿种质资源圃（杨凌）”（以下简称国家柿圃）1988—1997年，通过中日合作项目陆续引入日本甜柿资源35个，涩柿资源18份，雄性资源8份，以及部分不完全甜柿和不完全涩柿，其中包括目前我国主推的甜柿优良品种‘阳丰’和‘太秋’。此外，还陆续从韩国、美国、以色列、意大利、西班牙等国家引入了当地的栽培种和近缘种。截至2021年12月，国家柿圃入圃保存柿种质882份（含近缘种）。据推测，我国有柿种质1 000余份，主要分布在黄河流域。我国已经建成世界上面积最大的国家柿种质资源圃，保存世界最多的柿资源。然而，随着社会的快速发展，城市的扩张，大量分散在房前屋后的柿农家品种正快速消失。因此，柿种质的收集任务仍然艰巨，柿资源的集中安全保存日益重要。

此外，日本柿资源收集保存数量具体不详，杨勇等（2005）报道有354份。也有报道日本国立果树研究所葡萄和柿实验站（广岛安芸津）保存了共约600份种质（裴忺，2013）。韩国目前建立了两个柿试验场，一处于1994年建立的甜柿试验场，收集了100多个品种，另一处是1995年建成的涩柿试验场。韩国柿资源收集工作开始较早，从1959年开始，十年内共调查资源233份，筛选鉴定出优良品种74份（Kim et al.，1997）。欧洲柿种质资源大多由东亚引入，其中意大利佛罗伦萨大学保存柿资源约125份，西班牙保存柿资源35份，土耳其、捷克、罗马尼亚分别保存柿资源74份、28份、11份（表1）（杨勇等，2005）。

表1　世界柿资源保存情况

国家	柿资源保存数量	保存方式	资源来源
中国	882	异地	中国、日本、韩国、美国、以色列等
日本	354	异地	日本、中国、韩国、泰国等
韩国	233	异地、原生地	韩国、日本、中国等
意大利	125	异地	意大利、日本等
土耳其	69	原生地	中国、日本等
西班牙	35	异地	中国、日本、美国等
捷克	28	异地	不详
罗马尼亚	11	异地	不详

注：根据杨勇等（2005）重新整理。

1　种质资源安全保存技术

我国柿种质资源主要以异地保存为主，除无柿种质资源分布的东北三省、新疆、西藏、青海、内蒙古以外，目前国家柿圃的柿种质资源收集涵盖了国内的大多数柿资源。

资源中以涩柿栽培种为主，采用露地栽培，砧木为君迁子。部分‘富有’系的甜柿品种，多用本砧。对于‘野毛柿’‘老鸦柿’等南方近缘种，则采用设施保护栽培，砧木为‘君迁子’，部分为实生苗。对于古柿树、野生群体异地嫁接保存的同时，也采用原址保存。例如，江西天宝的‘千年古柿雄株’、湖北罗田的百年‘罗田甜柿’等。此外，华中农业大学罗正荣团队建立了柿属植物超低温保存技术体系，目前离体超低温保存部分柿属植物（艾鹏飞等，2003）。

1.1 资源入圃保存技术与指标

资源入圃保存技术 国家柿圃资源主要采用田间离体嫁接保存技术，大多数采用插皮接方式进行资源保存。近年来，随着资源保存数量增加，资源圃土地紧张的矛盾日益凸显，对此建立了一套资源高密度保存技术体系。柿资源每隔 15~20 年全部进行更新复壮，在原来大树行间进行加行栽培，待幼树成活后，将原来大树用作砧木，降低树干至 50cm，用于嫁接新收集的资源。通过创新保存技术，充分利用旧有大树资源，可以有效提高土地利用率，保存种植密度由原来的 1m×5m 逐渐过渡到宽窄行定植（中间为嫁接资源），每亩资源保存量也比原来显著提高，同时不影响植株生长。嫁接资源生长 3~5 年后，完成资源性状评价工作，若符合资源入圃规定，则将资源重复 3 株入圃保存，树体结构采用主干形，底部留 3~5 枝用于结果，其余重剪。

资源保存指标 国家柿圃每份资源保存 3~5 株，株行距 1m×5m。砧木选用抗性较强、生长势强、耐寒耐旱的类型有利于柿资源的安全保存。总体来说，‘富有’系甜柿需要选用本砧，如‘小果甜柿’‘黄边小鸡心’等，其余柿品种均可用君迁子做砧。

种质资源入圃标号标记 资源入圃保存前，赋予引种号（按照引种时间顺序），编目入库后赋予国家编号。定制图上只显示引种号和品种名称，每年嫁接后的 5 月及成熟期 10 月更新国家柿圃定植图，核查每份种质的圃位号、嫁接时间、保存株数。每次增减资源都要在圃位图上进行标注。所有种质圃编号都要存档，设定为保密材料，不得任意转借、抄录与拍摄。电子材料及档案，由专门的电脑和硬盘备份存放，以保证数据安全。

1.2 圃资源监测和种植管理技术与指标

种质资源生长状况监测 每年 5 月和 10 月对国家柿圃所有资源进行核实，检查每份种质资源的生长情况及成活情况，重点监测当年嫁接成活情况。对于生长势弱、已死亡或者存在死亡风险的种质，要及时登记并按繁殖更新程序进行苗木扩繁和重新定植。资源圃管理人员按照国家柿圃管理相关规定，适时监测资源的表型性状，及时了解资源的生长发育动态情况；关注极端天气情况，提前启动冷害、暴雨等应急方案，力争降低损失的同时迅速采取补救措施，避免资源丢失。

资源圃病虫害管理技术 国家柿圃内大多数柿种质资源不抗炭疽病，一般从 5 月底开始出现，6—7 月上旬发病严重，一直持续到 10 月下旬。炭疽病主要侵害柿树当年生嫩梢、柿叶、柿蒂以及柿果（图 2 至图 5）。主要管理措施有：合理有计划施肥与灌水；降低栽植密度，加强透风透光；及时去除病枝、病果并将其烧毁或深埋。炭疽病化学防治主要流程：于发芽前（3 月）及夏初（5 月上旬）喷施 5~8°Bé 石硫合剂或 50%丙环唑微乳剂4 000倍液；6 月上中旬喷 1：5：400 式波尔多液，7—8 月再酌情喷 1~2 次，防病效果良好，也可用65%代森锌 500~700 倍液。其他病虫害化学防治重点分布在 5—9 月，可选用 50%托布津可湿性粉剂1 500倍液或 25%多菌灵可湿性粉剂 300 倍液防病，喷 40%乐果乳剂 800~1 000倍液、90%敌百虫1 000倍液、50%马拉硫磷乳油1 000倍溶液、20%杀灭菊酯乳油4 000倍液等杀虫，每隔半月喷 1 次，共喷 3~5 次，毒杀成虫、卵及初孵化的幼虫，均可收到良好的防治效果。

资源圃种植管理技术 根据国家柿圃管理工作年历，即生长季每月割草 1~2 次（6—9 月每月割草 1~2 次）；施肥 3 次（11 月施基肥 1 次、5 月花期及 7 月果实膨大期各追肥 1 次）；全园耕翻 1~2 次（秋季和春季各 1 次，深度不低于 20cm），枝梢管理 2 次（冬季修剪 1 次、夏季抹梢 1 次）。落叶后的修剪、清园消毒及施基肥最为重要，枯枝落叶等粉碎后进行堆沤发酵，同时全园喷施石硫合剂，进行消毒；基肥施用量每株资源施羊粪或者鸡粪有机复合肥 15kg，春季和秋季耕翻深度 20~30cm。

图 2 炭疽病侵染枝梢的表型变化图

（A、B、C：当年生枝梢；D：多年生枝干）

图 3 炭疽病侵染柿叶的表型变化图

（A：叶柄处；B：叶脉处；C：叶片侵染初期；D：叶片侵染后期）

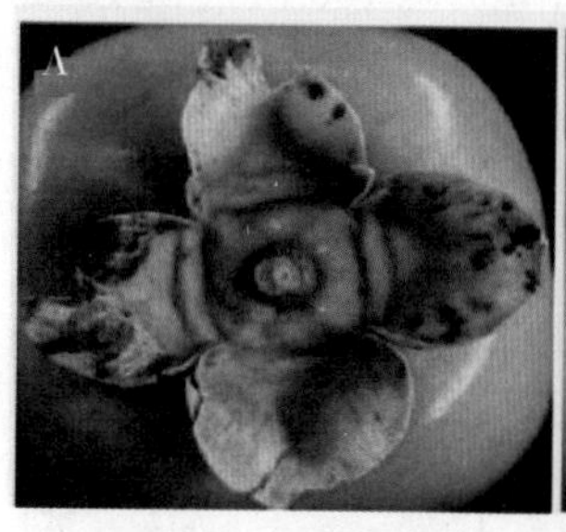

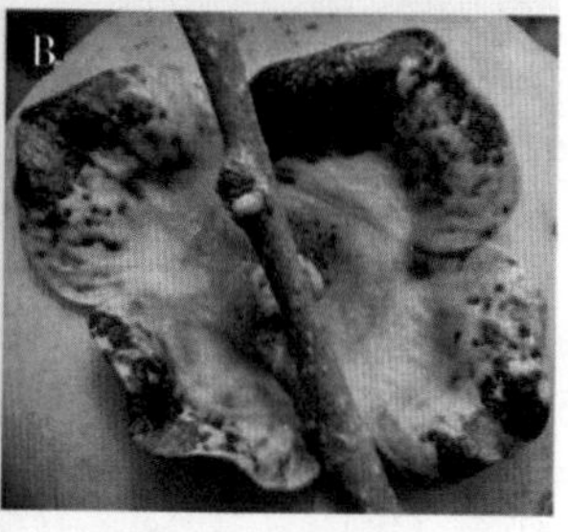

图 4　炭疽病侵染果实柿蒂后的表型变化图
（A：柿蒂侵染初期；B. 柿蒂侵染后期）

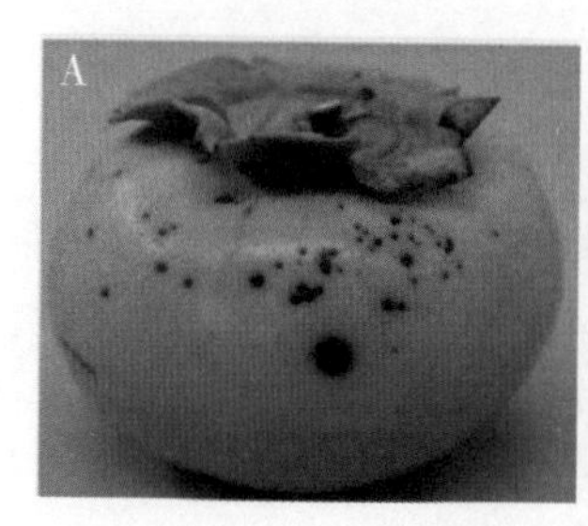

图 5　炭疽病侵染果实后的表型变化图
（A：柿果侵染初期；B：柿果侵染后期）

1.3　资源繁殖更新技术与指标

繁殖更新技术　新收集的柿种质，通常采集其枝条进行嫁接繁殖。砧木通常为‘君迁子’。对于嫁接不亲和、死亡的种质，直接通过嫁接的方法进行了繁殖更新；对于树势衰弱的柿种质，主要通过重剪回缩的方法进行了复壮更新。从而达到安全保存的目的。每年采用插皮接的方法，更新资源。嫁接苗定植在田间保存，育苗地要求土壤肥沃、透气性强。繁殖更新后对每份种质的性状特征与原种质进行核对 5 年以上，核对同物异名或者同名异物的资源。

更新复壮指标　①资源保存出现死亡（不亲和或者土壤气候不适宜），成活数量少于 3 株；②严重感染炭疽病和茎沟病，树势衰弱；③柿树主干折断或主干遭受冻害、日灼，可能存在死亡风险；④其他原因引起树势衰弱等。

2　种质资源安全保存

2.1　资源安全保存情况

截至 2021 年 12 月，国家柿圃资源保存1 812份（部分尚未性状评价），编目入库的资源有 882 份。柿资源有1 426份，近缘种资源 302 份；创制新种质 36 份。已编目资源中，国内资源 774 份（占 87.76%），国外引进资源 108 份（占 12.24%）。

在农作物种质资源保护与利用项目的支持下，2001—2021 年新增保存柿种质资源 945 份（含未评价资源），占资源圃保存总量的 52.15%，资源保存总量增长 109.00%（表 2）。

表 2　国家柿圃资源保存情况

作物名称	截至 2021 年 12 月保存总数					2001—2021 年新增保存数			
	种质份数（份）			物种数（个）		种质份数（份）		物种数（个）	
	总计	其中国外引进	其中野外或生产上已绝种	总计	其中国外引进	总计	其中国外引进	总计	其中国外引进
柿	882	108	368	11	2	945	29	11	1

2.2　保存特色资源情况

截至 2021 年 12 月 31 日，国家柿圃保存特色资源 238 份。甜柿资源 35 份、中国完全甜柿资源 5 份、地方特异柿品种 121 份、近缘种资源 76 份（部分可以观赏）。部分优异资源详情如下：

黑柿：原产我国。山西、山东、河北及陕西省均有分布。果实平均重 148g。重台或心脏形，果面黑色，软化后难剥皮。果肉橙色，汁液少，味浓甜，品质极上。最宜软食。该品种花、果均为黑色，非常罕见，可做品质和观赏育种试材。

金枣柿：原产浙江省。果小，长 3.5~4.5cm，直径 2~2.5cm，平均重 25~30g。椭圆形，黄绿色，软熟后橙黄色，无种子。可制柿饼。二倍体的种质，系国内外首次发现，对探索柿品种起源、创造新的遗传基因以及对柿种质的分类具有十分重要的意义。另外，发现该品种有抗虫作用。在其他品种遭遇害虫危害时，该品种不发生虫害。机理不清，可做深入研究。

磨盘柿：又叫盖柿、大磨盘。原产我国河北省，目前主产于天津、北京，尤以天津市的盘山所产品质最优。果实特大，平均重 241g，最大可达 500g 以上，扁圆形，橙黄色，缢痕深而明显，位于果腰，将果分成上下两半呈磨盘状。软后水质，汁液特多，味甜。品质中上，宜鲜食。在国家柿种质资源圃 10 月中旬成熟。该品种果实特大，形状特异，单性结实力强，是育种的优良资源。

斤柿：又叫憋烂锅、蒸馍柿。原产我国，分布于黄河中游的晋西南、陕西关中东部、河南洛阳等地。果实极大，平均果重 246g，馒头形，橙红色。肉质松软，软后黏质，汁液多，味甜。品质中等，宜鲜食。在陕西眉县 10 月中下旬成熟。该品种果实极大，可作为大果育种资源。

绕天红：又叫照天红。原产我国，分布于河南省洛阳市、林县，果实平均重 144g。扁方形，红色，软后大红色。肉质松软，软后黏质，汁液少，味甜，品质中上，宜鲜食。在国家柿种质资源圃 10 月上旬成熟，早于一般品种半月以上。该品种红色艳丽，可做观赏及早熟育种材料。

平核无：原产日本，1980年引入陕西。分布于陕西、浙江等地。果实平均重121g，扁方形，橙红色。肉质细腻，软化后水质，汁液极多，味浓甜，无核，品质上等。宜加工柿饼或鲜食。是日本涩柿中最优者。该品种是目前发现的为数不多的多倍体之一，染色体135条，大多数柿品种为90条。可作为良种推广和遗传育种的优选试材。

罐罐柿：原产我国湖北郧阳。树姿开张，叶长椭圆形，只有雌花。果实平均重193g，圆锥形，浅橙红色，蒂下有肉座。肉质松脆，稀具黑斑，汁少，味甜，固形物达26%。在国家柿种质资源圃于10月下旬成熟。该品种果形罕见，可供观赏，糖度高可作亲本。

阳丰：原产日本，1991年引入我国。1994年始花结果。果实大，平均果重170g。扁圆形，橙红色。无纵沟。果肉褐斑中等多，肉质中等密、稍硬，味甜，糖度17%，无涩味，汁液多，品质上。属中早熟的完全甜柿品种。易脱涩，耐贮。着花多，生理落果少，极丰产，抗病。在国家柿种质资源圃10月上旬成熟。是综合性状优良的完全甜柿品种，也是我国栽培面积最大的甜柿品种（Yamada，2005）。

甜宝盖柿：原产我国湖北罗田，是我国原产的完全甜柿。果实大，平均单果重170g以上，果实扁圆形，有缢痕呈肉座状，与磨盘柿相似，但比它窄小。橙黄色，可在树上自然脱涩，摘下即可脆食。固形物14%~16%。抗寒性强，可在偏北地区栽植。在陕西渭北地区10月中下旬成熟。为我国原产的抗寒甜柿资源。

太秋：日本完全甜柿，单果重250~300g，最大重600g，高馒头形，橙红色。果面有线状条纹，无褐斑、无纵沟、无缢痕。横断面方圆形。果肉黄色，软后橙红色、水质，纤维少而细，无粉质，肉质酥脆，口感清甜，有蜜香味，汁多味浓，含糖量可达18%~23%，品质极上。由于其酥脆、细腻的口感，目前已成为高端甜柿的代表，其幼苗供不应求。

2.3 种质资源抢救性收集保存

江西千年雄株的抢救性收集及性状评价。树高10.38m，干周长4.37m。冠幅东西10.8m，南北冠幅9.2m。树姿开张，生长势较强，成枝力中等，仅开雄花。据江西省农业科学院园艺研究所与江西省经济作物技术推广站合编的《江西省柿种质资源》（初稿）中关于‘宜丰10号’资源收集的相关记载：据村民罗焜芳介绍，此树在罗家族谱记述，系罗家第一代人所栽，罗家立基已940年，这树应有近千年的历史，是现存最古老的纯雄株。从脱落的中央花的形状和剖面观察，未见有雌蕊的痕迹；又据当地村民反映，“此树从未结过柿子”，柿课题组人员现场调查也只发现雄花，无雌花和两性花，可见此树为纯雄株。纯雄株近千年来未被砍伐或改接，实属不易，是国内目前发现最古老的雄株（Guan et al.，2021）。主要特征：①纯雄株。未见有果实，也未见有两性花、雌花，仅着生雄花。②实生，未嫁接。本次调查未发现嫁接口，而且基部萌生新梢的叶片，不是君迁子，而是柿叶。可见罗家第一代人遵循《齐民要术》中“柿，有小者栽之”的经验，把野生的小树移到路旁栽种的。③具有原始性状。从树龄推断，种植时间应在北宋神宗年代所植，此树具有许多原始性状，据进一步调查，也得到一些证实：a. 花粉容易发芽，似有少数2*n*花粉（图6）。b. 毛茸消退迟，叶柄、叶脉、花柄、花萼、花筒、花瓣等具有伏毛，但不见腺状毛出现。c. 具有强大生命力，百余年前因故（或许是飓风）树身劈裂，半边木质腐朽，仅存近皮约 10cm 活体，内部已全空虚（图 7）。

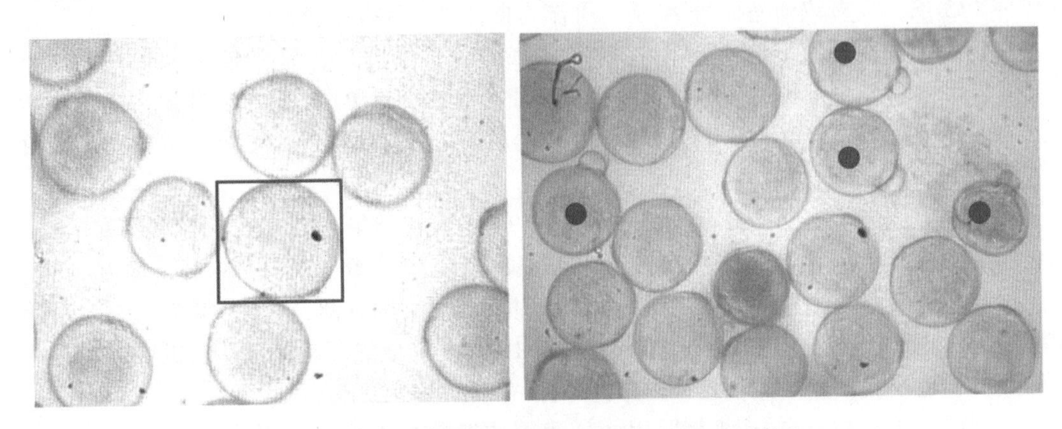

图 6　左图方框内似 2*n* 花粉，右图标有红点的已萌发

图 7　千年雄株树干生长状况

3　保存资源的有效利用

2001—2021 年，国家柿圃向华中农业大学、浙江大学、长江大学、河北农业大学、国家林业局泡桐研究开发中心等科研院所，富平沐梵农业发展有限公司、陕西云集农业

科技有限公司、富平县天玺农业公司、富平永辉现代农业发展有限公司、富平县洋阳柿饼专业合作社、陕西华阴阳丰甜柿种植专业合作社等生产单位，以及陕西、山西等省份的农技推广部门和种植户等合计提供资源利用8 900份次，开展基础研究、育种利用及生产应用。国家柿圃资源利用率达 56.7%。

育种、生产利用效果 甜柿的引进与推广：国家柿圃从 20 世纪 80 年代开始，陆续从日本等国家引入甜柿品种约 30 余份。甜柿可以像苹果一样从树上采下直接食用，其引入和推广颠覆了人们对柿传统的认知，是我国柿产业发展的主要方向。其中‘阳丰’甜柿在我国已发展 50 余万亩，2021 年‘阳丰’鲜果 3~6 元/kg，成年亩产可达 4 000~6 000kg，平均每亩效益万元以上，创造经济效益 50 余亿元；‘太秋’甜柿被评为最受欢迎的十大水果，‘早秋’‘夕红’等优异品种，也在快速发展。

中国栽培面积最大的甜柿品种‘阳丰’：果实扁圆形，平均单果重 240g，丰产性好，种子少，品质上等，抗逆性强，耐贮性好，可溶性固形物含量 18%，适宜在全国大部分地区推广。陕西关中地区在 10 月中下旬成熟，11 月上旬品质风味更佳。采后可自然放置 2 周，仍保持较高硬度。冷鲜保存可以供应春节市场。‘阳丰’是目前综合性状最好的甜柿品种，抗性强、易管理、产量高、口感酥脆。从日本引入至今，已成为目前甜柿产业的主推品种。

中国口感最好的甜柿品种‘太秋’：‘太秋’甜柿单果重 250~300g，最大重 600g，高馒头形，橙红色。果面有线状条纹，无褐斑、无纵沟、无缢痕。横断面方圆形。果肉黄色，软后橙红色、水质，纤维少而细，无粉质，肉质酥脆，口感清甜，有蜜香味，汁多味浓，含糖量可达 18%~23%，每百克甜柿鲜果肉含可溶性糖 11.68g、蛋白质 0.57~0.67g，品质极上。‘太秋’甜柿由于其酥脆、细腻的口感，受到广大种植者及消费者的推崇，目前‘太秋’已成为高端甜柿的代表，其幼苗供不应求。但是，其亲和性砧木缺乏、果面有锈斑、产量较低等缺点仍有待于克服。

支持成果奖励 ‘阳丰’甜柿在湖北的推广暨柿产业关键技术创新与应用，获得湖北省科技进步奖一等奖。‘阳丰’甜柿通过湖北、河南、山东、山西、陕西等省品种委员会的审定。“无性繁殖作物种质资源收集、标准化整理、共享与利用”获 2010 年度浙江省科学技术奖二等奖。“经济作物种质资源鉴定技术与标准研究及应用”获 2010 年度浙江省科学技术奖二等奖。“中国农作物种质资源本底多样性和技术指标体系及应用”获 2009 年国家科技进步奖二等奖。“柿种质资源收集保存鉴定评价和利用研究”于 2000 年获省科技进步奖三等奖。

支撑乡村振兴与精准扶贫 筛选优异资源‘阳丰’‘太秋’‘富平尖柿’等 12 份支撑陕西省渭南市乡村振兴与精准扶贫，技术培训 49 场次，培训5 870余人次。

支撑科研项目 支撑国家重点研发计划、国家 863 专项、国家自然科学基金、农业部公益性行业专项、科技部支撑计划项目、科技部成果转化项目、陕西省自然科学基金、中国博士后基金等 50 余项。

支撑论文论著、发明专利和标准 支撑研究论文 135 篇，其中 SCI 论文 60 余篇。出版著作 11 部，包括《陕西柿品种资源图说》《柿优质丰产栽培实用技术》《柿树周年管理实用新技术》《甜柿栽培新技术》《甜柿标准化生产技术》《柿病虫害及防治原色图册》等。制定国家或者行业标准5项，包括《柿种质资源描述规范》《植物新品种特异性、一致性和稳定性测试指南　柿》《农作物优异种质资源评价规范　柿》《农作物种质资源鉴定技术规程　柿》和《柿子产品质量等级》。

支撑资源展示、科普、媒体宣传　2001—2021年，国家柿圃进行资源展示236次（包括田间、学院和学校等），展示柿优异资源3 500份次；联合富平县相关部门、企业共同举办“国际柿产业论坛暨富平尖柿节”，参会人员年均2 000人次；协助建设“中国柿博物馆”。

接待来访、参观等12 600余人次；开展技术培训约9 000人次；在电视媒体、学校网站、报纸、公众号等进行了80余次的宣传报道。

典型案例　‘富平尖柿’的推广：国家柿圃从20世纪80年代开始，通过和富平县当地政府、果业局合作，进行‘富平尖柿’优系推广，同时结合栽培管理技术指导和柿饼加工工艺改进，柿饼加工已经成为富平市广大果农的主要致富途径，特别是近几年柿饼行情逐年走俏。目前进驻当地的企业达到数十家，亿元以上规模的有富平永辉有限公司、陕西富四方柿业有限公司等。当地的‘富平尖柿’柿饼被认定为国家地理标志产品，富平县被国家林业局更是授予“中国柿乡”称号。全县富平尖柿栽培面积由2000年左右的6万亩，发展到目前的36万亩，2018年和2019年柿饼价格达到50~60元/kg，鲜果收购价4.6~6元/kg），2020年柿饼价格上涨至60~70元/kg。2020年亩均鲜果收入近万元（尖柿亩产2 000kg左右），2021年受倒春寒和炭疽病双重影响，富平地区尖柿产量减半，柿饼价格普遍达到100元/kg。正常年份制作柿饼，效益可以达到2.5万~3.5万元/亩，尖柿种植已成为当地脱贫致富的主要途径。

4　展望

中国除东北三省及青海、内蒙古、西藏、新疆之外，其余省份均有栽培柿分布。栽培柿主要分布在黄河中下游流域，河北、河南、山西、陕西、山东为柿传统栽培大省，具有悠久的栽培历史和较大的栽培面积。黄河流域拥有丰富的柿资源。特别是农家种特别丰富，多分布在农村的房前屋后、田间地头。随着社会城市化的快速推进，柿资源尤其优异资源的收集迫在眉睫；同时，随着消费多元化需求增加，优异资源的挖掘利用也是未来工作的重点。

4.1　收集保存

由于城市化的发展，农家柿品种减少迅速，城市周边及深山的百年柿树、优异的农家品种、特异或者变异的柿种质、濒临灭绝的农家品种等，为调查收集的重点。其次，加强柿近缘种的收集与调查，如观赏种质‘乌柿’和‘老鸦柿’、砧木种质‘君迁子’和‘野柿’、其他近缘种‘浙江柿’和‘油柿’等。最后，加强国外柿资源的引入和换种。

4.2 安全保存技术

在现有保存技术的基础上，积极优化嫁接技术、增设棚内保存方案、探索室内组培技术体系，多维度、多方位进行资源保存。具体如下：①重点优化嫁接技术，简化嫁接流程，提高嫁接成活率，此方法主要用于复壮更新及新入资源嫁接。②将核心种质及特异资源，移植棚内进行备份栽培，以防止极端气候造成的危害。③积极发展组培技术及超低温保存技术，对于部分容易死亡、优异资源进行离体保存。

4.3 挖掘利用

结合基础研究及产业需求，具体如下：①发掘特异特色资源，如抗病、抗旱、单宁含量丰富等资源，以特异性状为基础，支撑科研院所基础研究。②针对产业需求，筛选亲和性砧木，推动高品质甜柿‘太秋’的发展。③筛选易于二氧化碳脱涩的涩柿资源，希望未来推广并商业生产。

参考文献

艾鹏飞，罗正荣，2003. 柿休眠芽茎尖玻璃化法超低温保存及植株再生［J］. 中国农业科学，36：553-556.

李树刚，1987. 中国植物志（第六十卷第一分册）［M］. 北京：科学出版社.

裴忺，2013. 中国甜柿自然脱涩性状早期筛选及其杂交育种研究［D］. 武汉：华中农业大学.

杨勇，王仁梓，李高潮，等，2005. 柿种质资源收集、保存、鉴定与利用［C］. 中国农业科学院多年生和无性繁殖作物种植资源共享试点研讨会.

左大勋，柳鎏，王希蕖，1984. 我国柿属植物资源的地理分布及利用［J］. 中国果树，3：27-34.

Guan C F，Zhang P X，Wu M H，et al.，2020. Discovery of a millennial androecious germplasm and its potential in persimmon（*Diospyros kaki* Thunb.）breeding［J］. Scientia Horticulturae，269：109392.

Kim T C，Ko K C，1997. Classification of persimmon（*Diospyros kaki* Thunb.）cultivars on the basis of horticultural traits［J］. Acta Horticulturae，436：77-84.

Song W D，Choo Y D，Kim T C，et al.，2005. Science and industry of persimmon in the republic of Korea［J］. Acta Horticulturae，685：21-28.

Yamada M，2005. Persimmon genetic resources and breeding in Japan［J］. Acta Horticulturae，685：55-64.

国家柑橘圃（重庆）种质资源安全保存与有效利用

江　东，赵晓春，朱世平，赵婉彤，申晚霞，刘小丰

（西南大学柑橘研究所　重庆　400712）

摘　要： 柑橘为芸香科真正柑橘类的多年生常绿果树，原产于中国。我国柑橘种质资源极为丰富，从建圃以来，致力于柑橘种质资源的引进收集、鉴定评价、创新利用、共享分发等工作，为我国柑橘育种和产业发展提供了重要的物质保障。本文简要介绍了国内外柑橘资源收集保存现状，总结和回顾了国家柑橘种质资源圃在资源安全保存技术、资源有效利用等方面的研究进展，并对今后资源的研究方向进行了展望。

关键词： 柑橘资源；安全保存；有效利用

柑橘是世界上重要的经济类果树，其产量占世界水果总产量的17%。我国是世界柑橘的生产大国，其柑橘产量占世界柑橘总产量约20%，世界上所有的柑橘种类在我国均有栽培。中国是世界柑橘起源中心地之一，芸香科柑橘类果树中的宽皮柑橘、大翼橙、枸橼、枳、金柑的原始种均起源于中国（周开隆和叶荫民，2010），柑橘属的3个基本种（宽皮柑橘、枸橼、柚）均能在中国找到原始类型（Wu et al.，2018）。在我国柑橘主要分布于长江以南的各省（区、市），目前在南岭山脉、横断山脉等地还能发现许多原始野生柑橘。由于我国地理生态类型的多样性，柑橘种质资源的遗传多样性也特别丰富，其中蕴藏有耐寒、抗旱、丰产、优质、抗病等优异园艺性状基因。国家柑橘种质资源圃（以下简称国家柑橘圃）位于重庆市北碚区，于1981年在农业部与中国农业科学院的共同支持下建成，其职能是尽可能收集广泛的柑橘种质资源，以减少未来柑橘产业发展可能面临的遗传脆弱性；开展柑橘病原生物的检测和处理；对种质开展遗传、园艺和生理特征特性的鉴定评价；为每份种质建立包括获取、保存、评价和基因描述等数据及信息，并建立数据库；向社会提供分发柑橘种质；研究收集、评估、传播、保存和分发的改进方法。截至2021年12月，国家柑橘圃已保存来自国内23个省（区、市）及日本、韩国、美国、意大利、澳大利亚、越南、泰国等国的柑橘种质1 925份，这些种质涵盖柑橘属、金柑属、枳属、澳指檬属、澳沙檬属以及芸香科柑橘近缘属植物，资源类型涵盖了野生及半野生资源、地方品种、选育品种、品系及遗传材料等各种类型，目前该圃已是世界上第二大柑橘田间基因库。

我国十分注重柑橘种质资源的收集、保护与挖掘利用工作，除建立国家柑橘圃进行资源的异生境保存外，一些省份还建有省级柑橘资源圃，如湖南省农业科学院园艺研究所、浙江黄岩柑橘研究所、广西特色作物研究院、四川省农业科学院园艺研究所等均建

有省级柑橘种质资源圃，为国家柑橘圃提供了重要的资源补充和备份。如湖南省农业科学院园艺研究所立足湖南柑橘种质资源的本地特色，收集保存有柑橘种质资源1 100份，浙江省柑橘研究所收集保存有大量的浙江省特色资源，保存柑橘种质资源539份，主要以宽皮柑橘及其近缘品种收集保存为主。

国外柑橘生产大国也建有柑橘种质资源圃开展资源的保存、鉴定评价工作，美国农业部的国家柑橘和枣椰子无性种质资源圃（NCGRCD）和位于加州大学河边分校的国家柑橘种质资源圃保存75个分类群的1 328份柑橘栽培种和野生近缘种（Volk et al.，2018）。巴西保存柑橘种质资源3 213份，其中巴西农业研究公司Embrapa保存柑橘活体种质750份（dos Santos et al.，2015）。日本国家农业和食品研究机构（NARO）的果树和茶叶科学研究所（NIFTS）在全世界范围收集柑橘种质资源用于育种，在其农业生物资源库中保存有431份柑橘资源的数据信息。

1　种质资源安全保存技术

国家柑橘圃的首要职能就是长期安全保存柑橘种质资源，并为资源的鉴定评价、种质创新和分发利用服务，同时开展研究以支持这些目标的实现。建立长期安全的保存技术为在圃柑橘种质的安全性和遗传完整性提供了必要保障。

1.1　资源入圃保存技术与指标

资源入圃保存技术　国家柑橘圃的柑橘种质资源主要采用无性系嫁接繁殖方式进行田间保存。从国内外引进或收集的接穗经过硫酸链霉素消毒处理后进行嫁接，嫁接苗在隔离的温室中进行繁殖，以提高成活率。隔离环境下的嫁接苗木在经过2年的检疫观察，确定不带有检疫性病害后，无病种质才移入田间圃进行观察评价。田间资源圃根据资源的种类分区保存，这有利于规范栽植密度、方便生产管理和鉴定评价工作。每份种质保存3~5株，宽皮柑橘、柠檬、枳、金柑的株行距为3m×4m，甜橙、酸橙类为3m×5m，柚类为4m×6m。随着资源保存数量的逐年增加，资源圃土地紧张矛盾日显突出，除增加土地用于新增材料的保存外。另外，还建立了一套柑橘种质资源的备份保存技术，对已经完成田间表型鉴定的资源材料，逐步将材料嫁接繁殖后移入温网室中进行备份保存，田间原有材料逐步更替为新种质继续进行鉴定评价。同时通过资源的分发利用，将种质也提供给一些省级保存机构或研究单位进行异地备份保存，并做好材料去向的登记备案。为解决土地紧张问题，也采用密植栽培模式对一些遗传材料、野生资源进行密植保存，以提高土地的利用效率。由于密植栽培会造成树体的直立生长、枝叶光照不足、病虫害发生较严重，因此每年必须进行重剪回缩，以压缩树冠高度，促进重新发梢，方便生产管理。

资源保存指标　目前国家柑橘圃保存柑橘种质资源1 925份，并按照每年约50份的数量逐年增加。为保障材料的健康生长和寿命，针对不同柑橘种类采用不同的亲合性砧木，如柚类种质采用酸柚为砧木、宽皮柑橘采用香橙或枳为砧木，而枳类采用香橙或红橘为砧木，这有利于分辨砧木和接穗的差异，柠檬采用粗柠檬或黎檬等为砧木。平地果园排水不良易产生积水致叶片黄化，为此采用抗性较强的枳壳为砧木，而在碱性土壤上则采用香橙为砧木，对于树势较旺的品种采用弱势砧木。由于衰退病的威胁，酸橙砧木已经被枳、枳橙等抗病砧木所取代。在种质入圃保存时，充分考虑砧木和接穗品种的亲合性、砧木对土壤适应性及抗病性等多方面的因素，减少因砧木问题而导致的资源材料丢失现象。

1.2 圃资源监测技术与指标

资源生长状况监测 管理工作人员按照种质资源日常管理规范对资源圃进行田间管理，做好田间材料的日常巡视工作。根据物候期和病虫害防控关键节点做好施肥、打药、灌溉、除草、采果、修剪等工作，保障材料的正常生长。对发现树势衰弱的材料及时进行更新扩繁或重新嫁接繁殖。另外根据资源分发利用情况，预测种质的市场需求量，进而加强对需求量较大种质的扩繁和日常管理。同时利用田间气象站对资源圃的光照强度、土壤温度、土壤湿度、空气温度、空气湿度、风速、风向、降水量等环境因子进行实时监测，及时掌握和发现突发状况，当环境因子发生异常变化时及时采取措施确保果树正常生长。当遭遇自然灾害等不利气象条件时，及时采取防范措施，避免资源损失。

资源圃病虫害监测 根据气象条件做好病虫害的预测预报，在病虫害发生的关键时期进行田间巡视，及时发现和监测田间病虫害的发生状况。对红蜘蛛、黄蜘蛛、蓟马、花蕾蛆、白粉虱、锈壁虱、潜叶蛾、橘小实蝇、介壳虫、星天牛、蚜虫、褐斑病、疮痂病、溃疡病、炭疽病、脚腐病等进行监测和防控，制定各种病害和虫害的防控指标。发现有检疫性病情时，如柑橘溃疡病等，及时剪取枝条进行消毒后再重新嫁接并进行隔离繁殖，对原有母树进行销毁，严格控制溃疡病的发生。当病原孢子和害虫数量达到预警指标时，开始病虫害的化学药剂防控，确保圃内病虫害在严重危害前得到有效控制；制定突发性病虫害发生的预警、预案和防治方案。

资源遗传多样性的监测 不断收集野生、半野生、地方品种和国外柑橘资源，增加在圃种质的遗传多样性。通过表型和基因型鉴定，对资源的遗传多样性进行监测。对入圃种质的表型开展鉴定，挖掘具有生产、研究和潜在利用价值的新种质。利用 SSR、SRAP、SNP、GBS 等技术建立全部在圃柑橘种质的基因型数据，掌握圃内柑橘的核心种质、优异和特异种质，确保核心种质的绝对安全保存。

资源种植管理技术 制定规范的资源圃管理工作历，按照每年施肥 4 次（2 月施萌芽肥 1 次、5—6 月施稳果肥 1 次、8 月施壮果肥 1 次、采果后施 1 次基肥）；割草 2 次（4 月和 7 月每月割草 1 次）；冬季采果后全园深翻 1 次，枝梢管理 2 次（冬季修剪 1 次、夏季抹梢 1 次）；病虫害防控按照《柑橘病虫害绿色防控技术规程》执行。

圃资源监测指标 当资源保存数量低于 2 株或者资源材料的长势较弱时，立刻进行材料的繁殖，保证材料不丢失。当田间发现材料有嫩叶感染褐斑病、疮痂病、炭疽病时，立刻打药防治。当每片叶有 3 头红蜘蛛时候，及时使用杀螨剂防治。当夏秋季抽发的嫩芽在 2~5mm 时，立刻喷药防治潜叶蛾。土壤湿度低于 45%、叶片出现轻度萎蔫时，立刻进行灌水，保证材料正常生长。当日降水量大于 50mm 应及时排涝。

对田间发现疑似病毒病感染的材料，采集叶片对衰退病、裂皮病、黄化脉明病、杂色褪绿萎缩病的病原体进行分子检测，经过病原体测试确定无毒的种质保存在隔离网室中。对感染病毒的材料逐年进行脱毒处理，并嫁接在耐病砧木上进行重新繁殖。

种植管理技术指标 通过恰当的栽培和管理措施确保种质的正常生长，每年田间圃基肥施用量是每株施商品有机肥 10kg 加复合肥 1~1.5kg，萌芽肥每株树施 0.5kg 复合肥、稳果肥每株施复合肥 0.5kg，膨果肥每株施硫酸钾 0.5kg；春季和秋季耕翻深度 20~30cm。另外行间生草栽培，当草长至 40~50cm 高时，用打草机进行刈割覆盖于树盘下。

1.3 圃资源繁殖更新技术与指标

繁殖更新技术 采用无性系嫁接扩繁技术对圃内资源进行繁殖更新。每年秋季收获枳、香橙、红橘、酸柚等种子，在温网室中播种育苗为资源嫁接繁殖准备砧木。当砧木粗度达 1cm 时，可进行材料的嫁接繁殖。从外面引进收集的资源材料在嫁接前，须进行消毒。秋季嫁接采用单芽腹接，春季采用切接的方式进行嫁接，每份种质嫁接 10 株，保证最终有 6 株存活。嫁接成活后，及时解膜并加强管理，当植株生长高度达到 50cm 以上并有 2 个分枝后，在春季 6 月前或在秋季 8—10 月将材料移入田间进行定植保存。繁殖更新后对每份种质的植物学特征和生物学特性与原种质进行核对，及时更正错误。

更新复壮指标 ①每份种质的保存数量减少到原保存数量的 60%；②柑橘树出现显著的衰老症状，如发育枝数量减少 50%等；③柑橘树遭受严重自然灾害或病虫危害后难以自生恢复，或其他原因引起的柑橘树植株生长不正常；④从外引进的资源带有严重的检疫性病害，需要重新进行脱毒并嫁接繁殖。

1.4 圃资源备份技术与指标

圃资源备份技术 为节约土地，对田间已经完成鉴定评价且资源利用率较低的资源通过备份保存于温网室的容器中，减少占地面积。国家柑橘圃还将保存的部分资源通过种质分发的方式提供给省级柑橘资源圃和地方良种繁育场进行异地备份保存，并做好记载和备案，定期跟踪了解和掌握这些资源的生长状况。目前提供省外备份保存的约有 240 份，占总资源保存总数的 12.31%。在圃地进行调整改造前，对圃内的全部材料进行嫁接繁殖和备份，备份材料一般每份资源保存 6 株，即永久株 3 株、预备株 3 株。

备份资源指标 ①新入圃未鉴定的资源；②生长适应性较差的资源；③珍稀濒危资源；④重要骨干亲本资源。以上材料均需要保证最少 6 株的备份量。

2 种质资源安全保存

2.1 资源安全保存情况

截至 2021 年 12 月，国家柑橘圃保存各类柑橘资源 1 925份（表 1），其中国内资源 1 342份（占 69.71%）、国外引进资源 583 份（占 30.29%）；优特异资源 270 份（占

14.03%），野生资源196份（占10.18%）。这些资源按类分为酸橙41份、金柑49份、柑橘近缘属13份、宽皮柑橘732份、甜橙385份、柚347份、大翼橙86份、枳121份、枸橼151份。

2001年启动农作物种质资源保护与利用项目至今（2001—2021年），新增保存柑橘种质资源1 025份，占资源圃保存总量的53.24%，资源保存总量增长105.61%。2001—2021年，从日本、韩国、美国、以色列、越南、泰国、南非、澳大利亚等国家引进资源253份，从福建、四川、贵州、湖南、浙江、江苏、广东、广西等省（区、市）收集柑橘种质772份，其中地方品种369份、育成品种（系）275份、遗传材料65份、野生资源63份。

表1　国家柑橘圃资源保存情况

作物名称	截至2021年12月保存总数					2001—2021年新增保存数			
	种质份数（份）			物种数（个）		种质份数（份）		物种数（个）	
	总计	其中国外引进	其中野外或生产上已绝种	总计	其中国外引进	总计	其中国外引进	总计	其中国外引进
柑橘	1 925	583	189	120	61	1 025	253	59	35

2.2　保存特色资源情况

截至2021年12月31日，国家柑橘圃保存特色资源699份，占圃资源保存总量的36.31%。其中古老濒危珍稀资源21份，地方特色资源45份，有育种价值资源53份，生产利用资源262份，观赏价值资源17份，药用价值资源31份。

古老濒危资源21份。古老濒危资源是研究柑橘品种起源、演化的珍稀材料，由于人类活动、原始森林的破坏，这些资源濒于灭绝。如湖南莽山的莽山野柑、莽山野橘，云南的富民枳、云南元江的宜昌橙、云南红河大翼橙等，这些材料是研究柑橘起源和演化的重要材料，目前这些资源由于原生境遭到破坏，已经很难在野外收集到。

地方特色资源45份。栽培历史悠久且成为地方特色产业的资源，如广东四会茶枝柑；江西南丰蜜橘；浙江本地早、胡柚；重庆万州古红橘；四川得荣藏橘、石棉黄果柑等。石棉黄果柑迄今有1 000多年的栽培历史，有丰产、耐寒、晚熟、品质优良的特点，在石棉、汉源等地种植面积达到3万多亩，是当地乡村休闲旅游和乡村振兴的重要支撑产业。

育种价值资源53份。单一或多个性状表现突出，可作为重要材料被育种家利用的资源，如清见、南香、砂糖橘等。砂糖橘果实肉质细嫩化渣、糖高酸低，是华南地区广泛种植的中晚熟宽皮柑橘品种，由于具有高糖低酸、自交不亲合的特性，被广泛作为育种亲本利用，通过芽变和杂交育种的方式培育出系列品种如金葵、华葵、金秋砂糖橘、爱莎等品种。

生产利用资源262份。不同时期在柑橘产业中推广的品种，在品质、产量、抗性等综合性状方面表现优异，可在生产上直接利用的资源，如大雅柑、春见、不知火、纽荷尔脐橙、奉节72-1脐橙、蓬安100号、冰糖橙、琯溪蜜柚、沃柑、红美人等在柑橘产业中大面积推广应用。

特异资源270份。单一性状突出的特异资源可用于种质创新、基础研究的材料，如矮化砧木飞龙枳、温州蜜柑与脐橙的嵌合体类橘脐橙、四倍体砂糖橘、高花青素的种质摩洛血橙、高多甲氧基黄酮种质扁平橘、抗衰退病种质强德勒柚等资源。

观赏价值资源17份。花、叶、果美观具有观赏价值的资源，如可用于盆景观赏的大果金豆、四季橘、长寿金柑、金弹、麂子柑、指梾檬、小叶酸橙等，不仅丰产、挂果时间长、观赏效果非常好，常用于休闲农庄或家庭农场的园艺景观树栽培。

药用价值资源31份。叶片或果实中富含药用功能性成分的资源，如常用于中药材的川红橘、江津酸橙、枳壳、佛手、枸橼、化州橘红、常山胡柚、三湖红橘等，这些材料中的幼果中富含类黄酮、酚酸等功能性成分，具有较好的药用开发利用价值。

2.3 种质资源抢救性收集保存典型案例

湖南是我国柑橘的起源中心地之一，其境内的野生柑橘资源十分丰富。其中最为重要的原始野生柑橘莽山野柑、莽山野橘主要分布于湖南南部的莽山和广西的贺州姑婆山等南岭山脉。2001年9月，国家柑橘圃组织团队成员赴湘西、道县、江永、郴州等地开展资源抢救性收集，收集并入圃保存柑橘资源30份，其中珍稀濒危资源11份、野生资源8份、地方品种11份。在莽山大坑收集了树龄100年以上的大坑野橘，在江永收集到江永野橘，这些资源的收集对研究我国宽皮柑橘的起源演化发挥了重要作用。

3 保存资源的有效利用

3.1 概述

2001—2021年，国家柑橘圃向西南大学、华中农业大学、华南农业大学、湖南农业大学、四川农业大学、浙江省农业科学院柑橘研究所、广西特色作物研究院、广西壮族自治区农业科学院园艺作物研究所等大学及科研院所和湖北、浙江、江西、四川、重庆、广西、云南等省份的农技推广部门、专合社、企业、种植户等提供资源1 637份共21 941份次，广泛用于基础研究、育种利用及生产应用，资源利用率达84.40%。

育种、生产利用效果 国家柑橘圃从国外引进沃柑、明日见等柑橘新品种，通过持续鉴定评价后，向生产中推广利用，产生了良好的社会经济效益，其中沃柑在广西、云南、湖南、江西、福建、四川等省（区、市）推广应用，累计推广面积200多万亩，新增利润200多亿元。向西南大学柑橘研究所、四川农业大学等单位提供杂交亲本材料爱媛28号、砂糖橘、青皮蜜橘、沃柑、南香等育种材料，进行种内、种间杂交及高代品系回交，配置杂交组合60余个，获得杂交实生苗20 000余株，选育出新品种金秋砂糖橘、阳光1号、Q橘、爱莎、华美2号、华美7号、无核沃柑、渝沃无核、夏蜜柚、大雅柑等品种20余个，这些育成品种在广西、云南、湖南、重庆、江西、福建、四川等地推广应用，累计推广面积20余万亩，新增利润40多亿元。

支持成果奖励 以圃内提供的种质资源为试材支撑了省科学技术进步奖一等奖1项、省科学技术进步奖二等奖5项、全国农牧渔业丰收奖2项、省科技成果推广奖一等奖1项。

支撑乡村振兴与精准扶贫 筛选优异资源沃柑、明日见等20个品种支撑乡村振兴与精准扶贫134个县乡村，技术培训72场次2 680人次，培养种植能手121人。

支撑科研项目 国家柑橘圃利用保存的种质资源支撑国家现代农业柑橘产业技术体系、国家重点研发计划、国家“863”专项、国家自然科学基金、国家星火计划、农业部公益性行业专项、科技部支撑计划项目、科技部成果转化项目、重庆市科技攻关、重庆市自然科学基金等项目100余项。

支撑论文论著、发明专利和标准 支撑研究论文120余篇，其中SCI论文50余篇。如以240份宽皮柑橘种质资源为研究材料进行GBS测序，结合GWAS分析，准确定位了柑橘单多胚性状的控制位点，揭示了不同地理来源和特定形态的宽皮柑橘在遗传水平上的差异，证实了中国南、北不同地域宽皮柑橘的演化路径，相关研究结论发表在《中国农业科学》（王小柯等，2017）。支撑《柑橘种质资源描述规范和数据标准》《中国果树科学与实践 柑橘》《柑橘志》等论著8部。支撑“一种靶向敲出FcMYC2基因的sgRNA序列、CRISPR/Cas9载体及其应用”等7项国家发明专利；制定行业标准《植物新品种特异性、一致性和稳定性测试指南 柑橘》《农作物优异种质资源评价规范 柑橘》等标准10项。

支撑资源展示、科普、媒体宣传 进行田间资源展示20次，展示柑橘优异资源158份次，接待湖南、江西、广西、云南等20省（区、市）67个县（市）政府部门领导、企事业单位技术骨干、合作社管理人员、种植大户等480余人参加柑橘优异种质鉴评会，为柑橘品种更新换代提供品种支撑，推动了我国柑橘产业的健康持续发展；接待美国、日本、澳大利亚、韩国等国外专家，以及农业农村部、地方政府部门、科研单位等参观访问40批713人次；开展技术培训3 120人次，技术咨询和技术服务46批513人次；接待西南大学等教学实习7批次350人次。在人民网、新浪、搜狐、网易、重庆日报等主流媒体进行了20次的宣传报道。

3.2 典型案例

国家柑橘圃通过柑橘资源的引进收集，从韩国引进沃柑、甘平等柑橘品种，通过嫁接繁种、鉴定评价筛选出综合性状优异的晚熟、优质、高糖低酸、丰产、耐贮的杂柑品种沃柑，并于2012年通过重庆市农作物品种委员会审定。该品种在云南宾川、广西武鸣等地试种，表现出果实美观、品质优良、早果丰产、易栽培管理等优点。在广西武鸣幼树定植第3年，每亩产量可达到3 000kg以上，在2015年每亩产值达到6万~8万元，由于示范效应突出，产生了巨大的社会带动作用，沃柑种苗一时供不应求。从2015年开始在国内推广，截至2021年，该品种在国内推广面积已经达到200万亩，产生经济效益超过200亿元。目前国家柑橘圃推出的升级品种——渝沃无核也已成为我国晚熟柑橘品种结构调整的主打品种，在我国南方柑橘产区进行推广种植，为脱贫攻坚和乡村振兴发挥了重要作用。

4 展望

国家柑橘圃将围绕未来柑橘种业发展的需要，为柑橘育种提供优良的创新种质和育种亲本材料，为基础研究提供丰富多样的资源。未来资源收集的重点是围绕柑橘品质性状提升和抗性改良，开展优良遗传材料和新品种的收集，拓展资源的遗传多样性。在柑橘种质资源安全保存技术方面，将利用 GBS 等技术开展在圃种质的基因型数据采集，通过基因型确定圃内核心种质，加强对核心种质的安全保存。通过对柑橘种质的病毒病和检疫性病害的检测，加强对无病种质的保存，重点对优良柑橘品种和育种亲本材料开展柑橘黄化脉明病、裂皮病、衰退病的脱毒保存。在资源的挖掘利用方面，重点对果实品质性状、功能成分、抗病性、育种中关注的性状进行深入鉴定，建立大群体、多年、全生育期表型鉴定技术体系，开展基因型精准鉴定，将优异种质资源有效应用于育种，为打好种业翻身仗发挥关键作用。

4.1 收集保存

未来国家柑橘圃将加强对野生种质、地方品种和国内外优良柑橘育种亲本材料的收集和保存。尤其是一些重要的国内没有的柑橘种类。对育种中利用度较高的亲本材料，而国内没有的，也需要加强收集，重点收集优良的杂柑、脐橙、血橙和柚类种质。对我国原产野生柑橘的起源地加强野生资源的收集，如云南野生枸橼资源非常丰富，其野生资源分布范围广阔，种群数量多，加强这些资源的收集和保护，有利于研究其起源和演化。

4.2 安全保存技术

未来在柑橘种质资源的保存上，需要利用多种技术手段互相补充，提高柑橘种质资源的安全保存能力，如开发资源的二维码标识，能够在田间快速准确识别种质材料。研究外植体和花粉的超低温保存和离体保存技术、DNA 的保存等多种方式，提高柑橘种质资源的保存效率和保存容量。

4.3 挖掘利用

未来将采用基因组、转录组、蛋白组、代谢组等多组学联合，利用新的技术手段，全面系统地开展柑橘种质资源从表型到基因型的鉴定，并通过 GWAS 等技术挖掘与重要性状相关的基因，这些性状主要集中在资源的独特园艺性状、果实品质性状、功能成分、抗病性、抗逆性等性状上，筛选出具有优异性状基因的种质用于柑橘育种，提高柑橘的育种效率。采用基因编辑、人工智能、全基因组选择等技术进行高效、大规模的种质创新，创新大批有发展前景的材料，提供育种和生产利用。

参考文献

江东，曹立，2011. 晚熟高糖杂柑品种“沃柑”在重庆的引种表现［J］. 中国南方果树，40（5）：33-34.

王小柯，江东，孙珍珠，2017. 宽皮柑橘种质资源的多样性研究及重要农艺性状的全基因组关联分析［J］. 中国农业科学，50（9）：1666-1673.

周开隆，叶荫民，2010. 中国果树志　柑橘卷［M］. 北京：中国林业出版社.

dos Santos A R A，de Souza E H，Souza F V D，et al.，2015. Genetic variation of *Citrus* and related genera with ornamental potential［J］. Euphytica，205：503-520.

Volk G，Samarina L，Kulyan R，et al.，2018. *Citrus* genebank collections：international collaboration opportunities between the US and Russia［J］. Genetic Resources and Crop Evolution，65：433-447. https：//doi. org/10. 1007/s10722-017-0543-z.

Wu G A，Terol J，Ibanez V，et al.，2018. Genomics of the origin and evolution of *Citrus*［J］. Nature，554：311-316.

国家寒地果树圃（公主岭）种质资源安全保存与有效利用

宋宏伟，梁英海，李红莲，王珊珊，赵晨辉，张冰冰

［吉林省农业科学院果树研究所、农业部东北地区（吉林）果树科学观测实验站　公主岭　136100］

摘　要：本文简要地介绍了国家寒地果树圃果树种质资源的保存状况及特点，全面总结了寒地果树种质资源入圃保存技术、资源安全保存及资源有效利用等方面的工作与进展，提出了今后发展的思路及设想。

关键词：寒地果树；种质资源；安全保存；有效利用

寒地果树系指寒冷地区不加以任何人工保护措施，能够在露地正常生长、结果的果树。寒冷地区是我国果树栽培纬度最高、气候最寒冷地区。年平均气温为3.2~7.8℃，7月平均气温21.3~24.5℃，1月平均气温-22.7~-12.5℃，绝对最低温度-45~-30.3℃。无霜期110~150天。此区地处我国北方，约占国土面积的1/8（束怀瑞，2013）。由于这里冬季气候寒冷干燥，其果树资源都具有抗寒特性，称其为寒地果树资源。主要分布于黑龙江省、吉林省、辽宁省北部、河北省张家口坝上地区、内蒙古自治区和宁夏回族自治区的北部、甘肃省的西北部及新疆维吾尔自治区的北疆等（周恩等，1982）。

国家寒地果树种质资源圃（公主岭），简称国家寒地果树圃，位于吉林省公主岭市，始建于1986年，当时收集保存抗寒果树资源8科19属65种570份。截至2021年12月底，国家寒地果树圃已保存13科29属95种1 530份抗寒果树资源，包括苹果、梨、李、杏、山楂，以及穗醋栗、沙棘、树莓、越橘、蓝靛果等小浆果和野生果树资源，是世界上保存抗寒果树资源种类最多的圃地之一。其中78%资源原产于国内，且稀有、珍稀和野生近缘植物资源占15%，地方品种占33%，自育品种及品系占44%。所保存寒地果树种质资源主要的特点是具有较强的抗寒性，乔、灌木树种均可抗-30℃低温，最高可抗-45℃低温（顾模，1956）。

国家寒地果树圃是我国保存抗寒果树种质资源种类最全、数量最多的唯一综合资源圃，相近纬度的国家果树种质山葡萄资源圃和山楂资源圃都是单一树种资源圃。国外专门保存抗寒果树种质资源圃也不多，最著名的是全俄瓦维洛夫植物研究所，设有专业抗寒果树种质资源圃，其抗寒果树种质资源分散地保存在几个实验站，数量约2 000份。

1　寒地果树种质资源安全保存技术

苹果资源采用高接劈接或交合接及开皮技术，配合高干涂白措施，提高了苹果资源

抗腐烂病能力。采用高接劈接或交合接技术，提高嫁接砧/穗成活率，当年即可获得苗木或成型树形；利用开皮技术，保证砧/穗粗细均匀，避免了大小脚现象；运用高位涂白措施，减少冬日日灼，避免苹果腐烂病的侵害，改善苹果资源保存现状。对根蘖发达、易于串根的树莓和沙棘资源，采用限根隔离池栽培，防止资源交叉混淆，限根隔离池长度、宽度和深度分别为：树莓 2.0m、1.0m 和 1.5m，沙棘 4.0m、2.0m 和 1.0m。猕猴桃采用棚架整形栽培模式，根部套 1.0m 长塑料管，防止茎腐病发生。

1.1 资源入库（圃）保存技术与指标

国家寒地果树圃主要保存无性繁殖的寒地果树资源，以田间露地保存为主，严格遵守《农作物种质资源基本描述规范和术语》（刘旭等，2008）和《农作物钟质资源保存技术规程》（卢新雄等，2008）中的农作物种质资源圃保存技术规程内容与工作程序，主要包括种质材料获得、隔离检疫、试种观察、编目与繁殖、入圃保存等，形成种质流程。同时将基本信息与管理信息形成资料档案管理，汇编成册；信息录入计算机，建立种质圃管理数据库。

保存的苹果、梨、李、杏、山里红等乔木树种是以抗寒砧木嫁接后成龄树，砧木分别为山荆子、山梨、山李子、山杏、山楂。这些砧木都是当地的野生资源，具有很强的抗寒性、抗旱性、耐贫瘠等特性，经过长期选择，具有良好的亲合性，提高寒地果树资源的抗寒性与适应性，甚至对抗寒性较弱的材料采用高接的方式增强其抗寒性；秋季采用高位涂白、主干包裹覆盖及根部培土堆等方式，促其安全越冬。保存的穗醋栗、沙棘、树莓、越橘等小浆果，主要以扦插、压条、分株及组培等方式培育的自根树，秋季采用防寒被覆盖或培土防寒等措施，保障安全越冬。保存的野生果树资源主要是通过接穗、根蘖、种子、扦插、分株等繁育保存（宋洪伟等，2012）。

1.2 库（圃）资源监测技术与指标

国家寒地果树圃依据农作物种质资源圃保存技术规程（卢新雄等，2008），对保存的每份种质资源存活株数、植株生长势状况、病害、虫害、土壤状况、自然灾害等进行定期观察监测，根据监测项目及具体内容的变化情况，以便及时进行更新复壮、备份等工作。

监测项目及内容 ①生长状况：根据树体的生长势、产量、成枝力等树相指标，将生长状况分为健壮、一般、衰弱 3 级；对于严重衰弱的植株，要及时在当年进行更新；对于衰弱的植株，要做好更新准备或加强管理，使得树体的生长势得到恢复。②病虫害状况：根据不同树种主要病虫害的发生规律，进行预测预报，确保在病虫害严重发生前得到有效控制；加强病毒病的检测、预防和脱毒工作；制定突发性病虫害预警、预案。③土壤条件状况：对土壤的物理状况、大量元素、微量元素、有机质含量等进行检测，每 3 年检测一次。④遗传变异状况：根据已经调查的植物学、生物学等特征特性，对种质进行性状的稳定性监测，及时发现遗传变异，确保保存种质的纯度。

更新复壮指标 植株数量减少到原保存量的 50%；植株出现显著的衰老症状，如萌芽率降低、芽叶长势减弱、分枝（蘖）量减少、枯枝数量增多、开花结实量下降、年生长期缩短等；植株遭受严重自然灾害或病虫为害后生机难以恢复。

1.3 库（圃）资源繁殖更新技术与指标

国家寒地果树圃依据《作物种质资源整理技术规程》（方嘉禾等，2008）和《作物种质资源繁殖更新技术规程》（王述民等，2014）对苹果、梨、李、杏、山楂、穗醋栗、沙棘、树莓、越橘、蓝靛果等资源繁殖更新工作程序进行实际操作。苹果、梨、李、杏、山楂等资源按照地点选择、砧木准备、原种采集、资源嫁接、苗圃管理、苗木出圃、定植圃地、性状核对、数据整理与工作总结来完成；穗醋栗、沙棘、树莓、越橘、蓝靛果等资源按照地点选择、原种采集、繁殖方法、繁殖过程、苗圃管理、苗木出圃、定植圃地、性状核对、数据整理与工作总结来完成。整个繁殖更新过程应特别注意原种采集、苗木出圃、定植圃地、性状核对4个步骤，保证种质纯正可靠、标签明确清晰、检查检疫无误、定植管理可循、性状核对准确、补救征集及时。苹果资源更新3次，李、杏、穗醋栗、树莓和沙棘等资源更新1次，梨和山楂资源进行部分种质更新。

1.4 库（圃）资源备份技术与指标

国家寒地果树圃尚未开展超低温保存技术研究，未能实现果树资源的备份。只是对一些抗寒性较弱的果树资源，繁殖更新时在保存圃定植3~5株以外，在观察圃保留2~3株作为备份；或保存圃果树资源数量减少到原保存量的50%时，及时在观察圃嫁接5~10株作为备份，以便繁殖更新之需。

2 寒地果树种质资源安全保存

2.1 各作物（物种）保存情况

截至2021年12月底，国家寒地果树圃已保存果树资源1 530份（表1），物种95个；其中国外引进资源353份，物种26个。2001年保种项目启动以后新增保存果树资源775份，物种20个；其中国外引进资源238份，物种8个（表1）。

表1 2021年12月底国家寒地果树圃资源保存情况

作物名称	截至2021年12月保存总数					2001—2021年新增保存数			
	种质份数（份）			物种数（个）		种质份数（份）		物种数（个）	
	总计	其中国外引进	其中野外或生产上已绝种	总计	其中国外引进	总计	其中国外引进	总计	其中国外引进
苹果	507	92	227	12	4	203	49	1	0
梨	249	7	105	4	1	136	1	0	0
李	178	4	86	5	3	138	0	0	0

（续表）

作物名称	截至2021年12月保存总数					2001—2021年新增保存数			
	种质份数（份）			物种数（个）		种质份数（份）		物种数（个）	
	总计	其中国外引进	其中野外或生产上已绝种	总计	其中国外引进	总计	其中国外引进	总计	其中国外引进
杏	80	0	23	3	0	23	0	0	0
山楂	43	1	14	4	1	3	1	0	0
穗醋栗	123	72	41	11	3	68	59	0	0
树莓	58	40	10	8	2	48	38	2	0
沙棘	57	51	8	1	1	39	26	0	0
越橘	35	32		5	2	31	31	2	2
蓝靛果	30	7		4	3	20	7	2	2
草莓	30	20	7	8	2	8	2	5	1
葡萄	20	5		4	2	0	0	0	0
猕猴桃	25	0	15	3	0	0	0	0	0
野生果树	95	22		23	2	58	24	8	3
合计	1 530	353	536	95	26	775	238	20	8

2.2 保存的特色资源

国家寒地果树圃保存特色资源711份，占本圃保存资源的49.72%；其中古老、珍稀、濒危、野生资源310份，占本圃保存资源的21.68%；列入国家重点保护野生植物名录（第一批和第二批）的有9种37份资源（表2）。由于全球气候变化、现代化进程的加快及作物新品种的更新换代，国家寒地果树圃保存野外或生产上已绝种的资源536份（表1）。

表2 国家寒地果树圃保存国家重点保护野生植物名录（第一批和第二批）的资源情况

作物名称	科名	属名	物种名	是否特有	批次	等级	份数
山楂海棠	Rosaceae	*Malus*	*Malus komarovii*	N	二	Ⅱ	3
丽江山荆子	Rosaceae	*Malus*	*Malus rockii*	N	二	Ⅱ	1
新疆野苹果	Rosaceae	*Malus*	*Malus sieversii*	N	二	Ⅱ	3
软枣猕猴桃	Actinidiaceae	*Actinidia*	*Actinidia arguta*	N	二	Ⅱ	23
狗枣猕猴桃	Actinidiaceae	*Actinidia*	*Actinidia kolomikta*	N	二	Ⅱ	1

（续表）

作物名称	科名	属名	物种名	是否特有	批次	等级	份数
葛枣猕猴桃	Actinidiaceae	*Actinidia*	*Actinidia polygama*	N	二	Ⅱ	1
东北茶藨子	Saxifragaceae	*Ribes*	*Ribes manschuricum*	Y	二	Ⅱ	2
蒙古扁桃	Rosaceae	*Amygdalus*	*Amygdalus mongolica*	Y	二	Ⅱ	1
五味子	Magnoliaceae	*Schisandra*	*Schisandra chinensis*	N	二	Ⅱ	2

山楂海棠（*Malus Komarovii*），俗称山苹果，是珍稀濒危的果树资源。原产我国，现仅在长白山地区有少量分布，被列入国家重点保护野生植物名录。1985 年，国家果树种质寒地果树圃（公主岭）通过对长白山地区的果树资源考察，抢救性收集保存了山楂海棠（林凤起，1986）。经过 10 余年的潜心研究，山楂海棠具有极抗寒、极抗腐烂病及树体矮化等特点，是世界上极为珍贵的抗寒、抗病的果树基因源。可抵抗-45℃低温，在苹果腐烂病人工刻伤接种中，表现出极强的抗性（张冰冰等，2006），且植株较纤细，生长缓慢，具有矮生性状。通过对山楂海棠原始生境及周边环境的多年考察及研究，发现在长白山的分布数量急剧减少，目前处于濒临灭绝状态。2004 年，以吉林省农业科学院果树研究所为技术依托，协助吉林省长白县政府建立了“吉林省长白县野生果树（山楂海棠）保护示范点”（杨庆文等，2013），划定核心分布区 2. 1 万 m^2，周围缓冲区 2. 5 万 m^2，使山楂海棠得到有效保护。

3 保存寒地果树种质资源的有效利用

3.1 概述

国家寒地果树圃自建立以来，始终面向科研、教学、生产等单位积极提供实物、信息、技术与成果推广、培训、展示、科普等服务，促进了寒地果树产业的发展，品种更新，栽培水平提升，资源利用率由 2000 年的 5. 56%提高到 2020 年的 14. 63%（图 1）。向全国 148 个用户提供实物共享2 542份次，信息共享服务3 367人次；支撑国家及省部级科研项目 136 项，支撑国家及省级产业技术体系 8 个；完成行业标准 2 个，地方标准 9 个；出版著作 30 部，发表论文 249 篇；获得国家科学技术进步奖 3 项、省部级科学技术进步奖 18 项，2 项省级自然学术成果奖；为全国 22 个育种团队提供亲本资源 86 份，培育果树新品种 53 个以及 15 份特色果树资源的应用面积达 50 万亩，为生产者累计获得经济效益 30 亿元。寒地小苹果、干核李、蓝莓、树莓小浆果在改善生态环境、寒地果树产业升级、促进地方经济发展及种植业供给侧改革中发挥了重要作用。接待参观学习1 624人次，进行了寒地果树资源展示 540 份次以上，并帮助学生完成论文及果农参观学习等科普活动。

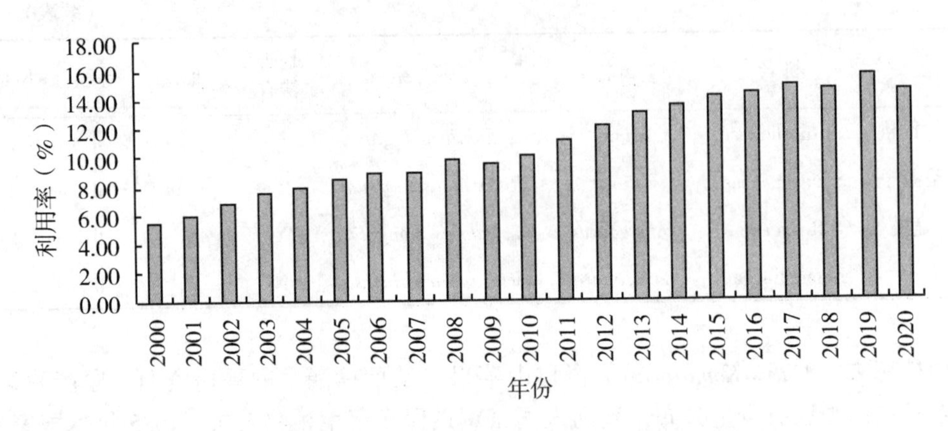

图1　2000—2020年国家寒地果树圃资源利用情况

3.2　典型案例

2018年12月，国家寒地果树圃向中国农业大学农学与生物技术学院提供鸡西2号、吉早红、新冠、新帅、奶果、密山1号、甜苹果、脆果、香冠、黄脆果、秋红、甜苹果、百福高等300份苹果DNA，每份1 000ng，对寒地苹果资源及国外引入品种的自交不亲和基因进行了标记分析，探讨了品种来源与S基因型的联系，为果树合理配置授粉树品种及在自交不亲和性机理研究中合理选择试材等提供了科学依据（龙慎山等，2010）。吉林大学植物与生物技术学院利用国家寒地果树圃提供的10份山荆子和3份海棠等抗寒果树资源进行香气成分的研究，结果表明果实中含有醇类、酯类、醛类、萜类、烃类、醚类、杂环类、羧酸类和酮类化合物，在检测到的92种挥发物中，酯类是最多样的（49种化合物）（Zhang et al.，2017）。在苹果金冠（G）和金红（H）两个品种的一年生枝表皮抗寒转录调控研究上取得了进展，分别鉴定了4 173个和7 734个差异表达基因（DEGs）。利用加权基因关联网络分析（WGCNA），识别出7个共表达模块，它们的基因表达谱提示基因调控通路负责G和/或H的冷却和冻结胁迫（Liang et al.，2020）。

2017年9月14日，国家寒地果树圃及寒地果树子平台在吉林市举办寒地果树优异资源及品种展示会，来自吉林、辽宁、黑龙江等地80余人参加。主要推介金红、龙丰、锦绣海棠、金香水、龙园洋梨等优异资源及品种，推广高冠密植轻简化等果树栽培技术及无公害管理模式，为寒地果树产业的发展提供资源服务和技术支撑。

4　展望

随着国家寒地果树圃二期改扩建工程完成，圃地面积达到202亩，资源保存量可达2 000份以上，建有完善的田间道路、防护围栏、日光温室、灌溉排水、监控设施及配套农机具，且20年不落后，为资源安全保存与有效利用提供了必要条件。

4.1 种质资源安全保存

不断改进与完善寒地果树资源保存、监测、繁殖更新和备份技术及指标，力争寒地果树资源保存、监测和繁殖更新等技术创新。建立寒地果树资源超低温保存技术，力争2030年可以实现寒地果树资源超低温保存的备份。不断提升收集引进寒地果树资源的质量与数量，尤其是野生资源和地方品种，可以解决寒地果树科学研究与产业发展的关键问题，力争2030年保存寒地果树资源总量达到2 000份以上。加强古老、珍稀、濒危、野生资源收集与保护，使其在提高农业综合实力、保障国家食物安全、维持可持续发展、主导科技创新、参与国际竞争等方面发挥更大的作用。

4.2 保存资源有效利用

积极主动向科研、教学、生产等单位提供实物、信息、技术与成果推广、培训、展示、科普等服务，支撑国家及省部级项目的运行、果树新品种的选育、寒地果树产业的发展，以及乡村振兴与科技扶贫的实施、基础研究与科普的开展等。力争2030年寒地果树资源有效利用每年达100份500份次以上，优异资源展示参观人次达300~500人次，培训800~1 000人次；支撑果树产业3~5个，协助选育果树新品种2~3个；接待学生及果农参观学习等科普活动500~800人次。

4.3 挖掘利用

开展寒地果树种质资源的果实大小、产量及抗寒性、花色素苷、类黄酮等性状的精准鉴定，实现寒地果树种质资源的表型精准鉴定；对980份资源进行全基因组扫描分析，构建分子身份证，揭示遗传构成与演化关系；依托作物种质资源大数据平台，完成果树种质资源基因型与精准鉴定数据整合的专用数据库建设工作。

参考文献

方嘉禾，刘旭，卢新雄，等，2008. 农作物种质资源整理技术规程［M］. 北京：中国农业出版社.

顾模，1956. 东北中部果树资源的调查［M］. 北京：科学出版社.

林凤起，1986. 长白山稀有抗寒果树资源——山楂海棠［J］. 吉林农业科学（2）：72-73.

刘旭，曹永生，张宗文，等，2008. 农作物种质资源基本描述规范和术语［M］. 北京：中国农业出版社.

龙慎山，李茂福，韩振海，等，2010. 苹果两个新S-RNase基因克隆与46个品种S基因型的PCR分析［J］. 农业生物技术学报，18（2）：265-271.

卢新雄，陈叔平，刘旭，等，2008. 农作物种质资源保存技术规程［M］. 北京：中国农业出版社.

束怀瑞，2013. 果树产业可持续发展战略研究［M］. 济南：山东科学技术出版社.

宋洪伟，张冰冰，梁英海，等，2012. 我国抗寒果树种质资源的收集与保存现状［J］. 吉林农业科学，37（6）：53-55.

王述民，卢新雄，李立会，2014. 作物种质资源繁殖更新技术规程［M］. 北京：中国农业科学技术出版社.

杨庆文，秦文斌，张万霞，等，2013. 中国农业野生植物原生境保护实践与未来研究方向［J］. 植物遗传资源学报，14（1）：1-7.

张冰冰，刘慧涛，宋洪伟，等，2006. 寒地果树种质资源研究与利用进展［J］. 植物遗传资源学报，7（1）：123-128.

周恩，印永民，代宝合，等，1982. 寒地果树栽培［M］. 上海：上海科技出版社.

Liang Y H，Wang S S，Zhao C H，et al.，2020. Transcriptional regulation of bark freezing tolerance in apple（*Malus domestica* Borkh.）［J］. Horticulture Research，7（8），1-16.

Zhang C Y，Chen X S，Song H W，et al.，2017. Volatile compound profiles of *Malus baccata* and *Malus prunifolia* wild apple fruit［J］. J. Amer. Soc. Hort. Sci.，42（2）：126-134.

国家云南特有果树及砧木圃（昆明）种质资源安全保存与有效利用

李坤明，胡忠荣，梁艳萍，陈　伟，陈　瑶
（云南省农业科学院园艺作物研究所　昆明　650205）

摘　要：果树种质资源的安全保存是资源圃管理的重要任务之一。根据国家云南特有果树及砧木种质资源圃在近30年的资源调查、收集、保存工作中，围绕资源的安全管理工作，对圃内保存资源的种类和特点，种质资源安全管理中所涉及到的资源入圃保存、树体监测、繁殖更新、环境监测、病虫害监测、自然灾害监测等因素进行了介绍。并对种质资源的有效利用进行了回顾，展望了今后种质资源安全保存的发展趋势。

关键词：果树种质资源；安全保存；监测技术与指标；繁殖更新；资源有效利用

果树种质资源与其他作物种质资源一样，是我们人类生存和发展的宝贵财富和战略性资源，是果树种质创新、促进产业健康、持续发展的重要物质基础和保证。同时对国民经济发展和乡村振兴起着重要的作用。云南作为世界公认的“植物王国”，拥有丰富的果树种质资源，据不完全统计，云南约有果树种质资源66科，134属，565个种、变种及变型，品种（系）约1 410个（张文炳等，2007）。分别占全国果树资源81科，228属，1 443个种变种及变型（贾敬贤等，2006）的49.25%、20.33%和39.15%。还有一些野生资源种类有待进一步发掘鉴定。在农业农村部、中国农业科学院作物科学研究所的指导和关心下，国家云南特有果树及砧木种质资源圃（昆明）（以下简称国家云南特有果树及砧木圃）通过多年的工作，截至2021年底，采用活体和离体保存方式，共收集保存猕猴桃、梨、苹果、桃、李、樱桃、柿子、葡萄、柑橘等温带及亚热带的果树种质资源41个果树种类1 436份。涉及22个科、40个属、183个种及变种。这些种质资源大多数以云南野生和地方品种为主。保存野生资源843份、地方品种519份、选育品种74份。圃中所保存的资源具有鲜明的地域性、唯一性和遗传多样性。目前，该种质资源圃已成为果树种质资源保存物种多样、地域特色突出的国家果树种质资源圃，也是展示云南果树种质资源多样性的窗口之一。

1　种质资源安全保存技术

种质资源是品种创新的源泉。种质资源的收集、保存、鉴定评价、创新和利用是育种的基础，只有拥有大量、丰富的种质资源，利用改良创新手段选育出优良的新品种，才能达到创新利用的目的。而种质资源圃是进行种质资源保存的重要方式，是构建新型良种繁育体系的重要环节。

为保证种质资源能健康、正常生长，在资源田间管理方面，我们按照《国家云南特有果树砧木种质资源圃管理细则》的程序，安排了技术工人和长期临时工全年对圃内保存资源进行管理。同时按照资源生长季节，季节性应急增加临时工，冬季对资源进行修剪，清理圃内的枯枝、病虫枝等，深翻土壤；发芽前灌水，促进资源的萌发；在生长期及时中耕、除草、追肥、灌水等。在秋冬季对资源集中施用有机肥，保证资源健康生长。在组织培养离体保存方面，开展了猕猴桃、柑橘、牛筋条、樱桃砧木组织培养离体保存共性技术研究。

1.1 资源入圃保存技术与指标

果树种质资源的保存具有周期长、占地面积大、维护成本高的特点。虽然目前果树种质资源的离体保存技术得到了较快的发展，但离体保存技术对鉴定评价资源的性状方面还有一定的局限性，比如在农艺性状方面就比较明显。因此大多数果树种质资源圃的保存方式仍然采用露地活体植株种植的保存方式为主，离体保存、花粉保存、DNA 保存等作为辅助保存方式。

国家云南特有果树及砧木圃对资源的保存主要采用露天活体种植的保存方式，对部分资源如草莓、葡萄、芭蕉、蓝莓等资源采用了活体保存与离体保存相结合的方式。按农作物种质资源保存技术规程（果树类），通过田间管理、整形修剪、病虫害防治等管理技术措施，保证了资源健康生长。

根据资源圃所在的地理位置和气候条件，保存的资源以温带果树和部分亚热带果树为主。在入圃保存的资源中，突出了以下几个方面的特色：一是省内及周边地区特有并处于濒危或渐濒危的野生资源；二是具有某些优良农艺性状（如品质好、丰产）和特有性状（如抗寒、耐旱、抗病、抗虫等）的资源；三是一些名、特、优、稀具有优良性状的古老地方品种，比如目前已不再生产上大面积应用，分布地域小，日趋减少的地方品种，濒临“灭绝”的石林黄桃（*Amygdalus persica* L.）、四瓣辣子花甜橙［*Citrus sinensis*（L.）OSbeck.］、陆良蜜香梨（*Pyrus pyrifolia* Nakai）、云龙漕涧乌心梨（*P. pashia* Buch. -Ham.）等；四是砧木种质资源及一些可被用来做果树砧木的近缘属资源，例如牛筋条（*Dichotomanthes tristranaecarpa* Kurz.）、榅桲（*Cydonia oblonga* Mill.）、栒子（*Cotoneaster franchetii* Bois.）等。

在保存的资源中，为了突出特色，资源圃还对云南的优势资源进行了较为系统的调查收集保存，如云南拥有的猕猴桃资源全国第一，有 45 个种及变种（方金豹，2019）占全国 54 个种、变种的 83. 3%。苹果属资源位居全国的第 2 位，果梅资源占全国的 80%等，这些优势资源通过国家云南特有果树及砧木圃多年的调查，已经基本掌握了其在云南的分布范围和濒危程度，并逐年进行抢救性收集保存。

云南由于气候条件复杂，许多资源虽然是一个种，但在不同的环境下，会表现出不同的生态类型，对这些同一个种（变种、生态型），在不同的海拔高度及气候条件下所表现出的差异，我们也尽量地进行了收集，以最大限度地保存遗传的多样性。如资源圃中保存的砂梨（*Pyrus pyrifolia* Nakai）资源，就在其枝条颜色、叶片大小、花期先后、果实形状、大小、果皮颜色、果肉石细胞多少、成熟期早晚等方面明显地体现了遗传多样性。

1.2 圃存资源监测技术与指标

隔离圃监测 对调查收集而来的种质资源，不能立即进行入圃的正式保存，应该放在隔离圃中观察一年，对其基本的生物学特性、农艺性状、植物学性状、抗逆性等进行初步观察、记载、对照核实、剔除异名同物的种类（包括计算机查重），确定其符合种质资源保存要求后，才能入圃保存。从国外引进的资源必须经过检疫或脱毒，然后在隔离圃中观察 2 年，再经相关检疫机关观察，证明不带危险性的检疫性病虫草害后，方可入圃保存。

对已确定正式入圃保存的资源应及时编写国家入圃种质资源的名录。其名录的主要内容包括：国家统一编号、圃保存号、种质名称、学名（拉丁文名）、原产地、种质类型、重要农艺性状，利用价值、入圃时间、保存株数等。

环境条件监测 每个物种都有自己最适宜的生长环境，在适宜的环境下，资源的特点和特性才能充分体现出来，才能“适者生存”。而国家云南特有果树及砧木圃中保存的资源绝大多数属于异地保存，资源在离开其原产地后，受环境因素的影响，其适应性会出现变化，甚至不能成活。云南气候类型多样，拥有众多的果树资源，但这些果树资源不是都适合在国家云南特有果树及砧木圃进行保存。该圃地处滇中地区的昆明，年平均温度 14.5℃，年降水量1 035mm，而云南大多数的温带果树适宜的生长温度为年均温 12~15.6℃，因此，国家云南特有果树及砧木圃的环境和气候条件仅适合温带果树和部分亚热带果树的保存，而不适应热带及大部分南亚热带果树资源的保存。如果要对热带和部分南亚热带果树资源进行保存，就要修建大棚、温室等设施来提高保存的温度和湿度，这样就提高了资源保存的成本，同时也达不到安全保存的目的，也不符合安全、高效、实用、节约的要求。这也是国家云南特有果树及砧木圃以保存温带落叶果树和部分亚热带常绿果树资源为主的原因之一。

田间树体生长情况的监测 要使保存的种质资源能健康生长，得到安全的保存，除了适宜的气候条件外，保存期间的管理是关键。资源保存质量的好坏，是通过资源的生长状况来体现的。资源的枝梢生长量、长度、粗度，叶片色泽的深浅，开花量的多少，落花落果现象的轻重、果实的大小和结果量的多少等指标都反映了树体的营养水平和健康状况。枝梢的生长量小、抽发的数量少，证明了植株体内贮藏的养分少，无法提供树体生长发育所需要的营养；如果枝条生长量太大，而结果量少，证明了树体的营养生长与生殖生长不平衡，营养生长大于生殖生长，需要通过技术措施来控制营养生长。以苹果资源为例，在资源圃中，当年的新梢生长长度为 30~40cm，粗度在 0.6cm 以上，叶果比的比例在（25~30）:1 时，证明植株生长正常；而新梢生长量小于 30cm，粗度低于 0.6cm 时，证明植株生长势弱，必须通过加强肥水、整形修剪等技术措施来提升树体营养，保证资源的健康生长。

病虫害监测 国家云南特有果树及砧木圃保存的资源是生长在一个开放的环境中，

在生长的过程中随时受到病虫害的侵袭和危害，严重时造成资源的死亡。因此，病虫害的监测和防治是保证资源能否安全保存的重要环节之一。圃所在地云南省昆明市的气候特点是四季如春，有干湿季之分。旱季从10月开始到翌年的5月结束，雨季从5月底开始，10月初结束。根据当地病虫害的发生情况，在旱季，虫害发生较多，特别是在新梢生长期更是如此；而在雨季，由于温度和湿度较高，病害发生较多。因此我们在进行病虫害监测时，根据其发生规律和种类，做到有的放矢，突出重点。如在早春新梢萌发时，重点监测蚜虫的发生和危害情况，在5月雨季到来前，重点监测食心虫和叶斑病、黑星病等病虫害发生的情况，早春在低温发生后，应重点监测猕猴桃溃疡病的发病情况等。而当病虫危害达到一定程度时就必须进行防治。如当蚜虫的虫口密度达到5头/m^2以上，或叶斑病的病斑达到叶片的5%时，就必须进行防治，以保证资源的正常生长。

自然灾害的监测 露地保存的资源要达到安全保存，除了要有适宜的环境条件、良好的田间管理和病虫害防治外，自然灾害的监测和预防也是重要的环节之一。倒春寒、冻害、冰雹、旱灾、涝灾等自然灾害对资源的安全保存造成了较大的威胁。如冬季的低温冻害，会造成猕猴桃溃疡病的发生，花期的倒春寒，会造成落花落果，影响产量测定；旱季的干旱，会造成果实变小和产生裂果，影响果实性状和品质鉴定；冰雹会造成落果落叶，极大地影响产量和商品性。因此，资源圃安装了自动气象观测站，可随时查看数据，做好自然灾害的监测预报。

圃地处四季如春的昆明，气候条件较好，但干湿季分明，春季干旱少雨。资源在春季的生长期容易受到干旱的威胁，为防止干旱的危害，圃安装了灌溉系统，在旱季能保证灌水3~4次，基本保证了资源在旱季生长时对水的需求。昆明在3月时，偶尔有倒春寒的发生，对刚萌发和开花的资源生长造成影响。为防止倒春寒灾害的影响，国家云南特有果树及砧木圃通过塑料大棚和温室，将一些抗寒性较差的资源保存起来。如遇倒春寒发生，则在倒春寒到来前，采用在圃内燃放烟雾的办法，改变圃内的小气候，提高气温，保证资源能安全渡过倒春寒的危害。

1.3 圃存资源繁殖更新技术与指标

任何种质资源都有自己的生命周期。当保存的时间过长、环境条件不适宜、病虫危害严重时，资源的生长受到影响，树势加快衰老，最终导致死亡。因此，必须对生长不良，受病虫危害严重，通过加强肥水管理、病虫害防治及修剪等措施，也不能恢复树势的衰老资源要进行及时更新、复壮。为保持种质资源原有的遗传特性，更新时主要采用嫁接方式，即用原种生长健壮的枝条来嫁接，待更新的种苗正式入圃定植后，经过核对再淘汰原有植株。对种质的复壮主要是加强管理，采用“开小灶”的方法，为种质的生长提供特殊的生长环境（如采用设施加强土、肥、水管理等），使种质能在最适宜生长的环境下恢复树势，尽最大可能杜绝种质资源的死亡及流失，由于人为、自然或其他因素造成种质丢失的，且无法进行弥补时，必须上报种质资源主管部门进行备案，并详细说明丢失原因。

砧木的选择 为保持资源的原有遗传特性，果树资源的繁殖更新多采用嫁接方式完成。通过砧木与接穗的结合，从而形成新的植株，并且保存了原有物种的遗传信息，达到了繁殖更新的目的。而在繁殖更新的过程中，砧木的选择是繁殖更新的关键，甚至关系到繁殖更新的成败。一个好的砧木，具有亲和力好、适应性广、根系发达等特征。通过多年的筛选，从苹果、梨、枇杷、桃、李、柿、果梅等300多份野生资源中，筛选出了各自的优良砧木资源。这些砧木资源具有亲和力好、适应性广、易于嫁接成活、生长势强、根系发达，能保持原有物种的遗传特征特性等特点。目前已成为国家云南特有果树及砧木圃和生产上普遍应用的砧木资源。如苹果属的西府海棠（*M. micromalus* Makino.）、丽江山荆子（*M. rockii* Rehd.），梨属中的川梨（*P. pashia* Buch. -Ham. ex D. Don），枇杷属中的栎叶枇杷（*Eriobotrya prinoides* Et Wils.），桃属中的毛桃［*A. persica*（L.）Batsch.］，李属的野李（*P. salicina* Lindl.），柿属的君迁子（*D. lotus* Linn.），果梅中珍珠梅（*A. mume* Sieb.），猕猴桃属的中华猕猴桃（*A. chinensis* Planch.），柑橘中的枳［*P. trifoliata*（L.）Raf.］等。

更新的时间和方法 理论上全年均可进行。但以春、秋嫁接为好。春季多使用切接，秋季宜使用芽接。

切接。首先是削接穗，最好选接穗中部的饱满芽用于嫁接，然后在芽上0.5cm左右处将枝条剪断，在芽下0.3~0.5cm处削长削面，深度以见到木质部为宜，削面要求平滑、干净；然后在芽下约2cm处剪断，剪口呈45°~50°斜面。接穗削好后，就要剪砧，剪砧时在砧木苗离地4~6cm处将砧木剪断，选断面平滑的一边，先用刀将剪口处斜削去一小块，再从稍深入木质部的位置向下切成3~4cm深的切口，然后将接穗的削面靠在砧木内侧，使接穗的形成层与砧木的形成层紧密重合，这样容易愈合。如果接穗较砧木细，则将接穗的一边形成层与砧木一边的形成层对齐，绝对不能将接穗放在砧木的中间，而使两边的形成层都未对齐，这样是不能成活的。同样，如果是接穗粗，砧木细，也要使一边的形成层对其紧密相接。同时，当接穗插入砧木时，要使上面的削面露出2~3mm，这样易使砧木和接穗愈合后新生的皮层容易包合，成活率更高。当接穗插入砧木后，就可以用宽1.2cm、厚0.4mm的塑料薄膜条进行包扎了。包扎时要用左手压住接穗，用力均匀，确保接穗和砧木的形成不产生位移，注意包紧，不漏气。

芽接。多在秋季进行。芽接时，选择在砧木离地10~15cm处光滑、干净的地方，用刀向下斜切一宽约0.6~0.8cm，长约3cm，深达木质部的切口，整个切口呈舌状。然后将切口上约2/3的外皮切断，余下的1/3用来夹紧芽片。然后削芽，削芽时选择枝条中部的饱满芽，削取长2~2.5cm，宽约0.6cm带木质部的芽片，芽片呈舌状。将芽片嵌入砧木的切口处，对齐形成层，用砧木切口处留下的1/3树皮夹紧芽片，然后用1.2cm宽、0.4mm厚的塑料带从下到上进行包扎。包扎时要用左手压住接芽，用力均匀，确保接芽和砧木的形成不产生位移，扎紧，不漏气，同时要将芽上的叶柄露出来，以便检查成活率。

需要注意的是猕猴桃的更新如果在冬季进行，时间一定要掌握在开春前植株的伤流之前，如果在伤流后再更新，会影响成活率和植株的长势。

更新后的管理 主要包括检查成活和补接、除萌、肥水管理和病虫害防治、解绑等。

检查嫁接是否成活可在嫁接后 15 天以后进行。嫁接是否成活，首先是看接穗或芽片是否饱满、新鲜、保持原来的色泽，如果具有这些特征，证明已嫁接成活。反之则证明未成活。对于未嫁接成活的苗木要进行补接。除萌芽工作则是在发现砧木上有萌芽发生时要及时抹除，防止与接穗争肥争水，影响接穗的生长。

更新后的肥水管理从嫁接后 40 天就可以进行了，采用薄肥勤施的方式，每 20~30 天施肥 1 次，以促进苗木快速健康生长。施肥可结合灌水进行，雨季到来后则可停止灌水。施肥的种类以人粪尿最好，化肥则以水溶性的复合肥为好，施肥浓度为人粪尿 10%左右，化肥 1%~2%。

病虫害防治主要以预防为主，可在生长期每隔 1 个月喷施 0.5~1°Bé 的石硫合剂或 0.2%~0.3%的波尔多液，对病虫害进行预防。如有病虫害发生，在发病或危害初期，根据病虫害的种类，使用相应的药剂对其进行防治。

对嫁接口的解绑时间一般是在秋季或苗木出圃时。如解绑时间过早，嫁接口的愈合不好，遇大风、机械和人为干扰，苗木容易从嫁接口处断裂；如解绑过晚，则影响苗木的增粗生长。解除嫁接口捆绑的塑料薄膜时，用锋利的小刀纵向将包裹的塑料薄膜划断即可。

1.4 圃存资源备份技术与指标

备份保存是资源安全保存的重要措施之一。通过备份保存，一是可以有效防止资源的丢失，避免对同一份资源的再次收集，节约收集的成本；二是通过备份，可以将资源进行分散保存，对其性状进行多点观察鉴定，充分了解资源的遗传特性，为育种工作者提供更准确的资源材料。国家云南特有果树及砧木圃在资源的备份保存上采用了以下几方面的技术指标：

保存足够的数量 对入圃的每 1 份种质资源都要求要保证一定数量的株数。一般对珍稀濒危的种类保存 5 株左右，其余的 2~3 株，草本类的保存 10 丛左右，以保证同一份资源的遗传特性能得到尽可能的保存。通过这种方法，可以预防保存的资源不会出现死亡或减少的现象。

露地保存和离体保存相结合 对一些能通过组培技术进行繁殖保存的种质资源采用了露地和离体保存相结合的方式，露地和离体保存互为补充，当露地保存资源出现死亡或需要繁殖更新时，可以用离体保存的资源作为补充或繁殖更新的材料。反之如离体保存资源需要繁殖更新时，也可以用露地保存的资源作为替代材料。目前已对猕猴桃、草莓、芭蕉、蓝莓、葡萄、樱桃、牛筋条等种质资源进行了离体培养保存，并在保存技术上进行了研究探索。其中获得了 2018 年国家发明专利（专利名称：一种蓝莓组培方法。专利号：ZL 201610908893.9）和 2019 年国家发明专利（专利名称：一种白牛筋木的组培增殖方法。专利号：ZL 201710241937.1）。

注重资源的原生境信息保留 资源的原生境一般是资源的最适宜生长区，当资源离开其原生境迁移到资源圃内后，由于生态和气候环境出现了变化，有可能出现生长缓慢、甚至死亡等现象。要补充这些资源，就需要再到原产地收集。因此，收集原产地的信息就比较重要了。原产地的资源也可以理解成备份资源了。原产地的信息主要包括：

省、地、县、乡、村、资源的名称、资源的类型、经纬度、海拔高度、地形、地貌、植被类型、伴生物种等。

采用分圃方式备份　一些种质资源具有较广的适应性，这部分资源可以通过资源圃间的相互协作，通过分发形式，保存到其他资源圃中，当某份资源出现死亡或需要繁殖更新时，就可以从其他资源圃中获得该份资源的繁殖材料用于繁殖更新，从而达到了种质资源的安全保存。目前国家云南特有果树及砧木圃通过这种方式，将猕猴桃属、苹果属、梨属、李属、樱桃属、山楂属、柑橘属、枇杷属、桃属中的部分资源分发到其他果树圃（辽宁熊岳李杏圃，辽宁兴城苹果、梨圃，辽宁沈阳山楂圃，福建枇杷圃，武汉猕猴桃资源圃）中进行了备份保存。

2　种质资源安全保存

2.1　各作物（物种）保存情况

在农业农村部和中国农业科学院作物科学研究所的指导和关心下，通过近 30 年的努力，国家云南特有果树及砧木圃保存的果树种类和数量得到了明显提升，到 2021 年底，保存的果树资源从 2001 年的 418 份上升到了 1 436份，新增 1 018份，增加率 243.5%，所保存的种从 2001 年的 42 个上升到 183 个，新增 141 个，增加率 435.7%。其中悬钩子属、草莓属、杨梅属、无花果属、芭蕉属、栒子属、火棘属、枳椇属、四照花属、西番莲属、越橘属、买麻藤属、香榧、五味子、杜英等均是在 2001 年以后调查收集入圃的，这些资源一是丰富了资源圃的保存数量和物种，二是反映了云南果树资源的多样性，展示了物种之间和遗传性状的多样性（表 1）。

表 1　国家云南特有果树及砧木圃资源保存情况

作物名称	截至 2021 年 12 月保存总数					2001—2021 年新增保存数			
	种质份数（份）			物种数（个）		种质份数（份）		物种数（个）	
	总计	其中国外引进	其中野外或生产上已绝种	总计	其中国外引进	总计	其中国外引进	总计	其中国外引进
特有果树及砧木	1 436	50	13	183	10	1 018	32	141	8

2.2　保存的特色资源

云南得天独厚的自然环境和复杂多变的气候条件，使云南成为了“植物王国”。国家云南特有果树及砧木圃在近 30 年的调查收集中，结合云南的实际，突出区域性，已形成了自己的特色。特别是在特色、特异资源的保存上，明显体现了云南果树资源物种多样和特异珍稀资源多的特点。到 2021 年底，国家云南特有果树及砧木圃共保存了云南珍稀和特有的果树资源如猕猴桃、苹果、柑橘、枇杷、香榧等 7 个科、14 个属、94 个种的 469 份资源。分别占圃保存资源科、属、种及份数的 31.81%、35%、51.37%和

32.66%。其中，野生资源 327 份，占特色资源的 69.73%，地方品种 142 份，占 30.22%；古老、珍稀、濒危资源如沧江海棠（*M. ombrophila* Hand.-Mazz.）、云南海棠［*M. yunnanensis*（Franch.）Schneid.］、木瓜苹果（*Malus pumila* Mill.）、富宁林檎（*Malus funingensis* Liu Yuan et Zhang）、滇梨（*P. pseudopashia* Yü）、太平梨［*P. pyrifolia*（Burm. f.）Nakai］、红梨系列（*P. pyrifolia*（Burm. f.）Nakai）、昭通猕猴桃（*Actinidia rubus* H. Léveillé）、富民枳（*P. polyandra* S. Q. Ding et al.）、红河大翼橙（*Citrus hongheensis* Y. L. D. L.）、云南香橼（*Citrus medica* var. *yunnanensis* S. Q. Ding）、小果宜昌橙（*Citrus ichangensis Swingle* var. *microcarpus* B. L. D. Z.）、麻栗坡枇杷（*E. malipoensis* Kuan）、窄叶南亚枇杷［*E. bengalensis* f. *angustifolia*（Cardot）J. E. Vidat］、阿西蕉（*Musa rubra* Wall. ex Kurz）等 173 份，占特有资源保存量的 36.88%。

随着社会和经济的快速发展，气候生态的急剧变化、人类活动和城市化进程的加快，造成了许多种质资源的加快消亡，而生产集约化和品种的单一化，也使许多古老地方品种逐渐消失，物种的消亡导致了一些有价值的基因不复存在，这对资源的创新是十分不利的。由于受气候变化和人类活动影响，一些果树资源的消亡呈逐年加快的趋势，如以前在野外还能发现的扇叶猕猴桃（*Actinidia umbelloides* C. F. Liang var. *flabellifolia* C. F. Liang）、云南香橼（*Citrus medica* var. *yunnanensis* S. Q. Ding）、富民枳（*P. polyandra* S. Q. Ding et al.）等，现在野外已很难找到了。而品种的更新换代更使一些古老的地方品种会在几年内就不复存在，退出了历史舞台。如原来在云南昆明呈贡和晋宁栽培的青丝桃［*A. persica*（L.）Batsch］、火炼金丹桃［*A. persica*（L.）Batsch］，昭通市昭阳区和永善栽培的四瓣辣子花甜橙［*Citrus sinensis*（L.）Osbeck］，在生产上已经难觅踪影，接近绝种了。因此，应该及时开展一些珍稀、古老地方品种的抢救性调查收集工作，使这部分资源及携带的优良基因不至于消失。

在多年的工作中，针对珍稀濒危的种质资源，开展了及时的抢救收集工作。如云南香橼的抢救收集。云南香橼（*Citrus medica* var. *yunnanensis* S. Q. Ding）是芸香科柑橘属中香橼的变种，在 20 世纪 80 年代初被发现并命名，其形态特征介于香橼与佛手之间。对生态环境有较为苛刻的要求，因此仅在大理州的宾川县有少量分布，属于珍稀的小物种种群。随着气候的变化和人类活动的加剧，云南香橼的生长环境受到了极大的破坏，种群数量急剧减少，面临灭绝的危险。针对这一现状，2015 年，我们与宾川县农业部门一道，开展了云南香橼的抢救收集工作。经过走访农户，调查访问，在原产地找到 2 株丛生的云南香橼，并在原生地对其进行了初步的记载评价，将枝条和果实采集下来，带回圃内进行繁殖保存。目前已保存成功，避免了该物种的灭绝。又如富民枳（*P. polyandra* S. Q. Ding et al.）的收集保存。富民枳是 20 世纪 70 年代末云南省农业科学园艺作物研究所丁素琴、张显努等人发现命名的芸香科枳属的一个新种，它的发现，使枳属这一单一种属的物种增加到 2 个。对枳属物种的起源、分类地位研究等具有重大作用。但富民枳的分布十分狭窄，仅在昆明市富民县老青山海拔 2 400~2 600m 地区存在，数量十分稀少。对这份珍稀资源，我们从 20 世纪 90 年代，直接到原产地进行调查收集。成功将其保存在国家云南特有果树及砧木圃内。由于受人为活动的影响，目前，富民枳这个物种已经在野外灭绝，只有在国家云南特有果树及砧木圃、中国科学院昆明植物园和昆明世博园内有少量种植保存，现目前能每年结果的只有昆明世博园内的3株大树和昆明植物园迁地保护的11株，而昆明世博园内所保存的3株富民枳也是由国家云南特有果树及砧木圃陈伟、李坤明1998年参与“99昆明世界园艺博览园”蔬菜瓜果园建设时，从富民县茶桑果站种质圃内移栽大树到“99昆明世界园艺博览园”种植的。

3 保存资源的有效利用

3.1 概述

资源保存的最终目的是有效利用。

在育种方面，针对果树生产特点和气候条件，国家云南特有果树及砧木圃与中国农业科学院郑州果树研究所、中国科学院武汉植物园、西南大学、云南农业大学等相关单位合作，开展了红色梨、猕猴桃、柑橘、桃等方面的新品种选育工作，通过多年努力，在红色梨新品种选育、柑橘种质资源利用、桃新品种选育等方面均取得了一定的成果。

国家云南特有果树及砧木圃的资源保存类型是以野生种质和地方品种为主，因此，圃内也保存有部分优异的地方品种资源及砧木资源。这些资源在当地经过了长期的驯化，具有较强的抗逆能力和生态适应性，适合云南气候和环境条件。为支持产业发展，国家云南特有果树及砧木圃经过鉴定评价，挑选其中的优良株系进行了繁殖，然后积极主动地向生产进行推广应用，使这部分优异资源在生产上发挥了应有的作用，支持了产业的发展，改善了品种结构，提高了产量和品质。如红色梨（*Pyrus pyrifolia* Nakai）系列资源、宾川蜂糖梨（*Pyrus pyrifolia* Nakai）、半边红李（*P. salicina* Lindl.）等地方品种的推广示范；川梨（*Pyrus pashia* Buch. - Ham. ex D. Don）、炒豆梅（*A. mume* Sieb.）等砧木资源的推广等。同时根据云南水果种植的特点，将圃内保存的优异资源，根据当地的气候条件，积极向农户推荐适宜当地栽培的优良资源，开展技术培训，改变农户种植习惯，提高种植水平，增加产量、改善质量，增加收入，为乡村振兴和扶贫攻坚做出了应有的贡献。

在基础研究和科研项目方面，国家云南特有果树及砧木圃开展了资源的遗传多样性、分子标记、优异砧木资源的利用等研究。国家云南特有果树及砧木圃的资源还支撑了国家科技部重大基础专项“云南及周边地区农业生物资源调查”“贵州农业生物资源调查”，农业农村部的公益性行业专项“杏和李产业技术研究与试验示范”，农业部行业标准《猕猴桃种质资源描述符》制定等项目。

3.2 典型案例

红色梨和枇杷种质资源的创新 云南具有丰富的红色梨资源，国家云南特有果树及砧木圃鉴定筛选出不少优良品种用于科研和生产。最为典型的就是20世纪80年代末云南特有果树及砧木资源圃张文炳、舒群等就对云南红皮梨资源进行了调查收集，通过对调查收集到的29个红皮梨资源鉴定评价，又经过试验和生产实践，品评出5个品质较好的品种，而且还从云南省砚山县红梨地方品种中筛选出了适合滇东南地区栽培种植的云红梨1号；从1992年开始，国家云南特有果树及砧木圃与中国农业科学院郑州果树研究所的王宇霖合作，开展了红色梨新品种的选育工作。由国家云南特有果树及砧木圃提供红色梨的花粉，王宇霖新花粉带到新西兰进行杂交试验，获得红色梨的单系，然后将其单系的枝条带回国内进行嫁接繁殖，进行品种比较试验和区试。到21世纪初，选育出了一批适合在我国种植的红色梨新品种，如满天红、红梨32号、红梨35号等。云南省农业科学院园艺作物研究所舒群把这些红梨新品种引入云南种植推广后成为许多地方脱贫致富的主要产业，造就了一批像'安宁红梨''泸西高原红梨'等地方品牌和红梨之乡。这些新品种均具有果皮红色、果形美观漂亮、商品性好、品质优良、丰产性强等特点，在市场上受到了消费者的欢迎。目前，红梨已成为我国梨品种的一个系列。云南的安宁市、祥云县、泸西、巍山县、漾濞县等将红梨作为了当地农业产业发展的主导产业之一，在乡村振兴中发挥出了重大的作用。在21世纪初，国家云南特有果树及砧木圃提供资源，与福建省农业科学院果树研究所合作，开展枇杷育种和栽培关键技术等方面的研究，也取得了较大的成果。《枇杷系列品种选育与区域化栽培关键技术研究应用》项目获得了2010年度的国家科学技术进步奖二等奖。

优良资源促进产业发展 资源圃鉴定评价出的优异资源，一些可直接利用于生产，一些提供给育种者培育新品种。例如，云南拥有丰富的地方梨品种资源，但大多数品种存在着果实品质差、产量低、经济效益不高的现象。麦地湾梨（*Pyrus pyrifolia* Nakai）原产在云龙县的麦地湾村。国家云南特有果树及砧木圃20世纪90年代在云龙县进行果树资源调查时，在麦地湾村采集到样本，当时就认为有极好的发展前景。并对该品种进行了单株选优，繁殖后从2001年起在云龙县进行示范推广，该品种性状稳定、产量高、品质好、抗黑斑病的能力强，成熟期在11月中旬，可以填补当地水果市场的淡季，市场的价格高，价格是当地原有品种的2~3倍，并且供不应求。该品种得到了当地种植户的认可，种植规模迅速扩大。目前麦地湾梨已成为了云龙县梨的主栽品种，发展面积达到了30 000多亩，年产值超过7 220万元，成为当地农村的主要产业之一。还有云南绥江县的绥江半边红李，就是绥江县农业农村局农业技术推广站与云南省农业科学院园艺作物研究所合作，通过优株筛选培育多年后，选育出的云南地方李良种，2020年绥江半边红李种植面积达10万亩，投产6.65万亩，实现产量5.32万t，实现产值2.76亿元；另外，还有维生素C含量较高的师宗野生大果美味猕猴桃资源——师宗1号美味猕猴桃1号优良无性系（维生素C含量为300~350mg/100g）也是云南省农业科学院园艺作物研究所与师宗县邓猴高原特色生物科技有限公司通过不断的选择和培育，人工驯化成的栽培类型，2019年12月该优良无性系获得云南省林木品种审定委员会颁发的林木良种证，2019年在师宗县龙庆乡朝阳村拖乐小组种植的30亩丰产园，平均产量为每亩3 200kg，每亩毛收入为64 000元。这些筛选出的优良资源对教学、科研有较大的参考价值，面向生产推广，对丰富当地水果市场的果品种类，缓解果品淡季市场的供需矛盾，调整当地的农村产业结构，促进水果品种的更新换代，增加农民收入，加快乡村振兴步伐，促进云南省的水果生产发展均有一定的积极作用。

资源的遗传多样性分析 云南的果树资源不仅物种丰富，种内的遗传多样性也十分明显。云南丰富的砂梨资源，国家云南特有果树及砧木圃采用分子标记方法，开展了云南砂梨资源的微卫星分析研究，采用SSR技术，运用27对引物，对云南的42个砂梨资源进行了分析研究。通过PCR扩增，将42个样本区分为5个群，各个群之间在遗传性状上存在着较大的差别。同时也发现，同一品种在不同地点采的样，通过PCR扩增后，也有一定的差异。这些结果，一方面强有力地证明了云南的砂梨资源由于受海拔高度、气候条件和生态环境的影响，在种内存在着丰富的遗传多样性；另一方面也说明了利用SSR技术进行品种内的分析，其灵敏度也是比较高的。另外，我们还从形态特征、生物学特性、品质特性等方面对美味猕猴桃进行了遗传多样性的分析评价。结果证明，美味猕猴桃在叶片形状、花的颜色、果实形状、大小、单果重、果肉颜色、果实维生素C含量等方面具有丰富的多样性。这些研究结果也为猕猴桃的优良品种选育和种质创新奠定了基础。

4 展望

4.1 收集保存

云南地处中国西南边陲，低纬度高海拔，地势西北高、东南低，境内高山耸立，河流纵横，地形地貌复杂，形成了四季不分明而干湿季明显的独特高原季风气候。特殊的地理位置、复杂多样的自然条件及优越的生态环境，非常有利于植物的生长和多样性的保存，因此，云南是多种果树的起源中心和多样性保存中心。云南丰富多样的果树资源早为国内外所关注，然而随着社会和经济的快速发展，气候、生态的急剧变化，人类活动加剧，生产集约化和品种的单一化，使许多古老地方品种逐渐消失，物种的消亡导致了一些有价值的基因不复存在，这对资源的创新利用是十分不利的。应及时开展一些特有、特异、珍稀、古老地方品种的抢救性调查收集工作，使这部分资源及携带的优良基因不至于消失。基于以上原因，有必要进行其生存及消涨状况调查，以期提出相应的保护对策，对特有、特异、珍稀资源收集入圃保存，防止其种群减少或灭绝（刘旭等，2018）。根据国家云南特有果树及砧木圃所在的地理位置和气候条件，以气候相适为前提，所以收集保存温带果树和部分亚热带果树资源为主。同时突出以下几个方面的特色：一是云南及周边地区特有的野生资源；二是某些具有优良农艺性状（品质好、丰产）和特有性状（抗寒、耐旱、抗病、抗虫）的资源；三是一些名、特、优、稀的目前生产上应用少、分布地域小、濒危的地方古老品种；四是砧木种质资源及一些虽有缺陷但可被用来做近缘属果树砧木的资源。

4.2 安全保存技术

目前我国的果树种质资源圃，基本上都是采用的活体露地保存方式，这种保存方式除了占地面积大，管理成本高以外，保存的安全性也令人担忧。如果遭遇自然灾害、病虫危害、人为干预（如城市建设用地）等因素，不可避免地会使资源受到伤害，甚至造成流失和死亡等。目前，国家已充分认识到资源安全保存的重要性，启动了资源圃的整体安全保存技术体系建设。希望国家对资源圃进行提升改造。如在设施建设上，不仅加强资源圃周边的防护设施、圃内的道路、排灌设施建设，更在安全保存的体系方面提出了建设多维的、完整的、互为备份的安全保存设施体系，资源圃除了露地活体保存外，还要建立离体保存、超低温保存库，建立起互为备份的保存体系，进一步完善我国整体安全保存技术体系。随着资源保存设施和安全保存体系的完善，资源的安全保存必将得到大幅度的加强，使资源真正能得到长久安全的保存（卢新雄等，2019）。

4.3 挖掘利用

我国是多种果树最重要的起源中心和多样性中心（贾敬贤等，2006）。虽然我国果树资源十分丰富，但在发展中仍然存在着不少问题。许多新发展的果树品种大多为外引品种。外引品种虽然具有投产早、品质优良、市场价格高、经济效益好等优势，但其抗性较差，如果一旦病虫害爆发，防治起来就十分困难。从地方品种或野生大果、美味果树资源中发掘优异资源，可以丰富区域果树种植品种，减少大量引种，从而减少外来检疫性病虫害的引入。从地方品种或野生果树资源中发掘筛选出的特色水果，是经过其在此区域多点多年气候环境的自然检验，所以更能适应本土的气候和土壤条件，真正体现了适地适树的原则，在生产中推广的技术和经济的可行性比外引品种更可靠可行。

参考文献

方金豹，2019. 新中国果树科学研究 70 年——猕猴桃［J］. 果树学报，36（10）：1352-1359.

贾敬贤 . 贾定贤，任庆棉，2006. 果树卷 . 中国作物及其野生近缘植物［M］. 北京：中国农业出版社.

刘旭，李立会，黎裕，等，2018. 作物种质资源研究回顾与发展趋势［J］. 农学学报，8（1）：1-6.

卢新雄，辛霞，尹广鹍，等，2019. 中国作物种质资源安全保存理论与实践［M］. 植物遗传资源学报，20（1）：1-10.

张文炳，张俊如，2007. 果树卷，云南作物种质资源［M］. 昆明：云南科技出版社.

国家砂梨圃（武汉）种质资源安全保存与有效利用

胡红菊，陈启亮，范　净，杨晓平，张靖国，杜　威
（湖北省农业科学院果树茶叶研究所　武汉　430064）

摘　要：砂梨（*Pyrus pyrifolia* Nakai）是蔷薇科梨属多年生落叶果树，原产于中国。我国砂梨种质资源极为丰富，为梨育种和产业发展提供了重要的物质保障。本文简要介绍了国内外砂梨资源收集保存现状，总结和回顾20年来国家砂梨圃在资源安全保存技术、资源安全保存、资源有效利用等方面的研究进展，并对今后资源的研究方向进行展望。

关键词：砂梨资源；安全保存；有效利用

砂梨原产于我国中部、南部和西部各省，种质资源极其丰富，具有耐热、抗旱、高抗火疫病等优异性状，是世界上梨属植物5个栽培种（砂梨、白梨、秋子梨、西洋梨和新疆梨）之一，主要栽培于中国、日本和朝鲜半岛。国家砂梨种质资源圃（武汉）（以下简称国家砂梨圃）位于湖北省武汉市，于1986年在原农业部与湖北省农业科学院共同投资下建成，其功能定位是收集保存砂梨及其近缘野生种。截至2021年12月，已保存来自中国26个省份及日本、韩国、美国、意大利的以砂梨为主的梨种质资源1 280份，包括砂梨（*Pyrus pyrifolia* Nakai）、白梨（*P. bretschneideri* Rehd.）、秋子梨（*P. ussuriensis* Maxim.）、西洋梨（*P. communis* L.）、杜梨（*P. betuleafolia* Bge.）、豆梨（*P. calleryana* Decne）、麻梨（*P. serrulata* Rehd.）、新疆梨（*P. sinkiangensis* Yü）8个种及其杂种（*P. hybrid*），起源于中国的有砂梨、白梨、秋子梨、杜梨、豆梨、麻梨等物种，其中砂梨及其杂种1 124份，是目前世界上最大的砂梨基因库。

我国十分注重梨种质资源的保护与挖掘利用，截至2018年底，位于辽宁兴城的国家梨苹果圃（以白梨、秋子梨、西洋梨、杜梨为主）、湖北武昌的国家砂梨圃（以砂梨为主）、吉林公主岭的国家寒地果树圃（以抗寒梨品种为主）、新疆轮台的国家新疆特有果树圃（以新疆特有梨品种及砧木为主）、云南昆明的国家云南特有果树及砧木圃（以云南特有梨品种及砧木为主）等5个国家级果树圃，共收集保存梨种质资源2 800余份（含复份保存），包含了野生类型、半栽培类型、地方品种、选育品种、遗传材料及国外引进品种（曹玉芬和张绍铃，2020）。美国农业部国家植物种质资源系统（National Plant Germplasm System）位于俄勒冈州的国家无性种质资源圃保存的梨属种类最多，共收集了来自52个国家32个纯种和杂种的2 378份资源，其中来自亚洲的有570余份（Zurn et al.，2020）。英国的肯特国家果树品种试验站收集保存600多份梨种质。日本国家农业生物资源基因库保存了380多份梨资源，主要是原产日本的地方品

种、野生类型和来自中国及韩国的栽培品种（张绍铃，2013）

1 种质资源安全保存技术

砂梨属于多年生无性繁殖木本果树，由于梨属植物的高度自交不亲和性，种子表现为高度杂合，因此砂梨种质资源保存主要以无性系嫁接植株活体田间保存为主，繁殖更新方式为无性系嫁接繁殖。为节省土地资源，提高土地利用率，国家砂梨圃建立了一套梨种质资源高密度保存技术体系。为确保资源的安全保存，制定了资源入圃保存、监测、繁殖更新、备份等系列技术与指标。

1.1 资源入圃保存技术与指标

资源入圃保存技术 国家砂梨圃入圃资源主要采用无性系嫁接植株田间保存方式。随着资源保存数量的逐年增加，资源圃土地紧张的矛盾日益凸显，对此建立了一套梨种质资源高密度保存技术体系。以树形结构为切入点，研究创制了一套树冠紧凑、结构简单、种植密度高、便于机械化管理等特点的圆柱形种植模式，种植密度由3m×4m提高到1.5m×4m，每亩资源保存量由原来的19份提高到37份。日本也建立了一套梨种质资源高密度保存技术，即将梨种质资源表型性状全部鉴定完成后，将资源高密度集中种植在一起，每年重短截（剪去一年生枝全长的2/3～3/4）重新发新梢，控制梨树生长。本团队创制的高密度保存技术体系与日本不同的是不受资源是否完成表型鉴定的局限性，所有资源包括新收集入圃需要进行鉴定评价的资源都可以采用此技术。

资源保存指标 国家砂梨圃每份资源保存2～3株，株行距（1.5～3）m×4m。野生种每份资源保存2株，其他均保存3株。针对南方地区降水量大、地下水位高等特点，选用抗性较强的豆梨做砧木。豆梨具有抗腐烂病、耐涝、较耐盐碱、根系发达、与砂梨嫁接亲和力强等优异性状，有利于砂梨资源的安全保存。

1.2 圃资源监测技术与指标

资源生长状况监测 国家砂梨圃每年定人定点定期观测每份种质资源的生长情况，将梨树的生长状况分为健壮、一般、衰弱3级，对衰弱的植株，及时登记并按繁殖更新程序进行苗木扩繁和重新定植；利用生理生态监测系统适时监测资源的果实发育、叶片温度、茎杆变化等，及时了解资源的生长发育动态情况；利用远程视频监控系统对全园梨树生长进行24h监测，及时发现突发状况、自然灾害等造成的树体损毁等异常情况，便于及时采取补救措施，避免资源丢失。

资源圃病虫害监测 采用病虫测报及预警系统对圃主要病虫害进行系统监测，利用孢子捕捉仪对梨黑斑病、轮纹病、炭疽病等病原孢子进行监测，虫情测报灯对梨小食心虫、梨木虱、桃蛀螟等害虫进行监测，制定各病害和虫害的防控指标，当病原孢子和害虫数量达到预警指标时，开始病虫害的化学药剂防控，确保圃内病虫害严重发生前得到有效控制；制定突发性病虫害发生的预警、预案。

土壤和气候等环境状况监测 建立气象工作监测站，对资源圃土壤温度、土壤湿度、空气温度、空气湿度、风速、风向、降水量等环境状况进行实时监测，制定梨树生长发育环境需求指标，当梨树生长环境发生异常变化时及时采取措施确保梨树正常生长所需的环境要求。

资源种植管理技术 制定了规范的年度资源管理工作历，即每年割草 4 次（4—7 月每月割草 1 次）；施肥 2 次（9 月施基肥 1 次、5 月施追肥 1 次）；病虫害防控按照胡红菊等制定的湖北省地方标准《DB42/T 1398—2018 砂梨主要害虫绿色综合防治技术规程》执行；全园耕翻 2 次（秋季和春季各 1 次），枝梢管理 2 次（冬季修剪 1 次、夏季抹梢 1 次）。

圃资源监测指标 7 天内使用涂有凡士林的载玻片上每平方厘米捕捉到梨黑斑病孢子数量大于 5 个，或梨锈病孢子数量大于 5 个，或炭疽病孢子数量大于 8 个，应及时使用杀菌剂防治。7 天内使用 25cm×40cm 规格的黄板上诱捕梨小食心虫的数量大于 10 头，或梨木虱成虫数量大于 5 头，应及时使用杀虫剂防治。土壤湿度低于 45%应灌水。叶片温度高于 35℃应降温。风速高于 20. 7m/s 应及时采取措施防止梨树吹断。日降水量大于 50mm 应及时排涝。

种植管理技术指标 行间草长至 30~40cm 时，用打草机进行刈割覆盖于树盘上；基肥施用量每株施商品有机肥 10kg 加复合肥 0. 5~1kg，壮果肥每株施复合肥 1~1. 5kg；春季和秋季耕翻深度 20~30cm。

1.3 圃资源繁殖更新技术与指标

繁殖更新技术 采用无性系嫁接扩繁技术对圃资源进行繁殖更新。每年 1 月播种豆梨作为嫁接砧木培养至 9 月，采用单芽贴接的方法，在亟须更新资源的一年生枝条上选取饱满芽嫁接在砧木上。育苗地要求土壤肥沃、透气性强。每份种质嫁接繁殖 10 株，按嫁接苗对土肥水要求管理至翌年 1—2 月，将扩繁的嫁接苗定植在田间保存，每份资源保存 6 株，其中永久株 3 株，预备株 3 株。苗木质量要求为当年生一级芽苗：嫁接部位砧木粗度 0. 8cm 以上，主根长度达到 15~20cm、侧根数量 2 条以上，侧根粗度 0. 4cm，种质纯度 100%，无检疫性病虫害，植株健壮。繁殖更新后对每份种质的植物学特征和生物学特性与原种质进行核对 2~6 年，及时更正错误。

更新复壮指标 ①资源保存数量减少到原保存数量的 60%；②梨树出现显著的衰老症状，如枝干轮纹病达到 4 级以上（包括 4 级），发育枝数量减少 50%等；③梨树遭受严重自然灾害或病虫危害后难以自生恢复；④其他原因引起的梨树植株生长不正常。

1.4 圃资源备份技术与指标

圃资源备份技术 国家砂梨圃保存的部分重要资源在国家梨苹果种质资源圃（兴城）中有复份保存，约 120 份，占资源保存总数的 9. 84%。对近 5 年新入圃未鉴定的资源 332 份进行了田间备份保存，每份资源保存 6 株，即永久株 3 株，预备株 3 株，约占资源保存总数的 27. 67%。采用无性系嫁接苗高密度田间保存技术。

备份资源指标 ①新入圃未鉴定的资源；②适应性较差的资源；③珍稀濒危资源；④重要骨干亲本资源。

2 种质资源安全保存

2.1 资源安全保存情况

截至2021年12月，国家砂梨圃保存梨资源1 280份（表1），其中国内资源1 151份（占89.92%），国外引进资源129份（占10.08%）；特色资源427份（占33.36%），野外或生产上已绝种资源742份（占57.97%）。包括砂梨及其杂种1 124份、白梨72份、秋子梨6份、西洋梨30份、杜梨10份、豆梨34份、麻梨3份、新疆梨1份。砂梨及其杂种占资源总量的87.81%。建立了砂梨种质资源DNA保存技术体系，对482份重要核心资源进行了DNA保存，每份资源保存DNA 10μg以上。资源繁殖更新806份次。

2001年启动农作物种质资源保护与利用项目至今（2001—2021年），新增保存梨种质资源732份，占资源圃保存总量的57.19%，资源保存总量增长133.58%。2001—2021年，从日本、韩国、意大利3个国家引进资源48份，包括砂梨、西洋梨2个种；从我国的湖北、福建、四川、贵州、湖南、江苏、广东、上海等26个省份118个县（市）进行32批77人次的资源考察、收集，共收集质资源684份，其中地方品种566份、育成品种（系）58份、半野生资源3份、野生资源57份，包括砂梨、白梨、秋子梨、新疆梨、豆梨、杜梨等6个种。

表1 国家砂梨圃资源保存情况

作物名称	截至2021年12月保存总数					2001—2021年新增保存数			
	种质份数（份）			物种数（个）		种质份数（份）		物种数（个）	
	总计	其中国外引进	其中野外或生产上已绝种	总计	其中国外引进	总计	其中国外引进	总计	其中国外引进
梨	1 280	129	742	8	2	732	48	7	2

2.2 保存特色资源情况

截至2021年12月，国家砂梨圃保存特色资源427份，占圃资源保存总量的33.63%。其中古老濒危资源26份，地方特色资源42份，育种价值资源41份，生产利用资源24份，特异资源246份，观赏价值资源17份，药用价值资源31份。

古老濒危资源26份。古老濒危资源是研究梨品种驯化和迁徙的珍稀材料，由于人类活动、新品种的替代，这些资源濒于灭绝。如湖南邵阳市城步县‘打霜梨’近400年古树，具有抗病、抗虫、极晚熟的特点，因道路建设逐渐被砍伐，2019年及时抢救收集保存于国家砂梨圃。

地方特色资源42份。栽培历史悠久且成为地方特色产业的资源，如四川‘苍溪雪梨’迄今有1 200多年的栽培历史，有“外形美观，果肉洁白，味甜如蜜，清香无渣，入口即化”的特点，在苍溪县种植面积达到15万亩，是当地乡村休闲游和乡村振兴的重要支撑产业。

育种价值资源41份。单一或多个性状表现突出，且遗传稳定被育种家多次利用的资源，如云南‘火把梨’，果面着鲜红色，外观美，红皮性状遗传稳定，以‘火把梨’为亲本，通过杂交育种的方式培育出系列红皮品种‘满天红’‘美人酥’‘宁霞’‘彩云红’等。

生产利用资源24份。生产利用资源是指品质、产量、抗性等综合性状优良可在生产上直接利用的资源。如‘翠冠’‘黄冠’‘金花梨’等在梨产业中大面积推广应用。

特异资源246份。特异资源是指单一性状突出的资源。此类资源可用于种质创新、基础研究等，如大果、高糖、石细胞含量少、红皮、抗病等资源。

观赏价值资源17份。观赏价值资源是指花、叶、果美观具有观赏价值的资源。如‘红早酥’，幼叶、幼果、花、果实都为红色，观赏效果非常好，常用于休闲农庄或家庭农场的园艺景观树栽培。

药用价值资源31份。叶片或果实中富含药用功能性成分的资源，如‘洪泽野梨’的花、叶、果实富含绿原酸等功能性成分，具有较好的药用开发价值。

2.3 种质资源抢救性收集保存典型案例

湖南湘西土家族苗族自治州是野生植物资源的天然宝库，随着西部大开发的实施，该区域的宝贵资源面临消失的危险。2015年9月，国家砂梨圃组织团队成员赴湘西自治州保靖县、花垣县、凤凰县、永顺县等地开展资源抢救性收集，经整理扩繁共入圃妥善保存梨资源50份，其中珍稀濒危资源15份，野生资源5份，地方品种30份。如：在永顺县收集到树龄200年以上的当地著名地方品种‘长把梨’（*P. pyrifolia* Nakai），耐贮藏，下雪后仍挂果，抗病抗虫；‘永顺酸甜子梨’（*P. pyrifolia* Nakai）、‘涩梨’（*P. pyrifolia* Nakai）等野生资源；晚熟大果资源‘人头梨’（*P. pyrifolia* Nakai），单果重达到1 000g以上，成熟期在12月。在花垣县收集到树龄200年以上的‘青皮甜梨’（*P. pyrifolia* Nakai）、‘早青梨’（*P. pyrifolia* Nakai）。在保靖县收集到‘阳冬梨’（*P. pyrifolia* Nakai），株产可达500kg以上；‘保靖金梨’（黄皮香）（*P. pyrifolia* Nakai），香味浓郁，是少见的浓香型珍稀资源。

3 保存资源的有效利用

3.1 概述

2001—2021年，国家砂梨圃向南京农业大学、华中农业大学、中国农业大学、浙江省农业科学院园艺研究所等大学及科研院所和湖北、浙江、江西、四川、重庆、江苏等省份的农技推广部门、合作社、企业、种植户等提供资源利用825份12 119份次，开展基础研究、育种利用及生产应用。资源利用率达64.45%。

育种、生产利用效果 砂梨圃向中国农业科学院果树研究所、河北农业大学、浙江农业科学院园艺研究所、中南林业科技大学等单位提供亲本材料‘新高’‘丰水’‘二宫白’等，进行种内、种间杂交及高代品系回交，配置杂交组合50余个，获得杂交实生苗20 000余株，选育出新品种‘鄂梨1号’‘鄂梨2号’‘玉绿’等13个，在湖北、重庆、江西、福建、四川、云南等地推广应用，累计推广面积20余万亩，新增利润40亿元。筛选出‘翠冠’‘黄金’‘华梨1号’等综合性状优异的资源10份，直接应用于生产，示范推广到湖北、湖南、江西等9省（市），应用面积30余万亩，创造经济效益18亿元。

支持成果奖励 以圃内提供的种质资源为试材支撑“南方砂梨种质创新及优质高效栽培关键技术”国家科技进步奖二等奖1项、省科技进步奖一等奖1项、省科技进步奖二等奖3项、省科技进步三等奖1项、省科技成果推广奖一等奖1项、省科技成果推广奖二等奖1项。

支撑乡村振兴与精准扶贫 筛选优异资源‘翠冠’‘黄金’等25份支撑乡村振兴与精准扶贫22个乡村，技术培训73场次，技术培训13 400人次，培养种植人手140人。

支撑科研项目 支撑国家现代农业梨产业技术体系、国家重点研发计划、国家863专项、国家自然科学基金、国家星火计划、农业部公益性行业专项、科技部支撑计划项目、科技部成果转化项目、湖北省科技攻关、湖北省农业科技创新中心项目、浙江省自然科学基金、湖北省科技成果转化项目等100余项。

支撑论文论著、发明专利和标准 支撑研究论文140篇，其中SCI论文50余篇。如以312份砂梨资源为研究材料进行全基因组关联分析（GWAS），筛选出与果实品质性状和物候性状相关的42个位点，挖掘出一个与石细胞形成相关的基因*PbrSTONE*，为砂梨靶向分子育种提供了重要的基因资源和重要参考，相关分析结论发表在《Nature Communications》（Zhang et al.，2021）。支撑《梨种质资源描述规范和数据标准》《砂梨优良品种图谱》《中国砂梨遗传资源》等论著8部。支撑“一种梨种质抗黑斑病鉴定的方法”等14项国家发明专利；制定行业标准《农作物优异种质资源评价规范　梨》1项、湖北省地方标准《砂梨苗木繁育技术规程》等13项。

支撑资源展示、科普、媒体宣传 国家砂梨圃进行田间资源展示12次，展示砂梨优异资源159份次，接待湖南、江西、湖北等20个省份30多个县（市、区）政府部门领导、企事业单位技术骨干、合作社管理人员、种植大户等800余人参加砂梨优异种质鉴评会，为长江流域砂梨品种更新换代起到引擎驱动作用，推动了长江流域砂梨产业健康稳步发展；接待美国、日本、新西兰等国外专家，以及农业农村部、地方政府部门、科研单位等参观访问95批1 820人次；开展技术培训3 968人次，技术咨询和技术服务412批5 435人次；接待华中农业大学、长江大学等教学实习29批次2 480人次。在人民网、新浪、搜狐、网易、湖北日报等主流媒体进行了41次的宣传报道。

3.2　典型案例

‘黄金梨’是韩国通过‘新高’×‘二十世纪’杂交选育的中熟砂梨新品种，1967年杂交，1982年复选，1984年正式命名，1996年正式引入中国。国家砂梨圃通过对‘黄金梨’进行多年鉴定评价，‘黄金梨’表现出品质优，外观美，耐贮藏等特点，

2002 年开始在武陵山区宣恩、利川、咸丰，江汉平原枝江市、钟祥市等梨产区推广，同时开展了跟踪技术服务和技术培训，采取了举办梨花节和采摘节等措施，唱响了“黄金梨”品牌，促进了当地砂梨产业的发展。如 2002 年将‘黄金梨’分发给湖北省宣恩县椒园镇黄坪村种植，到 2021 年，‘黄金梨’种植面积达到2 450亩，平均产值达到6 000元/亩。‘黄金梨’是武陵山区主栽品种，数千人依靠种梨而脱贫致富，为武陵山区脱贫攻坚发挥了重要作用，比如湖北省宣恩县椒园镇黄坪村因砂梨产业 2018 年整体脱贫。在枝江市百里洲，通过新模式新技术生产的‘黄金梨’果大，品质优，果皮金黄色，可溶性固形物含量可达 13%以上，礼品盒 128 元/盒（8 个装），特级果 258 元/盒（12 个装），且供不应求，极具市场潜力，在农民脱贫致富和乡村振兴中发挥了重要作用。2020 年在枝江市百里洲镇建立了湖北省砂梨种植乡村振兴科技创新示范基地，2021 年枝江市成为国家梨产业技术体系“一县一业”样板示范县，促进了枝江市百里洲砂梨产业的恢复性发展。2017 年湖北日报、网易等媒体以“黄金梨，还有‘红菊’的那些事儿”对宣恩县黄金梨产业精准扶贫事迹进行了专题报道；党员专刊以“大山里长出‘黄金果’”再次进行了专题报道。资源圃负责人胡红菊研究员被评为 2019 年度“全国三八红旗手”。

4 展望

4.1 收集保存

随着城镇化、现代化和新品种推广等因素影响，野生资源、地方特色资源、农家品种的消失风险加剧，许多梨资源濒临灭绝状态。在加强自主资源收集的同时，应充分利用全国第三次农作物种质资源普查平台，加强与各省农作物种质资源普查单位的对接与联系，加强野生、特色资源、农家品种的资源收集并及时安全入圃。美国、日本、俄罗斯、意大利等国家 60%以上的种质资源来自国外（王力荣和吴金龙，2021），国家砂梨圃目前仅有 10. 6%的资源来自国外，存在数量不足、覆盖面不够、栽培品种居多等问题，需要加强国外资源的引进力度。

4.2 安全保存技术

为确保种质资源安全，西方发达国家相继建成了由种质圃、超低温库、试管苗库、低温种子库、DNA 库等组成的多元化完整保存体系。如美国国家圃中 33%的资源建立了核心种质库，66%的种质进行了包括温室、网室等的复份保存，100%的种质进行了病毒检测和脱毒，超低温长期保存果树种质资源3 000份（王力荣和吴金龙，2021）。在我国无性繁殖种质资源安全保存技术体系上，要建立种质圃与试管苗、超低温库互为备份的保存体系（卢新雄等，2019）。

砂梨种质资源保存目前以田间植株保存为主，未来重点突破梨茎尖离体脱毒技术、试管苗低温长期保存技术研究，建立完善砂梨种质圃与试管苗库、超低温 DNA 库保存体系。

4.3 挖掘利用

建立基于SSR分子标记的砂梨分子身份证，摸清砂梨种质资源的遗传多样性本底；针对影响砂梨产业重大问题的果皮颜色、果实贮藏性、果肉石细胞含量、宜加工（抗氧化）、果实成熟期、梨黑斑病抗性等性状，开展“表型+基因型”精准鉴定，为分子辅助育种提供基因标记基础，发掘出可育种利用的砂梨种质，满足育种、科研、生产迫切需要。

参考文献

曹玉芬，张绍铃，2020. 中国梨遗传资源［M］. 北京：中国农业出版社.

卢新雄，辛霞，尹广鹍，等，2019. 中国作物种质资源安全保存理论与实践［J］. 植物遗传资源学报，20（1）：1-10.

王力荣，吴金龙，2021. 中国果树种质资源研究与新品种选育70年［J］. 园艺学报，48（4）：749-758.

张绍铃，2013. 梨学［M］. 北京：中国农业出版社.

Zhang M Y，Xue C，Hu H J，et al.，2021. Genome-wide association studies provide insights into the genetic determination of fruit traits of pear［J］. Nature Communications，12：1144.

Zurn J D，Nyberg A M，Montanari S，et al.，2020. A new SSR fingerprinting set and its comparison to existing SSR and SNP based genotyping platforms to manage *Pyrus* germplasm resourcesr［J］. Tree Genetics & Genomes，16：72.

国家山葡萄圃（吉林）种质资源安全保存与有效利用

杨义明，许培磊，范书田，赵　滢，舒　楠，
王　月，王衍丽，路文鹏，沈育杰
（中国农业科学院特产研究所　长春　130112）

摘　要：山葡萄（*Vitis amurensis* Rupr.）是葡萄科葡萄属野生果树，原产中国东北、华北及朝鲜半岛北部、俄罗斯远东地区，是葡萄属植物中抗寒力最强的一个种，是世界性葡萄抗性育种的珍贵资源。我国是山葡萄种质资源最丰富的、人工栽培面积最大、利用最多的国家。本文简要介绍了我国山葡萄种质资源收集保存现状，总结和回顾了20年来国家山葡萄种质资源圃在资源安全保存和有效利用等方面的研究进展，并对今后山葡萄种质资源的研究和利用方向进行了展望。

关键词：山葡萄；种质资源；安全保存；有效利用

山葡萄（*Vitis amurensis* Rupr.）也称东北山葡萄，原产我国东北、华北及朝鲜半岛北部、俄罗斯远东地区（俞德浚，1979；吴耕民，1984），是葡萄属植物中最抗寒的一个种，枝蔓可耐-40℃低温，根系可耐-16～-14℃低温（贺普超和罗国光，1994），对白粉病、白腐病、炭疽病和黑豆病有较强的抗性（贺普超等，1991）。因此，山葡萄是国内外葡萄抗性育种的珍贵资源。我国野生山葡萄种质资源极为丰富，是世界上唯一大面积人工栽培山葡萄的国家（王军等，2004）。利用山葡萄果实酿造的山葡萄酒，酒体色泽为深宝石红色、浓郁醇厚、香气独特，在世界葡萄酒中独树一帜。

国家山葡萄种质资源圃（吉林）（以下简称国家山葡萄圃）地处吉林省吉林市昌邑区左家镇，海拔234m，依托单位为中国农业科学院特产研究所。特产所自20世纪60年代初开始野生山葡萄资源收集、驯化栽培及品种选育研究。1988年获得农业部和吉林省农业厅资助，开始建设“中国农业科学院山葡萄种质资源圃”，2002年获得国债项目资助，扩建成国家山葡萄圃，该圃功能定位是承担国家山葡萄等抗寒葡萄种质资源的收集、保存、鉴定、评价及共享利用等公益性工作。

截至2021年12月底，已入圃保存来自我国东北三省、河北省、内蒙古自治区及俄罗斯远东地区的野生山葡萄及其杂交后代等抗寒葡萄种质资源430份，主要以山葡萄为主，少量保存有欧亚种、美洲种及种间杂交种，其中野生山葡萄资源363份，是目前世界上保存山葡萄种质资源最多的资源圃。另外，国家葡萄桃种质资源圃（郑州）、中国科学院北京植物园、西北农林科技大学等单位也有少量保存。苏联时期的全苏作物研究所远东实验站在1989年已收集保存山葡萄种质材料超过300份（罗国光，2011），但后来流失严重，2018年笔者实地考察时已不足百份；美国、日本等国也少量保存有山葡萄资源，但保存数量不详。

1 种质资源安全保存技术

山葡萄属于多年生木质藤本植物，野生资源攀爬能力极强，种质资源保存方式主要以活体植株田间栽培为主，需要搭架。繁殖方式采用无性繁殖，主要有扦插繁殖、嫁接繁殖和压条繁殖。国家山葡萄圃设在西南向缓坡地，坡度5°~7°，利于排水防涝。圃地分为东、中、西三区，其中东区、中区为保存圃，西区为引种观察、鉴定圃。

1.1 资源入圃保存技术与指标

资源入圃保存技术 国内收集的种质资源必须进行田间试栽、鉴定、整理，对基本农艺性状进行观测、记载、核实，剔除重复，确定其植物学分类和保存价值后正式入圃保存。国外引进的种质资源必须在所在地的植物检疫机构办理检疫手续，通过隔离试种，经检疫部门观察，证明不带危险性病、虫和杂草的，方可入圃试栽、观察、保存。

对符合入圃保存的种质资源，繁苗移植入圃，赋予单位保存编号、标明圃位号，同时将种质相关信息按照编目要求整理，汇总提交到负责葡萄种质资源编目的国家果树种质郑州葡萄圃（中国农业科学院郑州果树研究所），按要求编入《国家葡萄种质资源目录》，并给予每份种质一个“全国统一编号”。

资源入圃保存指标 入圃保存资源全部是无性繁殖的扦插苗或嫁接苗，必须保证苗木纯度。纯种山葡萄资源采用自根扦插苗，不用埋土防寒自然越冬；欧亚种及其他抗寒性差的种间杂交种采用贝达做砧木的嫁接苗，越冬需要埋土防寒。

每份资源至少保存6株，优异资源适当增加株数，便于扩繁时有足够的枝条量。采用篱架式栽培，水泥架柱建园，每架柱空距离6m，栽培行株距为2.5m×1.0m，每空栽培1份资源6株树，绘制栽植图，标记好种质名称或代号。

1.2 圃资源监测技术与指标

资源生长状况监测 根据树体生长势、成枝力、产量等指标，分为健壮、一般、衰弱和濒死（死亡）4级，对出现衰弱的资源当年进行重剪，更新复壮。濒死或已经有死亡缺株的资源采集成熟枝条，翌年繁苗补栽，确保每份资源保存健康植株至少6株。

病虫害发生情况监测及预防 建立病虫害测报及预警系统，定期观测病虫害发生情况。主要监测和预防霜霉病、病毒病、根癌病、果实灰霉病等病害，虎天牛、绿盲蝽、葡萄鞘叶甲、二星叶婵等虫害。生物防控与化学防控相结合，架设太阳能杀虫灯。每年6月中旬至8月上旬，主要预防霜霉病，及时喷施波尔多液预防；发生病害后及时喷施杀菌剂。

土壤及气候环境状况监测 建立了小型气象站，以1h为间隔自动记录监测数据，定期维护及导出数据。主要监测指标有大气温度、大气湿度、风速、风向、降水量、太阳辐射、土壤温度及土壤湿度等。

种植管理技术 采用篱架式栽培，多主蔓扇形或倾斜水平龙干树形（厂字形）整形，每10~15cm保留一个新梢，新梢均匀绑缚于铁线上；每年12月至第二年3月前进行冬剪，夏季及时去除副梢及卷须。行间生草，行上清耕除草。行间草长至20cm以上时，使用拖拉机带动碎草机刈割，草保留高度5cm；行上植株两侧40~50cm范围内清耕除草，每个生长季清耕除草3~4次。春季萌芽前施用氮磷钾复合肥，花期喷施硼肥，秋季施用有机肥，土壤上冻前灌足封冻水，需防寒种质及时埋土防寒。

1.3 圃资源繁殖更新技术与指标

山葡萄种质资源繁殖方式主要采用扦插繁殖，如双红、北冰红等纯种山葡萄及抗寒性强的种间杂交种质；抗寒性差的欧亚种、美洲种和种间杂交种等，采用抗寒性较强、与山葡萄的嫁接亲和性较好的贝达做砧木，嫁接繁殖。

针对山葡萄扦插生根能力弱的缺点，结合东北寒冷气候条件，研发出《一种葡萄硬枝扦插的冰床倒催根方法》（专利号：201410119707.4），获得了国家发明专利。通过降低苗床下部温度来抑制芽眼萌发，提高苗床上部温度来促进插条产生愈伤组织继而生根。利用这种方法使山葡萄资源生根率可达90%以上，与以往的电热温床和火炕扦插繁殖方法相比，节能省力效果明显，操作管理方便，极大地提高了山葡萄种质资源繁殖更新效率。

种质资源繁殖更新首先要制定繁殖方案，确定繁殖种质及繁殖方式。首先选择种质纯正的母本树，在秋季落叶后剪留一年生成熟枝条沙藏保存，第二年春季四月初开始扦插或嫁接繁殖苗木。每份种质繁殖合格苗木不少于10株，入圃保存株数不少于6株，繁殖过程中标清标签，严防混杂。

扦插苗繁殖时间与流程。每年3月末修剪插条长13cm，芽眼上部保留2cm，20根捆扎成一捆→根部浸泡生根剂后倒立埋入冰床，催生愈伤组织→20天后挑选根部产生愈伤的插条移栽入营养钵，在温室中保湿培养生根→6月中旬移栽苗圃或盆栽培养→苗期管理并核对性状→秋季起苗并移栽入圃→性状调查核对2年以上。

嫁接苗繁殖时间及流程。冬季采集接穗→每年4月初将接穗嫁接在贝达砧木苗上，盆栽在温室培养→苗期管理并核对性状→秋季盆栽苗移植入圃→性状调查核对，连续2年以上。

1.4 圃资源备份技术与指标

圃资源备份 山葡萄圃保存的部分重要资源及经常提供利用的品种资源在种质示范园中进行复份保存，约有50份，占资源保存总数的11.63%。对近年新收集未鉴定的资源100余份进行了田间临时保存并开展观察记录，每份资源保存6株以上。

备份资源指标 ①重要骨干亲本资源；②抗寒性较差的种间杂交资源；③新收集未鉴定的资源。

资源备份技术研究 山葡萄枝条超低温保存方法研究。研究建立山葡萄休眠枝条超低温保存技术体系，期待建立一套简便易行、保存效果好的超低温保存技术体系，多途径进行资源复份保存。以山葡萄休眠单芽茎段为保存对象，通过探究茎段含水量、保存方法、冷冻程序和解冻温度等条件对其成活率的影响，建立简易、成活率高的超低温保存技术体系；对山葡萄休眠单芽茎段超低温保存过程中的细胞超显微结构和生理生化变化进行研究；对超低温保存再生植株的遗传稳定性进行检测。

存在问题。枝条复原萌发率还没有达到理想预期，需要优化保存方法与条件，提高萌发率；超低温保存时间周期还在试验验证。

2 种质资源安全保存

2.1 种质资源保存情况

截至2021年12月底，入圃保存山葡萄、燕山葡萄、河岸葡萄等4个种的葡萄种质资源430份（表1），其中野生山葡萄资源363份（占84.41%）、燕山葡萄1份，山葡萄种内选育品种和山欧杂交选育品种32份、品系30份，四倍体遗传资源4份。保存国外引进种质资源有19份（占4.42%），主要是来自俄罗斯的欧亚种和山欧杂交种以及来自美国的河岸葡萄和山美杂交种。

2001年保种项目启动以后至2021年新增入圃资源136份，其中来自黑龙江、吉林、辽宁、河北4个省15个县市的野生山葡萄资源85份，国内各科研单位先后育成的山葡萄或山欧杂交品种17份、品系16份，引进俄罗斯葡萄品种12份，引进原产美国的河岸葡萄2份、山河杂交品系3份、山美杂交品系1份。2001年以前保存的国外葡萄种质资源只有1份。保种项目启动后，我们积极开展国外抗寒葡萄种质资源的引进工作，特别是利用山葡萄进行抗寒葡萄杂交育种起步最早的俄罗斯。2011—2017年陆续从俄罗斯相关单位引进葡萄种质资源70余份，2018年从俄罗斯远东地区（滨海边疆区和哈巴罗夫斯克边疆区）考察收集野生山葡萄资源50份。这些引进种质已正式入圃18份，其余资源还在扩繁观察中。

表1 国家山葡萄圃资源保存情况表

作物名称	截至2021年12月保存总数					其中2001年以来新增保存数			
	种质份数（份）			物种数（个）		种质份数（份）		物种数（个）	
	总计	其中国外引进	其中野外或生产上已绝种	总计	其中国外引进	总计	其中国外引进	总计	其中国外引进
山葡萄	430	19	363	4	2	136	18	3	2

2.2 保存的特色资源

山葡萄是葡萄属的一个野生种，国家山葡萄圃主要以收集保存野生山葡萄资源为主。截至2021年12月底，保存来自黑龙江、吉林、辽宁、河北、内蒙古5省区20个县市的野生山葡萄资源363份，占圃保存资源总量的84.42%；其他选育品种、品系及引进资源有62份，占入圃保存资源总量的14.42%。山葡萄野生资源是雌雄异株的，保存的种质‘双庆’是目前发现的第一份也是唯一一份自然两性花资源。‘双庆’的发现开启了山葡萄种内两性花育种工作，先后选育出了双丰、双红、双优、北国蓝等系列两性花山葡萄品种，目前‘双红’和‘双优’仍是主栽品种。特色种质‘北冰红’是利用 6 份山葡萄种质资源和 2 份欧亚种葡萄经过 3 代 7 次杂交，历经 34 年培育而成的，是世界上第一个直接压榨后就可酿造冰红葡萄酒的优异品种。

3 保存资源的有效利用

3.1 共享利用概述

2001—2021 年，国家山葡萄圃向中国农业大学、沈阳农业大学、西北农林科技大学、黑龙江八一农垦大学、吉林农业大学、宁夏大学、中国科学院北京植物园、中国农业科学院果树研究所、河北农林科学院昌黎果树研究所等大学及科研院所和地方技推广部门、企业、种植户等提供葡萄种质资源实物利用 260 份1 935份次，主要用于开展基础研究、品种育种、引种试栽及生产利用等。

抗性育种中的共享利用 为沈阳农业大学、中国农业科学院果树研究所、河北农林科学院昌黎果树研究所等单位提供种质利用，开展抗寒葡萄育种、砧木育种工作。育成酿酒与砧木兼用品种‘华葡一号’（2011 年）和酿酒与制汁兼用品种‘凌丰红’（2019 年）（图 1）。中国农业科学院特产研究所利用山葡萄种质资源，先后育成酿酒品种 7 个，分别是左优红（2005 年）、北冰红（2008 年）（图 2）、雪兰红（2012 年）、北国蓝（2015 年）、北国红（2016 年）、紫晶甘露（2020 年）（图 3）和紫晶梦露（2020 年）。选育品种主要在东北三省、内蒙古、河北大面积推广栽培，甘肃、宁夏、新疆等地区也有试栽。

图 1 凌丰红

图 2 北冰红

图 3　紫晶甘露

支撑科研项目　支撑国家现代农业葡萄产业技术体系、国家自然科学基金、农业部公益性行业专项、科技部基础条件平台、吉林省科技发展计划项目、吉林省地方标准项目等 30 余项。

支撑成果奖励　支撑完成的项目获得吉林省科学技术奖一等奖 1 项、二等奖 1 项、三等奖 1 项，吉林省科学技术进步奖二等奖 1 项、三等奖 5 项，中国农业科学院科技成果二等奖 2 项（表 2）。

表 2　支撑项目获奖情况

成果名称	获奖级别	获奖时间（年．月）
酿造冰红葡萄酒品种‘北冰红’创制与推广应用	吉林省科学技术奖二等奖	2020. 11
东北酿酒山葡萄系列新品种选育及大面积示范推广	吉林省科学技术奖三等奖	2017. 11
寒地果树优异资源收集保护及创新利用	吉林省科学技术奖一等奖	2014. 11
酿酒山葡萄左优红和双红品种选育及大面积推广	吉林省科学技术奖三等奖	2008. 11
山葡萄及长白山野生果树资源开发利用研究	吉林省科学技术奖三等奖	2006. 12
长白山经济植物（山葡萄）栽培技术研究	吉林省科学技术奖三等奖	2005. 12
酿酒葡萄原料基地建设及其配套技术研究	吉林省科学技术奖三等奖	2003. 12
酿酒葡萄原料基地建设及其配套技术研究	中国农业科学院科学技术成果奖二等奖	2003. 05
山葡萄及其种间杂交 RAPD 标记研究	吉林省科学技术奖三等奖	2002. 12
山葡萄种质资源性状评价及保存方法研究	吉林省科学技术奖二等奖	2001. 11
山葡萄种质资源描述系统及数据库建立	中国农业科学院科学技术成果奖二等奖	2001. 06

支撑基础研究，发表论文、发明专利和标准等　支撑发表研究论文 100 多篇，其中 SCI 论文 12 篇，硕士、博士研究生毕业论文 14 篇；支撑“一种葡萄硬枝扦插的冰床倒催根方法”等国家发明专利 3 项；支撑制定《冰葡萄生产技术规程》（DB22/T 2823—

2017）和《山葡萄优质安全生产技术规程》（DB22/T 1023—2019）吉林省地方标准 2 项。支撑出版《葡萄种质资源描述规范和数据标准》《山葡萄规范化栽培及酿酒技术》等书籍 3 部。

案例：山葡萄抗寒性相关基础研究 山葡萄抗寒性极强，是葡萄抗寒育种的重要材料。田间观察发现山葡萄种内抗寒性存在明显差异，但适用于山葡萄种质抗寒性评价方法尚不完善，山葡萄抗寒性机制仍不清晰，制约了山葡萄种质的深度开发与利用。

针对以上问题，赵滢、王鹏飞等人利用国家山葡萄圃保存种质资源开展了相关研究工作。

（1）山葡萄种质抗寒性评价研究。首次建立了适于大量山葡萄种质抗寒性鉴定的新方法——TTC 染色图像可视化评估方法（赵滢等，2018）。利用该方法明确了不同收集地山葡萄种质种内抗寒性存在明显差异。其中，山葡萄‘左山二’抗寒性最强，属耐寒 1 区，收集于黑龙江省；耐寒 2 区的抗寒山葡萄种质有 24 份，分别收集于黑龙江、吉林和辽宁省三省；耐寒 3 区的中等抗寒山葡萄种质有 4 份，均来自河北省；另有 1 份来自河北省的山葡萄‘201309’属耐寒 4 区，最不耐寒。可见，山葡萄种质抗寒性与地理分布有一定关系（Zhao et al.，2020）。

（2）山葡萄抗寒生理机制研究。对筛选到了差异种质深入开展了抗寒机制研究。明确了休眠期抗寒性差异与内源激素和糖代谢相关，而生长季山葡萄叶片低温伤害程度的不同与热耗散值及抗氧化酶活性差异有关（赵滢等，2018）。可见，山葡萄生长季与休眠期的低温响应机制可能存在不同。

（3）山葡萄抗寒分子机制研究。基于转录组学测序技术与生物信息学分析，明确了季节调控与山葡萄抗寒性关系的分子机制；同时，编码 WRKY33 转录因子的基因差异表达也为山葡萄抗寒性机制研究提供了新的方向，为后续基因功能挖掘与功能验证提供了参考。

（4）山东省葡萄研究院王鹏飞等利用山葡萄种质资源，合作开展山葡萄抗寒性研究。通过寻找诸多响应抗寒等非生物胁迫的基因，分析山葡萄与寒冷相关的 miRNA 及其靶基因，以及耐寒性与 miRNA 调控之间的关系，从分子水平上揭示山葡萄耐寒性机理，为进一步研究山葡萄的抗寒性提供理论依据（Wang et al.，2019）。

种质资源展示、参观交流、科普研学及技术培训等 国家山葡萄圃进行田间资源展示 10 次，展示北冰红等山葡萄优异资源 20 份，接待吉林、黑龙江、辽宁、河北等省份的县（市、区）政府部门领导、企事业单位技术骨干、合作社管理人员、种植大户等 678 人参观交流；接待俄罗斯、意大利、韩国等国外专家参观交流 46 人次；开展技术培训会、现场技术指导等培训1 000余人次；接待中国农业大学、吉林农业大学等教学实习 400 多人次；接待吉林市中小学生科普研学 800 余人次。

3.2 典型案例

案例 1：北冰红葡萄在通化山葡萄产区产业升级中应用效果显著

北冰红葡萄是国家山葡萄圃支撑育成的优异品种，是目前世界上唯一直接压榨出红色果汁、适合酿造冰红葡萄酒的葡萄品种。在通化山葡萄产区作为更新换代的品种大力推广栽培，到 2020 年栽培面积近万亩。2011 年开始指导集安鸭江谷酒庄有限公司建成北冰红标准化栽培示范园200亩，全部采用单龙干水平架式限产提质管理技术，已成为我国冰葡萄生产的典型示范基地。自通化市2016—2020年连续举办“中国风土·通化山葡萄酒产区高峰论坛暨集安·鸭绿江河谷冰葡萄酒节”活动以来，连续5年成为与会嘉宾观摩基地（图4、图5），展示效果显著。集安市‘北冰红’种植面积已经超过5 000多亩，产区企业生产的葡萄酒先后两次荣获品醇客世界葡萄酒大赛白金奖，多次获得比利时布鲁塞尔葡萄酒大赛金奖等国内外51个专业大奖，集安作为顶级冰酒产区的概念越来越受到业界的广泛认可。集安山葡萄2020年被国家农业农村部等8部委认定为第四批中国特色农产品优势区。

图4　葡萄酒节及观摩‘北冰红’标准化栽培示范基地

图5　“北冰红”葡萄篱架单龙干水平树型标准化栽培示范基地（集安鸭江谷酒庄）

案例2：首次开展俄罗斯远东地区野生山葡萄资源考察收集工作

2018年9—10月，联合俄罗斯瓦维洛夫植物研究所远东试验站开展了俄罗斯远东地区野生山葡萄资源考察收集工作（图6）。收集范围南起俄罗斯滨海边疆区的符拉迪沃斯托克（海参崴），北至哈巴罗夫斯克边疆区（伯力）的纳奈斯基区，在北纬43°到北纬50°之间，最北端到达49°28′。俄罗斯野生山葡萄资源丰富，表型性状多样，在果实果穗大小、穗型、果实含糖量以及丰产性等方面有较大差异。共收集并引进野生山葡萄资源50份，这些野生资源的收集引进，将极大地丰富国家山葡萄圃保存俄罗斯野生山葡萄资源多样性，为山葡萄起源、分布、遗传进化研究及葡萄抗寒育种提供种质资源支撑。

图 6　俄罗斯远东地区野生山葡萄资源考察收集

4　展望

4.1　收集保存

重点开展黑龙江及内蒙古大小兴安岭、大青山和山东泰山地区野生山葡萄资源收集保存。

加强引进俄罗斯抗寒葡萄资源及野生山葡萄资源；对已引进资源确保繁殖成活，并逐步开展鉴定评价，筛选优异资源。

4.2　安全保存技术

田间保存资源树型调整。将原来的多主干扇形调整为单干单蔓水平龙蔓树型（“厂”字形）或单干双臂水平龙蔓树型（“T”形），便于下架管理及冬季修剪，节省人工。

继续开展山葡萄芽段超低温保存研究，建立保存方法，提高枝条复原后萌芽率。

4.3　挖掘利用

重点开展山葡萄抗寒基因深度挖掘与利用，重点支持抗寒鲜食及酿酒葡萄新品种创制，为北方寒地栽培葡萄、培育抗寒葡萄品种提供种质资源支撑。

深入开展山葡萄资源倍性研究，主要是多倍体资源的鉴定与利用；开展山葡萄资源原花青素、白藜芦醇的形成机理与含量变化趋势研究，筛选高含量的特异资源。

建立山葡萄加工适性评价实验室，开展种质资源和杂交优系加工品质评价研究。

参考文献

贺普超，罗国光，1994. 葡萄学［M］. 北京：中国农业出版社：128-207.

贺普超，王跃进，王国英，等，1991. 中国葡萄属野生种抗病性的研究［J］. 中国农业科学，24（3）：50-56.

罗国光，2011. 俄罗斯及前苏联对山葡萄的研究和利用——葡萄抗寒育种概况［J］. 中外葡萄与葡萄酒（5）：74-77.

王军，葛玉香，包怡红，2004. 东北山葡萄品种特性比较［J］. 东北林业大学学报，32（1）：29-31.

吴耕民，1984. 中国温带果树分类学［M］. 北京：农业出版社：224-225.

俞德浚，1979. 中国果树分类学［M］. 北京：农业出版社：176-179.

赵滢，艾军，杨义明，等，2018. TTC 染色指数配合 Logistic 方程鉴定山葡萄种质抗寒性［J］. 农业工程学报，34（11）：174-180.

赵滢，王振兴，许培磊，等，2018. 山葡萄‘双丰’和‘左优红’叶绿素荧光特性及活性氧代谢与低温伤害的关系［J］. 园艺学报，45（4）：650-658.

Wang P F，Dai L M，Ai J，et al.，2019. Identifcation and functional prediction of cold-related long noncoding RNA（lncRNA）in grapevine［J］. Scientific Reports，9：6638.

Wang P F，Yang Y，Shi H M，et al.，2019. Small RNA and degradome deep sequencing reveal respective roles of coldrelated microRNAs across Chinese wild grapevine and cultivated grapevine［J］. BMC Genomics，20：740.

Zhao Y，Wang Z X，Yang Y M，et al.，2020. Analysis of the cold tolerance and physiological response differences of amur grape（*Vitis amurensis*）germplasms during overwintering［J］. Scientia Horticulturae，259：108760.

国家果梅杨梅圃（南京）种质资源安全保存与有效利用

高志红，倪照君，黄颖宏，尤伟忠，侍　婷，周鹏羽，郗红丽，王化坤
（南京农业大学　南京　210095）

摘　要：果梅是蔷薇科落叶果树，杨梅是杨梅科常绿果树，两者均为原产于我国的特色果树。本文简要介绍了国内外果梅和杨梅资源收集保存现状，总结和回顾了近10年来国家果梅杨梅种质资源圃在种质资源安全保存技术、种质资源安全保存、保存资源的有效利用等方面的研究进展，并对今后资源圃的研究方向进行了展望。

关键词：果梅；杨梅；安全保存；有效利用

我国作为梅（*Prunus mume* Sieb. et Zucc.）和杨梅（*Myrica rubra* Sieb. et Zucc.）的原产地和主产国，其栽培历史悠久，种质资源丰富。梅栽培历史距今已有7 000多年，在世界上主要分布于中国、日本、韩国等国家，其中以中国的面积和产量最大（章镇和高志红，2019），日本次之。梅果实味酸，不宜鲜食，大部分用于生产加工，果实营养丰富。据分析，每100g鲜梅果内含有碳水化合物8.51g、脂肪2.84g、蛋白质1.67g以及多种有机酸、糖类、矿物质、维生素等；杨梅在中国大致分布在北纬18°~33°，东起台湾东岸，西至云南瑞丽，北至陕西汉中，南至海南三亚，地跨北、中热带和北、中、南亚热带，经济栽培主要集中在东南沿海的江苏、浙江、福建、广东、广西等省（自治区）。杨梅果实风味独特，色泽鲜艳、汁液多，营养价值高，含糖量12%~13%，含酸量0.5%~1.8%，富含维生素C。

国家果梅杨梅种质资源圃（南京）（以下简称国家果梅杨梅圃）依托单位为南京农业大学。该圃于2008年12月由农业部批复建设，2011年11月通过验收被列入国家种质资源圃行列。截至2021年12月已收集保存果梅杨梅种质资源505份，保存的果梅主要为传统地方品种、育成品种、优株、野生资源和近缘种，种质来源于日本及中国浙江、福建、台湾、广东等地，来源广泛，类型丰富；保存的杨梅主要包括地方品种、育成品种和野生种，涉及到6个种，种质来源于日本、美国等国家，以及中国的浙江、福建、台湾等省份。据调查监测，美国农业部GRIN数据库共编目果梅25份，主要来源于日本、美国、加拿大、泰国、中国等5个国家。日本农业生物资源数据库（NARO）共编目梅335份，其中野生材料10份、地方品种256份、育成品系材料69种，这些材料328份来自日本，6份来自中国台湾，1份来源不清；美国农业部GRIN数据库共编目杨梅32份，其中28份材料分别来自美国的不同城市，4份材料来源未知。美国密苏里植物园共编目杨梅114份，其中104份材料来自美国，10份材料来自日本，这些材料有93份是栽培品种，6份是来源未知的，15份是野生材料。非洲植物

数据库（CJB）共编目杨梅58份，主要是近十年收集的材料。

1 种质资源安全保存技术

果梅杨梅种质资源圃主要是迁地保存，资源圃作为资源保存的主要场所，在资源起源中心和规模栽培区域设置野外观测站。目前国家果梅杨梅圃种质资源安全保存主要有四种技术：一是在资源圃内种植保存，每份种质资源至少保存5株；二是种质资源DNA长期保存在-80℃冰箱里，定期更新；三是每年3月采集每份种质资源幼叶保存在-20℃冰箱里备用；四是建立大营养袋种质资源保存技术。

1.1 资源入圃

入圃资源主要采用无性系嫁接苗田间保存技术，种质资源每份入圃保存5株，果梅株行距4m×4m，杨梅株行距5m×5m。

1.2 资源监测

资源生长状况监测 资源圃每年有专人定期观测每份种质资源的生长情况，将植株的生长状况分为3级，即健壮、一般和衰弱，对于衰弱的植株，及时登记并按繁殖更新程序进行苗木扩繁和重新定植；利用远程视频监控系统对圃内植株生长进行24小时监测，便于发现突发状况、自然灾害等造成的树体损毁等异常情况，能够及时采取补救措施，避免资源丢失。

土壤和气候等环境状况监测 建立气象工作监测站，对资源圃土壤温度、土壤湿度、空气温度、空气湿度、风速、风向、降水量等环境状况进行实时监测，当植株生长环境发生异常变化时，及时采取措施确保植株正常生长。

种植管理技术及指标 按照江苏省地方标准DB32/T 854—2015《果梅生产技术规程》（高志红等，2015）执行。

1.3 资源更新

按照江苏省地方标准DB32/T 2968—2016《梅种质资源圃种质更新技术规程》（高志红等，2016）执行。

1.4 资源备份

资源备份指标 新引进未鉴定入保存圃的资源；适应性较差的资源；重要亲本资源。

资源备份技术 资源备份主要是采用无性系嫁接苗高密度田间保存技术。每份资源保存8株，即永久株5株、预备株3株。

2 种质资源安全保存

2.1 资源安全保存情况

截至 2021 年 12 月共保存物种数 2 个：果梅和杨梅，共保存种质资源 505 份，其中果梅种质资源 290 份，包括引进品种 40 份、地方品种 145 份、选育品种 20 份、野生资源 61 份、品系 24 份；杨梅种质资源 215 份，包括引进品种 3 份、地方品种 171 份、选育品种 11 份、品系 30 份。国内资源 462 份（占 91.5%），国外引进资源 43 份（占 8.5%）。

2012 年参与农作物种质资源保护与利用项目至今（2012—2021 年），新增保存果梅、杨梅种质资源 210 份，占资源圃保存总量的 41.58%（表 1）。

表 1　国家果梅杨梅圃资源保存情况

作物名称	截至 2021 年 12 月保存总数					其中 2012—2021 年新增保存数			
	种质份数（份）			物种数（个）		种质份数（份）		物种数（个）	
	总计	其中国外引进	其中野外或生产上已绝种	总计	其中国外引进	总计	其中国外引进	总计	其中国外引进
果梅	290	40	61	1	1	137	8	1	1
杨梅	215	3	10	1	1	73	3	1	1

2.2 保存的特色资源

优异资源　筛选出 2 个抗干热风的果梅品种（软条红梅和莺宿）；对果梅抗寒指标进行了研究，筛选出 2 个较抗寒品种（细叶青和软条红梅）；对果梅疮痂病指标进行调查研究，筛选出 4 个抗疮痂病性很强的品种（信侬小梅、养老、小叶猪肝、黄小大）；对果梅花和果进行调查研究，筛选出 5 个花果兼用品种（品字梅、大羽、小欧宫粉、花香实、小绿萼）；对杨梅品质进行调查研究，筛选出 1 个品质优异品种（浪荡子）。

选育资源　选育出了 2 个丰产稳产的果梅优良品种（南红、南农龙丰）；选育出了 4 个花果兼用梅优良品种（南农龙霞、南农丰羽、南农丰茂、南农丰艳）；选育出 1 个丰产稳产的杨梅优良品种（紫晶）。

3 保存资源的有效利用

2012—2021 年，国家果梅杨梅圃向 17 个科研院所（吉林省农业科学院、中国医学科学院、浙江省农业科学院、辽宁省农业科学院、福建省农业科学院、浙江省临海市林业特产局、中国农业科学院、江苏省农业科学院、镇江市农业科学院、江苏丘陵地区南京农业科学研究所、湖北省农业科学院果树茶叶研究所、中国科学院植物研究所、广西特色作物研究所、贵州省农业科学院、泗水北方梅花研究所、湖南省园艺研究所、扬中蔬菜技术指导站）、7 所大学（北京林业大学、浙江大学、苏州大学、南京农业大学、安徽中医药大学、浙江农林大学、华南农业大学）和 12 家生产单位（南京梦杨农业科技有限公司、泾县茂林镇林场、南京沃得丰农业科技有限公司、苏州苏丰现代农业发展有限公司、苏州市利群茂盛农业科技发展有限公司、诏安县太平镇青梅产业协会、安徽溜溜梅农业科技有限公司、苏州市吴中区临湖常绿苗木场、上虞宋氏杨梅专业合作社、余姚市舜梅良种繁育中心、长兴梅朵朵农业科技有限公司、重庆果派园艺有限公司）及个人提供优异种质资源 164 份2 881份次。

3.1 基础研究

为科技部重点研发项目和国家自然基金项目等项目提供利用的资源中用于基础研究的有 9 次 306 份次。研究内容包括比较不同品种杨梅 FODMAPs 含量差异、利用群体基因组学揭示栽培杨梅的起源与驯化历史和开发育种分子标记等。利用单位分别是浙江省农业科学院、浙江大学、镇江市农业科学院等。果梅种质资源主要提供南京农业大学和安徽中医药大学等单位用于资源驯化、传播和药用成分的研究，研究成果进一步揭示了资源进化关系以及品质相关基因功能。

3.2 直接利用

提供利用的资源中用于直接利用的有 22 次1 440份次。利用单位分别是华南农业大学、南京农业大学、湖南省园艺研究所、扬中市蔬菜技术指导站等。利用的种质资源有大羽、骨里红、宫粉、南农龙霞、小绿萼、红梅重瓣、复瓣跳枝、紫晶、早佳、黑晶、夏至红、小叶细蒂等。

3.3 支持成果奖励

支撑各种奖 8 项：梅种质资源研究与创新利用获江苏省科学技术进步奖三等奖、获江苏省农业技术推广奖二等奖单位、获第二十届中国国际工业博览会高效展区优秀展品奖，苏州地方特色果茶新品种选育与示范获苏州市科学技术进步奖三等奖，地方特色水果种质创新与高效栽培技术获江苏省农业丰收奖，选育的洞庭 7 号获江苏“神园怀”江苏优质水果银奖、获江苏省农业技术推广奖二等奖单位以及神农中华农业科技奖一等奖。

3.4 支持乡村振兴与精准扶贫

筛选优异资源青丰、紫晶等支撑乡村振兴与精准扶贫 10 多个乡村，开展技术培训 20 多场次，技术培训2 000人次，培养种植人手 40 余人次。

3.5 支持科研项目

支撑国家自然科学基金、高校基本业务费资助项目、江苏省青蓝工程学术带头人、江苏省自然科学基金青年基金项目、江苏省六大人才高峰项目、国家自然科学基金青年基金项目、国家自然科学基金面上项目、第64批中国博士后科学基金面上资助一等资助、农业农村部农作物种质资源保护项目、科技部财政部国家科技资源共享服务平台、江苏省农业科技自主创新资金项目、中央林业科技推广项目、林业科技创新与推广项目等20余项。

3.6 支撑论文、发明专利和标准

支撑研究论文47篇，其中SCI论文20余篇。支撑申请和获授权专利5项：一种果梅果实浸提液的提取方法和应用、一项果树季节性休眠解除的技术、一种青梅浸渍酒的制作方法、一种杨梅实生无性系的建立方法和一种梅预调鸡尾酒的制作方法。支撑专著4项：《果树分子生物学》《设施果树生产技术》《中国果树科学与实践　果梅》和《The *Prunus mume* Genome》。制定相关行业标准1项：《果梅种质资源描述规范和数据标准》；制定江苏省地方标准4项：《果梅生产技术规程》《梅种质资源圃种质更新技术规程》《杨梅种质资源描述规范和数据标准》和《杨梅避雨栽培技术规程》。

3.7 支撑资源展示、科普、媒体宣传

作为国家级资源共享平台和江苏省科普教育基地，资源圃每年都开展优异资源和文化展示活动，尤其是近几年配合国家丰收节活动开展了几场大型展示活动，江苏省农业农村厅种业相关部门也积极支持和参与丰收节科普日展示活动。据统计数据，优异资源展示共27次6 500余人次，主要包括教师、大学生、职业技术人员、聋哑学校学生、中小学生、种植户、媒体人员以及社会爱梅人士。在新华网、中国江苏网、新华日报、现代快报、扬子晚报等主流媒体进行了25次的宣传报道。例如，2021年开展线上直播"果梅杨梅圃种质资源科普宣传之品梅"视频链接：https：//v. youku. com/v_show/id_XNTgwNzA3MjQ4NA= =. html。媒体宣传报道，阅读量60多万。详细链接如下：紫牛新闻：https：//wap. yzwb. net/wap/news/1370787. html；扬子晚报：https：//k. sina. cn/article_1653603955_628ffe73020013ngn. html？wm = 13500_0055&vt = 4；江苏频道：https：//xhpfmapi. zhongguowangshi. com/vh512/share/10019378？isview = 1&homeshow = 0&newstype=1001。

4 展望

4.1 重点收集和保存野生资源和杂交种

资源圃计划在未来5年重点收集我国野生资源、近缘的杂交类型和国外育成品种。野生资源为研究进化和开发抗病资源具有重要意义，但该群体逐渐减少，非常有必要尽早收集，避免资源的流失和消失。梅易和核果类其他树种杂交形成杂交种，这些杂交类型，目前在多个地区都有分布，还需要进一步收集和鉴定，为生产应用和杂交育种提供依据。

4.2 深入创新研究和实践安全保存技术

梅和杨梅离体保存目前只是以DNA保存遗传物质，组培技术一直未突破（高志红等，2019）。需要进一步研究该技术并采用此技术进行离体保存，避免田间保存病虫害和自然灾害造成的资源流失。资源圃计划在未来5年重点进行梅组织培养快繁体系的研究。另外，因为果树为嫁接繁殖，研究接穗低温保存嫁接技术，可增加保存的方式和保证遗传物质的不丢失和不突变。

4.3 优异资源和关键调控基因挖掘利用

在生产中，梅存在雌蕊发育异常影响开花坐果以及果实较小，影响产量和质量，后期资源挖掘的重点在于对雌蕊发育正常的完全花比例较高的资源进行挖掘利用并深入研究调控基因。杨梅产区果实成熟期刚好遇到梅雨季节，影响采收和生产效益，进一步挖掘和利用成熟期早和耐贮的资源以及挖掘其相关调控基因非常有必要。

参考文献

高志红，侍婷，倪照君，等，2019. 梅种质资源与分子生物学研究进展［J］. 南京农业大学学报，42（6）：975-985.

章镇，高志红，2019. 中国果树科学与实践：果梅卷［M］. 陕西：陕西科学技术出版社.

Gao Z H，2019. The *Prunus mume* genome［M］. Switzerland：Springer Nature Switzerland AG.

国家山楂圃（沈阳）种质资源安全保存与有效利用

董文轩，赵玉辉，侯亚莉，张　枭，吕德国
（沈阳农业大学　沈阳　110866）

摘　要：山楂属（*Crataegus* L.）植物属于蔷薇科（Rosaceae）、梨亚科（Pyreae）。我国山楂种质资源极为丰富，山楂种质资源的收集、保存、整理、鉴定评价与共享利用对于我国山楂资源的生产利用与科学研究都起到重要的推动作用。本文简要介绍了国内外山楂、榛资源收集保存现状，总结和回顾了20年来国家山楂种质资源圃在资源安全保存技术、资源安全保存、资源有效利用等方面的研究进展，并对今后资源的研究方向进行了展望。

关键词：山楂资源；榛资源；安全保存；资源利用

全世界现存的山楂属植物主要分布在亚洲、欧洲和美洲的北纬20°~60°的广大区域，据不完全统计山楂属植物有1 000种左右。中国原产山楂属植物有20个种、7个变种（董文轩等，2015）。中国的山楂种质资源广泛分布于除海南省和我国港澳台地区之外的30个省、自治区、直辖市，山楂是我国传统药食两用资源，其中栽培历史最长的是大果山楂变种（*C. pinnatifida* Bge. var. *major* N. E. Br.）。国家山楂种质资源圃（沈阳）（以下简称国家山楂圃）位于辽宁省沈阳市，1982年由沈阳农学院筹建，并于1994年得到农业部批复，其功能定位是收集保存山楂栽培品种及其近缘野生种。截至2021年12月，已保存来自中国15个省份及俄罗斯、捷克、加拿大等地以大果山楂为主的山楂种质资源354份，包括羽裂山楂（*C. pinnatifida* Bge.）、伏山楂（*C. bretschneideri* Schneid.）、毛山楂（*C. maximowiczii* Schneid.）、辽宁山楂（*C. sanguinea* Pall.）、光叶山楂（*C. dahurica* Koehne）、湖北山楂（*C. hupehensis* Sarg.）、野山楂（*C. cuneata* Sieb. et Zucc.）、云南山楂［*C. scabrifolia*（Franch.）Rehd.］、甘肃山楂（*C. kansuensis* Wils.）、阿尔泰山楂［*C. altaica*（Loud.）Lange］、准噶尔山楂（*C. songarica* C. Koch）、红花山楂（*C. laevigata* Poir.）、单子山楂（*C. monogyna* Jasq.）、绿肉山楂（*C. chlorosarka* Maxim.）、虾夷山楂（*C. jozana* C. K. Schneid.）、华盛顿山楂［*C. phaenopyrum*（L. F.）Medic.］、鸡距山楂（*C. cruss-galli* L.）17个种和羽裂山楂大果变种及毛山楂宁安变种，是目前世界上最大的山楂种质资源基因库。

1　种质资源安全保存技术

植物种质资源的保存方式有多种，分类方式也有多种。按是否移动，可分为就地保存和迁地保存两类。按是否栽植于田间分为田间保存和离体保存两类。以前资源圃的资源全部进行栽植保存，即田间栽植保存；近些年，资源圃摸索了超低温保存和组织培养等离体保存方式，取得了一些成果，但技术体系尚不完备，需要进一步完善。

1.1 资源入圃保存技术与指标

入圃的山楂资源主要采用无性系嫁接的田间栽植保存技术。每份种质 3 株，种植密度 3m×4m，通过二期改扩建工程国家山楂圃内面积已达 6.0hm^2，增加了 300~400 份资源的保存量，为今后大量收集国内外山楂资源、实现资源圃的长期、稳定发展奠定了基础。对于能露地越冬的资源可直接栽植在露地上保存；而圃内拥有的 2 栋日光温室，可用于不耐寒山楂资源的保存和幼苗繁育。所有资源除栽植保存外，计划将来通过组织培养的方式进行离体保存，以实现备份保存并用于资源交换和利用。目前已建成山楂资源专用组织培养室，今后山楂资源可通过离体保存进行备份。

1.2 圃资源监测技术与指标

土壤和气候等环境状况监测。国家山楂圃二期改扩建工程完成后通过物联网系统可以进行资源圃环境监测；并通过多点监测，能获得圃内光照强度、湿度、温度、二氧化碳浓度、风速、降水量、土壤温湿度等多种气象和土壤参数。

资源种植管理技术。制定了规范的年度资源管理工作历，即每年割草 3 次（6—8 月每月割草 1 次）；施肥 2 次（6 月施追肥 1 次，结合秋季深翻 10 月施基肥 1 次）；全园耕翻 1 次（秋季深翻），冬季修剪 1 次；为了防控危害圃内资源的害虫，在全圃内将安装太阳能杀虫灯，每 7 亩配置 1 个，全圃配置 13 个。

1.3 圃资源繁殖更新技术与指标

每年按相关规定对圃内保存的每份资源采集基础数据并上传数据库。对于树龄较老或因病虫危害及各种自然灾害造成树势衰弱的种质资源，及时收集其枝条或秋季落叶后采集备份树体的枝条做好繁殖更新准备，保证入圃资源不损失。

1.4 圃资源备份技术与指标

对于优异资源或濒危稀有资源每份资源保存至少 4 株，国家山楂圃已建立组织培养室，计划将全部的山楂资源通过组织培养的方式进行离体备份。

2 种质资源安全保存

2.1 资源保存情况

截至 2021 年 12 月，国家山楂圃保存山楂资源 354 份（表 1），其中山楂国内资源 341 份（占 96.33%）、山楂国外引进资源 13 份（占 3.67%）；山楂特色资源 49 份（占 13.84%，包括丰产、抗虫及高黄酮含量资源），资源繁殖更新 463 份次。另外保存榛资源162份。

2001年启动农作物种质资源保护与利用项目至今（2001—2021年），新增山楂种质229份，占资源圃保存总量的64.69%，新增榛资源162份；2001—2021年，从俄罗斯、韩国、保加利亚、加拿大、捷克引进国外资源13份；从我国山东、辽宁、河北（兴隆）、上海（园林科学研究所）、山西、云南、湖北、河南、吉林、江苏、湖北、广西等地进行资源考察、收集，共收集山楂种质资源229份，榛资源162份（表1）。

表1　国家山楂圃资源保存情况

作物名称	截至2021年12月保存总数					其中2001—2021年新增保存数			
	种质份数（份）			物种数（个）		种质份数（份）		物种数（个）	
	总计	其中国外引进	其中野外或生产上已绝种	总计	其中国外引进	总计	其中国外引进	总计	其中国外引进
山楂	354	13	40	17	6	229	13	9	5
榛	162	0	20	4	0	162	0	4	0

2.2　保存的特色资源

截至2021年12月31日，国家山楂圃保存特色资源49份，占圃资源保存总量的13.84%。其中育种价值利用资源29份，特异资源4份，观赏价值资源1份，药用价值资源15份。

育种价值资源29份。单一或多个性状表现突出，且遗传稳定具有重要的育种价值资源，如食心虫抗性较高的资源（虫果率<5%，如豫8001、平邑大红子、粉色等），丰产性较强的资源（产量≥1.5kg/m^2，如清原磨盘、莱芜黑红、佳甜、超金星、秋金星）等。

特异资源4份。单一性状突出的特异资源可用于种质创新、基础研究等，如大果资源（山东大金星）、富含花色素资源（兴隆紫肉）等。

观赏价值资源1份。花、叶、果美观并具有观赏价值的资源，如红花山楂，观赏效果非常好，可用于行道树及园艺景观树栽培。

药用价值资源15份。叶片或果实中富含药用功能性成分的资源，如叶、果实富含黄酮等功能性成分，具有较好的药用开发价值。

3　保存资源的有效利用

2001—2021年，国家山楂圃向浙江大学果树研究所、北京林业大学园林学院、沈阳农业大学园艺学院、牡丹江市林业科学研究所、新疆奇台县林业局、辽宁省辽阳市杨家花园杨秀石、沈阳市城市管理大东综合监管中心、山东博康中药饮片有限公司、山东果树研究所、中国农业科学院植物保护研究所、吉林省果树研究所、吉林农业大学、河北科技师范学院、河南省农业科学院植物保护研究所、河北省兴隆县六道河镇林业站、河北省兴隆县山楂产业技术研究院中心等单位及一些合作社、企业、大学、研究所、种植户等提供资源利用2 637份次，主要用于育种、分子生物学研究、食品开发、种子特性研究、建立优良品种繁育基地及生产栽培等。20 年间国家山楂圃共向 50 多个单位（含年间重复单位）提供资源。

育种、生产利用效果 连续多年向沈阳农业大学食品学院李托平老师提供山楂资源进行果实性状调查，筛选出了一些适合加工（制汁、果脯）的资源；向河北科技师范学院张吉军老师提供山楂花粉用于杂交育种，已获得 10 多个杂交组合的实生苗群体，进行了山楂新品种的选育工作；2008 年，向河南省农业科学院植物保护研究所、河北省兴隆县六道河镇林业站等提供山楂资源用于品种改良及建立优良品种繁殖圃。

支撑乡村振兴 为河北省兴隆县山楂产业技术研究院提供伏山楂品种，进行引进和试种试栽的工作。还向辽宁省义县、沈阳市沈北新区、辽宁省抚顺县农业中心提供山楂资源信息，用于建立观光果园。此外，梁维坚研究员繁殖了 3 份榛子资源用于生产试栽和进一步评价。

支撑本科生、硕博毕业论文及科研项目 多年来国家山楂圃支持本科生毕业论文研究工作，已有几十名本科生以山楂和榛资源为试材完成了论文研究工作，同时有 12 名硕士和 3 名博士以山楂和榛资源为试材完成了毕业论文工作。资源圃支持多项科研项目的执行和完成；其中支持了国家基金 4 项（沈阳农业大学“山楂软核性状形成的分子机理研究”“山楂黄酮性状的关联分析及功能标记研究”“山楂属植物中苹果褪绿叶斑病毒基因组解析及其致病机制研究”等）；支持了吉林师范大学“榛品种指纹图谱构建和遗传多样性分析”项目；支持了“山楂属植物新品种 DUS 测试指南”的制定和完成；支持了“山楂种质资源描述符规范”的制定；支持了辽宁省“基于 2b-RAD 技术的山楂高密度遗传图谱构建及黄酮性状的 QTL 精细定位”及沈阳市科学计划项目“基于高密度分子遗传图谱的山楂黄酮含量动态 QTL 定位”和“榛优良资源筛选和高效育苗技术”。此外，沈阳农业大学王爱德教授利用山楂资源完成了“我国北方优势产区落叶果树农家品种资源调查与收集”项目的研究。

支撑论文论著、发明专利和标准 支撑研究论文 14 篇，其中 SCI 论文 10 篇；专著 2 部《中国果树科学与实践 山楂》和《中国山楂地方品种图志》；中华人民共和国农业行业标准 2 部《农作物种质资源鉴定评价技术规范 山楂》和《山楂种质资源描述规范》；农作物种质资源技术规范丛书 2 部《山楂种质资源描述规范和数据标准》和《榛种质资源描述规范和数据标准》；授权专利 1 项（一种山楂 EST-SSR 标记引物的制备方法及应用）。

支撑资源展示、科普、媒体宣传 每年国家山楂圃为沈阳农业大学新入校本科生进行资源的展示及科普宣传，为即将毕业的本科生提供毕业实践的场地，近年来开展丰收节资源展示活动，为市民了解资源圃提供便利，接待国外及国内同行进行科研交流及参观访问，为山楂及榛种植户进行技术咨询和技术服务。

支持成果奖励 参与了 2009 年国家科学技术进步奖二等奖“中国农作物种质资源本底多样性和技术指标体系及应用”（中国农业科学院作物科学研究所为主持单位和第一获奖单位）的部分工作；支撑了 2109 年辽宁省科学技术进步奖二等奖“北方山楂生

物转化加工技术与产品”（沈阳农业大学食品学院李拖平教授为主持人和第一获奖者）的部分研究工作。

4 展望

4.1 收集保存

未来需要重点收集保存古老地方品种、地方特有优异资源，种植年代久远的育成品种等。

4.2 安全保存技术

资源圃已建立组织培养室，可在此基础上重点研究、发展组织培养的方式并进行离体保存，最终实现备份保存和资源的交换、利用。

4.3 挖掘利用

山楂果实、叶片等组织中有丰富的功能性成分，目前发现并且分离到的物质有150多种，其中主要有黄酮类、黄烷及其聚合物、三萜类、原花青素、花色苷、有机酸类等。山楂中生物活性物质具有多种保健医疗作用；山楂中的花色苷稳定性好、着色力强、无毒性，可替代合成色素用于医药、饮料及食品中。因此，针对山楂在药用保健及食品加工领域的利用潜力，可重点开展包含黄酮、三萜类、原花青素、花色苷、有机酸类等物质的挖掘利用。

参考文献

董文轩，李作轩，于艳丽，等，2015. 中国果树科学与实践　山楂［M］. 西安：陕西科学技术出版社.

张枭，杜潇，孙馨宇，等，2021. 利用SSR标记构建部分山楂资源的基因身份证［J］. 沈阳农业大学学报，2021，52（02）：153-159.

Du X，Zhang X，Bu H D，et al.，2019. Molecular analysis of evolution and origins of cultivated hawthorn（*Crataegus* spp.）and related species in China［J/OL］. Frontiers in plant science，10. doi：10.3389/fpls.2019.00443.

Xu J Y，Zhao Y H，Zhang X，et al.，2016. Transcriptome analysis and ultrastructure observation reveal that hawthorn fruit softening is due to cellulose/hemicellulose degradation［J/OL］. Frontiers in plant science，7. doi：10.3389/fpls.2016.01524.

Zhao Y H，Su K，Wang G，et al.，2017. High-Density genetic linkage map construction and quantitative trait locus mapping for hawthorn（*Crataegus pinnatifida* Bunge）［J］. Scientific Reports，7（1）：5492.

Zhao Y H，Zhao Y D，Yinshan Guo Y S，et al.，2020. High-density genetic linkage-map construction of hawthorn and QTL mapping for important fruit traits［J］. PLoS ONE，15（2）：0229020.

国家野生苹果圃（伊犁）种质资源安全保存与有效利用

张学超，张胜军，唐式敏，朱　玲，冉　昇
（伊犁哈萨克自治州农业科学研究所　伊宁　835000）

摘　要：新疆野苹果（*Malus sieversii*），又称塞威士苹果，是蔷薇科苹果属多年生落叶果树，是重要的第三纪孑遗物种，是栽培苹果的祖先种，分布于中亚及我国伊犁河谷的天山野果林，新疆野苹果具有十分丰富的遗传多样性，是苹果育种和产业发展的重要基因库。本文简要介绍新疆野苹果种质资源收集保存现状，总结和回顾了 10 年来国家野生苹果圃在资源安全保存技术、资源安全保存、资源有效利用等方面的研究进展，并对今后资源的研究方向进行了展望。

关键词：新疆野苹果资源；安全保存；有效利用

新疆野苹果［*Malus sieversii*（Ledeb.）Roem.］是蔷薇科（Rosaceae）苹果属（*Malus* Mill.）植物野生种，又称塞威氏苹果（李育农，2001）。属于第三纪孑遗植物（张新时，1973）。是国家二级重点保护野生植物，新疆野苹果主要分布于中亚及我国伊犁河谷的天山野果林（林培钧和崔乃然，2000）。被许多学者研究证实为现代栽培苹果的原始祖先。在长期的进化过程中，积累了丰富的遗传变异，形成了果实大小、成熟期、品质、风味等不同的种下类型，具有耐寒、耐旱、抗病、抗虫等优良性状，是重要植物基因库，也是苹果育种和研究的重要遗传资源（张艳敏等，2009）。收集保存新疆野苹果种质资源对于未来苹果品种的遗传改良具有十分重要的意义，国家野生苹果种质资源圃（伊犁）（以下简称国家野生苹果圃）位于新疆伊宁市，由农业部投资建设并于 2012 年建成验收。其功能定位是收集保存新疆野苹果及天山野果林其他落叶果树种质资源。截至 2021 年 12 月底，已收集保存不同类型的新疆野苹果种质资源 356 份，是目前我国保存数量最多、遗传多样性最丰富的国家野生苹果种质资源圃。

1　种质资源安全保存技术

1.1　资源入圃保存技术与指标

资源入圃保存技术　国家野生苹果圃资源主要采用嫁接苗田间保存技术。根据新疆野苹果资源的生物学和植物学特征，结合种质资源保护的相关要求，建立一套新疆野苹果种质资源保存技术体系，该技术有利于种质资源表型性状的评价鉴定，充分发挥种质资源的遗传特性。

资源保存指标 国家野生苹果圃每份资源保存3株，株行距3m×5m。选用适应性和抗性都比较强的新疆野苹果做砧木。新疆野苹果具有抗寒、抗旱、适应性强、根系发达及亲和力强等优异性状，有利于新疆野苹果种质资源的安全保存。

1.2 圃资源监测和种植管理技术与指标

资源生长状况监测 资源圃每年定人定点定期观测每份种质资源的生长情况，将新疆野苹果树的生长状况分为健壮、一般、衰弱3级，对衰弱的植株，及时登记并按繁殖更新程序进行苗木扩繁和重新定植；及时了解资源的生长发育动态情况，及时发现突发状况、自然灾害等造成的树体损毁等异常情况，便于及时采取补救措施，避免资源丢失。

种质资源在资源圃保存过程中，定期对每份种质存活株数、植株生长势状况、病害、虫害、土壤状况、自然灾害等进行观察监测。新疆野苹果种质资源的监测项目、具体内容，以及更新复壮的指标如下。

生长状况：根据树体的生长势、产量、成枝力等树相指标，将生长状况分为健壮、一般、衰弱3级；对于衰弱严重的植株，及时在当年进行更新；对于衰弱的植株，做好更新准备或加强管理，使得树体的生长势得到恢复。

病虫害状况：根据苹果主要病虫害的发生规律，进行预测预报，确保病虫害在严重发生前得到有效控制；加强病毒病的检测、预防和脱毒工作；制定突发性病虫害预警、预案。

土壤条件状况：对土壤的物理状况、大量元素、微量元素、有机质含量进行检测，每3年检测一次。

遗传变异状况：根据已经调查的植物学、生物学等特征特性，对种质进行性状的稳定检测，及时发现遗传变异，确保保存种质的纯度。

出现下列情况之一时及时进行更新复壮：植株数量减少到原保存量的50%。植株出现显著的衰老症状，如萌芽率降低、芽叶长势减弱、分枝（蘖）量减少、枯枝数量增多、开花结实量下降、年生长期缩短等。植株遭受严重自然灾害或病虫害后生机难以恢复。

1.3 圃资源繁殖更新技术与指标

繁殖更新技术 采用嫁接扩繁技术对圃资源进行繁殖更新。每年3月中旬或者前一年11月播种新疆野苹果作为嫁接砧木培养至7月下旬至8月上中旬，采用单芽贴接的方法，在急需更新资源的一年生枝条上选取饱满芽嫁接在砧木上。育苗地要求土壤肥沃、透气性强。每份种质嫁接繁殖10株，按嫁接苗对土肥水要求管理至翌年3月，将扩繁的嫁接苗定植在田间保存，每份资源保存6株，其中永久株3株、预备株3株。苗木质量要求为当年生一级芽苗：嫁接部位砧木粗度0.8cm以上，主根长度达到15~20cm、侧根数量2条以上，侧根粗度0.4cm，种质纯度100%，无检疫性病虫害，植株健壮。繁殖更新后对每份种质的植物学特征和生物学特性与原种质进行核对2~6年，及时更正错误。

更新复壮指标 ①资源保存数量减少到原保存数量的60%；②新疆野苹果树出现显著的衰老症状，发育枝数量减少50%等；③新疆野苹果树遭受严重自然灾害或病虫害后难以自生恢复；④其他原因引起的新疆野苹果植株生长不正常。

2 种质资源安全保存

2.1 资源安全保存情况

资源圃从建成的2012年开始收集保存新疆野苹果种质资源，截至2021年12月，国家野生苹果圃保存新疆野苹果种质资源356份（表1）。重点对新疆野苹果种质资源主要分布区的新源县、巩留县、霍城县、伊宁县、察布查尔县等区域以及塔城地区的额敏和托里等地区，组织15批次60人次开展种质资源的考察和收集工作，共收集种质资源356份，同时还收集保存苹果地方品种，不断丰富国家野生苹果圃种质资源的保存数量和质量。

表1 国家野生苹果圃资源保存情况

作物名称	截至2021年12月保存总数				
	种质份数			物种数	
	总计	其中国外引进	其中野外	总计	其中国外引进
新疆野苹果	356	0	356	1	0

2.2 保存的特色资源情况

截至2021年12月，国家野生苹果圃保存特色资源75份，占圃资源保存总量的22.46%，其中具有矮化性状的资源8份、具有抗寒性状的资源9份、具有抗旱特性的资源6份、具有抗虫抗病等特异性状的种质资源15份、高酸资源25份、高维生素C种质资源12份，同时资源圃还收集具有一定特点伊犁本地苹果品种8份、红肉品种11份。

HDM-39来自霍城大西沟野果林，成熟期晚，具有较强的耐贮性。对于研究新疆野苹果资源耐贮性具有一定的研究价值。

XY-41来自新源县交吾托海野果林，具有抗苹果小吉丁虫的特性，综合性状表现良好，果实口感较好，对挖掘抗苹果小吉丁虫资源研究具有一定价值。

红肉苹果是比较有特色的种质资源，资源圃已收集保存11份不同类型的红肉苹果，果皮、果肉及枝条表皮均呈现不同程度的红色，具有重要的开发利用价值。

收集保存的苹果树王在原生境树高达11.8m，树基离地20cm处周长7.38m，冠幅14.5m，该树从地围往上分为5个主干枝，平均胸径为73cm，目前顶部能结果并能发新枝，生长状况良好。2013年对该树树龄估测逾600年，获得上海大世界基尼斯总部颁发的“大世界基尼斯之最——树龄最长的野生苹果树”证书。它的年龄已有600岁，该树生长于海拔1 927m处，具有重要的研究价值。

3 保存资源的有效利用

建圃以来，国家野生苹果圃和中国农业科学院果树研究所、新疆维吾尔自治区农业科学院园艺研究所、中国林业科学研究院、新疆农业大学、伊犁师范大学等区内外科研院所和高校合作开展种质资源的考察、收集和评价鉴定工作。分发不同类型的新疆野苹果种质资源300余份次，主要用于果实品质鉴定和资源抗性性状的鉴定工作。与中国林业科学院森林生态环境与保护研究所联合开展苹果小吉丁虫抗性和生物防治技术的研究。为区内外科研单位和种苗生产基地提供具有抗寒、抗旱，综合性状表现良好的新疆野苹果资源，为优质砧木种苗的繁育提供资源支持。

4 展望

4.1 收集保存

新疆野苹果具有丰富的遗传多样性，且具备多种优良的抗逆性状，今后国家野生苹果圃将重点收集具有特异性状的资源圃，特别是抗火疫病、抗腐烂病等影响苹果产业发展的抗病性强的资源，收集具有矮化性状的资源，抗苹果小吉丁虫的资源，重点收集抗寒性、抗旱性较强的资源，收集果实品质方面具有一定特异性状的比如高酸、高维生素C含量、高黄酮含量等资源，通过收集保存具有不同抗性的资源，为苹果育种和产业发展提供资源的支撑。

4.2 安全保存技术

随着资源圃收集保存资源数量的增加，资源占用土地的问题将显得比较突出，今后将重点研究如何提高收集保存资源的种植密度，在减少占地面积的情况下，确保资源的正常生长和性状的充分表达。

4.3 挖掘利用

根据苹果育种和产业对资源的需求，国家野生苹果圃今后将重点挖掘具有一定特异性状资源。一是重点挖掘利用具有矮化性状的资源，通过挖掘具有矮化性状资源，为矮化砧木的选育提供资源支持；二是挖掘具有抗火疫病、抗腐烂病、抗小吉丁虫等抗病虫性状的资源，为解决选育抗火疫病、抗腐烂病和抗小吉丁虫的品种提供优异种质资源；三是挖掘利用果实品质性状突出的资源，为苹果果实品质改良提供资源。

参考文献

李育农，2001. 苹果属植物种质资源研究［M］. 北京：中国农业出版社.

张新时，1973. 伊犁野果林的生态地理特征和群落学问题［J］. 植物学报，15（2）：239-253.

林培钧，崔乃然，2000. 天山野果林资源：伊犁野果林综合研究［M］. 北京：中国林业出版社.

张艳敏，冯涛，张春雨，等，2009. 新疆野苹果研究进展［J］. 园艺学报，36（3）：447-452.

国家猕猴桃圃（武汉）种质资源安全保存与有效利用

钟彩虹[1]，陈庆红[2]，李大卫[1]，张　蕾[2]，韩　飞[1]，吕海燕[1]，
罗　轩[2]，高　磊[2]，黄宏文[1]
（1. 中国科学院武汉植物园　武汉　430074；2. 湖北省农业
科学院果树茶叶研究所　武汉　430064）

摘　要：猕猴桃（*Actiniida chinensis* Planch.）是20世纪初成功驯化栽培的落叶果树，原产于中国，野生种质资源极为丰富，为全球猕猴桃育种和产业发展提供了重要的物质保障。本文简要介绍了我国猕猴桃资源收集保存现状，总结和回顾了20年来国家猕猴桃种质资源圃在资源安全保存技术、资源安全保存、资源有效利用等方面的研究进展，并对今后资源的研究方向进行了展望。

关键词：猕猴桃；种质资源；安全保存；有效利用

猕猴桃为猕猴桃科（Actinidiaceae）猕猴桃属（*Actinidia* Lindl.）植物，该属有54个种，21个变种，共约75个分类单元（Li et al.，2007）。猕猴桃属植物自然分布在以中国为中心，南起赤道、北至寒温带（北纬50°）的亚洲东部地区，以中国大陆为中心延伸至周边国家。猕猴桃属植物绝大多数种为中国特有种，只有尼泊尔猕猴桃（*A. strigosa*）和白背叶猕猴桃（*A. hypoleuca*）分别为尼泊尔和日本的特有分布种（黄宏文，2009）。国家猕猴桃种质资源圃（武汉）（以下简称国家猕猴桃圃）以保存猕猴桃属植物为主，至今保存有猕猴桃科植物种质资源1 471份，含66个种或变种、变型，6个种间杂交类型，其中包括150个栽培品种（系）；另创制有3万余株种间种内杂交、实生播种或化学诱变等新种质群体。

作为猕猴桃属植物的分布中心，中国猕猴桃种质资源异常丰富。早在新中国成立之初，我国园艺学家就开始了对猕猴桃属植物零星的资源调查工作，1958年华中农学院和湖北果树研究所对湖北武当山地区的猕猴桃资源进行了系统调查，1959年福建南平专区农业科学研究所对闽北地区的14个县猕猴桃资源状况进行了调查，1960年浙江黄岩柑橘研究所对当地猕猴桃资源进行了调查。到20世纪70年代，我国的果树学家开始对猕猴桃进行较为系统的资源调查与整理工作。1976—1978年，中国农业科学院郑州果树研究所与河南西峡县林科所一起，联合国内其他研究单位在完成对西峡县猕猴桃资源调查之后，又全面摸清了河南全省猕猴桃资源和野生果实的蕴藏量，为推动全国猕猴桃种质资源普查奠定了良好基础。1978年成立全国猕猴桃科研协作组后，我国猕猴桃资源与育种学家开始了对全国猕猴桃资源的深入系统研究，到1992年基本查清了我国猕猴桃资源的本底情况并基于当时收集保存的资源筛选到1 450多个猕猴桃优良单株，

早期培育的大量品种来源于其中，成为近代果树品种选育史上立足野生资源直接选育栽培品种的典型案例，对全球猕猴桃产业发展和品种结构调整产生了深远影响（黄宏文等，2012）。

基于1978—1990年对全国猕猴桃种质资源的调查，国内早期保存猕猴桃种质资源的地区和单位相对较多，如广西桂林、湖北武汉、江西庐山、河南郑州、云南昆明等地都建有猕猴桃种质资源圃，但由于巨大的人力、物力和财力投入，江西庐山、云南昆明等一批猕猴桃资源圃因缺乏有效的支持系统，而导致种质材料失管和衰败，甚至保存的物种逐年减少。国家猕猴桃圃于2009年由农业部批复建设，由中国科学院武汉植物园（以下简称武汉植物园）和湖北省农业科学院果树茶叶研究所（以下简称湖北果茶所）建设，2019年进行改扩建，目前正在建设中，将建成面积500余亩，可保存猕猴桃种质资源5 000余份，隔离、保存、鉴定等功能齐全的种质资源圃，为猕猴桃种质资源的收集、鉴定、评价提供了良好的平台条件（钟彩虹等，2021）。

除中国外，猕猴桃在新西兰、意大利、智利等国产业发展水平较高，但这些国家都没有猕猴桃野生资源的分布。新西兰是最早将猕猴桃野生资源驯化为栽培品种的国家，自20世纪70年代以来，通过各种途径收集中国的猕猴桃种质资源，在新西兰植物与食品研究所的Te Puke育种中心建有一个占地约6hm^{2}的资源圃，收集保存有猕猴桃25个种和部分栽培品种的300多份种质资源，并利用这些资源选育出了海沃德、布鲁诺、Hort16A、Gold3等猕猴桃品种（Ferguson，2007）。栽培面积占世界总面积第二位的意大利，在乌迪内大学的种质资源圃内也已引入20个种约170份资源。其他国家如韩国、日本等也根据市场的需要进行了相应的资源收集、品种选育等工作。

1 种质资源安全保存技术

国家猕猴桃圃是所有国家级种质资源圃中唯一一个由两个单位共同承担的资源圃，相比砂梨、苹果等大宗水果的种质资源圃，猕猴桃圃进入国家作物种质资源库圃系统较晚，而且在其他地区没有备份库。考虑到资源保存的安全性和高效性，资源圃的承担单位武汉植物园和湖北果茶所在进行资源的引进和保存时各有侧重，武汉植物园占地面积300亩，以收集保存野生种质资源为主，兼具一些创新种质；湖北果茶所占地面积200亩，以收集保存猕猴桃栽培品种资源为主，对于特别重要的物种和品种资源在两个圃中都有备份。

1.1 资源入圃保存技术与指标

猕猴桃是一种多年生藤本果树，猕猴桃种质资源的保存主要以无性繁殖+田间活体保存为主、对重要种质同时进行低温离体、种子低温贮藏、DNA保存。田间活体保存的入圃流程如下：①先对新引进资源进行离体鉴定，检查是否有检疫性的细菌性溃疡病菌，同时进行喷药杀菌。②再统一用美味猕猴桃砧木或其他耐涝种类砧木嫁接育苗，定植到隔离过渡圃，进一步进行种类鉴定，然后编目。③对于确定资源于冬季或夏季采取嫁接方式分类保存到圃内不同片区，中华猕猴桃、美味猕猴桃、软枣猕猴桃和毛花猕猴桃每份雌性种质田间保存 5 株、每份雄性种质田间保存 2 株；其他种类每份雌性种质保存 3 株、每份雄性种质保存 1 株。④对于不确定资源，先按雌性繁殖 3 株、雄性繁殖 2 株，营养钵保存，集中保存于过渡鉴定圃中。⑤为保存更多资源，对于树势中庸偏弱种类，采取意大利 GDC 架式，行距 4m、株距 1.2m；而对于树势强壮种类，采取行距 4.5m、株距 1.5m；对于树势特别强旺的大籽猕猴桃、对萼猕猴桃等种类，则采取行距 5m、株距 2m。相应的树型根据株行距而变，GDC 架式采取单主干单向结果枝树型、其他架式采取单主干单（双）主蔓多侧蔓树型。做到充分利用土地资源，同时行距保持在 4m 以上，有利于农业机械如履带式开沟机、履带式旋耕机、履带式运输车、打药机和自走式多功能施肥机等的使用，极大地提高了田间管理效率，减少了劳动成本投入。

猕猴桃为雌雄异株植物，在保存资源时雌雄种质合理布局，做到既保存好资源，同时又保证雄株分布合理，有利于自然授粉。因为猕猴桃属植物种类多，田间保存时野生资源按净果组种类、斑果组种类、毛被组种类、中华猕猴桃、美味猕猴桃、毛花猕猴桃、软枣猕猴桃等分区保存，中华猕猴桃和美味猕猴桃的栽培品种再按细胞染色体倍性二倍体、四倍体和六倍体分别集中保存，栽培品种区域为保证正常坐果，全园雌雄株比约 6∶1。

针对南方地区降水量大、地下水位高等特点，在资源圃部分地势较低的地块选用了资源圃自主培育的既耐涝又抗溃疡病的砧木中科猕砧 1 号，这是从对萼猕猴桃中筛选出的雌性品种，经过 9 年系统实验，表明其耐渍水、根系发达、与中华猕猴桃嫁接亲和力强、不影响接穗品种果实，随着年限延长嫁接口砧木部分目前无小脚现象，有利于猕猴桃资源的安全保存。

对重要种质资源，为保证安全，采取离体培养愈伤组织方式低温备份保存，为防止组培产生变异，控制在 4 代继代以内，并定期更新、幼苗备份等多种方式；同时建立了猕猴桃种质资源 DNA 保存技术体系，对 600 份重要核心资源采取了 DNA 保存，便于猕猴桃种质资源的遗传多样性鉴定及栽培品种的分子鉴定，为品种的新品种权保护提供分子依据。对部分重要物种，采取种子低温保存，需要时随时可以播种扩繁，种子播种后代为有性后代，因受父本影响，后代群体会发生变异，但仍保留了该物种的某些独特性状。

1.2 圃资源监测技术与指标

资源圃气象条件监测 资源圃安装有物联网系统，通过气象工作站自动定时监测并记录资源圃的气象信息包括风速、风向、太阳总辐射、空气湿度、大气压力、二氧化碳浓度、电导率、pH 值和雨量等数据，通过均匀分布在田间的土壤监测探头，定时定点对特定树体的土壤温湿度进行监测记录，为种质资源的田间管理提供参考数据。

猕猴桃种质资源生长势监测 资源圃每年到田间定期观测每份种质资源的生物学特性，包括长势、物候期、萌芽率、成枝率、果枝率、自然坐果率及结果枝坐果数，枝、叶、花、果形态特征等，树体长势分为健壮、一般和衰弱 3 级。对衰弱植株，及时登记、确定衰弱原因，对轻度弱树通过冬季重剪、加强肥水管理等栽培措施复壮，对重度弱树及时保存接穗、培育嫁接幼苗备份，冬季再重新定植。利用远程视频监控系统对全园猕猴桃生长进行24小时监测，及时发现突发状况、自然灾害等造成的树体损毁等异常情况，便于及时采取补救措施，避免资源丢失。

猕猴桃种质资源主要病虫害状况监测及防治　资源圃注重病虫害的预测预报，对病害以预防为主，加强关键时期的预防用药，对虫害是见虫杀虫，关键时期及时用药。重点监测细菌性溃疡病、根腐病、病毒病、膏药病等易导致树势衰弱或影响资源保存安全的病害，及介壳虫、叶蝉、金龟子、斜纹夜蛾、蜗牛等影响保存安全的重要虫害，安排专人定期监测园区所有树体的发病情况，若发现早期症状及时进行处理，以防病虫情蔓延导致易感病资源的丢失。田间安装虫情测报系统，主要通过虫情测报灯对害虫进行诱捕收集、高清拍摄、远程传输与诊断，在虫害爆发前采取有效手段进行控制。

1.3　资源繁殖更新技术与指标

繁殖更新技术主要包括：实生播种、嫁接、扦插、组培，实生播种主要用于培育砧木和野外收集种质资源的保存，砧木要求一年生实生苗冬季达到嫁接要求，主干离地面5cm处粗度超过0.6cm，越粗越好。对于易生根的种质可采取扦插繁殖或组培繁殖，如对萼猕猴桃、大籽猕猴桃、梅叶猕猴桃、软枣猕猴桃等；不易生根的种质采取嫁接繁殖，如中华猕猴桃、美味猕猴桃、毛花猕猴桃等种类，砧木一般采用美味猕猴桃实生苗或从对萼猕猴桃、大籽猕猴桃中选出的高抗专用砧木。

武汉植物园为解决特异猕猴桃种质资源及组织培养相关种质中间材料保存难、生根难等问题，研发了两项微嫁接的技术。这两项技术同时解决了野外引种材料因原生境地域差异大而引种栽培成活率低的问题，以及因季节因素影响引种材料普通嫁接或扦插成活率低的问题。

（1）离体猕猴桃资源的微嫁接。将待保育的猕猴桃硬枝经水培萌发嫩梢，以经过消毒、诱导并继代培养的组培苗为接穗，以优良实生苗为砧木，以劈接法嫁接，套自封袋保湿培养，按猕猴桃种苗常规栽培方法管理。采用微嫁接的操作手段，将离体材料主茎作为接穗直接嫁接到实生播种的砧木物种枝条上，伤口愈合良好，成活率可达80%以上，这项技术加快了组培保存的优良种质扩繁到大田的速度，使其尽快进入结果期。

（2）猕猴桃资源的离体嫁接。将待保育的猕猴桃种质资源硬枝水培萌芽后，切取嫩芽经过消毒、无菌诱导培养获得组培苗为接穗，以优良砧木离体保育材料为嫁接砧木，以劈接法无菌嫁接，嫁接体置于砧木生根培养基中诱导生根，生根成活后驯化移栽，按组培苗的常规栽培方法管理。

1.4　资源备份技术与指标

针对猕猴桃属植物的骨干物种、重要育种亲本及核心种质，同时在武汉植物园和湖北果茶所田间保存备份；针对重要资源采取离体组织培养备份保存、定期继代更新，田间变弱时，及时生根繁殖幼苗补足田间份数。目前武汉植物园离体组织培养保存了32份重要种质，武汉植物园园区和湖北果茶所园区田间同时保存31份种质。

2 种质资源安全保存

2.1 各作物（物种）保存情况

国家猕猴桃圃于2009年经农业部批复开始建设，主要对当时的硬件设施进行了提档升级，改扩建项目于2019年批复建设，目前田间工程基本完工，资源圃功能更加完善。截至2022年2月，资源圃大田共保存猕猴桃科种质资源1 471份，含猕猴桃属资源1 470份，水冬哥属资源1份。猕猴桃属种质类型包括中华猕猴桃和美味猕猴桃及以其为亲本杂交获得创新种质累计1 193份、软枣猕猴桃等可食用的净果组种质123份、毛花猕猴桃种质42份、其他种类共112份，隶属于猕猴桃属75个分类单元的51个种或变种，加上变型累计达65个，是目前全球收集保存猕猴桃物种资源最为丰富的资源圃。对照国家林业和草原局、农业农村部2021年第15号公告《国家重点保护野生植物名录》，资源圃保存了5种二级保护植物。对照覃海宁等对中国被子植物濒危等级评估认为猕猴桃中有48个种受到威胁，资源圃中保存有37个种（覃海宁等，2017）。此外，国家猕猴桃圃还保存了三叶木通种质资源53份（表1）。

国家猕猴桃圃自2012年承担国家作物种质资源保护项目以来，至2022年2月年新增田间保存猕猴桃属种质资源687份［其中“第三次全国农作物种质资源普查与收集行动”（以下简称第三次资源普查）累计提交56份］，其中国外引进资源5份，野生种质资源493份，主要收集自贵州、云南、四川、湖南、湖北、陕西、福建、广西、广东、浙江、东北等猕猴桃主要分布地区。2021年通过与湖北宜昌市农业农村局种子管理站合作开展宜昌地区的猕猴桃野生资源调查，同时接收全国各地第三次资源普查的资源，累计新收集野生种质资源956份（其中第三次资源普查累计提交278份），涉及到23个种，其中收集到20份高维生素C、40份南方软枣猕猴桃的野生种质，已繁殖苗木临时保存，将在过渡圃3~4年表型鉴定再择优入田间圃固定保存（表1）。

表1 国家猕猴桃圃资源保存情况

作物名称	截至2022年2月保存总数					其中2012年以来新增保存数			
	种质份数（份）			物种数（个）		种质份数（份）		物种数（个）	
	总计	其中国外引进	其中野外或生产上已绝种	总计	其中国外引进	总计	其中国外引进	总计	其中国外引进
猕猴桃属	1 470	10	0	65	1	687	6	6	0
水冬哥属	1	0	0	1	0	1	0	1	0
木通属	53	0	0	2	0	53	0	2	0

2.2 保存的特色资源

截至2022年2月28日，国家猕猴桃圃保存有猕猴桃科资源66个种（变种、变型)，其中珍稀濒危物种5个，受威胁资源27个，具有食用价值的种类23个。这些资源中包括生产利用品种资源204份，抗溃疡病资源100份，抗果实软腐病资源10份，高维生素C种质资源40份，皮可食用资源53份，观赏价值资源21份。

其中《国家重点保护野生植物名录》中公布的5种猕猴桃，即软枣猕猴桃（*Actinidia arguta* Planchon ex Miquel）、中华猕猴桃（*A. chinensis* Planchon）、金花猕猴桃（*A. chylindrica* C. F. Liang）、条叶猕猴桃（*A. fortunatii* Finet and Gagnepain）和大籽猕猴桃（*A. macrosperma* C. F. Liang），资源圃中均有保存。

其次，累计保存了《中国珍稀濒危植物名录》中猕猴桃种质资源27种，详见表2。

表2　国家猕猴桃圃保存的珍稀种类※

编号	种名	拉丁名	编号	种名	拉丁名
1	软枣猕猴桃	*Actinidia arguta*	15	狗枣猕猴桃	*A. kolmikta*
2	硬齿猕猴桃	*A. callosa*	16	滑叶猕猴桃	*A. laevissima*
3	中华猕猴桃	*A. chinensis*	17	小叶猕猴桃	*A. lanceolata*
4	红肉猕猴桃	*A. chinensis* var. *rufopulpa*	18	阔叶猕猴桃	*A. latifolia*
5	绿果猕猴桃	*A. deliciosa* var. *chloroearpa*	19	桂林猕猴桃	*A. guilinensis*
6	金花猕猴桃	*A. chrysantha*	20	大籽猕猴桃	*A. macrosperma*
7	柱果猕猴桃	*A. cylindrica*	21	黑蕊猕猴桃	*A. melanandra*
8	毛花猕猴桃	*A. eriantha*	22	河南猕猴桃	*A. henanensis*
9	粉毛猕猴桃	*A. farinosa*	23	葛枣猕猴桃	*A. polygama*
10	簇花猕猴桃	*A. fasciculoides*	24	清风藤猕猴桃	*A. sabiifolia*
11	华南猕猴桃	*A. glaucophylla*	25	安息香猕猴桃	*A. styracifolia*
12	黄毛猕猴桃	*A. fulvicoma*	26	对萼猕猴桃	*A. valvata*
13	大花猕猴桃	*A. grandiflora*	27	葡萄叶猕猴桃	*A. vitifolia*
14	长叶猕猴桃	*A. hemsleyana*			

※：中国珍稀濒危植物名录中猕猴桃种类是按梁畴芬分类系统命名。

3　保存资源的有效利用

国家猕猴桃圃虽然是最新一批建设的果树种质资源圃，但基于两个承担单位前期的资源收集与研究基础，对猕猴桃产业发展、精准扶贫与乡村振兴、遗传育种、基础研究和科普展览等方面均起到了良好的资源支撑。如支撑了四川、贵州、湖北、湖南、云南、浙江、江西等全国21个省（区、市）猕猴桃的产业发展，科技成果对农村精准扶贫、乡村振兴或美丽乡村建设均起到了重要推动作用。利用收集保存的资源开展猕猴桃重要农艺性状的形态鉴定、生理与分子鉴定，种质创新及重要性状的遗传规律等各类基础研究，支撑选育猕猴桃优良品种 53 个（31 个获得品种审定或品种权证书，22 个获得新品种保护受理），同时支撑国家自然科学基金项目（8 个）、国家重点研发项目（2 个）、中国科学院战略先导专项和 STS 重大项目等专项（累计 14 个）、湖北省重大科技专项等各类科研项目 79 项。

3.1 支撑新品种培育

国家猕猴桃圃利用收集的种质资源，不断开展新品种培育，在早期野外选优的基础上，开展大量的种间种内杂交、实生播种、化学诱变等多种方法创制种质，培育新品种。首先，自 2000 年之后武汉植物园先后选育出 44 个新品种，其中仅通过审定的品种有 7 个，既通过审定又获得品种权 12 个，仅获得品种权 6 个，获得受理保护的 19 个。其中‘金桃’‘金艳’和‘东红’及配套雄性品种‘磨山 4 号’均实现了国际商业化，在国内也成为重要的主栽品种，特别是利用收集的种质资源率先在国内开展种间杂交，并推出国际上第一个具有商业价值的种间杂交品种‘金艳’，实现全球商业化推广，迅速成为国内最大的黄肉品种，最高峰时全国种植面积近 30 万亩；‘东红’是推出的第二代高抗果实软腐病的红心猕猴桃品种，2019 年获得国际果蔬展上品种创新金奖，已成为国内第三大主栽品种，种植面积超过 30 万亩，仍在迅速扩张中；10 个配套雄性品种，解决了目前中华猕猴桃、美味猕猴桃栽培品种雄性品种缺少的问题；获得 5 个风味品质优且高抗溃疡病、既耐涝又抗旱的种间杂交无毛绿肉新品种，5 个高抗溃疡病、果大味美的绿肉新品种，3 个高维生素 C（比普通品种高 4~8 倍）且风味浓甜的种间杂交毛花绿肉新品种，3 个适宜于华中地区的软枣猕猴桃新品种，3 个不同花期的配套雄性品种（表 3）。利用收集的种质资源创建种间种内杂交、实生播种、化学诱变等群体 75 个，先后获得新种质群体近 5 万余株，从中初步筛选出 800 多个优良单株进入子代鉴定，为后期品种培育奠定坚实基础。

表 3　国家猕猴桃圃培育的猕猴桃新品种

编号	品种名+性别	品种权号或审定号	编号	品种名+性别	品种权号或审定号
1	金早	国 S-SV-AC-016-2005	23	磨山雄 5 号 ♂	国 R-SV-AC-005-2014 CNA20182121. 6
2	金桃	国 S-SV-AC-018-2005	24	满天红 2 号	CNA20172333. 1
3	磨山 4 号 ♂	国 S-SV-AC-016-2006	25	RC197	CNA20172334. 0
4	武植 3 号	国 S-SV-AC-017-2007	26	中科猕砧 1 号	20191003255
5	金铃	鄂 S-SV-AC-001-2007	27	中科猕枣雄 1 号 ♂	20191003691
6	江山娇	鄂 S-SV-AC-003-2007	28	磨山雄 6 号 ♂	20191003837
7	超红	鄂 S-SV-AC-002-2007	29	磨山雄 7 号 ♂	20191003838
8	金艳	国 S-SV-AE-019-2010 CNA20070118. 5	30	中科绿猕 1 号	20191005567
9	满天红	国 S-SV-AM-016-2014 CNA20090901. 7	31	中科绿猕 2 号	20191005935
10	金霞	国 S-SV-AC-017-2005 CNA20110710. 4	32	中科绿猕 3 号	20191005934

（续表）

编号	品种名+性别	品种权号或审定号	编号	品种名+性别	品种权号或审定号
11	东红	国 S-SV-AC-031-2012 CNA20110624. 9	33	中科绿猕 4 号	20191005929
12	金圆	国 S-SV-AC-030-2012 CNA20120253. 6	34	中科绿猕 5 号	20201000126
13	金玉	CNA20130313. 3	35	中科绿猕 6 号	20201000127
14	金梅	国 S-SV-AJ-015-2014 CNA20130340. 0	36	中科绿猕 7 号	20201000125
15	猕枣 1 号	鄂 R-SV-AA-003-2014 CNA20130341. 9	37	中科绿猕 8 号	20201000155
16	猕枣 2 号	鄂 R-SV-AA-004-2014 CNA20130342. 8	38	中科绿猕 9 号	20201000071
17	金美	CNA20161288. 9	39	中科绿猕 10 号	20191005931
18	东玫	CNA20161286. 1	40	中科绿猕 11 号	20191005928
19	绿珠	CNA20161287. 0	41	中科绿猕 12 号	20191005932
20	磨山雄 1 号 ♂	国 S-SV-AC-014-2014 CNA20182118. 1	42	中科绿猕 13 号	20201006467
21	磨山雄 2 号 ♂	鄂 S-SV-AC-003-2014 CNA20182119. 0	43	中科猕砧 2 号	20201006456
22	磨山雄 3 号 ♂	鄂 S-SV-AC-004-2014 CNA20182120. 7	44	C4	20211000311

湖北果茶所利用收集的种质资源开展新品种培育，已推出新品种 6 个，受理保护 3 个。同时构建了‘金魁’定向杂交群体，研究‘金魁’优良性状遗传规律。目前已完成 F_1 群体的倍性、性别和主要果实性状的表型鉴定，F_2 群体也已定植，即将进入结果期。F_1 群体性别分离基本符合 1∶1 分离比例，后代单株以六倍体为主，有部分四倍体和少量二倍体。对 F_1 群体已结果单株果实单果重，采收干物质含量，后熟可溶性固形物含量、维生素 C 含量、可溶性糖含量和可滴定酸含量进行了测定，优良单株已授权猕猴桃植物新品种权 1 个，在 DUS 测试的优株 20 份。利用抗病早熟黄肉猕猴桃‘金农’‘金怡’制备了实生群体，分别已定植 257 株与 463 株，其中‘金农’群体在 2021 年已有部分单株挂果。系列新种质创新为后续品种培良奠定基础。

3.2 对基础研究的支撑

种质资源通过分发利用、与其他科研单位合作等多种方式，支撑了 6 个国家自然科学基金和 2 个国家重点研发专项、1 个中国科学院战略先导专项（A 类）的基础研究的开展。

第一，开展核心种质资源的挖掘。国家猕猴桃圃对野生猕猴桃资源的倍性和遗传多样性开展了系统研究，揭示了猕猴桃的倍性地理格局和可能的遗传多样性中心（Wang et al.，2021）。此外，武汉植物园和华南植物园联合对收集的猕猴桃物种资源进行重测序，研究各物种间的起源关系和多样化的原因（Liu et al.，2017）。近年来，武汉植物园评估了种质资源接穗和砧木的相容性（Li et al.，2021），为砧木育种奠定了基础；系统测定了猕猴桃对不同光的强度和光质的反应，为选育适应强光的品种提供了翔实数据（Liu et al.，2022）。

第二，开展野生资源溃疡病抗性鉴定评价。对国家猕猴桃圃收集保存的893份野生种质资源开展溃疡病抗性鉴定，采用活体嫁接苗和离体枝条接种细菌性溃疡病菌方法，最终确定了100余份抗性种质，结果表明参与鉴定的物种不同基因型资源对溃疡病的抗性均有分化，从对萼、大籽、毛花及网脉等物种中均找到抗性特别强的种质，而中华猕猴桃品种中，以金农、皖蜜、金魁、翠玉及金丰等为高抗品种。

第三，开展了对果实软腐病的初步抗性评价。对其中具有重要经济价值的品种资源55份进行了致病力最强的 *D. actinidiae* 菌株菌块及孢子液人工接种果实实验，筛选获得10余份高抗种质。同时利用4种主要病原菌人工接种果实，系统评估了国家猕猴桃圃内55个主栽猕猴桃品种品系的软腐病抗性，获得了高抗及中抗品种10个，譬如川猕2号、东红、和平1号、建科1号、金桃、金霞、金圆、武植3号、长安1号、桂海4号等（李黎等，2020），结合多年田间调查结果，‘东红’是目前生产中所有中华猕猴桃（含美味）中对软腐病抗性最强的品种。

武汉植物园依托国家猕猴桃圃保存的资源开展研究，2012—2021年累计发表SCI论文33篇，CSCD论文35篇。

湖北果茶所依托保存的种质资源，同样开展了系列基础研究。①猕猴桃离体快繁体系：建立了中华猕猴桃品种金怡、金农、建香等进行组织培养，得到组培苗并进行继代扩繁。②猕猴桃多倍体诱导：利用秋水仙素诱导二倍体的中华猕猴桃与软枣猕猴桃的染色体加倍，获得加倍后的组培苗以及植株。③猕猴桃抗溃疡病研究：一是利用抗病品种‘金魁’为母本，创制了猕猴桃杂交群体 F_1 与 F_2 后代单株1万余株，目前完成了10个群体单株的溃疡病离体抗性鉴定，筛选出抗感分离明显的群体2个，可用于后续的抗溃疡病基因水平研究。二是利用转基因技术研究猕猴桃抗溃疡病机理，对在溃疡病侵染过程中诱导表达的漆酶基因 *Lac35*，构建超表达载体并转化猕猴桃叶片，已得到发红色荧光的阳性愈伤及部分阳性芽。

3.3 对猕猴桃产业发展及国家精准扶贫等重大任务的支撑

建圃以来，就致力培育优良品种，支撑产业发展。自2006年开始至今，先后累计推广优良品种金艳、金桃、东红、金圆、金梅等，主要在湖北、四川、贵州、湖南、陕西、江西、浙江、福建等省份推广新品种（含配套雄性品种）累计63万余亩，其中‘东红’超30万亩，成为国内第三大栽培面积的品种，其他黄肉品种超30万亩。新品种及配套生产技术的推广，推动全国猕猴桃产业的种植面积累计近29万 hm^2，年产量达320万t（钟彩虹等，2021）。特别是四川蒲江县（12万亩）、湖北浠水县（1万亩）等县的猕猴桃产业从无到有、再到成为主导产业，均是得益于种质资源圃推广的优良品种‘金艳’‘东红’和‘金桃’等。贵州水城县因推广品种‘东红’种植区域上升200~300m，种植面积从2012年不到2万亩，发展到2020年的20.8万亩，成为当地脱贫攻坚的支柱产业。猕猴桃成为全国众多贫困地区或农村的“脱贫果”“致富果”

“生态果”和“创业果”。

湖北果茶所主要针对湖北省猕猴桃产业发展给予支撑，如长阳中武当猕猴桃专业合作社位于长阳鸭子口乡天柱山村三组，成立于2008年，以猕猴桃种植、销售为主。历经多年发展后发现，引入的本单位选育出的‘金魁’猕猴桃品质优良、抗病、耐粗放管理，给合作社奠定了猕猴桃的种植基础，多年来均保证了产量和收益，发挥出了优良品种对产业扶贫以及乡村振兴的作用。其次是建始县晶晶果品专业合作社位于建始县业州镇罗家坝村四组，整个建始县原本以种植红阳为主，但溃疡病蔓延后猕猴桃产业受到毁灭性打击。但晶晶果品专业合作社也引进了‘金魁’猕猴桃，经受住了病害考验，直接减少了合作社的经济损失，也给产业发展保留了希望。

3.4 开展科普展示活动

国家猕猴桃圃的依托单位之一武汉植物园磨山园区为4A级景区，长期对外开放，每年接待大量的游客，特别是对武汉市及周边区域的中小学生开放，普及猕猴桃的基础知识。2020年9月20日至10月28日，按农业农村部种子管理局的要求实施科普开放月活动，通过“品、看、学”等形式组织策划向公众的猕猴桃果实展，科普知识图文展、科普大咖直播、专家科普讲堂、自然课堂、猕猴桃摄影采风等活动，使公众全方位了解国家猕猴桃圃。直接参与本次活动的公众人数达800余人，参观本次资源圃和科普展的公众人数约5万人。来自中新网、央视频、湖北电视台、武汉晚报、湖北日报等十多家媒体参与了活动的报道，共发布原创新闻64篇。在央视频、湖北日报融媒体平台、长江日报直播平台、武汉电视台直播平台上累计直播观看量36.6万人次。向公众全面展示了我国猕猴桃丰富的种质资源和资源开发利用成果，介绍了猕猴桃种质资源在保障和促进我国猕猴桃产业的发展、推进农业科技原始创新与现代种业发展所作的贡献。

4 展望

4.1 收集保存

第一，针对猕猴桃属植物，根据中国珍稀濒危植物名录，加大力度收集名录中的猕猴桃种类，特别是目前未收集保存到的种类，如肉叶猕猴桃、条叶猕猴桃、圆果猕猴桃、城口猕猴桃等。

第二，围绕栽培种类中华猕猴桃、美味猕猴桃、毛花猕猴桃和软枣猕猴桃，开展不同生态环境区域的种质收集，通过分子标记辅助鉴定，保存优异种质资源。

第三，针对具有高抗逆境的特殊物种资源，加大不同生态环境区域的种质收集，以鉴定出更多高抗溃疡病或耐涝耐旱的种质，为培育更多砧木品种奠定基础。

4.2 安全保存技术

国家种质资源圃的主要任务就是资源的安全保存，除了田间保存加强安全保卫外，从技术上未来将重点研究：夏季嫩枝嫁接的时期及方法、冬季枝条的低温离体保存、组培形成的愈伤组织低温保存、高抗砧木的扩繁及嫁接时期与方法、特殊种质的种子低温保存等系列技术，以达到一年四季可扩繁、可长期室内保存重要种质资源的目的。

为加强田间保存的成活率及生存寿命，充分利用土地，未来将重点研究不同类型资源的 GDC 架式的整形修剪技术，宜机化的土肥水管理技术，改良的三当育苗技术。

4.3 挖掘利用

针对我国猕猴桃产业中存在的细菌性溃疡病、根腐病及果实软腐病严重，导致成园率低、单产低或采后损失大等严重问题，下一步将加强优异种质资源的挖掘，在保证果实品质优、丰产稳产的前提下，重点挖掘高抗细菌性溃疡病、果实软腐病、根腐病及耐涝、耐寒、耐热等优异资源及重要农艺性状的相关联基因、开发分子标记，用于改良现有栽培品种。

参考文献

黄宏文，钟彩虹，姜正旺，等，2012. 猕猴桃属：分类　资源驯化　栽培［M］. 北京：科学出版社.

黄宏文，2009. 猕猴桃驯化改良百年启示及天然居群遗传渐渗的基因发掘［J］. 植物学报，44：127-142.

李黎，潘慧，邓蕾，等，2020. 猕猴桃真菌性软腐病的发生规律及综合防治技术［J］. 中国果树（6）：1-5.

覃海宁，赵莉娜，于胜祥，等，2017. 薛纳新中国被子植物濒危等级的评估［J］. 生物多样性，25（7）：745-757.

钟彩虹，黄文俊，李大卫，等，2021. 世界猕猴桃产业发展及鲜果贸易动态分析［J］. 中国果树（7）：101-108.

Ferguson A，2007. The need for characterisation and evaluation of germplasm：Kiwifruit as an example［J］. Euphytica，154，371-382.

Li D W，Han F，Liu X Y，et al.，2021. Localized graft incompatibility in kiwifruit：Analysis of homografts and heterografts with different rootstock & scion combinations［J］. Scientia Horticulturae，283：110080.

Li J Q，Li X W，Soejarto D D. Actinidiaceae［A］// Wu Z Y，Raven P H，Hong D Y. Flora of China：Vol. 12［M］. Beijing：Science Press：334-360.

Liu X Y，Yang M J，Xie X D，et al.，2022. Effect of light on growth and chlorophyll development in kiwifruit ex vitro and in vitro［J］. Scientia Horticulturae，291：110599.

Liu Y，Li D，Zhang Q，et al.，2017，Rapid radiations of both kiwifruit hybrid lineages and their parents shed light on a two-layer mode of species diversification［J］. New Phytol，215：877-890.

Wang Z，Zhong C H，Li D W，et al.，2020. Cytotype distribution and chloroplast phylogeography of *Actinidia Chinensis* complex［EB/OL］. Research Square. DOI：10. 21203/rs. 3. rs-64406/v1.

国家桑树圃（镇江）种质资源安全保存与有效利用

刘　利，张　林，赵卫国，方荣俊，潘　刚，晁　楠
（中国农业科学院蚕业研究所　镇江　212018）

摘　要：桑树是桑科桑属多年生木本植物，我国是桑树的重要起源中心，桑树种质资源分布广泛、数量众多、类型各异。20 年来，国家桑树圃广泛开展了桑树种质资源收集，实现了种质资源安全保存，创新了种质资源鉴定评价，推动了种质资源有效利用。目前保存 13 个桑种 3 个变种各类桑树种质资源2 519份，类型和数量继续位居世界首位；筛选出各类优异资源，在科学研究、品种选育、人才培养、产业发展、科普教育、国际合作等方面取得显著成效。

关键词：桑树；种质资源；安全保存；有效利用

中国是世界蚕业的发源地，已有5 000多年的蚕丝文明。中国也是桑树的重要起源中心，各地均有桑树分布。桑树属桑科（Moraceae）桑属（*Morus* L.），是落叶性多年生木本植物，主要作为家蚕饲料植物广泛栽培，近年来其多种价值被开发利用。桑树被普遍认为起源于北半球，特别是喜马拉雅山脉，延伸到南半球的热带地区。第三纪早期桑科化石的发掘进一步证实了桑树起源于北半球，后来迁移到南半球。还有研究者通过分子系统分析，发现桑科植物起源于中白垩纪，在第三纪沿着多条路径向世界扩散，揭示了桑科植物的早期多样化在欧亚大陆，后移至南半球（Zerega et al.，2005）。地质古植物学研究认为，桑树是属于西藏第三纪的植物之一。时至今日，在西藏仍有大面积的古桑群落，说明西藏地区是桑的起源地之一（王登成，1985）。

作为桑树重要起源中心，我国桑树种质资源丰富，种类众多，分布广泛。国家桑树种质资源圃（镇江）（以下简称国家桑树圃）位于江苏省，由“七五”国家科技计划资助，依托中国农业科学院蚕业研究所建设，于 1990 年建成并通过国家验收。截至 2021 年 12 月，保存收集于中国 29 省（自治区、直辖市）以及 16 个国家的桑树地方品种、育成品种、选育品系、育种材料、野生资源等2 519份，分属鲁桑（*M. multicaulis* Perr.）、白桑（*M. alba* Linn.）、山桑（*M. bombycis* Koidz.）、广东桑（*M. atropurpurea* Roxb.）、瑞穗桑（*M. mizuho* Hotta.）、鸡桑（*M. australis* Poir.）、长穗桑（*M. wittiorum* Hand. - Mazz.）、长果桑（*M. laevigata* Wall.）、华桑（*M. cathayana* Hemsl.）、蒙桑（*M. mongolica* Schneid.）、黑桑（*M. nigra* Linn.）、暹罗桑（*M. rotunbiloba* Koidz.）、滇桑（*M. yunnanensis* Koidz.）等 13 个桑种及鬼桑（*M. mongolica* var. *diabolica* Koidz.）、大叶桑（*M. alba* var. *macrophylla* Loud.）、垂枝桑（*M. alba* var. *pendula* Dipp.）等 3 个变种。是世界上最大的桑树种质资源库，保存资源的物种多样性、形态特征多样性、生

物学特性多样性均十分丰富，在全世界桑树种质资源保存中占有重要地位。

我国河北、山西、辽宁、吉林、黑龙江、浙江、安徽、江西、山东、广东、广西、湖北、湖南、河南、四川、云南、新疆等省（区、市）蚕业研究机构，以及西南大学、西北农林科技大学、浙江大学、苏州大学、华南农业大学、山东农业大学、安徽农业大学等高等学校也保存有数量不等的桑树种质资源，以保存所在地区的资源为主。除中国外，印度和日本保存的桑种质资源较多，研究也较为深入。印度于1991年建立国家蚕业种质资源中心（CSGRC），CSGRC承担国家植物遗传资源局桑树种质资源管理的职能，保存各类桑树种质资源1 100份，这些种质来源于26个国家，分属13个桑种，其中印度本国种质836份（占76%），引进种质264份（占24%）（Thangavelu et al., 2002）。日本的蚕桑产业规模虽然很小，但其国立农业生物资源研究所（NISES）仍重视桑树种质资源相关研究工作，其收集保存有本国及从国外引进的1 300份桑树种质资源。巴西圣保罗畜牧试验站、意大利畜牧研究所、保加利亚蚕业试验站、美国等保存有一定数量的桑树种质资源。

1　种质资源安全保存技术

二十年来，国家桑树圃通过创新桑树种质资源繁育更新技术、改革树型养成形式、改善资源保存设施，实现了各类种质资源的安全保存。在繁育更新方面，先后采用温床育苗、室内嫁接垛式催芽育苗，配合采用高枝嫁接、简易芽接等形式，提高了繁育效率，保证了不同时期采集资源的适时繁殖保存。在树型养成方面，采用低中干与高干相结合，实现了不同类型种质的健壮生长。在保存设施方面，实施了两期资源圃建设项目，完善了圃内道路沟渠及保存与研究温室，提高了资源安全保存水平。

1.1　资源入圃保存技术与指标

资源入圃保存技术　国家桑树圃资源主要采用无性系嫁接苗种植于田间方式保存。以低干树型为基本树型，每年进行春伐，保持和控制树型。同时，针对不同类别种质资源的生长特性，养成不同的树型。对于不耐剪伐的种质，改低干式养成为大灌木或小乔木养成，不进行春伐或夏伐，仅进行适当修剪整形，提高了枝条的充实程度，减少剪伐对树体的损害，增强树势。另外，将部分容易受冻害影响的种质栽植于专用温室内进行保存。通过这些措施，实现了种质的安全保存。近十年来，与中国农业科学院作物科学研究所合作，开展了超低温保存技术研究，通过优化处理措施，完善超低温保存材料的嫁接技术，获得了初步成功。

资源保存指标　以低干树型养成的资源，每份保存5~6株，株距0.75m、行距2.0m、种质间距1.2m。以大灌木及小乔木养成的资源，加大株行距，株距2.0m，行距4.0m，种质间距3.0m，每份保存3~4株。

1.2　圃资源监测技术与指标

资源监测技术　资源监测主要包含3个方面：保存状态、病虫为害、生态因子。种质圃管理人员定期对圃内资源生长状态及保存植株数进行监测，发现病虫为害严重，长势明显衰弱，或者保存株数低于应保存株数时，及时进行记载种质名称和圃位，在休眠期采集适于繁殖的穗条，进行重新繁殖。生长季节，注意监测病虫害发生情况，为科学防治提供参考。资源圃内安装自动气象站，开展资源圃内生态因子监测和记录，为开展资源生长发育与生态环境相关性研究提供基础数据。

资源监测指标 保存状态方面，主要监测长势及保存植株数两项指标，凡是低于最低保存数量的，记入拟繁种质清单。病虫方面，对所有桑树病虫害都进行监测，重点监测易于成灾，对资源安全保存有严重影响的桑黄化型萎缩病、桑花叶型萎缩病、桑天牛、桑象虫、桑尺蠖等为害情况。如有萎缩病发生，立即挖除病株，避免传播；如有桑天牛发生，立即采用注射药剂方法治虫保干；在发芽季节如有桑象虫、桑尺蠖发生，立即采取人工捕捉与化学防治相结合的方法除虫保芽。其他病虫如有严重发生，立即采取相应措施，防止对资源长势产生不良影响。

1.3 圃资源繁殖更新技术与指标

资源繁殖更新技术 桑树资源一般采用嫁接方式进行繁殖更新，集中批量繁殖更新时采用袋接法。近年来，将温床育苗法引入桑种质繁育更新。由于温床内地温升高，嫁接体顶土时间仅为原来的1/3，大多数难繁种质嫁接成活率提高20%左右，其余种质嫁接成活率亦由原来的60%~70%提高到90%~95%。为进一步提高繁育效率，建立了室内嫁接垛式催芽为核心技术的高效育苗技术体系，大大提高了嫁接体的成苗率，该技术较之前的温床育苗法更简单，便于操作，同时适合大规模育苗。在生长季节收集或接收的种质资源，不适宜采用袋接方式进行繁殖时，采用芽接方式，将其嫁接在事先准备的植株上，长成健壮的枝条，在适宜的时候再剪取穗条重新繁育苗木，栽植入圃。在实践中，根据穗条情况，分别采用简易芽接、方块芽接等方法均取得较好的效果。

资源繁殖更新指标 繁殖更新指标包括三方面：一是什么情况下繁殖，二是繁殖数量，三是繁殖更新的技术指标。当资源受到病虫严重影响，长势衰弱，或者保存植株数低于最低保存数时，启动繁殖更新程序。采集繁殖用穗条，选用粗细适中、桑芽饱满的一年生健壮枝条，数量以有 30 个以上可用芽为低限。嫁接数量要求：栽培种 20 株以上，野生种 40 株以上。苗圃栽植行距 30cm 以上，株距 10cm 以上。每份种质均应挂标签，标明种质名称或者编号。起苗时按种质逐株起苗，以防混杂。起苗深度在 30cm 以上，做到少伤主根，不碰伤苗干。起苗后将每份种质的苗木捆在一起，挂 3 只以上标签，必要时每株挂 1 只标签，并将标签夹入枝干间，防止脱落，确认无误后方可出圃。起苗后，及时进行更新栽植入圃。栽植后，应对每份更新种质的植物学特征、生物学特性与原种质植株进行核对，确认无误后及时修正定植图。

1.4 圃资源备份技术与指标

资源备份技术 备份保存是桑树种质资源安全保存的重要方式，目前主要有两种方式。一是将所有资源在不同的保存地进行田间栽植保存，二是田间保存的同时进行超低温保存。桑树种质资源的备份保存始于对不耐剪伐资源及易受冻资源进行的备份，除按常规方式田间保存外，将不耐剪伐资源同时养成大灌木或小乔木形式保存，将易受冻资源栽植入温室保存。近十年来，国家桑树圃对所有资源都进行了异地备份保存，建成了异地保存圃。但此项工作耗费成本较高，备份圃的运转还处于探索中。超低温保存是一种新型的备份保存技术，节省保存空间，已取得初步成功。

资源备份指标　备份资源保存以大灌木或小乔木树型养成，每份保存3~4株，株距1.5m、行距3.0m、种质间距2.0m。

2　种质资源安全保存

2.1　桑树种质资源保存情况

截至2021年12月，已保存来自中国29省（自治区、直辖市）及16个国家的桑树地方品种、选育品种、野生资源、品系、遗传材料等2 519份（表1），分属13个桑种3个变种。其中国内资源2 317份（占91.98%）、国外资源202份（占8.02%），地方品种1 190份（占47.24%）、选育品种103份（占4.09%）、野生资源307份（占12.19%）、品系825份（占32.75%）、遗传材料86份（占3.41%），白桑1 012份（占40.17%）、鲁桑920份（占36.52%）、山桑21份（占0.83%）、广东桑185份（占7.34%）、瑞穗桑21份（占0.83%）、鸡桑44份（占1.75%）、长穗桑16份（占0.64%）、长果桑48份（占1.91%）、华桑95份（占3.77%）、蒙桑64份（占2.54%）、黑桑1份（占0.04%）、暹罗桑3份（占0.12%）、滇桑2份（占0.08%）、鬼桑33份（占1.31%）、大叶桑6份（占0.24%）、垂枝桑2份（占0.08%）。

2001年以来，新增编目入圃保存桑树种质资源639份，分属10个桑种2个变种，其中从国外引进76份，分属3个桑种1个变种。桑树种质资源多样性进一步丰富，特别是增加了加拿大、德国、埃塞俄比亚、韩国、罗马尼亚、乌兹别克斯坦等国家桑树种质资源的保存。

表1　国家桑树圃资源保存情况

作物名称	截至2021年12月保存总数					其中2001年以来新增保存数			
	种质份数（份）			物种数（个）		种质份数（份）		物种数（个）	
	总计	其中国外引进	其中野外或生产上已绝种	总计	其中国外引进	总计	其中国外引进	总计	其中国外引进
桑树	2 519	202		16	9	639	76	12	4

2.2　保存的特色资源

近十年来，加大了对古老、珍稀、濒危、野生资源的收集保存力度，开展了福建、甘肃、广西、贵州、河北、河南、黑龙江、湖北、湖南、江西、山东、山西、西藏、新疆、云南等10余个省（自治区）古桑资源的考察与收集工作，调查了上述地区85个县（市、区）的古桑资源分布与保存现状，收集各类桑树种质资源237份。目前已入圃保存各类古老、珍稀、濒危及野生资源121份，约占保存资源总数的4.8%。另外，还有白色果、垂枝、深裂叶、染色体多倍性、短节距、高椹梗比、高发芽率等性状特异种质139份，占总保存资源的5.5%。

2.3 典型特色资源

在位于毕节市大方县考察到"贵州桑树王"，这棵千年古桑树高约30m，胸围8m，平均冠幅23m。树干高耸，树冠遮天蔽日；根盘高隆，抱紧突出的岩石，沿着石缝蜿蜒20余米，傲然挺立。由于受2008年雪灾影响，桑树部分主要枝干被折断，严重影响了古桑的健康状况，加上桑树遭受严重虫害，树身千疮百孔，昔日枝繁叶茂的千年古桑树势衰败严重。通过及时考察，收集枝条，目前已繁殖保存入国家桑树圃。另外，在西藏自治区林芝地区考察了数量较多的古桑资源，目前已入圃保存9份。又如，在四川攀枝花收集到1份果桑资源，推测树龄600多年。果长约7cm，果径0.4~0.5cm，平均单果重2.5g。果实成熟时呈黄绿色或黄红色，有特殊的清香，具有较好的利用潜力。

3 保存资源的有效利用

2001年以来，国家桑树圃向科研单位、高校、农技推广部门、专业合作社、企业、种植户等各类用户提供200余次资源服务，共提供利用果用桑、叶用桑、观赏用桑、生态用桑等各类资源3 060份次，资源利用率25%以上。很好地支撑了桑树新品种选育、基础研究及生产应用，对于推动桑树产业高质量发展发挥了重要作用。

3.1 支撑育种及产业

以速生丰产抗病种质育2号为亲本，培育出一批优质高产桑树新品种，是种质资源育种利用的典型代表。育2号是国家桑树圃以地方品种湖桑39号、广东荆桑为亲本创制的一份优异种质，具有抗病性强（抗黄花型萎缩病和桑疫病）、春季发芽率高、产叶量高、长势旺等优点。国内多家育种单位以其为亲本材料，培育出了一大批优异品种（系），其中中国农业科学院蚕业研究所育成的早生丰产品种育151号、育237号以及西南农业大学育成的人工三倍体品种嘉陵16号分别获得了国家科学技术进步奖二等奖，四川省农业科学院蚕业研究所育成的激7681、云南省农业科学院蚕桑研究所育成的云桑798通过了省级品种审定。近年来，中国农业科学院蚕业研究所以育2号为亲本育成的优质高产桑树新品种育71-1，产叶量高于对照种20%~40%，万头蚕收茧量、万头蚕茧层量、担桑产茧量、亩产茧量等叶质指标分别高于湖桑32号4.84%、2.90%、7.69%、16.85%。该品种兼抗桑黄化型萎缩病和桑蓟马、红蜘蛛等微体害虫，抗旱耐涝，是一个大面积推广的综合抗性强、具广泛生态适应性的育成新桑品种。现已推广到江苏、浙江、安徽、河南、山东、陕西、四川、重庆、湖北、云南等10多个省份，据不完全统计，推广面积超过80万亩，其中在江苏推广面积超过40万亩，产生了巨大的经济效益、社会效益和生态效益（刘利和潘一乐，2003）。2005年获得中国农业科学院科技成果奖一等奖、江苏省科学技术进步奖三等奖。

3.2 支撑乡村振兴与扶贫

支持脱贫攻坚和乡村振兴是桑树种质利用的主要面向。20年来，为多家企业提供优异特色种质资源用于发展果桑产业、生态观光产业以及饲料桑产业等，产生显著效益。为句容市茅山镇发展果桑产业提供了种质、技术等全方位的支撑。通过提供多样化的果桑品种，为当地发展适合不同用途的果桑产业提供种质支持。同时多次派出技术人员，为发展果桑产业的相关村镇进行果桑栽植技术培训、技术咨询服务，从多方面支持其产业发展与提质增效。通过种质利用与技术服务，茅山镇已发展起以丁家边村为核心的果桑产业园区4 500亩，建成“江苏省一村一品示范村”，成立了茅山镇紫玉桑葚合作社，其成员分布在周边三个行政村，社员800余人，入社社员人均收入超2万元。以桑果收购及桑果酒加工为主的龙头企业句容市东方紫酒业有限公司年销售超1亿元，已建成一座万吨级现代化紫酒酿酒厂。通过多样化品种的应用，带动一二三产业融合发展，每年举办“采桑品酿，春城五月天，醉美桑果园”桑果紫酒文化节，以鲜果采摘为依托，以桑文化为主题，以工业旅游+乡村旅游为载体，极大地促进了区域发展、乡村振兴，生态、经济、社会效益显著。

3.3 支撑基础研究

提供各类桑树种质资源用于基础研究取得突出成效，支撑两项国家自然科学基金项目。提供中国农业科学院作物科学研究所用于超低温保存技术研究，已基本建立超低温保存技术体系。提供给江苏科技大学生物技术学院开展次生代谢（Chao et al.，2021）、抗性（Cao et al.，2020；Li et al.，2018）与繁殖生理（Shang et al.，2019）研究以及桑树品种农艺性状与分子标记的关联分析研究。如利用育71-1、湖桑32号等7份种质资源为材料，研究了生长速度、碳同位素含量、解剖结构等与抗旱性的关系；以7307、吴堡桑等为材料研究了干旱胁迫下解剖结构、形态特征、农艺性状；以中椹1号等种质为材料，研究了桑树黄酮代谢途径中相关基因家族；发表高质量研究论文8篇，其中SCI论文3篇。

3.4 支撑科研项目与成果

国家桑树圃积极为各级各类科研项目提供所需种质，为国家杰出青年科学基金（30625039）、国家十五攻关计划（2001BA502B-01-06、2004BA502B-01-06、2001BA511B09-05、2004BA525B09-08）、国家十一五科技支撑计划（2006BAD13B06-1-8、2006BAD06B03）、国家“863”计划（2001AA241221-1-6、2003AA241220-1-6）、国家茧丝绸发展风险基金（国茧协办〔2003〕40号）、农业部公益性行业科研专项（nyhyzx07-020）、国家自然科学基金（81072985、81573529）、国家十二五科技支撑计划（2013BAD01B03）、农业部行业标准制定专项、各类省市重点研发计划、企业研发项目等各类科研项目提供亲本种质、科研素材，为国家蚕桑产业技术体系相关岗位及综合试验站提供各类种质资源，用于活性成分含量分析等科学试验、品种筛选、园区建设等，保证了项目的顺利完成，取得显著成效。支撑有关单位获得浙江省科学技术进步奖二等奖、江苏省科学技术进步奖三等奖、云南省技术发明奖三等奖、中国产学研合作创新成果奖、中国商业联合会科学技术进步奖一等奖、江苏省优秀硕士学位论文等奖项。

3.5 支撑科普

近年来，每年都开展科普展示及开放日活动，年接待3 000人次以上。从科普的角度介绍我国悠久的蚕桑文化、桑树种质资源收集保存与研究利用进展，以及桑树种质资源对蚕桑产业多元化发展的支撑作用。通过科普开放活动的现场参观及桑叶月饼、桑叶茶、桑叶鸡蛋、桑果酒、桑果干、桑果糕点、桑果醋、桑果酵素等多元产品展示与品鉴，让参与者零距离接触桑树资源，全方位体验资源开发产品，便于大众了解桑树资源，认识桑树资源，提高资源保护意识，传播桑蚕丝绸文化；也便于种质利用者有针对性地提出利用需求，实现种质资源的有效利用。

3.6 支持“一带一路”倡议实施

2014 年 7 月，习近平主席将桑树种子作为国礼送给古巴革命领袖菲德尔·卡斯特罗，在两国领导人的共同关心下，建立了中古蚕桑科技合作中心。利用提供的杂交桑丰驰桑，在古巴建成了蚕桑及饲用桑科研基地，2018 年，中古蚕桑科技合作项目荣获古巴科学院国家奖。蚕桑产业国际合作成为“一带一路”倡议在拉美的成功典范（李龙等，2015）。

4 展望

桑树种质资源保存是一项长期性公益性基础性工作，也是一项系统性很强的工作，需要政府支持、行业主管部门重视、业务单位具体实施，需要大量人力、财力和物力的持续投入，特别需要种质资源工作者投入巨大的心血和精力。随着桑树在畜禽饲料、功能食品、创新药物、生态修复、园林景观等领域新用途的不断深入开发与应用，对相应桑树种质资源的需求呈现上升势头，对桑树种质资源工作提出了更高的要求。国家桑树圃将继续保证资源的安全保存，收集生产、科研所需各类种质资源，丰富保存类型；适应蚕桑产业多元化发展及桑树产业发展需求，开展桑树新用途鉴定评价技术研究，积累数据，制定标准；开展优异资源筛选，通过多种手段促进资源的充分利用，积极为农业供给侧改革、乡村振兴、高质量发展、“一带一路”倡议实施提供桑树种质支撑；积极引进、培养优秀人才，建设一支有种质资源情怀，有担当，基础扎实，掌握现代生物学研究方法的桑树种质资源人才队伍。

4.1 收集保存

重点在青海等未考察省区及特殊种质资源分布区开展桑树种质资源考察、收集工作，重点收集有代表性的地方品种、野生资源、古桑资源等类型，丰富国家桑树圃保存资源类型与数量。

4.2 安全保存技术

继续针对不同桑树种质资源的繁殖与生长特性，开展繁殖和保存技术的研究；继续与中国农业科学院作物科学研究所合作开展超低温保存技术研究，力促实现技术实用化简单化；继续开展种质资源监测技术研究，为种质安全保存提供技术支持。

4.3 挖掘利用

逐步建立和完善创新性状的鉴定评价技术与指标体系，积极开展特色优异桑树种质资源鉴定筛选、资源创新工作。积极对接乡村振兴、高质量发展、“一带一路”倡议实施等，通过资源展示、信息发布、配套服务等，促进资源的充分利用，为蚕桑基础研究及应用研究提供丰富的原始材料，为蚕桑生产提供可直接利用的优异桑种质，为桑树育种提供新的育种素材，为我国蚕桑产业多元化发展提供桑树种质保障。

参考文献

李龙，任永利，张健，2015. 中国—古巴蚕桑科技合作中心［J］. 世界农业（7）：206-207.

刘利，潘一乐，2003. 优质高产桑品种育71-1的推广应用［J］. 中国蚕业，24（4）：86-87.

王登成，1985. 西藏桑树资源考察——桑种资源及其分布［J］. 蚕业科学，11（3）：129-133.

Shang C，Yang H，Ma S，et al.，2019. Physiological and transcriptomic changes during the early phases of adventitious root formation in mulberry stem hardwood cuttings［J］. Int. J. Mol. Sci，20：3707.

Thangavelu K，Sinha R K，Rao A A，2002. Central sericultural germplasm resources centre annual report 2001—2002［M］. Jwalamukhi Job Press.

Chao N，Wang R，Hou C，et al.，2021. Functional characterization of two chalcone isomerase（CHI）revealing their responsibility for anthocyanins accumulation in mulberry［J］. Plant Physiology and Biochemistry，161：65-73.

Zerega N J C，Clement W L，Datwyler S L，et al.，2005. Biogeography and divergence times in the mulberry family（Moraceae）［J］. Molecular Phylogenetics and Evolution，37：402-416.

Li R，Liu L，Dominic K，et al.，2018. Mulberry（*Morus alba*）*MmSK* gene enhances tolerance to drought stress in transgenic mulberry［J］. Plant Physiology and Biochemistry，132：603-611.

Cao X，Shen Q，Liu L，et al.，2020. Relationships of growth，stable carbon isotope composition and anatomical properties of leaf and xylem in seven mulberry cultivars：A hint towards drought tolerance［J］. Plant Biology（22）：287-297.

Cao X，Shen Q，Ma S，et al.，2020. Physiological and PIP transcriptional responses to progressive soil water deficit in three mulberry cultivars［J］. Front. Plant Sci.，11：1310.

国家热带果树圃（湛江）芒果种质资源安全保存与有效利用

武红霞，郑　斌，许文天，马小卫，何小龙，陈晶晶，梁清志，王松标
（中国热带农业科学院南亚热带作物研究所　湛江　524091）

摘　要： 芒果（*Mangifera india* L.）是著名的热带水果，素有“热带果王”之美誉。我国芒果种质资源较为丰富，为芒果育种和产业发展提供了重要的物质保障。本文简要介绍了国内外芒果资源收集保存现状，总结和回顾了20年来国家热带果树种质资源圃（湛江）在芒果种质资源安全保存技术、资源有效利用等方面的研究进展，并对今后资源的研究方向进行了展望。

关键词： 芒果；种质资源；安全保存；有效利用

芒果（*Mangifera india* L.）属漆树科（Anacardiaceae）芒果属（*Mangifera*）（英文名：Mango；中文名：芒果、杧果、檬果），与香蕉、菠萝并称为三大热带水果，素有“热带果王”之美誉。芒果原产于亚洲东南部的热带地区，北自印度东部、中经缅甸、南至马来西亚一带。芒果属（*Mangifera*）植物有69个种（Kostermans and Bompard，1993），其中大多数种类原产于马来半岛、印度尼西亚群岛、泰国、印度支那地区和菲律宾。野生种主要分布在亚洲的马来半岛、印度、斯里兰卡、泰国、菲律宾、中国、越南、缅甸、老挝等北纬27°范围内的国家和地区。其中马来半岛西部分布了28个种类，是基因分布的中心（Bompard and Schnell，1997）。除 *Mangifera indica* 外，还可直接栽培作为果实利用的有 *M. foetia*、*M. odorata*、*M. sylvatica*、*M. lauina*，可作砧木的有 *M. foetia*、*M. odorata*、*M. zeylanica*、*M. casturi*、*M. gedebe*、*M. lauina*（十分耐涝），此外 *M. lauina* 是抗炭疽病、*M. altissima* 是抗叶蝉的良好育种材料（Bompard，1993），*M. pajang*、*M. caloneua*、*M. persiciformis*（扁桃）在越南和我国南方是优良的绿化树种。

芒果种质资源的收集与保存工作主要在东南亚资源集中的国家进行，在IBPGR支助下Kostermans等对马来半岛的芒果属种质资源进行了全面的调查、收集与保存。1995—1997年，米森敬三等对泰国的芒果种质资源进行了系统调查、收集与鉴定（张诒仙，2000）。我国现有普通芒果（即栽培芒果，*M. indica* Linn.）、泰国芒（*M. Siamensis* Warbg. ex Craib）、扁桃芒（*M. persiciformis* C. Y. Wu et T. L. Ming）、冬芒（*M. hiemalis* J. Y. Liang）、长梗芒（*M. longipes* Griff.）、林生芒（*M. sylvatica* Roxb.）、香花芒（*M. odorata*）等7个种，这些种类与普通芒果有明显的差异，其食用价值也逊于芒果，但应作为种质资源加以保存，有可能作为育种材料。其中扁桃芒、冬芒是我国特有的种。

世界各主要芒果生产国均十分重视芒果种质资源的收集保存，印度收集保存了

1 266份芒果种质，分别保存在全国18个种质资源收集中心（Avora，1998）。美国则保存了世界600多份品种资源，主要在大学和植物园保存，几乎包含了世界上的主要商业品种。我国芒果栽培历史悠久，据报道在云南省江城县宝藏镇宝藏中心小学校园左侧，有一株近千年的野生芒果树，该树高30多m，胸径4.93m，冠幅25m×25m，占地约1亩，现在仍然年年结果。据考证，在唐代芒果就已经从印度引种到中国，20世纪50年代，在云南西双版纳和德宏自治州以及广西百色地区又相继发现芒果野生资源（王建立等，1997）。

我国从20世纪50年代开始进行芒果种质资源的收集保存工作，目前保存有800个以上的品种以及部分实生优良单株、杂交材料等，除了我国自有资源外，还引进了世界上20多个国家和地区的种质，主要源自美国、印度、泰国、斯里兰卡、澳大利亚、以色列、菲律宾等国。我国多个科研单位从20世纪80年代开始联合开展了海南、广西、广东、云南、福建和四川金沙江干热谷等地区的资源考察，历时20多年，探明了我国芒果种质资源的地理分布、富集程度，涵盖6省区40多个县市，收集各类芒果种质资源，保存在国家和地方的6个芒果种质资源圃内（王庆煌等，2013）。保存资源较多的单位有中国热带农业科学院南亚热带作物研究所（广东湛江）、中国热带农业科学院热带作物品种资源研究所（海南儋州）、广西亚热带作物研究所（广西南宁）、云南省农业科学院热带亚热带经济作物研究所（云南保山）、攀枝花市农林科学研究院（四川攀枝花）、台湾农委会农业试验所凤山热带园艺试验分所（台湾高雄）等。其中，位于广东湛江的国家热带果树种质资源圃（湛江）（以下简称国家热带果树圃）收集保存国内外芒果种质资源320份，位于海南儋州的农业农村部芒果种质资源圃收集保存了国内外资源共240余份。

1 种质资源安全保存技术

1.1 资源入圃保存技术与指标

入圃资源主要采用无性系嫁接苗田间保存技术。种植密度4m×5m。芒果每份资源保存3~5株，针对南方地区降水量大等特点，选用抗性较强的本地土芒（抗逆、嫁接亲和性好的海南、广东和广西的本地芒）做砧木有利于芒果资源的安全保存。

1.2 芒果种质资源离体保存技术

Rao等（1981）最早尝试对芒果种质进行离体培养，他们以芒果种子的子叶为外植体诱导获得了愈伤组织，但愈伤组织只能有限生长，不能再生植株。Litz等（1982）、Litz（1984）分别对自然多胚及单胚芒果的胚珠和珠心组织进行离体培养，诱导出愈伤组织，并经多次继代培养后诱导出体细胞胚，这一研究为通过体胚发生途径获得再生芒果植株奠定了基础。Dewald等（1989）从两种多胚芒果Parris和James Saigon的珠心组织诱导获得成熟的体细胞胚，并经进一步培养得到了再生植株，这是芒果离体再生植株成功的首次报道。研究者对影响芒果体胚发生的因素进行研究，并在约20多个芒果品种的珠心组织或子叶上诱导获得胚性培养物，但只有约 10 个品种的胚性培养物可获得再生植株，并且只有 5 个品种是经直接体胚发生获得的再生植株（Dewald et al.，1989）。

芒果的体胚发生一般经过 3 个阶段：①体胚（胚性培养物）的诱导；②体胚的分化、发育和成熟；③体胚的萌发和植株再生。影响体胚发生的因素主要有：基因型、外植体的类型、培养基所含的成分及生长调节物质等。基因型是影响体胚诱导和培养的最重要因素。一般来说，多胚品种比单胚品种易于培养。而一些品种如 RedItamaraca（Mathews and Litz，1992），虽几经试验仍不能成功。最早的离体培养尝试是采用子叶进行的，Xiao 等（2004）和 Wu 等（2007）等报道了以幼果子叶为外植体诱导获得体胚再生植株，Raghuvanshi 和 Srivastava（1995）用‘Amrapali’芒果充分展开的幼叶做外植体，通过诱导愈伤组织，得到了少量有限生长的再生植株。近年来，许文天等（2019a）以‘金煌’芒果幼果的珠心组织为外植体成功诱导出愈伤组织，又以子叶胚为材料，明确了芒果幼胚愈伤诱导和胚抢救受幼胚发育时期影响显著；‘热农 1 号’芒果幼胚愈伤诱导最适宜的时期是早期子叶胚，胚抢救最适宜的时期是鱼雷胚阶段，愈伤组织能经过体胚发生途径正常成苗，幼胚萌发苗也能正常发育成苗（许文天等，2019b）。

1.3 圃资源监测和种植管理技术与指标

资源生长状况监测 国家热带果树圃每年定人定点定期观测每份种质资源的生长情况，将芒果树的生长状况分为健壮、一般、衰弱 3 级，对衰弱的植株，及时登记并按繁殖更新程序进行苗木扩繁和重新定植；利用生理生态监测系统适时监测资源的果实发育、叶片温度、茎杆变化等，及时了解资源的生长发育动态情况；利用远程视频监控系统对全园果树生长进行 24 小时监测，及时发现突发状况、自然灾害等造成的树体损毁等异常情况，便于及时采取补救措施，避免资源丢失。

资源圃病虫害监测 采用病虫测报及预警系统对圃内主要病虫害进行系统监测，制定各病害和虫害的防控指标，当病原孢子和害虫数量达到预警指标时，开始病虫害的化学药剂防控，确保圃内病虫害严重发生前得到有效控制；制定突发性病虫害发生的预警、预案。

土壤和气候等环境状况监测 建立气象工作监测站，对资源圃土壤温度、土壤湿度、空气温度、空气湿度、风速、风向、降水量等环境状况进行实时监测，制定芒果树生长发育环境需求指标，当芒果树生长环境发生异常变化时及时采取措施确保芒果树正常生长所需的环境要求。

资源种植管理技术 制定了规范的年度资源管理工作历，根据需要每年割草 2~3 次；施肥 2 次（采果后施基肥 1 次、花期施追肥 1 次）；病虫害防控按照张方平等制定的农业行业标准 NY/T 1476—2016《热带作物主要病虫害防治技术规程　芒果》执行；枝梢管理 1 次（采果后修剪 1 次）。

种植管理技术指标 行间草长至 30~40cm 时，用打草机进行刈割覆盖于树盘上；基肥施用量每株施有机肥 10kg 加复合肥 0.5~1kg，壮果肥每株施复合肥 1~1.5kg。

1.4 圃资源繁殖更新技术与指标

繁殖更新技术 采用无性系嫁接扩繁技术对圃资源进行繁殖更新。每年4月或9月，采用高接换冠或小苗嫁接方式，在急需更新资源的一年生枝条上选取饱满芽嫁接在砧木上。每份种质嫁接繁殖3~5株。繁殖更新后对每份种质的植物学特征和生物学特性与原种质进行核对2~3年，及时更正错误。

更新复壮指标 ①资源保存数量减少到原保存数量的60%；②芒果树出现显著的衰老症状，发育枝数量减少50%等；③芒果树遭受严重自然灾害或病虫为害后难以自生恢复；④其他原因引起的芒果树植株生长不正常。

1.5 圃资源备份技术与指标

圃资源备份技术 该圃保存的部分重要资源在四川攀枝花、云南华坪等地有复份保存，80余份。对近5年新入圃未鉴定的资源进行了田间备份保存，每份资源高接换冠保存5株，小苗嫁接保存5株。采用无性系嫁接苗高密度田间保存技术。

备份资源指标 ①新入圃未鉴定的资源；②适应性较差的资源；③珍稀濒危资源；④重要骨干亲本资源。

2 种质资源安全保存

2.1 资源安全保存情况

截至2021年12月，国家热带果树圃保存芒果资源320份，其中国外引进资源145份，印度14份，美国51份，中美洲和南美洲5份，东南亚（菲律宾、印度尼西亚、泰国、马来西亚、越南、缅甸等国家）62份，澳大利亚6份，以色列1份，其他国外资源6份，中国地方品种175份（其中中国台湾资源15份）。另外构建多个芒果杂交后代群体，保存杂交后代资源400余份。

2.2 保存特色资源情况

截至2021年12月31日，国家热带果树圃保存的芒果特色资源30余份，包括地方特色资源、育种价值资源、生产利用资源和特异种质资源。

地方特色资源。栽培历史悠久且成为地方特色产业的资源，如三年芒，因其开花早、风味浓郁，曾成为云南的主栽品种。

育种价值资源。单一或多个性状表现突出，且遗传稳定被育种家多次利用的资源，如Haden作为优良育种亲本，选育出系列芒果品种如Zill、Sensation、Ruby等。热农1号因丰产稳产，高抗耐贮，已用作杂交亲本。Neelum因其具有晚熟特性，是杂交育种的良好亲本。

生产利用资源。品质、产量、抗性等综合性状优良的可作为生产上直接利用的资源，如台农1号、金煌、Keitt、Sensation、Zill等在芒果产业中大面积推广应用，已成为我国的芒果主栽品种。

特异种质资源。单一性状突出的特异资源可用于种质创新、基础研究等。龙井大芒因为个头特大成为未来大果育种的良好中间材料；四季芒，因其易成花，一年四季均可开花结果成为特异资源。13-1 为抗盐碱砧木，吕宋芒作为优异的资源，通过实生选种，选育出粤西 1 号、攀西红芒、柳州吕宋等芒果品种。

3 保存资源的有效利用

2001—2021 年，国家热带果树圃向四川攀枝花农林科学研究院、凉山州热带作物研究所、云南保山热带经济作物研究所等科研院所和广西、广东、云南、四川、海南等省份的农技推广部门、合作社、企业、种植户等提供资源利用 80 份2 000份次，开展基础研究、育种利用及生产应用。

3.1 育种、生产利用效果

国家热带果树圃利用现有资源通过实生选种筛选出粤西 1 号和热农 2 号，粤西 1 号成为早期的主栽品种，用金煌、Irwin、热农 1 号、台农 1 号、Neelum 等资源作为亲本材料，进行品种间杂交，构建多个杂交后代群体，选育出热农系列芒果新品系。筛选出 Zill、Keitt 等综合性状优异的资源，直接应用于生产，示范推广到四川、云南等省份，成为晚熟芒果主栽品种，经济效益显著。

3.2 支持成果奖励

以圃内提供的种质资源为试材支撑“芒果种质资源创新利用”获海南省科学技术进步奖二等奖和中华农业科技奖一等奖，“川滇金沙江干热河谷晚熟芒果产业化关键技术研究与应用”获中华农业科技奖一等奖，“中国热带农业科学院晚熟芒果育种与栽培创新团队”获中华农业科技奖优秀创新团队奖，“晚熟芒果生产关键技术研究与推广”获全国农牧渔业丰收奖一等奖，“攀枝花市优质晚熟芒果产业化”获全国农牧渔业丰收奖合作奖。

3.3 支撑乡村振兴与精准扶贫

筛选出优异资源 Zill、Keitt 和 Sensation 等，选育出热农 1 号芒果新品种支撑乡村振兴与精准扶贫，技术培训 120 余场次，技术培训30 000人次，培养芒果乡土专家 200 余人。

3.4 支撑科研项目

支撑国家重点研发计划，国家自然科学基金，公益性农业行业科研专项，科技部科技支撑计划项目，科技部成果转化项目，农业部优势农产品重大技术推广项目，省科技计划项目，海南省、广东省自然科学基金等项目 100 余项。

3.5 支撑论文论著、发明专利和标准

支撑研究论文200余篇，其中SCI论文30余篇。如以165份‘金煌’×‘Irwin’的杂交后代为研究材料进行了简化基因组测序，构建了高密度遗传图谱，相关结果发表在Frontier in plant sciences（Luo et al.，2015）。支撑《The mango tree encyclopedia》（Yahya，2020）、《芒果主要病虫害诊断与防治原色图谱》《芒果畸形病》《芒果种质资源图谱》（武红霞等，2021）等论著8部。支撑“一种防治芒果采后炭疽病的方法”等14项国家发明专利；制定农业行业标准《芒果种质资源描述规范》1项，四川攀枝花市地方标准2项，《攀枝花芒果‘凯特’芒果等级规格》和《攀枝花芒果采收、包装和贮运》。

3.6 支撑资源展示、科普、媒体宣传

国家热带果树圃进行芒果田间资源展示10余次，展示芒果优异资源100份次，接待农业农村部、广东、广西、云南、四川等省份的政府部门领导、企事业单位技术骨干、合作社管理人员、种植大户等800余人参观考察芒果资源圃，为我国芒果品种更新换代起到引擎驱动作用，推动了我国晚熟芒果产业持续健康发展；接待澳大利亚、印度等国外专家来所参观访问；开展技术培训30 000人次，技术咨询和技术服务5 000人次；接待华南农业大学、海南大学、广东海洋大学、云南农业大学和岭南师范学院等教学实习20批次。团队十分重视成果转化与科技推广工作。在技术研发基础上，通过外派挂职、合作共建示范基地、强化科技培训等方式，以点带面、点面结合，加大新品种、新技术的示范推广力度。创建了“攀枝花新农学校”“攀枝花芒果创新中心”“詹儒林工作站”等技术创新和推广平台，大力推广芒果新品种和新技术。科技推广工作得到了农业农村部领导、地方政府和果农的充分肯定和认可，引起中国政府网、光明日报和农民日报等媒体的广泛报道，被誉为我国科技扶贫工作的典型经验和成功模式。

4 展望

4.1 收集保存

在原有考察工作的基础上，与各研究单位分工协作，对国外和我国热区各省份的芒果野生资源和地方品种资源进行系统地考察收集，加强特异种质资源包括抗性种质资源和砧木资源、野生近缘种和农家品种的引进力度，增加战略储备。

4.2 安全保存技术

健全的芒果种质资源保存体系是以完善的资源管理体系作为保障的，建议对一些资源丰富的种质圃进行改造，改善保存设施，提高管理水平。同时加强芒果种质资源的组织培养、超低温保存等先进保存技术和保存质量监测技术的研究，形成种质保存与质量监控相配套的保存技术体系。

4.3 挖掘利用

对收集保存的芒果种质资源进行全面、系统地鉴定评价。对综合性状好、利用价值高的种质或特异种质，进行抗逆、抗病虫性状及分子生物学、细胞学等鉴定，或对具有特异性状的种质挖掘优异基因资源，筛选与重要性状相关的分子标记，进行早期辅助选择。加快培育具有自主知识产权的新品种是芒果种质资源创新研究的重点，也是薄弱环节，必须长期坚持不懈的努力。在育种方法上，应立足于常规的杂交育种，根据生产需要，制定相应的育种目标，充分利用经深入鉴定评价的优异种质，如具有易成花、高产、优质、抗逆、抗病虫、矮化、早晚熟等特异的材料，加快研制具有自主知识产权的新品种。同时，要加强分子标记辅助育种技术的研究与应用，也是当今世界育种研究的热点，可大幅度缩短育种周期，提高育种效率。

参考文献

王建立，管正学，张宏志，1997. 我国芒果资源状况及加工技术研究［J］. 自然资源（6）：53-60.

王庆煌，陈业渊，李琼，等，2013. 特色热带作物种质资源收集评价与创新利用［J］. 热带作物学报，34（1）：188-194.

武红霞，马小卫，詹儒林，等，2021. 芒果种质资源图谱［M］. 北京：中国农业出版社.

许文天，武红霞，高玉尧，等，2019a. 芒果幼胚发育阶段对离体培养物诱导效果的影响［J］. 果树学报，36（12）：1704-1711.

许文天，武红霞，罗纯，等，2019b. 芒果‘金煌’愈伤增殖、早期体细胞胚发生及细胞学观察［J］. 分子植物育种，17（9）：3001-3008.

张诒仙，2000. 泰国芒果属植物遗传资源［J］. 世界热带农业信息（9）：1-2.

Avora R K，RamannthaRao V，1998. Tropic fruits in Asia：diversity，maintenance，conservation and use［M］. IPGRI：163-169.

Bompard J M，1993. The genus mangifera re - discovered：the potential contribution of wild species to mango cultivation［J］. Acta horticulturae（341）：69-77.

Bompard J M. Schnell R J，1997. Taxonomy and Systematics［A］. In：litz RE. The mango：Botany，Production and Uses. Wallingford，UK：CAB International，21-47.

Dewald S G，Litz R E，Moore G A，1989. Maturation and germination of mango somatic embryos［J］. Journal of the American Society for Horticultural Science，114：837-841.

Dewald S G，Litz R E，Moore G A，1989. Optimizing somatic embryo production in mango［J］. Journal of the American Society for Horticultural Science，114：712-716.

Kostermans A，Bompard J M，1993. The mangoes：botany，nomenclature，horticulture and utilization［M］. London：Academic Press.

Litz R E，1984. In vitro somatic embryogenesis from nucellar callus of monoembryonic *Mangifera indica* L.［J］. HortScience，19：715-717.

Litz R E，Knight R J，Gazit S，1982. Somatic embryos from cultured ovules of polyembryonic *Mangifera indica* L.［J］. Plant Cell Reports，1：264-266.

Luo C, Shu B, Yao Q S, et al., 2016. Construction of a high - density genetic map based on large- scale marker development in mango using specific - locus amplified fragment sequencing (SLAF-seq) [J]. Frontiers in Plant Science, 7: 1310.

Mathews H, Litz R E, 1992. Mango [A] //Hammerschlag F A, Litz R E (eds). Biotechnolgoy of perennial fruit crops [M]. Walling for Oxon: CAB International.

Raghuvanshi S S, Srivastava A, 1995. Plant regeneration of *Mangifera indica* using liquid shaker culture to reduce phenolic exudation [J]. Plant Cell Tissue & Organ Culture, 41 (1): 83-85.

Rao A N, 1981. Tissue culture of economically important plants, proceedings of COSTED symposium on tissue culture of economically important plants [C]. Singapore, 124-137.

Wu Y J, Huang X L, Chen Q Z, et al., 2007. Induction and cryopreservation of embryogenic cultures from nucelli and immature cotyledon cuts of mango (*Mangifera indica* L. var. *zihua*) [J]. Plant Cell Reports, 26 (2): 161-168.

Xiao J N, Huang X L, Wu Y J, et al., 2004. Direct somatic embryogenesis induced from cotyledons of mango immature zygotic embryos [J]. In Vitro Cellular & Developmental Biology Plant, 40 (2): 196-199.

Yahya Khalifa al hinai, et al., 2020. The mango tree encyclopedia [M]. Germany: GEORG OLMS AG.

国家橡胶圃（儋州）种质资源安全保存与有效利用

胡彦师，周世俊，曾　霞，安泽伟，张晓飞，方家林，涂　敏，
程　汉，李维国，刘晓东，黄华孙

（1. 中国热带农业科学院橡胶研究所　海口　571101；2. 国家橡胶树种质资源圃　儋州　571737；3. 农业农村部橡胶树生物学与遗传资源利用重点实验室　海口　571101）

摘　要：巴西橡胶树［*Hevea brasiliensis*（Willd. ex. A. Juss.）Muell. Arg.］是大戟科橡胶树属多年生乔木，原产于南美洲亚马孙河流域，是典型的多年生热带雨林树种。橡胶树种质资源是橡胶科技创新和天然橡胶产业发展的基础，对促进我国橡胶树新品种选育种研究和热区农业经济发展发挥着重要的支撑作用。截至目前，国家橡胶树种质资源圃共收集保存了橡胶树属内不同种及育种品种、遗传材料、野生资源等合计6 190份；成功构建了初级核心种质库，建立了苗圃保存和大田鉴定评价相结合的橡胶树种质资源保存体系，确保了资源安全保存，推动了资源鉴定评价；近20年种质圃共收集保存各类资源256份，在支撑基础研究、新品种选育等方面发挥了重要作用。本文系统阐述了国家橡胶种质资源圃资源安全保存的主要技术与方法，简要介绍了橡胶种质资源的有效利用并提出了我国橡胶种质资源今后工作重点，旨在加强我国橡胶树种质资源的长期安全保存与创新利用。

关键词：橡胶树；种质资源；安全保存；利用

巴西橡胶树原产于南美洲亚马逊河流域的巴西、秘鲁、哥伦比亚、委内瑞拉和圭亚那等国家和地区，我国植胶区地处热带北缘，属非传统植胶区，因此，我国天然橡胶产业是在国外优良无性系引种试种的基础上发展起来的资源约束型产业，为了保存这些优异的橡胶树种质资源，1983年在我国天然橡胶研究和种植中心海南省儋州市建立了国家橡胶种质资源圃（儋州）（以下简称国家橡胶圃），依托中国热带农业科学院橡胶研究所，占地9.33hm^2。截至目前，种质圃共收集保存了橡胶树属内不同种及育种品种、遗传材料、野生资源等合计6 190份，位居世界前列；种质圃以资源收集保存、鉴定评价、整理整合、创新利用及科技基础数据采集为主要研究内容，以提高种质资源保存、创新和分发能力为核心任务，目标是将其建设成为我国橡胶种质资源保存中心、创新中心和分发中心及我国橡胶树种质资源科学研究、天然橡胶产业发展和科普教育的重要平台。一般而言，以种质圃保存的无性繁殖作物种质资源，因是野外田间植株保存，容易遭受大风、寒害等极端天气灾害以及病虫等不可控因素的危害。例如，在2008年初的冻害中，陕西眉县国家柿种质资源圃保存的690份种质资源中，63.4%的种质资源遭受

不同程度冻害，其中有37份被冻死，占保存资源的5.4%（杨勇等，2010）。2008年1月14日—2月19日，海南省也遭遇50年罕见寒害，低温阴雨天气长达36天，对海南垦区25.55万hm^2橡胶树造成严重影响，寒害造成的直接经济损失高达5.86多亿元（郭红彦，2008；覃姜薇等，2009）。而国家橡胶圃所在地海南省儋州市为此次受灾次重区，在2月12日出现7.6℃的全省最低气温（苏婧，2008），虽然种质圃未出现个别基因资源受害全部死亡的情况，但不同来源地的种质资源也受到了不同程度的寒害，例如来源于巴西马托格罗索州的种质资源有17.9%受害程度在3级以上（曾霞等，2008），种植于大田鉴定评价圃的1 890份种质资源有127份资源受害3级以上，平均寒害级别3.48（胡彦师等，2011）。

综上所述，随着种质资源保存数量的不断增加，以及保存时间的延长，种质资源安全保存问题也日益突出，已成为资源工作者必须面临的主要问题。本文立足于海南省儋州市的气候条件，较为详细地阐述了国家橡胶圃资源安全保存的主要技术与方法，并提出了我国橡胶树种质资源今后工作重点。

1 种质资源安全保存技术

橡胶树种质资源是新品种选育、天然橡胶农业科技原始创新、现代种业以及产业持续发展的物质基础，种质资源安全保存至关重要，因此，种质圃开展了核心种质分析，建立了初级核心种质库，并在此基础上建立了大田种质圃，实现了苗圃保存和大田鉴定评价相结合的橡胶树种质资源保存体系。

1.1 资源入圃保存技术与指标

橡胶树是雌雄同株异花授粉的木本植物，其基因型高度杂合，即使是全同胞家系也存在较大的株间变异，在自然情况下，有性系个体间胶乳产量差异极大，其中大部分是低产的，而产量较高的占极少数。目前，橡胶树离体保存方法并不完全成熟，因此，橡胶树种质资源入圃保存及繁殖更新一般采用无性繁殖的方法保存其种性并加以选择、固定和利用。橡胶树种质资源收集与保存是重要的基础性工作。经过近40年的发展，国家橡胶圃现已建立起比较完善的种质资源保存技术体系，主要采取种质圃保存（苗圃）和大田圃相结合的保存模式。

种质圃保存 橡胶树是典型的热带雨林树种，喜高温、多雨、静风、沃土，种质圃地处海南省橡胶树生态适宜区域，为海南天然橡胶发展的核心区域，具有橡胶树适宜的光、温、水、土壤等气候条件，热带季风性气候，年均气温24℃，年日照2 100小时，光照充沛，年均降水量1 725mm，年平均相对湿度83%。降水量大多集中在气温较高的4—10月，水热同季，土壤以花岗岩砖红壤为主，土层较深厚，非常有利于橡胶树的生长。因此，1983年在此建立了国家橡胶圃以保存各地收集的橡胶树种质资源。

种质圃保存工作流程：种质圃种质资源保存工作主要包括种质资源收集、隔离检疫、试种观察、编目与繁殖、入圃保存、管理与监测、更新复壮、扩繁、分发、信息资料处理等（卢新雄等2008），见图1。

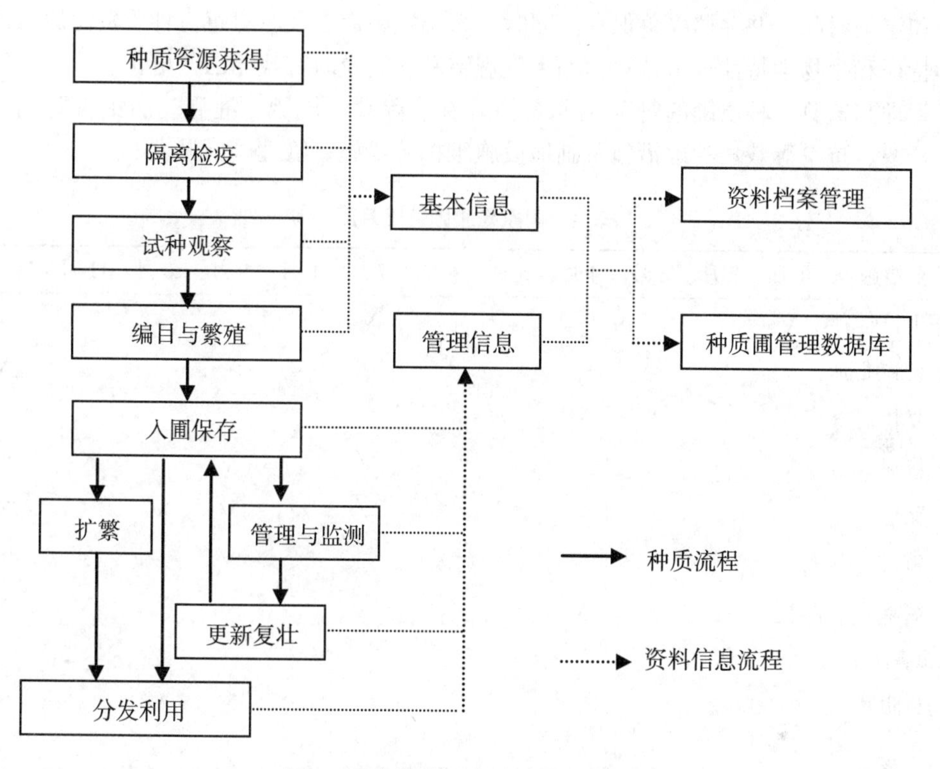

图1　国家橡胶圃种质保存工作程序

资源入圃前处理：新收集的种质资源需经试种，通过生物学特性和植物学特征观察，进一步核实确认其身份，剔除与保存圃内重复或没有保存价值的种质资源，并编写资源目录，才能入圃保存，编目内容包括每份资源基本信息、主要农艺性状、图像信息等，并给予每份种质资源全国统一编号，以利于信息交流及管理。对从疫区或国外收集的种质资源，还应隔离检疫，观察有无检疫对象。

入圃保存：

（1）种植前预处理。种质资源入圃前首先需平整土地，对根病区使用消毒药剂如十三吗啉或使用甲醛熏蒸进行土壤消毒，必要时进行换土后再行土壤消毒。挖定植穴（规格：40cm×40cm×40cm），每穴施10~20kg腐熟的有机肥和0.5~1kg磷肥，与经充分暴晒的表土混匀后回穴。

（2）定植。选择生长至1~2蓬叶且顶蓬叶稳定或刚萌动的袋装苗作为定植材料，早春定植，定植前3~5天停止淋水；起苗和定植时，注意保持土柱完整；定植时多次回土，分层压实，淋足定根水，定植深度以根茎交界处略低于穴口1~2cm，芽接位距离植穴表面高度2~3cm为宜，芽片一般向东北或向北，以尽量减少太阳直晒芽片，在常风较大地区，芽片迎主风方向，以防止幼茎被强风吹断。

（3）植后管理。根据天气情况，一般每3~5天淋水一次。在植穴周边离苗基部10~15cm外盖草，及时除去周边杂草，做好白粉病、炭疽病以及蚂蚁等病虫害防治。

植后挂牌，标注编号和名称，及时绘制定植图，注明每份种质资源的位置、名称、数量和定植时间，并存档妥善保存。同时，入圃定植后要及时对每份种质资源原有的植物学特征和生物学特性进行核对，如果发现错乱，要及时查找原因并更正。

管理与监测：种质圃的管理主要是指修芽、除草、施肥、灌溉、病虫害防治、防风、防寒、抗旱等栽培管理措施及圃地设施维护等措施。管理月历见表 1。

表 1　国家橡胶圃管理月历

作业措施	1月	2月	3月	4月	5月	6月	7月	8月	9月	10月	11月	12月
资源生长监测	√						√					√
农田设施维护	√	√						√	√			√
复壮			√	√								
修芽	√		√		√		√		√		√	
除草		√		√	√	√	√	√	√	√		√
施肥				√		√			√		√	
灌溉	√	√	√	√							√	√
病虫害防治		√	√	√				√				
防风防寒	√	√						√	√	√		
更新			√	√	√	√	√	√	√	√		

每 1~2 个月抹去砧木芽和去除接穗弱芽，锯干当年，需要加强抹芽工作，以保证健壮芽的茁壮生长；苗木茎干木栓化高度小于 70cm 时，人工锄草，每年 5~6 次；大于 70cm 时，可采用化学除草，每年除草 2~3 次，平时及时挖除田间恶草。除更新圃地施足基肥外，根据苗木生长情况，每年追施化学肥料 2~3 次（一般早春施氮肥一次，0. 10kg/株，6 月和 9 月各施一次复合肥，0. 25kg/株，沟施后盖土）；11—12 月，按照圃的行向，每 2 行每 4 株中间开挖施肥穴（长宽 20cm、深 30~40cm），株施 10kg 腐熟有机肥，隔 1 年轮换行挖穴。锯干地块于年底前和翌年春季加强施肥管理。每年冬春干旱季节每月灌水 1~2 次，其他时间可根据实际需要灵活安排，以保证苗木正常生长为原则。定期巡查病虫害情况，发现生长不正常时采样并仔细诊断。确诊是病虫害为害时，根据病虫害种类对症用药防治。高温高湿季节每月用广谱杀菌剂、杀虫剂喷药一次。注意防风防寒，在台风到来前，2~3 龄苗木要根据生长情况适当剪除部分侧枝，台风后要及时对受害株进行必要的处理，以减轻台风危害；注意寒流预报，强寒流袭击年份，可进行灌水或在凝霜前进行熏烟，以减轻寒害，在寒流过后，要适时剪去受害枝叶，以防苗木回枯。

大田圃保存　我国于 1986 年、1987 年、1988 年、1994 年总共筛选了 162 份 1981′ IRRDB 种质资源建立了橡胶树种质资源大田圃，株行距 3m×7m，每份资源种植 5 株，3 次重复。2006 年依托中央预算内建设投资计划项目扩建橡胶树种质资源大田圃 26. 7hm^2，共计种植种质资源 1 890份，株行距 3m×6m，每份资源种植 5 株。

1.2 种质圃资源监测技术与指标

在橡胶树种质资源保存过程中，应定期对每份资源存活株数、植株生长状况、病虫害、风寒旱害、土壤状况等进行定期观察监测。

生长状况 根据生长势将生长状况分为健壮、一般、衰弱 3 级；对于衰弱的植株，要加强管理，使树体的生长势得到恢复；对于衰弱严重的植株，要及时在当年进行重新定植更新。

病虫害状况 根据橡胶树主要病虫害，如白粉病、炭疽病的发生规律，进行预测预报，确保病虫害在严重发生前得到有效控制。每两个月全面调查一次病虫害情况，出现危险性外来入侵病虫害，应立即扑灭。

土壤条件状况 对土壤的物理状况、大量元素、微量元素、有机质等进行检测，每 3 年检测一次，根据土壤肥力状况进行合理施肥。

1.3 种质圃资源繁殖更新技术与指标

当种质圃所保存种质材料出现显著的衰老症状，或植株遭受严重自然灾害、病虫危害后生机难以恢复等情况导致保存植株数量减少到原保存量的 50%时，应及时确定繁殖更新名单，制定繁殖更新方案，并及时进行种质材料的更新。

橡胶树种质资源繁殖更新主要包括制订繁殖更新方案、苗木繁殖与培育、苗木出圃、重新入圃与性状核对等方面（王述民等，2014）。

砧木培育 砧木培育需提前一年进行，采用 GT1 种子培育砧木。收集种子播于催芽床，播种的行距为 2~3cm，粒距 1.5cm，每平方米约播 1.5~2kg 种子。播种时，种子腹面向下，发芽孔朝一个方向，播种深度以淋水后砂面刚盖过种背为好，使发芽孔处于良好的湿润、通气条件。催芽期间每天早晚各淋水一次，以保持砂层湿润。当幼芽生长至 5cm 高时选择健壮籽苗定植或移植至育苗袋内进行培育。

接穗培育 接穗培育需提前半年或一年进行。对拟繁殖更新的种质资源，在年初春寒后气温稳定回升的 2—3 月锯干，使其重新抽芽。第一次锯干在芽接位上方 15~20cm 处，第二次锯干在尽可能靠近芽接位锯干，以此类推。锯干当年，要加强抹芽工作，及时修除砧木芽和弱芽，保留不同方向抽出的 1~3 根壮芽。

采集接穗 接穗采用绿色芽条，使用的芽条应具有正常叶蓬数≥5 蓬叶，如正常叶蓬数<5 蓬叶时，其顶蓬叶应处于完全稳定阶段。芽条锯取后应立即用记号笔注明种质名称或代号，防止混杂。采集接穗前 2 个月内，芽条种植区不宜采用化学除草，不宜施用化肥。接穗临时存放时，应置于阴凉处并淋水保湿。

芽接 芽接一般在每年的 4—10 月的晴天，砧木和芽条顶蓬叶稳定时进行，砧木直径一般要求 0.8~1.3cm（离地 15cm 高处）。选用芽眼发育良好的叶芽进行芽接。芽接 15 天后检查成活率，成活率不足要求时及时补接。

解绑锯砧 一般 4—8 月苗木芽接后 25 天左右解绑，9—10 月苗木芽接 30 天后解绑，解绑 10 天后即可锯砧，具体锯砧时间可根据繁殖更新工作安排及气候条件灵活掌握，锯砧部位在芽接口上方约 5cm 处，切口朝芽片背面倾斜约 30°~45°。

袋育芽接苗培育 育苗袋一般采用宽、高 15cm×38cm 的塑料袋，袋的中下部有 3 行直径 0. 5cm 的排水孔，底部中央有排水透气孔 3~6 个。装袋土壤以富含有机质的肥沃表土和带有黏性的黄/红土混合（无橡胶树根病），再混入充足的基肥（4∶1）及适量磷肥（每袋 50g 过磷酸钙或磷矿粉）进行配制。装土距袋口约 2cm 即可。挖浅平沟摆放育苗袋，沟深以埋入袋的 1/3~1/2 为宜，袋周培土。行间距 15cm，两行中间留一宽行，行宽 60~80cm。苗木培育过程中应加强肥水管理和病虫害防治。待苗木生长至 2 蓬叶稳定后即可定植。

重新入圃与性状核对等工作程序及要求同上述的入圃保存方法入圃保存。

1.4 种质圃资源备份技术与指标

橡胶树为多年生高大乔木，单独的苗圃保存形式不利于生长、产量等重要农艺性状的鉴定评价，如将全部资源进行大田种植（株行距 3m×7m，每份种质 5 株），则需要较大的土地面积，如此大的面积，一方面难以保证土地立地环境的均一性，鉴定结果的可比性差，另一方面大部分野生资源产量较低，造成经济产出难以抵消生产投入，土地利用率也随之降低。基于此，依据小叶柄胶法等早期产量预测技术，筛选了 162 份产量较好的资源，并于 1986 年、1987 年、1988 年、1994 年建立了大田种质圃；此外，根据种质圃 20 多年积累的鉴定评价数据，开展了核心种质分析，即通过 18 个形态和农艺性状进行了不同取样策略的聚类分析，并对获得的核心子集进行了遗传指标的综合评价，最后通过多次聚类变异度取样法和 UPGMA 聚类法获得保留了原始群体全部表型的初级核心种质（表 2）。在核心种质分析基础上，2006 年，结合种质圃历年鉴定数据，选取了1 890份资源以大田种植形式保存，此方法一方面有利于开展资源全面、准确的评价，为资源的快速有效利用打下了良好的基础，另一方面可对这部分资源进行备份保存。至此，在国内外首次提出了基于应用核心种质、结合圃地积累的鉴定数据，建立了苗圃保存和大田鉴定评价相结合的橡胶树种质资源保存体系，实现了资源保存和鉴定评价的紧密结合，避免了保存形式单一的弊端。

表 2 原始群体，初级核心库参数比较

群体	遗传多样性指数	表型保留比	表型方差
原始群体	0. 764	1	0. 118
初级核心库	0. 851	1	0. 096

2 种质资源安全保存

2.1 种质资源保存情况

种质资源是作物新品种培育及科学研究最重要的物质基础。橡胶树原产于南美洲亚马逊河流域的巴西、秘鲁、哥伦比亚、委内瑞拉和圭亚那等国家和地区，是一种典型的多年生热带雨林树种，现已布及亚洲、非洲、大洋洲、拉丁美洲 60 多个国家和地区（何康，1987；莫业勇，2014）。因此，除巴西作为橡胶树原产地具有丰富的种质资源外，其他国家如马来西亚、印度尼西亚、印度、泰国、越南、法国和中国也保存有较丰富的橡胶树种质资源，各国保存资源类型除 Wickham 栽培种质（巴西橡胶）及橡胶树属其他种外，大部分是国际橡胶研究发展委员会（IRRDB）1981 年采集的野生巴西橡胶树种质（曾霞和黄华孙，2004）。截至 2021 年，我国收集保存了海南、云南、广东等植胶区及巴西、马来西亚、印度尼西亚、泰国等植胶国的 Wickham 栽培品种、1981′ IRRDB 野生种质和同属种质材料 5 个种、1 个变种共计6 190份（表 3），即巴西橡胶（*H. brasiliensis*）、边沁橡胶（*H. benthamiana*）、光亮橡胶（*H. nitida*）、少花橡胶（*H. pauciflora*）、色宝橡胶（*H. spruceana*）和光亮矮生橡胶变种（*H. nitida* var. *toxicodendroides*），位居世界前列，全部保存在国家橡胶树种质资源圃内，其中2 700份 1981′ IRRDB 种质复份保存在农业农村部景洪橡胶树种质资源圃。2001 年农作物种质资源保护与利用项目启动至今，国家橡胶圃新增入圃保存资源 149 份，无新增物种。

表 3　国家橡胶圃保存橡胶种质资源情况

作物名称	截至 2021 年 12 月保存总数					2001—2021 年新增保存数			
	种质份数（份）			物种数（个）		种质份数（份）		物种数（个）	
	总计	其中国外引进	其中野外或生产上已绝种	总计	其中国外引进	总计	其中国外引进	总计	其中国外引进
橡胶树	6 190	5 817		6	6	149	18	1	1

资源考察收集是一项基础性、长期性工作，近 20 年来，种质圃主要开展了云南、广东及广西植胶区抗寒、抗病、速生、高产等优异种质资源的考察收集，并加强了国外种质资源的引进（图 2），共计新收集抗寒、高产等各类资源 256 份，其中近 5 年通过 IRRDB 材料多边交换从国外引进优良品种资源 18 份（印度 5 份、泰国 5 份、加纳 5 份、

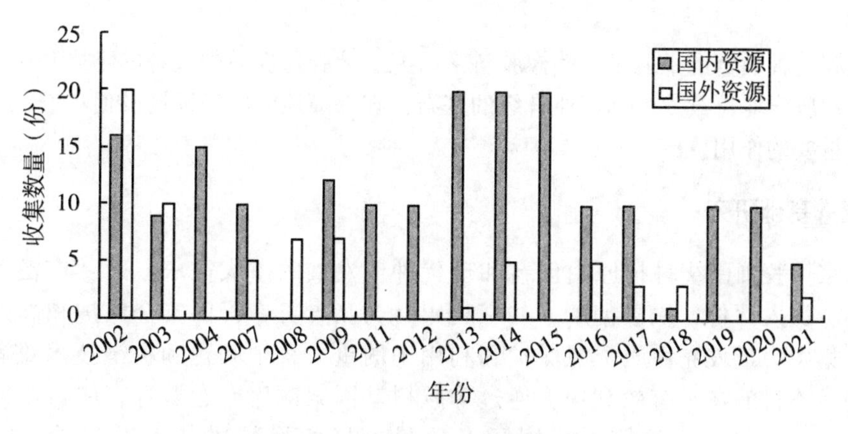

图 2　国家橡胶圃 2002—2021 年资源考察、收集情况

柬埔寨 3 份)。

2.2 保存的特色资源

目前，我国收集保存了6 190份橡胶树种质资源，其中野生种质资源5 710份，占本圃资源保存总量的 92.24%，栽培种质资源 465 份，占资源总量的 7.51%，其他种 15 份，占资源总量的0.24%。在保存特色资源方面，保存黑皮类型种质资源3 份，红皮类型种质资源 2 份，耐最低温-2℃模拟辐射寒害处理的种质资源 10 份；耐最低温-1℃模拟辐射处理的种质资源 50 份；兼抗平流和辐射两类寒害类型的种质资源 2 份，抗风力相当于高抗风品系 PR107 的 3 份，矮生种质资源 16 份，（其中特矮生种质资源 1 份，三年生树高不超过 1m，大叶柄极短，蓬距短，分枝早）；早花种质资源 1 份（一年生即可开花且花量大，坐果率高），胶木兼优无性系 20 份。

一般来说，用优良无性系材料建立的胶园，橡胶树的林相比较整齐，产胶性状也相对一致，橡胶年单株产量水平，在云南植胶区为 6~7kg，在海南植胶区为 3~4kg。但是，在生产中也发现了少数产量非常高的单株，比如在云南勐腊农场发现一株橡胶（芽接）树的年产量达 127kg（1963 年定植，1970 年开割，1993 年开始高产，年株产干胶 50kg 以上，1999 年前后干胶达 127kg），在景洪农场有一株年产量达 99kg，其单产分别相当于当地橡胶（芽接）树平均单株产量的 10~20 倍（刘子凡等，2009）。值得注意的是，这些单株产量是在常规抚管条件下出现的。这些超高产橡胶树为产胶机理的研究和高产高效橡胶树生产新技术的开发提供了宝贵的研究材料，因此，在特色资源抢救性收集、保存方面，种质圃也及时收集、芽接、扩繁并保存了这些特异种质材料并开展了超高产橡胶芽接树的树皮结构特点、基于 EST 的超高产橡胶树胶乳基因表达谱分析及其高产机理探讨（方永军，2008）、光合特性以及云南超高产橡胶树的 SSR、AFLP 遗传分析（张燕燕等，2010），旨在从超高产单株机理研究以及从分子水平上为超高产橡胶树在高产杂交育种中的应用提供分子生物学依据。

3 保存资源的有效利用

橡胶树种质资源不但是天然橡胶科学研究、橡胶树新品种选育的物质基础，也是我国天然橡胶产业持续发展和产业升级的基石，在保障地方经济发展及促进农民增收方面发挥着重要的作用。

3.1 支撑基础研究

国家橡胶圃围绕科技原始创新和现代种业发展的重大需求，以“广泛收集、妥善保存、深入评价、积极创新、共享利用”为指导方针，以安全保护和高效利用为核心，集中力量攻克种质资源保护和利用中的重大科学问题和关键技术难题。资源保护的最终目的在于有效利用，通过橡胶树基因组测序专题服务，取得了巨大的科学研究突破，获得了目前为止国际上质量最好的橡胶树基因组图谱，拼接序列（1.37Gb，N50=1.28Mb）覆盖基因组的 93.8%，重复序列占基因组 72%，注释蛋白编码基因约 4. 4 万个；发现 REF/SRPP 基因家族的显著扩增及乳管（产胶细胞）特异性功能分化同乳管中大橡胶粒子的发生、橡胶高产性状密切相关，可能是橡胶树抗虫机制的重要组成部分，推测是橡胶物种进化的重要推动力；发现乳管内源乙烯的合成能力很低且不受乙烯刺激诱导，但却存在活跃的乙烯信号应答与传递通路，从源头上阐述了乙烯刺激橡胶增产的原因（Tang et al.，2016）。相关研究结果，将极大推动产胶植物的产胶生物学研究，为橡胶树优异种质的发掘利用以及高产优质抗逆遗传改良奠定了良好的基础。

乳管是橡胶树合成和贮存天然橡胶的一种生活组织，与天然橡胶生产密切相关的乳管是位于树干次生韧皮部中的次生乳管，次生乳管数目是橡胶树产量育种的一个最重要性状。由于橡胶树苗期没有次生乳管，所以，一直以来都没有找到一种合适的方法来预测橡胶树的次生乳管分化能力，针对橡胶树产量早期选择技术缺乏，种质圃鉴定筛选了不同类型的种质资源供相关研究领域开展了乳管分化及早期预测方法研究的专题服务。该服务支撑橡胶树乳管分化机制研究取得创造性和突破性进展，开创了橡胶树乳管细胞分化的实验形态学研究，证明伤害信号分子茉莉酸在乳管细胞分化的调节中起关键作用；建立了橡胶树乳管分化的实验系统，并从信号传导、比较转录组学和比较蛋白质组学层面开展乳管分化的分子调控机制研究（Hao and Wu，2000；曾日中等，2001）；发明了一种苗期预测橡胶树次生乳管分化能力的方法，该方法对于橡胶树产量性状的定向遗传改良和提高选育种效率具有重要的实际应用价值，解决了橡胶树产量育种效率低、选育种周期长的重大问题。

3.2 支撑育种

橡胶种植业是以获得天然橡胶为主要目的，因此长期以来橡胶树的选育种目标主要集中在橡胶产量性状的选择方面，对木材生产的功能没有重视。一方面，随着全球经济的发展，植胶劳动成本增加，植胶效益不断下滑，必须寻找提高植胶产值的途径。另一方面，全球性的木材紧缺以及改性橡胶木在家具制造业中的良好性能，使橡胶木材成为家具业的主要用材来源。橡胶树新品种的选育也从单纯重视胶乳产量转向胶乳、木材并重方向。推广胶木兼优品种可显著增加单位面积产值，同时保障我国天然橡胶木材需求具有重要意义。因此，种质圃引进了国外育成的胶木兼优无性系，通过初步筛选，向海南、云南和广东各植胶区试种点提供了 8 个无性系开展全国橡胶树胶木兼优协作试验，开展适应性试种。对各试种点进行持续跟踪，了解各个无性系在各地的表现及适应性。经 10 余年的适应性试种，发现其中的热垦 628 表现出良好的适应性和农艺特性：一是开割前生长快，年均增粗达 8. 67cm，可提前 1 年达到开割标准；二是立木材积蓄积量大，10 年生时平均每株材积可达 0. 31m^3；三是产量高，干含与 RRIM600 接近，死皮率较低，前三割年干胶平均株产和亩产分别为 2. 06kg 和 54. 9kg，分别为对照 RRIM600 的 149. 59%和 176. 82%；四是抗风能力较强，与 PR107 接近，具有一定的抗平流寒害能力，抗炭疽病（高新生，2013）。该品种通过了 2013 年热带作物品种审定委员会审定，推动了我国橡胶树选育种工作不断向前发展。

3.3 支撑产业、乡村振兴与扶贫

天然橡胶是我国热带地区农业经济及当地农民的主要收入来源。据不完全统计，全国天然橡胶从业人员130万人，涉及植胶家庭70万户，是热带地区重要的经济作物和支柱性产业之一，而产业发展的基础离不开良种良苗。橡胶树是多年生高大乔木，经济寿命长达30年，种苗的重要性越发凸显。目前，天然橡胶产业普遍使用的采取褐色芽片或绿色芽片芽接的苗木，由于受砧木影响，品种的表现不尽一致。自根幼态无性系是由体细胞胚直接发育而成的植株，具有一致性好、生长快、产量高和抗性强等优点，是继实生树、芽接树之后的具有完整自我根系、幼态化的种苗。目前已经建立了橡胶树品种‘热研7-33-97’工厂化繁育技术，在广东、海南和云南植胶区建立‘热研7-33-97’体胚无性系示范区15个，总面积超过170hm^2。广东建设农场、海南龙江农场目前进入生产性开割，对已开割示范区连续两年监测，株产干胶较对照提高30%以上，生长快10%~20%，干胶含量提高2个百分点以上（吴思敏，2018）。体胚苗已表现出高产、持续增产的趋势。种苗升级换代是推动种植业发展的重要动力，橡胶树自根幼态无性系将是今后天然橡胶产业发展的主体种植材料，在支撑我国天然橡胶产业升级、提升国际竞争力方面起到了重要作用。

在新品种推广示范方面，与广东省茂名农垦集团公司、广东农垦热带作物科学研究所、海南天然橡胶产业集团股份有限公司、海南省热带作物开发中心等单位联合开展“所地（企）合作推动橡胶树良种热研7-33-97示范与产业化”，其中2008—2015年推广面积超过150万亩，累计推广面积250万亩，投产胶园平均亩产约为90kg（海南）、65kg（广东，投产初期），较对照品种增幅平均达10%以上，依托该品种累计创造产值97.2亿元，通过增产增效创造纯收益12.15亿元。该成果获得2016年“农业渔业丰收奖合作一等奖”。

国家橡胶圃有效利用对象主要是天然橡胶科研机构、高校、国有农场和民营胶园等单位，因此，在为相关科研、教学单位开展研究提供材料支撑外，也围绕乡村振兴发展主题，开展了新型种植材料和新品种区域性试种推广工作。针对育种从单纯的以胶乳为产品，发展到胶乳与木材并重，通过资源的引进和适应性试种，筛选出了‘热垦628’‘热垦525’等新品种推广应用，推动了我国橡胶树选育种工作不断向前发展，在支撑国家乡村振兴战略、促进地方经济发展及农业、农民增收方面发挥了重要作用。

3.4 典型案例

案例一：

服务名称：橡胶树基因组测序

服务对象及范围：中国科学院北京基因组研究所、中国热带农业科学院橡胶研究所胶乳代谢课题组

服务时间：2012—2015年

服务的背景和意义：我国是世界上最大的天然橡胶消费国，同时也是第一大进口国，目前自给率不足20%，远低于战略安全警戒线。我国的天然橡胶产业是在非传统

植胶区发展起来的，产胶受风、寒、旱和病虫害影响严重，同时适宜植胶面积已接近极限，因此挖掘橡胶树产胶潜力、大幅度提高单产是提高总产量的主要实现途径。通过橡胶树全基因组测序，绘制基因组草图，全面挖掘橡胶树功能基因，最终绘制全部基因图，将为弄清每个基因的功能和彼此协调关系，揭示橡胶树的高产分子机理和逆境胁迫应答机制奠定基础，为橡胶树分子标记辅助育种和分子设计育种提供依据。

服务的内容和主要方式：提供生产上主推的自主培育优良品种'热研 7-33-97'供中国科学院北京基因组研究所和中国热带农业科学院橡胶研究所联合开展橡胶树基因组测序。

取得的成效：通过这次基因组专题服务，取得了巨大的科学研究突破。获得了目前为止国际上质量最好的橡胶树基因组图谱。该项目组装基因组大小为 1.37GB，scffold N50 达到 1.28Mb，覆盖全基因组的 94%，重复序列占基因组 72%，注释蛋白编码基因约 4.4 万个。发现产胶重要功能基因的橡胶树特异性存在，如家族的显著扩增，如基因组上位置分布等等。通过这次专题服务，解决了困扰橡胶树生产中的两个重大科学问题。一是橡胶树为什么高产橡胶？发现橡胶树进化出植物界特有的 *REF1* 基因，结合家族成员分析、表达谱分析及以往的生理生化分析，揭示了橡胶树高产橡胶的分子机制；二是乙烯刺激为什么能够增产？发现橡胶树乳管中乙烯合成能力极其微弱，但是存在非常活跃的乙烯信号应答和传导机制，很好地解释了乙烯刺激增产的机理。

相关研究结果发表在植物学顶级期刊《Nature Plants》上，受到同行的高度关注和评价，在当期《Nature》的"研究亮点"栏目中以"Genetic clues to more rubber"为题进行报道，同时《Nature Plants》以"Strength in shoulders"为题进行评述，在《Nature》的新闻与观点栏目以"The societies that rubber built"为题进行高度评价。同时在国内新闻、电视媒体被广泛报道，并且在 2018 年入选高引用论文。

案例二：

服务名称：橡胶树乳管分化及早期预测方法研究

服务对象：橡胶研究所乳管发育课题组

服务内容：提供萌条及科学数据

具体服务成效：该服务支撑橡胶树乳管分化机制的研究取得创造性和突破性进展；解决了橡胶树产量育种效率低、选育种周期长的重大问题；该服务支撑获得海南省科学技术进步奖一等奖 1 项，授权国家发明专利 1 项，在国内外核心刊物上发表论文 27 篇，其中 SCI 论文 4 篇。

针对橡胶树产量早期选择技术缺乏，利用高中低产资源，开展乳管分化能力分析。研究发现乳管分化能力可分为 4 种类型：敏感型、敏感叠加型、迟缓型和迟缓叠加型，在此基础上，发明了一种苗期预测橡胶树次生乳管分化能力的方法，该方法对于橡胶树产量性状的定向遗传改良和提高选育种效率具有重要的实际应用价值，该成果 2012 年获得海南省科学技术进步奖一等奖。

4 展望

橡胶树种质资源收集保存、精准评价与有效利用是当前种质资源工作的主要内容，对于促进地区农业生物多样性保护和利用，保障国家战略资源安全具有重要意义，为此，应注重和加强以下几方面工作。

4.1 加强国际合作与交流，促进资源引进与交换

广泛深入地开展橡胶树遗传资源的收集、保存和评价利用研究，为种质创新和育种利用提供遗传多样的基础材料是开展种质资源工作的主要目标。橡胶树原产于巴西亚马逊河流域，是一种典型的热带雨林树种，而我国植胶区地处热带北缘，属非传统植胶区，低温寒害一直是影响我国天然橡胶产业健康发展的主要限制因素之一，抗寒种质材料的缺乏，导致橡胶树抗寒高产选育种研究工作缺乏有重大突破的物质基础。近年来，我国橡胶树新品种培育速度明显减缓，尤其是抗寒高产新品种选育成效甚微，其主要原因之一是抗寒优异资源严重匮乏。

目前，国际天然橡胶研究与发展委员会（IRRDB）正在策划新一轮赴橡胶树原产地秘鲁等国家开展采种工作，此次采种工作将对 IRRDB 各成员国在橡胶树新品种选育方面有着极大的促进作用。秘鲁作为仅次于巴西的橡胶树原产地，保存有丰富的橡胶树种质资源，而且一些橡胶树种分布在海拔超过 1 500m 的山区，存在较为丰富的橡胶树抗寒基因资源，而这些抗寒种质材料是我国急需引进的，因此，积极参加 IRRDB 组织的各种国际合作与交流，包括材料多边交换、赴原产地采种，收集引进新的种质材料，开展抗寒等优异资源的挖掘、创新利用研究，对加速我国橡胶树高产、抗逆、优质橡胶树新品种的选育、推动我国天然橡胶产业持续发展具有重要的战略意义。

4.2 加强资源开发利用研究

种质资源保护的最终目的是为育种家或科研人员提供优异的资源，保护的目的在于利用，因此，根据我国特殊的植胶环境对品种的要求，发掘适合不同生态区的高产种质资源和产量相关性状的重要基因及其等位变异基因，为橡胶树高产育种提供基因资源，促进我国橡胶树新品种选育进程。

4.3 加强胶乳品质研究

已有研究结果表明，胶乳中的铜、锰、铁等金属离子对胶乳稳定性及橡胶制品性能有重要影响，但其在橡胶树属不同种之间或品种间的差异及其年度变化研究方面报道较少，因此，针对医疗、军工等行业对天然橡胶高端用胶的特殊需求，加强胶乳品质测定分析与资源鉴定评价筛选，为天然橡胶加工及高性能天然橡胶的制备提供相关科学依据，挖掘优异种质资源，为培育不同用途的橡胶树新品种提供材料保障。

参考文献

曾霞，胡彦师，方家林，等，2008. 国家橡胶树种质资源圃 2007—2008 年寒害调查［J］. 中国农学通报，24（12）：436-438.

曾霞，黄华孙，2004. 国内外橡胶树种质资源收集保存及其研究进展［J］. 热带农业科技，27

(1)：24-29.

曾日中，白先权，黎瑜，等，2001. 外源茉莉酸诱导巴西橡胶树乳管分化的酶学研究（I）[J]. 热带作物学报，22（3）：17-23.

方永军，2008. 基于EST的超高产橡胶树胶乳基因表达谱分析及其高产机理探讨以及坛紫菜丝状孢子体基因表达分析 [D]. 杭州：浙江大学.

高新生，黄华孙，张晓飞，等，2013. 胶木兼优品种热垦628品种比较试验报告 [J]. 热带作物学报，34（10）：1853-1858.

何康，黄宗道，1987. 热带北缘橡胶树栽培 [M]. 广州：广东科技出版社.

胡彦师，安泽伟，黄华孙，2011. 国家橡胶树种质资源圃2007—2008年寒害调查 [J]. 中国农学通报，27（25）：56-59.

刘子凡，王军，林位夫，2009. 超高产橡胶芽接树的树皮结构特征 [J]. 热带作物学报，30（9）：1221-1225.

卢新雄，陈叔平，刘旭，2008. 农作物种质资源保存技术规程 [M]. 北京：中国农业出版社.

莫业勇，2014. 全球有60多个国家生产天然橡胶 [J]. 中国热带农业（5）：75-76.

覃姜薇，余伟，蒋菊生，等，2009. 2008年海南橡胶特大寒害类型区划及灾后重建对策研究 [J]. 热带农业工程，33（1）：25-28.

王述民，卢新雄，李立会，2014. 作物种质资源繁殖更新技术规程 [M]. 北京：中国农业科学技术出版社.

杨署光，于俊红，史敏晶，等，2008. 割胶、机械伤害和外源茉莉酸对橡胶树乳管细胞防卫蛋白基因表达的影响 [J]. 热带作物学报，29（5）：535-540.

杨勇，赵红星，李高潮，等，2010. 柿种质资源田间耐寒性调查分析 [J]. 北方园艺（1）：63-65.

于俊红，杨署光，黄绵佳，等，2007. 季节、采胶和外源茉莉酸对成龄橡胶树乳管分化的影响 [J]. 热带作物学报，28（4）：1-5.

张世鑫，刘世彪，田维敏，2011. 形成层活动对机械伤害诱导巴西橡胶树次生乳管分化的影响 [J]. 热带作物学报，32（6）：1037-1041.

张燕燕，黄华孙，胡彦师，等，2010. 云南超高产橡胶树的SSR的AFLP和TRAP分析 [J]. 热带作物学报，31（6）：881-886.

Hao B Z, Wu J L, 2000. Laticifer differentiation in *Hevea brasiliensis*: Induction by exogenous jasmonic acid and linolenic acid [J]. Annals of Botany, 85: 37-43.

Tang C R, Yang M, Fang Y J, et al., 2016. The rubber tree genome reveals new insights into rubber production and species adaptation [J]. Nature Plants (2): 1-10.

Tian W M, Shi M J, Yu F Y, et al., 2003. Localized effects of mechanical wounding and exogenous jasmonic acid on the induction of secondary laticifer differentiation in relation to the distribution of jasmonic acid in *Hevea brasiliensis* [J]. Acta Botanica Sinica, 45: 1366-1372.

Wu J, Hao B, Tan H, 2002. Wound-induced laticifer differentiation in *Hevea brasiliensis* shoots mediated by jasmonic acid [J]. Journal of Rubber Research: 53-63.

Yu J H, Zeng X, Yang S G, et al., 2008. Relationship between rate of laticifer differentiation, number of laticifer rows and rubber yield among 1981 IRRDB germplasm collections of *Hevea brasiliensis* [J]. Journal of Rubber Research, 11 (1): 43-51.

国家热带香料饮料作物圃（万宁）种质资源安全保存与有效利用

范　睿，闫　林，秦晓威，郝朝运，唐　冰，
李付鹏，胡丽松，吉训志，黄丽芳
（中国热带农业科学院香料饮料研究所　万宁　571533）

摘　要：我国热带香料饮料作物种质资源相对匮乏，通过种质资源引进、收集与安全保存，为作物育种和产业发展提供了重要的物质保障，培育出胡椒、咖啡、可可、香草兰、斑兰叶等热带富民作物产业。本文简要介绍了国内外热带香料饮料作物资源收集保存现状，总结和回顾20年来国家热带香料饮料作物种质资源圃在资源安全保存和有效利用等方面的研究进展，并对今后的研究方向进行展望。

关键词：胡椒；咖啡；可可；香草兰；种质资源

热带香料饮料作为古老而文明的产业，是人们美好生活的日常消费品，也是连接世界贸易的天然纽带。胡椒、咖啡、可可、香草兰、斑兰叶等热带香料饮料作物是国际大宗贸易农产品，种植面积超过4.28亿亩，原材料产值达5 100亿元，是“一带一路”热带沿线国家主要的经济来源和欧美等发达国家重要的日常消费品。我国是热带香料饮料生产和贸易大国，已形成种植业为基础的热带香料饮料产业链。目前，种植面积约1 500万亩，原料产值400多亿元，是我国热区固边兴疆和百姓持续增收的支柱产业。

我国胡椒（*Piper nigrum*）、咖啡（*Coffea* spp.）、可可（*Theobroma cacao*）、香草兰（*Vanilla planifolia*）、斑兰叶（*Pandanus amaryllifolius*）等为引进作物，原产地主要分布在拉丁美洲、非洲、南亚、东南亚及南太平洋等热带国家。我国主要栽培于海南、云南、广东、广西、台湾等省区。国家热带香料饮料作物种质资源圃（万宁），简称国家热带香料饮料作物圃，位于海南省万宁市，于2007年6月向农业部申报建设，2008年12月农业部批复同意建设，其功能定位是收集保存胡椒、咖啡、可可、香草兰等热带香料饮料作物的选育品种、骨干亲本、育种材料、野生近缘种及野生种等种质资源。截至2021年12月，已保存来自中国海南、云南、广西、广东、台湾等省区，以及哥斯达黎加、厄瓜多尔等拉丁美洲，科特迪瓦、科摩罗等非洲，萨摩亚、汤加等南太平洋岛国，泰国、马来西亚等东南亚共计28个国家和地区的以胡椒、咖啡、可可、香草兰为主的热带香料饮料种质资源565份，包括*Theobroma grandiflorum*、*Theobroma bicolor*、*Theobroma simiarum*、*Piper pseudofuligineum*、*Piper lessertiana*等一批重要的野生近缘种，以及Aman semmeggoh、CCN51、caturra等主栽品种，是目前世界上唯一的综合性热带香料饮料作物种质资源圃。

我国十分重视热带香料饮料种质资源的保护与挖掘利用。截至2021年底，共选育

出具有自主知识产权的热引 1 号胡椒、热引 4 号可可、热研 1 号咖啡、热研 5 号咖啡、大丰 1 号咖啡、蜜芽苦丁茶冬青等新品种 11 个，配制胡椒、咖啡、可可人工杂交组合，创制筛选出优异种质 20 份，国际发布 *Piper peltatifolium*、*Piper jianfenglingense*、*Piper semitransparens* 等胡椒新物种 3 个，ZYP6-8 可可获国际可可卓越奖金奖，并与热带农业研究与高等教育中心（CATIE，哥斯达黎加）建立“中国热带农业科学院热带饮料作物种质资源保护利用实验室”，为国际热带香料饮料作物种业创新提供了平台。国际上，印度是世界胡椒第一大保存国，保存量达到1 000多份；咖啡、可可主要保存在哥斯达黎加、科特迪瓦等国家。比如，位于哥斯达黎加的热带农业研究与高等教育中心，是国际咖啡、可可作物种质资源保存中心，保存咖啡种质资源2 000多份、可可种质资源1 146 份（Phillips - Mora et al.，2013）；科特迪瓦国家的热带农业研究中心（CNRA）保存咖啡种质资源8 561份、可可种质资源1 605份（Eskes and Efron，2006；何云等，2022）。据英国雷丁大学开发管理的国际可可种质资源数据库（The International Cocoa Germplasm Database，ICGD）统计，目前全球已收集可可种质 29 500 份，但约有 44%的材料重名（Turnbull and Hadley，2012；秦晓威等，2014）。

1　种质资源安全保存技术

1.1　资源入圃保存技术与指标

资源入圃保存技术　入圃资源主要采用无性系扦插苗及嫁接苗田间保存技术。以作物形态及结构为切入点，胡椒、可可和香草兰采用扦插苗繁育，咖啡采用嫁接苗田间保持技术；同时结合组培等技术进行优良种苗繁育。

资源保存指标　圃中每份资源保存 3~4 株，株行距（1.5~3）m ×4m。野生种每份资源保存 3 株，其他均保存 4 株。咖啡资源保存中，针对南方地区降水量大、地下水位高等特点，选用抗性较强的大粒种咖啡做砧木。大粒种咖啡具有抗腐烂病、耐涝、较耐盐碱、根系发达、与其他品种咖啡嫁接亲和力强等优异性状，有利于咖啡资源的安全保存。

1.2　资源监测技术与指标

资源生长状况监测　圃内聘有专职人员（科技人员）定点定期观测每份种质资源的生长情况，将生长状况分为健壮、一般、衰弱 3 级，对衰弱的植株，及时登记并按繁殖更新程序进行苗木扩繁和重新定植，及时发现突发状况、自然灾害等造成的树体损毁等异常情况，便于及时采取补救措施，避免资源丢失。

资源圃病虫害监测　病虫害防控人员定时定期对资源圃主要病虫害进行系统监测，对辣椒疫霉菌、咖啡锈病、根腐病等病原孢子进行监测，虫情测报灯对可可盲蝽、咖啡果小蠹、天牛等害虫进行监测，制定各病害和虫害的防控指标，当病原孢子和害虫数量达到预警指标时，开始病虫害的化学药剂防控，确保圃内病虫害严重发生前得到有效控制；制定突发性病虫害发生的预警、预案。

土壤和气候等环境状况监测 建立气象工作监测站，对资源圃土壤温度、土壤湿度、空气温度、空气湿度、风速、风向、降雨量等环境状况进行实时监测，当生长环境发生异常变化时及时采取措施确保植株正常生长所需的环境要求。

资源种植管理技术 制定了规范的年度资源管理工作历，胡椒采用行业标准 NY/T 969—2013《胡椒栽培技术规程》、咖啡采用海南省地方标准 DB46/T 274—2014《中粒种咖啡栽培技术规程》；病虫害防控按照行业标准《热带作物主要病虫害防治技术规程》等执行。

1.3 资源繁殖更新技术与指标

繁殖更新技术 采用无性系扦插和嫁接扩繁技术对圃资源进行繁殖更新。采用海南省地方标准 DB46/T 26—2012《胡椒优良种苗培育技术规程》进行优良扦插苗培养，检测无检疫性病虫害，植株健壮的进行更新。繁殖更新后对每份种质的植物学特征和生物学特性与原种质进行核对 2~6 年，及时更正错误。

更新复壮指标 ①资源保存数量减少到原保存数量的 60%；②植株出现显著的衰老症状，植株死亡，发育枝数量减少 50%等；③胡椒、咖啡等作物遭受严重自然灾害或病虫为害后难以自生恢复；④其他原因引起的植株生长不正常。

2 种质资源安全保存

2.1 资源安全保存情况

截至 2021 年 12 月，国家热带香料饮料作物圃保存资源 565 份，其中国内资源 261 份（占 46.19%）、国外引进资源 304 份（占 53.81%）。包括胡椒 200 份、咖啡 170 份、可可 158 份、香草兰 37 份（表 1）。建立了胡椒、咖啡、可可等种质资源 DNA 保存技术体系，对 516 份重要核心资源进行了 DNA 保存，每份资源保存 DNA 10μg 以上。资源繁殖更新 295 份次。

表 1 国家热带香料饮料作物圃资源保存情况

作物名称	截至 2021 年 12 月保存总数					其中 2001 年以来新增保存数			
	种质份数（份）			物种数（个）		种质份数（份）		物种数（个）	
	总计	其中国外引进	其中野外或生产上已绝种	总计	其中国外引进	总计	其中国外引进	总计	其中国外引进
胡椒	200	56	0	60	25	200	56	60	25
咖啡	170	117	0	4	4	170	117	4	4
可可	158	107	0	4	4	158	107	4	4
香草兰	37	24	0	6	4	37	24	6	4

2012 年启动农作物种质资源保护与利用项目至今（2012—2021 年），新增保存香

料饮料种质资源 565 份，占资源圃保存总量的 100%。2012—2021 年，从哥斯达黎加、马来西亚、斐济、泰国等国家和地区引进资源 304 份；从我国的云南、贵州、江苏、广东、上海等 25 省（区、市）113 个县（市）进行资源考察、收集，共收集资源 261 份。

2.2 保存的特色资源

截至 2021 年 12 月 31 日，国家热带香料饮料作物圃保存特色资源 292 份，占圃资源保存总量的 52%。其中野生和野生近缘种资源 119 份，地方特色资源 28 份，育种价值资源 36 份，生产利用资源 18 份，特异资源 70 份，选育品种 18 份，观赏价值资源 5 份。

野生和野生近缘种资源 119 份：咖啡、可可为引进物种，除了引进现有的栽培种，还引进了总状咖啡（*Coffea racemosa* Lour.）、丁香咖啡（*Coffea eugenioides* S. Moore）、大花可可（*Theobroma grandiflorum*）、双色可可（*Theobroma bicolor*）和猴头可可（*Theobroma simiarum*），极具开发潜力，如大花可可果肉可食率达 30% 以上，果肉香味浓郁，酸甜可口，是极具开发潜力的特色水果产业。胡椒在我国分布有大量的野生近缘种，如黄花胡椒抗寒性、抗瘟病均很好。

地方特色资源 28 份：栽培历史悠久且成为地方特色产业的资源。如印尼大叶种胡椒，为我国主栽品种，是产业发展和乡村振兴的重要支撑产业。

育种价值资源 36 份：单一或多个性状表现突出，且遗传稳定，被育种家多次利用的资源。例如，Trinitario 类可可产量高、品质性状遗传稳定，以 Trinitario 类可可为亲本，通过杂交育种的方式培育出热引 4 号可可等；蒙多诺沃咖啡抗性好，以其为母本选育出了卡杜艾等品种。

生产利用资源 18 份：品质、产量、抗性等综合性状优良可在生产上直接利用的资源。例如，CCN51、EET92 等在国外可可产业中大面积推广应用，卡蒂姆 CIFC7963、T5175、T8667 等在咖啡产业中大面积推广应用。

特异资源 70 份：单一性状突出的资源。此类资源可用于种质创新、基础研究等。如大果、高可可脂、高多酚、白籽、抗病等可可资源，低咖啡因高蔗糖、紫叶、抗病等咖啡资源，果穗大、高胡椒碱、抗病等胡椒资源。

选育品种 18 份：通过引进选育、人工杂交或实生选育等方法培育的优良品种。如热引 1 号胡椒、热研 1 号咖啡、热引 3 号香草兰、热引 4 号可可等优良品种，目前已是我国主要种植品种。

观赏价值资源 5 份：叶、果具有观赏价值的资源。如可可品种‘紫玲珑’，幼果、果实都为亮红色，观赏效果非常好，常用于休闲农庄或家庭农场的园艺景观树栽培。

3 保存资源的有效利用

2012—2021 年，国家热带香料饮料作物圃向海南大学、四川省农业科学院、中国科学院昆明植物研究所、南亚热带作物研究所、北京长力金源热带植物园等大学、科研院所、植物园和海南、云南、四川、广东等地的农技推广部门、合作社、企业、种植户等提供资源利用497份次，开展基础研究、育种利用及生产应用。

3.1 育种、生产利用效果

国家热带香料饮料作物圃向中国科学院昆明植物研究所、南亚热带作物研究所、中国热带农业科学院橡胶研究所、云南省农业科学院热带亚热带经济作物研究所、琼中宝元堂南药种植有限公司等单位提供优异种质、试验样品等，并共同开展复合栽培技术研究，选育出新品种热研1号咖啡、热引1号胡椒、热引3号香草兰和热引4号可可等8个，在海南等省区推广应用，通过新品种、新技术的推广应用助推我国老少边穷地区精准扶贫，打造地方特色作物产业。筛选出兴28咖啡、兴1咖啡、粽香斑兰等综合性状优异的资源10余份，直接应用于生产，示范推广到广西南宁，云南绿春、怒江，海南琼中、儋州、澄迈、东方等10市（县），社会、经济、生态效益显著。

3.2 支持成果奖励

以圃内提供的种质资源为试材支撑的“特色热带作物种质资源收集评价与创新利用”国家科技进步奖二等奖，“胡椒全产业链提升关键技术创建与应用”获神农中华农业科技奖一等奖，“热带功能性花木资源研究与创新利用”获梁希林业科技进步奖二等奖，“胡椒种质资源收集保存鉴定评价与利用”和“可可种质资源收集保存、鉴定评价与利用”分别获省科技进步奖二等奖。

3.3 支撑乡村振兴与精准扶贫

筛选优异资源粽香斑兰、香可1号等10余份支撑乡村振兴与精准扶贫10余个乡村，通过试验示范推广，派出专家及科技人员200多人次，开展农业科技集市技术咨询、技术指导、技术培训等活动39场次，免费发放实用技术小册子9 400多册、种苗40多万株，免费提供农药、化肥、生物肥料等生产物资。

3.4 支撑基础研究

支撑国家重点研发计划、国家自然科学基金、国家外专局引智项目、农业农村部948项目，农业行业标准制修订项目、海南省重点研发计划、海南省自然科学基金项目等90余项，以及海南省院士工作站平台2个。

3.5 支撑论文论著、发明专利和标准

支撑研究论文71篇，其中SCI论文17篇。如绘制了我国胡椒栽培种热引1号染色体级别精细基因组图谱（木兰亚纲胡椒目首次报道基因组组装的物种），综合解读了胡椒的基因组特征，物种进化位置，并对胡椒碱合成代谢网络和关键基因及其基因家族进行深入研究，研究结果为被子植物演化及胡椒碱生物合成提供了新的见解。相关研究成果在线发表在国际著名杂志《Nature》子刊《Nature Communications》（Hu et al. 2019）上。支撑“一种斑兰叶种苗的高通量繁育方法”等14项国家发明专利及实用新型专利；制定行业标准《咖啡　种子种苗》等3项、海南省地方标准《胡椒优良种

苗培育技术规程》1项。支撑成果奖励5项，热引1号胡椒、热研1号咖啡和热研2号咖啡等3个品种通过全国热带作物品种审定委员会审定，热研3号咖啡、热引3号香草兰和热引4号可可等5个品种通过海南省农作物品种审定委员会及海南省林木品种审定委员会认定。

3.6 支撑资源展示、科普、媒体宣传

通过资源展示、优异种质提供、数据技术共享等多种形式，向琼中宝元堂南药种植有限公司、兴隆热带植物园、中国科学院深圳先进技术研究院等相关单位提供数据信息800余份次、图片资料600余张次，种质资源标本80份，实现了充分共享。其中，组织参加大型科技咨询活动8场次、举办实用技术培训班60多期，培训农户、农技人员总人数3 900多人次；通过新品种、新技术的推广应用助推我国老少边穷地区精准扶贫，打造地方特色作物产业。

典型案例一：发现新物种，进一步丰富了我国胡椒属种质资源多样性

郝朝运研究员带领的研究团队在植物分类学期刊发表胡椒属新种——水晶胡椒（*Piper semi-transparens*），这是该团队近年来继盾叶胡椒（*Piper peltatifolium*）和尖峰岭胡椒（*Piper jianfenglingense*）发表的第3个国产胡椒属新种。2014年以来，该研究团队在野外考察过程中陆续在海南、广东和广西等地发现该物种，主要分布在亚热带和热带常绿阔叶林荫湿生境中，常攀爬于树上或岩石上。经过多年研究，发现该种在形态上与复毛胡椒和大叶复毛胡椒等非常接近，但下列特征与后两者明显不同：生殖叶光滑无毛；嫩茎密被短且不分枝的绒毛，老时脱落；叶脉5~7条；雄蕊2枚；柱头3，稀4；花穗白色；苞片光滑无毛；果肉半透明（图1）。基于核糖体16S与23S基因间隔序列测序结果显示，该种与复毛胡椒和大叶复毛胡椒亲缘关系最为接近，但自展法检验显示明显分开。该种的发现使世界胡椒属分类群增加了1个新种类，进一步丰富了胡椒属物种多样性，并为我们增加了一份珍贵的育种材料，某些基因性状可能在今后胡椒育种中发挥重要作用，具有重要的科学研究和利用价值。

典型案例二：用胡椒优良品种及配套生产技术助推绿春县打造“云南省最大胡椒生产基地”

绿春县是云南省典型的温热区，海拔1 000m以下的热区面积100多万亩，具有发展胡椒产业的自然优势。近年来，中国热带农业科学院香料饮料研究所为云南红河哈尼族彝族自治州绿春县发展胡椒提供优良品种和配套生产技术支持，新发展胡椒5.8万亩（图2），成为其精准扶贫的第二大产业，涉及种植户约1.7万户7.3万多人，其中建档立卡有4 800多户1.6万多人，依靠胡椒致富而盖起的“胡椒楼”、购买的“胡椒车”随处可见。

典型案例三：培育新产业，促进热带作物林下经济可持续发展

通过挖掘耐阴、喜湿等热带香料饮料作物资源，筛选出“粽香斑兰”优异资源，

图1　水晶胡椒植物学性状

图2　建立云南最大黑胡椒生产基地（云南绿春）

被海南省作为"海南'三棵树'林下经济可持续发展的突破口"进行指导推广（图3）。2017年以来累计向海南琼海、万宁、陵水、白沙、保亭、琼中、儋州等地区提供"粽香斑兰"约100份次，建立示范基地1 500亩，辐射推广10 000多亩，向农户提供种苗35万多株，帮扶脱贫户4户，挂牌成立万宁市北大镇北大村乡村振兴点2个，联合琼中、万宁等地退役军人召开斑兰产业创业分享交流会，以及举办"粽香斑兰优良品种推广与综合利用"培训会30多场次，成为海南"三棵树"林下种植的优势作物，深受政府关注，百姓追捧。目前，帮扶万宁北大村、桥北村、七甲村等地农户实现亩产鲜叶达3 000kg，每亩新增产值6 000元以上，社会经济生态效益显著。

图 3　橡胶林下间种斑兰种植模式

4　展望

4.1　收集保存

开展国内香料饮料种质资源全面调查收集信息、国外资源分布调查并引种，以解决国内热带香料饮料种质资源的重复收集、引种不全现象。建议加大热带香料饮料种质资源收集类型和范围，加强国内外栽培种、野生近缘种、野生种的收集与引种。丰富热带香料饮料遗传资源，为种质资源创新利用奠定遗传基础。

4.2　安全保存技术

由于热带香料饮料种质资源的特性不一，多数资源种子具有顽拗性，易失活，因此热带香料饮料种质资源主要采用活体保存、离体保存、种子库集中保存的形式，建立种质圃结合原生地保护、中长期配套、复份保存等方式保存，为加大香料饮料种质资源的保存能力，未来仍需针对其特性，重点发展无性系嫁接苗高密度田间保存技术、组培离体保存技术及超低温保存技术。

4.3　挖掘利用

目前热带香料饮料种质资源需要建设信息网，加大资源共享利用，挖掘出产量高、品质优、抗逆强的资源，利用科技手段，筛选、选育出适应性强的新品种；或通过种间杂交甚至种以上分类单元之间的远缘杂交，再排除较差的表型性状，产生新的栽培品种；利用物理、化学和基因工程手段高频次创造性状各异的基因型，丰富遗传多样性，为资源利用提供更多更好的物质基础。

参考文献

何云，濮文辉，洪青梅，等，2022. 中国热带作物种质资源发展的重要进展和趋势［J］. 中国热带农业，107（4）：4-70.

秦晓威，郝朝运，吴刚，等，2014. 可可种质资源多样性与创新利用研究进展［J］. 热带作物学报，35（1）：188-194.

Eskes A B，Efron Y，2006. Global approaches to cocoa germplasm utilization and conservation［A］// final report of the CFC/ICCO/IPGRI project on 'Cocoa Germplasm utilization and Conservation：A Global Approach'（1998—2004）. Amsterdam，the Netherlands：CFC.

Phillips-Mora W，Arciniegas-Leal A，Mata-Quirós A，2013. Catalogue of cacao clones：selected by CATIE for commercial plantings［R］. CATIE，Turrialba.

Turnbull C J，Hadley P，2012. International cocoa germplasm database，ICGD［DB/OL］. CRA Ltd./ NYSELiffe/University of Reading，UK. http：//www. icgd. reading. ac. uk.

国家甘蔗圃（开远）种质资源安全保存与有效利用

蔡　青[1]，陆　鑫[2]，徐超华[2]，毛　钧[2]，
刘新龙[2]，刘洪博[2]，林秀琴[2]
（1. 云南省农业科学院生物技术与种质资源研究所　昆明　650000；
2. 云南省农业科学院甘蔗研究所　开远　661699）

摘　要： 本文系统总结了自1995年建圃以来收集保存资源的类型、数量及特色，以及安全保存的技术流程和有效利用与展望。与印度、美国两大“世界甘蔗种质资源保存中心”相比，国家甘蔗圃保存的种质资源数量3 846份，已超过美国，仅次于印度，位居世界第二。在安全保存与监测技术方面，形成了规范的技术标准和流程；在鉴定评价方面，从表型、细胞和分子各层面开展了形态特征、农艺性状、品质及抗逆性鉴定，通过遗传多样性分析构建了核心种质库、通过抗性鉴定筛选了一批优异资源、通过杂交利用创制了一批优良种质；开展了优异基因挖掘、系统演化分析、遗传图谱构建、分蘖调控基因克隆、转录组测序等基础性研究。在资源有效利用和共享方面，为全国科研单位、大学等提供资源6 140份次，支撑相关单位获得了抗旱品种选育项目重要成果。本文还就国际合作、“一带一路”倡议实施提供支持等方面进行了综述。

关键词： 甘蔗种质资源圃；安全保存；有效利用

甘蔗起源于印度尼西亚至新几内亚一带，是生长于热带地区的禾本科高大植物（陈守良，1997；林国栋等，1995）。现代甘蔗品种主要来源于甘蔗属内3~4个种的种间杂交后代，糖分基因主要来源于热带种，产量和抗性基因主要来源于野生种（Berding and Roach，1987）。为拓宽遗传基础，甘蔗学界把与育种密切相关的甘蔗近缘属植物，即甘蔗亚族内的蔗茅属 *Erianthus* Michx.、芒属 *Miscanthus* Anderss.、河八王属 *Narenga* Bor.、硬穗属 *Sclerostachya* A. 与甘蔗属 *Saccharum* L. 一道，合称为“甘蔗属复合群”（*Saccharum* complex）（Mukherjee，1957；Daniels，1987；Amalraj et al.，2005），是甘蔗种质资源收集保存的主要对象，也是育种利用的物质基础。20世纪60—80年代，国际甘蔗技师协会先后三次组织人员到新几内亚、印度尼西亚、缅甸、泰国等地区考察收集甘蔗野生种质资源，保育在美国迈阿密和印度哥印拜陀两大世界甘蔗种质资源保存中心（陈如凯，2003）。然而，从2019年1月美国迈阿密甘蔗种质资源保存中心公布的数据来看，迈阿密保存的甘蔗种质资源总数由原先的5 020份减至1 001份，数量骤减，资源损失惨重。

我国是“甘蔗属复合群”中大部分资源的起源和多样性中心，分布有大量的甘蔗

野生种种群。自20世纪70年代起，我国各省区甘蔗科研机构开始进行种质资源的零星收集，80年代进入集中收集阶段，1995年建立国家甘蔗种质资源圃（开远）（以下简称国家甘蔗圃），使我国的甘蔗种质资源得到专业化、规范化、规模化的安全保存和系统化研究（蔡青等，2010）。经过多年建设发展，国家甘蔗圃通过考察、收集、国内外引进等方式，已收集保存“甘蔗属复合群”中的甘蔗属 *Succharum* L.、蔗茅属 *Erianthus* M.、芒属 *Miscanthus* A.、河八王属 *Narenga* B.，以及有一定潜在利用价值的白茅属 *Imperate* C.、狼尾草属 *Pennisetum* 等近缘属资源，加上地方品种、选育品种及重要育种材料共计3 846份。与世界两大甘蔗资源保存中心印度、美国相比，在保存数量上已超过美国，仅次于印度，居世界第二位。

1　种质资源安全保存技术

甘蔗是多年生作物，植株保存是最适宜的遗传种质保存方式。然而，由于栽培特性不同、来源地生态及物候不同，异地种植条件及活力保存有一定难度。同时，还需考虑串粉影响个体遗传特性、地下横走茎串根、宿根性强弱等问题。通过研究，制定了田间活体保存、生境和生长观测、病虫害监测、繁殖更新等技术和指标，建立了野生资源、栽培原种、杂交品种3个田间保存区和核心种质DNA库，配套重要资源复份保存区、引进资源繁殖观察区和自动气象工作站、土壤墒情和苗情观测监测、物联网系统等先进设备和排灌系统、田间道路和工作间等设施，实现了田间设施现代化、保存技术标准化、监控技术网络化、管理运行规范化，为甘蔗种质资源安全保护提供了重要保障。

1.1　资源入圃保存技术与指标

根据甘蔗种质资源栽培类型和生长习性，对不同类型的资源采用不同的种植和管理保育技术，按甘蔗属野生种、近缘属种、栽培原种、选育品种和育种材料等不同类型进行分区保存。

野生资源保存技术　该技术是针对甘蔗细茎野生种及近缘属种采取的植株种植保存技术。由于野生资源大都具有较发达的地下横走茎，宿根萌发率较高且易向四周扩散，对于野生资源的植株种植，采用水泥框保存方式，对每份材料进行密封种植，防止串根混杂。水泥框按尺寸定制，现场制作为直径为90cm（厚度6cm，内径80cm）、高100cm的圆筒形水泥管，将水泥管直立埋于地下，管口上部露出地面5~10cm，形成埋于地下的无底“花盆”，即为野生资源保存框。回填土后，“花盆”框内部与框外的土表高度一致。种植时，将植株上部茎秆剪除，蔗蔸种于框内，灌水后覆膜。植株生长至8~10叶龄后揭膜并施药肥。孕穗期剪除花穗防止花粉散播串粉，防止形成天然杂交种实生苗。次年3—4月，砍除地上部分蔗茎，以深铲蔸法除去地下3~6cm的蔗桩，促进低位芽萌发。已多年宿根种植的野生种，需挖出一半的蔗蔸丢弃，并回填新土，避免宿根蔗溢出水泥框。每年清园砍除植株地上部分和清除地下部分老根后，灌水3~5次，雨季清理排水沟，保持排灌畅通，保证圃中无渍无旱；除草5次，适时施以少量肥料，保证资源材料的正常生长。

栽培原种保存技术 该技术是针对甘蔗属热带种、印度种、中国种、肉质花穗种等栽培原种和果蔗、地方品种等宿根性较弱的资源采取的植株种植保存技术。由于这类资源大多原产于热带亚热带区域，对光、温、水要求较高。开远地区热量和降水量不能完全满足需求，大田种植条件下，种质长势常表现为长势弱、分蘖少、宿根性差且易受病虫危害。因此，宜采用温室进行种植、大田复份保存。按每年新植 1~2 年宿根的方式进行保存。选择较好田块，深耕细作，参照槽穴植栽培技术下播种芽，覆膜。每亩施农家肥 1t 作底肥，苗期和中期结合大小培土，每亩施硝胺 70kg、普钙 50kg、钾肥 20kg。每年除草 3 次、防虫 3 次，适时灌水、防治螟虫和鼠害。

杂交种质保存技术 针对选育品种、品系、杂交后代及重要育种材料采取的保存技术。参照生产上常规的大田种植技术，按 1 年新植 3~4 年宿根的方式进行种植管理。行距 1.0~1.1m、行长 4 m，每份材料 1~2 行。每亩施农家肥 1t，苗期和中期结合培土，每亩施硝铵 70kg、普钙 50kg、钾肥 20kg。每年除草 3 次、防虫 3 次，适时灌水、防治螟虫和鼠害。

1.2 圃资源监测技术与指标

甘蔗生长动态监测 日常监测结合全生育期种植管理各环节进行，包括水肥、杂草及病虫害的观测监测，保障资源安全健壮生长。生长动态监测通过农艺性状、抗逆抗病虫害等田间调查，包括出苗、宿根萌发、分蘖、株高、锤度、有效茎及自然病虫害等进行。调查方法及数据指标按《甘蔗种质资源描述规范和数据标准》（蔡青等，2006）、国家农业行业标准《农作物种质资源鉴定技术规程 甘蔗》（NY/T 1488—2007）（蔡青等，2007）、《农作物优异种质资源评价规范 甘蔗》（NY/T 2180—2012）（蔡青等，2012）。

甘蔗病虫害监测 针对甘蔗生长过程中较易发生的病虫害进行观察监测，主要包括黑穗病、花叶病、梢腐病、螟虫、蓟马、绵蚜等，及时发现及时处理。对不易用肉眼观察的病害进行定期取样、带回实验室进行鉴定，在病害发生初期及时喷药防治，减少菌量、控制发生流行。同时，在圃内不同地点安装太阳能杀虫灯，通过定期观察虫害种群结构及发生规律，监测虫害情况并及时采取防治措施。

1.3 圃资源繁殖更新技术与指标

甘蔗资源的繁殖更新技术根据不同类型采用不同更新周期和方法。野生资源每年砍除地上部分，宿根萌发新株后一般都能保持健壮的植株若干年。但长年宿根种植后也出现长势渐弱的情况，此时则采取挖根重新种植的方式，将材料先种植于盆中或保存框旁，同时铲除老根蔗蔸，待新株生长正常后再移栽回田间水泥保存框。对于宿根性较弱的栽培原种、地方品种或某些选育品种、材料，采用新植方式进行更新种植，通常栽培原种、地方品种每年新植，选育品种每年以 3~4 年宿根进行新植，以蔗芽（蔗茎侧芽）为种进行无性繁殖。如有明显病毒病的材料，则以组培方式进行脱毒处理。

1.4 圃资源备份技术与指标

甘蔗为无性繁殖作物，以蔗茎侧芽为繁殖材料，每份资源保存约 50 株，相当于每份资源有 50 个备份。同时，每次新植时，都保留宿根蔗至少 1 年，待新植材料健壮生长后才砍除。对滇蔗茅、蔗茅等因原生境与圃地生态差异大、长势较弱易受病虫危害的资源，采用桶栽方式进行备份。

2 种质资源安全保存

2.1 甘蔗种质保存情况

国家甘蔗种质资源圃 1995 年建成后，针对不同类型生长习性和生长势，对资源进行分区保育及弱势复份保存。2001 年后，随着保存技术研究的推进，为提高种质安全保存质量，一是采用成熟的温水脱毒健康种苗生产技术对种茎进行脱毒处理，延长宿根年限，降低保存成本；二是采用穴植技术对弱势、宿根长势差的栽培原种进行安全保存，扩大种质间行间距，增加通风透光，避免种质间相互竞争，同时结合赤霉酸、叶面肥等生长调节剂的使用，使种质在拔节期快速成茎伸长，为下一季繁殖更新储备足量的种芽；三是采用蔗叶还田隔行覆盖技术对品种资源宿根保存圃进行田间管理，降低春季土壤水分蒸发，保证宿根地下芽能够正常萌发。截至 2021 年 12 月，国家甘蔗圃已收集保存 6 个属 18 个种的甘蔗种质资源3 846份，成为全国第一、世界第二的甘蔗资源保护中心。其中已编目的资源为3 151份，与 2001 年相比，新增物种 1 个，新增资源 887 份（表 1）。

表 1　国家甘蔗圃种质资源保存情况

作物名称	截至 2021 年 12 月保存总数					2001—2021 年新增保存数			
	种质份数（份）			物种数（个）		种质份数（份）		物种数（个）	
	总计	其中国外引进	其中野外或生产上已绝种	总计	其中国外引进	总计	其中国外引进	总计	其中国外引进
甘蔗	3 151	696		16	5	887	258	15	1

2.2 保存的特色资源

我国是甘蔗种质资源的起源中心之一，除热带种、印度种、硬穗属等属种外，“甘蔗属复合群”中的其他野生种在我国均有分布。根据近十年国家甘蔗圃开展的种质资源普查考察统计分析，部分原生地生态环境遭到破坏，加之蔗农偏好于种植高产高糖新品种，一些地方品种在野外和生产上已很难觅踪迹，同时许多老品种也已在生产上绝种。本圃收集保存了 20 世纪 70—90 年代我国甘蔗科研工作者考察收集的野生资源、地方品种及国外引进品种。同时，自 2001 年物种保护专项启动以来，通过开展资源考察及国内外引种，在资源数量和类型上得到了较大提升（蔡青等，2006）。目前，圃内收集保存的古老、珍稀物种主要有热带种、中国种、印度种、大茎野生种等近70份，濒危地方品种资源100余份，遗传多样性丰富的核心野生资源1 200余份，是我国甘蔗育种及相关学科研究的重要特色资源贮备。

2.3 资源抢救性收集、保存

建圃以来长期开展对资源的抢救性收集，特别是经济发展较快地区。海南国际旅游岛的建设加速了沿海地区房地产开发，沿海抗盐碱、耐涝的甘蔗种质资源面临丢失。为了及时抢救保护这类资源，2011 年 8 月对海南岛进行了资源考察。考察队沿海南省国道，从海口出发，途径澄迈县、临高县、儋州市、白沙黎族自治县、昌江黎族自治县、东方市、乐东黎族自治县、崖城、三亚、保亭黎族苗族自治县、五指山、琼中黎族苗族自治县、陵水黎族自治县、万宁、琼海、文昌等 17 个县市，共采集斑茅、割手密、芒、五节芒、白茅等甘蔗野生种质资源 87 份，其中斑茅 39 份、割手密 26 份、白茅 8 份、芒 10 份、五节芒 4 份，涉及 4 个属 6 个种，海拔 6~731m；采集到 1 份锤度高达 17. 0% 的割手密种质。考察发现，海南的斑茅、割手密、芒属、白茅属资源分布较广，但沿海区域因过度开发，生态破坏严重，很多资源面临濒危丢失。2012 年 6 月，本圃又对甘蔗近缘属分布广泛的广东、福建、江西、湖南和贵州进行了考察。这些地区因经济发展较快，很多农田和荒地被开发作为商住房和工业用地，甘蔗资源分布地逐年消失。考察队以福建为重点，从广东梅州出发，途径广东省大浦县、福建省 23 个县市、江西省 8 个县市、湖南省 12 个县市、贵州省 9 个县市共 53 个县市，采集到斑茅、割手密、芒、五节芒、白茅等资源 180 份，海拔 61~1 332m。考察发现，这些地区割手密适应生境相对狭窄、群体数量较小，容易因地产开发造成丢失。

3 保存资源的有效利用

甘蔗种质资源是甘蔗科技原始创新、现代甘蔗种业发展的物质基础。国家甘蔗圃收集保存的资源以“甘蔗属复合群”为主，与育种利用密切相关。因此，保存资源的有效利用，支撑了育种及相关基础学科研究的开展，为产业发展、乡村振兴和扶贫、科普等方面提供了支持。

3.1 支撑育种及产业发展

为全国甘蔗科研单位、高校等各类研究项目、科技人员提供大量资源利用服务，年均供种量 150~200 次，2000 年以来累计向广西农业科学院甘蔗研究所、福建农林大学、云南农业大学甘蔗研究所、云南省农业科学院甘蔗研究所、中国热带生物技术研究所等 12 家单位提供实物资源4 836份，用于国家甘蔗产业技术体系、云南省甘蔗产业技术体系、国家科技支撑计划等项目的育种和种质创新研究。例如，针对旱地蔗区自然生态条件和抗旱品种缺乏的突出问题，为国家糖料产业技术体系和云南省甘蔗产业技术体系提供了 123 份国外引进资源，用于抗旱育种研究。经引种单位选育，从中筛选出 CP85-

1308（云引 4 号，省级审定）和 Q170（云引 2 号，国家鉴定）等一批抗旱品种，并经产业化繁育，为云南蔗区提供了大量抗旱甘蔗新品种种苗，累计实现新品种示范推广面积 606 万亩，促进了云南蔗糖业在历经百年不遇的旱灾后在全国率先恢复发展，取得了显著的社会效益和经济效益。该成果获得了 2013 年云南省科技进步奖一等奖“甘蔗抗旱新品种选育与应用”（刘旭和张延秋，2016）。

3.2 支撑基础研究

为国家“863”计划、国家自然科学基金、云南省高端人才引进计划、云南省重点基金等基础性研究项目提供了大量的研究材料，用于开展基因挖掘、分子标记开发、遗传图谱构建等。2000 年以来为 16 家单位用于基础研究的材料达 654 份 977 份次。仅 2018 年就为全国提供研究材料 607 份，用于开发出高质量多态性 SSR 标记，在品系鉴定、遗传多样性分析、遗传图谱构建等研究中得到有效应用，当年发表论文 10 余篇，制定标准 2 项。同时，本圃结合承担的国家基金、省基金等基础研究计划项目，开展了从形态至细胞学鉴定、分子鉴定和基因挖掘等方面的研究，鉴定了割手密、斑茅、芒、河八王和蔗茅的染色体数目和类型（蔡青等，2002），从表型和分子层面评价了品种与野生资源的遗传多样性及与地理分布和农艺性状的相关性（刘新龙等，2009；苏火生等，2011；刘新龙等，2014；毛钧等，2016；Xu et al.，2017），基于 AFLP、核糖体 ITS 和叶绿体 rbcl 序列等分子标记结果证实了斑茅的归属问题（蔡青等，2005；陈辉，2003），通过基因组原位杂交技术分析了滇蔗茅与甘蔗杂交 F_1 代花粉败育的主要原因及与热带种杂交时染色体的遗传方式（林秀琴等，2013，2016）。通过表型和分子标记建立了割手密核心种质库、近缘属种核心种质库和杂交品种核心库（刘新龙等，2009；苏火生等，2011；毛钧等，2016；刘新龙等，2014）。在遗传图谱构建、分蘖调控基因克隆、转录组技术构建水分响应、分蘖发生和双芽形成等研究中取得了进展（刘新龙等，2010；李旭娟等，2017a；李旭娟等，2017b；吴转娣等，2017；刘洪博等，2017），支撑相关项目开展了甘蔗主要病害分子检测技术的研发等（李文凤等，2015，2018）。

3.3 科普宣传

国家甘蔗圃目前已成为本地及周边地区大中专院校、中小学生开展科普学习和学生实习的重要科普教育基地。建圃以来向国内 60 多家甘蔗科研教学机构、基层农技推广站、制糖企业开展了科普教育宣传，并结合云南省科普教育基础平台，向云南农业大学、红河学院、开远一中、东城小学、开远市凤凰社区、大学生志愿者协会、红十字会等当地企事业单位和组织提供科普服务达2 600余人次，充分发挥了国家甘蔗圃的科普社会职能。

3.4 开展国际合作与交流，为“一带一路”倡议实施提供支持

1994 年以来，国家甘蔗圃与法国、墨西哥、澳大利亚、菲律宾、泰国等国家开展了广泛的合作与交流，结合国际合作项目，与澳大利亚、法国、美国等开展合作，引进了一批我国较为缺乏的热带种、优良新品种和材料。与南亚、东南亚国家建立合作，从

菲律宾、泰国、越南、缅甸、斯里兰卡、巴基斯坦、尼泊尔、孟加拉国等国家引进野生资源，其中甘蔗属肉质花穗种（*S. edule*）因在我国未发现，一直未得以收集保存，通过合作引进了这份重要材料。2014 年以来，与斯里兰卡、巴基斯坦、孟加拉国、尼泊尔等开展合作，促成依托单位与斯里兰卡签订正式合作协议，2018 年引进了我国稀缺的热带种，同时为斯方提供甘蔗资源鉴定评价、光周期及杂交技术、病害检测技术培训。以甘蔗圃课题组为核心力量，申报获云南省科技厅国际合作基地项目，共建“中国（云南）— 斯里兰卡甘蔗国际联合研究中心”。此外，本圃 3 名科技人员通过承担科技部“亚非国家杰出青年科学家来华工作计划”项目，先后已为孟加拉国、埃及、巴基斯坦 4 名青年科技人员提供了每人一年期的甘蔗种质资源相关技术培训，对“一带一路”倡议作出了积极响应。

4 展望

甘蔗是我国主要糖料作物，其育种及生产面临的主要问题为：一是现代品种来源于 2~3 个属内种间杂交，遗传基础狭窄，同质性高、抗性弱、单产提高慢，缺乏新基因、新种质；二是随着产业结构调整，种植区域集中山坡、半山坡干旱地区，需要早熟高糖、抗旱耐瘠、抗病、强宿根新品种。因此，今后甘蔗种质资源收集保存的重点应针对上述问题加强收集和评价工作。

4.1 加强非本土资源的收集引进

热带种和割手密是现有甘蔗栽培种中不可或缺的种质资源，尤其是热带种在甘蔗育种中占有举足轻重的地位，是现代甘蔗栽培品种高糖、高产基因的最主要来源。从我国的甘蔗杂交育种计划来看，大致可分为旨在为蔗糖产业尽快提供品种的短期育种计划和通过种质创新建立遗传材料，拓宽遗传基础的长期育种计划。短期育种计划所使用的育种亲本大多存在近亲化和网络化的问题，利用现有亲本培育甘蔗品种难以进一步提升品种种性，资源利用效率较低。近年来，甘蔗育种家深感种质资源的重要性，纷纷聚焦甘蔗种质创新，试图通过“对等杂交”等方式发掘利用新的热带种细胞质源，创制新型育种亲本。但我国是甘蔗热带种资源贫乏的国家，圃内现保存的 56 份热带种中，也仅有少数是染色体 $2n=80$ 的经典热带种，我国甘蔗育种家在种质创新时，可供选择的热带种数量较少。为增加我国甘蔗热带种资源的保存数量，向育种家提供丰富的热带种亲本，需加强非本土资源的收集引进。

4.2 深入开展精准鉴定及种质创新

近年来，我国甘蔗主栽品种单一，新台糖品种仍然占据着我国甘蔗种植面积 50% 以上，国内自育品种占地面积较少，品种更替缓慢，严重制约着甘蔗产业进一步的发展。甘蔗育种者研究发现，目前世界甘蔗主要栽培品种大多是 POJ 和 Co 系列的后代，遗传基础狭窄，再加上近亲繁殖，血缘相近，致使甘蔗育种在产量、蔗糖分和抗性等方面一直难有较大突破。迫切需求突破性品种、扩宽遗传基础。因此，加强资源深入鉴定、挖掘优异基因并进行种质创新是重点。我国甘蔗割手密种质资源数量庞大、类型丰富，且圃内保育数量高达731份，但用于种质创新的数量不足5%，尚有大量待发掘利用的优良资源和性状。系统开展割手密抗旱性和花叶病抗性的深入鉴定评价，创制优异资源，对支撑育种和产业发展具有重要意义。

参考文献

蔡青，范源洪，Aitken K，等，2005. 利用AFLP进行“甘蔗属复合体”系统演化和亲缘关系研究［J］. 作物学报，31（5）：551-559.

蔡青，范源洪，马丽，2006. 甘蔗种质资源收集、保存、鉴定与利用现状及展望［C］. 多年生和无性繁殖作物种质资源共享研究［M］. 北京：中国农业出版社：93-100.

蔡青，范源洪，2006. 甘蔗种质资源描述规范和数据标准［M］. 北京：中国农业出版社.

蔡青，文建成，范源洪，等，2002. 甘蔗属及其近缘属植物的染色体分析研究［J］. 西南农业学报，15（2）：16-19.

蔡青，2010. 国家甘蔗种质圃（开远）［C］. 国家作物种质资源库圃志 . 中国农业科学院作物科学研究所：313-325.

陈辉，范源洪，向余颈攻，等，2003. 从核糖体DNA ITS区序列研究甘蔗属及其近缘属种的系统发育关系［J］. 作物学报，29（3）：379-385.

陈如凯，2003. 现代甘蔗育种的理论与实践［M］. 北京：中国农业出版社 .

李文凤，单红丽，张荣跃，等，2018. 我国新育成甘蔗品种（系）对甘蔗线条花叶病毒和高粱花叶病毒的抗性评价［J］. 植物病理学报，48（3）：389-394.

李文凤，王晓燕，黄应昆，等，2015. 34份甘蔗栽培原种抗褐锈病性鉴定及*Bru1*基因的分子检测［J］. 分子植物育种，13（8）：1814-1821.

李旭娟，李纯佳，徐超华，等，2017a. 甘蔗*MOC1*基因（*ScMOC1*）的克隆与表达分析［J］. 植物遗传资源学报，18（4）：734-746.

李旭娟，字秋艳，李纯佳，等，2017b. 甘蔗*TAD1*（*ScTAD1*）的克隆与表达分析［J］. 中国农业科学，50（9）：1571-1581.

林国栋，陈如凯，林彦铨，1995. 甘蔗的起源与进化［J］. 甘蔗，2（4）：1-9.

林秀琴，陆鑫，刘新龙，等，2016. 甘蔗—滇蔗茅杂交F_1花粉母细胞减数分裂过程GISH分析［J］. 植物遗传资源学报，17（3）：497-502.

林秀琴，陆鑫，毛钧，等，2013. 甘蔗属热带种与滇蔗茅远缘杂F_1代GISH分析［J］. 西南农业学报，26（4）：1327-1331.

刘洪博，刘新龙，苏火生，等，2017. 干旱胁迫下割手密根系转录组差异表达分析［J］. 中国农业科学，50（6）：1167-1178.

刘新龙，刘洪博，马丽，等，2014. 利用分子标记数据逐步聚类取样构建甘蔗杂交品种核心种质库［J］. 作物学报，40（11）：1885-1894.

刘新龙，蔡青，马丽，等，2009. 甘蔗杂交品种初级核心种质取样策略［J］. 作物学报，35（7）：1209-1216.

刘新龙，毛钧，陆鑫，等，2010. 甘蔗SSR和AFLP分子遗传连锁图谱构建［J］. 作物学报，36（1）：177-183.

刘旭，张延秋，2016. 中国作物种质资源保护与利用“十二五”［M］. 北京：中国农业科学技术出版社.

毛钧，刘新龙，苏火生，等，2016. 基于表型与分子数据的斑茅核心种质构建［J］. 植物遗传资源学报，17（4）：607-615.

苏火生，刘新龙，毛钧，等，2011. 割手密初级核心种质取样策略研究［J］. 湖南农业大学学报（自然科学版），37（3）：253-259.

王述民，卢新雄，李立会，2014. 作物种质资源繁殖更新技术规程［M］. 北京：中国农业科学技术出版社.

吴转娣，刘新龙，刘家勇，等，2017. 甘蔗独脚金内酯生物合成关键基因 *ScD27* 的克隆与表达分析［J］. 作物学报，43（1）：31-41.

Amalraj V A，Balasundaram N，2005. On the taxonomy of the members of "*Saccharum* Complex"［J］. Genetic Resources and Crop Evolution，53：35-41.

Berding N，Roach B T，1987. Germplasm collection，maintenance，and use［A］//Heinz D J. Sugarcane improvement through breeding［M］. Amsterdam：Elsevier：143-210.

Daniels J，Roach B T，1987. Taxonomy and evolution［A］//Heinz D J. Sugarcane Improvement through Breeding［M］. Amsterdam：Elsevier：17-84.

Mukherjee S K，1957. Origin and distribution of *Saccharum*［J］. Bot Gaz，119：55-61.

Xu C H，Su H S，Liu H B，et al.，2017. An assessment of genetic diversity of yield-related traits of *Saccharum spontaneum*，from Yunnan Province，China［J］. Sugar Tech，19：458-468.

国家水生蔬菜圃（武汉）种质资源安全保存与有效利用

朱红莲，柯卫东，匡　晶，孙亚林，李　峰，钟　兰，刘正位，季　群，
李双梅，周　凯，黄来春，刘玉平，黄新芳，彭　静，王　芸，王直新
（武汉市农业科学院　武汉　430207）

摘　要： 国家水生蔬菜种质资源圃共保存莲、茭白、芋等水生蔬菜资源2 269份，含12科13属32种2变种，是世界上保存水生蔬菜资源种类、类型、生态型及数量最多的水生蔬菜资源圃，保存了一批古老、珍稀、濒危及野生资源。根据不同水生蔬菜生物学特性、生态习性和繁殖习性等，制定了不同作物的保存措施，针对特殊环境要求的资源进行了相关保存技术的研究；定期对种质生长状况、病虫害、土壤状况、气象资料等进行观察监测，保证了水生蔬菜种质资源不丢失、不混杂，确保种质的遗传多样性和稳定性。建圃以来，向国内科研院所和生产企业提供资源1万余份（次），利用资源选育出新品种30多个，水生蔬菜新品种和优异资源累计推广面积3 000万亩以上，社会经济效益显著。在乡村振兴、美丽乡村建设和精准扶贫工作中发挥了重要作用。

关键词： 水生蔬菜；种质资源；安全保存

水生蔬菜是我国传统且在世界上独具特色的一类蔬菜，栽培历史一般在2 000年以上，除豆瓣菜外，其他水生蔬菜都原产于我国或我国作为起源地之一。水生蔬菜主要包括莲、茭白、芋、蕹菜、水芹、荸荠、菱、莼菜、豆瓣菜、慈姑、芡实、蒲菜等12类，在我国20多个省（区、市）均有栽培，主要分布在长江中下游及其以南地区，是这些地区必不可少的一类特色蔬菜，种植面积1 300万亩以上，在南亚及东南亚地区亦有栽培。

国家水生蔬菜种质资源圃（武汉）（以下简称国家水生蔬菜圃）挂靠于武汉市农业科学院蔬菜研究所，位于湖北省武汉市江夏区郑店街联合村。地处江汉平原边缘，属沿江滨湖丘陵地带，湖港纵横。属亚热带大陆性季风气候，光照充足，雨量充沛，冬冷夏热，四季分明，年平均气温16.8℃，年平均降水量约1 261mm，为水生蔬菜种质资源的保存提供了得天独厚的自然条件。

1　种质资源安全保存技术

根据不同水生蔬菜生物学特性、生态习性和繁殖习性等开展相应的安全保存技术研究，如小叶豆瓣菜、莼菜等安全越夏保存技术，荸荠、慈姑等打花摘果保纯技术，并针对同一作物不同类型和不同生态型采取不同的保存措施。现有的水生蔬菜种质资源虽多

以田间水泥池保存，但针对不同作物的生长需要，其资源保存池规格、保存数量及水位要求仍有各自的指标要求。定期对种质生长状况、病虫害、土壤、气候、遗传变异状况等进行观察监测。对入圃的水生蔬菜种质资源按照各自繁殖更新技术要求与指标基本每年全部更新。对部分核心资源利用陶缸通过“一缸一资源”形式进行复份保存，并对莲、芋、荸荠、慈姑等作物的部分种质资源进行脱毒试管苗离体保存。

1.1 资源入圃保存技术与指标

资源入圃保存技术 ①小叶豆瓣菜、莼菜和水芹安全越夏保存技术。因资源圃所在地武汉夏季温度高达37~39℃，最高温可至40℃以上，极易对小叶豆瓣菜、莼菜和水芹资源造成生理伤害，资源难以顺利越夏，为此，在盛夏季节，采用水库冷凉水灌溉、遮阳网遮盖等措施，使水温降低到30℃以下，解决了以上资源的安全越夏问题。②打花摘果保纯技术。在水生蔬菜种质资源繁殖更新过程中，发现莲、荸荠、慈姑、水芹、蒲菜、莼菜等作物的种子在自然状态下保存多年仍有活力，遇适宜环境仍能发芽生长。近年来，在上述以无性繁殖方式保存的资源中，及时采取打花摘果措施，有效防止了种质的生物学混杂。③针对同一作物不同类型采取不同的保存措施。芋头中的槟榔芋、魁芋类型，蕹菜中的藤蕹等，在武汉难以露天越冬，一般在大棚或温室对其进行越冬安全保存。露天则田间就地培土后覆盖塑料薄膜，温度达到5℃以上便可安全越冬。④针对同一作物不同生态型采取不同的保存措施。莲根据生态习性可划分温带生态型、亚热带生态型和热带生态型（柯卫东等，2007）。温带生态型莲在武汉地区会进行二次生长，一般以第二次生长膨大的根状茎越冬；亚热带生态型莲在武汉地区可以顺利越冬；热带生态型莲冬季在大棚或温室保存，露天则覆盖塑料薄膜，以确保安全越冬。

资源保存指标 现有的水生蔬菜种质资源主要以田间水泥池保存，因水生蔬菜中有大型挺水植物、小型挺水植物、浮水植物、水旱兼作植物等类型，故针对不同作物种质资源的生长需要，将资源保存在3m^2、6m^{2}和33m^{2}三种规格的水泥池中。水生蔬菜种质资源入圃保存具体指标见表1。

表1 水生蔬菜种质资源入圃保存指标

作物	保存池规格（长×宽×高，m）	保存数量（株）	水位要求（cm）
莲	3×2×0.5或2×1.5×0.5	4~5	10~15
茭白	3×2×0.5或2×1.5×0.5	10	10~15
芋	圃地	8~10	1~2或土壤湿润
蕹菜	圃地	12~15	土壤湿润
水芹	2×1.5×0.5	50~100	5
荸荠	2×1.5×0.5	20~25	3~5
菱	3×2×（0.8~1.0）或2×1.5×（0.8~1.0）	5~8	50~80
莼菜	3×2×（0.8~1.0）或2×1.5×（0.8~1.0）	5~10	50~80

（续表）

作物	保存池规格（长×宽×高，m）	保存数量（株）	水位要求（cm）
豆瓣菜	2×1.5（池底不硬化）	50~100	2~3
慈姑	2×1.5×0.5	10	5~10
芡实	6×5.5×（0.8~1.0）	5~6	50~80
蒲菜	2×1.5×（0.8~1.0）	30~50	50~80

1.2 圃资源监测技术与指标

水生蔬菜种质资源在种质圃保存过程中，田间管理人员应定期对每份种质存活情况、植株生长状况、病害、虫害、土壤状况、自然灾害及气象资料等进行定期观察监测（卢新雄等，2007）。监测项目、具体内容如下。

资源生长状况监测 资源圃保存12类水生蔬菜，为对圃内保存资源进行规范化管理，由资源总负责人统一协调，按作物指定专人负责，做到责任到人，并安排专职管理人员负责田间常规管理。每年定期观测每份种质资源的生长情况，将其生长状况分为健壮、一般、衰弱3级，对衰弱的植株，及时登记并进行补栽，避免资源丢失。

资源圃病虫害监测 对莲藕腐败病、莲藕叶斑类病害、茭白胡麻叶斑病、芋疫病、芋软腐病、荸荠秆枯病、菱角白绢病等水生蔬菜病害以及莲缢管蚜、斜纹夜蛾、二化螟、菱角萤叶甲等水生蔬菜虫害进行监测，制定不同作物不同病害和虫害的防控指标，确保圃内病虫害严重发生前得到有效控制；制定突发性病虫害发生的预警预案。

在田间悬挂黄板诱集莲缢管蚜，黄板密度为20~30个/667m^2；安装杀虫灯和性诱剂对斜纹夜蛾和二化螟进行物理防治，杀虫灯密度为1台/hm^2，性诱剂密度为5~10个/667m^2；当田间莲缢管蚜受害株率达到15%~20%，每株数量800头左右时，进行药剂防治。当莲藕腐败病、各类叶斑类病害病株数达到3%时，应及时使用杀菌剂防治。

土壤和气候等环境状况监测 建立气象工作监测站，对每年的年均气温、年积温、年均降水量、自然灾害如冰雹、大风、大雪等的危害情况，进行监测记载。对资源圃土壤温度、土壤湿度等每2~3年定期观察监测。

遗传变异状况监测 对照已经鉴定的植物学、农艺学等特征特性，每年对种质性状进行检测，及时发现遗传变异，确保种质的遗传稳定性。

1.3 圃资源繁殖更新技术与指标

水生蔬菜繁殖有其特殊性。采用有性繁殖的资源，蕹菜、豆瓣菜每年逐步繁种入库，而菱、芡实不能入库保存每年须选种更新；其他采用无性繁殖保存的资源，为防止保存池植株密度过大而引起种质退化，需每年繁殖更新。因此，入圃的水生蔬菜种质资源基本每年全部更新。水生蔬菜种质资源繁殖更新技术要求与指标（王述民等，2014）见表2。

表 2　水生蔬菜种质资源繁殖更新技术要求与指标

作物	更新繁殖器官	更新年限（年）	更新繁殖数量（株/份）	易引起混杂的繁殖器官
莲	膨大根状茎	1	藕莲 2~3 株，子莲和花莲 3~5 株	种子
茭白	种墩（短缩茎）	1	10	分株、自然变异
芋	球茎、匍匐茎	1	8~10	匍匐茎
蕹菜	种子、匍匐茎	1	15	少量异花授粉种子
水芹	匍匐茎、根状茎	1	50	种子
荸荠	球茎	1	10	种子
菱	果实	1	10	果实
莼菜	根状茎分株、冬芽	3	10 株以上	种子
豆瓣菜	种子、匍匐茎	1	100	异花授粉种子
慈姑	珠芽、球茎	1	8~10	种子
芡实	种子	1	5	种子
蒲菜	分株	3	10~15	种子

1.4　圃资源备份技术与指标

陶缸复份保存技术　对 340 份莲资源除在田间水泥池保存外，还利用口径 80cm 的陶缸进行“一缸一资源”复份保存，占莲资源保存数的 50.4%，占水生蔬菜资源保存总数的 15.0%。

资源缸复份保存与水泥池保存相比有如下优点：①节约成本。购置一口陶缸的成本是建造一个 $6m^2$ 水泥池成本的 1/10~1/9，即建一个 $6m^2$ 水泥池可以购置 9~10 口陶缸。②节约用地。每亩面积内可以建造 75 个 $6m^2$ 水泥池，或者放置 440 口陶缸，即建造一个 $6m^2$ 水泥池的面积约可以放置 6 口陶缸。③节水节肥。一口陶缸的体积是一个 $6m^2$ 水泥池体积的 1/15~1/12，且陶缸备份区已装备了全自动滴灌系统，与水泥池的传统灌溉相比，实现了节水节肥。④节约劳动力。用陶缸备份保存资源在农事操作如资源采挖、肥水管理、栽种等方面较水泥池保存资源可以节约大量劳动力。但陶缸保存资源只能单株种植，资源的遗传完整性稍差，只能作为复份保存。

离体保存技术　除田间保存外，对莲、芋、荸荠、慈姑等组织培养技术较为成熟的作物的部分种质资源，进行脱毒试管苗离体保存，采用 6~12℃ 低温库保存，大大延长继代时间，每年只需更新一次，这样既降低了保存成本，又达到田间圃地与部分核心资源试管苗库的双轨制保存，提高了保存的安全系数。

备份资源指标　①温带及热带生态型资源；②珍稀濒危资源；③重要骨干亲本资源；④核心种质。

2 种质资源安全保存

2.1 水生蔬菜种质资源保存情况

截至2021年12月，国家种质武汉水生蔬菜资源圃共保存水生蔬菜资源2 269份，其中国外资源86份。保存作物12个，含12科13属32种2变种，其中莲674份，茭白260份，芋540份，蕹菜68份，水芹190份，荸荠150份，菱143份，莼菜13份，豆瓣菜18份，慈姑132份，芡实29份，蒲菜52份（表3）。保存作物中，野生资源648份，占比28.6%；地方品种1 323份，占比58.3%；选育品种266份，占比11.7%；品系25份，占比1.1%；遗传材料7份，占比0.3%（图1）。

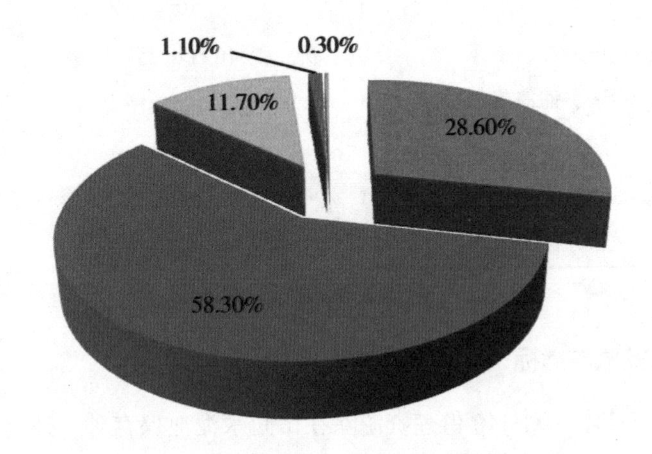

图1 国家水生蔬菜圃保存资源种质类型占比

2001年保种项目启动后，国家水生蔬菜圃新增保存种质1 053份，其中国外引进71份，新增物种2个（箭叶蓝芋 *Xanthosoma sagittifolium* Schott、利川慈姑 *Sagittaria lichuanensis* J. K. Chen）。新增种质中，莲331份、茭白88份、芋348份、水芹67份、荸荠63份、菱50份、莼菜9份、豆瓣菜13份、慈姑43份、芡实24份、蒲菜17份（表3）。

2.2 保存的特色资源

（1）国家水生蔬菜圃是世界上保存水生蔬菜资源数量最多，种类、类型及生态型最丰富的水生蔬菜资源圃。资源圃不仅保存的水生蔬菜种类最多、数量最多，而且每种水生蔬菜的类型、生态型最为丰富、数量也最多。比如资源圃保存的莲资源包括莲属（*Nelumbo*）的全部两个种：莲（*N. nucifera* Gaertn.）和美洲黄莲（*N. lutea* Pers.），包括莲所有的3个生态型：温带生态型、亚热带生态型和热带生态型，包括莲的3个栽培类型：藕莲、子莲和花莲，包括莲野生资源等。

表 3　国家水生蔬菜圃保存种质资源情况

作物名称	截至 2021 年 12 月保存总数					2001—2021 年新增保存数			
	种质份数（份）			物种数（个）		种质份数（份）		物种数（个）	
	总计	其中国外引进	其中野外或生产上已绝种	总计	其中国外引进	总计	其中国外引进	总计	其中国外引进
莲	674	37	6	2	2	331	26	2	2
茭白	260	3	1	1	1	88	3	1	1
芋	540	28	—	6	4	348	28	6	4
蕹菜	68	2	—	1	1	—	—	—	—
水芹	190	4	—	2	1	67	3	2	1
荸荠	150	3	—	1	1	63	3	1	1
菱	143	1	—	11	1	50	1	9	1
莼菜	13	0	—	1	—	9	—	1	—
豆瓣菜	18	5	—	1	1	13	4	1	1
慈姑	132	3	—	5	1	43	3	3	2
芡实	29	—	—	1	—	24	—	1	—
蒲菜	52	—	—	2	—	17	—	2	—
合计	2 269	86	7	34	13	1 053	71	29	13

国家水生蔬菜圃保存古老、珍稀、濒危资源 102 份，占圃保存资源总份数的 4.5%，其中莲 25 份、茭白 15 份、芋 18 份、水芹 10 份、荸荠 9 份、菱 8 份、莼菜 7 份、慈姑 6 份、芡实 2 份、蒲菜 2 份；资源圃保存水生蔬菜野生资源 648 份，占圃保存资源总份数的 28.6%。保存资源中，列入《国家重点保护野生植物名录》的物种有 3 种，分别为莲（*N. nucifera* Gaertn.）、细果野菱（野菱）（*Trapa incisa* Sieb. et Zucc.）、莼菜（*Brasenia schreberi* J. F. Gmel.），现均为国家Ⅱ级保护野生植物。

（2）保存野外或生产上已绝种的资源 7 份，占圃保存资源总份数的 0.3%。以下 7 份水生蔬菜资源在生产上已难以寻觅，其中莲 6 份，麋城（V11A0001）为湖北省当阳市莲地方品种，双架浆（V11A0002）、麻塔（V11A0003）和半边疯（V11A0008）为湖北省荆州市沙市区莲地方品种，呈贡藕（V11A0263）为云南省昆明市呈贡区莲地方品种，广昌白花莲（V11A0605）为江西省广昌县莲地方品种；茭白 1 份，刘潭茭-43（V11B0002）为江苏省无锡市茭白品系。

2.3　种质资源抢救性收集保存典型案例

案例 1：莼菜资源的抢救性收集

莼菜为我国Ⅱ级重点保护野生植物（原为国家Ⅰ级），现存的野生居群数量极少，处于濒临灭绝状态。因野生莼菜生长对水质要求严格，主要分布在高海拔的山顶或半山腰的水塘、地势低洼的湿地，这些区域一般人为活动较少，往往需步行往返6~7h，资源收集极为困难。于2011—2018年，对江西省贵溪市、江西省兴国县、湖南省莽山及湖南省茶陵湖里湿地等地的野生莼菜进行了抢救性的收集保存工作，抢救性收集野生莼菜6份（朱红莲等，2020）。发现莽山莼菜胶质丰厚，叶背绿色，即使在张开叶片的叶柄和叶背也有较厚的胶质，为目前发现的品质最好的莼菜资源。目前，这些资源均妥善保存于本资源圃（图2）。

图2　莽山莼菜、原生境及收集现场

案例2：云南千瓣莲的抢救性收集

千瓣莲，因其花瓣数可达1 000余枚而得名，在世界上极为珍稀罕见。20世纪90年代，对云南等地水生蔬菜资源进行了考察，发现安宁、富民、姚安、呈贡、玉溪、宜良等地分布有大量的千瓣莲，在当地作为藕莲进行栽培（柯卫东等，2003，2005）。在此之前，仅在湖北省当阳县玉泉寺内发现有千瓣莲，用作花莲观赏。千瓣莲在云南当地单花心，藕节细长，每667 m^2产量为1 000kg左右。引种武汉后，花心多为2~3个（郭宏波和柯卫东，2008）。近年来因莲藕选育品种的推广普及，云南各地原栽培的特有千瓣莲品种逐渐消失，目前千瓣莲在云南已难觅踪迹。现资源圃内保存千瓣莲资源6份（图3）。

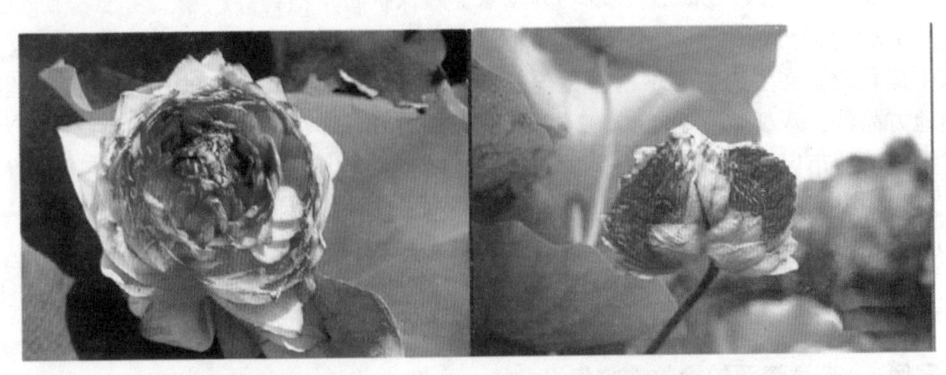

云南当地千瓣莲单花心　　　千瓣莲引种武汉双花心

图3　国家水生蔬菜圃保存的千瓣莲资源

3　保存资源的有效利用

国家水生蔬菜圃自20世纪80年代初期创建以来，向全国近500家高等院校、科研单位、生产企业和个人分发水生蔬菜种质资源1万余份（次）。2001—2020年，资源圃向武汉大学、浙江大学、湖北民族学院、华中农业大学、中国农业科学院国家种质库、中国科学院武汉植物园等大学、科研院所以及湖北、湖南、河南、山东、安徽、重庆、四川等20个省份的农技推广部门、合作社、企业、种植户等提供资源利用1 638份（6 677份次），供开展基础研究、育种利用及生产应用。资源利用率达74.2%。

3.1　育种、生产利用

通过对现有水生蔬菜种质资源的鉴定评价，筛选出极早熟、高淀粉、高蛋白、长花期莲种质，极晚熟茭白种质，高淀粉芋种质等优异种质资源30余份；利用圃内资源选育出不同熟性、适应不同市场需求的水生蔬菜新品种（系）30余个，其中通过省级审（认）定的水生蔬菜新品种19个，通过湖北省园艺学会组织的第三方评价新品种8个，获得新品种保护权5个，申请植物新品种保护权9个。选育的水生蔬菜新品种已先后推广至湖北、湖南、河南、山东等20多个省份。近5年，在全国20多个省（自治区、直辖市），累计推广水生蔬菜3 000万亩以上，新增社会经济效益200亿元以上。其中，本圃选育的鄂莲系列莲藕新品种已成为国内的主栽品种，在主要莲藕产区覆盖率达85%以上，整体上推动了我国水生蔬菜科技进步和产业发展。

3.2　支撑科研项目

支撑国家科技支撑计划项目、国家现代农业特色蔬菜产业技术体系、国家重点研发计划项目、国家自然科学基金、农业部公益性行业专项、农业部行业标准制定项目、国家外国专家局项目、科技部国家农作物种质资源平台项目、湖北省科技攻关计划项目、湖北省技术创新专项、湖北省科技条件平台建设项目、湖北省自然科学基金等90余项。提供的水生蔬菜资源主要用于种质创新、遗传进化及亲缘关系研究、新品种选育、栽培模式研究、病虫害研究和示范推广等工作。

3.3　支持成果奖励

以圃内提供的种质资源为试材支撑湖北省科学技术进步奖一等奖1次、省科学技术进步奖二等奖2次、省科学技术发明奖二等奖1次、中华农业科学技术奖二等奖1次，武汉市农业科学院水生蔬菜资源与育种创新团队荣获2013年中国园艺学会颁发的华耐园艺科技奖团队奖，以及2019年农业农村部颁发的神农中华农业科技奖优秀创新团队奖。

3.4 支撑论文、论著和标准

支撑发表研究论文246篇，其中SCI论文10余篇。支撑编撰莲、茭白、芋、蕹菜、水芹、荸荠、菱、慈姑、芡实、蒲菜等种质资源描述规范和数据标准及其他专著10余部，支撑编写水生蔬菜资源相关的行业标准《农作物种质资源鉴定技术规程 莲》《农作物种质资源鉴定评价技术规范 芋》《茭白种质资源描述规范》《植物品种特异性（可区别性）、一致性和稳定性测试指南 芡实》等9部、湖北省地方标准10余部。

3.5 支撑资源展示、科普、媒体宣传

资源展示方面，国家水生蔬菜圃共进行10次资源展示活动，现场展示了不同类型莲、茭白、芋、蕹菜、水芹、菱、芡实、蒲菜等水生蔬菜优异资源、新品种共计5 000余份次，来自湖北、河南、江苏、浙江、四川、广西等省（区、市）农业推广部门、生产企业和种植大户等共计2 000余人参加。接待68家单位或组织计10 000余人次来圃考察参观或教学实习，其中国外及我国台湾地区9家单位（或组织）共计107人次。新华社、农民日报、科技日报、湖北日报、长江日报、湖北广播电视台、武汉电视台等多家媒体进行了50多次的相关报道。

3.6 典型案例

案例1：莲藕新品种促进湖北汉川莲藕品种更新换代和产业升级

汉川市是湖北省莲藕产业发展重点区域。莲藕种植历史悠久，但存在品种混杂、种性退化、种植模式单一、化肥农药滥施等现象，严重影响了当地莲藕产业的发展。近年来，武汉市农业科学院向该地区大力推广鄂莲5号、鄂莲6号、鄂莲10号等品种以及新选育的小霸王、小白胖、新5号等新品种及“莲—虾”“莲—鱼”等多种综合种养模式，促进了当地莲藕品种更新换代和莲藕产业的提档升级。主要成绩包括：建成汈汊湖、刘家隔、麻河4.6万亩全国绿色食品原料（莲藕）标准化生产基地；建成2.3万亩全国连片种植莲藕面积最大的沉湖莲藕标准化生产基地；汉川市被列为全国第一批区域性良种（莲藕）繁育基地；汉川莲藕被纳入农业部《全国特色农产品区域布局规划（2013—2020年）》；“汉川莲藕”被列为国家地理标志保护产品，“汉川莲藕”“汈莲”入选国家地理标志商标目录，多个莲藕产品获得绿色食品认证或无公害农产品认证。目前，全市建有各类藕行和莲藕专业合作社60多个、莲藕运销服务队30个、莲藕收购点40个、莲藕批发市场10个、莲藕加工企业10余家、对外销售窗口30多个。目前，汉川市莲藕种植面积达15.8万亩，成为我国种植莲藕面积最大的县级市，亩平均单产2 000kg，总产量31.6万t，产值8.6亿元，经济效益和生态效益显著，成为莲藕促进乡村振兴和美丽乡村建设的成功典范（图4）。

案例2：莲资源及新品种促进河南南阳生态农业发展

镇平县是河南省南阳市下辖县，位于河南省西南部，地处秦岭山系东南余脉，低山丘陵较多，是一个农业基础条件相对薄弱的传统农业大县。镇平县传统种植玉米、水

图 4　湖北省汉川市沉湖莲藕示范种植基地

稻、小麦等作物，种植效益较低。为实施生态农业发展理念，打破靠天吃饭的传统农业思想，国家水生蔬菜圃联合南阳市农业综合开发部门和镇平县农业局，在品种引进、生产管理、市场销售等方面，给当地企业提供大力帮助，全力培育生态农业支柱产业，让特色农业真正成为农民脱贫致富的主渠道。自 2014 年起，资源圃以河南省镇平县霖锋绿色农产品开发有限公司作为北方莲藕种植示范点，大力发展莲藕生态农业，向该公司提供莲藕品种 3 个，分别为鄂莲 5 号、鄂莲 7 号和鄂莲 9 号，扶持其在当地建立莲藕示范基地5 000亩，辐射带动周边贾宋镇、马庄乡、柳泉铺乡、晁陂镇、安字营乡承包种植莲藕4 000余亩，资源圃多次派专业技术人员到现场进行技术指导，为当地莲藕产业的发展提供坚实的保障。截至目前，已向该地区推广鄂莲 5 号、鄂莲 6 号、鄂莲 7 号、鄂莲 9 号、太空 3 号等莲藕和子莲新品种及精品花莲种质资源 30 余份。通过几年的建设，公司建成1 500亩中原地区最大莲园——中原荷花博览园；同时建立 1 万亩莲藕示范种植基地，带动当地从事莲藕生产农户4 000户以上，就地转移劳动力4 000人以上，帮助 800 多户贫困户脱贫致富，已形成“十里画廊，万亩荷塘”的壮观景象。通过大力发展生态观光旅游业、“莲藕—鱼”种养殖业和莲藕加工业，公司年创综合经济效益 1 亿元，社会经济效益和生态效益显著，成为我国北方地区莲藕生产的龙头企业之一和河南省镇平县精准扶贫的典型，受到各类媒体的广泛关注和社会的高度赞扬，并带动河南等我国北方地区莲藕产业的发展。国家水生蔬菜圃通过推广莲藕新品种和水生蔬菜优异资源，有力地促进乡村振兴、美丽乡村建设（图 5）。

图 5　河南省南阳市镇平县莲藕示范基地考察现场

4 展望

4.1 收集保存

（1）加强水生蔬菜种质资源的收集工作。对我国云南、四川、贵州等偏远地区水生蔬菜野生资源、特色地方品种以及柬埔寨等东南亚国家水生蔬菜种质资源进行考察收集，使保存的资源类型更加丰富，在5年内资源总数达到2 500份。

（2）进一步加强资源圃建设。目前国家水生蔬菜资源圃可保存资源2 500份，未来5年计划进一步扩大资源圃面积，使资源保存容量达到3 500份以上。

4.2 安全保存技术

（1）探索水生蔬菜种质资源的离体保存。通过降低保存温度、调整培养基养分水平、调整生长抑制剂等方法，初步建立荸荠、芋长期离体保存技术。

（2）加强不同生态型、不同类型资源保存技术及简易保存技术的研究，如探索用野莲种子代替圃地保存等技术研究。

4.3 挖掘利用

（1）开展水生蔬菜种质资源深入鉴定评价。对莲脐腐病、莲腐败病、芋疫病等水生蔬菜主要病害进行抗性鉴定技术研究，对圃内保存的莲资源、芋资源进行鉴定评价，筛选相应抗性材料，为莲、芋抗病育种提供资源材料。针对圃内粉质、脆质莲藕资源进行感官评价，研究莲藕粉脆形成机理和关键因子，建立莲藕粉脆质地鉴定评价技术。

（2）水生蔬菜特色地方品种和特色野生资源的综合评价及利用。在对水生蔬菜传统产区调研的基础上，对湖北省仙桃市沔城回族镇莲著名地方特色品种沔城藕、湖北地理标志产品“杨林沟芋头”“阳新湖蒿”等进行提纯复壮、种性恢复、有效利用，对湖北省咸宁市嘉鱼县特色野生资源嘉鱼野藕进行营养品质及风味物质分析，并与子莲、藕莲配制杂交组合，进行品质育种有效利用。

（3）发掘并创制携带水生蔬菜地方品种、野生或野生近缘种优异基因的新种质。筛选创制优异品质、抗病、适宜加工等水生蔬菜新种质，为开展优质、多样化、专用化水生蔬菜新品种选育提供育种材料，切实提高资源利用效率。

参考文献

郭宏波，柯卫东，2008. 千瓣莲品种资源的RAPD分析［J］. 中国农学通报，24（4）：66-68.

柯卫东，黄新芳，刘玉平，等，2005. 云南省部分地区水生蔬菜种质资源考察［J］. 中国蔬菜，1（2）：31-33.

柯卫东，李峰，刘玉平，等，2003. 我国莲资源及育种研究综述（上）［J］. 长江蔬菜，4：5.

柯卫东，李峰，黄新芳，等，2007. 水生蔬菜种质资源研究及利用进展［J］. 中国蔬菜（B08）：

72-75.
卢新雄，陈叔平，刘旭，2007. 农作物种质资源保存技术规程［M］. 北京：中国农业出版社.
王述民，卢新雄，李立会，2014. 作物种质资源繁殖更新技术规程［M］. 北京：中国农业科学技术出版社.
朱红莲，杜娟，刘正位，等，2020. 我国野生莼菜考察及遗传多样性研究［J］. 植物遗传资源学报，21（6）：1586-1595.

国家野生稻圃（广州）种质资源安全保存与有效利用

潘大建，范芝兰，李　晨，孙炳蕊，陈文丰，张　静，
江立群，吕树伟，刘　清，毛兴学，于　航
（广东省农业科学院水稻研究所　广州　510640）

摘　要：禾本科（Gramineae）稻属（*Oryza*）植物包含2个栽培种和20多个野生种。野生稻是稻属野生种的总称。我国分布着普通野生稻、药用野生稻和疣粒野生稻3个野生种。普通野生稻是亚洲栽培稻的祖先，也是我国分布范围最广、面积最大的野生稻，是水稻育种重要的基因资源。本文简要介绍了国内外野生稻资源收集保存现状，总结和回顾20年来国家野生稻种质资源圃（广州）在资源安全保存技术、资源安全保存、资源有效利用等方面的研究进展，并对今后资源的研究方向进行了展望。

关键词：野生稻资源；安全保存；有效利用

野生稻是稻属野生种的总称，是栽培稻的野生近缘种，是栽培稻品种选育的宝贵基因库。稻属物种包括亚洲栽培稻、非洲栽培稻2个栽培种和普通野生稻、药用野生稻等20多个野生种（刘铁燕和陈明生，2014）。这些野生种主要分布于亚洲、非洲、拉丁美洲及大洋洲的热带、亚热带地区。普通野生稻被公认为亚洲栽培稻的祖先。我国分布着普通野生稻、药用野生稻和疣粒野生稻3种野生稻，均为列入《国家重点保护野生植物名录》（国家林业和草原局及农业农村部公告，2021）的二级保护植物。迄今我国已在广州、南宁建立2个国家级野生稻保存圃，对野生稻种质资源进行异地种植保存。

国家野生稻种质资源圃（广州）[以下简称国家野生稻圃（广州）]于1990年建成，位于广东省农业科学院内，占地面积4 468m^2。建圃之初保存野生稻资源3 017份，其中大部分来源于广东和海南，少量从国外引进。“八五”期间原产湖南、江西、福建及国外的野生稻资源先后入圃保存。此后又陆续补充收集了不少广东省资源入圃保存。随着广州城市建设的快速发展，野生稻圃周边生态环境发生了很大变化，对野生稻资源的安全保存造成威胁，而且圃的容量也渐趋饱和，对国家野生稻圃（广州）进行迁扩建已势在必行。2009年，位于广州市白云区广东省农业科学院白云试验基地内的新圃建成启用，占地面积7 500m^2，圃内设置普通野生稻、药用野生稻、疣粒野生稻和国外野生稻四个保存区（范芝兰等，2021）。同时建立了广东省生物种质资源库水稻种质资源库。对收集的野生稻资源实行种茎入圃盆栽保存为主、繁种入库保存为辅的双轨制保存法，提高了种质保存的安全性。截至2021年底，国家野生稻圃（广州）已保存来自

国内粤、琼、湘、赣、闽五省以及国外20多个国家和地区的野生稻资源5 188份，包括20个稻属野生种。其中有4 000多份种质同时以种茎和种子形态分别入圃入库保存。是我国野生稻种质资源保存、研究和供种的重要基地之一。国家野生稻圃（广州）建成以来，已向国内科研机构、高校、育种等相关单位分发利用了大批野生稻资源，满足了不同用户的需求，为我国水稻育种、相关基础研究和农业可持续发展提供了重要种质支撑。

截至2018年12月，我国国家种质库保存野生稻资源6 694份（魏兴华，2019）；国家野生稻种质资源圃（南宁）主要保存原产广西的野生稻资源，数量为5 960份（2018）；海南、云南、江西、湖南、福建等省农科院分别以库（圃）形式保存了一批本省的野生稻资源。在国外，国际水稻研究所保存野生稻资源4 647份（IRRI网站，2017）；日本虽然国内无野生稻分布，但其从国外收集保存的野生稻资源有2 263份（汤圣祥等，2008）。

1　种质资源安全保存技术

种质资源的保存有两条基本途径，一是原地（原生境、原位）保存（*in situ* conservation），二是异地（非原生境、异位）保存（*ex situ* conservation）。原地保存是在物种原来的生态环境中建立自然保护区或保护地，这种方法有利于物种的持续进化和遗传多样性的发展。异地保存是将物种资源收集起来，统一保存在原来生态环境以外的地方，包括种子基因库（低温种质库）、田间基因库（种质圃）、植物园、离体培养基因库（试管苗种质库）等（卢新雄和陈晓玲，2003）。国家野生稻圃（广州）革新了旧的保存方法，采用人工模拟不同野生稻种适宜的生态环境条件，分别设置普通野生稻、药用野生稻、疣粒野生稻和外引野生稻保存区，对不同野生稻种进行异地分区保存，减少了异地环境的选择压力，提高了种质的存活性；利用野生稻的多年生性和匍匐茎、地下茎茎节再生分蘖的持续性，入圃种质采用种茎无性繁殖更新技术，保持了种质的延续性和遗传完整性；实行种茎盆栽保存为主、繁种入库保存为辅的双轨制保存法，提高了种质保存的安全性和管理效率，并降低了保存管理成本（吴惟瑞等，2002）。

1.1　资源入圃保存技术与指标

资源入圃保存技术　①对于多年生野生稻，根据其一方面具有遗传异质性、杂合性、常异花授粉习性和雄性不育性，另一方面又具有多年生性、匍匐生长性、地下茎和各茎节持续分蘖再生性，在自然生境中往往无性繁殖系数大于有性繁殖系数等特性，实行种茎无性繁殖保存技术。采用从原生境采集活体植株（种茎），种茎入圃（田间基因库），种茎繁殖，种茎更新，持续种植，割去植株上部茎叶抑制生殖生长等技术措施，避免野生稻种因遗传异质性在有性繁殖过程出现性状分离，从而既保持物种延续性又保持物种的遗传完整性。②根据植物生态学的原理，针对国内3种野生稻正常生长对光温水土等条件的不同要求，分别设立普通野生稻、药用野生稻、疣粒野生稻及外引野生稻4个保存区，各个保存区尽可能模拟相应野生稻种的原生地生态环境特点，尽量减少异生境的选择压力和栽培压力，以提高野生稻多样性种质的存活性。不同保存区采用盆栽、池栽或旱地栽等种植方式种植保存。③对于从国外引进的野生稻种子样本，如果是多年生种，实行种子保存与种茎保存相结合的保存技术。对播种后的实生苗在田间种植繁殖种子入库保存，并在收种后（或在分蘖期）每株取部分种茎（分蘖苗）入圃种植保存。根据种质材料植株群体遗传异质性和多样性程度，可采用系谱法和混合法采收种子。当原种子样本是混合的，在繁殖的第一代按集团群体种植，所产生的种子按集团或单株（系谱）收获。当原种种子由许多样本组成，每一样本来自一个单株时，它们的后代要分开种植（穗行法），所产生的种子按单株（系谱法）或集团收获。这两种方法适用于同一群体，哪一种方法较好，取决于工作的目的和目标群体的特征。当野生稻群体在田间种植时，特别是在混合种植的情况下，它们会与栽培稻异交而获得栽培稻的基因，且受栽培压力、环境选择压力的影响，因此必须在野生稻开花前套袋防止异交。④对于一年生野生稻种，采用种子基因库保存技术。对收集、引进的野生稻种子样本或种茎样本在田间种植扩繁采收种子入冷库保存，可根据需要作长、中、短期保存。种子基因库保存是一年生野生稻种和需要分发利用种子的种质材料的必要保存方法，亦可作为多年生野生稻种的辅助保存方法（吴惟瑞等，2002）。

资源入圃保存指标 ①对普通野生稻、药用野生稻采用盆栽方式，每份样本种植1盆，每盆种4~6条种茎。②对疣粒野生稻采用盆栽和旱地栽方式，每份样本盆栽3~5盆、地栽3~5丛，每盆（丛）种分蘖苗6~8苗。③对外引野生稻多年生种采用盆栽方式，每份样本种植1~3盆，每盆种分蘖苗5~6苗。④对所有能结实的野生稻，均繁殖一套种子入库保存，每份样本种子量200~500粒。⑤盆栽用盆的大小：普通野生稻用盆口径28cm、底径20cm、高20cm，这个规格综合平衡了空间、野生稻生长、管理成本等因素，因为普通野生稻的数量最多，所需空间最大，如果盆太大就需要更大空间，且会增加管理成本，若盆太小则会影响野生稻的生长；药用野生稻具有地下茎，生长量比普通野生稻大，种植用盆应相对加大，规格为口径30cm、底径21cm、高22cm，疣粒野生稻及外引野生稻亦可采用这个规格的盆，但因为疣粒野生稻是旱生的，故其盆栽用盆的底部必须有排水孔，以防盆里积水。

1.2 圃资源监测技术与指标

野生稻种质在野生稻圃保存过程中，应定期对每份样本植株生长状况、病害、虫害、土壤状况、自然灾害等情况进行观察监测。

种植成活后第二年开始监测记载下列信息：①生长状况：植株长势是否正常、分蘖数、干枯茎秆数，每年观察监测一次。②病虫害状况：发生病虫害种类、次数、程度、时间，每年观察监测一次。③土壤条件状况：土壤物理性状每5年测定一次，大量元素和微量元素每3年测定一次。④种质遇到特殊灾害后应及时进行观察监测及记载。

若出现下列情况之一应尽快进行更新复壮：①植株呈现出衰老症状（如植株长势明显减弱，分蘖显著减少，生物量明显下降，干枯茎秆数量增多，生长期缩短）。②遭到严重的病虫危害或特殊灾害。

1.3 圃资源繁殖更新技术与指标

野生稻种茎更新技术 对于盆栽保存的野生稻资源，由于盆内空间有限，当植株生长一段时间后盆里会布满根系，植株长势就会逐渐变弱，此时必须进行盆泥更换和种茎更新。一般每两年必须进行一次种茎更新。其技术要点：①对普通野生稻，由于盆栽摆放密度大，为了便于换泥和保证植株成活，应先对盆栽保存的每份资源取种茎移栽到大田进行假植，移栽一周后调查植株生长情况和进行核对，如有种质错漏、失活等情况，应尽快从盆里保存材料重新取样移植。确定全部假植种质成活后，即可进行盆泥更换和种茎更新：先把每个盆里的野生稻植株连根带泥（禾蔸）抽出来清空盆，然后往盆里装上新泥土，再把大田假植的种质材料移回盆里种植。为了便于换泥作业，一般对相邻的两大列同时进行，把禾蔸抽出来排列在各列旁边通道上，以两列中间的通道为作业通道进行统一装泥和移栽。移栽后必须仔细认真进行一次核对，以确保所有种质无一错漏。然后再清除原来的禾蔸。②对药用野生稻和外引野生稻，由于盆栽摆放密度较小，可省略大田假植这一环节，直接把每个盆里的禾蔸抽出摆在盆边，然后往盆里装上新泥土，再从原禾蔸中取种茎栽回盆里，栽后一周调查盆里植株成活情况，确定所有种质均成活后，再把原禾蔸清除。

野生稻种茎更新指标 ①更新时间。每两年进行 1 次，一般在 4—5 月进行，此时气候适宜，经过休眠越冬的野生稻植株已开始发根长分蘖，这期间更新有利于植株快速恢复生长。②种植苗数。普通野生稻从盆里移到大田和从大田移回盆里均为每盆 4~5 苗，大田假植规格为株行距 30cm×40cm，假植时间为 2~3 周；药用野生稻和外引野生稻，换泥后从禾蔸移回盆里为每盆 6~8 苗。

野生稻繁种更新技术 野生稻繁种更新即繁殖野生稻种子，是保障野生稻资源入库保存、鉴定评价和分发利用所需种子的重要技术工作。野生稻繁种更新有两种方式：种子繁殖和种茎繁殖，两种方式主要差别是前者用种子秧苗进行种植而后者用种茎分蘖苗进行种植。其技术要点：①播种育秧及种茎准备。取要繁种种质的适量种子，经浸种催芽、适时播种、稀播匀播、防错位防混杂、秧田管理等环节，培育壮秧；对以种茎种植保存并拟移栽种茎以繁殖种子的种质，在移栽前应适当施些复合肥以促进分蘖生长，确保有足够的种茎分蘖苗可供移栽。②移栽和田间管理。制定种植示意图，确定栽植规格，合理设置小区便于田间操作，移栽返青后及早查苗补缺。③田间去杂和核对性状。调查核对抽穗期、株型、叶型、叶色、茎秆色、穗型、粒型、颖尖色、颖色等主要表型性状，对与主体类型不一致的个体应作为混杂株拔除；对不符合原种质性状的材料应查明原因，及时纠正。④套袋、收获和干燥。抽穗开花期要及时套尼龙袋防止异交和落粒，可将抽穗时间一致的几个穗子套在一起，同时用竹枝固定植株和网袋，防止倒伏和穗子折断；适时收获，对每份繁种的种质要做到成熟一份收获一份，一般有 90%的种子成熟时即可开始收获，同一种质不同植株、不同稻穗的种子成熟可能不一致，要分批次采收，收获脱粒后及时晾晒干燥，防止发热霉变，并去除芒、瘪谷、病虫粒和其他杂质。

野生稻繁种更新指标 栽植规格：每份资源播种 40 粒左右，秧苗秧龄 30 天左右移栽，单本栽插，株行距：直立、半直立类型 30cm×50cm，倾斜、匍匐类型 60cm×80cm；种茎移栽每丛 4~5 苗，株行距 80cm×120cm。

群体大小：秧苗移栽每份资源一般不少于 30 株，种茎移栽每份资源一般 1~3 丛。

种子数量：根据实际需要而定，一般每份资源采收种子 500 粒以上。

1.4 圃资源备份技术与指标

圃资源备份技术 对普通野生稻、药用野生稻及外引多年生野生稻种，采用种茎盆栽保存为主、种子入库保存为辅的双轨制备份保存方法；对疣粒野生稻采用盆栽、旱地栽多盆（株）备份种植保存方法。

圃资源备份指标 普通野生稻、药用野生稻每份资源种茎盆栽 1 盆，繁殖种子入库保存 200~500 粒；外引多年生野生稻种每份资源种茎盆栽 1~3 盆，繁殖种子入库保存 200~500 粒；疣粒野生稻每份资源盆栽 3~5 盆、旱地栽 3~5 丛。

2 种质资源安全保存

2.1 资源安全保存情况

截至 2021 年 12 月，国家野生稻圃（广州）保存种质资源5 188份（表1），包含 20 个野生稻种。其中国内野生稻资源4 951份（原产粤、琼、湘、赣、闽五省），包括普通野生稻、药用野生稻和疣粒野生稻 3 个物种；国外野生稻资源 237 份（来源于 20 多个国家和地区），包含 19 个物种（无疣粒野生稻）。

2001 年启动农作物种质资源保护与利用项目至今（2001—2021 年），新增保存野生稻种质资源 868 份，资源保存总量增长 20.09%；其中普通野生稻 826 份，药用野生稻 40 份，均来源于广东省。

表 1 国家野生稻圃（广州）保存种质资源情况

作物名称	截至 2021 年 12 月保存总数				其中 2001—2021 年新增保存数			
	种质份数（份）		物种数（个）		种质份数（份）		物种数（个）	
	总计	其中国外引进	总计	其中国外引进	总计	其中国外引进	总计	其中国外引进
野生稻	5 188	237	20	19	868	0	0	0

2.2 保存的特色资源

普通野生稻，是亚洲栽培稻的祖先，也是我国分布范围最广、分布点最多和面积最大的野生稻，在广东、广西、云南、江西、福建、湖南、海南、台湾等省（区）有发现。国外主要分布于亚洲热带、亚热带和澳大利亚热带地区。国家野生稻圃（广州）保存的国内普通野生稻来自广东、海南、湖南、江西、福建等省份，种质数量达

4 300多份，是圃内保存份数最多的野生稻种。据调查，广东有90.49%的普通野生稻分布点已消失（范芝兰等，2017），这些点原来的野生稻在野外已难觅踪迹，现在只有在国家野生稻圃（广州）才能看到其各自的样貌。由此可见，异地保存对保护野生稻是何等重要。普通野生稻隐含有细胞质雄性不育、抗病虫、抗逆等许多优异性状基因，是水稻基础研究和育种的宝贵基因库。它与栽培稻同属AA基因组，容易相互杂交，较易利用。著名水稻品种‘中山1号’就是丁颖最先利用普通野生稻育成的优良品种；三系杂交水稻选育成功则有赖于普通野生稻雄性不育株‘野败’及不育基因被发现和利用。

药用野生稻，在我国广东、广西、海南和云南省有分布，分布范围仅次于普通野生稻。国外分布于亚洲热带、亚热带及巴布亚新几内亚等地区。国家野生稻圃（广州）现保存的国内药用野生稻主要来自广东和海南，有540多份。药用野生稻是栽培稻的野生近缘种，属CC基因组，具有抗蓟马、褐飞虱、三化螟、白背飞虱、黑尾叶蝉、白叶枯病等优异性状，是稻作基础研究和水稻抗病虫育种的宝贵资源。

疣粒野生稻，我国分布的三种野生稻之一，在海南、云南和台湾省有发现，国外主要分布在南亚、东南亚。是栽培稻的野生近缘种，属GG基因组，具有耐荫蔽、抗白叶枯病等优异性状，是稻属基础理论研究与水稻育种的宝贵资源。国家野生稻圃（广州）现保存的疣粒野生稻主要来自海南，有20多份。

国外野生稻，是从国外引进的野生稻资源，国家野生稻圃（广州）现保存的种质有237份，主要来源于亚洲、非洲、拉丁美洲、大洋洲的20多个国家或地区，共有19个稻属野生种，包括AA、BB、BBCC、CC、CCDD、EE、FF、HHJJ等二倍体和四倍体基因组，具有抗病虫、抗逆等多种优异性状，是稻属基础理论研究与水稻育种的宝贵资源。

3　保存资源的有效利用

种质资源工作是一项基础性、公益性、长期性工作。种质资源收集保存的最终目的是为了利用。国家野生稻圃（广州）通过对野生稻资源的收集、保存、鉴定评价和优异种质创新，以及完善种质信息管理，促进了野生稻资源的分发利用。2001—2020年，向国内高校、科研机构等120多个（次）单位提供野生稻资源累计3 988份次，支撑利用单位开展相关基础研究、育种研究，取得了良好效果：开展了39项各级科研项目包括国家863计划项目、973计划项目、国家自然科学基金等的研究；育成了不少优良水稻品种；培养了一批硕士、博士研究生；在《Nature》《Nature Genetics》《Cell》《PNAS》等国际著名刊物上发表论文几十篇。野生稻圃还经常接待科教等有关人员交流与访问以及大中小学生实习和科普活动，据不完全统计，2012—2020年共接待各类活动人数2 055人次。充分展现了种质资源公益性效果。研究人员从野生稻种质中挖掘出许多珍贵的有利基因，如优质、抗病虫、抗逆和细胞质雄性不育等基因，在水稻品种改良和新品种选育中发挥着重要作用。满足了他们开展相关研究对野生稻材料的需求，产生了良好的社会效益。

3.1 支撑基础研究

2004 年为华南农业大学生命科学学院、亚热带农业生物资源保护与利用国家重点实验室刘耀光课题组提供 51 份野生稻资源，用于开展分子检测，了解各种野生稻中细胞质雄性不育基因的存在状况的研究。经过 10 年的不懈努力，成功克隆三系杂交稻广泛利用的野败型细胞质雄性不育基因并阐明了不育发生的分子机理。研究成果于 2013 年 3 月 17 日在线发表于国际顶级遗传学杂志《Nature Genetics》上，题目为：A detrimental mitochondrial-nuclear interaction causes cytoplasmic male sterility in rice（Luo et al., 2013）。

2010 年为中国水稻研究所魏兴华课题组提供 10 份野生稻资源，用于开展栽培稻的演化研究，取得了突破性研究进展。研究结果于 2012 年在《Nature》上发表，题目为：A map of rice genome variation reveals the origin of cultivated rice（Huang et al., 2012）。

2016—2018 年先后 4 次为南京农业大学洪德林团队提供野生稻资源 177 份次，用于开展控制水稻柱头、花柱长度等性状的相关基因研究。该研究以栽培稻和野生稻为研究材料，已鉴定出 4 个与柱头长度（STL）相关的重要 SNPs、20 个与花柱长度（SYL）相关的 SNPs、17 个与柱头和花柱总长（TSSL）相关的 SNPs，鉴定出两个 SYL 基因位点：*OsSYL3* 和 *OsSYL2*，同时验证了携带等位基因 $OsSYL2^{AA}$ 的母本比携带等位基因 $OsSYL2^{CC}$ 的母本异交结实率增加 5.71%。研究结果于 2020 年在《The Plant Journal》上发表，题目为：$OsSYL2^{AA}$, an allele identified by gene - based association, increases style length in rice（*Oryza sativa* L.）（Dang et al., 2020）。

2019 年向中国农业大学付永彩课题组提供野生稻资源 30 份，用于开展水稻 *BOC1* 基因进化分析研究（国家基金项目）。通过挖掘野生稻优异资源，鉴定了一个降低愈伤组织褐化的基因 *BOC1*，提高了籼稻遗传转化效率。利用 30 份野生稻材料，分析表明野生稻 BOC1 启动子特异存在 Tourist-like MITE 转座元件，使 *BOC1* 适量表达，降低愈伤组织褐化，减少由氧化胁迫引起的细胞衰老和程序性死亡。研究结果将不仅为揭示愈伤组织褐化的分子机理提供重要参考，而且为提高籼稻遗传转化效率、解决籼稻分子育种的瓶颈提供重要基因资源。该研究结果于 2020 年在学科内权威期刊《Nature Communications》上发表，题目为：A common wild rice-derived *BOC1* allele reduces callus browning in indica rice transformation（Zhang et al., 2020）。

2019 年向中国科学院遗传与发育生物研究所李家洋团队提供野生稻资源 40 份次，用于开展野生稻组织培养和再生研究。该团队联合国内外多家单位，通过组装异源四倍体高秆野生稻（*Oryza alta*）基因组，优化遗传转化体系，利用基因组编辑技术，使其落粒性、芒性、株型、籽粒大小及抽穗期等决定作物驯化成功与否的重要性状发生改变，成功实现了异源四倍体高秆野生稻的从头定向驯化，创造了世界首例重新设计与快速驯化的四倍体水稻，将过去的“不可能”变成了现在的“一切皆有可能”。该研究突破了现有二倍体水稻作物的育种局限，实践了从 0 到 1 的突破性创新，为遗传背景复杂的野生植物重新驯化提供了范例和解决方案，将引领未来作物创造，翻开生物育种新篇章。该研究成果于2021年在《Cell》上在线发表，题目为：A route to de novo domestication of wild allotetraploid rice（Yu et al.，2021）。

3.2 支撑育种研究和种业发展

广东海洋大学生物技术研究所利用国家野生稻圃（广州）提供的普通野生稻S7002开展不育系选育研究，以S7002为细胞质供体，梅青B×Ⅱ-32B的后代为细胞核供体，经杂交和连续多代回交核置换，转育成新质源抗稻瘟病籼型三系不育系‘湛A’，并在《广东海洋大学学报》发表研究论文：新质源抗稻瘟病籼型不育系湛A的选育研究（郭建夫等，2007）。此外，广东海洋大学和广东天弘种业有限公司合作，利用‘湛A’组配成杂交稻新组合‘湛优1018’‘湛优226’和‘湛优2009’，其中‘湛优1018’在2003年通过海南省农作物品种审定委员会审定，后两组合分别在2006年和2011年通过广东省农作物品种审定委员会审定。

广东省农业科学院水稻研究所利用含有广东野生稻亲缘的优质常规稻种质增城丝苗-8选与三系保持系五丰B进行杂交，经多年系谱选择后与含广东野生细胞质源的不育系‘1070A’测交和回交，育成新质源早籼稻不育系‘盛世A’（梁世胡等，2011）。该不育系具有稻米品质较好、配合力强、抗病性好和综合农艺性状优良等特点，于2010年7月通过广东省专家技术鉴定。并用其配制了一款通过审定的组合‘盛优8号’‘盛优568’和‘盛优668’在广东省早稻区试中表现丰、抗、优协调，于2011年1月通过广东省农作物品种审定委员会审定；‘盛优76’‘盛优199’于2012年通过广东省韶关市农作物品种审定委员会审定；‘盛优145’于2018年通过陕西省农作物品种审定委员会审定。此外，江西天涯种业有限公司和江西农业大学合作利用‘盛世A’育成了新的不育系‘昌盛843A’，并育成杂交稻组合‘昌盛优粤农丝苗’于2019年通过国家农作物品种审定委员会审定；育成‘昌盛优980’于2019年、2021年分别通过江西、广西两省（区）农作物品种审定委员会审定；育成‘昌盛优玉兔占’‘昌盛优244’分别于2020年、2021年通过广西区农作物品种审定委员会审定；育成的‘昌盛优美特占’‘昌盛优989’‘昌盛优1880’‘昌盛优246’于2021年通过江西省农作物品种审定委员会审定。上述杂交稻组合均已在生产上应用推广。

广东省农业科学院水稻研究所以含有增城野生稻亲缘的优质品系野澳丝苗、IR66及含有香稻品种‘MR365’血缘的‘香A’为亲本杂交选育出优质香稻新品系‘香丝苗126’，该品系饭味极佳，可作为优质配方米品种。台山市农业科学研究所与广东省农业科学院水稻研究所利用香丝苗126与象牙软占杂交培育出优质米新品种‘象牙香占’，于2006年通过广东省农作物品种审定委员会审定。该品种在2018年首届国家优质稻（籼稻）品种食味品质鉴评中获得金奖，并成为广东丝苗米产业联盟的主导品种（范芝兰等，2021）。以‘象牙香占’作亲本又衍生出优质品种‘源丰占’和‘19香’，分别于2010年、2020年通过广东省农作物品种审定委员会审定。‘19香’被认定为广东丝苗米品种，并获得广东首届稻米产业发展大会优质金奖品种称号。

3.3 支撑科普教学活动

2012年接待华南农业大学2012级农学丁颖创新班同学32人参观、教学实习活动。

2014年接待广东省农业科学院子弟学校40多名小学生进行科普教学活动；接待仲恺农业工程学院农学院、生命科学学院、园林园艺学院等多个学院的2014级1 200多名新生参观、教学实习活动。

2015年接待华南农业大学植物育种专业大三学生50多人参观、专业课教学实习活动。

2019年接待华南农业大学2016级农学专业30人参观、教学实习活动。

2020年举办了国家野生稻圃（广州）种质资源科普开放日活动，接待大中小学生及公众330人，其中大学生278人、中学生19人、小学生3人、带队老师和家长30人。

4 展望

国家野生稻圃（广州）建成以来，野生稻资源保存设施和技术不断完善，已收集保存较为丰富的野生稻资源，种质鉴评和有关研究逐步开展和深入，为水稻基础研究和育种研究提供了良好的物质基础和技术保障。回顾过去、展望未来，野生稻资源研究工作虽然取得了一定成绩，但仍有不少工作如资源的收集尤其是国外资源的收集引进、资源保存新技术的探讨以及优异种质基因的挖掘与种质创新利用等，有待继续加强和全面系统地开展研究。

4.1 收集保存

国家野生稻圃（广州）现保存的种质资源，以来源于国内的普通和药用野生稻占绝大部分，其中以普通野生稻最多，占总数的80%以上，其次是药用野生稻，约占总数的10.5%。来源国内的疣粒野生稻，以及只在国外有分布的野生稻种，资源份数都比较少，有些种甚至仅有1~2份。为了进一步丰富圃内野生稻资源的遗传多样性，未来必须重点收集引进国外更多不同种类的野生稻资源，包括在国内和国外都有分布的普通、药用和疣粒野生稻。这样才能为水稻基础研究和育种研究提供更为丰富和更具有代表性的种质资源。

4.2 安全保存技术

由于野生稻普遍具有遗传异质性，采用种茎无性繁殖种植保存方法进行保存，仍然是目前维持野生稻资源存活性及其遗传完整性最为安全有效的保存技术，至于这一技术在具体实施过程中可能还存在需要改进的地方，可在实践中不断完善，从而进一步提高保存管理效率和降低运作成本。同时，为了提高种质保存的安全系数和便于资源分发利用，繁殖种子入库保存亦不可或缺。而对不同的野生稻种，如何采用最适宜的栽培技术，以提高繁种效率和保证种子更高的活力，仍需进行相关研究。

此外，随着分子生物学和现代生物技术不断发展，涉及植物基因的研究越来越频繁。因此，未来有关野生稻种质资源 DNA 的保存技术也很重要，有可能成为野生稻资源的重要保存技术之一。

4.3 挖掘利用

以需求和问题为导向，统筹开展野生稻资源挖掘利用研究工作。考虑到新时期农业农村发展和乡村振兴需求，应充分挖掘利用特色高效种质资源，以便更好地服务于三农。此外，在人们的温饱问题解决后，越来越多的人希望能吃到好吃的大米。改善稻米综合品质，成了育种专家和稻米企业共同追求的目标。因此，新选育的水稻品种必须具有突出的品质、抗性等性状，包括外观品质、营养品质、加工品质和商品品质以及抗病虫性、抗逆性及低碳环保特性等，以满足人们日益增长的对优质、绿色、健康食物的需求。此外，为了确保粮食安全，品种的产量性状仍然不可忽视。

野生稻资源具有抗性好、品质优等特性，可以为优质、多抗、高效水稻品种选育提供种质基因来源。应加大力度采用现代生物技术方法对野生稻资源开展深入鉴评、种质创新、基因挖掘等研究，为水稻育种提供更多可有效利用的优异种质和基因，如优质、抗病虫以及抗逆境等优异种质和基因。

如何将野生稻的优异性状基因转移到栽培稻品种中，分子标记辅助选择是值得探讨的方法。采用此方法开展种质创新研究，以加速优异种质挖掘利用。通过寻找与重要农艺性状紧密连锁的 DNA 分子标记，从基因型水平上实现对目标性状的直接选择，从而加快育种进程，提高育种效率，选育出抗病、优质、高产的品种。同时，结合基于基因功能研究以及当前生物学技术进步的分子设计育种方法，将高产、优质、抗多种病虫的各种复杂性状调控和谐、有序地整合于当前主栽品种，以解决传统育种面临的技术困境，促进野生稻优异性状基因的挖掘和育种利用。

参考文献

范芝兰，潘大建，陈雨，等，2017. 广东普通野生稻调查、收集与保护建议［J］. 植物遗传资源学报，18（2）：372-379.

范芝兰，潘大建，李晨，等，2021. 广东特色稻种资源［M］. 长春：吉林大学出版社.

国家林业和草原局，农业农村部公告. 国家重点保护野生植物名录［EB/OL］. 2021 年第 15 号公告.

郭建夫，张建中，蒋世河，等，2007. 新质源抗稻瘟病籼型不育系湛 A 的选育研究［J］. 广东海洋大学学报，27（1）：81-83.

梁世胡，李传国，李曙光，等，2011. 优质早籼不育系盛世 A 的选育及其组合表现［J］. 杂交水稻，26（6）：6-8.

刘铁燕，陈明生，2014. 稻属植物的基因组进化［J］. 生物多样性，22（1）：51-65.

卢新雄，陈晓玲，2003. 我国作物种质资源保存与研究进展［J］. 中国农业科学，36（10）：1125-1132.

汤圣祥，魏兴华，徐群，2008. 国外对野生稻资源的评价和利用进展［J］. 植物遗传资源学报，9

(2): 223-229.

魏兴华，2019. 我国水稻品种资源研究进展与展望［J］. 中国稻米，25（5）：8-11.

吴惟瑞，潘大建，梁能，2002. 野生稻圃的设计与管理［A］//罗利军，应存山，汤圣祥. 稻种资源学［M］. 武汉：湖北科学技术出版社.

Dang X J, Yang Y, Zhang Y Q, et al., 2020. OsSYL2AA, an allele identified by gene-based association, increases style length in rice (*Oryza sativa* L.) [J]. The Plant Journal, doi: 10.1111/tpj. 15013.

Huang X H, Nori Kurata, Wei X H, et al., 2012. A map of rice genome variation reveals the origin of cultivated rice [J]. Nature, 490: 497-501.

Luo D P, Xu H, Liu Z L, et al., 2013. A detrimental mitochondrial-nuclear interaction causes cytoplasmic male sterility in rice [J]. Nature Genetics, 45, 573-577.

Yu H, Lin T, Meng X B, et al., 2021. A route to de novo domestication of wild allotetraploid rice [J/OL] Cell, https: //doi. org/10. 1016/j. cell. 2021. 01. 013.

Zhang K, Su J J, Xu M, et al., 2020. A common wild rice-derived BOC1 allele reduces callus browning in indica rice transformation [EB/OL]. Nature Communications. https: //doi. org/10. 1038/s41467-019-14265-0.

国家野生稻圃（南宁）种质资源安全保存与有效利用

梁云涛，徐志健，蒋显斌
（广西壮族自治区农业科学院　南宁　530007）

摘　要：野生稻是禾本科（Gramineae）稻属（*Oryza*）中除亚洲栽培稻（*O. sativa* L.）和非洲栽培稻（*O. glaberrima* Steud.）以外的稻属野生种的总称。我国野外分布的野生稻资源十分丰富，其中蕴含有大量有利等位基因，是水稻育种和产业可持续发展重要的物质基础。本文简要介绍2001—2021年，国家野生稻种质资源圃（南宁）在资源安全保存技术研究、资源保存数量和利用成效等方面取得的成就，以及今后发展的重点方向。

关键词：野生稻；安全保存；利用成效；发展方向

稻属包含21个种，除了亚洲栽培稻和非洲栽培稻，其余21个种统称为野生稻。野生稻主要分布在亚洲和非洲，在中南美洲和澳大利亚也有分布（陈成斌，2006、2014）。目前，在我国野外发现有3种野生稻资源分布，普通野生稻、药用野生稻和疣粒野生稻，广泛分布于广西、广东、海南、湖南、江西、云南、福建和台湾等8个省（区），遗传多样性十分丰富（庞汉华，2002；2020）。早在1979—1982年，农业部就组织专家、科技人员对我国野生稻资源进行了系统、全面的调查，收集了大批珍稀野生稻资源，为了能有效保存这些宝贵的种质资源，“七五”计划期间，由农业部和科技部共同资助在广西壮族自治区农业科学院建立了国家野生稻种质资源圃（南宁）[以下简称国家野生稻圃（南宁）]。目前，该资源圃位于南宁市，占地面积32亩，建有保存区、试验田、温网室、工具房等基础设施，保存有来自我国野生稻7个分布省（区）以及国外的普通野生稻（*O. rufipogon*）、药用野生稻（*O. officinalis*）等16种野生稻资源1.1多万份，资源保存份数居世界第一。

由于野生稻长期在野外环境条件下生长，未经过人为选择，蕴含有大量栽培稻已丢失的有利基因（徐志健，2020），从而成为水稻育种改良重要的亲本资源，是水稻产业可持续发展的物质基础，因此，世界上很多国家与国际机构建立异位保存设施对野生稻资源进行长期安全保存。目前，我国已设立了3个国家级野生稻种质资源圃，包括已建成的国家野生稻圃（南宁）和国家野生稻圃（广州），以及位于云南正在建设的国家高原野生稻圃。另外，还在中国农业科学院建立了国家种质库的长期库和中期库，长期保存野生稻资源的种子材料。其他国家和机构也通过采取种子或种茎保存方式，保存了大量野生稻资源。据统计，截至2002年，国际水稻研究所保存有野生稻4 447份，日本保存了2 263份，印度保存了1 591份，西非水稻发展协会保存了956份，泰国保存了733

份，韩国保存了236份，老挝保存了237份，以及越南保存了160份（汤圣祥，2004）。这些重要资源的安全保存将为水稻产业的可持续发展提供源源不断的亲本材料。

1 种质资源安全保存技术

国家野生稻圃（南宁）采取盆栽种茎方式保存野生稻资源。每份资源栽种在1个缸（桶）中进行长期安全保存。同时，根据种质资源的保存方式，资源圃制定了与之配套的安全保存技术体系，其中包括了种质资源入圃保存技术、监测技术、繁殖更新技术以及备份技术等4项关键技术方法。该技术体系充分考虑了野生稻资源的生理生化、遗传特性、保存地生态环境状况、保存设施条件以及保存方式等各方面影响因素，在有效保障种质资源生活力和遗传完整性的基础上，实现了种质资源的长期安全保存。整个技术体系的指标参数明确、技术实施要求规范，保证了资源保存的标准化、规范化管理，从而减少了人为失误导致的资源损失。而且，在国内创新提出并采用了水池集中保存结合水分调控的野生稻异位保存技术方法，从而在保证资源植株正常生长前提下实现了节肥、节水以及高效控草等目标。

1.1 资源入圃保存技术与指标

资源入圃保存技术 为了避免外来资源植株携带病虫害入圃传播，首先，新收集的野生稻资源将种植在隔离设施内进行生活力恢复性生长和检疫观察。检疫观察时间至少涵盖资源植株的1个生长周期，在植株生长期间，对资源开展病虫害调查，并根据相关技术规程进行防虫灭菌处理。在资源生活力得到充分恢复后，取无病虫害的植株种茎分蘖移栽至保存缸（桶）进行长期保存。

国家野生稻圃（南宁）采取缸（桶）栽种植株的方式保存野生稻资源。由于圃内保存的资源数量庞大，每年维护所需的肥料、水分和人工数量巨大，而且还需占用较大面积的土地用于资源保存。随着圃内保存资源数量的不断增加，维护成本逐年上升及土地紧张的问题日益突出。因此，在国家野生稻圃（南宁）保存区建立永久性水池，按照一定间距标准将保存缸（桶）集中放置在水池当中，然后，根据植株不同生长阶段的水分需求情况，调节水池水位高度。在植株生长旺盛期，水位升至缸（桶）面以上1~2cm，这样不仅保证了植株生长的水分供给，并有助于施放的固体肥料溶解吸收，而且还可以有效抑制杂草生长；在冬季，植株生长处于停滞状态，杂草较少，植株需水量不高，则将水位降至缸（桶）面以下，保持土壤湿润即可。该方法在有效保证资源正常生长的前提下，大大降低了人工日常灌水的水分损失，而且节约人工除草工作量90%以上，达到了节水节支的目的。在日常维护管理中，根据植株长势情况，每年施放肥料（复合肥和尿素）3~4次。另外，由于野生稻异交率较高，为了避免不同植株间的异交结实，在抽穗期，人工去除稻穗。每年在资源生长旺盛期，不定期割茎叶2~4次，从而控制茎叶过度生长导致相邻植株间的空间相互竞争。

资源保存指标 水池深度为39cm。保存缸（桶）的直径29cm，高度29cm。每个缸（桶）栽种1份野生稻资源。在水池中，保存缸（桶）间距为20cm×30cm。

1.2 圃资源监测技术与指标

资源生活力监测技术 依据植株的生长状况，将资源圃内资源分为健康、一般、弱和差4个等级。每天，野生稻圃技术人员定期对保存资源进行生活力监测，通过观察植株的分蘖、株高、叶色等，进行生长势评估，并详细记录资源的生长情况，对表现为“弱”的资源进行持续重点跟踪监测，同时开展生理生化指标的检测分析，系统了解其生长发育动态，然后根据综合分析结果确定资源的生长状况。在明确植株的生长出现衰弱趋势后，将及时采取措施进行人为干预恢复其生活力。

资源病虫害监测技术 在综合分析当地生态环境状况、资源遗传特性、保存方式和病虫害发生规律的基础上，有针对性地制订了资源圃病虫害发生的处置预案。首先，每天科技人员定期对资源进行巡视和抽样检查，依据相关技术规程测报调查病虫害是否发生、发生类型，以及发生程度。尤其，根据植株生长阶段和气候环境的变化，重点对稻瘟病、白叶枯病、细菌性条斑病、纹枯病，以及螟虫和褐飞虱等南方地区经常发生、危害性较大的水稻病虫害进行预警监测。当发现有病虫害发生迹象，及时取样分析，明确病虫害发生情况，科学制订防控方案。

土壤和气候监测技术 定期对部分保存缸（桶）的土壤进行采样分析，了解其中pH值、有机质成分和矿质营养元素等土壤肥力基本信息，动态监测其变化规律。当发现土壤质量明显下降后，及时补充营养元素恢复肥力，或将保存缸（桶）里土壤更换为营养肥力好的新鲜土壤。另外，通过向资源圃所在院科研基地的管理部门调取基地气象监测站的监测数据，以及实时跟踪气象部门的预报信息，准确掌握当地气象变化情况，及早预测可能发生的灾害性天气，例如极度低温或高温、霜冻、冰雹、风灾、持续降水导致的内涝等，提前采取应对措施，避免或最大限度降低其对资源造成的损失。

资源监测和管理指标 病虫害测报和防控。参照《稻瘟病测报调查规范》（GB/T 15790—1995）、《纹枯病测报调查规范》（GB/T 15791—1995）、《稻飞虱测报调查规范》（GB/T 15794—1995），以及《水稻二化螟测报调查规范》（GB/T 15792—1995）等水稻主要病虫害调查技术规范的相关技术方法，诊断野生稻资源的病虫害发生情况。当病虫害发生时，参照《水稻主要病虫综合防治技术规程》（DB45/T 137—2004）的技术方法进行针对性防控。

土壤质量监测和恢复。参照《南方地区耕地土壤肥力诊断与评价》（NY/T 1749—2009）中技术方法分析诊断资源种植土壤的综合肥力，并将其划分为Ⅰ、Ⅱ、Ⅲ级。当土壤营养元素出现不足时，及时进行人工施肥补充。在种植野生稻后，由于肥力下降、杂草生长和植株根系扩张等原因，一般每隔2~3年需进行保存缸（桶）土壤更新，更换的土壤肥力质量应达到《南方地区耕地土壤肥力诊断与评价》（NY/T 1749—2009）规定的Ⅰ级水平。

1.3 圃资源繁殖更新技术与指标

繁殖更新技术 为了保证资源群体的生活力，野生稻圃对生长势活力较弱的资源植株进行繁殖更新。在每年5月，从弱势资源植株取分蘖苗移栽至大田，种植期间，对水生、旱生和水旱交替等不同生长习性的野生稻资源，采取相应的水分管理措施进行栽培种植。同时，保留更新资源的原植株在保存缸（桶）中继续生长。在大田种植期间，还需调查复壮植株的基本植物学特性，与原来资源的特征信息进行核对，如发现资源植株错误，及时更正，并做好图像、文字等数据记录存档。复壮植株经过完成一个生长周期的繁殖生长，其生活力得到了充分恢复。经检查确定未携带病虫害后，取健康植株的强优势分蘖苗，移栽至装有新泥的保存缸（桶）里进行长期种植保存。随后，持续监测其生长情况，待移栽植株生长完全恢复后，才将更新资源的原植株移除，用该资源的复壮新植株进行替换。

更新复壮指标　进行更新复壮时，根据植株长势状况，从弱势植株取 2~3 个分蘖，移栽入大田分别种植，设置株行距为 0.5m×0.5m。对于水习性野生稻资源，大田采用 4~6cm 水位高度进行插植，待成活后，保持 3cm 水位高度进行栽培管理；水旱交替习性野生稻，大田也采用 4~6cm 水位高度进行插植，待成活后，后期采取水旱交替进行栽培种植管理；旱生习性野生稻，则只在入土种植时，灌水淋湿土壤让其迅速长根，然后用遮阳网遮阴保湿即可。最后，选择长势最好的复壮植株取其具有 3 个以上分枝的粗壮分蘖苗移栽入保存缸（桶）。

1.4　圃资源备份技术与指标

圃资源备份技术　圃内保存的野生稻资源均要求进行备份保存。备份资源植株采取与原资源相同的种植保存方式进行管理。

圃资源备份指标　每份资源种植至少 1 株备份材料进行长期保存。

2　种质资源安全保存

2.1　资源保存情况

截至 2021 年 12 月，国家野生稻圃（南宁）保存 16 个种的野生稻资源 11 032份（表 1），其中国内资源10 699份（占 96.98%）、国外引进资源 333 份（占 3.02%）；特色资源1 713份（占 15.53%）。通过应用分子标记技术对新收集的广西普通野生稻资源进行遗传多样性和群体结构解析，构建了包含 351 份资源的核心种质库，并提取核心种质高质量 DNA，建成了遗传基础广泛的广西普通野生稻核心种质 DNA 保存库。完成了 1 000份弱势野生稻的更新复壮，圃内资源群体的整体生活力得到了显著提高。

表 1　国家野生稻圃（南宁）种质资源保存情况

作物名称	截至 2021 年 12 月保存总数				2001—2021 年新增保存数			
	种质份数（份）		物种数（个）		种质份数（份）		物种数（个）	
	总计	其中国外引进	总计	其中国外引进	总计	其中国外引进	总计	其中国外引进
野生稻	11 032	333	16	16	6 470	261	2	1

从 2001 年启动农作物种质资源保护与利用项目至今，国家野生稻圃（南宁）新增保存野生稻种质资源 6 470份，占资源圃保存总量的 58. 65%，资源保存总量增长 141. 82%。先后从越南、柬埔寨、老挝、缅甸、尼泊尔和斯里兰卡等多个国家引进普通野生稻资源 261 份；从我国广东、海南、福建、湖南、江西、云南等 6 个省引进普通野生稻资源 149 份。完成了对广西境内 14 个市 61 个县（市、区）245 个乡（镇）的野生稻资源系统调查，共收集保存普通野生稻和药用野生稻资源6 060份。

2.2 保存的特色资源

建圃以来，国家野生稻圃（南宁）对保存资源开展了包括稻米品质、稻米蛋白质含量、白叶枯病抗性、稻瘟病抗性、褐飞虱抗性、白背飞虱抗性、稻瘿蚊抗性和耐冷性等优良特性的鉴定评价，截至 2020 年 12 月，从圃内资源中筛选到具有育种利用价值的优异种质共有1 713份，占总资源数的 15. 53%。这些优异资源均具有至少 1 项水稻育种急需的优良特征性状，其中具备 1 种优良特性的优异资源1 121份，同时具备 2 种优良特性的资源有 15 类 360 份，兼具 3 种优良特性的资源有 16 类 137 份，兼具 4 种优良特性的资源有 8 类 82 份。尤其，还鉴定评价出 13 份同时兼具 5 种优良特性的优异种质资源。上述优异资源具有较高的利用价值，可以将其优良性状导入现代栽培稻背景当中，从而培育出目标特性突出的优良水稻新品种，加快实现水稻育种的新突破。

2.3 种质资源抢救性收集保存

位于广西最北端的野生稻原生境分布点位于桂林市。在 2001—2009 年的广西野生稻系统调查行动中，国家野生稻圃（南宁）的科技人员对桂林市开展了详细的野生稻资源调查，抢救性收集了当地濒危普通野生稻资源，经整理后入圃保存。由于长期生长在桂北相对寒冷地区，经受了当地环境低温条件的自然筛选，上述野生稻资源表现出更强的耐寒性，经过人工耐冷鉴定评价，筛选到强耐冷种质资源 5 份，均表现出优良的芽期和苗期耐冷性。通过抢救性收集保存这些优异资源，可以为水稻抗逆育种改良提供重要的亲本材料。

3 保存资源的有效利用

2001—2021 年，国家野生稻圃（南宁）向包括中国科学院、中国农业大学、中国农业科学院、复旦大学、武汉大学、南京农业大学、华南农业大学、广西大学、南昌大学、沈阳农业大学、广西壮族自治区农业科学院、江西省农业科学院，以及多家种业公司等国内 50 多个单位提供野生稻资源共4 381份次，主要用于开展有利基因挖掘、起源驯化、遗传多样性分析等方面的水稻基础理论研究和水稻育种改良，现已取得了显著的利用效果。

3.1 育种、生产利用效果

向广西大学、广西壮族自治区农业科学院水稻研究所等国内育种单位提供具有优良性状的优异种质资源作为亲本进行水稻育种改良，已选育出目标特性突出、综合性状优良的水稻新品系 29 个。野栽型水稻新品系农艺性状表现优异，产量高、稳产性好、适应性广，兼具优良的抗病和抗逆性，具有广阔的应用前景。其中，广西壮族自治区农业科学院水稻研究所科研人员选育的野栽型优质水稻新品系‘桂野丰’通过了 2017 年广西水稻新品种审定，已在生产上大规模推广应用，由于表现突出，受到种植农户的广泛欢迎，产生了显著的经济效益。广西大学利用国家野生稻圃（南宁）提供的野生稻资源育成了测 253、258 等系列恢复系，组配出杂交稻组合 30 多个，2002—2012 年推广应用面积累计达 1.87 亿亩。

3.2 支持成果奖励

通过利用资源圃提供的资源材料，支撑的项目分别获得 5 项国家和省部级奖励，包括：国家野生稻圃（南宁）参与的“中国野生稻种质资源保护与创新利用”项目获 2017 年度国家科技进步奖二等奖，另外，还分别获得广西科技进步奖二等奖 2 项、浙江省自然科学奖二等奖 1 项、广西科技进步奖三等奖 1 项。

3.3 支撑乡村振兴

利用圃保存的野生稻实物资源和相关信息，科技人员对各地县、乡、村各级政府相关人员以及农户开展野生稻资源及原生境生态环境保存的宣传和技术培训。通过宣传和培训，大大提高了人民群众的资源保护意识和能力，有力地推动了当地农村生态文明建设，支撑了乡村振兴的发展。

3.4 支撑科研项目

通过利用圃内保存资源，支撑了国家转基因重大专项、国家自然科学基金、国家重点研发项目、农业部公益性行业专项、科技部共享服务平台项目、广西水稻现代产业体系项目、广西科技创新驱动项目、广西科技攻关项目、广西自然基金项目等各级各类项目 80 余项。

3.5 支撑论文论著、发明专利和标准

据不完全统计，至今已支撑论文 43 篇，其中 SCI 论文 10 篇。例如，利用圃提供的野生稻资源完成的科研成果分别在国际顶级学术期刊《Cell》（A route to *de novo* domestication of wild allotetraploid rice，Yu Hong et al.）和《Nature communications》（Natural variation in *CTB4a* enhances rice adaptation to cold habitats，Zhang Zhanying et al.）上发表；支撑《中国野生稻》《野生稻种质资源描述规范和数据标准》《广西野生稻考察收集和保护》和《野生稻种质资源保存与创新利用技术体系》等论著 7 部；支撑《农作物种质资源鉴定技术规程　野生稻》（NY/T 1316—2007）和《农作物优异种质资源评价规范》（NY/T 2175—2012）等 2 项行业标准；支撑国家发明专利 3 项。

3.6 支撑资源展示、科普、媒体宣传

举办田间展示 6 次，展示野生稻优异资源、核心种质以及野栽创新种质等材料 2 000份次，接待来自国内科研院所、高校、种业公司等单位的技术、管理人员 500 多人。野生稻圃先后接待来自广西大学、广西农业职业技术学院等高校学生 800 多人次，开展野生稻保护和利用等相关知识的科普培训。并且，还通过广西壮族自治区农业科学院院网和网上在线直播进行野生稻相关信息和知识的宣传。

3.7 典型案例

利用野生稻优异种质培育优质水稻新品种‘桂野丰’（桂审稻 2017029 号）

资源利用单位：广西壮族自治区农业科学院水稻研究所

选育过程：‘桂野丰’以‘丰华占’为母本，以‘早野’为父本，经过 5 年 9 代选育而成的早晚兼用型高端香稻品种。其中父本‘早野’是利用野生稻圃提供的普通野生稻与栽培稻品种‘9311’杂交、回交选育而成的高世代稳定育种材料，具有大穗、综合抗性好等特点。

优良特性：‘桂野丰’不仅具有优质高端香型常规稻的特点，同时还具有对三系水稻不育系的强优势恢复力，属于常恢两用型品种。其植株高度适中、健壮，株叶形态协调，抗倒性强，适应水稻轻简化栽培趋势，丰产性好；米质优，达到农业部《食用稻品种品质》标准 2 级。具有玉兰香（芋头香）味，煮饭时有较浓的香味，米饭口感好，粒粒回甘。2018 年荣获广西第十五届“看禾选种”大会重点推荐品种，2019 年荣获第二届广西好稻米十大优质品种。

适宜区域：该品种适应性广，2017 年通过广西审定，可在全区作早、晚稻种植；2018—2019 年分别在广东、福建、湖南、湖北、江西、安徽、贵州和云南等省区进行了试种，综合农艺性状表现良好。2019 年通过了广东、湖南、江西引种试验，2020 年已完成江西省水稻品种区试，提交了江西省水稻品种审定材料；2020 年正在参加国家长江中下游水稻区试。因此，综合 2018—2020 年‘桂野丰’在全国各地的表现，该品种有望可以在长江中下游稻区、华南稻区以及西南部分稻区作大面积推广。

4 展望

4.1 收集保存

根据收集保存现状、利用需求以及野外分布资源濒危情况等，今后野生稻资源收集保存的重点方向：①周边国家分布的不同类型野生稻资源；②野生稻圃还未收集保存的其他种类野生稻资源。

4.2 安全保存技术

为了应对资源数量和种类不断增加、气候环境变化等带来的问题，未来需重点研究

更安全、高效的保存技术：①融合了表型组、转录组和生理生化分析等多领域技术，可以更快速、精准判断资源生长动态变化趋势的异位保存预警监测新技术方法；②研发操作方便、受外界环境干扰较小、维护成本低、并能最大限度保存资源遗传完整性的保存新技术，例如，干细胞保存技术，利用植株愈伤组织进行离体保存；③建立更加智能的资源大数据保存和分析技术，帮助科技人员更准确、高效进行资源管理。

4.3 挖掘利用

重点挖掘水稻育种上急需的优异种质资源，包括：①针对长期威胁水稻生产的难点问题，例如，稻瘟病、白叶枯病、褐飞虱以及极端气温胁迫等，挖掘抗性更优的优异种质资源；②挖掘能够抵抗新出现的高危险病虫害的优异种质资源，例如，抗南方水稻黑条矮缩病的野生稻种质资源；③随着水稻生产方式的转变和发展，急需挖掘具有与之相适应特性的特色种质资源，例如，挖掘利用具备种子耐淹特性的种质资源培育适合直播种植的水稻新品种，以及挖掘利用耐盐种质资源培育能够在盐碱地生长的水稻新品种。

参考文献

陈成斌，梁云涛，2014. 野生稻种质资源保存与创新利用技术体系［M］. 南宁：广西人民出版社.

陈成斌，潘大建，等，2006. 野生稻种质资源描述规范和数据标准［M］. 北京：中国农业出版社.

庞汉华，陈成斌，2002. 中国野生稻资源［M］. 南宁：广西科学技术出版社.

庞汉华，陈成斌，2020. 中国野生稻［M］. 南宁：广西科学技术出版社.

汤圣祥，魏新华，2004. 国外野生稻的研究进展［A］//中国野生稻研究与利用：第一届全国野生稻大会论文集［C］. 北京：气象出版社.

徐志健，王记林，郑晓明，等，2020. 中国野生稻种质资源调查收集与保护［J］. 植物遗传资源学报，21（6）：1337-1343.

国家野生棉圃（三亚）种质资源安全保存与有效利用

刘　方，周忠丽，蔡小彦，王玉红，侯宇清，许艳超，王坤波
（中国农业科学院棉花研究所/棉花生物学国家重点实验室　安阳　455000）

摘　要：本文以棉花种质资源的分类、分布与保存现状为背景。介绍了国家野生棉种质资源圃的构建历史、保存现状与特色。描述了野生棉种质资源的广泛考察、重点收集、妥善保存、多重鉴定、安全入圃、全程监测与及时更新等技术指标与操作程序规范。指出了我国野生棉种质资源保存现状与特色材料，展示了野生棉种质资源有效利用的多种途径和取得的突出成就。野生棉种质资源的安全保存和有效利用，为我国棉花基础理论研究和应用生产改良等起到重要的基础平台作用。

关键词：野生棉；种质资源；安全保存；繁殖更新；嫁接；扦插

棉花属于锦葵科棉属，目前一共发现54个棉种，包括47个二倍体棉种（分别属于A、B、C、D、E、F、G、K 8个二倍体基因组）和7个四倍体棉种（AD基因组）。起源并分布于3个不同的大陆：A、B、E、F基因组分布于非洲和西亚；C、G、K基因组分布于澳洲；D基因组和AD基因组分布于拉丁美洲和太平洋岛屿（Wang K B et al.，2018；Wendel et al.，2010；Grover et al.，2015；Joseph et al.，2017）。

棉属除陆地棉（AD）$_1$、海岛棉（AD）$_2$、草棉A_1、亚洲棉A_2四个栽培种外，其余均为野生种。野生种广泛分布在非洲、亚洲、澳洲、美洲等各种严酷的生态环境中，经过长期自然选择，形成了抗盐碱、抗旱、抗病虫、抗高温、抗瘠薄等生物与非生物胁迫的抗性以及对各种不利因素的适应性特性，具有众多变异类型和丰富的遗传基础，是进行起源、进化、驯化、多倍化等基础理论研究的优良素材，以及进行棉花遗传改良等生产应用的宝贵资源（Grover et al.，2015）。

全世界野生棉资源保存约2 000余份。当今世界棉花种质资源大国依次是乌兹别克斯坦、中国、美国、印度、巴基斯坦和澳大利亚等。苏联原来收集保存的棉花种质资源份数最多，随着苏联解体，其棉花资源长期库归乌兹别克斯坦管理。就保存种类而言，美国收集的棉花材料最全。在美国得克萨斯州College Station设有国家棉花资源库，保存有野生种600余份。印度是迄今世界上唯一同时种植4个栽培种的植棉国，收集保存的棉花栽培资源也比较全面，保存有25个野生种近200份资源材料。巴基斯坦收集的棉花种质资源分别保存在木尔坦和萨克兰德的两个中央棉花研究所，在木尔坦设有专门的野生棉种质圃。澳大利亚是棉花资源最大的“故乡”，分布有C、G、K基因组的18个棉种，野生资源比较丰富，有收集与保存机构，但是并没有专门的室外种质圃（王坤波等，2002）。

我国不是棉花起源地，所有种质资源均靠从国外收集引进（王坤波等，2007）。从1982年开始，我们建立并逐步完善了国家野生棉种质资源圃（三亚）（以下简称国家野生棉圃）。该圃依托于中国农业科学院棉花研究所海南科研基地，位于海南省三亚市崖州区，经过30多年的建设和补充完善，现已经建成包括野生棉、半野生棉、远缘杂交材料、工具材料、遗传群体材料、突变体材料等6个圃，占地15~20亩，常年宿生保存材料800余份，涵盖了39个棉种，占世界上可收集棉种的80%，成为全世界室外活体保存棉种最多的种质圃。保存方式包括普通田间保存、温室备份保存以及DNA保存。截至2021年底，国家野生棉圃共保存种质资源802份。

1 野生棉种质资源安全保存技术

棉花野生资源短日照性强，对光温敏感，目前以在三亚国家野生棉圃宿生保存为主，为预防台风造成毁灭性灾害，在海南三亚和河南安阳温室各备份一套植株活体，能正常结实的野生种质同时种子保存。棉花宿生性较差、不耐重茬，野生棉的宿生保存很难长期维持健壮状态，基本3年更新一次。为防止意外导致野生资源绝种，管理人员每月对宿生材料调查健苗率，珍贵或不易保存的材料每周检测。当因故死亡或濒临危险，每份材料群体少于5株时，及时更新补种。野生棉目前采取的主要保护策略有：多重备份，个性化繁殖更新；优化砧木；轮作养地。

1.1 野生棉资源入圃保存技术与指标

种质材料的获得　我国非棉花起源地，所有野生资源均为国外收集引进，获得途径有国内外考察收集、国内外单位或个人引进、国内外单位或个人递交或交换获得。材料类型可以是种子、枝条、嫩芽、无菌苗或者组织器官。获得的材料详细登记，包括种质原产地、来源地、获得时间、采集（提供）人、材料类型、经手人、保存方式、保存状态等。

种质材料的隔离检疫　获得的种质材料首先在隔离的检疫圃进行检疫试种。按照《中华人民共和国进口植物检疫对象名单》和国内各种检疫对象严格检疫，发现检疫对象立刻销毁。引进的种子硫酸脱绒后播种，引进的枝条或其他组织器官需消毒处理后入圃。

种质材料的试种与初步鉴定　根据引进材料的类型进行试种，主要方式有：种子直接播种、嫁接试种、扦插试种以及试管苗培养试种。试种数量依据引进种质的情况灵活掌握，一般不低于5株。种子繁殖要先营养钵育苗，先利用消毒的沙土发芽，发芽后转移到营养钵出苗，待确认幼苗基本成活（一般2~3片真叶）再移栽到检疫圃或者花盆中。

对于需要扦插保存的材料，要先进行扦插枝条的选择，准备标签、尼龙绳、嫁接刀、整枝剪等削制具体插条，选择扦插地点的面积、光照、湿度等环境进行扦插。对于扦插后发出嫩芽的枝条，或者组培苗等种质，要及时进行嫁接保存。先准备砧木，根据接穗的情况确定并处理砧木的类型；然后处理接穗并将接穗嫁接到相应砧木上，依据野生棉特有的嫁接方法进行嫁接。

试种成活的种质材料要精心管理，水、肥、药等管理要到位，并防御与应对台风、冰雹、病虫害等突发事件。鉴定植株、茎、叶、花、蒴果等表型特征，结合材料来源信息，核实材料分类地位。

种质资源的入圃保存 只有经过检疫和试种过的种质资源材料，方可正式转入资源圃保存。根据材料是否开花结铃情况不同，入圃程序有少许差别。能正常开花结铃的进行种子育苗移栽入圃；不能获得种子的种质通过扦插或嫁接移栽入圃保存。入圃保存需要根据资源材料的株型大小、繁殖方式制定一定的繁殖数量、株行距、排列方式、标签与标志、记载与标签标注、绘制繁育图。

田间种植与栽培管理。田间单株定位；滴灌或漫灌；常规治虫；重点控制粉蚧危害；注意及时防治远缘杂交材料、工具材料及半野生棉的病害。

1.2 野生棉圃资源监测技术与指标

野生棉种质资源的监测主要包括生育期监测、表型监测、抗性监测以及长势与生存状况监测。野生棉属包含 A~G、K 等 8 个二倍体基因组以及 AD 异源四倍体。不同基因组、不同棉种的形态特征差异较大。有匍匐的、有小灌木，也有长势高大的乔木。对不同棉种不同资源材料的株型、根茎叶花器官均需进行严格的记载和监测。表型监测根据野生棉特性描述规范选取典型和代表性状进行调查监测记载。野生棉圃的所有材料，均按照单株进行入圃时间以及现蕾期、开花期、吐絮期（开铃期）的记载与监测。并根据生长长势状况，比较不同单株、不同材料来源的差异。根据不同野生棉资源特征，对部分难以授粉结铃的材料进行辅助授粉。力争获得正常、健康的后代种子（李亚兵等，2017）。野生棉入圃种质资源的抗性监测主要包括生物抗性监测和非生物抗性监测两部分。生物抗性主要包括抗虫（棉铃虫、红铃虫、白粉虱、棉叶蝉、棉叶螨、地老虎、盲蝽蟓、棉蓟马、蚜虫、甜菜夜蛾、蝼蛄、金龟子等）和抗病（立枯病、炭蛆病、枯萎病、黄萎病、红叶茎枯病等）（张卫红等，2009）；非生物抗性主要包括棉花的抗旱、抗涝、抗盐、抗碱、抗低温、抗高温、抗瘠薄等自然非生物胁迫的监测。对于生物胁迫和非生物胁迫的监测要及时准确，如果出现受害状要尽快采取相应补救防治措施，确保野生棉种质资源健康茁壮生长和繁殖。棉花野生资源入圃保存生长过程中，还会遇到许多特殊情况。比如缺乏元素（氮、磷、钾、硼、锌、镁）、除草剂危害、药害，以及台风、暴雨等自然灾害等，对棉花资源的正常生长均会造成一定的危害。要结合实际情况积极应对，及时记载和制定防治补救措施（王方永，2007；金秀良等，2011）。

1.3 野生棉圃资源繁殖更新技术与指标

根据种质植株的生长状况以及原有繁殖方式，确定繁殖更新方法，选择繁殖方式的顺序为：种子繁殖、嫁接繁殖、扦插繁殖。根据每个种的特性，个性化制定更新方案，选择繁殖方式的顺序为：种子繁殖、扦插繁殖、嫁接繁殖，以最大限度保存种的特性及遗传完整性。

野生棉繁殖更新需要考虑的指标主要有：繁殖数量、株行距、排列方式、标签与标志、记载、繁育图等，均按照野生棉圃繁殖更新规范进行操作。行距1.0~2.5m，株距1.0~1.5m；群体大小：乔木3~5株，灌木和草本5~10株。

种子繁殖 要采取特殊方法发芽。一般是用刀破开种壳，沙培发芽，营养钵育苗移栽。种子根据发芽力强弱，一般进行切割种壳，浸种或直接沙培。待种子发芽后，按每钵1~2粒移入营养钵中，进行营养钵育苗。营养基质用营养土，并添加一定的杀虫剂。对营养钵育苗要选择合适的地点，并注意保持光照、温度、湿度等的控制。直至幼苗出现第三片真叶。

嫁接繁殖 对于濒危或扦插较难成活的材料，采用嫩芽作为接穗（主茎或营养枝生长点优于果枝生长点），进行嫁接繁殖，为了提高成活率，常选择生长势强、高抗黄萎病且易于获得种子的海岛棉作为砧木。对于接穗与海岛棉不能很好融合的野生种，另选择合适的砧木。选取适当的接穗和合适的砧木，根据不同野生棉种质进行嫁接准备。应选择生长旺盛、发育良好的嫩枝生长点作为接穗，随用随取，接穗可尽量保持生长点要遮光保湿。一般选取种子发芽力强、幼苗粗壮、抗病的海岛棉或陆地棉作为砧木。砧木一般按照正常营养钵育苗，一般取0~3叶，即从子叶平展到3片真叶期间的幼苗均可作砧木（张香娣等，2000）。嫁接过程如下：

（1）嫁接：砧木苗用锋利的刀片切除子叶节以上的部分，保留子叶，从子叶节正中沿下胚轴向下切，切口深至3~10mm（视接穗苗的长短而定）。如果砧木苗龄较大，切口也可以改在第2或第3叶节，切口操作及深度同前。用一条长约15cm的细塑料绳作一扣结，套在砧木下胚轴。接穗削成楔形，插入砧木的切口里，抽紧结扣，采用塑料绳在切口处缠绕3圈以上（视切口与接穗楔形头结合程度而定，尽可能绑紧接口）。

（2）育养：育养的关键是保持嫁接苗小环境的相对湿度，但不能发霉。具体做法是：花盆装满土壤，整平土面，浇透水。嫁接操作完成后（在营养钵里），随即放置在花盆里，用塑料膜连同花盆一起罩住。花盆置于阴凉处，每天揭开塑料罩放风2~5次，每次半小时或几个小时。“放风”时，开始次数少时间短，随后次数多时间长，接口愈合快的次数可多、时间可长。

（3）炼苗：嫁接苗经育养5~7天，接口明显膨大，说明切口已愈合，基本成活。这时可将花盆移到阳光下，1天多次，时间先短后长，1~3天，直至在自然条件下嫁接苗完全正常。除去塑料绳，嫁接苗就可以移栽到大田里。

扦插繁殖 选择合适的生长季节（夏季）、适宜的生育时期（盛花期—花铃期）、适龄枝条（一定木质化但并未完全木质化）扦插繁殖，最好选用主茎枝条或营养枝枝条。扦插一般按照以下几个步骤实施：

（1）扦插圃的准备：扦插圃最少要有30cm厚的土层。可以是干地，要求土壤疏松，地面平整较好；也可以是下过雨的土地，持水量在70%以上，刚刚下过大雨或浇水特多，即持水量超过100%的土壤，也可以用做扦插圃。

（2）插枝的准备：对于长节间的枝条而言，截取的枝条最少有2个完整的节间，节间更多没有影响；对于短节间枝条而言，枝条截取的长度应在5cm以上。插枝可保留几片嫩叶，或去掉全部叶片。插枝下插的一头要保持下插入土的节的完整性（没有撕裂致伤）。

（3）插扦：按照插枝的生长方向插入土中，插入深度最少4~7cm，最少有一个节在土中。干的扦插圃，插枝要慢慢地插入土里，做到不要损伤下插入土的节；雨天后湿润扦插圃，可稍微快些插入土里。插入方向与地面基本垂直。扦插后一次性足量浇水，浇水后土壤持水量在70%以上。

（4）插后管理：一般扦插后2~3个星期就可以成活，成活率视土壤条件（越疏松、越肥沃的越好）在60%~90%，这期间视扦插圃土壤湿度可以浇水1~2次或不浇水。成活后的插枝按照正常的田间措施进行田间管理。

移栽入圃 根据繁殖方法不同，移栽程序有少许差别。种子繁殖和嫁接繁殖的幼苗是在营养钵中，可以直接营养钵入圃。扦插繁殖的新种质起苗前3~10天进行灌水，起苗深度在30cm以上，做到少伤主根，不碰伤苗干。

移栽前深挖穴（50cm以上），施足底肥（以有机肥为主），足量浇水，待水干以后移栽，埋土平地面，埋设滴灌。视情况浇水，部分棉种以“欠水”为妥，促使开花。

田间种植与栽培管理：田间单株定位；滴灌或漫灌；常规治虫；重点控制粉蚧危害；注意及时防治远缘杂交材料、工具材料及半野生棉的病害。

繁殖更新种质性状调查与核对

（1）定植后要对每份种质的植物学特征和生物学特性与原种质植株进行核对，如果发现错乱，要及时查找原因并予以更正。

（2）定植苗如有丢失，要立即进行补充征集和重新繁殖移栽，并及时修正定植图。

（3）核对工作本身就是种质的系统性状鉴定过程，定植当年依据枝条和叶片的特征特性进行核对，开花结果后，核对花器、果实性状和物候期等。核对工作需要2~3年。

繁殖更新种质具体性状核查参照“野生棉种质资源繁殖更新数据采集表”进行。

繁殖更新数据整理与工作总结 首先要检查繁殖更新数据采集表内相关数据和信息是否填写齐全和准确，然后复核数据采集表内“原种质”栏和“繁殖株”栏的性状数据，对有异议的数据查明原因。对相关数据进行归类、统计、分析，并对繁殖更新结果进行综合评价。注意及时编写繁殖更新工作总结，内容包括：任务的来源、目的和指标；繁殖更新的地点与经过：负责人、完成人、时间、地点、过程、结果及相关内容；定植植株的性状核对结果与管理水平；经验、教训和建议；建立繁殖更新技术档案和数据。

1.4 野生棉圃资源备份技术与指标

野生棉资源位于海南省三亚市，夏秋两季多台风，对野生棉圃种质资源的安全保存具有严重危害。为预防台风造成毁灭性灾害，采取多重备份策略：能收到种子的入库保存，难以开花结实的野生材料，安阳温室、海南大田种质圃、海南温室各保存一套植株活体，其中安阳的备份基本仅限于营养生长，作为最后的防御保障。

2 野生棉种质资源安全保存

2.1 野生棉圃保存情况

国家野生棉圃位于海南省三亚市崖州区，平均海拔21m。始建于1982年，1986年初具规模。截至2021年12月，共保存野生棉种质资源802份（表1）。核心圃占地15亩，设有野生棉、半野生棉、工具材料等6个专业圃，常年宿生保存材料600~700份。保存野生棉126份、陆地棉半野生棉491份、多年生海岛棉9份、多年生亚洲棉和草棉各2份，近缘植物3个种共7份。工具材料有时也宿生保存，常年为12份（半配生殖棉花材料）到120余份（经过了细胞学鉴别的特征植株的单体等细胞学材料）（王坤波等，1995）。收集保存的棉花材料涵盖了39个种，占世界上可收集棉种49个的80%，为室外活体保存棉种最多的种质圃。

表1 国家野生棉圃种质资源保存情况

作物名称	截至2021年12月保存总数				2001—2021年新增保存数			
	种质份数（份）		物种数（个）		种质份数（份）		物种数（个）	
	总计	其中国外引进	总计	其中国外引进	总计	其中国外引进	总计	其中国外引进
棉花	802	660	43	40	447	445	8	8

2.2 野生棉圃保存的特色资源

棉花不是我国起源地，所有原始野生棉种质资源均从国外收集保存。棉属共分为A~G、K共8个二倍体基因组以及AD异源四倍体基因组，可以分为三大分布区域。A、B、E、F基因组主要分布在非洲和西亚，这些种质资源主要为20世纪陆续从美国引进或交换获得，每个棉种保存份数较为单一和稀少。B基因组目前尚缺少B_2（三叶棉，*G. triphyllum* Hochreutiner）；E基因组的伯纳迪氏棉（*G. benadirense* Matte）、伯里切氏棉（*G. bricchettii* Vollesen）和佛伦生氏棉（*G. vollesenii* Fryxell）三个棉种仅有标本保存，活体可能已经灭绝。澳洲分布的是C、G、K基因组，其中K基因组共有12个棉种，我国以前一直没能引种成活，2017年王坤波和刘方赴澳大利亚金伯利地区考察收集，成功收集到圆叶棉（K_2，*G. rotundifolium* Fryxell，Craven & Stewart）和杨叶棉［K_3，*G. populifolium*（Bentham）Mueller ex Todaro］两个棉种活体保存于野生棉圃（王坤波等，2013），填补了K基因组资源的空白，目前野生棉圃缺少最多的棉种依然是澳大利亚金伯利地区的K基因组棉种。美洲新大陆主要起源并分布有D基因组棉种，经过多年努力不断补充，我们已经基本收集全部二倍体D基因组的棉种。但是2012年冬天被名为“海燕”的台风毁坏了特纳氏棉（D_{10}，*G. turneri* Fryxell），至今没有能够补充获得新的种质资源。2017年刘方研究员访问美国爱荷华州立大学Jonathan Wendel实验室，成功引进并获得艾克棉（AD_6，*G. ekmanianum* Wendel）和斯提芬氏棉（AD_7，*G. stephensii* Wendel）活体材料，至此将所有异源四倍体棉种全部宿生保存于野生棉圃。四倍体棉种的考察收集是近十年野生棉资源收集的重点内容，中国农业科学院棉花研究所野生棉研究团队多次赴夏威夷群岛和加勒帕戈斯群岛，收集到九十余份毛棉和达尔文氏棉种质材料，极大地丰富了四倍体野生棉的遗传多样性保存（王坤波等 2016；刘方等，2016；周忠丽等，2017）。经过 30 余年的积累和不懈努力，国家野生棉圃目前保存有 39 个野生棉种。在长期的工作中，工作人员通过远缘杂交技术的创新，突破种间隔离瓶颈。到 2021 年初获得 26 个野生种与全部 4 个栽培种的杂种有 74 个（组合），许多野生棉的优异特性导入到栽培陆地棉中，并成功创制了优良品系或品种。如利用陆地棉、亚洲棉和斯特提三种杂种创制的新材料中 G5（中 97111），优质、高产，少绒毛，抗棉蚜，突破了绒毛与抗棉蚜的负相关特性，具有很高的生产潜力（王坤波等，2000）。又比如来源于四倍体野生种达尔文氏棉的“达棉”系类品系，不仅高产，而且纤维品质、对高温和干旱的抗性尤为突出。

国家野生棉圃在保存野生棉种质资源的基础上，还保存了自然突变资源材料 50 多份，单体、缺体等细胞学工具材料 100 余份，野生棉近缘植物（桐棉属肖槿等）5 份。特别是国家野生棉圃长期以来创新的远缘杂交种间材料是世界上最多的。以及根据远缘杂交材料染色体加倍材料，均是野生棉圃的资源特色。

3 野生棉种质资源的有效利用

作为国家农作物种质资源圃，向他人提供材料是基本职能，且不分享他人基于提供材料所形成的科技成果，并做到事先且主动承诺“不分享”，是促使野生棉资源材料得以广泛利用的关键（刘方等，2006）。自 2001 年以来，向外提供试验素材达15 000余份次，受益单位涵盖全国所有涉及棉花基础研究和应用研究的高校和院所，50 多个单位 800 余人次，应用于基础研究、遗传育种及研究生培养等方面。野生棉种质圃已经成为全国基于野生棉科研工作基本素材来源的主渠道，极大地推动了我国棉花基础研究和育种应用研究的创新发展，为我国西北内陆等棉区新时代乡村振兴提供了重要的资源基础。

3.1 育种利用

棉花野生种直接育种利用的情况占比不高，主要原因在于远缘杂交不亲和性、光温敏感及后代疯狂分离，导致育种利用周期过长，在追求快速和高效的现代社会，棉花远缘杂交育种利用略显冷清（胡绍安等，1993）。但也有成功的案例。2012—2018 年，湖南省棉花科学研究所利用野生棉种质圃提供的四倍体野生种达尔文氏棉（AD_{5-7}）与中棉所 12 群体材料，经南繁北育和田间选择、抗病、抗虫、纤维品质鉴定，获得一批含达尔文氏棉血缘的中间材料培育出高产、优质、抗逆的新品系湘 FZ031。上半部平均长度 30. 3mm，比强 31. 2cN/tex，麦克隆值 5. 0，纤维品质优良。2018 年湖南望城经历近 40 天 37～38℃高温，单株成铃 34 个，亩产籽棉 263kg，充分体现出其亲本达尔文氏棉优质、抗逆的特性（图 1）。

图 1　利用达尔文氏棉为亲本创造的达棉 1 号

3.2　科普展览

近年来，野生棉种质圃积极配合国家推行的中小学研学工作，借助“河南省青少年科普教育基地”“安阳市科普教育基地”平台，创造一个全新的集科学、知识、创新等为一体的多方位活动，为安阳市研学活动基地建设起到示范作用。2019—2020 年，接待至少 35 团次，20 个学校不同班级，6 500余名中小学生及 200 多位市民的科普展示。通过展示棉花野生种在世界的起源进化与分布、野生棉的遗传多样性、我国的保存现状与利用情况以及对我国棉花科研进步所起的作用，传播科学思想，培养科学素养，激发科研兴趣。自 2020 年开始，国家野生棉圃在农民丰收节专门举办“棉花种质资源科普开放日”活动，制作宣传栏，开通抖音直播。向市民和中小学生介绍棉花的种类与用途、棉花的起源与演化、棉花的遗传多样性、棉花的收集保存及应用成果、野生棉的分类及多样性等科普知识，展示丰富多彩的棉花种子及植株类型和各种特色棉花制成品，带领大家参观国家棉花种质资源库及国家野生棉圃温室，向市民弘扬科学精神，引导公众提高科学思维能力；同时也让大家了解我国棉花种质资源保护与利用的成就，认识到棉花种质资源在保障国家社会经济发展、粮食安全、重要农产品供给和推动农业科技原始创新等方面的重要性（图 2）。

3.3　基础研究

棉花野生资源难以直接解决生产上的重大问题或产生重大经济效益，但作为基本试验素材，在基础理论研究上发挥着至关重要的作用，基础研究的利用占 90% 以上。棉属目前共发现有 53 个种（亚种），包括 46 个二倍体棉种（$2n=2x=26$）和 7 个四倍体棉种（$2n=4x=52$），四倍体棉种的陆地棉和海岛棉及二倍体棉种的亚洲棉和草棉为栽培种，其他均为野生种。由于存在细胞核和细胞质基因渐渗现象和多倍体化过程，使得棉属进化历史较为复杂，可以作为多倍体化分析研究的模式系统被广泛研究，但四倍体

图 2　棉花种质资源科普开放日活动（左图为 2020 年，右图为 2021 年）

的起源与进化，学术界一直存在争论。现有棉种基因组的起源，棉属四倍体种的供体基因组，二倍体 D 组的祖先种等问题，目前研究尚无定论，因而一直也是棉花基础研究领域的热点。国内对棉属基因组起源与进化的基础理论研究，所用原始材料或遗传标准系基本全部由野生棉种质圃提供。

雷蒙德氏棉（*Gossypium raimondii*）是棉属二倍体的模式种，其祖先被公认为是栽培种陆地棉（*G. hirsutum*）和海岛棉（*G. barbadense*）D 亚基因组的供体，因而在棉属基因组起源与进化研究中常常被列为首选。

2012 年，中国农业科学院棉花研究所、华大基因研究院和北京大学利用全基因组鸟枪法，对陆地棉 D 基因组祖先种雷蒙德氏棉（*Gossypium raimondii*）进行了基因组测序，绘制了雷蒙德氏棉（*Gossypium raimondii*）的基因组草图，这也是世界第一张棉属基因组草图，相关论文“The draft genome of a diploid cotton *Gossypium raimondii*”发表在《Nature Genetics》。可以说，这是棉花界的里程碑事件（Wang K et al.，2012）。

随着 2012 年第一篇棉花基因组文章发表以来，棉花研究与利用迅速进入后基因组时代，我国在棉花起源演化、基因组学等基础研究挤入世界前列，对棉花野生种质资源的基础研究和应用研究材料的需求急剧增长，材料也全部由国家野生棉种质圃提供（Li et al.，2014；蔡小彦等，2015；Chen et al.，2017）。

2014—2018 年，野生棉种质圃陆续向华中农业大学提供雷蒙德氏棉（*Gossypium raimondii*）的种子、叶片及胚珠。华中农业大学张献龙团队利用雷蒙德氏棉，首次在棉花中开展三维基因组进化研究，发现多倍化后 A 和 D 两个亚基因组都发生了染色质高级结构的变化，这进一步研究其对转录调控的影响奠定基础。其研究论文“Evolutionary dynamics of 3D genome architecture following polyploidization in cotton” 2018 年发表于《Nature Plants》。该研究是棉花基因组进化方向的一项重要进展，其建立的三维基因组图谱也将促进棉花功能基因组研究。该研究增加了人们对于植物三维基因组结构的认知，揭示了三维基因组的进化与转录调控之间的关系（Wang et al.，2018）。

2020 年，河南大学蔡应繁教授利用野生棉种质圃提供的二倍体野生种澳洲棉（*Gossypium australe*），通过整合二代、三代等多项测序技术，获得了高质量的澳洲棉基因组。在此基础上，对澳洲棉抗病和腺体延缓形成等优良性状的基因进行了挖掘分析，揭示了棉花抗病及腺体延缓形成的新机制，相关研究成果在线发表于《Plant Biotechnology Journal》。该研究结果对深入了解棉属植物进化历史，推动棉花抗逆育种，安全有效利用棉花种子蛋白与油脂资源具有重要意义（Cai et al.，2020）。

2020年，武汉大学朱玉贤院士团队利用野生棉种质圃提供的A基因组野生种阿非利加棉和草棉高纯系中草1号，与四倍体材料进行比较基因组分析，以及纤维品质差异转录组分析，探究纤维起始与伸长的机制，在棉花基因组领域取得了重要突破性成果。相关论文Genome sequence of *Gossypium herbaceum* and genome update of *G. arboreum* and *G. hirsutum* provide insights into cotton A-genome evolution发表于《Nature Genetics》。研究论文利用最新测序和组装技术解析了世界上首个高精度的草棉参考基因组，从基因组和群体进化等多方面阐明了现有的A基因组起源于可能已灭绝的共同祖先A_0，解决了困扰已久的棉花A基因组进化起源问题。该论文还发现位于基因区附近的变异位点改变了重要基因的表达，可能最终导致了四倍体陆地棉相较于二倍体棉在纤维品质等性状上有明显的改良与提升（Huang et al.，2020）。

2021年，华中农业大学张献龙教授研究团队，利用国家野生棉圃提供的K基因组野生棉圆叶棉进行棉花基因组比较分析，同时结合Hic技术，在棉花基因组重复序列及转座子分布研究方面取得重要突破性成果，相关文章Comparative genome analyses highlight transposon-mediated genome expansion and the evolutionary architecture of 3D genomic folding in cotton发表在国际著名期刊《Molecular Biology and Evolution》（Wang M et al.，2021）。该研究利用最新的Hic技术，解析了分布在澳洲的K基因组二倍体棉种基因内重复序列原件的分布规律，对探索不同棉种在不同环境下的适应性进化提供了很好的解答。

4 展望

4.1 收集保存

棉花是重要的经济作物和纤维作物。在世界作物生产中占有重要的地位。我国不是棉花原产地，所有原始资源均来源于非洲、美洲、澳洲等。经过30多年建设，国家野生棉圃已经建成保存最多的棉花野外资源保存圃，并利用远缘杂交、染色体加倍技术等创造多份远缘杂种、多倍体材料，成为作物种间关系、多倍化等基础研究和应用研究的良好素材（王坤波等，2013）。目前国家野生棉圃保存的材料，已经涵盖了世界上可收集的野生棉种的80%以上，已经成为世界上活体保存野生棉最多的资源圃。但是必须看到，我们野生棉资源保存的缺点和不足之处。第一，野生棉种缺乏的主要为澳洲K基因组，有10个棉种至今尚未活体保存，为研究棉花起源进化、环境适应性带来了很多不便。由于K组是所有棉属植物中基因组最大的一类，比异源四倍体AD基因组还要大，虽然目前已经对K2圆叶棉进行了基因测序和重复序列分析，但是对于更多的K基因组的表型及基因型研究，仍然仅停留在有限的文献资料。对澳大利亚金伯利地区K

基因组的系统广泛考察和收集工作，将是野生棉种质资源保存收集工作的首要工作内容。第二，棉花的初生起源中心很可能是非洲大陆，在非洲和西亚主要分布有A、B、E、F二倍体基因组，A基因组是最先被人类利用和进化的纤维植物，其原始野生种可能已经灭绝，目前人们能够获得的最原始A组野生资源是阿非利加棉，该种质资源可能是揭开棉纤维产生和伸长的关键棉种；B基因组一直以来被学者认为是棉属最原始棉种；E基因组中有多个棉种目前仅仅有标本保存，野外是否有活体材料也需要进一步考察和研究；F基因组是所有野生棉种中最先开始出现长纤维的。这些F棉花野生种的重要研究价值，使得非洲野生棉的系统考察和收集迫在眉睫，我国目前保存的A、B、E、F野生棉种，都是20世纪从美国引进而来，保存资源份数单一，远远达不到群体进化研究的要求。第三，美洲新大陆的D基因组二倍体棉种，数量最多，遗传和分化最为多样性，而且在100万年前两个二倍体A与D融合加倍形成异源四倍体棉种一直是棉属起源和进化的未解之谜。现代主栽棉种陆地棉，起源于墨西哥尤卡坦半岛。原始的印第安人发现并利用了这些长纤维的野生种系，逐步驯化为现代陆地棉世界栽培棉种。我国从美国农业部先后引进430余份陆地棉野生种系，通过鉴定筛选，发现这些陆地棉野生种系遗传多样性非常丰富，抗性、产量、品质等方面均有极大的发掘潜力和育种价值。对美洲D基因组二倍体棉种的进一步考察收集以及对陆地棉野生种系原产地的考察收集，是我国野生棉种质资源考察收集保存的长远目标。第四，黄褐棉是异源四倍体棉种最原始野生类型，与其他四倍体棉种的亲缘关系均比较远，我国目前仅保存了两份黄褐棉资源材料。2017年中国农业科学院棉花研究所王坤波、刘方研究员曾专程赴巴西黄褐棉起源地考察收集，在原生境并没有收集到野生黄褐棉材料。也许随着自然环境和人类活动的改变，黄褐棉野生类型也濒临灭绝的处境，需要我们尽快考察收集并有效保存。

4.2 安全保存技术

棉花非我国起源地，所有野生棉种质资源在海南三亚国家野生棉种质圃保存，需要克服水土不服等多重困难。不育或育性降低是最常见的现象。野生棉幼苗长势弱，繁殖更新要求比较苛刻，目前野生棉的长期保存与更新中，有种子繁殖、嫁接、扦插等三种常见方式。即使是种子繁殖，也必须育苗移栽。繁殖更新的幼苗需注意防治病虫害。鉴于野生棉活体保存的困难与高昂成本代价，今后工作中急需开展DNA保存技术。棉花组织培养植株再生体系比较困难，基因型限制严重，这在目前基因功能验证及遗传转化中均有报道。目前栽培棉组培再生体系比较成熟的材料有Coker312、Coker201、晋棉7号、中棉所24号、Jin668、YZ1等材料，野生棉组织培养再生体系至今没有成功的案例。近年来随着棉花基因组数据的陆续公布和研究，对野生棉不同基因型进行组织培养再生体系的研究再次提上日程，中国农业科学院棉花研究所的科研人员正在探索，希望在不久的将来采用组织培养保存的方式对所有野生棉种质资源进行保存，这将大大增加资源的安全保存途径。对所有资源材料的高纯DNA提取保存技术，也是未来棉花种质资源保存的重要途径和发展方向。

4.3 挖掘利用

目前野生棉圃的大量远缘杂交材料，由于种间杂交不育、染色体加倍困难、后代疯狂分离等技术瓶颈等因素，很难有效研究和创新利用。克服种间杂种不育、加大染色体加倍技术的改良、获得稳定的种间杂种遗传材料，是今后野生棉种质资源创新及优异新材料创造的发展方向。野生棉长期暴露在恶劣的自然环境中，形成了多种多样的适应性及对各种不利因素的抵抗力，如抗干旱、抗盐碱、抗病虫害、抗寒，种子无棉酚而植株具棉酚，以及纤维细胞的潜在特性等，具有众多变异类型和丰富的遗传基础，构成了一个宝贵的资源库，如利用转育其抗病、抗虫、抗旱及高强纤维等特性，将会使新的选育综合性状品种提高到一个新水平。尽管野生棉可资利用的特性目前知道的可能只是很小的部分，但是，就已知的这些特性来说，已经引起育种家的重视，被视为对现有品种改良所必需。由于种间隔离原因，棉属远缘杂交存在不亲和、不育、杂种衰亡甚至后代疯狂分离等现象，中国科学院遗传与发育生物学研究所、江苏省农业科学院、河北省农林科学院等研究人员通过远缘杂交的探索和创新，创制出许多优异的具有野生棉血统的现在栽培棉种质或品系，如冀棉 20、冀棉 24、冀棉 25、晋棉 21、秦远 4、棕絮 1 号等品种，在生产上得到了很好的推广和应用。

由于野生棉种间隔离障碍，通过远缘杂交技术创造新材料变得非常艰难和漫长，而且自然杂交和筛选的随机性使得新材料创制工作繁重且盲目。近年来，随着基因组测序技术及生物信息学的快速发展，借助分子标记辅助育种技术、基因组测序技术、转基因技术以及生物信息学技术等，将野生棉资源中的优异基因克隆并转化到现代大面积推广的栽培棉中，利用现代分子设计育种的方法，挖掘野生棉优异基因源，定向改良棉花育种，是未来野生棉种质资源研究与利用重要发展方向，具有广阔的市场前景。

参考文献

蔡小彦，刘方，周忠丽，等，2015. 棉花叶绿体基因组全序列微卫星分布规律研究 [J]. 棉花学报，27（6）：570-575.

胡绍安，崔荣霞，王坤波，等，1993. 棉属野生棉与栽培棉种间杂交新种质创造研究 [J]. 棉花学报，5（2）：7-13.

金秀良，李少昆，王克如，等，2011. 基于高光谱特征参数的棉花长势参数监测 [J]. 西北农业大学学报（9）：73-77.

李亚兵，韩迎春，冯璐，等，2017. 我国棉花轻简化栽培关键技术研究进展 [J]. 棉花学报，29（增刊）：80-88.

刘方，王坤波，宋国立，2006. 世界棉花资源工作概况与发展趋势 [A] //多年生和无性繁殖作物种质资源共享研究论文集 [C]. 北京：中国农业出版社：253-257.

刘方，朱芸，王坤波，2016. 加勒帕戈斯群岛野生棉考察初报 [J]. 中国棉花，43（1）：1-2.

王方永，2007. 棉花主要农艺性状的图像识别研究 [D]. 石河子：石河子大学.

王坤波，崔荣霞，王春英，等，2000. 棉花新材料中 G5 主要特点 [J]. 中国棉花，27（8）：24.

王坤波，刘方，2013. 澳大利亚野生棉考察初报 [J]. 中国棉花，40（12）：1-5.

王坤波，刘方，周忠丽，等，2016. 近5年毛棉考察总结［J］. 中国棉花，43（6）：1-6，11.

王坤波，刘旭，2013. 棉属多倍化研究进展［J］. 中国农业科技导报，15（2）：20-27.

王坤波，宋国立，黎绍惠，等，2002. 国家棉花种质圃工作进展［J］. 棉花学报，14（6）：378-382.

王坤波，2007. 野生棉的收集与保存［J］. 棉花学报，19（5）：354-361.

王坤波，叶武威，朱召勇，等，1995. 棉花半配合的受精生物学研究［J］. 棉花学报，7（3）：150-153.

张卫红，谢成丽，2009. 棉花病虫害的监测与防治［J］. 现代农业科技（12）：118.

张香娣，王坤波，刘方，等，2000. 棉花试管苗嫁接移植方法［J］. 中国棉花（3）：38.

周忠丽，王星星，王坤波，等，2017. 加勒帕戈斯群岛野生棉第二次考察简报［J］. 中国棉花，44（5）：1-3，17.

Cai Y F，Cai X Y，Wang Q L，et al.，2020. Genome sequencing of the Australian wild diploid species *Gossypium australe* highlights disease resistance and delayed gland morphogenesis［J］. Plant Biotechnology Journal，18（3）：814-828.

Chen Z W，Corrinne E. Grover，Li P B，et al.，2017. Molecular evolution of the plastid genome during diversification of the cotton genus［J］. Molecular Phylogenetics and Evolution，112：268-276.

Grover C E，Gallagher J P，Jareczek J J，et al.，2015b. Re-evaluating the phylogeny of allopolyploid *Gossypium* L［J］. Molecular phylogenetics and evolution，92：45-52.

Grover C E，Zhu X，Grupp K K，et al.，2015a. Molecular confirmation of species status for the allopolyploid cotton species，*Gossypium ekmanianum*［J］. Genetics Resource Crop Evolution，62：103-114.

Huang G，Wu Z，Percy R G，et al.，2020. Genome sequence of *Gossypium herbaceum* and genome updates of *Gossypium arboreum* and *Gossypium hirsutum* provide insights into cotton A-genome evolution［J］. Nature genetics，52（5）：516-524.

Joseph P G，Corrinne E，Grover K R，2017. A new species of cotton from Wake Atoll，*Gossypium stephensii*（Malvaceae）［J］. Systematic Botany，42（1）：115-123.

Li F G，Fan G Y，Wang K B，et al.，2014. Genome sequence of the cultivated cotton *Gossypium arboreum*［J］. Nature genetics，46：567-572.

Wang K B，Wendel J F，Hua J P，2018. Designations for individual genomes and chromosomes in *Gossypium*［J］. Journal of Cotton Research，1：3.

Wang K B，Wang Z W，Li F G，et al.，2012. The draft genome of a diploid cotton *Gossypium raimondii*［J］. Nature genetics，44（10）：1098-1103.

Wang M J，Li J Y，Wang P C，et al.，2021. Comparative genome analyses highlight transposon-mediated genome expansion and the evolutionary architecture of 3D genomic folding in cotton［J］. Molecular Biology and Evolution，38（9）：3621-3636.

Wang M J，Tu L L，Yuan D J，et al.，2019. Reference genome sequences of two cultivated allotetraploid cottons，*Gossypium hirsutum* and *Gossypium barbadense*［J］. Nature genetics，51（2）：224-229.

Wang M J，Wang P C，Lin M，et al.，2018. Evolutionary dynamics of 3D genome architecture following polyploidization in cotton［J］. Nature Plants，4：90-97.

Wendel J F，Brubaker C L，Seelanan T，2010. The Origin and Evolution of *Gossypium*：Physiology of Cotton［M］. New York：Springer.

国家野生花生圃（武汉）种质资源安全保存与有效利用

姜慧芳，黄　莉，陈玉宁，周小静，罗怀勇，刘　念
（中国农业科学院油料作物研究所　武汉　430062）

摘　要：花生起源于南美洲，野生花生是花生遗传育种改良和基础理论研究的重要物质基础。自2001年以来，国家野生花生圃从国外共引进并入圃保存169份野生花生资源，新增1个区组13个物种，使我国目前保存的野生花生资源达到35个物种266份。经过多年抗病性鉴定和品质性状鉴定，发现野生花生与栽培种花生相比，具有高抗病性、耐低温、高含油量以及特殊脂肪酸组成等优异性状，获得含油量达58%以上的野生花生种质资源35份、含油量达60%以上的资源3份、高抗锈病的种质资源20份、高抗早斑病的种质资源24份、高抗青枯病种质资源15份、高抗黄曲霉侵染的种质资源6份、有特殊脂肪酸组成的种质资源15份、耐低温的种质资源5份。目前，国家野生花生圃已成为设施完善、功能齐全、运行高效的野生花生种质资源创新平台，已向河南省农业科学院等20多家国内主要花生育种和科研机构分发资源1 000多份次，支持了包括国家重点研发计划、国家973计划、国家自然科学基金、国家花生产业技术体系等各级项目50余项，支撑培育了12个省级以上审定的品种，发表了50多篇研究论文，获得了国家科技进步奖和省部级奖项10余项，有效促进了我国花生品种改良的突破和基础理论研究的进步，为我国花生产业转型升级发展奠定了坚实基础。

关键词：野生花生；引种；安全保存

花生野生种质资源是栽培种品种改良及基础理论研究的物质基础，对野生种质资源的收集、保存、评价、利用和创新研究的进一步深化，是我国花生育种及产业实现跨越式发展的重要支撑（姜慧芳等，2009；2010）。花生属植物起源于南美洲，是一个大属，包含81个种，分别属于花生区组、根茎区组、匍匐区组、围脉区组、异形花区组、直立区组、大根区组、三叶区组、三籽粒区组等9个区组，其中仅有一个栽培种，其他均为野生种。花生栽培种（*Arachis hypogaea*）属花生区组异源四倍体（AABB），由两个二倍体野生花生 *A. duranensis*（AA）和 *A. ipanensis*（BB）杂交而来（Kochert et al.，1996；Bertioli et al.，2016）。花生区组还有一个野生异源四倍体种 *A. monticola*，其他均为二倍体野生种（Stalker et al.，2017）。花生野生种具有许多栽培种花生没有的优良性状，如对一些重要病虫害（叶斑病、锈病、病毒病、蓟马、蚜虫、叶蝉等）表现免疫和高抗，强耐热、耐旱，以及高含油量和特殊脂肪酸组成（唐荣华等，2007；陈本银等，2008a；陈本银等，2008b；姜慧芳等，2010；张新友，2012），对栽培种花生品种

改良的突破和基础理论研究具有巨大的利用价值。不仅如此，野生花生为多年生草本，匍匐生长，分枝多而长，花色艳丽，花期长，是理想的园林地被绿化及观赏植物。同时，野生花生茎秆蛋白质含量高，生物产量大，是优质的饲草作物（周汉群等，1989）。

国际上，野生花生的收集工作始于19世纪初期。据记载，世界范围内共有3 400份野生花生资源的种子、活体植株或标本，然而，其中有很多资源材料仅有植物标本，实际具有生活力的野生花生种质资源（种子或活体植株）仅有1 300余份（Stalker et al.，2017）。野生花生资源主要保存在巴西农业研究合作组织（1 200份）、美国德州农工大学（1 200份）、美国农业部（607份）、印度国际半干旱热带作物研究所（477份）、阿根廷东北植物研究所（472份）和美国北卡州立大学（440份）（Pandey et al.，2012）。我国的野生花生资源均从国外引进，引进工作始于1981年，为长期安全保存引进的野生花生资源，于1990年建成国家野生花生种质资源圃（武汉）（以下简称国家野生花生圃），经历了2004年和2016年两次改扩建，目前该圃位于武汉市新洲区阳逻镇，依托中国农业科学院油料作物研究所。截至2021年12月31日，国家野生花生圃保存有野生花生的7个区组35个种266份种质资源，另有南宁分圃（依托广西壮族自治区农业科学院）保存了17个种的47份种质资源。国家野生花生圃拥有工作间、晒场、旱棚、保存圃、观察圃、冷库、灌溉系统、监控系统、气象观测站和挂藏室，基础设施完善，功能齐全，运行高效，鉴定能力强，是我国唯一的以野生花生安全保存、鉴定评价、提供利用为主要研究方向的试验基地。

1　种质资源安全保存技术

从首次引进野生花生种质资源至今，中国农业科学院油料作物研究所在40年的野生花生研究工作中，以多种途径、多种方法相结合，建立了一套野生花生种质资源的长期安全保存技术体系，制定了《野生花生种质资源保存技术规程》，完善了野生花生扦插、嫁接、组织培养等繁殖更新技术，从而有力保障了野生花生种质资源长期有效的安全保存，满足了花生育种及科研需求。在资源保存技术上，与国外温室保存相比，我国采用室外资源圃保存，最大程度满足其野外自然生长所需的环境条件，通过搭建弓棚和覆盖薄膜提高地表温度，确保资源安全越冬。通过嫁接、扦插、播种等多种培养方式对资源进行繁殖更新，并利用温室和组织培养技术对一些稀少资源或生长势弱的资源进行备份保存。

1.1　资源入圃保存技术与指标

资源入圃保存技术　野生花生均从国外引进，一般引进种子的数量只有12~15粒。种子引进后首先按照进口植物检疫对象名单进行严格检疫，然后对种子表面进行消毒处理，确认为检疫合格的种质在隔离圃进行播种，隔离圃内观察植株一个生长周期（1年），确认没有病害发生后再移栽至种质圃内，编写入圃资源名录，对资源进行编目。大部分野生花生为匍匐蔓生株型，分枝多，地上枝条相互蔓延缠绕，地下果针和根状茎交叉混杂，同时，野生花生喜欢相对湿热的生长环境。为了更好地保存野生花生资源，国外研究机构大多利用培养盒在温室里保存种质资源的植株。为了更贴近野生花生的原始生长环境，苗圃采用分隔式水泥筑造，表面铺沙，配以喷灌系统，最大限度地来创造野生花生高温高湿的野外生长环境，从而满足野生花生资源生长发育所需。此外，在冬季通过搭建弓棚和覆盖薄膜提高沙池表面的温度，保持地下根茎的活力，从而促使植株翌年能够恢复正常生长发育，安全保存资源。

资源保存指标　每个沙池固定保存 1 份资源，沙池大小为 3. 5m×1. 8m×0. 8m，沙层厚度为 0. 5m。沙池内植株的行距 50cm，株距 30cm。

1.2　圃资源监测技术与指标

野生花生种质资源在野生花生圃保存的过程中，定期对每份种质资源植株生长势状况、病害、虫害、土壤状况等进行观察检测。

资源生长状况监测　每份资源植株数不低于 50 株，生殖困难资源不低于 20 株。每年定期监测出苗期、花期、生长势、株高、株宽、分枝数、枯枝数量、生育期、结实性等重要生物学性状，以此评价生活力。

资源圃病虫害监测　每年定期监测圃内的病虫害种类、时间、次数、程度等，根据不同病虫害的发生规律，进行预测预报，确保病虫害在严重发生前得到有效控制。虫害以蚜虫、蜗牛、菜青虫危害为主；病害以根腐病、茎腐病、病毒病、白绢病、疮痂病等为主，需要及时农药防治。

土壤和气候等环境状况监测　建立气象工作监测站，对资源圃土壤温度、土壤湿度、空气温度、空气湿度、风速、风向、降水量等环境状况进行实时监测，当野生花生生长环境发生异常变化时，及时采取措施确保野生花生正常生长所需的环境要求。土壤有机质含量不低于 30g/kg，全氮不低于 2g/kg，碱解氮不低于 120mg/kg，速效磷不低于 20mg/kg，速效钾不低于 200mg/kg。土壤物理性状每 3 年测定一次，大量元素每 2 年测定一次。

资源种植管理技术　定期对苗圃内的杂草进行拔除，同时根据每份资源的株型、叶形、花色等主要性状，对株型、叶型、叶色和花色等主要表型性状与 90%的主体类型不一致的个体，当做杂株拔除。

1.3　圃资源繁殖更新技术与指标

繁殖更新技术　主要采用嫁接、扦插等无性繁殖方式进行更新。取更新资源植株上带有茎尖的幼嫩枝条 5~7cm，嫁接至播种生长 7 天、去除子叶和生长点的栽培种花生主茎上，覆盖保鲜膜以保湿，待植株成活，生长出新叶，可移栽至观察圃沙池内。对于具有根状茎的野生花生，可以采用扦插方式，取根状茎约 10cm，埋于沙土中，保持沙土湿润，15 天后，生长出新枝。通过嫁接和扦插成活的植株，对其观察一个生长季节，参照《花生种质资源描述规范和数据标准》，核对其植株株型、分枝方式、株高、侧枝长、叶片大小、有毛无毛等主要植物学性状，考察一致性，完成更新复壮。

更新复壮指标　当资源生活力明显衰退或遭受严重自然灾害、病虫害时，单份资源

50%以上的个体表现为发芽晚、生长势差，结实性下降，早衰或不能恢复生长，即对资源进行繁殖更新或复壮。

1.4 圃资源备份技术与指标

圃资源备份技术 野生花生资源以保存圃结合温室、组织培养进行备份保存，每份资源材料在保存池里备份保存。对于植株数量较少且生长势较弱、无法在圃内备份保存的资源，以带有叶腋或者茎尖的枝段为外植体，通过组织培养，获得种质资源的组培苗，经生根、炼苗后，移栽至温室生长。

备份资源指标 ①新入圃未鉴定的资源；②适应性较差、生长势较弱的资源；③植株数量较少的资源。

2 种质资源安全保存

2.1 各作物（物种）保存情况

国家野生花生圃自成立之后一直积极持续引进国外资源，2001 年以来，资源的份数和物种数都有较大增长。2001 年以前，圃内保存有 97 份资源，属于 6 个区组（花生区组、匍匐区组、直立区组、异形花区组、围脉区组、根茎区组），22 个物种。2001—2021 年，从印度国际半干旱热带作物研究所和美国农业部引进包含 35 个种 181 份野生花生资源。剔除重复引进的资源，截至 2021 年 12 月，野生花生入圃保存的资源份数增加至 266 份（表 1），属于 7 个区组，新增大根区组，物种数增加至 35 个，新增物种 13 个，分别为 *A. benensis*、*A. chiquitana*、*A. diogoi*、*A. glandulifera*、*A. ipaensis*、*A. kempff-mercadoi*、*A. kretschmeri*、*A. magna*、*A. major*、*A. pintoi*、*A. spinaclara*、*A. valida* 和 *A. williamsii*。

表 1 国家野生花生圃种质资源保存情况

作物名称	截至 2021 年 12 月保存总数					其中 2001 年以来新增保存数			
	种质份数（份）			物种数（个）		种质份数（份）		物种数（个）	
	总计	其中国外引进	其中野外或生产上已绝种	总计	其中国外引进	总计	其中国外引进	总计	其中国外引进
野生花生	266	266		35	35	247	247	13	13

2.2 保存的特色资源

经过多年抗病性鉴定和品质性状鉴定，发现野生花生与栽培种花生相比，具有更强的抗病性、耐低温、更高的含油量以及特殊脂肪酸组成等优异性状（姜慧芳等，2009；2010）。

高油资源 通过多年的含油量检测，发现野生花生平均含油量为 55.8%，含油量变异范围为51.9%~63.3%，高油材料（含油量达58%以上）比例高达43.8%，而栽培种花生平均含油量为50.8%，变异范围为39%~60.3%，高油材料仅占0.3%。获得含油量达58%以上的野生花生种质资源35份，含油量达60%以上的资源3份。其中，耐前期低温的资源 *A. appressipila* 种子含油量高达63.3%，其含油量连续五年稳定高于60%。

高抗兼多抗资源 通过鉴定，获得了一批优异的抗病资源，其中高抗锈病的种质资源20份、高抗早斑病的种质资源24份、高抗晚斑病的种质资源12份、高抗青枯病种质资源15份、高抗黄曲霉侵染的种质资源6份。野生花生种质 *A. diogoi* 集多种抗性于一体，高抗锈病、早斑病、晚斑病、青枯病。锈病抗性鉴定中，对照感病材料植株全部叶片都受锈斑污染，锈病发病等级为9级，而 *A. diogoi* 种质叶片几乎无病斑，锈斑发病等级为1级，为高抗锈病材料。叶斑病抗性鉴定中，对照感病材料植株中下部几乎所有叶片都脱落，只剩上部少量带有严重病斑的叶片，早斑病和晚斑病发病等级为9级，而 *A. diogoi* 种质叶片几乎无病斑、无落叶，早斑病和晚斑病发病等级为1级，为高抗早斑病和高抗晚斑病材料。青枯病抗性鉴定中，病圃内的对照感病材料植株全部死亡，而 *A. diogoi* 成活率在90%以上，发病等级为1级，为高抗青枯病材料。

特殊脂肪酸组成资源 通过多年的脂肪酸组成检测，明确了花生属不同物种的脂肪酸组成的差异，鉴定到15份有特殊脂肪酸组成的野生花生资源。其中，野生花生资源 *A. correntina* 油酸含量为31.65%，亚油酸含量为43.99%，棕榈酸含量为7.80%，硬脂酸含量为2.55%，花生酸含量为1.84%，花生烯酸含量为1.86%，山嵛酸含量为7.23%，二十四碳烷酸含量为3.08%。与栽培种花生相比，其棕榈酸含量降低近5个百分点。

耐低温资源 经过多年野外观测，鉴定到5份耐低温的野生花生资源，其中野生花生资源 *A. appressipila* 耐前期低温，植株在3—4月耐低温，出苗早，开花早；资源 *A. glabrata* 植株生长茂盛，持绿期长，耐后期低温，植株在11月低温下仍然能够保持正常生长。

耐连作资源 经过多年野外观测，绝大部分的野生花生资源具有耐连作的性状。种质资源 *A. monticola* 连续多年在同一个沙池里生长，并没有出现生长势衰弱的情况，同时该资源作为野生花生，是与栽培种花生亲缘关系最近的物种，可以为耐连作花生品种选育提供资源。

3 保存资源的有效利用

2001年以来，在资源鉴定的基础上，国家野生花生圃向国内20多家育种、科研机构提供资源超过1 000份次，服务对象涵盖了国内主要花生研究机构，支持了国家重点研发计划、国家花生产业技术体系、国家自然科学基金、国家“973”计划、国家“863”计划等各级科研项目50余项，利用野生花生培育出了12个省级以上审定品种，发表了50多篇研究论文，获得了国家科技进步奖和省部级奖项10余项，有效促进了我国花生品种改良的突破和基础理论研究的进步，为我国花生产业转型升级发展奠定了坚实基础。同时，以国家野生花生圃为依托，举办了多次国际学术会议，向16个国家和地区的专家展示了资源，扩大了我国花生研究的国际影响力。

3.1 花生高油种质发掘创制与新品种培育

针对长期以来我国花生品种含油量低、高产与高油协同改良难度大等限制产业发展的突出问题，中国农业科学院油料作物研究所对代表全球花生遗传多样性的7 640份资源进行了大规模的含油量鉴定评价，发现栽培种花生平均含油量为50.8%，含油量变异范围为39%~60.3%，而野生花生平均含油量为55.8%，含油量变异范围为51.9%~63.3%，显著高于栽培种花生。其中，野生花生资源*A. appressipila*种子含油量高达63.3%，其含油量连续五年稳定高于60%。野生花生高油材料比例高达43.8%，而栽培种花生高油材料仅占0.3%，表明野生花生资源是改良花生含油量的关键种质源。发掘出与栽培种杂交亲和的特高油野生花生种质资源6份，为花生高油育种奠定了重要的材料基础。鉴定出的高油种质资源被国内科研单位广泛利用，其中，特异高油种质‘87-77’含油量高，综合性状优良，成为高油育种的核心亲本，国内已利用‘87-77’育成36个新品种。通过QTL分析，鉴定到9个与含油量关联的位点，其中有3个位点为花生野生种特有的高油位点。开发了花生高油和高产的分子标记，并获国家发明专利2项，创建了高效的高油高产花生分子标记辅助选择技术，为提升高油高产品种的遗传改良效率提供了技术支撑。利用远缘杂交技术，结合分子标记辅助选择技术，创制出高油兼具高产等优良性状新种质13份，含油量最高达63.68%。培育出迄今含油量和产油量最高的‘中花16’等4个花生新品种，累计推广3 100多万亩，新增社会经济效益近50亿元，实现了不同品种在主产区的互补配套和大面积应用，显著推动了花生品种的升级换代和产业发展。该研究成果“花生高油种质发掘创制与新品种培育”荣获2020年度湖北省科技进步奖一等奖。

3.2 花生野生种优异种质发掘研究与新品种培育

针对中国花生品种遗传改良中存在的栽培种优异资源匮乏、育成品种遗传基础狭窄、综合抗性和品质较差、育种方法单一等突出问题，河南省农业科学院和中国农业科学院油料作物研究所对野生花生进行了一系列的研究，发掘出82份具多个突出优良性状的野生花生，其中，兼抗锈病、早斑病、晚斑病和青枯病种质（*A. diogoi*等）、兼抗锈病、早斑病、晚斑病、条纹病毒、矮化病毒、黄瓜花叶病毒等病害种质（*A. glabrata*）等均为国际首次报道；从染色体组型、种间杂种后代细胞遗传行为、DNA多样性和种间杂交亲和性等多个方面系统研究并明确了花生属种间亲缘关系，*A. monticola*与栽培种关系最近，其次是*A. villosa*、*A. duranensis*、*A. diogoi*和*A. benensis*；建立并完善了以胚珠、幼胚离体培养和染色体倍性操作为核心的远缘杂交育种技术体系；利用野生花生*A. diogoi*，通过种间杂交，育成了远杂9102、远杂9307、远杂9847、远杂9614等优良花生新品种。新品种在生产上得到广泛推广应用，尤其是‘远杂9102’，实现了综合性状的重大创新，居国际花生远缘杂交育种的领先水平。该品种先后通过河南、湖北、辽宁和国家审定；成功聚合了丰产、高抗青枯病、兼抗叶斑病、锈病和病毒病、抗旱、耐涝、抗倒伏、杂交配合力高等优良特性，生态适应性强，成为中国珍珠豆型花生的主导品种，同时以该品种做亲本，已育成16个新品系，还获得了抗青枯病的分子标记和基因片段。该研究成果“花生野生种优异种质发掘研究与新品种培育”获得2011年国家科技进步奖二等奖。

4 展望

4.1 收集保存

经过多年对种质资源的含油量检测，发现野生花生的含油量显著高于栽培种花生，尤其是更加原始的野生种如三籽粒区组、异形花区组等的材料比花生区组材料的含油量更高。未来将重点加大对这些更加原始高油野生花生种质资源的收集和保存。

4.2 安全保存技术

少数野生花生种质资源存在结果少的问题，在温度慢慢降低的秋季生长势衰弱，室外越冬是其安全保存的关键问题，因此，野生花生资源在室外安全越冬将是未来完善安全保存体系中需要重点研究的方向。

4.3 挖掘利用

进一步挖掘高油和特高油材料 我国花生总产的50%以上用于榨油，花生油是我国植物油的第二大来源。目前，我国食用油供给60%以上依赖进口，食用油安全性问题日益严峻。然而，国内花生品种含油量低，仅在50%左右，作为油料消费大国，培育高油花生新品种，对增强我国油料自给率意义重大。前期研究表明高含油量的野生花生是提高花生含油量的关键种质源，利用野生花生可以扩宽花生含油量的遗传基础。为了克服种间杂交不亲和或杂种不育的障碍，前期的研究只利用了花生区组中的高油野生花生，而其他区组的野生花生含油量显著高于花生区组，因此，未来需要重点挖掘其他区组的高油野生花生的基因资源。

挖掘优良脂肪酸和特殊脂肪酸材料 影响花生油脂营养和商品品质的重要成分是脂肪酸，在花生脂肪酸组分中，不饱和脂肪酸约占80%，饱和脂肪酸约占20%，与优质植物油相比，其饱和脂肪酸含量偏高。前期研究表明，野生花生的脂肪酸组成与栽培种花生不同，棕榈酸和硬脂酸的变异范围低于栽培种花生。利用特殊脂肪酸组成的野生花生改良栽培种花生的脂肪酸组成，对于提高花生油脂品质具有重要意义。

挖掘重要抗性材料 病害是影响花生生产的重要因素之一，培育抗病品种是生产中最为经济有效的方法。早期研究表明，野生花生中存在丰富的抗叶斑病、锈病、线虫病、青枯病、病毒病等病害的抗原，而且对叶斑病和锈病的抗性与栽培种花生有所不同，并已在育种中有效利用。目前，白绢病、烂果病、疮痂病等病害已严重影响了花生生产，而我国常规花生品种中缺乏这些病害的抗病品种，因此，未来需要在野生花生中对这些病害进行抗性鉴定评价，挖掘高抗野生花生资源，为抗性育种提供材料基础。

参考文献

陈本银，姜慧芳，廖伯寿，等，2008a. 野生花生种质的SSR遗传多样性［J］. 热带亚热带植物学报，16（4）：296-303.

陈本银，姜慧芳，任小平，等，2008b. 野生花生抗青枯病种质的发掘及分子鉴定［J］. 华北农学报，23（3）：170-175.

姜慧芳，任小平，黄家权，等，2009. 野生花生脂肪酸组成的遗传变异及远缘杂交创造高油酸低棕榈酸花生新种质［J］. 作物学报，35（1）：25-32.

姜慧芳，任小平，王圣玉，等，2010. 野生花生高油基因资源的发掘与鉴定［J］. 中国油料作物学报，32（1）：30-34.

唐荣华，贺良琼，庄伟建，等，2007. 利用SSR分子标记研究花生属种间亲缘关系［J］. 中国油料作物学报，29（2）：36-41.

周汉群，唐荣华，1989. 多年生野生花生饲用价值的研究［J］. 广西农业科学（3）：46-48.

张新友，2012. 挖掘利用近缘野生种质加强花生种质创新［J］. 作物杂志（6）：6-7.

Bertioli D J，Cannon S B，Froenicke L，et al.，2016. The genome sequences of *Arachis duranensis* and *Arachis ipaensis*，the diploid ancestors of cultivated peanut［J］. Nat Genet，48（4）：438-446.

Kochert G，Stalker H T，Gimenes M，et al.，1996. RFLP and cytogenetic evidence on the origin and evolution of allotetraploid domesticated peanut，*Arachis hypogaea*（Leguminosae）［J］. Am J Bot，83（10）：1282-1291.

Pandey M K，Monyo E，Ozias-Akins P，et al.，2012. Advances in *Arachis* genomics for peanut improvement［J］. Biotechnol Adv，30（3）：639-651.

Stalker H T，2017. Utilizing wild species for peanut improvement［J］. Crop Sci，57：1102-1120.

国家麻类作物圃（沅江）苎麻种质资源安全保存与有效利用

陈建华，许　英，栾明宝，王晓飞，孙志民，牛　娟，刘　俊
（中国农业科学院麻类研究所　长沙　410006）

摘　要：苎麻是我国特有的重要纤维作物。截至2021年国家麻类作物种质资源圃收集保存苎麻资源19种8变种共2 083份，是世界上保存麻类资源种类最全，保存资源数量最多、遗传多样性最丰富的资源圃。近20年基本完善了苎麻资源安全保存、繁殖更新复壮、鉴定评价以及共享利用技术体系；获得了一批可供育种、生产以及基础研究利用的特色资源；为国内64家科研院校、生产单位及个人提供种质2 859份（次）用于科研、教学和生产，培养了大批不同层次的相关专业技术人才；发挥了支撑苎麻良种培育、成果转化及乡村振兴的作用。

关键词：苎麻；资源；种质圃；保存；利用

苎麻是多年生宿根草本植物，起源于中国，是中国特有的纤维作物（卢浩然，1992）。和其他农作物一样，苎麻生长具有明显的地域适应性。目前，苎麻种质资源以田间种植异地保存为主要形式，受外界影响较大，为了确保资源的安全保存，经过多年建设，已经形成了以国家种质资源圃为主，地方种质资源圃为备份、补充的保存模式，在华中农业大学、湖南农业大学、贵州省草业研究所、浙江省萧山棉麻研究所、达州市

图1　国家麻类作物圃全景

农业科学研究院以及江西省宜春市农业科学研究所等单位均建有规模不一的地方资源苎麻圃。国外至今还没有呈规模的麻类资源保存设施，仅在韩国、马来西亚、日本、意大利、巴西、美国、菲律宾等国有种植苎麻及简易保存圃的报道。

国家麻类种质资源圃经历了“国家种质沅江苎麻圃”“国家种质长沙苎麻圃”及“国家种质麻类资源圃”三个阶段。“国家种质沅江苎麻圃”始于20世纪60年代初的“杨家排品种资源圃”，建成于“七五”期间，保存苎麻种质资源16种7变种共1 027份；2002年沅江苎麻圃迁移至长沙，更名为“国家种质长沙苎麻圃”（熊和平，2008）；2018年资源圃提质改造更名为“国家种质麻类资源圃”，占地面积150亩，保存作物种类由单一苎麻扩展到苎麻、罗布麻以及剑麻等麻类作物。2022年由农业农村部命名国家麻类作物种质资源圃（沅江）（以下简称国家麻类作物圃）此外，为充分保护、利用我国自然资源，配合依托单位拓展科研领域，三叶木通资源也搜集保存于圃内。

1 种质资源安全保存技术

1.1 资源入圃保存技术与指标

资源入圃保存技术 苎麻等多年生麻类作物种质资源以无性繁殖方式在田间活体分区栽培保存为主。1992年采用搜集圃、假植圃、保存圃三圃制方法建立国家种质沅江苎麻圃，不同种质间用水泥隔板隔离以防止不同种质间串根；2001年按照栽培种质区、核心种质区、野生种质区、性状鉴定区、繁殖更新区、收集假植区6区设计建立了国家种质长沙苎麻圃。由于种质之间的水泥隔板严重影响田间作业管理，2018年“国家麻类作物圃”，采用空间隔离设计防止不同种质间的混杂，克服了采用隔板隔离不利于机械化作业的缺点，增加温室大棚、遮阳网系统、喷灌系统、监控防护系统以及仿原生境生态保存设施等，以利于各类麻类资源的安全保存。

苎麻种质资源采用田间种植集中保存，这种保存方式在切断种质间病害传播以及有效抵御自然灾害等方面缺陷明显。为了解决这一问题开展了苎麻种质茎尖低温保存、超低温保存以及水培保存等技术研究，初步建立苎麻种质资源水培保存技术，获得授权发明专利1项（许英等，2011）。

资源保存指标 苎麻栽培种种质每份保存6株，采用40cm×50cm株行距；苎麻野生种质及罗布麻、剑麻种质每份保存2株。为防止南方多雨天气造成渍水灾害，采用起垄栽培，垄高30~50cm，圃地围沟宽60cm，深80~100cm，以保证雨水及时排出。

1.2 圃资源监测技术与指标

资源生长监测 苎麻种质资源冬天以宿根保存于地下，春天发芽生长。每年开春，圃中调查麻蔸发芽情况，根据萌芽及生长状况监测小苗生长势。生长期的苎麻，实时调查叶片、茎生长情况。有一半（3蔸麻）以上资源出现生长势衰弱时进行更新复壮。

资源病虫害监测 生长中期的苎麻病害主要有花叶病、根腐线虫病等；虫害有苎麻夜蛾，地下害虫主要是蛴螬及天牛幼虫。发现生长势弱、虫害或者感病时，及时施药诊治，同时进行繁殖更新。冬天对麻蔸进行冬培，同时监测麻蔸是否感染根腐线虫病，根腐病严重麻蔸，在圃图上做好标注，施药防治。

土壤与气候环境监测 南方雨水较多，苎麻春天出苗至 7 月，监测圃中积水，及时排水，以免淹麻；7 月底至 9 月，雨水较少，易干燥，监测干旱情况，及时灌水；冬天若遇严寒天气，及时做好防寒保墒工作。

资源种植管理 施肥。苎麻每年收获 2~3 次，每次收获后施肥 1 次，以复合肥和速效肥为主；12 月结合冬培进行施肥，以有机肥及复合肥为主。除草。每次收获后进行清理除草一次。

1.3 圃资源繁殖更新技术与指标

圃资源繁殖更新复壮技术 通常情况下，苎麻种质的地下部分和地上部分均可作为无性繁殖材料。利用地下部分的无性繁殖方法包括原种分蔸、细切种根和分株繁殖技术；地上部分无性繁殖包括嫩梢扦插、压条和苎麻叶（带叶原基）扦插以及组织培养等。

嫩梢扦插更适合大批量苎麻快速繁殖，适合苎麻圃的繁殖更新。因此，目前资源圃繁殖更新均采用嫩梢扦插。为了避免土传病害，在嫩梢扦插技术基础上发展了水培技术。

嫩梢扦插技术。对需要进行扦插繁殖的母本株打顶去叶促使腋芽萌发，待腋芽生长至 10~15cm 长时掰下扦插，长出新根即可移栽。

资源更新复壮技术指标 ①资源保存数量减少到原保存数量的 50%；②苎麻发芽时出现显著的衰老症状，如发芽迟缓、发芽成从芽状、植株长出后纤细扭曲等；③遭受严重自然灾害或病虫为害后难以自生恢复；④其他原因引起的苎麻植株生长不正常。

1.4 圃资源备份技术与指标

资源备份技术 苎麻是多年生宿根草本植物，地域性较强。为了达到安全保存的目的，国家圃内保存的许多重要资源进行了备份保存，其中核心种质在圃内进行备份保存，地方资源圃备份保存当地区域特色资源。如四川达州市农业科学院苎麻资源圃保存有西南区域资源 600 余份，每份保存 4 蔸；贵州草业研究所苎麻资源圃保存有高原区域资源 156 份，每份保存 4 蔸；浙江萧山棉麻研究所保存地方苎麻资源 100 余份；江西省宜春市农业科学研究所保存有野生苎麻种质资源 24 种（变种）100 份。

备份资源指标 ①新入圃未鉴定的资源；②地域性较强、适应性较差的资源；③地方特色资源；④重要骨干亲本资源。

2 种质资源安全保存

2.1 苎麻资源保存情况

截至 2021 年 12 月，国家麻类作物圃共保存苎麻种质资源 19 种 8 变种共 2 086份

（表 1），其中栽培种质1 935份、野生种质 151 份；此外，还保存有罗布麻种质 2 种 32 份、剑麻种质 31 份以及三叶木通（八月瓜）资源 210 份。除剑麻种质以外，其余种质均是起源我国的本土资源。国家麻类作物圃是世界上保存麻类资源种类最全，保存资源数量最多、遗传多样性最丰富的资源圃。

2001 年启动农作物种质资源保护与利用项目至今（2001—2021 年），新增保存苎麻种质资源1 056份，占资源圃保存苎麻资源总量的 50. 6%；新增保存罗布麻种质 2 种 32 份，新增剑麻种质 31 份，资源保存总量增长 108%。2001—2021 年，从日本、巴西、越南等国家引进资源 14 份；到我国的广西、云南、海南、湖北、福建、四川、重庆、贵州、湖南、江苏、浙江、安徽、河南、西藏、吉林等 15 省（区、市）进行多批次资源考察，共收集资源 700 余份，征集资源 300 余份。

表 1　国家麻类作物圃资源保存情况

作物名称	截至 2021 年 12 月保存总数					2001—2021 年新增保存数			
	种质份数（份）			物种数（个）		种质份数（份）		物种数（个）	
	总计	其中国外引进	其中野外或生产上已绝种	总计	其中国外引进	总计	其中国外引进	总计	其中国外引进
	2 086	22	6	19（8）	1	1 056	14	11	1

2.2　保存的特色资源

由于近年来苎麻产业的不断萎缩，许多苎麻主产区生产种植结构发生重大变化，致使大部分苎麻地方品种丢失，本圃保存的栽培种资源约有 90%已经在野外或生产上绝种，随着时间推移，这些被保存资源的特色越来越明显，价值将会显得越来越重要。

图 2　特色资源——巫山线麻

育种利用资源 32 份。育种利用资源是指单一或多个性状表现突出，且遗传稳定被育种家多次利用的资源，如‘卢竹青’‘黄壳早’等。

生产利用资源 36 份。生产利用资源是指品质、产量、抗性等综合性状优良可在生产上直接利用的资源。其中，中苎系列有 8 个如‘中苎 1 号’‘中饲苎 1 号’等；湘苎系列 5 个，如‘湘苎 1 号’等；川苎系列 12 个，如‘川苎 1 号’等；赣苎系列 5 个；华苎系列 6 个。

特异资源多种。特异资源是指单一性状突出的资源（许英等，2013，2015）。纤维支数特异的资源，如咸丰大叶绿、四川高堤白麻、定业苎麻、那为苎麻 2 号；生物产量高的资源如巫山线麻、稀节巴等。

野生近缘种资源多种。栽培苎麻的野生近缘种，许多种有其特有的用途，如黔桂苎麻具有极强的抗虫性，悬铃叶苎麻等5个野生种携带无融合生殖基因。本圃共收集保存苎麻野生近缘植物26种/变种合计61份，约占保存资源数量的3%。

濒危资源多种。处于濒危状态的有10余种，本圃保存有6种，如异叶苎麻（*B. allophylla*）、歧序苎麻（*B. polystachya*）、束序苎麻（*B. siamensis*）、密球苎麻（*B. densiglomerata*）、阴地苎麻（*B. unbrosa*）、腋球苎麻（*B. glomerulifera*）。

3 保存资源的有效利用

近20年来，以国家麻类作物圃为依托，为中国检验检疫科学研究院动植物检疫研究所、中国科学院地理科学与资源研究所、中南林业科技大学生物环境科学与技术研究所、江西麻类研究所、湖北省咸宁农业科学研究所、湖南大学、华中农业大学、青岛大学、湖南农业大学、川北医学院、中国农业科学院研究生院等64家单位及个人共274人提供种质2 859份（次），用于科研、教学和生产，培养技术人员500余人次，社会、经济和生态效益明显。

3.1 育种、生产利用

选育新品种15个，其中培育的高产优质苎麻品种‘中苎1号’，累计栽培面积达60万亩，在全国苎麻品种中排名第3名（熊和平，2010）。

3.2 支撑成果奖励

支撑获得授权专利20余项；制定行业标准3项；支撑了“苎麻饲料化与多用途研究和应用”“苎麻与肉鹅种养结合研究和应用”“苎麻转录组研究”等获奖成果。

3.3 支撑乡村振兴与精准扶贫

为湖南省涟源县政府、汉寿振发苎麻专业合作社、湖南福鹅产业开发有限公司、湖南省溆浦县农民等提供资源与技术服务，支持乡村振兴与精准扶贫。

3.4 支撑基础研究

先后支撑“863”计划、“973”计划、国家麻类产业技术体系、国家自然科学基金、国家支撑计划、国家重大专项、湖南省自然科学基金、湖南省科技计划及创新工程等43个项目的顺利实施；在分子生物学领域，对苎麻种质资源开展了分子标记、基因鉴定、分子身份证、核心种质和遗传多样性等方面进行了深入研究（栾明宝等，2010；陈建华等，2011；Luan et al.，2014）。成功研发出苎麻主要性状的分子标记和QTL位点，构建了苎麻核心种质、分子身份证和世界上第一张遗传连锁图谱（王晓飞等，2010、2014），初步查明了苎麻种质遗传多样性和纤维发育基因表达特性。

3.5 支撑论文论著

支撑在国内外知名刊物上发表论文 70 余篇；支撑出版《麻类作物育种学》（2008）、《国家作物种质资源库圃志》（2010）、《中国麻类作物种质资源及其主要性状》（2016）等著作。

3.6 支撑科普、交流与人才培养

以国家麻类圃为研究平台，培养种质资源专业研究生 11 人，其中博士 6 人，其他农学及其关联专业研究生 50 余人，接收培养国外留学生 2 人；接待来自湖南农业大学、华中农业大学、西北农林科技大学、长江学院、川北医学院等单位毕业实习大学生及访问学者 40 余人；接待湖南、湖北、江西、云南等 10 余个省份的政府部门领导、企事业单位技术骨干、合作社管理人员、种植大户等 500 余人次，接待荷兰、波兰、俄罗斯、日本、马来西亚等国专家参观学习；开展技术培训1 600余人次。

3.7 典型案例

高纤维优质高产苎麻推广应用 我国是世界上最大的苎麻生产国，种植面积和总产量均占世界的 90%以上。但由于苎麻价格长期低迷，苎麻栽培面积逐年下降，导致苎麻纤维严重短缺。据统计，仅湖北省咸宁市就有 5 万亩的缺口。为满足麻纺企业和市场需要，急需增加苎麻栽培面积。

2017 年 1 月至 2018 年 12 月为湖北省咸宁市提供了‘中苎 1 号’种子 200kg，播种 100 亩苗床。播种时期专人负责技术指导种苗播种、栽培等技术；保证种子苗成活率、健壮生长。2017—2018 年现场服务 20 多次，完成移栽种子苗2 000多亩。

纤用优质苎麻推广 通过国家现代农业麻类产业技术体系，乡村振兴，发展特色产业，为汉寿振发苎麻专业合作社提供苎麻优异种质资源‘中苎 1 号’‘中苎 2 号’资源及育苗和种植技术服务，共繁育纤维用苎麻3 000多亩，建成规模的麻园，投产之后，每年可生产 900 多吨苎麻原麻，将为农民带来可观的经济效益。

苎麻与肉鹅种养结合应用 我国是全球第一大肉鹅生产国和消费国。由于缺乏适于我国南方气候条件的优质蛋白牧草以及专用饲料，造成种养分离、低效利用天然草场，限制了肉鹅产业发展。苎麻表现出“量大”“质优”“年生长期长”和“一年种植多年受益”的特点，是适合我国南方种植的优质蛋白牧草。

湖南福鹅产业开发有限公司是湖南最大的种鹅养殖扩繁基地，该公司位于国家扶贫工作重点县湖南省郴州市宜章县，长期缺乏适于我国南方气候条件的优质蛋白牧草及专用饲料。2016 年 1 月至 2017 年 12 月以国家麻类作物圃为依托向该公司开展专题服务。两年时间，累计向该公司提供优质、高效饲用苎麻品种‘中饲苎 1 号’种子 150kg，播种 75 亩苗床，现场指导‘中饲苎 1 号’的种植、收割及青贮保存方法，提供饲用苎麻资源信息服务。截至 2017 年 12 月推广苎麻栽培面积1 500亩，投产后可每年为该公司提供1 200t干饲料或7 500t青贮饲料。

育种利用 培育出纤用品种‘中苎 4 号’、纤饲两用品种‘中苎 5 号’以及饲用品

图 3　苎麻资源饲料化利用

种‘中苎 6 号’。‘中苎 4 号’具有纤维细度高、纤维产量高、抗倒伏等特点，是优良的纤维用品种；‘中苎 5 号’是从‘04C36’×‘中苎 3 号’杂交后代中筛选出的优良单蔸。该品种除了纤维细度、纤维产量较高外，其嫩茎叶粗蛋白含量较高，可以收获纤维的同时用作饲料原料；‘中苎 6 号’由‘中苎 3 号’变异株筛选培育而成，其嫩茎叶粗蛋白含量较高，耐割性好，作为饲草品种具有良好的推广价值。

基础研究：‘中苎 1 号’和核心种质助力苎麻基因组测序和分株数基因挖掘　苎麻是一种重要的韧皮纤维作物和饲料作物，我国种植面积和产量均占到了世界的 90%。分株数是影响苎麻纤用和饲用产量的重要性状，了解其分子机制以及培育高产优质品种是目前苎麻研究的重要任务。2018 年，团队和华大基因合作，完成‘中苎 1 号’二代基因组测序，结合转录组对基因进行注释，挖掘了 30 237个蛋白编码基因（Luan et al.，2018）。在此基础上，对 112 份苎麻核心种质通过简化基因组测序和 GWAS 分析获得 44 个与苎麻分株数显著关联的 SNP 位点（Chen et al.，2018；Shi et al.，2020；Xu et al.，2019）；对其中的 30 个显著标记进行基因组 PCR 实验验证，结合分株数表型数据，获得 1 个有效的位点；利用该位点序列与苎麻全基因组比对，获得该位点附近与分株数相关的基因 6 个，qPCR 试验证明这些基因的表达量与苎麻分株呈正相关关系，预测其与苎麻分株数形成发育相关。

4　展望

4.1　收集保存

加强苎麻地方品种搜集　由于苎麻生产的萎缩，有些苎麻地方品种仅在少数农户家中种植，随时可能被毁。需加大苎麻种植传统区域地方品种的收集力度，避免这些宝贵种质灭绝。

进一步加大苎麻近缘种的收集　新的研究显示，舌柱麻可能是栽培苎麻的近缘种。因此，在收集苎麻属种质资源的基础上，重点加强舌柱麻的收集。

继续三叶木通的搜集 三叶木通主要分布于我国秦岭淮河以南地区，是传统的药用资源，更是第三代水果资源。由于气候环境的变化以及人为滥采，其生存环境日益恶化，有必要加强搜集保存工作。

4.2 安全保存技术

目前，苎麻以田间保存为主。田间保存方式占地面积较大，易招土传病害侵害，并且难以切断各种质间病害的传播，不能有效地抵御自然灾害，保存成本高。为了安全保存种质，必须完善备份保存体系，同时开展室内保存如水培保存、试管苗保存等技术研究。

4.3 挖掘利用

苎麻是重要的特色纤维作物，同时也是南方特色适应性强的饲草作物（喻春明等，2007），苎麻作为饲草研究较少，选育品种不多，可通过进一步鉴定，挖掘生长适应性强、耐刈割、高生物产量以及高蛋白含量的优质饲用苎麻种质。同时，苎麻的药用价值、土壤修复、工业原料等多功能用途已受到关注，有进一步挖掘的必要。

2018 年苎麻全基因组测序结果公布，苎麻研究进入后基因组时代。期望在苎麻全基因组测序的基础上加大苎麻种质资源精准鉴定，通过重测序与关键性状关联分析，挖掘出优异基因，促进苎麻分子育种及苎麻多用途利用。

参考文献

陈建华，栾明宝，许英，等，2011. 苎麻核心种质构建［J］. 中国麻业科学，33：59-64.

陈建华，许英，王晓飞，等，2011. 苎麻属植物资源基础研究进展［J］. 植物遗传资源学报，12（3）：346-351.

卢浩然，1992. 中国麻类作物栽培学［M］. 北京：农业出版社.

栾明宝，陈建华，许英，等，2010. 苎麻核心种质构建方法［J］. 作物学报，36（12）：2099-2106.

王晓飞，陈建华，栾明宝，等，2010. 苎麻种质资源分子身份证构建的初步研究［J］. 植物遗传资源学报，11（6）：802-805.

王晓飞，栾明宝，许英，等，2014. 苎麻种质 DNA 指纹库构建的 SSR 核心引物筛选［J］. 中国麻业科学，36（3）：122-126.

熊和平，2010. 我国麻类生产的现状与政策建议［J］. 中国麻业科学，32：301-304.

熊和平，2008. 中国农业科学院麻类研究所所志［M］. 北京：中国农业科学技术出版社.

许英，陈建华，栾明宝，等，2011. 微绿苎麻玻璃化超低温保存初步研究［J］. 中国麻业，33（1）：31-34.

许英，陈建华，栾明宝，等，2013. 苎麻优异种质资源评价指标体系的研究［J］. 中国麻业科学，35（6）：285-291.

许英，陈建华，孙志民，等，2015. 57 份苎麻种质资源主要农艺性状及纤维品质鉴定评价［J］. 植物遗传资源学报，16（1）：54-58.

喻春明，陈建荣，王延周，2007. 苎麻分子育种与饲料用苎麻研究进展［J］. 中国麻业科学，29：

389-392.

Chen K C, Luan M B, Xiong H P, et al., 2018. Genome-wide association study discovered favorable single nucleotide polymorphisms and candidate genes associated with ramet number in ramie (*Boehmeria nivea* L.) [J]. BMC plant biology, 18: 345.

Luan M B, Jian J B, Chen P, et al., 2018. Draft genome sequence of ramie, *Boehmeria nivea* (L.) Gaudich [J]. Molecular Ecology Resources, 18: 639-645.

Luan M B, Zou Z Z, Zhu J J, et al., 2014. Development of a core collection for ramie by heuristic search based on SSR markers [J]. Biotechnology & Biotechnological Equipment, 28 (5): 798-804.

Shi Y L, Huang K Y, Niu J, et al., 2020. Association analysis and validation of simple sequence repeat markers for fiber fineness in ramie (*Boehmeria nivea* L. Gaudich) [EB/OL]. Journal of natural fibers: 1-9. https://doi.org/10.1080/15440478, 1848714.

Wu Z Y, Liu J, Provan J, et al., 2018. Testing Darwin's transoceanic dispersal hypothesis for the inland nettle family (Urticaceae) [J]. Ecol Lett, 21: 1515-1529.

Xu Y, Tang Q, Dai Z G, et al., 2019. Yield components of forage ramie (*Boehmeria nivea* L.) and their effects on yield [J]. Genetic Resources and Crop Evolution, 66 (7): 1601-1613.

国家木薯圃（儋州）种质资源安全保存与有效利用

叶剑秋，肖鑫辉，王　明，张　洁，薛茂富，吴传毅，
符乃方，万仲卿，韦卓文，许瑞丽，陈松笔，李开绵
（中国热带农业科学院热带作物品种资源研究所　海口　571101）

摘　要：木薯（*Manihot esculenta* Crantz）是大戟科木薯属多年生灌木，原产于巴西亚马逊地区。我国木薯种质资源由贫乏发展到较为丰富，为木薯育种和产业进步提供了重要的物质保障。本文简要介绍了国内外木薯资源收集保存现状，总结和回顾21年来国家木薯种质资源圃（儋州）在资源安全保存技术、资源安全保存、资源有效利用等方面的研究进展，并对今后资源的研究方向进行展望。

关键词：木薯资源；安全保存；有效利用

木薯又叫树薯，隶属大戟科木薯属（*Manihot*），该属有98个种，大部分为野生种，主要分布在热带美洲的巴西、哥伦比亚和加勒比海地区，其中 *Manihot esculenta* Crantz 为该属唯一的栽培种（Hillocks et al.，2002；Montero，2003）。木薯起源于巴西与哥伦比亚干湿交替的河谷地带，在美洲已有近五千年的栽培史，是世界三大薯类作物之一，具有“地下粮仓”的美誉，为全球10亿人提供口粮，广泛种植在非洲（39%）、亚洲（16%）、大洋洲（11%）和美洲（34%）的103个国家和地区。据估计，全球有20 000份以上的木薯种质资源被保存，主要集中在南美洲、中非、西非、东南亚等国家和地区。国际农业研究磋商组织（CGIAR）下设国际热带农业研究中心（CIAT）和国际热带农业研究所（IITA）是两大国际木薯研究中心。此外，木薯研究国际机构还有法国国际农业研究发展中心（CIRAD）和英国的自然资源研究所（NRI）等。木薯种质保存集中在CIAT和IITA。CIAT具有最大的木薯异位保存量，保存约6 500份离体资源，IITA保存约3 700份，巴西国家农牧研究院（EMBRAPA）保存近4 000份资源，秘鲁、尼日利亚、巴拉圭、贝宁、刚果和加纳等国家也建有木薯基因库。初步统计，在全球70多个木薯基因库中可能有超过10 000份特异资源得以异位保存。此外，EMBRAPA和CIAT等少数基因库具有种子库，用以保存野生种或育种材料的种子，少数基因库启动了DNA库（王文泉和刘国道，2008）。

20世纪50年代，我国开始木薯种质资源的收集与保存利用研究，并十分注重木薯种质资源的保护、挖掘与创新利用（李开绵，2001）。2000年至今（2000—2021年），国家木薯种质资源圃（儋州）（以下简称国家木薯圃）通过与国际热带农业研究中心（CIAT）、泰国农业部、巴西国家农牧研究院（EMBRAPA）和尼日利亚农业部等合作，收集保存了泰国、越南、巴西、哥伦比亚等国内外木薯核心种质资源811份，包含木薯属中 *Manihot esculenta* Crantz 和 *M. esculenta*. ssp. *Flabellifolia* 两个亚种。引进国外特异种

子10余万粒，先后选育出自主创新的具有高产、高淀粉、抗逆性强、食用、耐采后生理腐烂等特性华南系列木薯新品种15个。培育优良品系5 518个，具有花叶木薯、水果木薯等特异资源，为我国木薯的基因改良和种质创新奠定了坚实的基础（叶剑秋，2012）。

1 种质资源安全保存技术

1.1 资源入圃保存技术与指标

资源入圃保存技术 国家木薯圃入圃资源主要采用无性系田间保存+离体保存结合的技术。无性系田间保存的优势是与研究利用结合紧密，在自然生存条件对种质进行评价鉴定与描述，更接近实际情况。缺点是需要维护大量的野生种质，花费较多的人力物力；且田间种质材料在病虫害及自然压力下，可能导致基因或基因型的丧失。采用离体保存相结合的维护方法是种质圃发挥有效作用的保证。出于增加块根产量目的，木薯的种植密度一般较大，但是田间基因库可以不必考虑块根产量，因此可以增加种植密度。IITA一般田间基因库种植方式是将木薯种茎成行种植在平坦土地上，每个居群用2. 5m长单行小区，行距50cm，株距25cm，每小区种植11株。这种窄行距可以有效控制杂草生长和提高土地利用率。在种植9个月以后，修剪植物；在18~24个月材料收获后被种植在一个新的田块。

资源保存指标 国家木薯圃依据种质保存和利用需要，一般每份种质种植10株，种茎长10~15cm，株行距（0. 8~1. 0）m×1. 0 m。有斜插、平放、平插和直插等种植方法，一般采用平放。

1.2 圃资源监测和种植管理技术与指标

资源生长状况监测 国家木薯圃每年定人、定点、定期观测每份种质资源的生长情况，将木薯的生长状况分为健壮、一般、衰弱、极弱4级，对衰弱的植株，及时登记并按繁殖更新程序进行种质扩繁和重新定植，对于极弱的植株，及时登记并通过离体方法进行种质保存和复壮；定人、定点、定期监测资源的出苗状况、茎秆变化等，及时了解资源的生长发育动态情况；遇突发状况如台风等自然灾害造成的植株损毁等异常情况，及时采取补救措施，避免资源丢失。

资源圃病虫害监测 生长关键期对病虫害进行监测。主要病害包括褐斑病、叶斑病和细菌性枯萎病等；主要虫害包括美地绵粉蚧、木瓜秀粉蚧、木薯单爪螨、螺旋粉虱等。制订各病害和虫害的防控指标，当病原孢子和害虫数量达到预警指标时，开始病虫害的化学药剂防控，确保圃内病虫害严重发生前得到有效控制；制订突发性病虫害发生的预警、预案。

土壤和气候等环境状况监测 建立气象工作监测站，对资源圃土壤温度、土壤湿度、空气温度、空气湿度、风速、风向、降水量等环境状况进行实时监测，制定木薯生长发育环境需求指标，当木薯生长环境发生异常变化时，及时采取措施确保木薯正常生长所需的环境要求。

资源种植技术 在1—2月种植木薯前清理杀灭杂草，喷除草剂草甘膦、香附净等，然后对土地进行深耕30cm左右，犁耙松土，每亩施有机肥1t，3—4月开始种植。选择充分成熟、粗壮密节、髓部充实并富含水分、芽眼完整、不损皮芽、无病虫害的主茎作种苗，挖穴5~8cm，将种茎平放，用土浅埋。

种植管理技术指标 种植后出苗前，进行萌前除草，喷乙草胺等，每亩喷120L水。植后30~40天，苗高15~20cm时，进行第一次中耕除草，每亩施复合肥30kg。植后60~70天进行第二次中耕除草，植后90~100天，进行第三次中耕除草并松土。8—9月，遇上台风多雨，木薯发生倒伏，要及时扶正，清理茎叶，疏通排水。

虫害防治 6—7月，10—11月，如遇上持续干旱，发生螨虫严重危害，采用40%氧化乐果乳油1 500~2 000倍液，或25%杀虫脒1 000~1 500倍液，进行喷杀。

1.3 圃资源繁殖更新技术与指标

繁殖更新技术 采用无性系扩繁技术对圃资源进行繁殖更新。选择充分成熟、茎粗密节、髓部充实并富含水分、无病虫害、芽眼完整、不损皮芽的主茎，种茎要求新鲜，色泽鲜明，斩断切口处见乳汁为佳，此类种茎含水分及养分多、生命力强、发芽率高，利于植后全苗、壮苗。繁殖试验地选用通风透气、排灌方便、土层深厚、疏松肥沃的沙壤土为佳。每份种质繁殖10株，种茎长10~15cm，株行距（0.8~1.0）m×1.0 m，一般采用平放。无检疫性病虫害，植株健壮。繁殖更新后根据核对繁殖更新材料的株型、嫩茎颜色、顶叶色、叶形、主茎内外皮颜色、叶柄颜色等与原种质的特征特性进行核对，并对不符合原种质性状的材料查明原因，及时纠正。

更新复壮指标 ①资源保存数量减少到原保存数量的60%；②木薯植株出现显著的衰老症状等；③遭受严重自然灾害、台风或病虫害后难以自生恢复；④其他原因引起的木薯植株生长不正常。

1.4 圃资源备份技术与指标

圃资源备份技术 木薯圃保存的部分重要资源在国家热带作物离体中期库中有复份保存，约500份，占资源保存总数的61.7%。对近5年新入圃未鉴定的资源164份进行了田间备份保存，每份资源保存5株，约占资源保存总数的20.22%。采用无性系高密度田间保存技术。

备份资源指标 ①新入圃未鉴定的资源；②适应性较差的资源；③珍稀濒危资源；④重要骨干亲本资源。

2 种质资源安全保存

2.1 资源安全保存情况

截至2021年12月，国家木薯圃保存木薯资源811份（表1），其中国内资源614

份（占75.71%）、国外引进资源197份（占24.29%）；特色资源230份（占28.36%），野外或生产上已绝种资源27份（占3.33%）。建立了木薯种质资源DNA保存技术体系，对375份重要核心资源进行了DNA保存，每份资源保存DNA 10μg以上。

2001年启动农作物种质资源保护与利用项目至今（2001—2021年），新增保存木薯种质资源719份，占资源圃保存总量的88.66%，资源保存总量增长7.8倍。2001—2021年，从哥伦比亚、巴西、泰国等13个国家引进资源157份，包括木薯栽培种（*Manihot esculenta* ssp. *esculenta*）和野生近缘种（*M. esculenta*. ssp. *flabellifolia*）2个亚种；从我国的广西、广东、海南、福建、云南等热区9省份进行资源考察、收集，共收集种质资源562份，其中地方品种27份，育成品种（系）535份。

表1　国家木薯圃资源保存情况

作物名称	截至2021年12月保存总数					2001—2021年新增保存数			
	种质份数（份）			物种数（个）		种质份数（份）		物种数（个）	
	总计	其中国外引进	其中野外或生产上已绝种	总计	其中国外引进	总计	其中国外引进	总计	其中国外引进
木薯	811	197	27	1	1	719	157	1	1

2.2　保存特色资源

截至2021年12月31日，国家木薯圃保存特色资源230份，占圃资源保存总量的28.36%。其中地方特色资源27份，育种价值资源52份，生产利用资源27份，特异资源120份，观赏价值资源4份。

地方特色资源27份。栽培历史悠久且成为地方特色产业的资源，如文昌红心、白沙4号、广西木薯等在生产中有小面积栽培历史，具有高产、高淀粉、抗病虫等特点，是“七五”期间开展科技攻关“海南岛作物种质资源考察”收集的特色资源（林雄和李开绵，1992），目前随着产业不断升级，这些品种已经极少在生产上应用。

育种价值资源52份。单一或多个性状表现突出，且遗传稳定能被育种家利用的资源，包括淀粉含量高于30.0%以上的资源，如ZM 98173、OMR 36-40-1、CMR26-07-15等；耐PPD资源，琼中1号、华南102；类胡萝卜素比华南9号（1.3mg/kg）高的资源；抗木薯细菌性枯萎病资源，ZM 9932、云南8号等；高抗螨性资源，ZMF701和缅甸种；双抗螨害和细菌性枯萎病病资源，ZMF701、ZM9932和ZM8752，为新品种培育、基因深入挖掘和优质资源共享提供资源基础。

生产利用资源27份。品质、产量、抗性等综合性状优良可在生产上直接利用的资源，如华南101、华南102、华南205、华南124、华南5号、华南9号等在木薯产业中大面积推广应用。

特异资源120份。单一性状突出的资源，可用于种质创新、基础研究等，如高直链淀粉、高支链淀粉、小颗粒淀粉、矮化、薯肉粉红、抗病虫害、可鲜食、抗寒、高糖、高生物量等资源。

观赏价值资源 4 份。叶片、植株整体美观具有观赏价值的资源，如花叶木薯顶端叶片花叶，叶内为金黄色，叶外缘为绿色，叶柄紫红色。紫叶木薯全株叶片都为紫色，卷叶木薯全株叶片裂叶螺旋状，野生木薯枝叶繁茂，主要作观赏用。

2.3 种质资源引进保存典型案例

国家木薯圃团队与巴西国家农牧研究院从 2007 年起开始国际合作，双方联合申请获批项目 8 项，联合发表论文 11 篇，签署协议 3 项，人员互访 12 次，筹建平台 1 个，联合培养博士后 1 名。巴西国家农牧研究院遗传资源和生物技术研究所与国家木薯圃依托单位中国热带农业科学院热带作物品种资源研究所签署木薯种质资源材料的转让协议，通过该协议获得巴西糖木薯、矮化木薯、深黄木薯、粉红木薯及抗寒木薯等特异种质 44 份，通过引进种质的杂交改良，已获得植物新品种权 3 项。

3 保存资源的有效利用

2001—2021 年，国家木薯圃向海南大学、广西大学、湖南农业大学、云南省农业科学院、广西壮族自治区农业科学院、广东省农业科学院等大学及科研院所和广西、福建等农技推广部门、企业、种植户等提供资源利用 525 份 5 228份次，开展基础研究、育种利用及生产应用。资源利用率达 66. 8%。

3.1 育种、生产利用效果

国家木薯圃通过对国内外优异资源筛选鉴定，进行种内杂交，累计配置杂交组合 400 余个，获得杂交实生苗 20 000余株，选出华南系列木薯新品种 10 个，在海南、广西、广东、福建、云南等省（区）推广应用，累计推广面积 1 000万亩，新增利润约 12 亿元。向广西壮族自治区农业科学院经济作物研究所、广西大学、广西南亚热带农业科学研究所等单位提供亲本材料华南 5 号、华南 205、E497、OMR38-136-1 等，通过对人工或自然杂交群体鉴定筛选，系统选育出桂木薯等系列品种 8 个，在广西、湖南、江西等地推广应用，累计推广面积 8 万亩左右，新增利润约 400 万元。

3.2 支持成果奖励

以圃内提供的种质资源为试材支撑“木薯品种选育及产业化关键技术研发集成与应用”获国家科技进步二等奖 1 项、“华南系列木薯新品种的育成与应用推广”获全国农牧渔丰收奖二等奖 1 项、中华农业科技奖二等奖 1 项、省科技进步二等奖 1 项、省科技进步三等奖 4 项、省科技成果推广奖一等奖 1 项。

3.3 支撑乡村振兴与精准扶贫

筛选优异资源华南 5 号、SM2300-1、OMR38-120-10 等 28 份支撑乡村振兴与精准扶贫 25 个乡村，技术培训 52 场次5 400余人次，培养种植能手 125 人。

3.4 支撑科研项目

支撑国家木薯产业技术体系、国家重点研发计划、国家“973”专项、国家“863”专项、国家自然科学基金、国家外专局项目、农业部公益性行业专项、科技部支撑计划项目、农业科技成果转化项目、海南省重大科技计划项目、海南省重点研发计划、海南省自然科学基金、海南省科技成果转化项目等300余项。

3.5 支撑论文论著、发明专利和标准

支撑研究论文345篇，其中SCI论文30余篇。如以388份木薯种质资源为对象，绘制了全基因组变异图谱，揭示了木薯群体水平杂合性变异影响木薯重要农艺性状的遗传机制，为木薯及其他高杂合作物遗传改良奠定了重要理论基础，相关分析结论发表在《Molecular Plant》（Wei Hu et al.，2021）。支撑《热带作物种质资源描述规范》《木薯种质资源形态图谱》《“一带一路”热带国家木薯共享品种与技术》等论著8部。支撑“木薯体细胞胚胎发生再生植株快繁方法”等11项国家发明专利；制定行业标准《木薯种质资源描述规范》《热带块根茎作物品种资源抗逆性鉴定技术规范　木薯》等12项、广西地方标准《木薯品种鉴定技术规程　SSR分子标记法》1项。

3.6 支撑资源展示、科普、媒体宣传

国家木薯圃接待广西、广东、海南、江西、湖南等12省份20多个县（市、区）政府部门领导、企事业单位技术骨干、合作社管理人员、农户等1 000余人参加种质资源展示会，为我国木薯品种更新换代起到引擎驱动作用，推动了我国木薯产业稳步持续发展；接待巴西、哥伦比亚、英国等国外专家，以及农业农村部、地方政府部门、科研单位等参观访问105批2 000余人次；开展技术培训2 800余人次，技术咨询和技术服务306批4 500余人次；接待海南大学等教学实习15批次1 100余人次。在中央电视台新闻联播、中央4套、中央7套等央视频道，中国科学报、南国都市报和海南日报等媒体进行了20余次的宣传报道。

3.7 典型案例——小小木薯走向“一带一路”

全世界有100多个国家种植木薯，但平均鲜薯产量约15t/hm^2，我国种植面积40万hm^2，平均单产30t/hm^2，每年进口木薯产品（淀粉、变性淀粉、干片、颗粒等）折合鲜薯1 800万t，随着“一带一路”倡议的实施，我国企业纷纷走出去，但急需品种资源和技术支撑。国家木薯圃多年来通过提供种质资源、信息服务、培训服务、科普服务等方式为50多个国家和地区提供服务，为5个国家派出援外专家，为中国企业海外发展种植木薯提供技术支持。支撑PPM亚洲林业有限公司、中兴能源公司、中地海外公司、坦桑尼亚时代集团、香港金铿集团等20多家企业走出去，在东南亚国家的柬埔寨、菲律宾、老挝和非洲国家的刚果（布）、刚果（金）、尼日利亚、安哥拉、赤道几内亚和坦桑尼亚等国家建立10余个示范基地，建立了中国—尼日利亚木薯中心、中国热带农业科学院—柬埔寨农业试验站、中国—巴西木薯蛋白质组联合实验室、中地海外阿布贾农业试验站等国

际合作平台，提升了我国的良好大国形象。目前，华南5号、华南8号、华南9号、华南12号、华南14号等华南系列木薯新品种在“一带一路”沿线国家和地区累计推广面积1 000万亩，平均产量达35~45t/hm^2，提高当地单产2~3倍。

4 展望

4.1 收集保存

木薯是国外起源作物，未来要加强与CIAT、IITA等国际组织、巴西国家农牧研究院等国家级科研院所的交流与合作，加强优异种质资源的引进力度，重点关注产量高、品质好、抗逆性强的野生近缘种及特异资源的引进，尤其是抗花叶病资源方面，巴西作为起源地，保留着丰富的原始遗传变异，具有天然的抗性资源，将这些抗性基因导入到我国木薯资源中，将在抗性品种选育上发挥重要作用。

4.2 安全保存技术

针对木薯种质资源超低温保存困难、茎尖超低温保存后不能恢复存活等问题，采用碳纳米管、褪黑素等多种新技术处理外植体材料，研发木薯无菌苗茎尖超低温保存技术，研究超低温致死机理研究，解决木薯种质资源超低温后难以成活的问题，获得适用于超低温保存的作物无菌试管苗，并探索利用无菌试管苗的茎尖进行超低温保存的方法。

4.3 挖掘利用

围绕株高、分支数、单株块根数、块根重量、块根淀粉含量、氢氰酸含量等关键性状，深度发掘关键基因和优异等位基因，明确木薯种质资源的可利用性；以骨干亲本遗传构成与育种机制为标尺，准确评估并明确可直接利用或剔除遗传累赘后可利用的优异资源，将种质资源丰富优势转化为亲本材料并有效应用于木薯育种，为打好种业翻身仗提供优异种质和关键基因。加强优异资源的种质筛选与创新，利用多代杂交、回交等手段，采用分子标记快速筛选、基因编辑等手段，缩短选育周期，改良现有品种和培育新品种，提升种质资源的有效利用，促进木薯产业可持续发展。

参考文献

李开绵，2001. 国内外木薯科研发展概况［J］. 热带农业科学（1）：23-28.

林雄，李开绵，1992. 海南岛木薯种质资源考察报告［M］. 北京：农业出版社.

王文泉，刘国道，2008. 热带作物种质资源学［M］. 北京：中国农业出版社.

叶剑秋，2012. 农业部儋州木薯种质资源圃［J］. 植物遗传资源学报，13（6）：1.

Hillocks R J，Thresh J M，Bellotti A C，2002. Cassava：biology，production and utilization［M］. Wallingford：CABI publishing.

Montero W R，2003. Cassava：biology，production and utilization［J］. Crop Science，43（1）：584-590.

国家茶树圃（杭州）种质资源安全保存与有效利用

马春雷，陈　亮，姚明哲，马建强，金基强，陈杰丹
（中国农业科学院茶叶研究所　杭州　310008）

摘　要：茶树（*Camellia sinensis*）是以叶用为主的多年生常绿植物，在现代植物学分类中，茶树属于山茶科山茶属茶组，茶组内所有的种和变种统称为茶树植物。中国是茶树的原产地，是世界上最早发现和利用茶树的国家，经历了从药用到饮用，从利用野生茶树到人工栽培茶树的发展过程，长期的自然进化和人工选择造就了千姿百态的茶树资源。目前，茶树广泛分布于世界五大洲的50余个国家，我国的栽培区按照生态条件、产茶历史和茶类结构主要分为华南、西南、江南和江北四大茶区。根据品质和制法的不同，茶叶可分为绿茶、红茶、青茶（乌龙茶）、黑茶、白茶、黄茶六大茶类。我国是世界上保存茶树资源最丰富的国家，为茶树育种和茶产业健康发展提供了重要的物质保障。本文简要介绍了国内外茶树资源收集保存现状，总结和回顾20年来国家茶树种质资源圃（杭州）在资源安全保存和有效利用等方面的研究进展，并对今后茶树种质资源的研究方向进行展望。

关键词：茶树；种质资源；安全保存；有效利用

茶树是世界上栽培规模最大、产量最多、消费人群最广的饮料植物之一。我国作为茶树的原产地，到2020年为止，茶树栽培面积已达4 747.7万亩，茶叶产量298.6万t，均居世界首位。要保持我国茶产业的长期可持续发展，积极开展茶树种质资源保护与利用工作是关键之一。茶树种质资源是保障茶产业高质量发展的战略性资源，是茶科技原始创新、茶树育种和新产品开发的物质基础，种质资源收集与保存数量的多寡和质量优劣直接影响着茶树育种和茶树生物学研究的深度和广度。我国作为世界茶树的起源中心，对茶树资源的考察和收集工作十分重视，早在1990年就以中国农业科学院茶叶研究所为依托单位建立了国家种质杭州茶树圃和勐海分圃。2022年国家种质杭州茶树圃，由农业农村部命名为国家茶树种质资源圃（杭州），简称国家茶树圃。截至目前，两圃已保存20个省（区、市）、9个国家的野生茶树、农家品种、育成品种、引进品种、育种材料、珍稀资源和近缘植物等3 700多份，资源类型包括大厂茶（*Camellia tachangensis* F. C. Zhang）、大理茶［*C. taliensis*（W. W. Smith）Melchior］、厚轴茶（*C. crassicolumna* Chang）、秃房茶（*C. gymnogyna* Chang）、阿萨姆茶［*C. sinensis* var. *assamica*（Masters）Kitamura］、白毛茶（*C. sinensis* var. *pubilimba* Chang）等茶组植物所有的种与变种，是全球茶树资源类型最多、多样性最高

的茶树种质资源平台（陈杰丹等，2019；金基强等，2021）。近20年来，国家茶树圃新收集各类茶树资源1 211份，分发利用资源3 691份次，为推动我国茶产业的发展做出了巨大贡献。

据报道，全世界保存的茶树种质资源总计15 000份左右，主要分布在中国、日本、印度、越南、印度尼西亚、斯里兰卡等产茶国（马建强等，2015）。其中日本最大的茶叶研究机构国立蔬菜茶叶研究所保存数量最多，共保存茶树种质资源4 000多份，并在此基础上构建了包含192份资源的茶树核心种质，其核心种质库能够覆盖99.5%的等位基因变异和全部的表型变异类型；印度托克莱茶叶试验站和南印度茶叶研究所共收集保存约3 350份。斯里兰卡茶叶研究所保存了500份茶树资源，印度尼西亚茶叶和金鸡纳研究所保存约600份，越南农业科学院北方山区农林科学研究所保存180份，孟加拉国茶叶研究所保存386份，这些机构保存的茶树资源主要以栽培种为主（Chen et al., 2012）。另外，为了深入利用种质资源，不同国家依据各自的资源特点和产业需求，进行大量优异种质资源和重要功能基因的发掘研究。例如，日本重点鉴定和发掘抗炭疽病、抗桑盾蚧、高氮素利用效率、高稀有儿茶素和花香型资源；印度重点开展抗茶饼病、抗螨、抗霜冻、耐水淹资源的鉴定和发掘；肯尼亚重点开展抗旱种质的筛选等。我国则主要针对早生、耐寒、抗病虫、高香型、低咖啡碱、高茶氨酸和儿茶素等性状开展鉴定和发掘。

1 种质资源安全保存技术

茶树是多年生木本植物，种质资源的保存一般采用田间基因库形式，有迁地保存和原生境保护两种方式。国内外的大多数茶树资源都是迁地保存，即将收集到的茶树资源种植在资源圃统一管理。为了更好地保护茶树种质资源，防止人为破坏，近年来国内各级地方政府逐渐开始关注茶树原生境保护的问题。目前，云南澜沧、双江、西双版纳等地已出台古茶树保护管理条例，贵州省通过了《贵州省古茶树保护条例》，福建省启动了茶树优异种质资源保护与利用工程项目，浙江省启动了龙井群体种和鸠坑种的原生境保护项目，这些项目的实施对促进当地茶树资源的遗传多样性保护具有重要意义。

1.1 资源入圃保存技术与指标

资源入圃保存技术 茶树属于异花授粉的多年生木本作物，为了保持每份茶树种质资源的遗传完整性和稳定性，茶树资源主要采用“短穗扦插+移栽定植”的方式进行入圃保存。具体程序为：在待收集入圃资源的母树上剪取至少有2/3已木质化、腋芽饱满、叶片完好、无病虫危害、枝干表皮呈棕色或黄绿色的当年新生枝条，及时运至阴凉避风的室内。剪取短穗时，先剪去上部幼嫩未木质化部分，再将新生枝条的木质化部分剪成长约3cm、带有1个健全饱满腋芽和1片健全叶片的短穗，剪口要求光滑并与叶片呈平行的斜面，叶片以下的枝干长度为2~2.5cm，上端剪口距腋芽约2mm。扦插前将扦插畦面洒透水，经过2~3h水分充分下渗，土壤呈“湿而不黏”的松软状态时扦插。扦插时按4cm的株距将短穗插入事先划好扦插行的土壤中，扦插深度以叶柄露出畦面并与畦面平直为宜，扦插后用手将短穗周边的泥摁实；扦插时应注意短穗叶片的方向要顺着当时的主要风向排列，并保持短穗叶片的朝向一致。扦插育苗期间可同时进行资源的苗期初步鉴定，鉴定内容包括扦插成活率、成苗率、苗高、苗茎粗、分枝数、着叶数、抗逆性以及根系发育状况等。茶苗经过近 10~12 个月的培育，于冬季休眠期移栽定植入圃。

资源保存指标 国家茶树圃每份资源保存按照单行双株种植，行距 150cm，穴距 33cm，每行长 9m，每份资源种植约 50 株。入圃保存的扦插苗需为一足龄的无性系 I 级苗，株高>30cm，侧根数不少于 3 根；无性系大叶品种茎的直径>4mm，无性系中小叶品种茎的直径>3mm。资源移栽入圃后，分三次进行定型修剪，第一次在定植时以株高 15~20cm 处修剪，次年和第三年分别在前一次剪口上提高 15~20cm 定剪。田间施肥、耕作等按照丰产生产茶园的标准进行。

1.2 圃资源监测和种植管理技术与指标

资源生长状况监测 国家茶树圃每年定期观测每份种质资源的生长情况，将圃内保存资源的生长状况分为健壮、一般、衰弱三级。对衰弱的植株，及时登记并按繁殖更新程序进行扦插扩繁和重新定植；对生长状况一般的植株，根据生长周期不同采用轻修剪、深修剪、重修剪或台刈等方式进行更新复壮；同时利用远程视频监控系统对圃内茶树资源的生长进行 24 小时监测，及时发现突发状况、自然灾害等造成的树体损毁等异常情况，便于及时采取补救措施，避免资源丢失。

资源圃病虫害监测 采用茶树病虫害监测预警系统对资源圃主要病虫害进行系统监测，其中虫情监测模块主要实现假眼小绿叶蝉、茶尺蠖、茶毛虫、茶橙瘿螨等茶园主要害虫的监测功能。该模块以列表形式展示虫情信息，可查询某一时间段、特定区域的害虫总数、害虫图像及某种害虫的发生数量等情况，并以统计图展示虫情发展变化趋势；病菌孢子监测模块主要实现茶芽枯病、茶炭疽病等茶园主要病害的实时监控。按照系统制定的各病害和虫害的防控指标，当病原孢子和害虫数量达到预警指标时，开始病虫害的化学药剂防控，确保圃内病虫害严重发生前得到有效控制。

土壤和气候等环境状况监测 建立气象工作监测站，对资源圃土壤温度、土壤湿度、空气温度、空气湿度、风速、风向、降水量等环境状况进行实时监测，制定茶树生长发育环境需求指标，当茶树生长环境发生异常变化时及时采取措施确保茶树正常生长所需的环境要求。

资源种植管理技术 制定了规范的资源圃种植管理技术规程，即每年人工除草 4~6 次，新移栽茶苗附近如有杂草生长时应及时手工拔除，做到除小、除尽，资源圃禁止使用除草剂。资源圃施肥分为基肥和追肥两种，每年施基肥一次，在茶树芽叶接近停止生长的 11 月进行；追肥一年施 2 次，第一次在夏茶萌发前 5 月施用，第二次在夏茶后期 7—8 月施用。资源圃修剪和病虫害防控按照丰产生产茶园的标准进行。

1.3 圃资源繁殖更新技术与指标

繁殖更新技术 采用扦插扩繁技术对圃内资源进行繁殖更新。繁殖地应在种质圃附近，选择避风避寒、土地平坦肥沃、具有排灌系统的地块。扦插扩繁程序参照《茶树短穗扦插技术规程》（NY/T 2019—2011）的要求执行。繁殖更新后对每份茶树资源的植物学特征和生物学特性与原种质进行核对 2~4 年，及时更正错误。

更新复壮指标 出现下列情况需对相应资源进行更新复壮：植株数量减少到原保存量的 50%，或植株出现显著的衰老症状，如芽叶长势减弱，分枝量减少，枯枝数量增多，年生长期缩短等，或植株遭受严重自然灾害或病虫害后生机难以恢复。

1.4 圃资源备份技术与指标

圃资源备份技术 国家茶树圃保存的部分重要茶树资源在国家种质勐海茶树分圃中有复份保存，约 400 份，占资源保存总数的近 20%。此外，浙江省茶树种质资源圃于 2016 年开始筹划建设，资源圃位于松阳县赤寿乡楼塘村，建设面积共 218.43 亩，目前已备份保存主圃资源 500 多份。

备份资源指标 新入圃未鉴定的资源；适应性较差的资源；珍稀濒危资源；重要骨干亲本资源。

2 种质资源安全保存

2.1 资源安全保存情况

截至 2021 年 12 月底，国家茶树圃已入圃保存资源共计2 359份（表 1），其中国外资源 121 份（占 5.2%）、地方品种 1 277 份（占 54.6%）、育种品系 340 份（占 14.5%）。另外，资源圃建立了茶树种质资源 DNA 保存技术体系，对近 400 份重要核心资源进行了 DNA 保存，每份资源保存 DNA 10μg 以上。

2001 年启动农作物种质资源保护与利用项目至今（2001—2021 年），资源圃新增保存茶树种质资源 1 211份，占资源圃保存总量的 50.9%，资源保存总量增长 103.7%。2001—2020 年，通过与国外茶叶研究机构开展合作的机会，考察收集到来自日本、越南、肯尼亚、尼日利亚、美国、韩国、老挝和尼泊尔等国家的种质资源 77 份，这些资源有低咖啡碱茶树种质、高茶黄素、适制红茶的优异种质、绿茶品种的子代，有的是原始森林中的野生材料；团队在对这些资源进行初步鉴定之后，通过重测序分析，初步解析了茶树的遗传演化路径，为高水平论文的发表提供了支撑。同时从我国的云南、广西、贵州、湖北、福建、四川、贵州等省（区、市）收集茶树资源1 056份，其中地方品种 743 份、育成品种（系）76 份、野生资源 34 份。通过项目实施，及时保护了一批珍稀濒危资源，如云南金平的甜茶、勐腊的红花茶等。同时收集和引进一批具有特殊性状的资源和珍稀资源，如芽叶黄化或白化的资源、茎“之”字形弯曲资源、低咖啡碱资源、高花青素资源等。这些资源的入圃保存，不仅丰富了我国茶树资源的类型，而且还蕴含着特殊的基因源，可以作为基因供体运用于育种和生产实践。

表 1 国家茶树圃资源保存情况

作物名称	截至 2021 年 12 月保存总数					2001—2021 年新增保存数			
	种质份数（份）			物种数（个）		种质份数（份）		物种数（个）	
	总计	其中国外引进	其中野外或生产上已绝种	总计	其中国外引进	总计	其中国外引进	总计	其中国外引进
茶树	2 359	121	0	7	0	1 211	77	7	0

2.2 保存特色资源

国家茶树圃目前共保存珍稀濒危资源 180 份（占 7.7%），其中包含已被列入《国家重点保护野生植物名录》的毛叶茶（*C. pilophylla*）3 份、防城茶（*C. fangchengesis*）5 份、厚轴茶（*C. crassicolumna*）23 份、其他野生茶（*C. sinensis*）资源 149 份。毛叶茶是我国特有的茶树资源，集中分布在广东龙门南昆山地区，不含或只含有极少量的咖啡碱，是开发低咖啡碱茶叶产品的优异原料。防城茶属于白毛茶资源，主要分布在广西防城港及周期地区，其芽叶形态、儿茶素组分含量等特征与栽培茶树差异较大，是发掘品质性状优异基因的重要材料。苦茶、红芽茶、白芽茶等珍稀野生茶资源，富含特有的苦茶碱、甲基儿茶素等功能成分，是研究茶树次生代谢和遗传育种的基础材料（虞富莲等，1992；陈亮等，2004）。毛叶茶、防城茶、野生茶资源因自身遗传特性限制，有性繁殖和无性繁殖都比较困难，其自然居群更新程度低；同时由于受到市场追捧，野生茶树被直接采挖或过度采摘死亡，加之生境退化，导致自然种群数量不断减少。

此外，国家茶树圃通过对圃内资源进行持续鉴定，发掘出茶氨酸含量高于 3%的资源 3 份、氨基酸含量高于 5%的资源 4 份、咖啡碱含量低于 1.5%的资源 2 份、儿茶素总量高于 20%的资源 2 份、苦茶碱含量高于 1.5%的资源 2 份。同时，我们针对圃内保存的紫化、黄化和白化茶树资源进行了集中鉴定，明确了圃内不同紫化程度资源共计 100 多份，黄化和白化资源共计 20 多份。将这些资源分类挂牌后，对其中 55 份紫化资源和 14 份黄化、白化资源的物候期和农艺性状进行了初步鉴定。挖掘到具有特异花香的紫化资源 11 份，以及制茶品质优异、生长势较强，有较大利用潜力的黄化资源 4 份。

2.3 种质资源抢救性收集保存典型案例

九江庐山云雾茶是中国十大传统历史名茶之一，具有独特品质风味，但随着当地城市化进程的加快，该区域的宝贵资源面临消失的危险。当地也尝试使用从外地引进的无性系绿茶品种加工庐山云雾茶，但成品茶较难达到“兰花香高，滋味鲜醇”的庐山云雾茶典型品质特点。2009 年，国家茶树圃组织团队成员赴九江市濂溪区山北茶场，以春季发芽早、成品茶兰花香高、滋味鲜醇等为选种目标，从庐山群体中选种，共筛选出 10 个单株，经两轮淘汰，最终选出了 3 个新品种，分别命名为：庐云 1 号、庐云 2 号和庐云 3 号。2019 年 10 月 31 日，经省级农业农村主管部门审查，全国农业技术推广服务中心复核，予以非主要农作物品种登记。这些品种很好地提高了庐山云雾茶的品质和产量，有力地助推了九江市茶产业的健康发展，是科研院所服务地区茶产业经济的成功案例。庐山云雾茶新品种的成功登记标志三个品种可以在全九江市适宜种植区域推广，对“庐山云雾茶”产业发展意义重大。此次品种登记也结束了庐山云雾茶没有本地良种的历史，是我国实行新《种子法》以来江西省和浙江省率先完成登记的茶树品种。

3 保存资源的有效利用

为推进保存资源的有效利用，国家茶树圃积极转变观念，变被动服务为主动服务，通过开办技术培训班、专题讲座、现场指导等方式对茶农和基层科技人员进行技术培训。近十年，资源圃专家先后在云南省临沧市、贵州省毕节市纳雍县、江西省九江市和修水县、海南省五指山市、浙江省杭州市余杭区、衢州市龙游县等地开展以茶树地方品种选育、古茶树保护和利用、茶树种植及深加工技术等方向为重点的技术服务和培训工作十几次，培训茶农、茶企员工、茶叶科技工作者以及茶学学生3 000多人次。此外，资源圃每年接待各级领导、国内外专家、学者、社会人士考察交流几十批次。同时，国家茶树种质资源库还通过举办优异资源展示会，向茶叶企业、茶农，以及茶叶相关科研单位和高校展示茶树新品种、新技术和新资源，不断提高茶树种质资源的显示度和共享利用水平。近十年来，国家茶树种质资源库根据用户需要，共向 74 家科研机构和茶叶企业的 166 人提供了资源苗木、种子、鲜叶、插穗、DNA 等样品2 540份次；其中提供给科研机构 93 次共计1 340份、提供给高等院校 48 次共计1 068份、提供给茶叶企业 15 次共计 59 份、提供给政府部门 10 次共计 55 份。服务范围涉及浙江、湖北、安徽、贵州等主要产茶省份，提供的各类茶树资源主要被用于基因组学、代谢组学等科学研究，以及茶叶教学、茶叶深加工和茶树新品种示范等方向，为茶叶生产和茶学基础科研提供了有力支撑。

3.1 育种、生产利用效果

随着我国茶园种植面积和投产面积的不断增加，茶叶的供需矛盾日益突出，市场竞争日趋激烈，比较效益逐渐下降，产业发展进入了新常态。在新的形势下，资源圃通过与全国的茶树育种单位合作，针对不同的消费群体，持续开展了感官品质优异、叶色黄化和功能成分特异等方面的种质创新和利用。先后培育出：中茶 111、中茶 125、中茶 127、中茶 128、中茶 131 等感官品质优异品种；中茶 211、中茶 129、中茶 141、中茶 142、黄叶宝和中黄 3 号等叶色白化、黄化品种，以及低咖啡碱品种中茶 251、高茶氨酸品种中茶 136。目前，部分品种已在江西、贵州、湖北、重庆、安徽、四川和河南等多地进行了试种和示范。

3.2 支持成果奖励

以国家茶树圃提供的种质资源为研究材料支撑国家科技进步奖二等奖“茶叶中农药残留和污染物管控技术体系创建及应用”1 项，浙江省科技进步奖一等奖“夏秋茶高值化利用关键技术创新与应用”、云南省科技进步奖一等奖“国家大叶茶资源圃创建及优异种质创新利用”各1项，安徽省科学技术奖二等奖、神农中华农业科技奖各1项，中国农业科学院科技进步奖二等奖2项。

3.3 支撑乡村振兴与精准扶贫

培育优异茶树品种中黄3号，径山1号、2号，庐云1号、2号、3号等20多个，支撑乡村振兴与精准扶贫工作，通过开展线上线下技术培训，培训茶农几十万人次。

3.4 支撑科研项目

支撑国家茶叶产业技术体系、国家重点研发计划、国家“863”专项、国家自然科学基金、国家星火计划、农业部公益性行业专项、科技部支撑计划项目、科技部成果转化项目、湖北省科技攻关、湖北省农业科技创新中心项目、浙江省自然科学基金、湖北省科技成果转化项目等40余项。

3.5 支撑论文论著、发明专利和标准

支撑在《Nature Communications》《Horticulture Research》等上发表研究论文100多篇，SCI论文50余篇，其中发表在《Nature Communications》上的论文“Population sequencing enhances understanding of tea plant evolution”解析我国茶树种质资源遗传多样性及栽培茶树进化史；支撑育种单位获植物新品种权近30个；支撑“快速鉴定不同白化茶树品种的分子标记组合、方法及应用”等国家发明专利6项；支撑《茶树种质资源描述规范和数据标准》《农作物种质资源鉴定技术规程 茶树》《植物新品种特异性、一致性与稳定性测试指南 茶树》和《农作物优异种质资源评价规范 茶树》等国内外标准8项；支撑《Global Tea Breeding：Achievements，Challenges and Perspectives》等学术专著3本。

3.6 典型案例

针对目前茶产业发展的科技需求，积极联合地方政府和企业对特异地方品种资源进行开发利用和成果转化。近十年，资源圃已与海南五指山、江西九江市、广西三江县、浙江龙游、绍兴柯桥区、杭州余杭区、福建漳州等多地政府和企事业单位进行长期深度合作，挖掘当地的珍稀资源进行新品种培育。如在浙江龙游，资源圃联合圣堂茶叶合作社共同培育了优异黄茶新品种——中黄3号。中黄3号不同于现有一般白化、黄化茶树品种，其氨基酸含量高，生长势强，产量高，制成龙游黄茶干茶外形美观，香气高，滋味鲜爽，品质优异。同时，其新长出的新梢为黄色，芽叶肥壮，茶园具有很好的观赏性。资源圃通过在龙游当地指导建立中黄3号选育基地，加快培育中黄3号，完善龙游黄茶的采制标准，并开展技术培训提升茶农科技水平，协助打造黄茶文化旅游节、建设茶旅结合黄茶特色小镇，很好地推动了龙游黄茶产业发展，快速提高了龙游黄茶产业核心竞争力。目前在龙游已种植中黄3号近17 000亩，投产茶园平均亩产值近1万元。同时，中黄3号的茶苗已走出浙江，开始向全国主要茶叶产区辐射，正在成为新一代的黄化茶树主栽品种，潜在社会效益巨大。

4 展望

4.1 收集保存

加大珍稀、濒危、特有、地方特色与国外茶树资源的收集保存。在扩建高水平茶树资源圃，增加资源保存数量和提高管理利用水平的同时，要继续加强茶树种质资源的收集和保存，加快查清茶树种质资源具体情况，加大珍稀、濒危、特有资源与地方特色品种收集力度，特别要重视茶树野生近缘种的调查、收集，确保茶树资源不丧失。系统开展濒危资源的调查和收集，解析其生存状况和濒危机制，建立异位和原生境保护相结合的保护体系。要加快完善国外资源的引进和保存体系，有针对性地引进各种具有育种和科学研究价值的茶树资源。

4.2 安全保存技术

加强茶树种质资源保护生物学的基础理论研究，解决野生资源的判别和群体取样的代表性问题，并加强信息共享，避免盲目、重复考察和收集，保证资源考察和收集的效率和质量。在保存和保护方面，建立群体资源遗传多样性保持和茶树种质种性保持的最佳方法和策略，明确生境改变对资源生存的影响，提高濒危野生资源的拯救保护水平，最大限度地维持种质资源的安全和遗传多样性水平。

4.3 挖掘利用

进一步构建茶树微核心种质，浓缩茶树资源的遗传多样性，并系统鉴定其农艺性状、生化成分和制茶品质，评价其扦插成活率和自然结实率等繁殖能力，找出现有品种中所缺乏的优异性状及其育种利用方式；同时建立高效的茶树种质资源基因型鉴定和新基因发掘技术体系，联合功能基因组学、连锁作图和关联分析等方法深入剖析重要经济、品质性状的遗传机制，挖掘出各优异性状关键效应基因及其优异等位变异，为茶树品种创新提供突破性新基因。同时，针对人们对优质健康茶饮品的需求和绿色环保的提倡，加快挖掘品质表现优异、富含保健功能成分、养分高效利用的特异种质资源。基于优异的特异种质资源，创制具有市场价值的品种，加快特异种质资源的开发利用。此外，完善茶树资源的共享平台与机制。通过科学的分类、统一的描述规范和编目，对茶树种质资源进行统一的数字化表达，建立种质资源的表型数据库。通过基因组学、转录组学和代谢组学的研究，规模化鉴定茶树种质资源的基因型、基因表达和代谢成分，建立茶树生物多组学数据库。通过互联网技术，创建共享平台，实现茶树种质资源相关的组学数据和表型数据共享，加快科研工作者对种质资源的利用效率。

参考文献

陈杰丹，马春雷，陈亮，2019. 我国茶树种质资源研究40年［J］. 中国茶叶，41（6）：1-5.

陈亮，杨亚军，虞富莲，2004. 中国茶树种质资源研究的主要进展和展望［J］. 植物遗传资源学报，5（4）：389-392.

金基强，张晨禹，马建强，等，2021. 茶树种质资源研究“十三五”进展及“十四五”发展方向［J］. 中国茶叶，43（9）：42-49.

马建强，姚明哲，陈亮，2015. 茶树种质资源研究进展［J］. 茶叶科学，35（1）：11-16.

虞富莲，俞永明，李名君，等，1992. 茶树优质资源的系统鉴定与综合评价［J］. 茶叶科学，12（2）：95-125.

Chen L，Apostolides Z，Chen Z M，2012. Global tea breeding：achievements，challenges and perspectives［M］. Hangzhou：Zhejiang University Press-Springer.

Chen L，Yao M Z，Wang X C，et al.，2012. Tea genetic resources in China［J］. International Journal of Tea Science，8（1）：1-10.

国家大叶茶树圃（勐海）种质资源安全保存与有效利用

刘本英，唐一春，李友勇，杨盛美，段志芬，孙雪梅，包云秀，陈春林
（云南省农业科学院茶叶研究所　勐海　650221）

摘　要：茶树（*Camellia sinensis*）是山茶科山茶属茶组植物，原产于中国。我国茶树种质资源极为丰富，云南是世界茶树的起源中心和重要原产地之一。本文简要介绍了云南大叶种茶树资源收集保存现状，总结和回顾 20 年来国家大叶茶树种质资源圃在资源安全保存技术、资源安全保存、资源有效利用等方面的研究进展，并对今后资源的研究方向进行展望。

关键词：茶树资源；安全保存；有效利用

云南地处中国西南部，是世界茶树的起源中心和原产地，悠久的种茶历史和得天独厚的自然条件，孕育了丰富的茶树种质资源，是世界茶组植物分类研究中所占比例种类最多、分布最广的地区（张宏达，1998；刘本英等，2012）。国家种质大叶茶树资源圃位于云南省西双版纳州勐海县，在云南省科委和农业部的支持下，于 1983 年建立了占地 30 亩的茶树种质资源圃，1990 年建成了国家茶树种质圃勐海分圃，2012 年升级为国家大叶茶树种质资源圃（勐海）（以下简称国家大叶茶树圃），其功能定位是收集保存大叶茶树资源及其野生种。2016 年完成资源圃改扩建，面积增至 68. 7 亩，资源保存能力达到6 000份。截至 2021 年 12 月，国家大叶茶树圃保存中国、越南、老挝、缅甸、日本、肯尼亚和格鲁吉亚等 7 国共 3 科 6 属 28 个种 4 个变种1 850份种质资源，其中，茶组植物（张氏分类系统）25 个种 3 个变种，含地方品种1 358份、育成品种 38 份、品系 115 份、野生资源 339 份，是目前世界上最大的大叶茶种质资源圃。

1　种质资源安全保存技术

国家大叶茶树圃建于勐海县，勐海县地处祖国西南边陲，云南省西南部，西双版纳傣族自治州西部。勐海县属热带、亚热带西南季风气候，冬无严寒、夏无酷暑，年温差小，日温差大，年平均气温 18. 7℃，年均日照2 088h，年均降水量1 341mm，全年有霜期 32 天左右，雾多是勐海坝区的特点，平均每年雾日 107. 5~160. 2 天。

1.1　国家大叶茶树圃

云南省农业科学院茶叶研究所在云南省科委和农业部的支持下，于 1983 年在其科研实验基地建立了占地 30 亩的国家大叶茶树圃（原国家种质勐海茶树分圃），建有工

具房 68m²、泵房 30m²、蓄水池 95m³、喷灌设备 1 套和围墙 600m。2014 年，在农业部的支持下，农业种子工程项目“国家种质资源勐海大叶茶树圃改扩建项目”实施完成后，种质圃由原来的 30 亩增加到 68.73 亩，同时新增田间实验和仓储用房共 108.92m²、泵房 23.35m²、钢架结构温室 460.8m²、蓄水池 500m³、道路 786.9m、排水沟 1 265.0m、排水涵管 68m、引水管 195m、灌溉主管支管 1 361m、灌溉毛管 28 909m、动力电缆 280m、耐热塑料绝缘铜芯导线 575m 和围墙 530.3m。另外，资源圃主干道和围墙周边种植樱桃、樟脑和银桦树等行道树和防护林。资源保存能力共达 6 000余份（孙雪梅等，2019）。

1.2 功能区的划分及保存规格

2 个功能区根据田间道路分布情况，每个功能区又分为不同小区（T1~T9）。自然生长区共 22.80 亩，含 T2（11.12 亩）和 T7（11.68 亩）；修剪采摘区共 36.69 亩，含 T7（11.68 亩）、T3（6.05 亩）、T4（6.41 亩）、T5（8 亩）、T6（4.92 亩）、T8（4.85 亩）和 T9（6.46 亩）。

为适应资源研究工作需要，国家大叶茶树圃分为 2 个功能区。一是自然生长区：茶树不修剪采摘，任其自然生长，行株距均为 2.0m×2.0m，主要供茶树的树型、树姿和叶片着生状态等形态特征和生物学特性指标鉴定用。二是修剪采摘区：按大叶种茶树茶园的修剪高度和采养方式管理，行株距 1.5m×0.33m，主要供产量、品质及有关经济性状鉴定用。

1.3 保存技术

保存技术采用原生境保护和异地保护模式。在野外调查过程中，代表性茶树若长势良好，建议茶树结合其原生境，采取挂牌或围栅栏或砌墙等方法保护并安排专人负责看管；若茶树长势差或是由于病虫害侵袭等因素的影响，严重导致茶树生长受阻甚至死亡，建议采取异地保护方法进行保护，以确保茶树原始基因得到有效保存。

1.4 资源繁殖更新技术与指标

根据国家大叶茶树圃保存的1 800多份茶树资源生长状况，对其生长势弱和保存数量少于 5 株的 190 份茶树资源进行扦插扩繁。其中，1983 年 64 份、1984 年 16 份、1985 年 21 份、1986 年 33 份、1987 年 4 份、1988 年 2 份、1989 年 9 份、1990 年 21 份、1991 年 2 份、1994 年 16 份、2000 年 1 份、2001 年 1 份。这些珍稀资源入圃保存至今，由于树龄大、长势弱和数量少，需进行繁殖更新以确保其安全保存。

1.5 具体管理办法及措施

1.5.1 栽培区

茶园耕作 中耕：全年中耕 1 次（8 月），深度以 15~20cm 为宜；深耕：全年深耕 1 次（11—12 月），深度以 20~25cm 为宜，把土深翻大团于地表即可；杂草修剪：全年修剪杂草4次（6月、8月、10月和11月）。

茶园施肥 追肥：全年施尿素2次（5月中下旬和8月），每次40~50kg/亩。在茶行距茶树60cm的正中间开宽度和深度均30cm深的沟，施入尿素，复土整平。基肥：全年施基肥1次（11—12月），每次施2 000~3 000kg/亩，结合深耕进行。其方法：在茶行距茶树60cm的正中间开宽度和深度均30cm深的沟，将农家肥（牛、马、猪粪等）施入沟中，上面再撒上复混肥（N：P：K=17：17：17）50kg/亩，最后复土整平。

茶园水分管理 茶园保水：冬季（11—12月）深耕结合铺草，可有效扩大土壤蓄水能力。深耕阻断土壤毛管水的上行运输，可有效地减少土壤水的直接蒸散；覆盖于土壤表层的草待雨季来临腐烂可作为茶树重要的有机肥肥源。灌溉：冬季（12月）对灌溉设备进行检修维护，翌年1—5月旱季做好抗旱工作，对茶园进行喷灌（滴灌），特别是幼龄茶树的抗旱保苗工作。

茶树保护 茶树寒、冻害及其防御：根据冬季11月至翌年1月气温状况而定，当最低气温达到1℃及以下时，注意观察茶树资源受害情况，根据情况对茶树采取灌溉方法、茶园夜间生火防霜；若茶树上半部分出现被霜冻裂干枯情况，待霜期结束后及时对茶树采取重修剪或苔刈，同时树桩伤口用蜡封住，以阻止茶树继续受到伤害，确保茶树正常成活。茶树病虫害及其防御：全年茶树病虫害防治4次（4月、6月、8月和12月）。圃内常年发生频繁的病虫害主要有假眼小绿叶蝉、茶蚜虫、红蜘蛛、茶饼病和叶枯病等。

茶树修剪 全年茶树修剪工作放到茶季结束和深耕施基肥后的11—12月进行，剪去茶树蓬面15cm左右（含鸡爪枝）。修剪枝及时清除茶园并烧毁以减少病虫害在茶园中继续生息给茶树带来不必要的伤害。

茶树更新（复壮）或补栽 根据栽培区茶树的健壮生长情况，及时对长势弱的茶树和已死亡的茶树进行更新（复壮）或补栽，同时更新（复壮）区域若附近的茶树枝条较大，可适当修剪部分侧枝，以促使幼小茶树的健壮生长。

1.5.2 自然区

种植标准 每份材料种植标准2.0m（行距）×2.0m/株（株距）×5株=20m^2，同1列相邻材料间距2.0m。布置由下到上共11区。

茶园耕作 深耕：全年深耕1次（11—12月），深度以20~25cm为宜，把土深翻大团于地表即可；杂草修剪：全年修剪杂草4次（6月、8月、10月和11月）。

茶园施肥 施基肥：全年施基肥1次（11—12月），每次施2 000~3 000kg/亩，结合深耕进行。其方法：在茶行距茶树80cm的正中间开宽度和深度均30cm深的沟，将农家肥（牛、马、猪粪等）施入沟中，上面再撒上复混肥（N：P：K=17：17：17）50kg/亩，最后复土整平。

茶园水分管理和茶树保护同栽培区。

茶树多余枝条和寄生枝修剪 茶树多余枝条修剪：根据自然生长区茶树的长势，及时剪去其多余枝条，将修剪枝条及时带到空旷地带烧毁，以促使附近茶树健壮生长；茶树寄生枝修剪：全年修剪寄生树2次（6月和12月）且将修剪枝条及时带到空旷地带烧毁，具体修剪时间务必拟定在寄生树开花或果实成熟前。自然区茶树高大，加之周边方圆 1km 没有成片的大树。因此，自然区则成为鸟类最佳的栖息场所和生活场所，导致鸟类把其自己喜食的寄生树种子带到圃内，最终造成圃内寄生树大量繁殖永剪不竭。

茶树更新（复壮）或补栽 根据自然区茶树的生长健壮情况，及时对长势弱的茶树或已死亡的茶树进行更新（复壮）或补栽，同时更新（复壮）区域若附近的茶树枝条较大，可适当修剪部分侧枝，以促使幼小茶树的健壮生长。

1.5.3 幼龄区

茶园耕作 中耕：全年中耕 2 次（5 月和 8 月）。可结合追肥进行，注意不能伤及茶苗根系。深耕：全年深耕 1 次（11—12 月），深度以 20~25cm 为宜，把土深翻大团于地表即可。锄草：全年锄草 5 次（3 月、7 月、9 月、10 月和 12 月）。

茶园施肥 追肥：全年施尿素 2 次（5 月中下旬和 8 月），每次 40~50kg/亩。在茶行距茶树 60cm 的正中间开宽度和深度均 30cm 深的沟，施入尿素，复土整平。基肥：全年施基肥 1 次（11—12 月），每次施2 000~3 000kg/亩，结合深耕进行。其方法：在茶行距茶树 60cm 的正中间开宽度和深度均 30cm 深的沟，将农家肥（牛、马、猪粪等）施入沟中，上面再撒上复混肥（N：P：K=17：17：17）50kg/亩，最后复土整平。

茶园水分管理 茶园保水：冬季（11—12 月）深耕结合铺草，可有效扩大土壤蓄水能力。深耕阻断土壤毛管水的上行运输，可有效地减少土壤水的直接蒸散；覆盖于土壤表层的草待雨季来临腐烂可作为茶树重要的有机肥肥源。灌溉：冬季（12 月）对灌溉设备进行检修维护，翌年 1—5 月旱季做好抗旱工作，对茶园进行喷灌（滴灌），特别是幼龄茶树的抗旱保苗工作。

茶树保护 茶树寒、冻害及其防御：根据冬季 11 月至翌年 1 月气温状况而定，当最低气温达到 1℃及以下时，注意观察茶树资源受害情况，根据情况对茶树采取灌溉方法、茶园夜间生火防霜；若茶树上半部分出现被霜冻裂干枯情况，待霜期结束后及时对茶树采取重修剪或苔刈，同时树桩伤口用蜡封住，以阻止茶树继续受到伤害，确保茶树正常成活。茶树病虫害及其防御：全年茶树病虫害防治 4 次（4 月、6 月、8 月和 12 月）。圃内常年发生频繁的病虫害主要有假眼小绿叶蝉、茶蚜虫、红蜘蛛、茶饼病和叶枯病等。

茶树修剪 第 1 次定型修剪在茶苗达到 2 足龄或 1 足龄（茶苗距地表 5cm 处茎粗 0.4cm，株高 30cm）80%时便可进行第一次定型修剪。符合第一次定型修剪的茶苗，用整枝剪，在离地表 10~12cm 处剪去主枝，侧枝不剪，剪时注意留 1~2 个较强分枝。凡不符合第一次定型修剪标准的茶苗不剪，留到高度和粗度达到标准后再剪。全年视生长情况进行数次，以后每次都在剪口以上生育的分枝，茎粗达到 0.35cm，7~8 片叶子的新梢，木质化或半木质化程度，具备 1 个条件就可以修剪，剪时提高 8~12cm，而每次剪时为留下一定的叶片进行光合作用，只剪去枝条的 1/3~1/2，这样，1 年内同一枝条约实剪 2~3 次，每次可形成 2~3 级分枝，待分段剪实施 3 年后，树高可达 60~70cm，即可一次性剪平，此时树幅已达 80cm，即可留叶采摘投产。

2 种质资源安全保存

2.1 资源安全保存总体情况

截至2021年12月，国家大叶茶树圃保存中国、越南、老挝、缅甸、日本、肯尼亚和格鲁吉亚等7国共3科6属28个种4个变种1 850份种质资源（表1），其中，茶组植物25个种3个变种，含地方品种1 218份、育成品种38份、品系115份、野生资源339份。格鲁吉亚、肯尼亚和日本等6国引进保存资源38份；海南、江苏和台湾等10省份引进保存资源53份；16市州（州）68县收集保存资源1 609份，滇东地区文山、红河和昭通等6市（州）共27县（市、区）收集保存资源218份，而滇西地区西双版纳、普洱、大理等10市（州）40县（市、区）收集保存资源218份。

表1 国家大叶茶树圃资源保存情况

作物名称	截至2021年12月保存总数					2001—2021年新增保存数			
	种质份数（份）			物种数（个）		种质份数（份）		物种数（个）	
	总计	其中国外引进	其中野外或生产上已绝种	总计	其中国外引进	总计	其中国外引进	总计	其中国外引进
茶	1 850	38	12	28	2	975	12	0	0

2.2 保存特色资源

截至2021年12月31日，云南茶树种质资源研究主要集中在茶资源植物学形态特征、生物学特性、品质特征、抗逆性、抗病虫害、茶树染色体等方面，如完成930份资源形态特征和生物学特性观测、688份资源茶类适制性研究、870份资源品质化学成分检测分析、73份资源抗寒性研究、250份资源抗病虫性研究、19个种或变种染色体数目和核型的研究、450份资源指纹图谱和重要性状分子标记类型的研究；筛选出形态器官特异资源26份、抗寒性较强的资源6份、抗茶云纹叶枯病12份、抗茶小绿叶蝉16份、抗咖啡小爪螨2份、抗根结线虫2份、优质红茶资源30份、红绿茶兼优资源13份、绿茶优质资源4份、高多酚38份（≥25.00%）、高氨基酸3份（≥5.5%）、高咖啡碱19份（>5.5%）、低咖啡碱12份（≤1.5%）、高EGC（≥25mg/kg）10份、高茶黄素（>1.6%）10份。筛选出优异种质材料207份，其中，云茶奇蕊、云茶银剑获国家植物新品种权。云茶奇蕊具有无雌蕊、不结实的特点；云茶银剑具有特大叶、一芽三叶百芽重最高为306.7g，是目前发现百芽重最大的特异茶资源（杨盛美等，2020；孙雪梅等，2019）。

在分子生物学研究方面，主要开展RFLP、RAPD、ISSR和EST-SSR 4种标记在茶树种质资源遗传多样性、品种鉴定和亲缘关系等方面的研究工作以及茶树花、叶片、花青素和茶饼病的转录组分析（段志芬等，2013；蒋会兵等，2013）。

3 保存资源的有效利用

2001—2021 年，国家大叶茶树圃向中国科学院昆明植物研究所、中国农业科学院茶叶研究所、湖南省茶叶研究所、南京农业大学园艺学院、云南农业大学龙润普洱茶学院、山东省青岛市农业局、云南省广南县茶技站、云南省普洱市茶树良种场、云南省大理州南涧县茶技站、云南省德宏州茶技站、西双版纳南糯山紫鹃茶叶专业合作社和云南勐海七彩云南茶叶有限公司等 30 多家科研、教育、生产等单位 237 人次分发12 218份次茶树种质材料。

3.1 育种、生产利用效果

国家大叶茶树圃向中国科学院昆明植物研究所、中国农业科学院茶叶研究所、湖南省农业科学院茶叶研究所、广东省农业科学院茶叶研究所、云南农业大学等单位提供亲本材料，进行茶树分子生物学、茶叶品质等方面研究，在生物信息学和基因组学方面取得了重要进展。云南省农业科学院茶叶研究所科技人员利用资源圃材料进行种内、种间杂交及高代品系回交，配置杂交组合 50 余个，获得杂交实生苗2 000余株，选育出新品种云茶红 1 号、云茶红 2 号、云茶香 1 号等 5 个，在云南、贵州等省推广应用，累计推广面积 30 余万亩，新增利润 40 亿元。筛选出 92-2-21 等综合性状优异的资源 2 份，直接应用于生产，示范推广到云南普洱市、西双版纳州、大理州、临沧市等茶区，应用面积 30 余万亩，创造经济效益 18 亿元。

3.2 支持成果奖励

以资源圃内提供的种质资源为试材支撑，科研成果“云南省茶树优质良种选育、有机茶生产及名优茶创新研究”获 2008 年云南省科技进步奖一等奖、“无性繁殖作物种质资源收集、标准化整理、共享与利用”获 2010 年浙江省科学技术奖二等奖、“云南少数民族农业生物资源调查与共享平台建设”获 2014 年云南省科技进步奖二等奖、“云南茶树种质资源收集鉴定评价与创新利用”获 2014 年云南省科技进步奖三等奖、“云南茶树种质资源创新、优质特色新品种选育与应用”获 2015 年云南省科技进步奖三等奖、“茶树优异种质发掘与新品种选育及高效栽培技术示范推广”获 2015 年安徽省科学技术奖二等奖、“普洱茶数据平台创建与产业化应用”获 2020 年云南省科技进步奖三等奖、“国家大叶茶资源圃创建及优异种质创新利用”获 2021 年云南省科技进步奖一等奖。

3.3 支撑乡村振兴与精准扶贫

选育出的佛香茶 3 号、佛香茶 5 号、云茶红 1 号、云茶香 2 号等优异品种资源支撑乡村振兴与精准扶贫 20 个乡村，技术培训 57 场次12 680人次，培养种植能手 132 人。

3.4 支撑科研项目

支撑国家茶叶产业技术体系、国家重点研发计划、国家自然科学基金、国家星火计划、农业部公益性行业专项、云南省重大科技专项、云南省茶学重点实验室、院士专家工作站等100余项。用于支撑国家自然科学基金“云南珍稀野生茶树资源的遗传多样性及特异资源发掘（31160175）”“云南大叶茶资源核心种质构建及优异种质筛选（31440034）”和“环境因子对紫娟茶树叶片呈色与花青素积累效应影响的研究（31560220）”等7个项目的基因组学、分类学和特异资源的筛选等科研工作。分发的材料还用于支撑国家茶叶产业技术体系、国家茶树种质资源平台（勐海）和云南省科技重大专项等20余项国家级和省级各类科研项目。

3.5 支撑论文论著、发明专利和标准

资源圃材料研究成果支撑在《Nature Communications》《Genes》《Molecular Plant》《Scientific Reports》《PLoS ONE》《作物学报》《茶叶科学》等国内外学术期刊发表论文60余篇，其中SCI论文10篇。支撑《云南茶树遗传资源》《云南茶树品种志》《云南茶叶研究》等论著12部。支撑“一种云南大叶种茶树幼胚组织培养繁育茶苗的方法”国家发明专利1项；制定农业行业标准《茶树种质资源描述规范》1项；制定团体标准《勐海茶　白茶》《勐海茶　红茶》《勐海茶　普洱茶》3项；制定大理州地方标准《大理佛香3号茶树栽培技术规程》《大理佛香3号卷曲形绿茶加工技术规程》2项。

3.6 支撑资源展示、科普、媒体宣传

国家大叶茶树圃进行田间资源展示100多次，接待云南、贵州、湖南等政府部门领导、企事业单位技术骨干、合作社管理人员、种植大户等3 800余人次参观考察；接待云南大学、云南农业大学、普洱学院、勐海县职业中学、勐海县第一小学等教学实习1 250人次。在人民网、云南日报等主流媒体进行了20多次的宣传报道。2019年9月27日，参加2019全国茶学学科发展研讨会（勐海）的16个省（区、市）30所高校、科研院所共150余名代表到国家大叶茶树圃参观指导。

3.7 典型案例

特色茶树品种紫娟、佛香3号的应用推广。紫娟品种具有紫芽、紫叶、紫茎，并且所制烘青绿茶干茶和茶汤皆为紫色，香气纯正，滋味浓强；于2005年11月被国家授予植物新品种权，品种权号为20050031，品种权期为20年。佛香3号品种抗寒、抗旱性强，抗病虫能力较强，扦插和移栽成活率高，适应性广，产量高，4~7足龄4年平均亩产优质干茶158. 08kg，属高香、优质、丰产、抗逆性强，适制名优绿茶的杂交新良种。

案例1　西双版纳南糯山紫娟茶叶专业合作社生态良种茶园基地

利用单位：西双版纳南糯山紫娟茶叶专业合作社

利用过程：2008年起，从云南农业科学院茶叶研究所引种种植。

利用效果：目前推广应用投产2 500亩（紫娟2 000亩，佛香3号500亩），三足龄

茶园亩产干茶50kg。利用紫娟品种为原料加工紫娟普洱茶，每千克600元，亩产值3万元，年均直接产生经济效益6 000万元。利用佛香3号品种为原料加工高香绿茶，每千克400元，亩产值2万元，年均直接产生经济效益1 000万元。整个科技成果展示基地年经济产值达7 000万元，取得了良好的经济、社会效益。

案例2　勐海七彩云南庆沣祥茶业有限公司勐海县布朗山班章万亩有机生态茶园基地建设

服务时间及地点：2009—2021年，云南省西双版纳州勐海县布朗山

服务内容：有机生态良种茶园建设

具体服务成效：自2009年起，勐海七彩云南庆沣祥茶业有限公司依托云南省农业科学院茶叶研究所的技术力量，采用有机生态茶园技术，在云南省勐海县布朗山乡新班章村启动规划建设万亩有机生态茶园。茶叶所长期派出科技专家开展技术指导，从茶园规划、开垦、良种选择、茶苗移栽、茶园管理至茶叶产品加工进行全方位科技支持。至2014年，建成核心示范良种茶园6 000亩，投产当年经济效益达3 000万元。核心示范园的建成，辐射带动发展良种有机生态茶园10 000亩，培训茶叶生产实用技术人员5 000人次，社会经济效益显著。

4　展望

云南省在茶树种质资源收集、保存及挖掘利用等方面取得了重要成就，育种技术体系建设也取得了实质性的进展，但日益多样化的国内外市场对茶树育种提出了更多、更高的需求，有许多薄弱环节需要加强，主要包括以下几方面。

4.1　收集保存

加强省内外优良地方品种、珍稀野生茶树、古茶树资源及其近缘植物的收集保存，尽可能多地保存茶树种质资源，为茶学研究、茶树品种选育提供广阔物质基础。目前茶组植物的保存不够全面，需要进一步补充征集。目前，36个种（变种）仅保存28个种（变种）（张宏达，1998）；保存的茶树种质资源茶树来源地区不均，主要保存滇西地区茶树资源，而茶树资源多样性最为丰富的滇东地区文山、红河等地保存资源不足300份。同时，国外资源收集保存较少，尤其是云南周边国家，如越南、缅甸、老挝及柬埔寨等。

补充征集尚未保存的茶组植物，如疏齿茶、香花茶和细萼茶等茶种，增加种质圃茶组植物种的数量；补充征集云南省代表性古茶树，确保典型古茶树基因得到安全有效保存，增加种质圃保存的茶树种质资源份数；通过与国内外茶叶科研机构（高校）开展合作，采取交换模式，丰富种质圃茶树种质资源多样性。

4.2　安全保存技术

系统开展濒危资源的调查和收集，建立异位和原生境保护相结合的保护体系。加强和完善保护区建设，根据古茶树资源种类及分布特点，建立多个适合的保护点和保护小

区，如滇东南岩溶山区古茶树种类多，但分布范围狭窄，生态环境较脆弱，需要优先保护。

4.3 挖掘利用

云南茶树资源丰富，但目前在生产上栽培利用的茶树品种遗传基础仍较狭窄，通过种质创新，采取远缘杂交、基因嫁接、基因累加等高新技术手段，创造新种质，拓宽育种的遗传基础，实现茶树的突破性育种。重点开展以下工作：一是加快种质圃茶树种质资源的植物学形态、生物学特性观测、品质特征、茶树抗逆性和抗病虫害的传统鉴定评价工作进程，发掘更多优异种质资源，以满足消费者和生产者需求。二是建立高效的茶树种质资源基因型鉴定和新基因发掘技术体系，联合功能基因组学、连锁作图和关联分析等方法深入剖析重要经济、品质性状的遗传机制，挖掘出各优异性状关键效应基因及其优异等位变异，为茶树品种创新提供突破性新基因。三是利用种内、种间杂交发掘利用野生近缘种的优异基因。将传统杂交与现代生物技术和分子标记辅助选择等有机整合，有效缩短育种周期和提高茶树种质创制效率。同时，通过扦插、嫁接、组织培养等技术措施加快新种质的繁育与利用。

参考文献

段志芬，刘本英，汪云刚，等，2013. 云南野生茶树资源农艺性状多样性分析［J］. 西北农业学报，22（1）：125-131.

蒋会兵，宋维希，矣兵，等，2013. 云南茶树种质资源的表型遗传多样性［J］. 作物学报，39（11）：2000-2008.

刘本英，宋维希，孙雪梅，等，2012. 云南茶树种质资源的研究进展及发展重点［J］. 植物遗传资源学报，13（4）：529-534.

孙雪梅，李友勇，段志芬，等，2019. 国家大叶茶树资源圃研究成果丰硕［J］. 云南农业科技（3）：24-26.

杨盛美，蒋会兵，段志芬，等，2020. 云南野生大理茶种质资源生化成分多样性分析［J］. 中国农学通报，36（35）：48-54.

张宏达，1998. 中国植物志：山茶科［M］. 北京：科学出版社 .

国家多年生饲草圃（呼和浩特）种质资源安全保存与有效利用

李鸿雁，李志勇，武自念，黄　帆，郭茂伟，刘　磊，解永凤，刘万鹏
（中国农业科学院草原研究所　呼和浩特　010010）

摘　要：牧草种质资源是所有牧草遗传物质及其所携带的遗传信息的载体，且具有实际或潜在利用价值。我国牧草种质资源极为丰富，是草种业科技原始创新和应用研究的物质基础，为牧草育种和产业发展提供了重要的物质保障，在草原生态修复中起着重要作用。本文简要介绍了国内外牧草种质资源收集保存现状，总结和回顾20年来国家多年生饲草种质资源圃在资源保存技术、安全保存及有效利用等方面的研究进展，并对今后牧草种质资源的创新研究确定新的目标。

关键词：牧草种质资源；安全保存；有效利用；种质创新

中国地域辽阔、气候类型多样、生态条件极为复杂及畜牧业发展历史悠久，这使得中国牧草遗传资源十分丰富，极具特点。主要特点有如下几个方面：①种类极为丰富；②类型极为多样；③不同气候带的优良牧草应有尽有；④优良栽培牧草的野生种、近缘种及逸生种丰富；⑤种内的遗传类型丰富多彩；⑥特有种亦很丰富等。由此可见，中国牧草遗传资源有着明显的资源优势及巨大的利用潜力，在世界牧草遗传资源中有十分重要的地位（蒋尤泉，2007）。

我国是世界上牧草遗传资源最为丰富的国家之一，中国牧草植物资源总计246科1 545属6 704种，特有种7科100属320种，豆科和禾本科优良种类最多，利用价值最高，其中有一部分是我国特有的草种。在豆科1 231种中，优等和良等牧草各有90种和234种；在禾本科的1 127种中，优等和良等牧草各有157种和404种（侯向阳，2013）。

畜牧业发达国家十分重视牧草种质资源的保存条件及数量。据统计，美国国家种质资源中心保存着约7.0万份牧草种质资源材料。此外，俄罗斯瓦维洛夫植物研究所收集保存了约2.8万份牧草种质资源材料；新西兰牧草基因库保存了约2.5万份牧草种质资源材料；澳大利亚昆士兰州布里斯班市的热带作物与草地研究所保存了约2万份种质资源材料，南澳大利亚州阿德雷德市帕拉菲尔德植物引种中心保存了约1.2万份种质资源材料；位于哥伦比亚卡利市的国际热带农业中心（CIAT）收集保存的热带牧草种质资源有1.8万份（侯向阳，2013）。

国家多年生饲草种质资源圃（呼和浩特）（以下简称国家多年生饲草圃）是我国目前保存多年生牧草种质资源最多的圃地，基本达到实用、方便以及安全保存的要求。承担着珍稀濒危、多年生优良野生种及野生近缘种的田间保存，牧草种质资源的繁殖更

新、鉴定、评价及种质创新、建立资源数据库等任务，同时向育种、教学、科研单位提供种质材料，以便充分发挥我国牧草种质资源的作用。

1　种质资源安全保存技术

国家多年生饲草圃对我国北方温带重点优良牧草种质资源及野生、珍稀、濒危农作物近缘植物进行了调查和搜集，开展了保存技术研究，建立原地保存和异地保存体系。对一些优良牧草用科学的方法在实验室和田间进行农艺性状、生理生化指标的评价；并在一定范围内推广应用。重点完成珍稀、濒危和濒临灭绝的牧草种质资源安全保存工作，重要牧草种质性状评价、重要农艺性状候选基因挖掘等工作。

1.1　资源入圃保存技术与指标

资源入圃保存技术　资源圃种植保存的主要对象：一是无性繁殖的牧草种类；二是有性繁殖困难，不容易收到种子的牧草种类；三是能收到种子，但种子不耐贮藏或短寿命种子的牧草种类；四是特有、珍贵、稀有及濒危的牧草种类。

入圃资源主要采用种子繁殖田间保存技术；无性材料主要采用扦插、根冠或株丛分割、根茎或根蘖切断田间保存技术；灌木和小灌木采用种子或者嫁接田间保存技术。

资源保存指标　资源圃草本每份资源保存 10 株，株行距 0.8m×1m。灌木和小灌木每份资源保存 1~5 株，株行距（1~1.5）m×（0.8~1）m。

1.2　圃资源监测技术与指标

牧草种质资源生长状况监测　资源圃每年定人定点定期观测每份种质资源的生长情况，对死亡或者生长势减弱植株，及时登记并按繁殖更新程序进行补苗或者复壮；利用田间农艺性状鉴定监测每份资源的越冬率、物候期等，及时了解资源生长发育动态情况；由专人对圃地植株生长期进行全天监测，发现问题及时采取补救措施，避免牧草资源被破坏。

资源圃种植管理技术　对入圃保存的牧草种质资源，加强日常田间管理工作。结合除草进行定期中耕，以疏松土壤、消灭杂草，在牧草的整个生长季要做到田间无杂草；根据土壤状况及天气情况，要及时进行浇灌，保证水分的充分供应；在播种或移苗前，须施入足够的有机肥做底肥外，禾本科牧草还需追施适量的化肥以利于生长；做好病虫害的预防工作，对已发生病害或虫害的植株要进行及时处理，以防蔓延成灾，危及资源圃所保存的其他材料；在生长期内要不定期地去杂，把混进的名不副实的植株去掉。

1.3　圃资源繁殖更新技术与指标

繁殖更新群体的大小（株数），以繁殖后的新种质能最大限度保持原种质的遗传完整性为原则，在条件允许的情况下应扩大繁殖群体，繁殖群体株数应大于各牧草种质繁殖要求的最低限繁殖株数。资源圃保存种质的更新，须在原圃地及附近繁殖田进行。对资源圃保存的种质进行种子繁殖时，不应直接在圃地内进行种子繁殖，而应另选地块移栽株苗繁殖种子，以防圃内植株落粒造成混杂；保证新繁殖种子或植株的数量和质量，遵循繁殖更新后种质能最大程度保持原种质的遗传完整性、安全保存与正常分发利用（王述民等，2014）。

繁殖更新技术

种子繁殖：选择具有本种质典型特征、无病虫害种子；采用高10~15cm，直径5~6cm的塑料袋装袋育苗，育袋装苗时，每袋播种子3~8粒（视种子大小和发芽率而定），覆土1~1.5cm后浇水；当小苗长至10~15cm时即可移栽资源圃中，定植后须浇定根水，移苗的营养面积为株距50cm、行距100cm。移苗的前几天把大棚的塑料掀开，以便锻炼幼苗适应外界环境；若采用田间直播，需选阴雨天或地块湿润时播种。

无性繁殖：依地上部面积和地下根茎蔓延确定移植密度；选取或培育新生苗，每株取3~5个。

隔离　对于异花授粉和常异花授粉植物来说，要防止生物学混杂，保证繁殖种子的纯度应采取包括人工隔离、空间隔离和时间隔离等不同隔离繁殖技术。

更新复壮指标　按照《农作物种质资源整理技术规程》的繁殖更新技术规程进行更新复壮。若保存植株数量减少至原保存数量的50%；植株呈现出衰老症状，如株丛长势明显减弱、分枝分蘖显著减少、生物量明显下降、枯枝数量增多、生长期缩短；遭到严重的病虫危害时需进行更新复壮，更新时采用扦插、根冠或株丛分割、根茎或根蘖切断等方法进行。为防止根茎或根蘖蔓延而引起混杂，材料与材料之间需进行深翻或把类似的材料相互间隔一定的距离。

2　种质资源安全保存

2.1　资源安全保存情况

截至2021年12月，国家多年生饲草圃共收集保存了我国北部14个省（区、市）及美国、加拿大、俄罗斯等6个国家的1 205份牧草种质资源材料（表1），其中野生种有1 012份材料（包括珍稀濒危种），如稀有材料黄花型扁蓿豆和濒危物种柄扁桃、沙冬青等，引进栽培种有88份材料。田间保存的多年生牧草隶属7科45属169种，其中禾本科牧草有24属95种444份材料，豆科牧草有15属35种400份材料，占保存材料85%以上。2001年以来，新增保存数为1 075份，其中国外引进128份。

表1　国家多年生饲草圃保存的牧草种质资源情况

作物名称	截至2021年12月保存总数					其中2001年以来新增保存数			
	种质份数（份）			物种数（个）		种质份数（份）		物种数（个）	
	总计	其中国外引进	其中野外或生产上已绝种	总计	其中国外引进	总计	其中国外引进	总计	其中国外引进
牧草	1 205	258	936	112	36	1 075	128	169	126

2.2 保存特色资源情况

珍稀濒危资源 2 份。沙冬青和蒙古扁桃各 1 份，为国家三级保护植物。

野生及野生近缘资源 936 份。禾本科冰草属 45 份、蓢股颖属 4 份、看麦娘属 1 份、孔颖草属 1 份、雀麦属 124 份、披碱草属 95 份、芨芨草属 5 份、羊茅属 5 份、异燕麦属 1 份、大麦属 3 份、洽草属 1 份、赖草属 449 份、臭草属 1 份、藡草属 1 份、早熟禾属 18 份、新麦草属 3 份、碱茅属 3 份、鹅观草属 21 份、大油芒属 1 份、针茅属 6 份、三毛草属 1 份、豆科黄芪属 5 份、锦鸡儿属 2 份、小冠花属 1 份、甘草属 1 份、岩黄芪属 5 份、胡枝子属 5 份、百脉根属 1 份、苜蓿属 190 份、槐属 1 份、苦马豆属 1 份、野决明属 2 份、车轴草属 1 份、野豌豆属 5 份、葱属 11 份、蒿属 3 份、驼绒藜属 1 份、麻黄属 1 份、共 936 份，占 82.8%。

引进栽培资源 88 份。雀麦属 9 份、披碱草属 2 份、偃麦草属 8 份、羊茅属 1 份等，占 7.8%。

特异资源多份。特异资源是指单性状或多性状突出的资源。此类资源可用于种质创新、基础研究等。举例如下：

（1）黄花苜蓿（*Medicago falcata* L.）：主要分布于我国新疆及内蒙古，属优等牧草，营养价值丰富，抗寒性和耐旱性比紫花苜蓿强，我国已开展了黄花苜蓿的栽培驯化，与紫花苜蓿的杂交育种研究，培育出了适应我国北方寒冷地区种植的杂花苜蓿。

（2）扁蓿豆［*Medicago ruthenica*（L.）Trautv.］：高寒地区十分缺乏的优良豆科牧草，草质优良，适口性好，是建立人工草地和进行草地补播的优良草种。耐寒、抗旱能力强，野生扁蓿豆对栽培条件十分敏感，在栽培条件下能充分发挥其生产潜力，是极有栽培前途的牧草。

（3）牛枝子（*Lespedeza potaninii* Vass.）：强旱生小半灌木，具有较强的抗旱性能。优等豆科牧草，耐瘠薄、抗风沙，再生能力强，是改良南温带地区荒漠草原或干旱草原理想的草种之一。在半农半牧区，也可用作绿肥。是固沙和防止土壤侵蚀的植物。

（4）杂花苜蓿（*Medicago varia* Martin.）：具有较强杂种优势，抗逆性强。

（5）羊草（*Leymus chinensis*）：具有高产、优质、抗逆、耐牧、适应性强等特点，被称为禾本科“牧草之王”。

3 保存资源的有效利用

2001—2021 年，国家多年生饲草圃向西北农林科技大学动物科技学院、贵州大学、中国科学院植物研究所、内蒙古农业大学生态环境学院、中国农业科学院北京畜牧兽医研究所、内蒙古大学生命科学学院、内蒙古师范大学生命科学与技术学院、兰州大学草地农业科技学院、中国科学院西北高原生物研究所等 232 个大学和科研院所提供资源利用6 341份次，年均 302 份，可作为亲本材料用于杂交育种，作为遗传材料用于相关的基础理论研究，特别是有些野生牧草的抗逆性较强，可以作为抗逆基因转到优异种质中，作为育种材料，取得了良好效果。资源利用率达 51%。

3.1 育种、生产利用效果

中国农业科学院草原研究所由国家多年生饲草圃提供的5份尖叶胡枝子材料，经过多年引种驯化后，审定登记为野生地方品种‘科尔沁尖叶胡枝子’。

资源圃保存的扁蓿豆、百脉根及羊草经过多年的筛选，已经培育出科尔沁沙地扁蓿豆、中草引1号百脉根、中草14号百脉根、西乌珠穆沁旗羊草等品种，这些品种是用于建植人工草地、改良退化草地、生态修复及观赏的优良牧草。

3.2 支持成果奖励

以圃内提供的种质资源为试材获得国家科技进步奖一等奖“中国农作物种质资源收集保存评价与利用”、全国农牧渔业丰收奖二等奖“沙打旺草地衰退综合防治技术的推广”、内蒙古自治区农牧业丰收奖三等奖“内蒙古农牧交错带京津风沙治理区草地植被建植与恢复技术”、国家科技进步奖二等奖“中国农作物种质资源本底多样性和技术体系及应用”、浙江省科学技术奖二等奖“无性繁殖作物种质资源收集、标准化整理、共享与利用”及“经济作物种质资源鉴定技术与标准研究及应用”、神农中华农业科技奖“中国牧草种质资源收集、保存、评价和创新利用”、内蒙古自治区科技进步奖一等奖“内蒙古高原牧草种质资源收集保存与创新利用”、内蒙古自治区农牧业丰收奖一等奖“金岭青贮玉米新品种的选育与应用”。

3.3 支撑科研项目

支撑国家自然科学基金、国家科技基础平台工作重点项目、国家科技基础性工作项目、科技基础工作专项资金项目、财政部专项课题、国家科技基础条件平台建设项目、农业部行业标准、农业部公益性行业专项、科技部支撑计划项目、科技部成果转化项目、内蒙古自治区重大专项、内蒙古自治区科技攻关、内蒙古自治区自然科学基金、内蒙古自治区科技成果转化项目等70余项。

3.4 支撑论文论著、发明专利和标准

支撑研究论文74篇（其中SCI论文6篇）、专著21部、获得授权发明专利3个、农业行业标准3项、选育新品种9个。支撑国家林草局青年拔尖人才1名；所级托举人才1名；培养研究生30名。如以扁蓿豆低裂荚分子调控机制研究及优异种质资源筛选，筛选扁蓿豆低裂荚相关基因2个，筛选低裂荚种质资源3份，为培育扁蓿豆新种质奠定了基础，相关分析结论发表在《Molecular Breeding》《Genetic Resources and Crop Evolution》（Li et al.，2013；Li et al.，2018）。支撑出版《国家种质资源圃保存资源名录》《中国牧草手册》《中国作物及其野生近缘植物——饲料及绿肥作物卷》《牧草种质资源描述规范和数据标准》《苜蓿种质资源描述规范和数据标准》《无芒雀麦种质资源描述规范和数据标准》《中国主要优良栽培草种图鉴》《作物种质资源繁殖更新技术规程　牧草》《草种子综合保存技术》等论著21部。支撑制定行业标准《农作物优异种质资源评价规范　豆科牧草》《豆科牧草种质资源鉴定技术规程》《豆科牧草种质资源描述

规范》等3项，“植物标本及种子存贮器”等3项国家发明专利；支撑内蒙古自治区审定品种科尔沁沙地扁蓿豆、中草引1号百脉根、中草14号百脉根、金岭青贮367玉米、金岭青贮418玉米、中草5号紫花苜蓿、西乌珠穆沁旗羊草等9个。

3.5 支撑资源展示、科普、媒体宣传

资源圃接待美国、日本、加拿大、新西兰等国外专家，以及农业农村部、地方政府部门、科研单位等参观访问53批1 890人次；接待内蒙古农业大学、内蒙古大学等教学实习10批次600人次。在人民网、新华网、农民日报等媒体进行了宣传报道。

3.6 典型案例

扁蓿豆 扁蓿豆是广幅旱生植物，多分布于我国北方典型草原和荒漠化草原。扁蓿豆在草地改良、人工草地建设、水土保持等方面具有重要作用，是适宜退化草地治理为数不多的豆科乡土草种。扁蓿豆抗旱、抗寒性强，耐盐碱、耐贫瘠、营养价值高，是一种优良牧草。资源圃已经系统收集、保存扁蓿豆种质资源258份；收集的种质在叶型、株型、荚果形态、生育期、生物量等方面遗传多样性极丰富，为扁蓿豆资源开发利用提供了基础材料，从形态学、细胞学、分子生物学水平对126份扁蓿豆种质资源的遗传多样性进行系统研究（李鸿雁等，2011、2012、2013、2015、2017）；同时对扁蓿豆进行抗旱、抗寒性的鉴定（李鸿雁等，2012；蔡丽艳等，2012；于洁等2017），发表相关论文42篇，筛选新品系3个，培育新品种1个。由于扁蓿豆裂荚率高，种子采收十分不易，生产中实际收获种子量约为理论产量的20%，一般收获种子仅3～5kg/亩，普遍存在“种子买不到，用不起”现象，种子市场需求十分迫切；通过田间表型观察结合单株收种清选，共发现3份种质有抗裂荚基因型，经两年表型观测，性状稳定。以抗裂荚为目标性状，调查种子产量相关性状、产草量相关性状等，采用驯化、混合选育等技术手段开展扁蓿豆抗裂荚新品种选育，筛选并克隆出与抗裂荚密切相关的关键基因，初步揭示扁蓿豆抗裂荚的分子机制，培育抗裂荚新品种，提高扁蓿豆种子产量（Li et al.，2018；Guo et al.，2021）。

羊草 羊草是欧亚大陆草原区东部草甸草原及典型草原的主要建群种和优势种，是一种优质牧草和生态草。2014年中国农业科学院草原研究所建立了我国乃至全世界羊草资源类型最多、规模最大、种植保存最为规范的羊草种质资源异位保存圃（武自念等，2018），截至2021年12月，该资源圃已保存不同羊草种质资源612余份，其中蒙古国95份，中国内蒙古211份、山西59份、黑龙江32份、陕西23份、河北18份、宁夏14份、吉林12份、甘肃10份、辽宁7份、天津2份，各圃、库、科研院所及草原站等收集资源52份。羊草资源圃以应用基础研究为主，重点开展草牧业重大关键、共性技术研究，为全国羊草基础和应用基础研究提供条件平台支持。以制约羊草推广的“三低”问题为抓手，经过多年的评价和筛选（杨艳婷等，2018；臧辉等，2018；赵劲博等，2018；李怡等，2019；梁潇等，2019），获得羊草新材料56份，育种中间材料5份，新品系2份，育成羊草新品种3个，新品种种子亩产25kg以上，抽穗率70%以上，结实率70%以上，发芽率80%以上，基本解决羊草“三低”问题。

4 展望

以本学科基础和应用基础研究为主，重点围绕“收集、保存、利用牧草种质资源”的总体目标，开展牧草种质资源收集、保存研究。

4.1 收集保存

考察收集重点为丰富入圃的物种数（冰草属、葱属、苜蓿属、赖草属）。重点收集有着极高的保护和利用价值的野生种或野生近缘种，如冰草、羊草、披碱草、无芒雀麦、黄花苜蓿、扁蓿豆、红三叶、锦鸡儿等，为深入研究和利用提供了丰富材料。

4.2 安全保存技术

测定现有圃存不同牧草资源的生育期、农艺性状、抗逆性等，根据其生长发育规律制订管理和保护方法；丰富充实牧草资源圃，保存增加 30 个物种 100 份材料。

4.3 挖掘利用

加大牧草种质资源保护技术的研发，特别是对牧草遗传多样性及核心种质的研究；开展多方合作交流，引进先进牧草保存及繁殖技术。研究重要牧草核心种质的分布规律及其与生境的相关关系，如披碱草属、冰草属、雀麦属、苜蓿属、胡枝子属、山野豌豆属、葱属等。国家多年生饲草圃根据牧草自身的特点进行研究，深入挖掘野生优异 牧草的抗逆、抗虫基因，并应用于生产实践中。开展优异牧草种质的抗性鉴定（抗旱性、耐盐性），筛选评价抗逆性强的种质材料，为下一步抗逆基因挖掘和创新提供理论依据。进行优异种质材料的筛选和评价，获得蒙古韭、百脉根、山野豌豆、扁蓿豆、红三叶、羊草等优异种质材料，为下一步育种工作的开展奠定基础。

完成种质资源性状和基因型数据输入、标准化和安全保存；整理整合多组学数据实现数据检索；通过组学分析技术集成提供标准化的数据分析服务；基于数据的有效管理，及时有序地指导种质资源收集和保存工作，为种质创新和育种利用提供基础数据信息和分析服务，补齐支撑现代草种业发展平台短板。

参考文献

蔡丽艳，李志勇，孙启忠，等，2012. 扁蓿豆萌发对干旱胁迫的响应及抗旱性评价［J］. 草业科学，29（17）：1553-1559.

侯向阳，2013. 中国草原科学［M］. 北京：科学出版社 .

蒋尤泉，2007. 中国作物及其野生近缘植物——饲用及绿肥作物卷［M］. 北京：中国农业出版社.

李鸿雁，李志勇，黄帆，等，2015. 内蒙古扁蓿豆种质资源花性状的变异分析［J］. 植物遗传资源学报，16（6）：1223-1228.

李鸿雁，李志勇，米福贵，等，2011. 中国扁蓿豆遗传多样性的表型和 SSR 标记分析［J］. 西北农林科技大学学报，39（9）：65-72.
李鸿雁，李志勇，师文贵，等，2012. 内蒙古扁蓿豆叶片解剖性状与抗旱性的研究［J］. 草业学报，21（3）：138-146.
李鸿雁，李志勇，师文贵，等，2012. 野生扁蓿豆单株种子产量与主要农艺性状的通径分析［J］. 草地学报，20（3）：479-483.
李鸿雁，李志勇，王小丽，等，2011. 内蒙古扁蓿豆遗传多样性的 ISSR 分析［J］. 西北植物学报，31（1）：52-56.
李鸿雁，卢新雄，辛霞，等，2017. 采用 AFLP 和 SSR 标记对扁蓿豆遗传多样性进行比较分析［J］. 华北农学报，32（2）：124-130.
李怡，侯向阳，武自念，等，2019. 羊草种质资源抗旱性综合评价［J］. 中国草地学报，41（1）：75-82.
梁潇，侯向阳，王艳荣，等，2019. 羊草种质资源耐盐碱性综合评价［J］. 中国草地学报，41（3）：1-9.
王述民，卢新雄，李立会，2014. 作物种质资源繁殖更新技术规程［M］. 北京：中国农业科学技术出版社.
武自念，侯向阳，任卫波，等，2018. 基于 MaxEnt 模型的羊草适生区预测及种质资源收集与保护［J］. 草业学报，27（10）：125-135.
杨艳婷，侯向阳，魏臻武，等，2018. 羊草叶绿体非编码区多态性标记筛选及群体遗传多样性［J］. 草业学报，27（10）：147-157.
于洁，闫利军，冀晓婷，等，2017. 苜蓿和扁蓿豆萌发期耐盐指标筛选及耐盐性综合评价［J］. 植物遗传资源学报，18（3）：449-460.
臧辉，武自念，孔令琪，等，2018. 甲基磺酸乙酯（EMS）诱变对羊草种子萌发及幼苗生长的影响［J］. 分子植物育种，16（17）：5765-5769.
赵劲博，侯向阳，武自念，等，2018. 不同刈割强度下羊草转录组研究［J］. 草业学报，27（2）：105-116.
Guo M W, Li H Y, Zhu L, et al., 2021. Genome-wide identification of microRNAs associated with osmotic stress and elucidation of the role of miR319 in *Medicago ruthenica* seedlings [J]. Plant Physiology and Biochemistry, 168: 53-61.
Li H Y, Li ZY, Cai LY, et al., 2013. Analysis of genetic diversity of Ruthenia Medic (*Medicago ruthenica* (L.) Trautv.) in Inner Mongolia using ISSR and SSR markers [J]. Genet Resour Crop Evol, 60: 1687-1694.
Li J, Li H Y, Chi E H, et al., 2018. Development of simple sequence repeat (SSR) markers in *Medicago ruthenica* and their application for evaluating outcrossing fertility under open-pollination conditions [J]. Mol Breeding, 38: 143.

国家热带饲草圃（儋州）种质资源安全保存与有效利用

张　瑜，王文强，虞道耿，杨虎彪，李欣勇，董荣书
（中国热带农业科学院热带作物品种资源研究所　海口　571101）

摘　要：热带牧草种质资源是牧草种质资源的重要组成部分，蕴藏着丰富的遗传基因，是筛选、培育优良品种的素材和基因源。本文简要介绍了国家热带饲草圃资源收集保存现状，总结和回顾了10年来圃在资源安全保存技术、资源有效保存、资源有效利用等方面的研究进展，并对今后资源的研究方向进行展望。

关键词：热带牧草；安全保存；有效利用

1966—1976年在广东省政府的支持下建立绿肥圃，此为种质圃的前身。1989年绿肥圃改名热带牧草资源圃。2009年正式挂牌“农业部儋州热带牧草种质圃”。2020年改扩建为国家热带牧草圃。2022年由农业农村部命名为国家热带饲草种质资源圃（儋州）（以下简称国家热带饲草圃）热带饲草圃田间活体保存种质的类型和特点是：有性繁殖困难、无性繁殖能力强的热带牧草资源；种子不耐贮藏或寿命极短的热带牧草种质；特有、珍稀及濒危的热带牧草种质；优异异花授粉牧草种质；多年生优良牧草的野生种及野生近缘种（Bai et al.，2012）。保存的牧草种质资源已经覆盖了我国整个华南地区的热带、亚热带区域，包括海南省、广东省、云南省、福建省、广西壮族自治区和四川省、江西省、湖南省的部分地区。国家热带饲草圃使保存的各类种质资源得到有效和安全保护，正常生长发育并繁衍后代，达到保存的目的（张瑜等，2016）。截至2021年末，共收集保存中国南部省区及哥伦比亚、澳大利亚、美国、斯里兰卡等14个国家3科45属64种567份热带牧草种质资源，为热区牧草育种、生产和其他科研提供支持。

1　种质资源安全保存技术

在同一气候区内或相似气候区对牧草的异地保存，无须采取特殊保护措施，植株也能正常生长发育，而且对某些病虫害和逆境具有较强的抵抗力，比较容易保存成功。热带牧草圃一般保存的多为热性草，主要的保存措施为遮阴、增加浇水，降低温度对植株的伤害，提高种质的存活率（张瑜等，2009）。

1.1　资源入圃保存技术与指标

资源入圃保存后，日常管理与监测更新应根据不同保存区及不同资源对光、温、水

的不同要求进行定期灌水、施肥、除草、防治病虫草鼠害等。当植株生长过于茂密时，将地面上的茎叶部分割除以控制生长，防止土壤养分和水分过度消耗。同时在抽穗开花期割苗防止开花结实，避免种子落粒出苗产生混杂。每一份资源在圃内须种植一定数量的群体单株，至少保存种内多样性类型的 80% 以上，一般乔木 5 株，灌木和藤本 10~20 株，草本 20~25 株，重点资源保存的数量可以适当增加。截至 2021 年末，国家热带饲草圃田间保存的豆科牧草有 39 属 62 种 526 份，其中野生种有 350 份，引进资源 176 份材料［包括柱花草属（*Stylosanthes* Sw.）110 份、猪屎豆属（*Crotalaria* Linn.）83 份、山蚂蝗属（*Desmodium* Desv.）120 份、链荚豆属（*Alysicarpus* Neck. ex Dsev.）57 份等，田间保存豆科草资源占保存种质的 90%以上。田间保存的禾本科牧草有 6 属 5 种 41 份，其中野生种有 40 份，引进资源 1 份材料［包括芒属（*Miscanthus* Andersson)、鸭茅属（*Dactylis* L.）、雀麦属（*Bromus* L.）、鹅观草属（*Roegneria* K. Koch)、雀稗属（*Paspalum* L.）、菊科苦荬菜属（*Ixeris* Cass.）］。

1.2 圃资源监测技术与指标

每年定点定期观测每份种质资源的生长情况，将牧草的生长状况分为健壮、一般、衰弱 3 级，对衰弱的植株，及时登记并按繁殖更新程序进行繁殖；及时发现突发状况、自然灾害等造成的活体损毁等异常情况，便于及时采取补救措施，避免资源丢失。

1.3 圃资源繁殖更新技术与指标

定期更新圃内种质资源，保证其生长势。一般在热带饲草圃中种植 3~5 年以上的牧草进行一次更新，当资源出现衰退现象（如部分植株枯死）或遭到严重的病虫危害时要及时更新。更新时采用扦插、株丛分割、根茎或根蘖分割等方法进行。截至 2021 年底，对禾本科狗牙根属（*Cynodon* Rich.）300 份、蜈蚣草属（*Eremochloa* Buse）100 份、甘蔗属（*Saccharum* L.）32 份、黍属（*Panicum* L.）28 份、结缕草属（*Zoysia* Willd.）40 份等资源做了更新繁殖。

1.4 圃资源备份技术与指标

对一些适应性较差的牧草资源、珍稀濒危资源、重要骨干亲本资源和中国特有种等牧草资源进行复份保存，约 20 份，占资源保存总数的 5.3%。

2 种质资源安全保存

2.1 资源保存情况

截至 2021 年 12 月，国家热带饲草圃保存热带牧草资源 567 份（表 1），其中国内资源 391 份（占 68.50%），国外引进资源 176 份（占 31.50%）；特色资源 226 份（占 42.88%），野外或生产上已绝种资源 325 份（占 61.67%）。资源繁殖更新 500

份次。

2013—2021 年，从哥伦比亚、英国、泰国等国家引进资源 176 份，主要为柱花草属资源；从我国的海南、福建、广东、广西、云南等 8 省（区、市）36 个县（市）进行 15 批 25 人次的资源考察、收集，共收集种质资源 391 份。

表 1　国家热带饲草圃资源保存情况

作物名称	截至 2021 年 12 月保存总数					其中 2001 年以来新增保存数			
	种质份数（份）			物种数（个）		种质份数（份）		物种数（个）	
	总计	其中国外引进	其中野外或生产上已绝种	总计	其中国外引进	总计	其中国外引进	总计	其中国外引进
热带牧草	567	176	325	64	31	567	176	64	31

2.2　保存的特色资源

截至 2021 年末，国家热带饲草圃保存特色资源 226 份，占圃资源保存总量的 40.04%。其中饲用资源 107 份，境用价值资源 37 份，食用价值资源 12 份，工用价值资源 39 份，药用价值资源 31 份。

以适口性将牧草种质资源划分为五个等级，即：优等、良等、中等、低等和劣等。圃中资源中等以上牧草 107 种，占总数的 50.71%。其中，优等牧草 26 种，占总数的 8.9%；良等 15 种，占总数的 12.3%；中等 12 种，占总数的 17.8%；低等 11 种，占总数的 1.3%。其中部分牧草既可作放牧型牧草，也可作刈割型牧草，或是刈牧兼用型牧草（刘国道，2000）。

具有药用价值的牧草种质资源 12 属 31 种。且药用部位涉及植物体的根、茎（根状茎）、叶片、花、籽实等各个部分或是全株、全草入药，主要有清热消炎、活血消肿、散瘀止痛、利尿通便、杀虫等功效。

牧草的工用价值种质资源包括纤维植物、树脂与橡胶植物等，在圃中的牧草种质资源中有工用价值的基本为纤维植物，纤维植物以禾本科牧草种质资源为主，有 13 属 39 种，包括甘蔗属、狼尾草属（*Pennisetum* Rich.）、蔗茅属（*Erianthus* Michx.）、芒属等。

境用植物包括改境植物和美化植物。改境植物有防风固沙型牧草资源 12 种，水土保持型牧草资源 3 种和绿肥种质资源 8 种；美化植物有草坪型牧草资源 6 种和观赏型牧草 8 种。

草类植物中含有丰富的蛋白质、纤维素、维生素和矿质元素，包括各种粮食、蔬菜、水果、干果、饮料、甜味剂、油料、调味品和天然色素等，备份库中以蔬食型牧草资源为主，有 12 种，另有少量的淀粉植物、调味植物、油料植物和酿酒植物。

3　保存资源的有效利用

2013—2021 年，国家热带饲草圃向江西省草地工作站、南亚热带作物研究所、海南大学、云南省农业科学院、湖南农业大学、广西畜牧研究所、广东中山大学生物科学学院等大学和科研院所，四川资阳市农业局、海南赛格实业股份有限公司、福山农场等单位，以及各地农技推广部门、合作社、企业、种植户等提供资源利用913份次，开展基础研究、育种利用及生产应用。资源利用率达67.4%。

3.1 育种、生产利用效果

在贵州省黔西南州兴义市万峰林开展豆科牧草评比试验，在兴义市岔江开展适合坚果园间作豆科牧草品种筛选，经筛选评比，筛选出绿叶山蚂蝗、银叶山蚂蝗和闽引2号圆叶决明适合该区域推广种植；为华南师范大学生命科学学院提供大翼豆种子1kg，主要用于研究牧草对入侵杂草的替代控制试验；为广东省农业科学院提供9个柱花草品种的500个种茎，主要用于对柱花草的抗寒研究，筛选适合广东地区冬季生长的种质；在四川省攀枝花市开展农业科技推广工作，实施农业农村部优势农产品重大技术推广即金沙江干热河谷地区果园种草养畜配套技术的示范与推广项目启动会。向当地农民赠送了种草养羊的相关专用物资，并手把手教农民如何对柱花草种子消毒、催芽和播种等。国家热带饲草圃在福建、四川、云南等省推广王草和柱花草等资源，累计推广面积100余万亩，新增利润1 000万元。

3.2 支持成果奖励

以圃内提供的种质资源为试材，支撑中华农业科技奖“中国牧草种质资源收集评价与创新利用”1项、草业科学技术奖二等奖“空间诱变柱花草新品种推广及利用”、中国政府友谊奖（Rainer Schultze-Kraft）1项、神农中华农业科技奖“热带牧草种质资源创新与利用创新团队奖”1项、省科技进步奖一等奖1项、省科技进步奖二等奖1项、省科技进步奖三等奖2项、省科技成果转化奖一等奖1项。

3.3 支撑乡村振兴与精准扶贫

筛选优异资源王草、柱花草等5份支撑乡村振兴与精准扶贫15个乡村，技术培训12场次，技术培训300人次，培养种植人手42人。

3.4 支撑科研项目

支撑国家牧草产业技术体系、科技部资源调查项目、国家“973”专项、国家自然科学基金、农业农村部公益性行业专项、农业农村部物种保护项目、海南省自然科学基金等20余项。

3.5 支撑论文论著、发明专利和标准

支撑研究论文40篇，其中SCI论文6篇。支撑《柱花草良种繁育技术与管理》《热研11号黑籽雀稗栽培及利用技术》《崖州硬皮豆栽培技术与利用》《海南岛豆科植物资源种子图鉴》等著作4部。支撑“一种提高王草分蘖数的方法”等3项国家发明专利、23项实用新型专利。

3.6 支撑资源展示、科普、媒体宣传

国家热带饲草圃进行田间资源展示 6 次，展示热带牧草优异资源 40 份次，接待农业农村部、科技部、县（市、区）政府部门领导，以及企事业单位技术骨干、合作社管理人员、种植大户等 120 余人参观访问；开展技术培训 220 人次，技术咨询和技术服务 153 批 290 人次。在海南日报等主流媒体进行了 4 次的宣传报道。为农业农村部热带作物种子种苗质量监督检测中心提供柱花草、银合欢、黑籽雀稗 3 个品种的草样，主要用于农业农村部“双认证”的复评审中的工作人员技术练兵试验。

3.7 典型案例

四川省攀枝花市米易县撒莲镇马坪村建立“芒果园间作柱花草示范基地”，经过 3 年的种植该示范基地已实现了芒果林间的全园覆盖，从间作第二年起示范基地就不需要施用除草剂，土壤有机质从 0. 3%提高到 2. 2%，果园生态与周围未间作的果园形成了鲜明的对比。果树的长势、芒果产量和品质都优于不间作的果园。攀枝花果园多为山地，间作豆科牧草后可以显著减少水土流失、压制杂草（减少除草剂施用）、提供大量绿肥（提高有机质，改善土壤生态，减少化肥施用）和改善果园生态，从而促进芒果生长，提高产量和品质。同时，柱花草还是畜禽养殖的优质蛋白饲草，适量刈割用于畜禽养殖后再将粪便还田，还可以实现经济与生态效益的双赢。米易县马坪村示范基地是芒果园生态发展的优秀典范，按这样方式开展生产的基地不仅能增加现阶段的经济收入还能为子孙后代保留可耕之地。

4 展望

4.1 收集保存

对海南、广东、广西、云南、福建，以及贵州和四川干热河谷地区的热带牧草种质资源分布和利用情况进行普查，建立长期定位监测，为国家制订种质资源保护与利用政策提供基本数据与资料。并以干热河谷区、沿海区及海岛，少数民族山区为重点开展野生近缘种、特殊性状种质、地方品种、新创制种质和国外引进种质的系统调查和抢救性收集。

4.2 安全保存技术

研究制定和完善热带牧草资源整理编目、库（圃）保存、繁殖技术规范；研究无性繁殖及特殊、珍稀濒危种质资源低温、超低温离体保存技术，实现重要无性繁殖资源的离体和脱毒保存；定期监测库（圃）保存资源的活力与遗传完整性，及时进行繁殖更新复壮，以确保种质资源的长久安全保存。

参考文献

刘国道，2000. 海南饲用植物志［M］. 北京：中国农业大学出版社.

张瑜，白昌军，刘国道，2009. 谈热带牧草种质资源圃的管理［J］. 现代农业科技（7）：217-218.

张瑜，王秋燕，白昌军，2016. 热带牧草种质圃资源收集、保存及分发利用研究［J］. 植物遗传资源学报，17（1）：100-104.

Bai C J，Liu G D，Zhang Y，et al.，2012. The present situation and prospect of tropical and subtropical forage germplasm resources investigation，collection conservation and utilization in South China［J］. Chinese Tropical Crops，33（2）：390-396.

国家红萍圃（福州）种质资源安全保存与有效利用

应朝阳，徐国忠，邓素芳，杨有泉，林忠宁，杨燕秋，郑向丽
（福建省农业科学院农业生态研究所　福州　350013）

摘　要： 红萍，学名满江红，为槐叶萍目满江红科满江红属（*Azolla*）的一类水生蕨类植物，起源于距今约5 800万年前的后白垩纪时期，其中覆瓦状满江红［*A. imbricata*（Roxb.）Nakai］为广泛分布于我国的本土种。红萍与固氮蓝藻——满江红鱼腥藻（*Anabeana azollae*）共生，具有良好的固氮、富钾、固碳减排能力。中国传统农业上作为稻作系统的优质绿肥，同时是渔业、畜禽的优良饲（饵）料，是助力国家藏粮于地、化肥减施增效、农业绿色发展以及碳达峰碳中和等战略实施的一类重要（潜力）植物资源。本文简要介绍了国内外红萍资源收集保存现状，总结和回顾20世纪70年代以来国家红萍种质资源圃在资源安全保存技术、资源安全保存、资源有效利用等方面的研究进展，并对今后资源的研究方向进行展望。

关键词： 红萍资源；安全保存；有效利用

1783年，拉马克（Lamarck）检验了从智利采集的标本后，将满江红定名为*Azolla*（刘中柱和郑伟文，1989）。国家红萍种质资源圃（福州）（以下简称国家红萍圃）的红萍资源征集工作始于20世纪70年代后期，1979年建原始材料圃，至1983年，收集保存红萍种质资源49份。1983年福建省政府与国家农牧渔业部合作创办红萍固氮研究中心（黄毅斌等，2017），1987年农业部批准在福建省农业科学院红萍研究中心设立“国家红萍资源中心”，开展红萍收集、保存、研究、利用和交换。至2021年12月，收集保存并编号的红萍种质资源共6个种597份，是目前世界上保存红萍资源数量最多的机构。保存的6个种分别是：①蕨状满江红（*Azolla filiculoides* Lamarck）又称细满江红，细绿萍。自然分布于美国北部阿拉斯加及南部各州、南美的智利、玻利维亚、巴西、欧洲和澳大利亚。该种具有耐寒、湿生、快繁、高产、耐盐、不耐热等特性，其个体形态可随萍群密度的高低，从平面浮生型向斜立浮生型和直立浮生型演变，三种形态萍体的繁殖速度、抗逆性和结孢率均有差别。三类群体产量均较高，亩产鲜重可达5 000kg以上，在我国南北均能结孢。②墨西哥满江红（*A. mexicana* Presl.）自然分布于南美洲北部、北美洲南部（包括墨西哥等地）和中美洲一带。萍体呈分支状平面浮生，绿色并带有红色边缘，较耐热，30℃下仍能生长，但不耐寒，10℃以下即停止生长，5℃即枯死，繁殖率和单位面积产量均较低，结孢性能好，在生长季节往往形成大量孢子果。③卡州满江红（*A. caroliniana* Willd.）自然分布于北美洲东部，加勒比海沿岸和

西印度群岛。萍体比蕨状满江红小，近圆形或卵圆形，主茎短，分枝排列紧凑，叶多而细小，根多而细长，部分根尖卷曲，根毛短。15~25℃为最适生长温度，光照、营养适宜时，萍体宽 1.2~1.7cm，叶色紫绿，萍壮叶厚根多，较长时间不分萍，不搅动，可多层叠生；在逆境下，萍体宽 0.8~1cm，叶色红紫至黄紫。该萍种较耐热，也耐寒，又较耐阴，抗病虫，可湿养，周年繁殖速度较稳定，但常年结孢率偏低。④小叶满江红（*A. microphylla* Kaulfus）自然分布于南美西部和北部、北美南部、西印度群岛。植株三角形或多边形，平面浮生或斜立浮生于水面，具芳香味，故又称芳香满江红。生长适宜温度 15~25℃，在 30~35℃下繁殖也较快，较抗热，但耐寒性较差，结孢性能稳定，结孢率高，雌孢子果多，其有性繁殖可在生产上应用。⑤羽叶满江红（*A. pinnata* R. Brown）分布于澳大利亚、东南亚、印度和热带非洲东西海岸。萍体羽状分支明显。较耐热、耐低湿，但耐寒性较差。⑥覆瓦状满江红［*A. imbricata*（Roxb.）Nakai］广泛分布于我国南北方，萍体仍属羽状分支，但主轴不明显，似二叉分歧型的分枝，同化叶呈疏的覆瓦状排列，并由 2~5 排似等直径的细胞排列成整齐的边缘，呈透明状。生长适宜温度为 25℃左右，一般较耐热。30~35℃条件下仍生长较好，但耐寒性较差，10℃以下生长缓慢，较易感病虫害。

已收集到的红萍资源分布的南北地理边界为：北界，亚洲地区在北纬近 40°的北京房山、美洲地区在北纬 43°左右的美国威斯康星州的麦迪逊、欧洲地区在北纬 53°左右的德国西弗里亚群岛；南界，澳洲地区在南纬 45°31′的新西兰的昆士敦、非洲地区在南纬 37°15′大西洋中的特里斯坦—达库尼亚群岛、美洲地区在南纬 35°左右乌拉圭的蒙得维的亚（刘中柱和郑伟文，1989）。

红萍种质资源主要收集、保存单位有国际水稻所（IRRI）、比利时鲁汶大学（CUL）、澳大利亚国际农业研究中心（ACIAR）、国际肥料发展中心（IFDC）等国外机构以及我国的福建省农业科学院、中国农业大学、温州亚热带作物研究所等单位。由于各机构（单位）的重视程度、保种人员退休、经济发展以及机构撤并等原因，自 2000 年来，大部分资源保存机构（单位）的种质数量出现不同程度萎缩乃至完全丢失，国家红萍圃通过资源交换、接收等方式补充收集了各机构拥有的资源中国家圃未保存的大部分资源。截至 2020 年，除国家红萍圃的保存数量在不断增加、保存条件不断完善提升外，其他各机构均未继续保存任何红萍资源，其中曾经保有资源量最大的国际水稻所主要由于保种经费困难，自 2018 年开始至 2019 年将所拥有的 500 余份红萍资源完全移交给菲律宾大学洛斯巴尼奥斯菲分校（UPLB）的 Enrico P. Supangco 教授实验室保存，其中有近百份资源为国家红萍圃所没有的。与此同时，我国台湾省的“财团法人辜严倬云植物保种暨环境保护发展基金会”在屏东县高树乡源泉村的保种中心从国际水稻所引进保存了近 400 份红萍资源。

1 种质资源安全保存技术

由于红萍主要是无性繁殖，红萍种质资源以植物营养体进行保存，这给红萍种质资源的保存带来很大的困难。为安全保存收集的所有红萍资源，经过多年探索，国家红萍圃创建了以茎尖培养保存、温室培养保存和网室培养保存相结合的三级保种体系作为红萍种质资源的保存方法。①红萍茎尖培养保存：通过红萍的茎尖以无菌培养的方式进行培养保存，并通过半固体培养限制其生长速度，一次转接可以保存6个月，茎尖培养可有效地保持红萍资源的纯度；②红萍温室保存：通过调控温度和湿度，使所有红萍品系都能够在温室长期安全保存；③网室保存：自然条件下在网室进行红萍种质资源的保存，主要是保持红萍原有的生长特性并进行特性特征观察记载，虽然有些品系不能够周年生长，但通过从温室不断补充材料，使红萍种质资源都能够在网室展示其生长特性，为红萍的应用打下坚实的基础。

1.1 资源入圃保存技术与指标

资源入圃保存技术 红萍种质资源采用茎尖培养保存、温室培养保存和网室培养保存三套保存相结合的方法（黄毅斌等，2017）。红萍茎尖培养保存是通过红萍的茎尖以无菌培养的方式进行培养保存，并通过半固体培养限制其生长，一次转接可以保存6个月。红萍温室保存，通过调控温度为25℃、湿度为80%以上，使所有红萍品系都能够在温室长期安全保存。网室保存是在自然条件下进行红萍种质资源的保存，主要是保持红萍原有的生长特性并对其生物学特性进行观察记载。

资源保存指标 茎尖组培保存，保存所有具有入圃编号的资源，每份资源2瓶以上；温室全年保存所有品种（系），每份保存50朵萍体以上；网室培养保存，室外自然条件下生长，死亡品种（系）从温室中取出重新培养，每份保存300朵萍体以上。

1.2 圃资源监测技术与指标

资源生长状况监测 红萍种质资源采用无性繁殖进行保存，因此其生长状况尤为重要，国家红萍圃每天都要进行温湿度等基本的管理，同时要对国家红萍圃的红萍品系生长进行初步的观察，发现有生长不良状况须马上对症处理。此外，每周要进行一次详细的观察，检查红萍的生长状况。红萍的生长状况分为3种情况，一是生长好（颜色鲜绿、萍体完整）；二是生长一般（颜色黄绿、萍体完整）；三是生长较差（颜色变红、萍体不完整）。对于生长一般的和生长差的红萍要针对原因采取加（喷）水、换水、施肥、病虫害防治以及换土、换萍等措施防止其生长变差或使其恢复生长。

资源圃病虫藻害监测 红萍的病虫藻害对红萍的生长有致命的影响（黄毅斌等，2017），一经发现，必须马上处理。三种保存方式发生病虫藻害的程度不同，处理方式也不一样。茎尖培养保存一般只有霉病和藻害，一经发现必须重新再培养；温室培养保存一般情况下只有病害和藻害，一经发现，要及时处理；网室病虫藻害都会发生，一经发现也要及时处理。

资源种植管理技术 国家红萍圃采用三套保存方法，不同保存方法其种植管理技术也不一样。茎尖培养保存采用无菌培养，茎尖液体培养每40天更换一次培养液，半固体培养基需6个月更换一次；温室培养保存，要控制温度在25℃、湿度在80%以上，每年更换培养土一次，且培养土壤需高压消毒；网室每1~2年要更换一次培养土，每天要喷水增加湿度。

温室培养保存与网室培养保存，按亩施过磷酸钙 10kg、氯化钾 2.5kg 的量进行施肥，每月施肥 1~2 次。

1.3 圃资源繁殖更新技术与指标

繁殖更新技术 温室红萍繁殖更新，当温室红萍生长差时，将资源圃内茎尖保存的红萍选取健壮的萍体 5~10 朵（或取原盆中生良好的萍体 5~10 朵），核对编号，置于已更换灭菌土壤和水的钵内，温室温度控制在 25℃，每天早晚各喷一次水雾至萍体有水珠，以保持湿润状态。网室培育复壮，当网室培养的红萍生长差时，将温室培养的健壮萍体 30~40 朵置于瓷盆内培养，每盆装土高度以瓷盆高的 1/4 为宜，加入清水，3~7cm 水层，在盆口上方覆盖塑料纱网，防止病虫害及雨滴溅落等造成资源混杂，当瓷盆内萍群表面出现“皱纹”时，及时分萍；每隔 10 天施一次 P、K 肥，及时加水，防止水层过低。

更新复壮指标 当温室或网室培养保存的红萍资源生长差，其数量无法增长且逐渐减少时，需要进行繁殖更新。茎尖培养的，转接 6~7 代后重新取茎尖培养，保持遗传稳定性。

1.4 圃资源备份技术与指标

圃资源备份技术 红萍为无性繁殖植物，需要以营养体进行保存，三套培养保存备份分别是，茎尖培养保存每品系培养 2 瓶以上、温室培养保存 50 朵萍体以上、网室培养保存 300 朵萍体以上。

备份资源指标 所有编号入圃的品种（系）。

2 种质资源安全保存

2.1 作物保存情况

截至 2021 年 12 月，国家红萍圃保存已入圃编号红萍资源 597 份（表 1），其中国内资源 246 份（占 41.20%）、国外引进资源 351 份（占 58.80%）；特色资源 211 份（占 35.34%），野生资源 342 份（占 57.29%）。红萍种质资源来自菲律宾等国外 32 个国家（地区）、福建省等国内 18 个省（区、市）。此外，还有待鉴定入圃编号资源 34 份。

2001 年启动农作物种质资源保护与利用项目至今（2001—2021 年），新增保存红萍种质资源 101 份。主要从国内的安徽、四川、江西、湖北、河南、广西、湖南、上海、浙江等省（区、市）收集，地方品种 99 份、野生资源 2 份（表 1）。

表1　国家红萍圃资源保存情况

作物名称	截至2021年12月保存总数					2001—2021年新增保存数			
	种质份数（份）			物种数（个）		种质份数（份）		物种数（个）	
	总计	其中国外引进	其中野外或生产上已绝种	总计	其中国外引进	总计	其中国外引进	总计	其中国外引进
红萍	597	351	342	6	6	101	0	0	0

2.2　保存的特色资源

国家红萍圃保存特色资源211份，占圃资源保存总量的35.34%。其中古老濒危资源（地方特色资源）342份，占圃资源保存总量的57.28%。

野生资源342份。收集原产于各地的野生资源，包括6个种的红萍品系，其中原产我国的是覆瓦状满江红，为古老、珍稀、濒危资源。

能结孢资源154份。春季在福州能自然结孢资源154份，其中84份具有高结孢率、70份中等或较低结孢率。

药用价值资源11份。富含可溶性膳食纤维和总黄酮等活性成分3份，具有开发适用于糖尿病、肥胖患者的膳食补充（添加）剂的价值；富含多糖和总黄酮等活性成分5份，具有开发免疫调节剂、抗癌及抗辐射等功能性产品的价值；富含总黄酮、多酚、芦丁及槲皮素等活性成分9份，具有开发抗氧化、抗自由基的功能性产品的价值；富含槲皮素等活性成分3份，具有开发适用于对慢性支气管炎、冠心病及高血压患者有辅助治疗作用功能性产品的价值。

特异资源56份。包括耐高N、P资源3份，其中耐N资源2份、耐P资源1份，可作为富营养化水体中N、P吸收的先锋水生植物；高效肥用资源5份，干物质全氮含量高于4%、全钾含量高于4%，是肥用价值较高的资源，可作为绿肥利用；高蛋白资源50份，富含粗蛋白，可作为饲用潜力品种，具有开发成渔类饲料价值。

2.3　种质资源抢救性收集保存

中国的本地萍为覆瓦状满江红，由于化肥农药逐渐增加使用量、生态环境的变化等影响，使本地萍有逐渐消亡的趋势，1979—1987年，国家红萍圃组织人员从全国各地收集本地红萍76份，2017年开展针对性资源采集以来，多次野外调查收集，仅在局部偏远乡村采集3份本地资源，这些资源均在国家圃得以很好保存，现在都是珍稀濒危资源。

3　保存资源的有效利用

20余年来，国家红萍圃向中国水稻研究所、中国科学院南京土壤研究所、中国农业大学、中国农业科学院油料作物研究所、南京信息工程大学、中国科学院水生生物研究所、湖南农业科学院土壤肥料研究所、江西农业科学院土壤肥料与资源环境研究所等高校和科研院所，福建省长汀县虾哥种养技术服务专业合作社、武夷山市黄凹垄农作物种植家庭农场、福建乡状元农业科技发展有限公司、南平市建阳区麻沙水南圆梦村民专业合作社联合社等新型经营主体或企业及个人提供资源利用301份15 602份次，开展基础研究、育种利用及生产应用，资源利用率达55.23%。

3.1 育种、生产利用效果

在育种方面，本单位以小叶萍（*A. microphylla*）为母本、细绿萍（*A. filiculoides*）为父本，选育出种间杂交优良新品种杂交榕萍1~4号，并以小叶萍为母本、榕萍1号为父本杂交选育出新品种，通过福建省品种认定并正式定名为‘回交萍3号’；利用细绿萍、小叶萍进行有性杂交，选育出‘闽育1号’小叶萍，通过国家品种审定。

在生产利用方面，20世纪80年代在全球绿色革命浪潮中，以红萍为纽带的“稻-萍-鱼”综合利用生态模式得到大面积的推广，至90年代中期，全国每年推广“稻-萍-鱼”模式达百万亩，新增稻谷6 000多万kg，新增产值2亿多元。90年代末以来，由于化肥工业的发展，红萍作为绿肥应用大规模萎缩，仅部分地区零星应用。2017年，国家绿肥产业体系成立以来，红萍在稻作生态种养上的利用开始恢复性增长，以闽育1号小叶萍为主混合其他红萍应用于“稻-萍-鱼”模式中，在福建省闽北武夷山岚谷、吴屯建立2个“稻-萍-鱼”生态种养模式示范点，在闽西长汀开展“莲-萍-虾”生态立体种养模式，并与当地企业通过联合建立核心示范点，累计建立核心示范点5个，面积865亩，累计带动推广4 000亩，平均亩增收1 000元以上，共增收400多万元。

3.2 支持成果奖励

以国家红萍圃提供的种质资源为试材支撑了国家科学技术进步奖三等奖1项、国家航空科学技术奖三等奖1项、福建省科学技术进步奖二等奖1项、福建省科学技术奖进步奖三等奖3项。

3.3 支撑乡村振兴与精准扶贫

筛选优异资源官路细绿萍、闽育1号小叶萍、回3萍、卡州萍等5份支撑乡村振兴与精准扶贫5个乡村，技术培训4场次140人次，培养致富带头人1人，带动帮扶周边农户239户。

3.4 支撑科研项目

支撑国家绿肥产业技术体系、国家“863”专项、公益性行业（农业）科研专项、福建省自然科学基金、福建省公益类科研院所专项、福建省农业科学院项目等20余项。

3.5 支撑论文论著、发明专利和标准

支撑红萍相关研究论文85篇。支撑《中国满江红》《红萍的基础理论研究》《红萍的应用技术研究》《稻萍鸭生态养殖技术》《稻萍鱼生态养殖技术》等论著5部。支撑

“红萍品种保存方法”等国家发明专利14项、实用新型专利9项。制定福建省地方标准《稻萍鱼生产技术规范》1项。

3.6 支撑资源展示、科普、媒体宣传

自2012年正式纳入国家农作物种质资源保护项目，命名为“国家红萍种质资源圃（福州）”以来，国家红萍圃每年不定期向同行、社会各界开放参观，展示红萍优异资源590份，年均达500人次以上。2017年本单位承担了国家绿肥产业技术体系“红萍及水生绿肥资源评价与选育”岗位，每年开展红萍生产利用现场观摩会，向全国绿肥科技工作者、当地政府业务主管部门、农技人员、农民等推介、展示和宣传红萍200余人次。2020年起，本单位与福建省福州实验小学签订合作框架协议，开展“科技走进校园”活动，帮助学校建立红萍利用模式展示室，利用红萍资源在学校开展科普教育，并举办了“神奇的红萍”大型科普开放日活动，参与学生及公众达千余人，并得到三农网、科技日报等新闻媒体的关注报道，进一步扩大了国家红萍圃科普教育的社会效应和宣传力度。

在媒体宣传方面，2012年，由中央电视台农业频道（7套）科技苑栏目录制播放了“谁吃了那些污染物”专题，展示了以红萍为纽带的污染零排放受控生态模式的主要概况、创新理念和关键技术，吸引了全国各地的农技推广部门、企业家和农民上门交流咨询。此后，由中国农业电影电视中心拍摄的《循环的温室》专题科教片，进一步阐明红萍在生态循环农业中的作用和机制，制作光盘无偿赠送，集中授课和远程培训农民和企业家，并通过国内外各种学术会议，宣传红萍资源保护的重要性。

近年来，国家红萍圃更加注重加强技术总结和科普材料的制作。2019年，与农业农村部农业生态与资源保护总站合作，开展农业生态实用技术丛书的编写，完成了《稻萍鱼生态种养技术》《稻萍鸭生态种养技术》等系列丛书的编写和出版。书籍图文并茂、技术实用、浅显易懂，可用于公众科普宣传。此外，2020年，还专门为中小学生编写了“神奇的红萍”科普小册子，录制了“神奇的红萍”小视频，用于中小学生的科普教育。

3.7 典型案例：红萍作物种质资源解决稻田双减增效难题

稻萍鱼生产模式：20世纪80年代起以红萍为纽带的“稻-萍-鱼”综合利用模式得到大面积的推广，至90年代中期，全国每年推广“稻-萍-鱼”模式达百万亩，新增稻谷6 000多万kg，新增产值2亿多元。由本单位完成的“稻-萍-鱼”生产模式已在全国范围内得以推广应用，“稻-萍-鱼”高产共生体系研究，获福建省科技进步奖二等奖、国家科技进步奖三等奖，稻萍鱼生产技术颁布为福建省地方标准。2017年起，在国家绿肥产业技术体系红萍岗位平台的助力下，“稻-萍-鱼”模式继续在福建武夷山、浦城、建阳等地示范推广，助力稻田双减增效和乡村振兴，得到多方媒体的关注和报道。稻萍鱼生产模式稻田减施化肥农药50%以上，亩新增收入1 000元以上。

4 展望

4.1 收集保存

随着自然环境变化，曾经常见的各地野生资源越来越少，因此首先加强野生濒危资源的收集保护。其次，随着红萍应用范围的扩大，对红萍资源适应性的要求越来越广，开展具有特殊抗性、能适应极端天气的资源收集迫在眉睫。此外，有针对性地开展国外重点种质的引进及加强国内特殊生境地区种质资源及其野生近缘种的收集，都将成为未来红萍资源收集保存的重点。

同时，对现有资源进行系统整理编目，剔除重复资源，避免同名异物、同物异名现象的发生，有针对性地补充收集引进遗失的资源。

4.2 安全保存技术

加强红萍种质轻简化安全保存保护技术的研究，安全便捷保存现有种质。研究繁种（结孢）更新技术，开展种质遗传稳定性研究和监测，确保保存种质的遗传稳定性。研究红萍超低温、孢子干燥保存技术，进一步完善提升我国红萍种质资源保存体系和保存技术。

4.3 挖掘利用

开展红萍资源表型和基因型鉴定（唐龙飞，1999），筛选现有资源可利用的育种特性，为资源收集理清方向，扩大遗传基础。重点挖掘高产孢、耐热、抗寒、抗病虫、高固氮效率、高光合效率资源，对抗高温、耐低温、抗虫、抗病、耐盐碱等优异性状进行大群体资源评价，利用高通量测序技术对控制优异性状的等位基因及其关联基因进行鉴定和挖掘，对结孢性状与结孢基因进行精准鉴定，为进一步种质创新奠定基础。

开展红萍作为绿肥的肥用价值、作为饲料（饵料）的饲用价值（Mayank et al., 2018）以及作为土壤、水体环境生态修复资源挖掘。开展红萍与细菌、真菌、病毒、原生动物等共生生物多样性、协同进化过程及其机理机制研究。重点围绕提高土壤肥力、高饲用价值、提升微生物多样性及促进土壤养分循环、降低水体污染物（Azlin et al., 2020）等开展资源挖掘利用，助力国家藏粮于地、化肥减施增效战略。

针对红萍具有良好的固碳减排能力，开展红萍在稻萍共作、秸秆联合还田等不同利用模式的固碳减排能力研究，挖掘具有助力碳达峰碳中和的潜力红萍资源。

针对红萍具有高蛋白质、氨基酸平衡、富含多糖、膳食纤维等功能性成分，开展功能性成分分析评价，挖掘具有功能性、高值产品开发潜力的红萍资源并进行功能性高值产品开发；利用红萍特殊鱼腥香味特点，研制以红萍为原料的水产饲料（或添加剂）。

参考文献

黄毅斌，林永辉，应朝阳，等，2017. 红萍的基础理论研究［M］. 北京：中国农业科学技术出版社 .

黄毅斌，刘晖，应朝阳，等，2017. 红萍的应用技术研究［M］. 北京：中国农业科学技术出版社 .

刘中柱，郑伟文，1989. 中国满江红［M］. 北京：中国农业出版社 .

唐龙飞，1999. 生物技术在满江红研究中的应用［J］. 福建农业学报（S1）：201-206.

Azlin A K，Siti R S A，Babul A O，et al.，2020. Dual function of *Lemna minor* and *Azolla pinnata* as phytoremediator for palm oil mill effluent and as feedstock［J］. Chemosphere，259：127468.

Mayank S，Amitav B，Pankaj K S，et al.，2018. Effect of *Azolla* feeding on the growth，feed conversion ratio，blood biochemical attributes and immune competence traits of growing turkeys［J］. Veteriary World，11（4）：459-463.

国家环渤海地区园艺作物圃（昌黎）种质资源安全保存与有效利用

赵艳华，吴永杰，李玉生，郭　勇
（河北省农林科学院昌黎果树研究所　昌黎　066600）

摘　要：国家环渤海地区园艺作物种质资源圃保存对象主要为环渤海地区特有果树的野生、半野生及砧木种质资源，环渤海地区地方（农家）果树品种及主要果树的审（认）定品种资源以及国家委托的相关园艺作物种质。环渤海地区是园艺作物种质的富集区，同时还具有丰富的果树野生、半野生种质资源，对未来抗性育种及丰富物种多样性具有不可估量的价值。本文以樱桃为例介绍了种质资源的安全保存技术及国内外园艺作物种质资源收集保存现状，总结和回顾20年来国家环渤海地区园艺作物种质资源圃在资源安全保存、资源有效利用等方面的研究进展，并对今后的研究方向进行展望。

关键词：园艺作物种质资源；安全保存；有效利用

我国具有丰富的果树种质资源，据不完全统计，全世界45种主要果树作物种类包含了3 893个植物学种，起源中国的有725种，占世界18.62%，45种主要果树作物种类栽培种有15种起源于中国或部分起源于中国，占33%（王力荣，2012）。中国果树资源工作者很早就意识到果树种质资源的重要性，并在20世纪中叶开始了资源的收集工作（钟广炎等，2007）。包含2019年新建成的国家环渤海地区园艺作物种质资源圃以及2019年获批的国家猕猴桃种质资源圃（武汉）在内，目前我国已建立了20个国家级果树种质资源圃，保存的主要果树树种有苹果、梨、葡萄、桃、李、杏、柑橘、山楂、香蕉、草莓等。据不完全统计，我国的国家果树种质资源圃保存了约25种果树的15 000余份种质材料，主要果树种质资源保存了14 000余份（2010年数据）（任国慧等，2013），包含了引自67个国家的国外果树品种资源2 700多份（王力荣，2012）。目前，美国是全世界保存种质资源品种数量最多、技术最先进的国家，拥有41万多份植物种质资源，居世界之首；其次为俄罗斯、中国、西欧、印度、日本（曹家树和秦岭，2005）。美国8个国家果树种质资源库保存果树达46种，保存种质材料总数约40 000余份，主要果树资源数达19 000份（2012年5月数据）（任国慧等，2013）。我国果树资源圃保存的数量仅为美国的35.81%（2004年为45%，我国资源在计算时包括不同资源圃同一树种保存资源的重复，美国不包括重复，实际我国占有份额更低）。俄罗斯联邦国家科学中心全俄瓦维洛夫作物科学研究所（VIR）收集的栽培植物及其野生近缘植物是世界上数量最多且植物学多样性最丰富的，其所保存的果树种质资源在2007年达到322 238份（徐丽等，2014），包含在全球收集的栽培种和野生近缘种。

环渤海地区位于我国华北、东北、西北三大区域结合部，地域广大，气候类型多样，生态环境多变，独特的地理环境造就了众多古老的栽培品种和地方品种，栽培种的野生近缘种、亚种、变种和类型，有潜在价值而未经利用和改良的野生果树，特有和稀有的树种和品种，还具有优良基因型综合性状的栽培品种以及某些突变类型。国家环渤海地区园艺作物种质资源圃（以下简称国家环渤海地区园艺作物圃）位于河北省昌黎县，于2016年由农业部批复投资并于2019年9月竣工建成，依托单位为河北省农林科学院昌黎果树研究所，其功能定位是收集保存环渤海地区特有果树野生、半野生及砧木种质资源，环渤海地区地方（农家）果树品种及主要果树的审认定品种资源以及国家委托的相关园艺作物种质。截至2021年6月，已保存来自国内外种质资源1 220份，包括樱桃（*Cerasus* spp.）150份，苹果（*Malus pumila* Mill.）111份，梨（*Pyrus* spp.）202份，桃（*Amygdalus persica* L.）235份，葡萄（*Vitis vinifera* L.）180份，板栗（*Castanea mollissima* BL.）234份，核桃（*Juglans regia* L.）108份，其中国外引进资源共125份，野外或生产上已绝种资源83份。

1 种质资源安全保存技术

园艺作物种质资源是植物种质资源最为丰富的部分，对农业的发展以及人类和它赖以生存的植物种质资源的可持续发展有着重要意义。通过各种途径获得的种质资源必须以安全、妥善的方式进行保存，使其不至于流失和灭绝，以达到遗传资源持续利用的目的。国家环渤海地区园艺作物圃保存果树种质主要采用田间种质圃保存、组织培养离体保存对田间圃种质备份保存的方式。田间种质圃栽培品种采用无性系嫁接苗，野生资源和砧木资源为整株保存；组织培养离体保存是为避免极端环境造成田间圃资源丢失进行备份，组织培养离体保存为中期保存，其关键是维持最低生长速度限制生长以延长继代间隔。樱桃圃为国家环渤海地区园艺作物圃主要资源圃之一，本文以樱桃种质资源为例，简要介绍种质资源安全保存技术。

1.1 资源入圃保存技术与指标

资源入圃保存技术 樱桃种质资源入圃栽培主要采用无性系嫁接苗田间保存技术，野生资源及砧木资源采用整株移栽方式入圃保存；同时，结合试管苗保存对种质进行备份以避免极端环境造成田间圃资源丢失。樱桃幼年生长量较大，不同品种生长势差别较大，对砧木要求不同，因此樱桃栽培品种资源采用细长纺锤形种植模式，细长纺锤形整形容易，成型快，节省人力，该树形适合不同类型砧木，还可以有效控制树冠，缓解资源圃土地紧张的压力，同时也方便田间观察和机械化管理，种植密度株行距为（2~3）m×4m，每一品种栽植保存3株，每亩资源保存量为19~27份。

圃对樱桃种质资源的组织培养离体保存主要采用试管苗保存。技术关键是维持试管苗的最低生长速度，延长继代培养时间，减少继代培养次数以避免多次继代造成的遗传基因的变异。限制生长主要是通过在培养基中添加生长抑制物质（甘露醇），同时在低温条件（16℃±1℃）下保存。樱桃试管苗在培养基中加入甘露醇10g/L并在低温下可保持 3~4 个月，存活率根据品种不同有所不同。

资源保存指标 樱桃圃每份资源保存 3 份，株行距（2~3）m×4m。针对樱桃资源耐涝性较差的特点，均采用起垄栽培；北方地区冬季寒冷，选用抗寒性较强的砧木，同时根据资源品种特性不同选用不同的砧木，生长势比较强的品种资源选用‘吉塞拉 5’‘吉塞拉 6 号’或‘酸樱桃’等矮化或半矮化砧木，生长势比较弱的品种资源选用‘本溪山樱’‘马哈利’等乔化砧木。野生资源及砧木资源采用整株移栽方式入圃保存。

樱桃试管苗保存每份种质保存 10 瓶以上，每瓶 2~3 株试管苗。试管苗保存采用低温保存（16℃±1℃），基本培养基为 MS+蔗糖 30g/L+琼脂 6. 5g/L，根据种质材料不同加入不同浓度的 6-BA 和 NAA，同时在培养基中添加 10g/L 的甘露醇减缓试管苗的生长速度，延长继代培养时间间隔。继代培养时间为每 3 个月继代 1 次。

1.2 资源圃资源监测技术与指标

资源圃资源生长状况监测 每年定人定点定期观测每份种质资源的生长情况，将樱桃种质的生长状况根据树体的生长势、产量、成枝力等树相指标分为健壮、一般、衰弱 3 级，对衰弱的植株，及时登记并按繁殖更新程序进行苗木扩繁和重新定植；利用生理生态监测系统及数字化植物资源与育种信息采集系统实时监测资源的果实发育、叶片温度、植物茎流和植物水分消耗情况等，及时了解资源的生长发育动态情况；实时监测突发状况、自然灾害等造成的树体损毁等异常情况，便于及时采取补救措施，避免资源丢失。

资源圃病虫害情况监测 根据气候、温湿度情况及樱桃树的病虫害发生规律进行预测预报，科学使用农业防治、生物防治、化学防治技术，有效控制病虫害发生。根据病虫害发生规律，在易发病虫害期定期观察监测，确保圃内病虫害严重发生前得到有效控制；制定突发性病虫害发生的预警、预案。

土壤条件、气候环境状况监测 利用固定式无线农业气象综合监测系统及土壤水量传感系统实时监测资源圃风向、风速、日照强度、太阳辐射、空气温湿度、土壤水分含量、土壤湿度、气压、降水量等环境状况，制定樱桃树生长发育环境需求指标，当生长环境发生异常变化时及时采取措施确保樱桃资源正常生长所需的环境要求；对资源圃土壤的物理状况及大量元素、微量元素、有机质含量、酸碱度进行检测，每 3 年检测一次，根据检测情况精准施肥、改良土壤。

遗传变异情况监测 每年调查每份樱桃资源的植物学特性和生物学特性，并作记录、对比，对发现有差异的植株进行性状稳定性检测，及时发现遗传变异，确保种质的纯度。

资源种植管理技术 ①水肥管理：土壤湿度低于 60%应灌水，保持土壤水分在 60%~80%，3 次灌透水（开春萌芽前，9 月施基肥后，封冻水）；施肥 2 次（9 月施基肥 1 次，5 月落花后追肥 1 次）。②整形修剪：冬季修剪 1 次，夏季连续摘心。在整形修剪、疏花疏果时要控制产量，保证树体旺盛的生长势，最大限度延长树体寿命。③病虫害管理：病虫害防控参照秦皇岛地方标准《DB1303/T 272—2019 大樱桃病虫害绿色防控技术规程》执行。④中耕除草：每年除草 4 次（6—9 月，每月 1 次）；9 月结合施基肥全园土壤深翻。

圃地资源监测指标 果蝇成虫数量发现1头，桑白蚧若虫平均虫口密度≥2.0头/10cm^2，梨小食心虫成虫数量大于10头，桃红颈天牛发现1头，卷叶蛾在樱桃叶片卷叶≥3片/株时，应及时使用杀虫剂防治。土壤湿度低于60%应灌水。日降水量大于50mm应及时排涝。

种植管理技术指标 行间草长至20~30cm时，用割草机进行刈割或旋耕；9月中下旬施用基肥，施用量每667m^{2}施商品有机肥5 000kg+复合肥100kg，壮果追施肥每株施复合肥1~2kg三元复合肥；秋季耕翻深度25~35cm。

1.3 资源圃资源繁殖更新技术与指标

繁殖更新技术 采用无性系嫁接扩繁技术对圃资源进行繁殖更新。实生砧木苗种子采用马哈利和本溪山樱，每年3月温室播种并于4月底定植到田间培养至9月初作为嫁接砧木；扦插苗砧木采用‘吉塞拉5号’和‘吉塞拉6号’，每年5月和8月半木质枝扦插，于第二年4月底定植到田间培养至9月作为嫁接砧木；酸樱桃砧木利用组培苗繁育，生根驯化后于4月底定植到田间培养至9月作为嫁接砧木。嫁接采用单牙贴接的方法，9月初在急需更新资源的一年生枝条上选取饱满芽嫁接在砧木上。育苗地要求土壤肥沃、透气性强。每份种质嫁接繁殖10株，按嫁接苗对土肥水要求管理至第三年3月，将扩繁的嫁接苗定植在田间保存，每份资源保存6株，其中永久株3株，预备株3株。苗木质量要求为一级成苗：嫁接部位砧木粗度0.8cm以上，侧根长度达到15cm以上、侧根数量5条以上，侧根粗度0.6cm，种质纯度100%，无检疫性病虫害，植株健壮。繁殖更新后对每份种质的植物学特征和生物学特性与原种质进行核对3~5年，及时更正错误。

更新复壮指标 ①资源保存数量减少到原保存数量的50%；②樱桃树体出现显著的衰老症状，发育枝数量减少50%等；③樱桃树遭受严重自然灾害或病虫为害后难以自生恢复，如发生根癌病、木腐病、病毒病等；④其他原因引起的樱桃树植株生长不正常。

1.4 圃资源备份技术与指标

圃资源备份技术 国家环渤海地区园艺作物圃樱桃圃保存的部分重要资源采用组织培养试管苗离体保存技术。

备份资源指标 ①新入圃未鉴定的资源；②适应性较差的资源；③珍稀濒危资源；④重要骨干亲本资源。

2 种质资源安全保存

2.1 各物种种质资源安全保存情况

截至2021年6月，国家环渤海地区园艺作物圃保存樱桃、苹果、梨、葡萄、桃、板栗及核桃资源共1 220份（表1），包括樱桃150份、苹果111份、板栗234份、梨202份、葡萄180份、桃235份、核桃108份，其中国内资源1 095份（占89.75%），国外引进资源125份（占10.25%），特色资源200份（占16.39%），野外或生产上已绝种资源83份（占6.80%）。

2001—2021年新增保存资源798份，包括樱桃种质资源103份、苹果种质资源61份、板栗种质资源192份、梨种质资源151份、葡萄种质资源100份、桃种质资源191份，占资源圃保存总量的65.41%，资源保存总量增长189.10%。从国外引进资源87份，包括苹果资源11份、梨资源25份、葡萄资源50份、桃资源1份。同期从我国环渤海地区共收集种质资源711份：其中苹果种质资源共收集野生资源、地方品种资源共计50份；板栗种质资源共收集种质192份，育成品种（系）131份，古树、濒危灭亡的资源56份，野生种质资源5份；梨种质资源共收集资源126份，其中育成品种（系）80份，野生资源4份，地方特色资源、地方农家品种及濒危种质共42份，包括五九香、山梨、小花盖、白自生、河北铁梨、青面酸梨等；葡萄种质资源共收集山葡萄等葡萄砧木资源50份；桃种质资源共收集190份，包括8份野生资源及1份濒危资源‘小关门毛桃2号’；樱桃共收集种质资源103份。

表1　国家环渤海地区园艺作物圃资源保存情况

作物名称	截至2021年6月保存种质份数（份）			2001—2021年新增保存种质份数（份）	
	总计	其中国外引进	其中野外或生产上已绝种	总计	其中国外引进
樱桃	150	0	0	103	0
苹果	111	20	61	61	11
梨	202	38	4	151	25
桃	235	1	1	191	1
葡萄	180	60	0	100	50
板栗	234	0	5	192	0
核桃	108	6	12	0	0
总计	1 220	125	83	798	87

2.2 保存的特色资源

截至2021年6月30日，国家环渤海地区园艺作物圃保存特色资源200份（苹果61份、板栗61份、梨50份、桃9份、核桃19份），占圃资源保存总量的16.39%。其中野生资源山定子、海棠等47份，古老地方品种八棱海棠、平顶海棠、花红、香果、槟子、萘子、沙果等14份；野生板栗资源5份，古树、濒危灭亡的资源56份；野生梨资源4份，地方特色资源、地方农家品种及濒危种质共46份；野生桃资源8份，野外或生产上已绝种的资源1份；野生核桃资源7份，野外或生产上已绝种的资源12份。

3　保存资源的有效利用

国家环渤海地区园艺作物圃前身为河北省果树种质资源圃，于2016年获批建设国家种质资源圃，2019年9月国家环渤海地区园艺作物圃建成，到2021年，该圃共保存1 220份种质资源材料。该圃为国家、省部级科技提供材料支撑，支持科研课题50余个，筛选出优良品种和优异品系60多个，给中国生产和科研直接提供优良种苗数十万株，优良品种推广面积近百万亩。培育樱桃、苹果、梨、桃、葡萄、板栗、核桃等新品种40多个。

3.1　育种、生产利用效果

河北省农林科学院昌黎果树研究所利用国家环渤海地区园艺作物圃保存的资源进行种内、种间杂交及高代品系回交，配置杂交组合等育种方法选育出新品种43个。包括苹果新品种10个，分别为葵花、胜利、向阳红、燕山红、碣石红、苹帅、苹艳、苹光、苹锦和昌苹8号；葡萄新品种10个，分别为无核早红、红标无核、春光、蜜光、脆光、宝光、金光、嫦娥指、贵妃指及金香蜜；樱桃新品种7个，分别为五月红、玲珑脆、早蜜露、晚蜜露、昌华紫玉、昌华紫脆和昌华紫霞；梨新品种2个，分别为香红梨和晚玉梨；桃新品种4个，分别为艳保、脆保、秋艳和秋恋；板栗新品种10个，分别为燕光、燕晶、燕兴、燕金、燕宽、燕明、替码明珠、替码珍珠及冀栗1号。培育的葡萄、板栗、苹果、梨和桃品种占国内自育品种种植面积的10%~15%，其中育成板栗品种占我国燕山板栗栽培面积50%以上；葡萄、苹果和板栗育种居国内领先，梨、桃和樱桃育种特色优势明显。

3.2　支持成果奖励

以圃内提供的种质资源为试材支撑，获河北省科技进步奖二等奖5项、河北省科技进步奖三等奖7项、河北省科技发明奖三等奖1项、河北省山区创业奖二等奖1项、河北省山区创业奖三等奖1项、国家农林渔业丰收奖三等奖1项。

3.3　支撑科研项目

支撑国家葡萄产业技术体系、国家苹果产业技术体系、国家梨产业技术体系、国家桃产业技术体系、国家“863”专项、国家自然科学基金、农业部公益性行业专项、科技部支撑计划项目、科技部科技支撑项目、河北省财政专项、河北省自然科学基金、河北省科技成果转化项目等80余项。

3.4　支撑乡村振兴与扶贫

根据《边远贫困地区、边疆民族地区和革命老区人才支持计划科技人员专项计划实施方案》相关规定，采用技术培训和现场观摩的方式，为河北省赞皇县、围场县、承德兴隆县、张家口提供北方果树科技方面的需求和专业技术服务，技术培训2 000余人次，培养种植能手300余人。

3.5 支撑资源展示、科普、媒体宣传

国家环渤海地区园艺作物圃进行田间资源展示9次，接待企业、合作社、种植大户等人员1 000余人次参加果树优异种质鉴评会，发放技术资料3 000余份，媒体报道18次。

3.6 典型案例

由于生境退化或丧失，致使现存的河北梨种质资源数量稀少，受威胁严重，河北梨已被列入中国《国家二级保护植物名录》及《世界自然保护联盟濒危物种红色名录》，属国家二级保护植物，2016年在河北省昌黎县碣石山区域搜集到河北梨，并将其保存于国家环渤海地区园艺作物圃中。

‘小关门毛桃2号’是2013年从燕山地区收集的，其花瓣大且褶皱，花型比较少见，该品种在当地已经绝迹。

4 展望

4.1 收集保存

我国环渤海地区农业生产历史悠久，气候类型多样，生态环境丰富，不仅有众多罕见的野生资源，而且孕育了大量的地方作物品种，果树种质资源特别是野生及特色果树种质资源极其丰富。目前已建立的国家果树种质资源圃所保存的种质资源主要是栽培品种，野生种质所占比例极少。随着果树新品种的不断冲击，以及生境的退化和消失，我国很多重要的野生果树种质资源和地方品种已经消失或濒临灭绝。此外，我国2019年之前已设立的18个国家果树种质资源圃中，不含有樱桃、蓝莓和榛子资源圃。因此，国家环渤海地区园艺作物圃将加强对野生果树种质资源及地方品种的收集和保存，以及加强对樱桃、蓝莓和榛子种质资源的收集和保存。

4.2 安全保存技术

目前，我国果树种质资源的保存方式比较单一，以田间保存为主。田间保存，土地使用面积大，管理成本高，而且容易受到极端环境和病虫害的危害导致资源丢失。因此，在果树种质资源保存方面应加强离体保存（试管苗保存和超低温保存）的研究。

4.3 挖掘利用

种质资源是果树生产、育种、种质创新和科学研究的物质基础。果树种质资源的有效利用涉及许多方面，包括鉴定筛选出的优异种质直接用于生产或作为砧木，另外优异性状单一，不能在生产上直接应用的种质，用于果树育种、种质创新和科学研究中，而其中重点还是在品种选育上，果树以杂交育种为主，扩展亲本遗传背景是育种取得有效

突破的因素，因此，未来果树种质资源挖掘利用的重点方向是考察、收集我国野生和地方名特优果树种质资源。

参考文献

曹家树，秦岭，2004. 园艺植物种质资源学［M］. 北京：中国农业出版社 .

任国慧，俞明亮，冷翔鹏，等，2013. 我国国家果树种质资源研究现状及展望——基于中美两国国家果树种质资源圃的比较［J］. 中国南方果树，42（1）：114-118.

王力荣，2012. 我国果树种质资源科技基础性工作 30 年回顾与发展建议［J］. 植物遗传资源学报，13（3）：343-349.

徐丽，陈新，魏海蓉，等，2014. 俄罗斯粮食和农业植物遗传资源保存状况［J］. 山东农业科学，46（4）：125-127.

钟广炎，江东，2007. 中国国家果树种质资源圃建设与研究回顾及展望［J］. 中国农业科学，40（增刊 1）：342-347.

广西农作物种质资源库（南宁）种质资源安全保存与有效利用

覃初贤，郭阳峰，覃欣广
（广西壮族自治区农业科学院　南宁　530007）

摘　要：广西地处祖国的西南边陲，和越南交界。西部与云贵高原相连，山地丘陵多，平原盆地少，河流密布，多民族世代聚居，具有多种地形气候和亚热带季风气候特点，是农作物种质资源的重要分布地和区域多样性中心。广西也是最早兴建并运行种质库的省区之一。本文简要介绍了广西收集农作物资源保存现状，总结和回顾39年来特别是近20年来广西农作物种质资源库以牛皮纸袋包装资源开放式保存的资源安全保存技术、资源安全保存、资源有效利用等方面的研究进展，并对今后资源研究方向进行展望。

关键词：农作物资源；保存技术；安全保存；有效利用

20世纪70年代国家对生物多样性保护进行重大战略部署，同时在中国农业科学院、河北省农林科学院、湖北省农业科学院和广西壮族自治区农业科学院四个单位兴建种质库，1个国家级种质库加3个省级种质库，即“1+3”资源保护的战略定位。广西壮族自治区农业科学院农作物种质资源库（以下简称广西农作物种质资源库）于1979年6月在广西南宁市兴建，于1981年11月建成并投入运行，是新中国建成并成功投入运行的第一座现代化农作物种质资源保存库（张家硕，1982），其功能定位是收集保存广西及东盟地区的农作物种质资源和其近缘野生种。截至2020年12月，已保存来自广西区内14个地级市及东盟地区等的作物种质资源59 085份，包括栽培稻、普通野生稻、药用野生稻、玉米、花生、野生花生、蓖麻、芝麻、油菜、大豆、野生大豆、绿豆、饭豆、豇豆、普通豇豆、豌豆、蚕豆、扁豆、菜豆、小豆、四棱豆、木豆、藜豆、利马豆、刀豆、鹰嘴豆、乌豆、高粱、小米、䅟子、荞麦、野荞麦、薏米、野生薏苡、小麦、繁穗苋、绿穗苋、千穗谷、尾穗苋、刺苋、烟草、红麻、长果黄麻、圆果黄麻、苎麻、棉花、火麻、秋葵、亚麻、玫瑰茄、西瓜、野西瓜、甜瓜、苦瓜、冬瓜、节瓜、南瓜、丝瓜、蒲瓜、葫芦、黄瓜、蛇瓜、番茄、茄子、辣椒、紫苏、萝卜、胡萝卜、芥蓝、芥菜、白菜、菜心、椰菜、苦荬菜、莴苣、生菜、春菜、茼蒿、莙达菜、苋菜、蕹菜、芫荽、芹菜、菠菜、大蒜、圆叶决明、决明、紫云英、田菁、苕子、草木樨、猪屎豆、穿心莲、黑麦草、拟高粱、百香果、木瓜、桑树、马尾松、湿地松、杉木、尾叶桉、黑荆、木棉、杖藜、地肤（106个种）。起源于中国的有稻、大豆、绿豆、饭豆、豇豆、小豆、粟、䅟子、荞麦、薏苡、长果黄麻、圆果黄麻、苎麻、冬瓜、节瓜、蛇瓜、紫苏、萝卜、芥蓝、芥菜、白菜、菜心、苦卖菜、茼蒿、蕹菜、芫荽、圆叶决明、决明、紫云英、田菁、苕子、草木樨、猪屎豆、百香果、木瓜、桑树、杉木、黑荆、木棉等资源。

作物种质资源是国家的战略资源，是作物新品种培育、资源创新和打好种业翻身仗的物质基础。世界上各国都重视作物种质资源的收集与保存，据报道全球建有1 750多个种质库（圃），保存种质资源 740 万多份，有 90%是以种子形式保存于低温干燥种质库中。美国收集保存有种质资源 59 万多份，印度 42 万份，国际农业磋商组织下属的 11 个种质资源库保存总量约 76 万份（卢新雄等，2019）。新中国成立后十分重视生物多样性的保护工作，尤其是党的十一届三中全会后，对作物种质资源的收集和保存特别重视，国家和部分省份相继建成了种质库。至 2020 年底，我国已建成国家作物种质库和青海复份库、10 个国家中期库和省级种质库 30 多座，保存种质资源 95 万多份，其中国家作物种质库保存资源 45. 1 万份（卢新雄等，2021），涵盖物种数2 200多个，各省级种质库保存资源总量达 50 万多份，主要是地方特色作物种质资源及近缘野生种。

1 种质资源安全保存技术

广西农作物种质资源库建有两个保存库房：1 号库房容积 400m^3（温度：－1℃±2℃；RH：32%±3%），能容纳资源 8 万份（200~400g/份，以水稻为例），安全保存期限 20 年左右；2 号库房容积 200m^3（温度：－10℃±2℃；RH：32%±3%），能容纳资源 10 万份（100~200g/份，以水稻为例），安全保存期限 30 年以上。库内放置密集种子架，种子自然晒干用牛皮纸袋包装后放入铝托盘排列好，置密集种子架上开放式保存。至 2020 年底种质库运行已满 39 年，运行温湿度参数稳定，长期安全保存有粮、油、食用豆类、蔬菜、经济作物、果树和绿肥牧草类等农作物种质资源59 085万份，育种材料 8 万余份、种子 1. 5 万 kg。其保存资源数量位列各省（区、市）前列。其中栽培稻种质资源数量约占全国保存总量的 1/6，糯玉米种质资源数量约占全国保存总量的 1/3（覃兰秋等，2006）。经对14 003份栽培稻资源、2 177份野生稻资源、1 729份玉米资源发芽力监测结果表明，栽培稻资源在广西中期库安全保存期限为 20 年（覃初贤等，2004），野生稻资源在长期库安全保存期限为 24 年（覃初贤等，2011），玉米资源在长期库安全保存期限为 30 年（覃初贤等，2015）。

1.1 资源入库保存技术与指标

库存资源来源 保存的作物种质资源主要来自院属各专业研究所及区内各市县区科学研究院（所）、高校或各类作物品种资源的保种单位（或个人）收集本地区农家品种或引进国内外特别是东盟国家等的资源，也有来自国内其他单位委托保存的种质资源。

资源入库保存技术 种质资源入库采用种子自然晒干后牛皮纸袋包装入库保存技术。①接收登记，对送存的资源种子进行质量和数量的初步检查和基本信息如作物种类、种质名称、保存编号、原产地、来源地、提供者、送存单位和送存人等登记。②剔除重复，核查送存资源是否有重复、重号、重名等，对已入库保存的资源，不要重复入库。③定位编写库存放编号。库中每个种子架设6个区，每个区有14层，每层都有两个不同存放编号，可存放28只铝托盘，同一批资源入库应尽量存放在同一区内。每个铝托盘只有唯一1个编号。库存放编号由7位数组成，如“1261131”中第1位数“1”代表1号库房、2~3位数“26”代表架号即第26个种子架、第4位数“1”代表区号即第26号架第1区、5~6位数“13”代表层数即第13层、最后一位“1”代表同一层上的托盘号即第13层上1号铝盘。④填写贮藏卡。每份资源用纸袋包装后按种质名称、保存号顺序排列于铝托盘中，然后在贮藏卡上填写好库存编号、种质名称、编号、份数或重量、收获期、入库期、送存单位和送存人等栏目后插入铝托盘靠左角显著部位。⑤填写入库单。对符合入库要求的资源，填写入库单一式两份，一份提供给送存人、一份存档。入库单注明资源类别、入库单编号、存放编号、入库日期、资源名称、编号、数量、贮存期、送存单位、送存人和经办人等。对不符合入库要求的资源，退回原送存单位重新繁殖后再入库。⑥临时库存放。临时库（温度：15~20℃；RH：≤50%），将办好入库手续的资源在临时库缓冲2~5天后再入库保存。

资源入库保存指标

送存资源质量：①经过检疫并持有检疫证书或无检疫对象。②没有拌用药物。③具有原品种性状的当年繁殖收获的种子。④破碎粒、虫蚀粒、霉粒、无胚粒、青瘪粒等杂质不得超过2%。⑤易发生虫害的作物和地区，送存种子之前要进行熏蒸处理。⑥种子发芽率不低于85%。⑦种子含水量不高于12%。

资源数量：一般为每份种子200~400g；小粒种（千粒重≤5g）50g，中粒种（千粒重20~100g）6 000粒，大粒种（千粒重100~400g）2 500粒，特大粒种子（如刀豆、藜豆种子每份需1 000~1 200g）1 000粒，同时多余留5%~10%的种子作为生活力跟踪检测用。所保存的种子每个编号提供2份，1份存放中期库（400~500g/份；玉米、大豆需750~1 000g/份），1份存放长期库（100~200g/份）。如种质资源数量较多，需用统一标志的布袋或纸箱包装，每袋种子数量控制在5~10kg。

发芽率：入库资源种子发芽率高于85%。入库前每份种子都要进行发芽率检测，发芽率高于85%（野生资源发芽率大于65%）才能入库贮藏。发芽率检测执行国家标准GB/T 3543. 4。

含水量：资源种子自然晒干，含水量不高于12%。入库前种子含水量测定是每批次抽取5%的样品进行测定，检测执行国家标准GB/T 3543. 6。淀粉类作物种子含水量测定采用高恒温烘干法，即样品置于130~133℃条件下烘干60min，油料或蛋白质含量高、小粒种子作物用低恒温烘干法，即样品置于103℃±2℃条件下烘干8h。

1.2 库资源监测技术与指标

库资源监测技术 ①库房温湿度监测。库房内布置梅花点温湿度检测器（如testo型号174H），每天至少巡视库房1次，观察记录每测点温湿度，如发现异常及时与机组运行管理人员联系，调整或维修机组，使库房温湿度参数在正常范围内运行，防止库房温湿度波动过大，影响种子寿命。②库存资源数量的监测。种质资源保存，最终目的是利用。随着贮藏年限的增加，分发利用次数的增加，种子也随之逐渐减少。本库为开放式纸袋保存，每年对库存资源逐份观察1次，记录余种少的资源编号，通知相关单位有计划进行繁种。③库存资源生活力跟踪检测。种质库定期定点检测库存种质资源生活力，当库存种质资源活力降低或数量减少影响种质资源安全时，应当及时繁殖补充。库存种质资源的生活力检测做到入库前检测1次，以后每隔5年抽取10%的样品进行检测一次，每隔10年逐份检测1次，活力易下降的资源如苦瓜、无籽西瓜资源每年至少要抽样检测1次，每次发芽结果按附表1格式进行记录后整理归类存档、数据存入电脑（表1）。

库存资源监测指标 ①库房温湿度监测指标。库房监控温度高于正常值3℃时或相对湿度高于正常值10个百分点时，要及时调整防止温度或湿度过高影响种子寿命。②库存资源数量的监测指标。种子分发利用次数多后，库存资源种子数量会减少，每年对库资源数进行一次盘点，将种子少的资源编号、作物名称记录在册，如中粒以上种子少于500粒、小粒种子少于1 000粒时，停止分发并通知送存单位进行繁种。③库存资源生活力监测指标。先列好资源发芽率监测清单，内容有库保存号、种质名称、资源编号。然后按清单在库房内取种，每份监测种子分发50粒左右，将分发后种子置缓冲间1~3天后取出到发芽室进行发芽处理。发芽采用国家标准GB/T 3543.4的发芽检测方法进行，每个资源编号1个样50粒左右种子，入库前发芽率逐份取样检测，贮藏后每隔5年抽取10%的样品进行检测一次，每隔10年再逐份检测1次。第一次取样检测发芽结果高于85%时，即为样品的发芽检测结果，而发芽率低于85%的样品要进行第二次取样做发芽率检测，所得结果与第一次发芽结果比较在允许误差范围内即为该样品的发芽结果，如发芽结果超过误差范围再进行第三次取样做发芽检测。

1.3 库存资源繁殖更新技术与指标

种质库贮藏条件可延长种子寿命长达几十年，但受种子本身遗传习性、含水量和环境温湿度、贮藏年限等因素影响，随着贮藏时间的增加会逐渐丧失活力，这就要在种子活力丧失之前从种质库取出种子进行繁殖更新，重新入库保存才能保持库存资源的生命力和其利用价值。

当库存种子发芽率低于80%（野生资源低于60%）库存期限要求时，取种进行繁殖更新后重新入库。通过分析贮存在电脑的库存资源生活力检测结果数据，筛选出发芽率低于80%（野生资源低于60%）的资源编号、名称和入库年份并生成1份需繁种更新资源名录清单，发给原送存生活力下降资源入库的专业所室进行繁种更新后重新入库保存。各所室资源繁殖更新的工作参照由卢新雄、陈叔平、刘旭等编著的《农作物种质资源整理技术规程》一书进行。

1.4 库存资源备份技术与指标

广西农作物种质资源库只有部分稻种、玉米资源进行备份保存，其他作物没有备份保存。进行备份保存的稻种资源有广西地方稻种核心种质、野生稻资源及分发利用量大的稻种资源、玉米备份资源也是常分发利用的地方特色资源等，约5 000多份，全部存入2号库（温度：-10℃±2℃；RH：32%±3%）中保存，备份资源入库质量和数量、含水量要求与正式入库资源一样。此外，还建立了备份资源入库清单并归档入电脑贮存。

表 1　广西农作物种质资源库库存种质资源发芽检测记录表

作物：　　入库时间：　年　月　日　　　检测时间：　年　月　日　　　发芽方法：　　　　发芽温度：　　　　　　第　页

统编号	保存号	重复	样品粒数	逐日发芽数										发芽势（%）	平均发芽势（%）	发芽率（%）	平均发芽率（%）	含水量（%）	备注
				1	2	3	4	5	6	7	8	9	10						

2 种质资源安全保存

2.1 作物种质资源安全保存情况

截至2020年12月，广西农作物种质资源库保存各类种质资源59 085份（表2），隶属植物学分类26个科、71个属116种（亚种），其中国内资源51 115份，占库保存总量的86.51%，国外引进资源7 970份，占库保存总量的13.49%。库存稻种资源29 605份，占库保存总量的50.11%，其中栽培稻资源26 111份，占库保存总量的44.19%，野生稻（普通野生稻、药用野生稻和疣粒野生稻）资源3 494份，占库保存总量的5.91%,；玉米资源7 857份，占库保存总量的13.30%，其中有糯玉米资源1 700多份、爆粒玉米资源近300份；大豆资源（野生大豆）6 649份，占库保存总量的11.25%；油料作物（花生、野生花生、芝麻、油菜、蓖麻）资源3 896份，占库保存总量的6.59%；杂粮作物（高粱、薏苡、小米、稷子、小麦、荞麦、籽粒苋）资源1 886份，占库保存总量的3.19%；食用豆类（木豆、绿豆、饭豆、普通豇豆、菜豆、藜豆、蚕豆、小豆、扁豆、豌豆、利马豆、刀豆、四棱豆、鹰嘴豆和乌豆）资源3 822份，占库保存总量的6.47%；蔬菜（豆角、茄瓜、辣椒、芥菜、萝卜、菜心、凉薯、黄瓜、冬瓜、节瓜、白菜、生菜、莴苣、甘蓝、春菜、大葱、香葱、芫荽、西洋菜、蕹菜、芹菜、茼蒿、苦卖菜、苋菜、羊角菜、紫苏瓠瓜、葫芦、蛇瓜）资源2 105份，占库保存总量的3.56%；西甜瓜（西瓜、甜瓜）资源1 045份，占库保存总量的1.77%；麻类（红麻、黄麻、苎麻、亚麻、火麻、玫瑰茄）资源1 786份，占库保存总量的3.02%；绿肥牧草（紫云英、苕子、田菁、猪屎豆、羊角豆、决明、黑麦草）资源382份，占库保存总量的0.65%；烟草资源33份，占库保存总量的0.06%；其他（穿心莲、桑、松树、杉木、黑荆、木棉、百香果、木瓜、蓼子、杖藜、地肤）资源19份，占库保存总量的0.03%。资源繁殖更新20 563份，其中稻种资源繁种更新14 385份、玉米资源繁种更新2 456份、大豆资源更新3 415份、其他资源繁种更新307份。

2001年启动农作物种质资源保护与利用项目至2020年底，新增各类作物资源数27 475份，新增10个种：百香果、木瓜、木棉、马尾松、湿地松、杉木、黑荆、猪屎豆、玫瑰茄和亚麻，新增资源占库存资源总量的46.50%，资源总量增长86.92%。20年来，从外国引进各类资源6 043份，新增资源占库存资源总量的10.23%，其中从巴基斯坦、越南、老挝、柬埔寨、泰国、缅甸、孟加拉国、印度、菲律宾、印度尼西亚、日本、韩国及美国等国家收集或引进稻种资源3 421份、野生稻120份（李丹婷等，2012）；从非洲、欧洲、南美、东南亚等地区引进玉米资源984份，从美国、巴西、日本等国家引进大豆资源556份，从美国、巴西、阿根廷、印度等国家引进花生资源546份（唐荣华等，2001），从印度引进木豆资源253份等，从泰国、加蓬、美国、日本等国家引进西瓜资源65份。从国内湖南、广东、云南、贵州、四川、江苏、福建、台湾等地引进稻种资源563份、大豆556份、玉米1 065份、百香果和木瓜各2份等。2015—2020年在广西进行5年作物种质资源考察收集工作，共收集稻种、玉米、大豆、花生、食用豆类、麻类、蔬菜、杂粮等资源4 202份入库，其中地方品种3 163份、育成品种 812 份和野生资源薏苡 195 份、野生大豆 27 份、野生荞麦 5 份等广西特色作物资源。

表 2　广西农作物种质资源库资源保存情况

作物名称	截至 2020 年 12 月保存总数					2001—2020 年新增保存数			
	种质份数（份）			物种数（个）		种质份数（份）		物种数（个）	
	总计	其中国外引进	其中野外或生产上已绝种	总计	其中国外引进	总计	其中国外引进	总计	其中国外引进
栽培稻	26 111	4 815	7 860	2	2	9 189	3 421	2	2
野生稻	3 494	199	750	3	2	2 240	120	3	2
玉米	7 857	1 184	1 370	1	1	3 337	984	1	1
大豆	6 312	556	1 350	2	1	3 576	556	2	1
野生大豆	337	0	103	1	0	227	0	1	0
花生	3 420	575	810	1	1	1 572	485	1	1
野生花生	250	65	3	1	1	189	61	1	1
芝麻	190	0	59	1	0	106	0	1	0
油菜	10	0	0	1	0	0	0	0	0
蓖麻	26	0	0	1	0	0	0	0	0
高粱	592	0	102	2	0	300	0	2	0
薏苡	349	0	134	4	0	215	0	4	0
小麦	325	135	300	1	1	3	0	2	0
荞麦	224	0	103	2	0	71	0	2	0
野生荞麦	5	0	0	1	0	5	0	1	0
小米	135	0	53	1	0	105	0	1	0
穆子	153	0	30	1	0	146	0	1	0
籽粒苋	103	5	40	4	2	95	0	4	0
木豆	567	253	200	1	1	537	253	1	1
绿豆	590	0	260	2	0	269	0	2	0
饭豆	587	0	250	1	0	172	0	1	0
普通豇豆	901	0	340	1	0	271	0	1	0
菜豆	145	0	55	1	0	9	0	1	0
藜豆	159	0	50	1	0	41	0	1	0
蚕豆	169	0	55	1	0	102	0	1	0
小豆	245	0	89	1	0	103	0	1	0

（续表）

作物名称	截至2020年12月保存总数					2001—2020年新增保存数			
	种质份数（份）			物种数（个）		种质份数（份）		物种数（个）	
	总计	其中国外引进	其中野外或生产上已绝种	总计	其中国外引进	总计	其中国外引进	总计	其中国外引进
扁豆	89	0	30	1	0	28	0	1	0
利马豆	31	0	10	1	0	7	0	1	0
豌豆	258	0	78	1	0	128	0	1	0
刀豆	43	0	15	2	0	18	0	1	0
四棱豆	20	0	15	1	0	0	0	1	0
鹰嘴豆	6	0	6	1	0	0	0	1	0
乌豆	12	0	12	1	0	0	0	0	0
黄麻	549	0	5	2	0	544	0	2	0
红麻	539	63	72	1	0	465	63	1	1
苎麻	2	0	0	1	0	0	0	0	0
玫瑰茄	220	0	0	1	0	220	0	1	0
亚麻	4	0	0	1	0	4	0	1	0
火麻	472	0	30	1	0	462	0	1	0
豆角	346	0	125	1	0	197	0	1	0
茄子	875	40	50	1	0	821	35	1	1
辣椒	114	0	30	1	0	81	0	1	0
芥菜	3	0	0	1	0	0	0	0	0
胡萝卜	3	0	0	1	0	0	0	0	0
萝卜	5	0	0	1	0	0	0	0	0
菜心	10	0	5	1	0	0	0	0	0
丝瓜	79	0	25	1	0	65	0	2	0
凉茹	1	0	0	1	0	0	0	0	0
黄瓜	53	0	20	1	0	32	0	1	0
苦瓜	31	0	10	1	0	20	0	1	0
芥蓝	2	0	0	1	0	0	0	0	0
南瓜	257	0	60	1	0	197	0	1	0
番茄	72	0	18	1	0	54	0	1	0
莙达菜	2	0	0	1	0	0	0	0	0

（续表）

作物名称	截至2020年12月保存总数					2001—2020年新增保存数			
	种质份数（份）			物种数（个）		种质份数（份）		物种数（个）	
	总计	其中国外引进	其中野外或生产上已绝种	总计	其中国外引进	总计	其中国外引进	总计	其中国外引进
冬瓜	5	0	0	1	0	1	0	1	0
节瓜	91	0	10	1	0	81	0	1	0
白菜	7	0	0	1	0	2	0	1	0
生菜	3	0	0	1	0	0	0	0	0
莴苣	2	0	0	1	0	0	0	0	0
甘蓝	2	0	0	1	0	0	0	0	0
春菜	2	0	0	1	0	0	0	0	0
大葱	1	0	0	1	0	0	0	0	0
香葱	1	0	0	1	0	0	0	0	0
芫荽	5	0	0	1	0	3	0	1	0
西洋菜	1	0	0	1	0	3	0	1	0
苦卖菜	4	0	0	1	0	2	0	1	0
苋菜	5	0	0	1	0	0	0	0	0
羊角菜	5	0	0	1	0	0	0	0	0
芹菜	2	0	0	1	0	0	0	0	0
茼蒿	3	0	0	2	0	0	0	0	0
蕹菜	5	0	0	1	0	0	0	0	0
紫苏	4	0	0	1	0	3	0	0	0
瓠瓜	41	0	0	1	0	36	0	1	0
葫芦	45	0	0	1	0	40	0	1	0
蛇瓜	18	0	0	1	0	16	0	1	0
西瓜	856	80	350	2	2	671	65	2	2
甜瓜	189	0	50	2	0	133	0	2	0
烟草	33	0	20	1	0	0	0	0	0
紫云英	68	0	30	1	0	61	0	1	0
田菁	81	0	30	1	0	74	0	1	0
羊角豆	47	0	25	1	0	47	0	1	0
决明	25	0	0	2	0	22	0	2	0

（续表）

作物名称	截至2020年12月保存总数					2001—2020年新增保存数			
	种质份数（份）			物种数（个）		种质份数（份）		物种数（个）	
	总计	其中国外引进	其中野外或生产上已绝种	总计	其中国外引进	总计	其中国外引进	总计	其中国外引进
猪屎豆	41	0	0	1	0	41	0	1	0
苕子	117	0	85	1	0	5	0	1	0
黑麦草	3	0	0	1	0	0	0	0	0
穿心莲	1	0	0	1	0	0	0	0	0
桑树	5	0	0	1	0	2	0	1	0
百香果	2	0	0	1	0	2	0	1	0
木瓜	2	0	0	1	0	2	0	1	0
木棉	1	0	0	1	0	1	0	1	0
松树	2	0	0	2	0	2	0	2	0
杉木	1	0	0	1	0	1	0	1	0
黑荆	1	0	0	1	0	1	0	1	0
红花蓼子	2	0	0	1	0	0	0	0	0
杖藜	1	0	0	1	0	0	0	0	0
地肤	1	0	0	1	0	0	0	0	0
合计	59 085	7 970	15 312	116	14	27 475	6 043	87	13

2.2 保存的特色资源

古老珍稀资源 库存有古老珍稀稻种、玉米、大豆、杂粮、食用豆和瓜果资源1 563份，占库保存总量的2.65%。如水稻有龙州下冻细米、下冻香糯、平乐鸡嘴糯、东兰粳稻候仙哈和墨米、防城翼糯、靖西香糯、德保东凌棉谷、天等冬稻、钦州深水莲、北海水底沟、贵县十丈禾、南木深水稻等（梁耀懋，1984）；玉米有花丝糯、来宾八行玉米、桥头糯、南丹九子苞、爆碌粟、运江白、白马牙、金皇后、都安糯、宜山糯等（覃兰秋，2006）；大豆有靖西早黄豆、靖西青皮豆、玉林大黄豆、平果小黄豆、宜山六月黄、七月黄、扶绥黄豆、武鸣黑豆、英敏黑豆、念井黑豆等；花生有贺县大花生、涠洲岛的海南小花生、靖西红衣花生等。在农业生产和科研育种上发挥了重大作用。目前一些品种还有农户种植利用。

濒危资源 野外或生产上种植濒危资源有薏苡、高粱、野生稻、小米、荞麦、水稻和玉米地方老品种、豇豆等。有500多个野生稻、野生薏苡等资源以及500多个地方老品种濒临灭绝，占库保存总量的1.69%。

野生资源 野生资源有普通野生稻、药用野生稻、疣粒野生稻、野生花生、野生大豆、野生薏苡、野生荞麦、野生西瓜等资源4 320份，占库保存总量的7.31%。纳入《国家重点保护野生植物名录》的有普通野生稻（*Oryza rufipogon* Griff.）和药用野生稻（*Oryza officinalis* Wall. ex Watt）。

2.3 野外或生产上已绝种的资源

经统计，随着国家不断发展及城镇化建设和良种的普及种植，原有的农作物资源大部分无人种植直到绝种约有15 312份，占库保存总量的25.92%，其中，稻种资源有7 860份已在野外或生产上绝种，玉米资源约有1 100份已在野外或生产上绝种，大豆资源约有1 350份已在野外或生产上绝种，油料作物资源约有872份已在野外或生产上绝种，杂粮作物资源约有762份已在野外或生产上绝种，食用豆类资源约有1 465份已在野外或生产上绝种，麻类作物资源约有107份已在野外或生产上绝种，蔬菜类资源约有353份已在野外或生产上绝种，西甜瓜资源约有400份已在野外或生产上绝种，绿肥牧草资源约有170份已在野外或生产上绝种，烟草资源约有20份已在野外或生产上绝种。

2.4 典型案例

据统计，1994年前东兰县有稻种资源206个，其中早稻品种19个、中晚稻品种187个（粳稻78个、籼稻28个、糯稻81个）。传统中稻品种：粳稻有候仙略、候仙久、候仙平、候仙哈、候仙夏、候仙骨、候仙扣、候白宿、候仙恒、候仙乌、候仙弄（以上为壮话译音）、光头粳、红毛粳；糯稻有兰农、兰辣、乜杰、候因、拉粒、牙而、台烟、台笨、闷苦（以上为壮话译音）、大芒、墨糯等。早稻品种有矮脚南特、广选3号、红南、珍珠矮、桂朝2号、双桂1号等品种。晚稻品种有中山红、莲塘早、白壳矮、塘竹33号、团结1号和水稻17号等品种（东兰县志，1994）。2015年9月至2020年12月，广西壮族自治区农业科学院组织各类作物资源考察收集团队赴广西各县（市、区）的乡镇开展资源抢救性收集，经整理后繁种鉴定，东兰县仅有17份中晚稻资源入库保存，具体为：墨米有灰皮墨米、东兰墨米、长江墨米、大同墨米、英法墨米、切学墨米，粳稻有有芒红粳米、无芒红粳米、候乜闷、候仙哈（兰木粳米）、候棕马、侯仙龙、英法粳稻，糯稻有糯旱谷、大同糯稻、英法糯米、大同小糯稻。其他稻种资源已绝种有189份，东兰县稻种资源在生产上绝种数量占原有稻种资源量的91.75%。现收集保存的17份中晚稻资源均为东兰县古老珍稀特异资源。例如以下两种水稻：

候仙哈——兰木粳米（稻，*Oryza sativa* L.）。东兰县农家百年传承的优质特色稻种，兰木粳米含有丰富的蛋白质、脂肪、碳水化合物、粗纤维、钙、磷、铁、维生素B_1、维生素B_2、烟酸、蛋氨酸、缬氨酸、亮氨酸、异亮胺酸、苏氨酸、苯丙氨酸、色氨酸、赖氨酸等多种营养物质。兰木粳米是兰木乡人民的主粮，因为长期吃食粳米，百岁以上寿星人口比例很高。1972年美国总统尼克松来中国访问时，中共中央指定用广西东兰县兰木乡粳米在国宴上款待总统尼克松。从此，兰木粳米享誉海内外，被人们尊称为“米中之王”“中央米”“总统米”的美称。

东兰墨米（稻，*Oryza sativa* L.）。种植历史有800多年，米质呈墨色而得名，世界长寿之乡药食同源之珍品，是全国有名的六大珍米之一。该品种株高 120~125cm、全生育期 135~138 天，具有耐阴、耐寒、耐瘠等特性，一般亩产 350kg。该米营养丰富，硒元素含量高，在 0.20~0.35mg/kg。硒被国内外医学界和营养学界誉为“抗癌之王”“长寿元素”“人体年轻的元素”等。此外，还含有脂肪、钙、磷、铁、花青素等多种营养成分，古代宫廷把墨米列为首选贡米。用东兰墨米为原料酿酒等形成了“黑色”特色产业链，为东兰县人民脱贫致富奔小康做出了巨大贡献。东兰墨米 2016 年 3 月 31 日获农产品地理标志登记。

3 保存资源的有效利用

广西农作物种质资源库运行 39 年来，经过几代种质资源科技工作者的艰苦努力，现保存农作物种质资源59 085份、育种材料 8 万余份。通过创新利用这些珍贵的种质资源，广西壮族自治区农业科学院创制了一批在科研、生产上发挥巨大作用的新材料、新品种，累计培育新品种近 500 个，例如，利用广西农家品种矮仔占培育了第一个矮秆杂交水稻品种，有 17 个育成品种具有矮仔占的“血缘”（周泽隆，1984），引发了水稻第一次绿色革命——半矮秆育种；广西选育的桂 99 是我国第一个利用广西引进的东南亚普通野生稻育成的恢复系，是国内应用面积最大的水稻恢复系之一；创制了广西首个被农业农村部列为玉米生产主导品种的桂单 0810 和广西第一个通过国家审定的糯玉米品种——桂糯 518，现已成为广西乃至全国糯玉米育种史上的标志性品种；利用梧州青皮冬瓜、北海粉皮冬瓜等育成“桂蔬”系列黑皮冬瓜（在华南地区市场占有率达 60%以上）。累计向全国 21 个省（区、市）的 300 多家单位、科研院所、高校、种子企业、种植户等提供种质资源分发利用9 875份120 000份次，进行基础研究、育种利用及生产上直接利用。库存资源利用率达 16.71%。

3.1 稻种资源的利用

栽培稻资源的利用 首次构建了一套仅用 5%样本代表广西地方稻种资源 89%遗传多样性的核心种质，通过简化基因组测序绘制 419 份核心种质 12 条染色体的单体型图谱，实现了广西地方稻种资源遗传多样性的系统化管理和保护，化解了庞大稻种资源与有限挖掘利用之间的矛盾。

从核心种质挖掘出 211 份优异稻种资源，定位了 18 个新基因，开发了 20 个分子标记，创制了 45 份新种质，育成并审定了 5 个新品种，促进了优异基因资源的挖掘与利用。其中，发现了国内外首个抗南方水稻黑条矮缩病基因 *qSRBSDV6*，创制了抗病恢复系野抗 R1，育成抗病新品种丰田优 R1；鉴定出抗纹枯病新主效基因 *qSB-2*，创制了 4 个优良抗病种质，育成抗纹枯病新品种桂禾 7 号。开创了南方水稻黑条矮缩病、纹枯病抗性基因挖掘、品种选育同步利用的先河。

建立了广西首个地方稻种资源数据库，包含 22 万条数据及5 480张照片，实现数字化管理和数据信息共享，2010—2020 年来，向全国 21 个省（区、市）的 39 家单位提供种质及数据共享服务2 875份次，为华优 625 等 23 个品种提供了优异血缘，显著提升了广西地方水稻种资源利用效率。

野生稻资源的利用 广西野生稻资源分布广，特别是普通野生稻和药用野生稻收集引种保存成绩显著，种质库和种质圃都保存有野生稻资源。同时广西利用野生稻资源优异性状进行育种，取得巨大的成功。广西壮族自治区农业科学院水稻研究所利用野败保持系龙紫 12B 为母本与广西引进的东南亚普通野生稻杂交选育出了全国三大恢复系之一——恢复系桂 99；广西大学直接利用田东野生稻为主体亲本，与多个各具显著特点的恢复系材料杂交，育成了强优广谱恢复系测 253（邓国富等，2012）。从广西野生稻中发现并被克隆的白叶枯病基因 *Xa23*、褐飞虱抗性基因 *Bph14* 和 *Bph15* 等基因在生产上大面积应用。累计向国内各应用单位提供野生稻种质资源 750 多份次。

3.2 玉米资源的利用

在玉米杂交良种广泛推广之前，金皇后、本地黄等曾经为广西玉米种植的主导品种。利用收集的地方品种和从墨西哥和泰国引进的优异玉米种质资源累计选育出玉米品种 127 个，其中，直接利用引进的品种有墨白 1 号、苏湾 1 号和墨黄 9 号等，从 20 世纪 70 年代引进并推广至 2010 年，在广西、云南和贵州等地累计推广应用面积达到 5 000多万亩，目前仍然在生产上有零星种植，特别是在云南，至 2016 年，每年仍种植达 20 多万亩。利用墨黄 9 号等热带种质育成的桂顶系列和桂三系列杂交种的推广应用，进一步提高了玉米生产水平，累计推广面积达 3 000多万亩。桂单 22 号、桂单 0810（桂审玉 2012008 号）和桂单 162（桂审玉 2013001 号）等玉米单交种均含有热带玉米种质苏湾的成分，为我国广西及周边相邻生态区的主推品种，截至目前累计推广种植面积达到3 000多万亩。桂单 0810 是农业农村部推荐的生产主导品种，目前仍然是广西年度种植面积最大的玉米品种。南顶系列和南校系列玉米品种利用了地方种和苏湾种质，累计推广应用1 000多万亩。广西审定的糯玉米品种柳糯 1 号、玉美头 601（桂审玉 2003006 号）及通过国家审定的桂糯 518（国审玉 2010017 号）和桂甜糯 525（国审玉 2016011 号）等鲜食玉米品种，创新性地利用了都安、忻城等地方糯玉米种质资源，是广西及周边鲜食玉米市场的当家品种，累计推广应用达1 000多万亩。利用了热带种质资源墨白 1 号育成的农大 108，1998—2016 年，在全国 25 个省（区、市）累计种植面积达 2. 7 亿多亩。

在种质创新方面，利用引进的种质资源，挖掘出玉米抗纹枯病、南方锈病等优异基因，创制出 M9、双 M9、南 99、D001、桂 39722、桂兆 18421、先 21A、SP221、苏 11、苏 37 和 CML161 等一批综合性状优良的育种新材料。累计向国内各单位提供玉米资源 1 000多份次。

3.3 大豆资源的利用

利用收集引进的资源累计选育出桂春 1 号、桂春 2 号、桂春 3 号、桂春 5 号、桂春 6 号（梁江等，2006）、桂春 8 号、桂春 9 号、桂春 10 号、桂春 11 号、桂春 12 号、桂春 13 号、桂春 14 号、桂春 15 号、桂春 16 号、桂春 18 号、桂春 1601、桂春 1607、桂春 1608、桂 1016、桂 1603、桂夏 1 号、桂夏 2 号、桂夏 3 号、桂夏 4 号、桂夏 5 号、桂夏6号、桂夏7号、桂夏10号、桂夏1702等共28个，其中，桂春1号和桂夏1号一直种植至今，为广西种植比例和累计推广面积最大的大豆品种；近年来，高产优质多抗新品种不断涌现，逐步替代地方品种及老旧品种，如桂春8号、桂夏3号、桂夏7号等，现已成为广西主要种植品种，每年种植面积占7成以上。

在种质创新方面，挖掘出抗重金属镉以及高异黄酮等优异基因，利用柳8813和桂豆3号配制组合，育成高产优质抗重金属镉大豆品种桂春8号；桂夏3号和桂夏2号配制组合，育成高产优质高异黄酮大豆品种桂夏7号。利用引进的资源，创制出一批适合间套种的耐阴大豆新种质。累计向国内各应用单位提供大豆种质资源3 000多份次。

3.4 食用豆类资源的利用

利用收集引进的资源累计选育出桂木豆7个、桂绿豆15个、桂豇豆4个、桂小豆6个。在种质创新方面，利用广西那坡、贵港等地的绿豆、豌豆、豇豆资源，挖掘出枯萎病、白粉病抗性基因及长荚、多荚等优异农艺性状基因，创制出一批综合性状优良的育种新材料。累计向国内各应用单位提供食用豆资源600多份次。

3.5 花生资源的利用

利用收集引进的资源累计选育出桂花系列花生品种41个，其中，桂花17号为我国20世纪90年代到21世纪初种植比例和累计推广面积最大的自育花生品种，桂花系列花生品种占广西花生生产品种的70%。在种质创新方面，利用收集的地方种质资源、国内外栽培品种资源及野生花生资源，创制出一大批高油酸、高油、青枯病抗性、高蛋白、富硒、特色种衣等优异育种新材料，为优良新品种选育储备了后续材料。累计向国内各应用单位提供花生资源500多份次。

3.6 麻类资源的利用

利用收集引进的资源累计选育出黄麻品种5个、红麻品种2个，其中，桂麻菜1号和桂麻菜2号为我国第1和第2个圆果种菜用黄麻品种。在种质创新方面，育成高耐盐品种桂麻菜5号。累计向国内各应用单位提供麻类资源50多份次。

3.7 西瓜甜瓜资源的利用

利用收集引进的资源累计选育出西瓜、甜瓜品种92个，其中，广西三号、广西五号两个无籽西瓜品种在全国19个省份以及泰国、马来西亚和越南等国应用推广，攻克并解决制约无籽西瓜生产发展的“三低”和“二不稳”难题，是我国20世纪末至21世纪初应用面最广、推广面积最大、出口量最多的品种；好运52、好运8号和好运11号三个哈密瓜类型厚皮甜瓜品种解决了哈密瓜类型厚皮甜瓜南移生产最根本的品种与技术难题，推动广西及华南地区厚皮甜瓜产业发展。

在种质创新方面，利用秋水仙素等化学药剂进行西瓜甜瓜多倍体种质创新，创制出一批综合性状优良的四倍体育种新材料，为选育新品种打下坚实基础。累计向国内各应用单位提供西瓜甜瓜种质资源200份次。

3.8 蔬菜资源的利用

利用简化基因组解析中国、欧洲和中南半岛茄属野生种、初级栽培种和高级栽培种类群遗传多样性，明确种群之间基因交流信息与驯化关系，这一证据为育种学家挖掘茄子优良基因来源和育种材料的正确选择提供方向。

利用农家品种和地方品种的优良品质及抗病特性，结合病圃抗病性鉴定，通过杂交配组选育出瑞丰一号、瑞丰 2 号、瑞丰 3 号、桂瑞丰 5 号紫长茄新品种 4 个，填补了国内兼具高品质、耐储运紫长茄品种的空白，实现了华南地区优质紫长茄育种的突破。利用广西地方资源苏圩苦瓜与外引资源杂交选育大肉苦瓜系列品种，利用梧州毛节瓜和南宁毛节瓜地方品种资源进行杂交选育出了桂优系列毛节瓜品种（李文嘉，2003），利用梧州青皮冬瓜、北海粉皮冬瓜等育成“桂蔬”系列黑皮冬瓜，在华南地区市场占有率达 60%以上。累计向国内各应用单位提供蔬菜资源 850 多份次。

3.9 绿肥资源的利用

利用收集及保存的资源，通过杂交和系统选育，育成抗逆性强、适应性广、生物量高、营养丰富、留种方便，适合旱地栽培的粮肥兼用型绿豆新品种桂绿豆 3 号和桂绿豆 5 号（桂绿豆 3 号：桂审豆 2014002 号；桂绿豆 5 号：桂审豆 2014003 号）。

在种质创新方面，利用隆安、大新、忻城、灌阳等野生紫云英资源，挖掘出早生快发、生物量高、养分截获能力强等优异基因，创制出一批综合性状优良的育种新材料，桂早紫 1 号可在双季稻区实现一年播种多年循环自然生长多次利用的轻简化栽培模式。此外，创新利用南方夏季耐湿热田菁种质资源，筛选优良材料 38 个，获优良品系 16 个。累计向国内各应用单位提供绿肥资源 50 多份次。

3.10 库存种质资源利用研究成果

利用库存稻种资源支撑申请获得国家自然科学基金 28 项，获省部级以上科技奖励 34 项。近五年，发表科技论文 100 多篇，其中 SCI 论文 19 篇。授权发明专利 15 项。

参与完成的“木豆新品种的引进筛选与示范推广”获 2003 年广西壮族自治区科学技术进步奖二等奖、“绿豆优异种质创新及高效栽培应用”获 2016 年广西壮族自治区农业科学院科学技术进步奖二等奖、“绿豆新品种选育及绿色高效栽培技术集成应用”获 2018 年江苏省科学技术奖一等奖。近年来，该类食用豆资源支撑发表科技论文 17 篇。

应用玉米资源及创新材料研究完成的项目获得各级奖励 4 项：“玉米优异种质资源规模化发掘与利用”获得 2019 年神农中华农业科技奖一等奖；“适合东盟国家的玉米新品种培育创制、试种鉴定与示范应用”获得 2019 年广西壮族自治区科学技术进步奖三等奖；“适合东盟国家的玉米新品种培育创制、试种鉴定与示范应用”获 2017 年中国产学研合作创新成果奖二等奖；“玉米杂交种（组合）在东盟国家试种鉴定与示范应用”获 2016 年广西壮族自治区农业科学院科技进步奖二等奖。育成玉米新品种 7 个：桂单 688（桂审玉 2011006 号）、桂单 901（桂审玉 2012009 号）、桂单 902（桂审玉

2020010 号)、桂单 903(桂审玉 2020083 号)、桂单 905(桂审玉 2019090 号)、桂单 1125(桂审玉 2015005 号、黔审玉 2016013 号)、桂甜糯 987(桂审玉 2020041 号)。发表玉米种质资源研究及种质创新相关论文 16 篇。申请植物新品种权 22 项，其中获得授权 6 项：桂单 901(CNA20140633.5)、桂单 1125(CNA20160599.5)、GRL117(CNA20191002366)、GRL736911(CNA20191002364)、GRL7310(CNA20191002367)、GRL17901(CNA20191002368)。

利用大豆资源支撑国家自然科学基金 1 项、国家自然科学基金 2 项。参与完成的“优质耐旱高产大豆新品种桂春 8 号的选育及推广应用”获 2013 年广西壮族自治区科学技术进步奖二等奖、“桂春 6 号、桂夏二号等大豆新品种选育及应用”获 2011 年广西壮族自治区科学技术进步奖三等奖、“高产耐旱大豆品种桂夏 3 号和桂春 11 号选育及配套栽培技术研究与应用”获 2016 年广西壮族自治区科学技术进步奖三等奖。近年来，大豆资源支撑发表中文核心期刊论文 30 多篇、授权发明专利 8 项。

利用花生资源支撑国家自然科学基金 6 项，发表 SCI 论文 6 篇，授权国家发明专利 10 项。支撑获成果奖 7 项：①“花生野生种优异种质发掘研究与新品种培育”获 2011 年国家科学技术进步奖二等奖，第三完成单位；②“花生优异基因资源发掘和广适高产新品种创制与应用”获 2017 年广西壮族自治区科学技术进步奖二等奖；③“间作型花生品种“桂花 771”的选育及配套栽培技术研究与应用”获 2014 年广西壮族自治区科学技术进步奖二等奖；④“高产、优质、多抗桂花系列花生新品种的创制与应用”获 2011 年广西壮族自治区科学技术进步奖二等奖；⑤“花生高产优质新品种桂花 17 的选育”获 1997 年广西壮族自治区科学技术进步奖二等奖；⑥“花生属野生种几种利用途径的研究”获 1994 年广西壮族自治区科学技术进步奖二等奖)；⑦“花生高产稳产新品种桂花 21 选育”获 2005 年广西壮族自治区科学技术进步奖三等奖。

4 展望

4.1 收集保存

随着小康社会的实现，人民生活水平的提高，更需要多样化的健康食物供给，如特异功能稻米、抗病优质的瓜果、天然的蜂蜜等需求量必然大增。而培育抗病优质的瓜果需要大量的砧木资源，优质的蜂蜜也需要大量的蜜源植物资源储备。未来应重点收集砧木资源，如南瓜和葫芦瓜资源等；收集蜜源植物资源，如野荞麦、水蓼、蓝花草、棣棠花等资源。

按当地政府的规划，先收集要开发的地区，重点收集野生资源材料和地方品种，生物多样性好的地方要进行原生境保护。

4.2 安全保存技术

为适应种业发展需要，应加强研究自然条件下延长小包装(≤5kg/包)种子寿命的安全保存技术，使种子在 6~12 个月内的发芽率保持国家质量标准和商用价值。

加强研究库存后活力容易下降的一些作物种子保存技术，如苦瓜、无籽西瓜等种子的安全保存技术。

研究节能环保贮藏期限10年左右的保存技术，适应经费困难，没有条件建种质库边远地区、种子企业等存放资源和育种材料之需。

异域资源互为备份保存技术。如南方省份的资源到北方省份保存，广西资源与山东互为备份保存，本省区内不同地域互为备份，如广西南宁市与河池市互为备份保存，防止因自然灾害（发洪水、地震）引起资源灭绝。

4.3 挖掘利用

挖掘野生资源的优异基因。充分利用现代先进的生物技术挖掘新的优异基因并克隆出来建立基因文库保存。

挖掘具有地方特色珍稀资源，在广西应继续对墨米、香糯资源进行挖掘，挖掘出花青素、香味形成的控制基因，培育出花青素含量高、香味浓郁、糯质优的新品种。

挖掘抗病虫玉米资源，应对草地贪夜蛾危害，培育抗虫品种。

为应对全球气候变化，应挖掘粮食作物耐冷资源和耐热资源，培育耐冷或耐热新品种，防患未然，贮备急需。

种质资源保存是一项公益性、长期性和基础性工作，经过几代科技人员的不懈努力，我国的资源保存和利用取得了巨大的成就，但从农业生产可持续发展、打好种业翻身仗、中国人的饭碗牢牢端在自己手里的要求和形势看，仍存在许多问题。而国家和地方政府稳定经费支持，加强对作物近缘野生资源收集及原地、异地保护的力度，建立健全全国资源共享平台、合作机制和资源异域备份保存是可持续利用研究、资源长期安全保存的重要保障。

参考文献

邓国富，张宗琼，李丹婷，等，2012. 广西野生稻资源保护现状及育种应用研究进展［J］. 南方农业学报，43（9）：1425-1427.

黄相，韦天富，覃剑萍，1994. 东兰县志［M］. 南宁：广西人民出版社.

李丹婷，农保选，夏秀忠，等，2012. 东南亚稻种资源收集与鉴定评价［J］. 植物遗传资源学报，13（4）：622.

李文嘉，2003. 广西节瓜种质资源研究及评价［J］. 长江蔬菜（9）：42-43.

梁江，冯兰舒，陈渊，等，2006. 广西主要杂交豆育成品种系谱分析［J］. 中国农学通报，22（12）：139-140.

梁耀懋，1984. 广西作物品种资源调查征集概况［J］. 广西农业科学（4）：23-25.

卢新雄，辛霞，刘旭，2019. 作物种质资源安全保存原理与技术［M］. 北京：科学出版社.

卢新雄，辛霞，尹广鹍，等，2019. 中国作物种质资源安全保存理论与实践［J］. 植物遗传资源学报，20（1）：2.

卢新雄，辛霞，尹广鹍，等，2021. 作物种质资源库、保护体系与种业振兴［J］. 中国种业（11）：4.

覃初贤，宁秀呈，温东强，等，2004. 种质库栽培稻种子生活力监测分析［J］. 广西农业科学，35（4）：282-283.

覃初贤，望飞勇，温东强，等，2011. 库存野生稻种质资源发芽力研究［J］. 安徽农业科学，39（21）：12664.

覃初贤，温东强，望飞勇，等，2015. 库存玉米种质资源发芽力监测与分析［J］. 中国农学通报，31（33）：57.

覃兰秋，程伟东，谭贤杰，等，2005. 广西玉米种质资源的特征特性及利用评价［J］. 广西农业科学，37（5）：510-511.

唐荣华，高国庆，韩柱强，2001. 花生种质资源数据库建立及应用研究［J］. 中国油料作物学报，23（2）：70-71.

张家硕，1982. 广西农科院农作物品种资源库情况简介［J］. 种子（4）：71.

周泽隆，1984. 矮仔占的种质谱系［J］. 广西农业科学（4）：26.

湖南农作物种质资源库（长沙）水稻种质资源安全保存与有效利用

段永红，李小湘，余亚莹，潘孝武，刘文强，唐　潇，李卫红，周志武
（湖南省水稻研究所/长江中下游籼稻遗传育种重点实验室　长沙　410125）

摘　要：湖南省农作物种质资源库自1992年正式运行以来，至2021年底完成了以湖南地方特色水稻资源为代表的17 568份水稻种质资源安全保存和8 334份水稻种质资源的繁殖更新。建立了一套较完整的入库工作流程和安全保存技术，库存资源为水稻科学研究、优质稻产业化发展和乡村振兴等方面提供了技术支撑和物质保障。并将继续系统性开展区域和特色资源收集保存，进一步完善资源安全保护体系，开展种子质量和种子贮藏特性研究，开展水稻种质资源全基因组关联分析和种质创新研究。

关键词：水稻资源；安全保存；有效利用

水稻作为世界上第二大粮食作物，水稻种质资源收集保护得到世界主要产稻国及国际研究机构的重视。其中，国际水稻研究所（IRRI）水稻基因库至2019年底保存13.2万余份水稻种质资源，此外，印度、日本、韩国、泰国、美国等国家及非洲水稻研究中心亦收集保存不少水稻种质资源（潘大建等，2020）。

我国是亚洲栽培稻起源地，水稻是我国历史最为悠久的粮食作物之一。我国的历史文献中，先后记载过5万多个水稻品种名（曹幸穗和朱冠楠，2020）。截至2018年12月，我国国家农作物种质资源长期库已保存水稻种质资源8.7万余份，其中野生稻资源6 694份（魏兴华，2019），保存数量仅次于IRRI（潘大建等，2020）。

湖南省位于我国东南部，长江中游以南，南岭山脉以北，属于典型的亚热带季风气候区，四季分明，光热同步，稻作历史悠久，耕作制度多种，长期的自然演变和人工选择形成了丰富多彩的稻种资源（余应弘，2016）。湖南省稻种资源的考察收集始于20世纪50年代，分别于1956—1957年、1979—1983年、2015—2018年系统开展湖南稻种资源的普查、收集，1982年在江永县、茶陵县境内发现普通野生稻，填补了湖南野生稻资源的空白（应存山，1993）。其中，1956—1957年收集的9 267份地方稻资源在“文革”时期损失过半，只剩下3 900余份（应存山，1993）。现有5 000余份湖南地方稻参加全国统一编目（余应弘，2016）。湖南自20世纪70年代至2012年参加国际水稻资源遗传评价网络（INGER），一直坚持国外引种的目标性收集，并于20世纪80年代开始针对性地开展国内选育品种的收集（段永红，2004）。1989年建成湖南省农作物种质资源库（以下简称湖南种质库）（陈叔平和江朝余，1994），1992年正式启用，2014年湖南种质库换址新建。至2021年底已保存5 510份湖南地方稻资源和湖南野生稻、

518 份省外地方稻和野生稻、4 708份国外引种稻、4 652份选育稻品种或品系（含杂交稻亲本）及2 132份杂交稻组合、48 份遗传材料。

1 种质资源安全保存技术

为妥善保存水稻种质资源，主要开展了三方面的工作。一是不断优化入库工作流程；二是定期开展活力监测，探求种子低温贮藏特性，及时繁殖更新入库；三是编写并发布湖南省地方标准《稻种资源评价》（DB43/T 266. 1-3）（李小湘等，2009），构建“湖南省农作物种质资源信息管理平台”（于超和段永红，2018），实现种质资源标准化、智能化管理。

1.1 资源入库保存技术与指标

规范入库前处理流程 在接收、查重、清选、发芽、干燥、包装入库主要流程的基础上（卢新雄等，2008），根据自身特点不断细化和优化入库流程。①全程低温干燥条件下贮藏。由于种子从接收到入库需要一段较长的时间，保证此阶段种子维持在起始活力水平，其贮藏环境非常重要，尤其是南方地区。湖南种质库接收样品入库前保存环境为“温度 15℃±2℃、相对湿度≤60%”。②多指标查重。不以资源名称为单一查重指标，而是比对送存资源名称、送存单位、来源地、原产地及主要性状，避免误删同名异种资源。③多次发芽测试。考虑在干燥处理前进行发芽试验未包含干燥处理对入库种子生活力的影响；入库后进行发芽试验则存在不能及时发现低活力种子的现象。为此，湖南种质库对每份入库种子进行了两次发芽试验，干燥处理前进行首次发芽测试，计算发芽率，以判断种子是否达到入库要求；入库后进行第二次发芽试验，计算发芽势、发芽率、发芽指数，作为此份资源起始活力数据，进入数据库。④双 15 干燥处理（卢新雄等，2008）。湖南种质库前期入库资源采用的是 38℃ 高温干燥方法，后采用双 15 干燥法。由于湖南高温高湿天气多，双 15 干燥箱只有在秋冬季节才能接近双 15 指标，且能耗较大。为此，我们将单除湿干燥箱移到恒温 15℃±2℃ 缓冲间工作，实现了全年可进行干燥处理，并且有效降低了能耗。⑤增加图片保存环节。考虑到入库资源标本保存环境要求较高、查询难度较大等问题，从 2016 年开始，对入库的种质资源进行图片拍摄，并将图片录入数据系统。

分类分级入库保存 湖南种质库设有长期库、中期库、短期库各一座，采取依据种子质量和种质类型分类分级入库保存技术。原则上，短期库用于分发利用和繁殖更新，中期库作为复份保存，长期库战略保存核心资源（卢新雄等，2019）。①不同种子质量分级入库保存。原则上，水稻资源入库指标是：发芽率≥85%、保存量在4 000粒以上，在短期库和中期库复份保存。对于多次繁殖发芽率、种子量不达标的资源，则仅保存于短期库；中期库入库要求发芽率>85%，经专业课题繁殖，种子量≥2 000粒；长期库入库要求发芽率≥95%，经专业课题评价鉴定、繁殖，种子量≥2 000粒。②不同种质类型分类入库保存。杂交稻组合、普查未提纯材料、育种中间材料原则上仅保存于短期库；入长期库材料则要求具有显著优良特征特性，如骨干亲本、通过省级以上审定品种等。

1.2 库存资源监测技术与指标

定期监测技术 湖南种质库自1999年以来，每年对库存资源进行活力监测。大致经历了三种监测模式。①随机抽样监测（段永红等，2008）。即每隔一定的库位号，抽样监测。一般是每框中取5个左右的样品进行监测。存在代表性不强、覆盖面有限等问题。②定位个性化监测（段永红等，2009）。即选定监测对象，定期监测其活力变化趋势。根据随机监测中发现不同类型的种质资源发芽率下降水平有差异，为探求不同类型水稻资源活力下降特性，分籼黏、粳黏、籼糯、粳糯4种类型，从各年入库材料中随机抽取数十个样品每隔2~3年定期监测。但存在保存量受限、无广泛性等问题。③定时规模化监测（段永红等，2015）。即对库存时间达到一定年限的资源（10年左右），剔除该批次入库资源中后期已更新入库的部分后，对余下的每份资源取样进行活力监测。这种规模化监测，基本实现了全覆盖，较好地解决因漏检造成个别材料活力丧失的问题。同时开展不同保存环境的复份监测，即首先监测短期库样品，当短期库种子发芽率显著下降时，再从中期库取样进行测试。以全面了解种子活力下降的情况及不同保存环境对种子活力的影响。

监测活力指标 为较好地了解库存资源活力变化，掌握种子低温贮藏特性。湖南种质库活力监测指标包括发芽势、发芽率、发芽峰值、发芽指数、活力指数等5个指标。试验方法经过多次优化，为更好地统计分析、与GB/T 3543. 4—1995规程保持一致性，最终试验方法为：每个样品设3个重复，每个重复50粒种子；第3天开始逐日计数，第5天计算发芽势，第8天计算发芽率。将逐日获得的正常幼苗另用发芽盒置于相同环境清水培养至第8天，取根苗，在105℃±1℃烘箱中烘干5h后称根苗干重（段永红等，2015）。

发芽峰值 $VP=G_{pt}/D_{pt}$，其中 G_{pt} 指达到高峰日时的发芽量，D_{pt} 指达到高峰值的天数（郑光华，2004）。

发芽指数 $GI=\sum(G_t/D_t)$，其中 G_t 为时间 t 日的发芽数，D_t 为相应的发芽日数（郑光华，2004）。

活力指数 $VI=GI\times Sx$，其中 GI 为发芽指数，Sx 为根苗干重（郑光华，2004）。

1.3 库存资源繁殖更新技术与指标

繁殖更新技术 ①种子取样。繁殖前从库内取样，首先核对种子形态性状，剔除混杂种子；清选后对所取样品拍照，用于繁殖后核对。②复壮处理。对发芽率极低或种子量极少的资源，先在实验室培养成幼苗，再带土移植至大田。③长沙繁殖更新。基本参照当地一季稻种植时间，在4月底或5月上旬播种，每份资源种植40~50株，插单株，种植株行距为20cm×27cm。重点注意事项：为保护资源，种植区域四周留5行以上的保护行；为减少混杂，每份资源间留2行走道；为避免倒伏，肥力水平不宜高，尤其是繁殖更新茎秆高的地方品种时；因成熟期不一致，需加盖防鸟网。④海南繁殖更新。对于因生育期长、感光性强、来源热带等在长沙繁殖更新不成功的资源，12 月在海南繁殖。

繁殖更新指标 满足下列情况之一的库存资源，均需要尽快安排繁殖更新。①监测发芽率低于 70%（卢新雄等，2002）；②种子量低于 1 000粒；③库存年限超过中期库设计保存年限，湖南种质库第一座库为 15 年，第二座库为 20 库；④复壮指标：监测发芽率低于 50%或种子量低于 100 粒。

1.4 库存资源备份技术与指标

多库备份保存 对于种子量充足的样品，原则上要求短期库和中期库或长期库复份保存，即同一份资源在两个库甚至三个库均有保存。用铁盒包装时，是短期库保存 1 盒、中期库保存 2 盒，每盒可保存 50~60g 水稻种子。2015 年新库建成后，改为铝箔袋包装，则是短期库、中期库各保存 1 袋，每袋保存 100g 左右的水稻种子。长期库保存的水稻种子量为 50g。

多次备份保存 湖南种质库自 2002 年开始对库存资源进行更新繁殖，至 2021 年底已入库更新资源8 334份。鉴于种质库目前库容量充足，对于更新繁殖后的原材料均保存于种质库内，作为备份保存，将用于种子贮藏特性、不同繁殖批次遗传特性等研究。

2 种质资源安全保存

2.1 水稻资源保存情况

截至 2021 年 12 月，湖南种质库共收集保存水稻种质资源 17 568份，其中 2001—2021 年新增保存资源9 802份（表 1）。包括3 350份杂交稻资源，其中杂交稻组合2 132

表 1 湖南种质库水稻种质资源保存情况

作物名称	截至 2021 年 12 月保存总数					2001—2021 年新增保存数			
	种质份数（份）			物种数（个）		种质份数（份）		物种数（个）	
	总计	其中国外引进	其中野外或生产上已绝种	总计	其中国外引进	总计	其中国外引进	总计	其中国外引进
稻	17 568	4 708	/	2	1	9 802	2 957	2	1

份，杂交稻亲本1 218份；8 142份选育品种或品系，其中国内选育品种（或品系）3 434份，国外引进资源4 708份；5 375份地方稻资源，其中湖南地方稻资源5 015份，省外地方品种 360 份；653 份普通野生稻资源，其中湖南野生稻资源 495 份，省外野生稻资源 158 份；48 份遗传材料（表 2）。

2001—2021 年，依据湖南及长江中下游水稻育种及其基础研究发展需求，在广泛收集基础上，有针对性地拓展了杂交稻资源、野生稻资源及遗传材料的收集保存，并有计划地开展了库存水稻资源的繁殖更新工作。

表 2　湖南种质库不同水稻种质类型资源保存情况

		1992—2021 年			2001—2021 年		
		份数	占总量（%）	占分类总量（%）	份数	占总量（%）	占分类总量（%）
杂交稻资源	杂交稻组合	2 132	12. 14	63. 64	2 132	21. 75	73. 47
	不育系	118	0. 67	3. 52	114	1. 16	3. 93
	保持系	106	0. 60	3. 16	103	1. 05	3. 55
	恢复系	994	5. 66	29. 67	553	5. 64	19. 06
	小计	3 350	19. 07		2 902	29. 61	
选育品种（品系）	国内选育	3 434	19. 55	42. 18	2 375	24. 23	44. 54
	国外引种	4 708	26. 80	57. 82	2 957	30. 17	55. 46
	小计	8 142	46. 35		5 332	54. 40	
地方稻资源	湖南地方稻	5 015	28. 55	93. 30	535	5. 46	61. 71
	省外地方稻	360	2. 05	6. 70	332	3. 39	38. 29
	小计	5 375	30. 60		867	8. 85	
野生稻资源	湖南野生稻	495	2. 82	75. 80	495	5. 05	75. 80
	省外野生稻	158	0. 90	24. 20	158	1. 61	24. 20
	小计	653	3. 72		653	6. 66	
其他	遗传材料	48	0. 27	100. 00	48	0. 49	100. 00
合计			17 568			9 802	

2.2　保存的水稻特色资源

湖南种质库保存的水稻特色资源主要包括以下几部分：①湖南地方特色水稻资源（段永红等，2013）。包括湖南地方稻资源和野生稻资源。其中地方稻资源主要为湖南参加三次全国性农作物种质资源普查收集，共入库保存 5 015 份，占库存总量的 28. 55%，占库存地方稻资源的 93. 30%；2015 年开展的第三次全国农作物种质资源普查与收集行动，仅收集入库湖南地方稻资源 58 份，说明地方稻资源正快速消失。湖南野生稻资源来源于湖南茶陵县和江永县的普通野生稻，大部分种子采集于 2004 年建成的长沙异位野生稻种质圃。包括 293 株从国家野生稻圃引回的湖南野生稻种茎上采集的种子样品，360 份从原生境采集的种子或从原生境取种茎长沙种植获得的种子样品。②杂交稻资源（段永红等，2013）。湖南作为杂交水稻发源地，对杂交水稻资源的需求，不仅是育种研究，还包括抗性、耐逆性等基础研究，以及知识产权保护等。为此，湖南种质库从 2008 年开始系统收集杂交稻亲本及组合。目前已入库保存杂交稻资源 3 350份，占种质库保存总量的 19. 07%；其中 2 902份为近 20 年内收集，占已收集杂交稻资源总量的86.63%。③骨干亲本。主要包括微核心种质、广亲和材料、优质亲本等。如杂交稻骨干亲本金23A、安农S-1、Y58S、培矮64S以及早期恢复系IR24、IR26、IR36、密阳46等。

代表性资源

早期双季稻主栽品种：湖南省代表性地方品种红脚早、南特号、雷火粘、胜利籼、白米冬占、高脚坳番子等，为20世纪50年代收集，作为湖南省稻作实现单季改双季的首批主栽品种，大大提高了当年的粮食产量（余应弘，2016）。

首批矮秆品种：湖南省1963年育成的第一个矮秆早籼品种"南陆矮"及湘矮早系列品种，是湖南省20世纪60—80年代初的早稻主栽品种，在省内外累计推广应用1 000多万 hm^2，实现了湖南水稻生产高秆改矮秆的重大技术变革（余应弘，2016）。

芽期强耐冷资源：湖南茶陵野生稻C53-4、湖南地方稻湘743的种子芽在5℃±0.5℃处理12天的成苗率分别为100%、89%。茶陵野生稻C042的种茎（腋芽）在4~5℃下处理30天后仍可存活（Liu et al.，2015）。

3 保存资源的有效利用

据不完全统计，截至2021年底，湖南种质库已累计向北京、上海、新疆、海南、宁夏、安徽、福建、广东、广西、贵州、湖北、江苏、江西、浙江、山东、四川、云南、湖南18个省份的89家科研、教学、生产、政府、质监等单位分发水稻种质资源28 430份次，其中2001—2021年19 953份次，占总供种数量的70.18%。实现了湖南省与国家水稻资源平台的优势互补交流，对缓解国家种质库的供种、繁种压力和促进湖南乃至南方水稻研究起到了重要的作用。

3.1 支撑水稻科学研究

引种单位利用湖南种质库提供的水稻种质资源实施了国家"863"专项、国家"973"计划项目、国家自然科学基金、国家农业部"948"项目、科技部支撑计划项目、农业部公益性行业项目、湖南省科技创新项目、湖南省自然科学基金、湖南省农业科技创新项目等科研项目100余项，在《heredity》等国内外期刊上发表学术论文100余篇，出版《中国水稻品种志》（湖南卷）、《湖南省农作物种质资源普查与收集指南》等专著数部，培养硕士和博士研究生数十名。有力地促进了水稻育种和基础研究的发展。"湖南水稻优异水稻种质资源发掘及遗传多样性保护研究与利用"获2015年度湖南省科技进步奖一等奖（主持），"中国野生稻种质资源保护与创新利用"获2017年度国家科技进步奖二等奖（参与）。

湖南种质库作为"湖南省水稻种质资源平台"（2006年）、水稻国家工程实验室（长沙）"种质创新研究室"（2011年）、湖南省创新平台"湖南省农作物种质资源库"（2019年）、芙蓉区国家现代农业产业园"水稻种质资源库"（2020年）、湖南省农业种质资源保护单位"湖南省农作物种质资源保护与利用中心""湖南省水稻种质资源库"（2020年）的主要载体，已成为各项目单位水稻研究的重要条件保障和技术基础。

3.2 促进优质稻产业发展

利用80-65、80-66、E179-F3-2-2-1-2、湘33（92W93）、IAPAR9等优质资源，选育出了湘晚籼5号、湘晚籼11号、湘晚籼12号、湘晚籼17号、创香5号、中香1号、玉针香、玉晶91、农香42等一批香型特优长粒高产籼稻优良品种，为湖南籼型优质稻育种处于国内领先水平起到了决定性作用。其中，香型优质水稻资源‘80-66’，已成为中国特优籼型香稻品种选育的基础种质资源。据不完全统计，全国利用‘80-66’为亲本育出的通过省级和地市级以上审（认）定的品种超过65个（余应弘，2016），“香稻骨干亲本的筛选利用与高档优质香稻研发”获得2009年国家科技进步奖二等奖。通过产业化开发，推动了金健等知名稻米品牌的创建，有力地促进了籼型优质稻产业的发展。

3.3 服务乡村振兴

为解决湖南省江永县已有一千多年种植历史的特色地方稻——江永香稻香味消失的问题，湖南省水稻研究所从湖南种质库提取1982年收集保存的江永香稻，与2017年当地种植的香稻比较分析，发现香稻纯度下降十分明显，由1982年的60.2%下降到2017年的3.1%。究其原因是江永香稻受外来花粉的影响纯度降低，当地种植户由于年年自行留种，最终造成香味消失。为此，湖南省水稻研究所利用分子标记提纯了江永香稻，并从中选取代表型优势单株扩繁，香味籽粒纯度达到100%，恢复了江永香稻原来的香味。2018年7月，国家农业农村部正式批准对江永香米实施农产品地理标志登记保护（湖南省人民政府门户网站，2019）。有力地推动了江永县“一县一特“经济发展，江永香稻成了当地乡村振兴的拳头产品。湖南农业科技创新资金创新联盟项目“江永香稻特性研究及品种改良”荣获院市合作贡献一等奖。

3.4 拓展共享交流形式

2010年举办“水稻种质资源长沙展示交流会”，大田展示了来源34个国家的1 298份资源，吸引全国11个省份70余名代表，交流资源6 715份次。

2013年9月举办“农业野生植物资源保护利用技术研究与示范2013年工作交流会”，展示了湖南、江西等6省利用野生稻创制的种质资源1 696份，30家相关单位的60余名代表出席并现场挑选优异种质。

2018年8月组织召开湖南粳稻资源展示交流会。田间展示了湖南种质库保存的1 366份粳稻资源，南京农业大学、贵州省水稻研究所、江西省农业科学院、湖北大学等6家单位的20余名专家参加了会议（谢红军，2018）。

4 展望

4.1 着眼现代种业发展方向，系统开展特色资源收集保存

在已有收集保存资源的基础上，针对省内外水稻科学研究和育种目标变化的需求，

系统性开展区域及特定类型资源收集保存：①以第三次全国农作物种质资源普查与收集行动的24个调查县为基础，在全省范围内系统开展耐逆、抗虫、优质的湖南地方水稻种质资源的收集保存；②系统开展杂交稻资源收集保存，特别是有代表性的杂交稻亲本，包括不育系、保持系和恢复系；③对近年来省内外育成的新品种和遗传材料进行系统收集、编目、入库。

4.2 完善安全保护体系，探求种子贮藏特性

完善资源安全保护体系。以湖南种质库为基础，构建种子库、种质圃、数据库、生物样本库、离体库等全方位保护模式，为实现应收尽收、应保尽保提供条件保证；建立种子活力监测数据库，妥善保存库存种质资源。

开展种子入库质量标准化研究。研究不同农作物种子质量测试方法，探索制定适合该作物特性的检测规程，形成农作物种子质量检测、繁殖与更新复壮技术等技术规程，完善各类种质资源入库前的检验过程，促进农作物种子质量标准建设。

深入开展种子贮藏特性研究。从种子形态学、光谱学、代谢物、生物基因调控等方面着手解决种子活力变化的机理，开展无损活力检测技术、低活力种子复壮繁殖技术等研究，探究减缓种子的自然衰变的方法和最宜保存方式等，增加种质资源保存的时间长度和减少繁殖更新的次数。

4.3 加强应用基础研究，创制突破性新种质

开展水稻种质资源的深入发掘和种质创新研究。重点针对水稻高产、优质、抗病虫害、耐高低温、种子耐贮藏、重金属积累等性状进行表型精准鉴定，利用现代分子生物学方法开展种质资源的发掘和基因定位克隆，挖掘关键基因和有利等位变异，同时评价关键基因在不同遗传背景下的育种价值；综合利用基因编辑、分子标记辅助选择、多基因聚合等技术，创制具有一个或聚合多个优异性状、遗传稳定的新种质，为新时期育种目标提供关键基因和突破性新种质。

开展水稻种质资源全基因组关联分析。使用库存来源广、遗传背景丰富的水稻种质资源，通过高通量测序分析基因型数据，分析资源的遗传多样性，构建湖南水稻核心种质库，并结合农艺性状精准评价数据，开展全基因组关联分析，深入研究资源携带的遗传基因功能，开发与目标性状紧密连锁的分子标记，发掘携带目标基因用于育种改良的特异种质资源。

参考文献

曹幸穗，朱冠楠，2020. 发掘稻作遗产良品端好端牢中国饭碗 [J]. 农产品市场（23）：12-15.

陈叔平，江朝余，1994. 第一届全国种子保存会议论文集 [M]. 北京：中国农业科技出版社：15-17.

段永红，李小湘，李卫红，2009. 水稻种子贮藏过程中活力衰退规律及性状变化初探 [J]. 种子，28（1）：101-104.

段永红，李小湘，刘文强，等，2015. 湖南种质库稻种活力监测分析［J］. 湖南农业科学（2）：1-3.
段永红，李小湘，刘文强，等，2013. 湖南稻种资源主要特征特性与利用状况［J］. 植物遗传资源学报，14（6）：1059-1063.
段永红，李小湘，2008. 稻种资源低温贮藏生活力监测分析［J］. 现代农业科技（12）：174-175.
段永红，2004. 湖南稻种资源研究现状与展望［J］. 中国种业（8）：15-16.
湖南省人民政府（2021-07-30）.［永州市］分子标记提纯技术锁定江永“香米”原汁芳香［EB/OL］. http：//www. hunan. gov. cn/hnyw/szdt/201907/t20190730_5407636. html.
李小湘，段永红，王淑红，等，2009. 湖南省地方标准《稻种资源评价》的特点和应用展望［J］. 湖南农业科学（6）：124-126.
卢新雄，陈叔平，刘旭，2008. 农作物种质资源保存技术规程［M］. 北京：中国农业出版社：1-27.
卢新雄，陈晓玲，2002. 水稻种子贮藏过程中生活力丧失特性及预警指标的研究［J］. 中国农业科学，35（8）：975-979.
卢新雄，辛霞，刘旭，2019. 作物种质资源安全保存原理与技术［M］. 北京：科学出版社：42-52.
潘大建，李晨，范芝兰，等，2020. 广东省农业科学院水稻种质资源研究 60 年：成就与展望［J］. 广东农业科学，47（11）：18-31.
魏兴华，2019. 我国水稻品种资源研究进展与展望［J］. 中国稻米，25（5）：8-11.
谢红军（2018-08-29）. 湖南粳稻新品种展示及发展研讨会在长沙召开［EB/OL］. http：//www. hunaas. cn/shownews. asp？nid=7856.
应存山，1993. 中国稻种资源［M］. 北京：中国农业科技出版社：312-324.
于超，段永红，余亚莹，等，2018. 湖南农作物种质资源信息管理平台构建［J］. 科研信息化技术与应用，9（2）：53-59.
余应弘，2016. 湖南省农作物种质资源普查与收集指南［M］. 北京：中国农业大学出版社：18-39.
郑光华，2004. 种子生理研究［M］. 北京：科学出版社：622-624.
Liu W Q，Lu T T，Li Y C，et al.，2015. Mapping of quantitative trait loci for cold tolerance at the early seedling stage in landrace rice Xiang743［J］. Euphytica（201）：401-409.

黍稷种质资源安全保存与有效利用

王 纶，王星玉
（山西农业大学农业基因资源研究中心 太原 030031）

摘 要：黍稷（*Panicum miliaceum* L.）是起源于中国最古老的农作物，具有优质、早熟、抗旱、耐瘠薄的特点，在漫长的农耕历史中形成了众多丰富多彩的种质资源，为当今黍稷育种、产业发展和人民生活提供了重要的物质保障。本文简要介绍了国内黍稷种质资源收集保存现状，重点总结和回顾了近20年来国家黍稷种质资源在资源安全保存技术、资源安全保存、资源有效利用等方面的研究进展，并对今后的研究方向进行展望。

关键词：黍稷；种质资源；安全保存；有效利用

黍稷（*Panicum miliaceum* L.）是起源于中国最古老的农作物，具有优质、早熟、抗旱、耐瘠薄的特点，至今已经有10 300年的栽培历史，在漫长的农耕历史中形成了众多丰富多彩的种质资源。目前主要栽培于俄罗斯、中国、印度、非洲东部与撒哈拉沙漠南沿的国家，中国主要分布在内蒙古、陕西、山西、甘肃、黑龙江和宁夏等省（区）和其他北方干旱丘陵区（王纶等，2018）。截至2021年12月底，我国收集、保存的黍稷种质资源的数量达10 726份，包括地方品种、育成种、野生种、品系、遗传材料等，数量居世界第一位，是世界上类型繁多、种类齐全、完整的黍稷种质资源基因库。

我国于20世纪50年代中期开展了农作物种质资源的征集工作，各省（自治区、直辖市），特别是北方各省（自治区），征集到大批黍稷种质资源。1979—1980年随着中国农作物种质资源的补充征集工作，又征集到大量的黍稷种质资源。1982年由中国农业科学院和中国作物学会联合在沈阳召开了“全国三小作物会议”（三小指小杂粮、小油料、小杂豆）。会后由中国农业科学院委托山西省农业科学院主持全国黍稷种质资源研究工作，1983年从我国北方11省（自治区）共征集到黍稷种质资源5 192份，通过16项农艺性状鉴定，对同名同种、异名同种的种质整理归并后，编入《中国黍稷（糜）品种资源目录》的种质共计4 203份，其中糯性的黍1 987份、粳性的稷2 216份。1986—1990年，在山西省农业科学院农作物品种资源研究所的主持下，黍稷种质的收集、农艺性状鉴定和特性鉴定评价列入国家“七五”期间重点科技攻关计划。过去虽然进行了黍稷种质资源的收集、保存工作，但未加入全国攻关协作行列的省，如山东、河南、云南，以及通过考察新收集到黍稷种质资源的省，如湖北，还有北方一些原来参加攻关协作的省（自治区）又通过各种渠道补充收集［或新育成品种（品系）］的黍稷种质资源又补充进来。这样全国“七五”期间又收集到黍稷种质资源1 500余份，经农艺性状鉴定和整理归并后编入《中国黍稷品种资源目录》（续编一）的种质，共计

1 384份。“八五”期间又从我国北方部分省（区、市）在过去品种收集遗漏的地区，如内蒙古赤峰地区、宁夏固原地区、河北承德地区和坝上地区又收集到一批新的种质。此外，又增加了北京市、海南省和四川省的种质。还有些省（区）的种质是近年来人工创造的、已经稳定的新类型，如内蒙古和宁夏的种质。还有一些外引种质，如北京市的种质，主要是中国农业科学院作物品种资源研究所从国外引入的种质。另有部分种质是特定地区考察收集到的，如湖北省的种质，主要是“七五”期间神农架考察收集的种质；北京市有部分种质是中国农业科学院作物品种资源研究所从西藏高原考察收集的种质。此外，还有少数近缘野生植物，如小黍等，共计2 200余份。经种植、农艺性状鉴定和整理归并后，于1994年出版了《中国黍稷品种资源目录》（续编二），入编种质1 929份。“九五”期间从内蒙古、陕西、甘肃、宁夏、黑龙江、山西等省（区、市）的育种单位收集新育成的品种（品系），以及从美国引入的少量种质，共计500余份，经农艺性状鉴定和整理归并后，于1999年编写出版了《黍稷品种资源目录（续编3）及优异种质评价》，入编种质504份。“十五”期间从山西太原、大同、汾阳以及内蒙古伊盟、陕西榆林、吉林省吉林市、青海西宁、河北邢台、甘肃兰州等黍稷育种单位收集农家种、新品种（系）500余份，经种植、农艺性状鉴定和整理归并后，于2004年编写出版了《中国黍稷品种资源目录》续编四，入编种质495份。历时22年，经种植、农艺性状鉴定和整理归并后，编入5本《中国黍稷品种资源目录》的种质共计8 515份。2004—2021年，黍稷种质资源的收集、保存仍然持续开展，农艺性状鉴定由过去的16项增加到50项。收集种质的重点也放在新培育的黍稷品种、优异种质和边远地区濒临灭绝的种质上，编目也由纸质版改为电子版的形式，随时编目随时入库。编入电子版目录并入国家农作物种质资源库（简称国家库或国家长期库）的种质共计2 211份。截至2021年底，我国收集、保存的黍稷种质资源的数量达10 726份，16项农艺性状鉴定数据（后增加到50项）也全部输入国家数据库储存利用。

1　种质资源安全保存技术

黍稷种质资源入库的种质包括野生资源、地方品种、选育品种、品系、遗传材料等，收集到的种质要重新繁殖，完成各项农艺性状调查和多项农艺性状鉴定；晾晒到含水率12%以下并进行人工粒选后，由主持单位进行编目，编目过程中对同种异名、同名同种的种质进行核实和归并，最后统加总编号和保存单位编号后一并送交国家种质库保存。国家库还建有种质资源数据信息库，并建立相应的管理系统。凡编目、入库的黍稷种子，相关试验鉴定数据都要录入系统储存，可随时为黍稷育种和生产工作者提供抗病、优质、丰产性状等相关信息，为黍稷生产和科研服务。为确保黍稷种质资源安全保存，还在各个环节相应制定了黍稷种质资源入库保存、监测、繁殖更新、备份等系列技术和指标，以确保万无一失。

1.1　资源入库保存技术与指标

凡入国家长期库贮存的种子为永久性保存，不能随意取用，入库的要求和条件也比较严格，各省（自治区）要入库的黍稷种子必须是已经编目的种质。入库种子要求当年繁殖，并进行粒选，除去腐粒、杂粒和杂质，每份种子100g，先送交主持单位，由主持单位验收后，统一送交种质库。种子入库后还要经过清选，然后进行发芽率的测定，发芽率在85%以上的种质，经干燥后，含水量降至8%以下才能进入冷库。低于85%发芽率的种质，退回原繁种单位，第二年重新繁殖。

1.2 库资源监测技术与指标

国家长期库在种质贮存过程中，每年要进行活力检测，对发芽率降低的种质，要重新进行繁殖更新和再入库，从而确保黍稷种质资源的安全保存。

1.3 库资源繁殖更新技术与指标

黍稷种质资源的繁殖更新是一项持续不断的基础性研究工作，技术性很强，既有共性的特点，也有个性的差异，而且涉及的环节和程序也比较复杂，必须层层把关，操作规范，才能保证繁殖更新的数量和质量，以及种质数据信息的准确和可靠性。

1.3.1 地点选择

繁殖地区：应选择种质原产地或与原产地生态环境条件相似的地区，能够满足繁殖更新材料的生长发育及其性状的正常表达。

试验地：应选择地势平坦、地力均匀、形状规整、灌溉方便的田块；前茬不能是谷子等单子叶作物，更不能重茬；远离污染源，无人畜侵扰，附近无高大建筑物；避开病虫害多发区、重发区和检疫对象发生区。土质应具有当地黍稷土壤代表性。

配套条件：应具备播种、防鸟、收获、晾晒、贮藏等试验条件和设施。

1.3.2 种子准备

核对种子：核对种质名称、编号、种子特征。

发芽率抽测：按照10%~15%的抽样比例，抽样检测种子发芽率。

粒选：去除秕粒和杂粒。

播种量：根据抽测发芽率和更新群体确定。

分装编号：按种质类型进行分类、登记、分装和编号，每份种质一个编号，并在整个繁殖更新过程中保持不变。

1.3.3 播种

种植示意图绘制：图中标明南北方向、小区排列顺序、小区号、小区行数和人行道。

试验田设置：选择土地平整的试验田，根据示意图，南北或东西方向打出内宽1.5m的长条畦。田间排种以“S”形排列，每1长畦排种数最好取整数，以方便观察记载，每份种质种3行，行距为20cm。黍稷为自花授粉作物，异交率一般为0%~14%，平均2.7%，为防止异交，每份种质的间隔距离为50~70cm。长畦两边留操作走道，试验田的一侧设水道，试验田四周设1m宽的保护行。

播种：根据种质的不同类型、熟性等特性适时播种。土地深翻细耕，耙耱平整，刮畦，播种前浇底墒水，5天后耙耱2次，按田间设计做好畦田，即可乘湿播种。播种时以三角形开沟锄人工开沟，手溜籽，密度适中，不能太稠。覆土5cm左右，覆土后必须人工顺行踩压一次，全部播完后人工顺畦细耙1次，然后在每一长畦的排种起点，也以“S”形插地牌，标明种植顺序编号，记载播种日期。

有效群体：以1.5m宽的长条畦并排3行种植，每个种质保留50株左右，可达100g纯种的需求；如需200g纯种，行长可加倍，把1.5m宽的长条畦扩至3.0m，每个种质保留100株左右。

查苗补苗：出苗后及早查苗补缺。

1.3.4 田间管理

施肥水平：播种前每亩施有机肥2 000kg加30kg过磷酸钙作底肥，分蘖期结合浇水亩施尿素5kg，拔节抽穗前再结合浇水，亩施尿素5kg。

栽培措施：3叶至4叶期时人工间苗；株距10cm左右。分蘖期进行第一次中耕除草，拔节期进行第二次中耕除草。进入抽穗期以后至收获前必须进行人工看护或采取有效的防鸟措施，特别是对生育期只有50~70天的特早熟种质，要及时罩网防护。高秆、软秆种质要做好防倒处理。

1.3.5 田间去杂

去杂时期：灌浆期到成熟期。

去杂类型：对灌浆期到成熟期叶相、花序色、穗型、粒型、粒色等主要表型性状与主体类型不一致的个体，都以杂株拔除。

1.3.6 性状调查

调查：播种6天后种子即可陆续出苗，记载不同种质的出苗期，3叶至4叶期记载幼苗颜色。随后记载分蘖期、拔节期、生长习性等。抽穗至成熟一般只有40~60天，这一阶段是性状调查的主要时期，主要记载项目为抽穗期、开花期、成熟期、生育期、出苗至成熟活动积温、熟性、有效分蘖率、主茎高、主茎粗、主茎节数、茎叶茸毛、叶片长、叶片宽、叶片数、叶相、花序色、穗型、主穗长等。在收获与种子处理阶段需要调查核对项目有单株穗重、单株粒重、单株草重、粮草比、千粒重、粒色、皮壳率、出米率、米色、粳糯性等（王纶等，2006）。

核对与纠正：核对繁殖更新材料的叶相、穗型、粒型以及茎、叶、花序、籽粒色泽、生育期等性状是否与原种质相吻合，对不符合原种质性状的材料应查明原因，及时纠正。

1.3.7 收获、脱粒和干燥

收获：根据每份种质的成熟期，以人工剪穗收获，成熟1份收获1份。大多数种质落粒性较强，要在八成熟时收获，以防落粒。

晾晒：把每一份种质的穗子集中放入纱袋中，统一放在晒场上晾晒 3~5 天，并要每天翻动一次。

脱粒：脱粒时为防止机械混杂，要以人工在搓板上手搓脱粒，脱粒前要仔细查看，去除不同穗型和异色籽粒。脱粒后用簸箕簸去所有皮壳，然后倒入备好的大号牛皮纸袋中，标明种植号、总编号和种质名称。

干燥：将纸袋中的种子在晒场上晾晒 15 天左右。

粒选：去除秕粒、杂粒和杂物。

1.3.8 种子核对和包装

整理：按种植编号顺序整理和登记，核对总编号和种质名称。

核对：再对照种质资源目录一一核对种质。

分装：按照国家种质库繁殖更新种子的需求量，在天平上称重后倒入备好的小号牛皮纸袋中，在纸袋上标明总编号和种质名称。需要邮寄的种子需在纸袋外套装布袋、纱袋或塑料袋。

1.3.9 清单编写和质量检查

清单编写：清单内容包括总编号、种质名称、繁殖单位、繁殖地点、繁殖时间、种子量等。

质量检查：检测纯度、净度、水分和发芽率等（王述民等，2014）。

1.4 库（圃）资源备份技术与指标

目前，国家农作物种质资源保存体系涵盖了 1 个长期库、1 个复份库、10 个中期库和 43 个种质圃。长期库是已经建成的国家农作物种质资源新库，承担各种农作物种质资源的贮存以及全国10 726份黍稷种质资源的长期战略保存任务，作为国家战略资源，一般不对外供种。位于青海省的复份库负责长期库保存种质的备份安全保存。中期库负责种质资源的中期保存、特性鉴定、繁殖更新和分发，到 2021 年底保存黍稷种质资源8 884份。该保存设施体系是实现我国作物种质资源的保护和有效利用的根本保障。

2 种质资源安全保存

2.1 黍稷种质资源保存情况

截至 2021 年 12 月，国家长期库共保存黍稷种质资源 10 726份（表 1），其中国内资源 10 614 份（占 98.9%）、国外资源 112 份（占 1.1%）。国内资源包括 23 省（区）的种质。主要包括山西、陕西、内蒙古、甘肃、宁夏、黑龙江、吉林、辽宁、河北、山东、新疆等 11 省（区）的种质，其他省份收集数量很少，福建、贵州、广西、浙江、安徽、江西、台湾等省（区、市）在历史上有种植，但至今还未收集到种质。

在收集到的种质中主要以栽培种质为主，野生黍稷的数量极少，只占 0.3%。国外资源主要来自美国、俄罗斯、印度等国。

2001 年启动农作物种质资源保护和利用项目至今（2001—2021 年），新搜集入库保存黍稷种质资源2 706份，占库存资源总量的 25.23%，资源保存总量增长 33.74%。新收集的黍稷种质资源以优异种质、特殊性质种质、育成种、品系、国外资源为主。其中包括从俄罗斯等国引进的黍稷种质 25 份，从山西、陕西、甘肃、内蒙古、宁夏、河北、黑龙江、吉林、辽宁等产区收集资源2 681份，其中地方品种2 593份，育成品种（品系）56 份，野生资源 32 份。2013 年从海南省收集到黍稷野生近缘种 23 份，包括 5 个种 2 个变种（董玉琛等，2006），但由于难以繁种，目前还未能入库保存（表 1）。

表 1　黍稷种质资源保存情况

作物名称	截至 2021 年 12 月保存总数					2001—2021 年新增保存数			
	种质份数（份）			物种数（个）		种质份数（份）		物种数（个）	
	总计	其中国外引进	其中野外或生产上已绝种	总计	其中国外引进	总计	其中国外引进	总计	其中国外引进
黍稷	10 726	112	6 309	2	1	2 706	25	1	1

2.2　库存黍稷种质资源类型

对收集到的10 726份黍稷种质资源以栽培种和野生种、粳糯型、穗型、花序色、粒色、米色、熟性（生育期）、小穗粒数、粒形、千粒重等质量性状进行分类，共有 31 种类型。栽培野生型分为栽培种和野生种 2 种；粳糯型分为粳型和糯型 2 种；穗型分为侧、散、密 3 种；花序色分为绿色和紫色 2 种；粒色分为红、黄、白、褐、灰、复色（不同的 2 种颜色）6 种；米色分为白、淡黄、黄 3 种；熟性（生育期）分为特早熟（<90 天）、早熟（90～100 天）、中熟（100～110 天）、晚熟（110～120 天）、极晚熟（≥120 天）5 种；小穗粒数分为单粒和双粒 2 种；粒形分为球圆、卵圆和长圆 3 种；千粒重分为大粒、中粒和小粒 3 种（王星玉，1996）。对10 726份不同类型种质的统计结果如下：

以栽培种野生种分类：10 726 份黍稷种质中以栽培种为主，为 10 690 份，占 99.66%；野生种数量极少，只有 36 份，占 0.34%。

以粳糯型分类：10 726份黍稷种质资源中，粳性的稷为4 949 份，占 46.14%；糯性的黍为5 777份，占 53.86%。粳性的稷为黍稷进化的初级阶段，糯性的黍是由粳性的稷演化而来的。我国西北地区以粳性的稷食用为主，华北及其他地区以糯性的黍食用为主，加之糯性的黍是深加工产品——黄酒的原料，所以糯性黍的种质资源比例要大于粳性稷的比例。

以穗型分类：黍稷种质资源中侧穗型7 800份，占 72.72%；散穗型2 279份，占 21.25%；密穗型647 份，占 6.03%。10 726份种质中侧穗型种质占了主导地位，散穗型种质次之，密穗型种质最少。黍稷种质的不同穗型与种质的抗旱性有一定关系，侧穗型种质抗旱耐瘠性较强，多种植在丘陵旱地，是长期以来形成的一种抗旱种质穗型生态特点；散穗和密穗型种质抗旱耐瘠性较差，生育期短，多种植在平川水地，也是长期以来形成的一种固有生态型。

以花序色分类：黍稷种质中绿色花序的有 8 533份，占 79.55%；紫色的 2 193份，占 20.45%。以绿色花序为主。花序色与种质原生态环境的气候有很大关系，一般海拔较高、气候特别寒冷的地区，紫色花序种质分布较多；海拔较低，气候温暖的地区，以绿色花序种质占优势。

以粒色分类：10 726份黍稷种质中，红色 1 978份，占 18.44%；黄色 3 656份，占 34.09%；白色 2 359 份，占 21.99%；褐色 1 425 份，占 13.29%；灰色 600 份，占 5.59%；复色 708 份，占 6.60%。中国黍稷种质的粒色以红、黄、白、褐四种粒色为主，以黄粒种质最多，灰粒和复色粒种质最少。

以米色分类：10 726份黍稷种质中，黄色 7 463份，占 69.58%；淡黄色 3 044份，占 28.38%；白色 219 份，占 2.04%。中国黍稷种质资源的米色主要是黄色和淡黄色两种，以黄色为主，白色的极少数。米色与种质的粳糯性有很大关系。粳性种质的米为角质，一般呈黄色的多；糯性种质的米为粉质，一般呈淡黄色的多。

以熟性（生育期）分类：10 726份黍稷种质中生育期 90 天以下的特早熟种质 3 061份，占 28.54%；90~100 天的早熟种质 3 595份，占 33.52%；100~110 天的中熟种质 2 446份，占 22.80%；110~120 天的晚熟种质 1 230份，占 11.47%；120 天以上的极晚熟种质 394 份，占 3.67%。以特早熟和早熟的种质为主体，占到 62.06%。

以小穗粒数分类：黍稷种质资源中小穗单粒的种子 10 599份，占 98.82%；小穗双粒的种子 127 份，占 1.18%。双粒种质的比例很小，但双粒种质属黍稷种质资源中的珍稀资源，属于突变类型，对黍稷的育种和起源演化具有重要的研究价值。

以粒形分类：10 726份黍稷种质资源中，籽粒球形的 1 690份，占 15.76%，卵形的 6 847份，占 63.83%；长圆形的 2 189份，占 20.41%。以卵形籽粒为主体。粒形与千粒重有正相关的关系，球形籽粒的种质粒大滚圆，千粒重高；卵形籽粒种质，千粒重居中；长圆形籽粒的种质，千粒重最低。

以千粒质量分类：在黍稷种质资源中千粒重≥10g 的为大粒种质；千粒重 7~10g 的为中粒种质；千粒重<7g 的为小粒型种质。在 10 726份种质中≥10g 的大粒型种质 1 311份，占 12.22%；7~10g 的中粒型种质 6 899份，占 64.32%；<7g 的小粒型种质 2 516份，占 23.46%。以中粒型种质为主。大粒型种质由小粒型种质逐步进化而来，中粒型种质为过渡阶段，小粒型种质为黍稷种质资源的初级阶段。

2.3 库存黍稷优异和特色种质资源

通过对 6 020份黍稷种质进行品质分析，共筛选出蛋白质含量 16%以上的高蛋白种质 142 个，脂肪含量 4%以上的高脂肪种质 67 个，赖氨酸含量 0.22%以上的高赖氨酸种质 88 个，蛋白质含量 15%、脂肪含量 4%、赖氨酸含量 0.20%以上的优质种质 45 个，共计 342 个（王纶等，2007,）；通过对 6 023份种质进行耐盐性鉴定评价，筛选出高耐盐种质 19 份，耐盐种质 83 份（王纶等，2007）；通过对 6 031份种质进行抗黑穗病鉴定，共筛选出高抗种质 9 份，抗病种质 182 份（王纶等，2008）。通过对农艺性状鉴定和特性鉴定筛选出的单一、多项和综合性状优良的种质，经丰产性试验后再经不同生态区多年、多点区域试验，最后鉴定筛选出 36 份丰产优异种质提供生产和育种利用。其中进一步筛选出 3 份特别优异种质（黄糜子 5272、达旗黄秆大白黍 0635、韩府红燃 2621），2001 年被农业部评为国家科技攻关计划“九五”重大科技成果优异种质 1 级 1 个、2 级 2 个，以综合性状比较完美的最优异的种质，在全国黍稷生产上大面积推广利用。除此之外，还库存一批地方特色的丰产优异种质，如山西河曲县长久以来做“稷米”捞饭用的大红糜，山西五台县东冶镇黏糕用种质大红黍和山西原平市子干乡的黑跳蚤等。

2.4 黍稷种质资源抢救性收集保存

随着城镇化的进一步发展和农村的搬迁改造，一些古老的村落也逐渐淡出了人们的视野，大量的古老地方品种也随之消失。黍稷是最典型的作物之一，由于具有抗旱、耐瘠薄、抗逆性强的特点，历来就是贫困山区农民用以维持生计的农作物。为了把这些珍贵的种质及时抢救回来，近年来针对偏僻的山区和交通闭塞地区开展的普查收集行动，抢救回一批濒临灭绝的黍稷种质资源，其中包括一批具有地方特色的优异种质，如山西代县收集到的适用酿造黄酒的特色种质笊篱黄；山西五寨县收集的生育期短，只有 50 天，并且抗逆性强的特早熟种质小青花糜；内蒙古哲盟通辽县收集到的适宜炒米用的品种高粱穗糜；吉林省通化县收集到稀有的白色米粒种质白米软黍；山西省高平市收集到适宜当地群众做稷米干饭用的优异种质麦色糜子等。这些特色黍稷种质的抢救性收集，不仅丰富了黍稷种质资源的遗传多样性，同时也满足了人民对小杂粮食品多样性的需求。

3 保存资源的有效利用

黍稷具有抗旱、耐瘠、耐盐和生育期短的特点，在救灾补种、生物改造盐碱地、有机旱作农业中均能发挥重要作用。黍稷种质资源的研究重点在于进一步强化对黍稷种质资源的深度挖掘，筛选出具有优质、耐盐碱、耐旱、耐瘠、抗病等单个或多个性状优异的种质。为育种单位提供亲本和抗原；为加工企业提供专用型优质、特色加工原料；为生产提供耐盐型、抗旱型、救灾早熟型、高产抗倒型等种质。然后通过每年向社会和育种家提供丰产、优质、抗旱、耐盐、抗病和救灾补种种质的展示服务，结合开展培训服务和科普宣传活动，从而进一步提高黍稷种质资源的宣传力度和利用效果。

3.1 育种、生产和加工利用效果

筛选出的优异种质资源向全国 16 个黍稷育种单位提供利用后，培育出 82 个黍稷新品种，这些品种不仅丰产性好，而且优质、抗逆性强，在生产上广泛利用后，提高了我国黍稷生产单位面积产量，改变了我国黍稷育种和生产的落后状况，增加了经济和社会效益。2001—2021 年，全国黍稷新品种和优异种质的推广面积累计 3 亿亩以上，以每

亩新增经济效益最低100元计，新增经济效益在300亿元以上。2012年新培育的高产抗倒新品种晋黍7号在山西省河曲县种植，成为突破亩产550kg的高产典型。

我国地大物博，各种自然灾害频发，有盐碱地近1亿亩，鉴定筛选出的高耐盐和耐盐种质，为生物治理盐碱地发挥了重要作用，如2013年耐盐种质大黄糜子在山西5‰的盐碱地种植，亩产可达150kg以上；鉴定筛选出的抗旱和特早熟种质，在救灾补种中以及二季作中也派上了大用场。如2005年云南省大旱，在8月出现降雨后，抗旱补种救灾种质小红黍发挥了重要作用。抗旱种质小黑黍在2015年山西晋北降水量200mm的干旱情况下，亩产达到100kg左右；鉴定筛选出的抗病种质，在生产上推广利用后，全生育期少用化肥和不用农药，生产有机、绿色农产品，保证了食品安全；鉴定筛选出的优异种质，如高蛋白、高脂肪、高赖氨酸和综合优质种质，作为优良的食品和深加工原料，生产出名优特产品，如代县贵喜保健黄酒，不仅深受国内市场欢迎，而且远销日本、东南亚各地。全国知名老字号食品加工企业，太原“双合成”的“娘家粽”均是用特定的专用黍稷品种，品质上好，产品远销全国各地，从2005年起到2014年止，每年一次，在浙江杭州、湖南汨罗、浙江潮州、江苏无锡、北京、澳门、广东东莞、湖北武汉、湖南长沙、山西太原等地举行的粽子文化节上，蝉联10届金奖。

通过黍稷种质资源研究与黍稷育种、生产、加工、市场紧密结合，延伸了产业链，提高了附加值，提升了黍稷的经济效益、社会效益和生态效益。

3.2 支撑成果奖励

支撑以中国黍稷种质资源的收集、编目、保存、创新、利用为主体的省部级以上成果奖共9项，其中山西省农业科学院农作物品种资源研究所参与国家科学技术进步奖一等奖、二等奖各1项，主持获得省部级科学技术进步奖二等奖2项、三等奖5项。获得山西省农村技术承包二等奖2项。2007年王星玉获得国家种质资源突出贡献奖，2012年山西省农业科学院农作物品种资源研究所和王星玉获得国际第一次黍稷学术会议颁发的黍稷研究杰出贡献奖。

3.3 支撑乡村振兴和精准扶贫

黍稷是抗旱耐瘠的作物，广泛分布在长城沿线的干旱半干旱地区和贫困山区，提高黍稷的单位面积产量和经济效益，可以增加农民收益，促进贫困地区人民的脱贫致富，加快农村经济发展。目前培育出的新品种和筛选出的优异种质已在全国黍稷生产上大面积推广利用，更新地方品种80%以上，产量也跃上一个新的台阶，由2000年前的单产125kg左右增加到目前的175kg左右。各地黍稷科研单位和人员也深入到黍稷主产区，积极开展新品种的示范推广和技术培训等活动。以山西为例，山西农业大学农业基因资源研究中心（原山西省农业科学院农作物品种资源研究所）近年来深入到黍稷主产区开展技术培训活动28场次，对黍稷新品种和优异种质资源进行了广泛的宣传和技术培训，包括配套技术、栽培措施等。共培训人员12 000余人次，发放资料20 000余份。有力地支撑了乡村振兴和精准扶贫行动的开展。

3.4 支撑科研项目

支撑农业农村部黄土高原作物基因资源与种质创制重点实验室、国家谷子糜子产业技术体系、国家科技支撑计划、国家自然基金、山西省科技攻关、山西省科技成果转化项目等50余项。

3.5 支撑论文、论著、发明专利和标准

支撑发表相关研究论文180余篇，其中SCI论文20余篇。如中国农业大学赖锦盛教授团队利用黍稷种质资源开展研究，获得了高质量的基因组序列（Contig N50 = 2.55Mb，Scaffold N50 = 8.24Mb）。相关研究论文“Chromosome conformation capture resolved near complete genome assembly of broomcorn millet”发表在《Nature Communications》上。中国科学院上海植物逆境生物学研究中心张蘅课题组与朱健康课题组利用黍稷种质资源，破译了高质量染色体规模的黍稷基因组质，在《Nature Communications》上发表了题为“The genome of broomcorn millet”的研究论文，报道了高质量的黍稷基因组序列等。支撑《中国黍稷品种资源目录》《中国黍稷品种志》《中国黍稷》《中国黍稷品种资源特性鉴定集》《中国黍稷优异种质的筛选利用》《中国黍稷论文集》《黍稷种质资源描述规范和数据标准》《中国黍稷种质资源研究》《中国作物及其野生近缘植物》等专著30余部，支撑“一种八宝粥及其制备方法”等8项国家发明专利；制定行业标准《黍稷种质资源繁殖更新技术规程》《无公害农产品　黍生产技术规程》2项；制定山西省地方标准《农作物品种试验技术规程　黍稷》等6项。

3.6 支撑资源展示、科普、媒体宣传

2001—2021年，黍稷种质资源累计在山西农业大学东阳试验基地田间展示15次，对筛选出的丰产种质（107份）、高蛋白种质（107份）、高脂肪种质（44份）、高赖氨酸种质（11份）、优质种质（11份）、抗病种质（3份）、耐盐种质（58份），共计341份优异种质进行了集中展示；在山西岢岚试验基地、山西河曲试验基地、山西阳高试验基地安排综合性状优异的黍稷种质展示6次。接待国家谷子糜子产业技术体系、中国科学院、南京农业大学、山西农业大学、山西双合成工贸有限公司等单位和种植户代表2 852人考察参观，现场达成供种意向；接待山西农业大学、山西大学等教学实习和科普宣传18批次共计1 860人次；开展技术培训2 234人次；支撑在全国16种科普杂志、报刊发表科普作品100余篇；支撑中央电视台、山西电视台对中国黍稷的发展与研究利用多次进行报道宣传和专题讲座。

4 展望

4.1 收集保存

随着国民经济的迅速发展，基本建设规模加大以及山地各种矿物的大量开采，大量

农田、山地遭到侵蚀，丰富的植被也随之流失，一些农作物珍稀种质资源及野生近缘植物也濒临绝种，黍稷种质资源的抢救性保护刻不容缓。黍稷的野生种和野生近缘植物需尽快开展抢救性收集和保护；对黍稷重点产区，以及过去一直没有收集过种质的空白省（区），要继续进行考察收集；新育成品种（品系）各省（区）每年都要审定推广，对这些种质的收集保存每年都要形成制度化；对盐碱地、特干旱丘陵地、黑穗病高发区和主产区的丰产、优质种质要进行重点考察收集；针对库存国外资源量少、覆盖面还不够广泛等问题，需进一步开展国际交流，加强对国外黍稷种质资源的收集和引进，以进一步丰富黍稷种质资源的遗传多样性；加强对不同种的黍稷近缘植物的收集和保存，并开展相应的农艺性状鉴定和繁种入库技术研究；应充分利用全国第三次农作物种质资源普查平台，加强与各省（区、市）农作物种质资源普查单位的对接和联系，做到黍稷种质资源“应收尽收”和“应保尽保”。

4.2 安全保存技术

黍稷种质资源保存目前以种子低温保存为主，未来需进一步加强库存种质监测预警、繁殖更新等关键技术研究，加强种质资源安全保存技术体系建设（卢新雄等，2019），完善黍稷长期库、复份库和中期库各项保存条件，以支撑我国黍稷种质资源的长久安全保存。

4.3 挖掘利用

通过对我国10 726份国家长期库保存黍稷种质资源进行全基因组扫描分析，构建分子身份证，揭示我国黍稷种质资源的遗传多样性及其可利用性本底；加强黍稷核心种质的研究和利用，围绕影响高产、优质、绿色育种和产业发展的主要限制因子，在产量三因素、加工品质、抗主要病虫害和抗逆境等方面，如单株粒重、熟性、粗蛋白含量、粗脂肪含量、赖氨酸含量、支链淀粉含量、直链淀粉含量、抗倒伏性、耐盐性、抗黑穗病性等农艺性状开展“表型+基因型”精准鉴定，为分子辅助育种提供基因标记基础；在特性鉴定的内容上还有许多空白和不足，如抗逆性鉴定中的抗旱性、耐寒性、耐涝性和抗风沙性等，品质鉴定中支链淀粉含量、直链淀粉含量及微量元素钙和铁的含量分析与研究，抗病虫鉴定中的红叶病、锈病等，也需要尽快开展研究。通过对黍稷种质资源的深入研究，可以更加广泛地挖掘黍稷种质资源潜在的经济、社会效益和生态价值，满足育种、科研和生产的需要，实现黍稷种质资源充分共享和高效利用的目的。

参考文献

董玉琛，郑殿升，2006. 中国作物及其野生近缘植物．粮食作物卷［M］. 北京：中国农业出版社：331-357.

卢新雄，辛霞，尹广鹍，等，2019. 中国作物种质资源安全保存理论与实践［J］. 植物遗传资源学报，20（1）：1-10.

王纶，王星玉，温琪汾，2007. 中国黍稷种质资源蛋白质和脂肪含量的鉴定分析［J］. 植物遗传资源学报，8（2）：165-169.
王纶，王星玉，温琪汾，2008. 中国黍稷种质资源抗黑穗病鉴定评价［J］. 植物遗传资源学报，9（4）：497-501.
王纶，王星玉，温琪汾，2007. 中国黍稷种质资源耐盐性鉴定［J］. 植物遗传资源学报，8（4）：426-429.
王纶，王星玉，2006. 黍稷种质资源描述规范和数据标准［M］. 北京：中国农业出版社：25-37.
王纶，王星玉，2018. 中国黍稷种质资源研究［M］. 北京：中国农业科学技术出版社：22-24.
王述民，卢新雄，李立会，2014. 作物种质资源繁殖更新技术规程［M］. 北京：中国农业科学技术出版社：92-94.
王星玉，1996. 中国黍稷［M］. 北京：中国农业出版社：40-44.